Repetitorium der Physik

Von Prof. Dr. sc. nat. ETH Fritz Kurt Kneubühl
Eidgenössische Technische Hochschule Zürich

5., überarbeitete Auflage

Mit 318 Bildern, 67 Tabellen und zahlreichen Beispielen

B. G. Teubner Stuttgart 1994

Prof. Dr. sc. nat. Fritz Kurt Kneubühl

Geboren 1931 in Zürich. Studium der Physik an der ETH Zürich: Diplom 1955 bei G. Busch und K. A. Müller sowie Promotion 1959 bei H. H. Günthard. Anschließend Ramsey Memorial Fellow, University College London und University of Southampton, England. 1960 Graefflin Fellow, The Johns Hopkins University, Baltimore, USA. Ab 1961 Assistent bei G. Busch und W. Känzig, ETH Zürich. 1963 Habilitation, 1966 Assistenz-Professor, 1970 a. o. Professor, 1972 o. Professor an der ETH Zürich. 1976–1978 Vorsitzender Quantum Electronics Division, European Physical Society. 1976 Mitglied The Johns Hopkins Society of Scholars, Baltimore, USA. 1978–1980 Vorsteher Physik-Departement, 1986 Vorsteher Laboratorium für Infrarotphysik, 1986 Gründung Institut für Quantenelektronik, ETH Zürich. 1989 L. Eötvös Medaille, Ungarische Physikalische Gesellschaft. 1990 auswärtiges Mitglied, Akademie der Wissenschaften, DDR, 1994 Editor in Chief „Infrared Physics“.

Arbeitsgebiete: Quantenelektronik und Infrarotphysik, insbesondere Gaslaser, Spektroskopie der kondensierten Materie, Gase und Plasmen, Solar- und Astrophysik, Atmosphärenphysik, Bauphysik.

Deutsche Bibliothek – CIP-Einheitsaufnahme

Kneubühl, Fritz Kurt:
Repetitorium der Physik / von Fritz Kurt Kneubühl.
5., überarb. Aufl. – Stuttgart : Teubner, 1994
(Teubner Studienbücher : Physik)

ISBN-13: 978-3-519-43012-4 e-ISBN-13: 978-3-322-84886-4
DOI: 10.1007/978-3-322-84886-4

Softcover reprint of the hardcover 5th edition 1990

Satz: Elsner & Behrens GmbH, Oftersheim

Umschlaggestaltung: W. Koch, Sindelfingen

Vorwort

Mit den bisherigen vier Auflagen hat sich das Repetitorium der Physik bewährt als Basis des allgemeinen Physikunterrichts an Hochschulen sowie als Handbuch in Industrie, an Universitäten, Technischen Hochschulen und Fachhochschulen. Dies bestätigt die russische Übersetzung dieses Buches, welche 1981 von einem Moskauer Verlag in großer Auflage erstellt und verbreitet wurde. Es wurde verfaßt aufgrund langjähriger Erfahrung im propädeutischen Physikunterricht für Physiker, Mathematiker, Elektroingenieure, Chemiker und Naturwissenschafter. Dabei halfen mir zahlreiche Kommentare und Hinweise von Studenten, Assistenten und Kollegen. Es bildet ein Konzentrat von Konzepten und Aspekten der Grundlagen der heutigen Physik. Entsprechend seinem Charakter als Lehr- und Handbuch des Hochschulunterrichts stellt es höhere Anforderungen als Lehrbücher für den Physikunterricht an Höheren Technischen Lehranstalten und Fachhochschulen, wie z. B. Physik für Ingenieure von P. Dobrinski, G. Krakau und A. Vogel, B. G. Teubner, Stuttgart. Unter diesem Gesichtspunkt empfiehlt es sich jedoch auch als Handbuch für Fachhochschuldozenten und Gymnasiallehrer.

Das Repetitorium umfaßt zehn Kapitel über die maßgebenden Themen der propädeutischen Physik, deren Reihenfolge sich im Unterricht bewährt hat. Text und Formeln werden ergänzt durch Figuren und physikalische Tabellen, welche den gebotenen Stoff veranschaulichen und konkretisieren. Für den Benützer des Buches ebenso wichtig ist der Anhang mit umfassenden Tabellen über physikalische Einheiten und Konstanten, mathematische Funktionen und Beziehungen. Zusätzlich enthält er ein Fachwörterverzeichnis Englisch-Deutsch-Französisch sowie eine umfangreiche Liste der aktuellen Fachliteratur. Dadurch dient das Repetitorium der Physik dem Studenten als Ausgangspunkt für weitere Explorationen im weiten Bereich der modernen Physik.

Wegen der konzentrierten Darstellung des Stoffes im vorliegenden Buch möchte ich den jungen Studenten bitten, vorerst nur die Kapitel oder Unterkapitel zu beachten, welche in der Physikvorlesung momentan besprochen werden. Mit den übrigen Kapiteln sollte er sich später befassen, z. B. anläßlich von Übungen und Praktika, oder bei der Vorbereitung einer Prüfung. Bis dahin wird er bemerkt haben, daß sich das Repetitorium der Physik auch zum Nachschlagen eignet. Zur Ermunterung des Studenten darf ich erwähnen, daß die meisten meiner zahlreichen ehemaligen Studenten, Assistenten und Doktoranden positiv über dieses Buch urteilen. Auch ist mir mehr als eine Bibliothek bekannt, wo es zu jenen favorisierten Werken zählt, die ausgeliehen nicht retourniert werden.

Bei der 4. Auflage wurde die Beschreibung der Relativitätstheorie im Kapitel 2 sowie das Kapitel 10 über Atomkerne und Elementarteilchen zur Hauptsache von Herrn PD Dr. W. Fetscher der aktuellen Situation in Unterricht und Forschung angepaßt. Beratend wirkten auch Herr Kollege H. J. Gerber und Herr Assistent H. Simma.

Bei allen bisherigen Auflagen sind mir viele Kollegen, Assistenten und Mitarbeiter mit Rat und Tat beigestanden. Zu Dank verpflichtet bin ich außer den bereits erwähnten Herren auch den Herren Kollegen W. Baltensperger, J. P. Blaser, R. Ernst, W. Hunziker, W. Känzig, L. Jansen, H. Melchior, J. L. Olsen, Z. Plaskowski, M. Strutt, W. Wölfli, und den Herren Dr. S. Gnepf, Dr. J. Hinderling, Dr. L. Roesch, Dr. W. Rüegg, Dr. D. P. Scherrer, PD Dr. H. J. Schötzau, PD Dr. M. W. Sigrist, A. Thöny, Dr. W. Wiesendanger für wertvolle Hinweise, Ratschläge und Korrekturen. Ebenso danken möchte ich Frau D. Anliker, Frl. Ch. Noll und Frau H. Studer für die Reinschrift sowie Frau G. Kägi, Frau I. Wiederkehr und Herrn H. R. Vogt für Zeichnungen. Den Herren des B. G. Teubner Verlags bin ich dankbar für ständige Beratung und Unterstützung.

Dieses Buch ist meiner Gattin, meiner Tochter Agnes und meinen Söhnen Matthias und Felix gewidment. Damit möchte ich sie um Verzeihung bitten für all die Sonn- und Feiertage, welche durch meine Arbeit an diesem Buch verloren gingen.

Zürich, 9. Oktober 1993 Fritz K. Kneubühl

Inhalt

1 Mechanik des Massenpunktes

1.1 Grundbegriffe

1.1.1 Mechanik

Die Mechanik ist die Lehre des Gleichgewichts und der Bewegungen von Körpern unter dem Einfluß von Kräften. Die *klassische Mechanik* (Kap. 1–4) beschränkt sich auf makroskopische Körper mit Geschwindigkeiten, die merklich kleiner sind als die Vakuumlichtgeschwindigkeit von etwa 300 000 km/s. Die Untersuchung der Bewegung von Körpern mit Geschwindigkeiten in der Größenordnung der Vakuumlichtgeschwindigkeit ist Aufgabe der *Relativitätstheorie* (Kap. 2). Die nicht-relativistische *Quanten- und Wellenmechanik* (Kap. 7) betrifft die Mechanik der Elektronen und Kerne mit nicht-relativistischen Geschwindigkeiten im Vakuum, in Atomen, Molekülen und Kristallen, sowie ihre Wechselwirkung mit elektromagnetischen Wellen, wie z. B. Licht. Elementarteilchen mit hohen Energien und relativistischen Geschwindigkeiten sind Thema der relativistischen Quantenmechanik: der *Quantenfeldtheorie*.

Die *klassische Mechanik* umfaßt drei Bereiche: *die Statik* oder Lehre von den Kräften, die *Kinematik* oder Lehre von den Bewegungsformen und die *Dynamik* oder Lehre von der Wirkung von Kräften auf die Bewegung der Körper.

Die Probleme der *inneren Struktur der Körper* und der *Natur ihrer Wechselwirkungen* überschreiten den Rahmen der klassischen Mechanik. Je nach der Problemstellung und den Eigenschaften der Körper begnügt sich die klassische Mechanik mit einem entsprechenden *Modellkörper:* Massenpunkt, starrer Körper, elastischer Körper, inkompressible reibungslose Flüssigkeit, ideales Gas, lineare Kette, etc.

Die wichtigsten *Einheiten der Mechanik* sind das Meter, das Kilogramm und die Sekunde. Sie sind auch Basiseinheiten des *Internationalen Einheitensystems* (SI), das in diesem Buch hauptsächlich verwendet wird. Weitere Auskunft über die SI-Einheiten wird im Anhang (A 2) gegeben.

1.1.2 Masse und Massenpunkt

Die Masse. Die Masse m eines Körpers ist *nach Definition* die Menge der Materie, die in ihm enthalten ist. Die SI-*Einheit* der Masse ist

$$[m] = 1 \text{ Kilogramm} = 1 \text{ kg}$$

Das *Kilogramm* ist die Masse des Urkilogramms aus Pt-Ir im Pavillon de Breteuil bei Paris. Es ist praktisch gleich der Masse von 1 Liter reinem Wasser bei 4 °C.

Tab. 1.1 Typische Massen in kg

Elektron	$0{,}9 \cdot 10^{-30}$	Grippevirus	$6 \cdot 10^{-19}$	Sonne	$2 \cdot 10^{30}$
H-Atom	$1{,}7 \cdot 10^{-27}$	1 Liter Wasser	1	Milchstraße	10^{41}
Proteinmolekül	$2{,}2 \cdot 10^{-24}$	Erde	$6 \cdot 10^{24}$	Universum	10^{52}

Der Massenpunkt. Der Massenpunkt ist *nach Definition* ein idealisierter Körper, dessen gesamte Materie in einem Punkt vereinigt ist.

Realisation: Jeder reale Körper, dessen Größe und Gestalt bei dem betrachteten mechanischen Problem keine Rolle spielen, kann als Massenpunkt aufgefaßt werden.

Beispiele:

a) Bei der Berechnung der Bewegung von Planeten um die Sonne können die Planeten in erster Näherung als Massenpunkte behandelt werden.

b) Bei der Berechnung der Flugbahn eines Tennisballs kann dieser in erster Näherung als Massenpunkt beschrieben werden.

c) Beim einfachsten Modell des Wasserstoffatoms werden Elektron und Proton als Massenpunkte aufgefaßt.

Die Lage des Massenpunktes. Die Lage oder der Ort des Massenpunktes zu einer bestimmten Zeit t wird durch den *zeitabhängigen Ortsvektor* $\vec{r}(t) = \{x(t), y(t), z(t)\}$ oder entsprechende *Lagekoordinaten* beschrieben.

1.1.3 Die Länge

Die Kennzeichnung der Lage eines Massenpunktes durch Lagekoordinaten x, y, z oder durch einen Ortsvektor $\vec{r}$ erfordert die Messung von *Längen*. Die Länge bezeichnet den geometrischen Abstand zweier Punkte.

Längenmessung und Längennormal. Eine Länge messen bedeutet, sie mit einem Längennormal quantitativ zu vergleichen. Das verwendete Längennormal soll universell sein. Das besagt, daß das Längennormal überall verwendbar oder reproduzierbar sein muß. Die alten Längennormale erfüllten diese Bedingung nicht. Erst heute existieren Längennormale und Meßmethoden, die als universell bezeichnet werden können.

Subjektive Längennormale. Die alten Längenmaße entsprechen meist menschlichen Abmessungen: Zoll, Fuß, Elle. Als typisches Beispiel sei erwähnt: 1 Toise carlovingienne = 6 pieds de Charlemagne = 1,9603 m. Diese im Handel verwendeten Längennormale variierten von Ort zu Ort. Noch im letzten Jahrhundert hatte jeder Staat seine eigenen Normale.

Das Meter. Auf der Suche nach einem universellen Längennormal bestimmte der „Wohlfahrtsausschuß" in Paris am 9. Frimaire VIII der Revolutionszeitrechnung das „mètre vrai et définitif" als

1 Meter = 1/40 000 000 Meridianumfang der Erde
= 443,296 Pariser „lignes" der „Toise du Pérou".

Leider ergab sich später, daß der Meridianumfang etwa 40 009 100 m beträgt und außerdem wegen der Gestalt der Erde nicht genauer definiert werden kann. Daraus resultierte die Notwendigkeit, das Meter anders zu definieren:

1 Meter = Abstand der Teilstriche auf dem Pt-Ir-Urmeter im Bureau International des Poids et Mesures in Sèvres.

Das Meter ist die *Längeneinheit* der in diesem Buch verwendeten SI-*Einheiten*

$$1 \text{ Meter} = 1 \text{ m} = 10^2 \text{ cm} = 10^3 \text{ mm} = 10^6 \ \mu\text{m} = 10^{10} \text{ Å}$$

Mikrophysikalisches Längennormal. Seit 1983 ist das Meter als Strecke ℓ_0 definiert, welche das Licht im Vakuum während der Dauer t_0 von 1/299 792 458 Sekunden durchläuft. Diese Verknüpfung des Meters mit der Sekunde (1.1.4) bedeutet gleichzeitig die Festlegung der Vakuum-Lichtgeschwindigkeit (6.9.5)

$$c = \ell_0/t_0 = 299\,792\,458 \text{ m/s}.$$

Diese Definition des Meters kommt den Bedürfnissen der Geodäsie und Astronomie entgegen, wo Entfernungen über die Laufzeit elektromagnetischer Signale bestimmt werden. Sie gestattet zudem, die hohe Reproduzierbarkeit der Wellenlängen λ stabilisierter Laser für die interferometrische (6.14) Längenmessung zu benutzen, sofern die Frequenz $\nu = c/\lambda$ der Laserstrahlung an das primäre Frequenznormal, den Cäsium-133-Maser (1.1.4), angeschlossen ist. In einem Anhang zur Meterdefinition von 1983 befindet sich daher eine Liste von Lasern, deren Wellenlängen λ unter bestimmten Betriebsbedingungen mit relativen Unsicherheiten $\Delta\lambda/\lambda$ von $\pm 10^{-10}$ zu realisieren sind. Korrekturen der Meterdefinition müssen in Zukunft dann vorgenommen werden, wenn genauere Lichtgeschwindigkeits-Meßmethoden oder Zeitnormale entwickelt werden.

Tab. 1.2 Typische Längen in m

Grenze des Universums	10^{26}
Distanz der Nachbargalaxie Andromeda	10^{22}
Durchmesser der Milchstraße	$7 \cdot 10^{20}$
Distanz zum nächsten Fixstern (α Centauri)	$4 \cdot 10^{16}$
Distanz Sonne – Erde	$1{,}5 \cdot 10^{11}$
Durchmesser der Sonne	$1{,}4 \cdot 10^{9}$
Durchmesser der Erde	$1{,}3 \cdot 10^{7}$
Mensch	1,7
Wellenlänge des sichtbaren Lichts	$5 \cdot 10^{-7}$
Durchmesser eines Atoms	$3 \cdot 10^{-10}$
Durchmesser eines Kerns	$3 \cdot 10^{-15}$

1.1.4 Die Zeit

Eine weitere fundamentale Größe der Mechanik ist die Zeit t. Als Definition der Zeit dient eine Meßvorschrift:

Die Zeitmessung. Die Zeit t zwischen zwei Ereignissen am gleichen Ort wird gemessen, indem man parallel zu den Ereignissen einen physikalischen Prozeß als Zeitnormal beobachtet, der nach allen bisherigen Erkenntnissen streng periodisch oder gleichmäßig verläuft.

Astrophysikalische Zeitnormale. Der Wechsel zwischen Tag und Nacht ist ein annähernd periodischer Vorgang. Der *Tag* war früher das einzige Zeitnormal.

Leider ist der *Sonnentag*, definiert als die Zeit zwischen zwei Sonnenhöchstständen, nicht immer gleich lang. Bildet man den Mittelwert der Sonnentage über ein Jahr, so erhält man den *mittleren Sonnentag*. Da der Tag (d) als Zeitnormal in vielen Fällen zu lang dauert, teilt man ihn seit altersher in Stunden (h), Minuten (min) und Sekunden (s)

$$1 \text{ d} = 24 \text{ h} = 1440 \text{ min} = 86\,400 \text{ s}$$

Im SI-*System* und in fast allen anderen Systemen ist die *Zeiteinheit*

$$1 \text{ Sekunde} = 1 \text{ s}$$

Bis 1967 war die *Sekunde* definiert durch das tropische Jahr 1900. Das *tropische Jahr* ist festgelegt als die Zeit zwischen zwei aufeinanderfolgenden Durchgängen der Sonne durch den Frühlingspunkt. Es galt

$$\text{Tropisches Jahr } 1900 = 31\,556\,925{,}974\,7 \text{ s}$$

Periodische Zeitnormale. Mit Ausnahme der Sanduhr bezeichnet *Uhr* ein periodisches Zeitnormal. Ein periodisches Zeitnormal basiert auf einem möglichst genau periodischen physikalischen Prozeß, genannt *Oszillator*, für dessen Observable w als Funktion der Zeit gilt:

$$w(t) = w(t + T) = w(t + 2T) = \ldots = w(t + nT) = \ldots$$

Das bedeutet, daß die Observable w nach Ablauf der *zeitlichen Periode* T wieder den gleichen Wert annimmt. In vielen Fällen verwendet man als periodische Zeitnormale *harmonische Oszillatoren*, deren Observable w eine harmonische Funktion der Zeit ist:

$$w(t) = w(t + T) = w_0 \cos\left(2\pi \frac{t}{T} - \alpha\right)$$

$$= w_0 \cos(2\pi\nu t - \alpha) = w_0 \cos(\omega t - \alpha)$$

Dabei bedeuten:

w_0	die Amplitude,
$\nu = 1/T$	die Frequenz,
$\omega = 2\pi/T = 2\pi\nu$	die Kreisfrequenz,
α	die Phase.

Genaue Zeitnormale erfordern Oszillatoren mit möglichst kurzen Perioden T oder hohen Frequenzen ν.

Folgende Oszillatoren dienen als Zeitnormal:

Uhren: mit Pendeln, Unruhen oder Stimmgabeln (Accutron), elektronische Uhren, z. B. mit einer Frequenz $\nu = 5 \cdot 10^6 \text{ s}^{-1}$ und einer Stabilität von $5 \cdot 10^{-12}$ während 1 min.

Maser: In neuester Zeit werden Atom- und Moleküluhren, sogenannte *Maser*, als Zeitnormale verwendet. Maser bedeutet „Microwave Amplification by Stimulated Emission of Radiation". Maser sind Oszillatoren, deren Frequenz durch quantisierte Zustandsänderungen einzelner Atome oder Moleküle bestimmt ist. Die Frequenzen ν liegen, wie der Name Maser besagt, im Mikrowellenbereich, also bei Frequenzen von der Größenordnung von 10^{10} s^{-1}. Diese Zeitnormale sind sehr stabil und weitgehend unabhängig von der Umgebung. Der *Vergleich mit andern Uhren* und Oszillatoren geschieht durch *Frequenzvervielfachung und Frequenzmischung*.

Als Zeitnormale interessant sind folgende Maser:

– Wasserstoff-Maser

$\nu = 1\,420\,405\,741{,}786\,4\ s^{-1}$ Stabilität während 1 min: $7 \cdot 10^{-15}$

– Ammoniak-Maser

$\nu = 23\,870\,110\,000\ s^{-1}$ Stabilität während 1 min: $7 \cdot 10^{-11}$

Die Frequenz ν des Ammoniak-Masers entspricht der Inversionsschwingung von NH_3-Molekülen mit einem bestimmten Rotationszustand im Gas.

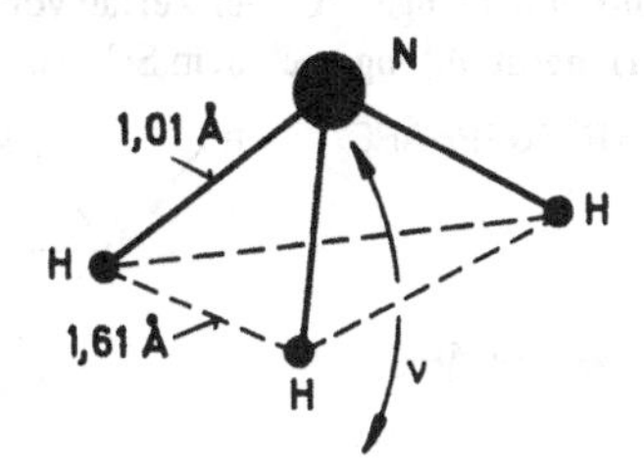

– Rubidium-Maser

$\nu = 6\,834\,682{,}608\ s^{-1}$ Stabilität während 1 min: $6 \cdot 10^{-13}$

– Cäsium-133-Maser

$\nu = 9\,192\,631\,770\ s^{-1}$ Stabilität: ca. $3 \cdot 10^{-13}$

Seit 1967 wird der Cäsium-133-Maser als *internationales Zeitnormal* zur Festlegung der Sekunde benutzt. Es gilt

$$1\ s = 9\,192\,631\,770\ T(^{133}Cs),$$

wobei $T(^{133}Cs)$ die Periode der Maser-Oszillation darstellt.

Normale für große Zeiten. Zur Datierung von Ereignissen, welche zwischen 500 und $5 \cdot 10^9$ Jahren zurückliegen, eignet sich der langsame *radioaktive Zerfall* gewisser instabiler Kerne. Das *Zerfallsgesetz* instabiler Kerne besagt, daß die mittlere beobachtete Zerfallsrate $-dN(t, X)/dt$ von instabilen Kernen X zur Zeit t proportional ist zur momentanen Anzahl N(t, X) dieser Kerne.

$$-\frac{dN(t,X)}{dt} = \frac{1}{\tau} N(t,X)$$

Die Auflösung dieser Differentialgleichung ergibt

$$N(t,X) = N(0,X) \exp\left(-\frac{t}{\tau}\right)$$

τ entspricht der *mittleren Lebensdauer* der Kerne X gemäß der Beziehung

$$\tau = N(0,X)^{-1} \int_0^{N(0,X)} t\, dN = N(0,X)^{-1} \int_0^{\infty} N(t,X)\, dt$$

Häufig wird anstelle von τ die *Halbwertszeit* $T_{1/2}$ verwendet, die durch die Gleichung

$$N(T_{1/2}, X) = N(0, X)/2$$

definiert ist. Sie ist proportional zu τ:

$$T_{1/2} = (\ln 2) \cdot \tau$$

Die wichtigsten Meßmethoden mit instabilen Kernen sind:

D i e C-14-M e t h o d e : Sie wird zur Altersbestimmung kohlenstoffhaltiger Substanzen im Bereich zwischen $5 \cdot 10^2$ und $5 \cdot 10^4$ Jahren verwendet. Das CO_2 enthält eine zeitlich konstante Menge ^{14}C. Der Zerfall von ^{14}C wird kompensiert von der Neubildung durch die Höhenstrahlung nach dem Schema

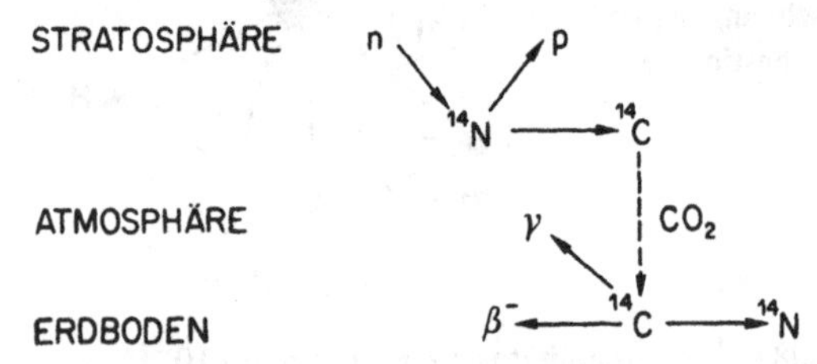

Der C-Gehalt der lebenden Pflanzen steht im Gleichgewicht mit dem CO_2-Gehalt der Luft. Luft und Pflanzen enthalten daher den gleichen ^{14}C-Anteil im Kohlenstoff. Nach dem Absterben der Pflanzen stoppt der C-Austausch und der ^{14}C-Gehalt zerfällt exponentiell. Die Halbwertszeit beträgt

$$T_{1/2}(^{14}C) = 5768 \text{ Jahre} = 1{,}819 \cdot 10^{11} \text{ s}$$

D i e U-238-M e t h o d e : Die Bestimmung des Alters von Gesteinen und Meteoriten basiert auf dem radioaktiven Zerfall des Hauptisotops ^{238}U von Uran.

$$^{238}U \rightarrow {}^{206}Pb + 8\ {}^{4}He + \text{Leptonen}$$

Tab. 1.3 Typische Zeiten in s und a

	s	a
Alter des Universums	$3 \cdot 10^{17}$	10^{10}
Alter der Erde	$1{,}3 \cdot 10^{17}$	$4{,}5 \cdot 10^{9}$
Zeit seit Peking-Mensch	10^{13}	$3 \cdot 10^{5}$
Menschenalter	$2{,}1 \cdot 10^{9}$	$7 \cdot 10^{1}$
Jahr	$3 \cdot 10^{7}$	1
Tag	$8{,}6 \cdot 10^{4}$	
Periode eines Uhrpendels	1	
Periode des Schalls	10^{-3}	
Periode der Molekülrotation	10^{-12}	
Periode der Lichtwelle	10^{-15}	
Licht durchquert Atom	10^{-19}	
Periode der Atomkernschwingung	10^{-21}	
Licht durchquert Kern	10^{-24}	

Uranhaltige Gesteine, die sich vor langer Zeit durch Schmelzen oder chemische Reaktionen gebildet haben, enthalten im Uran ^{206}Pb und ^{4}He im atomaren Verhältnis 1 : 8. Deshalb muß angenommen werden, daß sie vom radioaktiven Zerfall des ^{238}U stammen. Die Messung dieser 3 Komponenten erlaubt eine Altersbestimmung des Gesteins auf Grund der Halbwertszeit

$$T_{1/2}(^{238}\mathrm{U}) = 4{,}5 \cdot 10^9 \text{ Jahre} = 1{,}42 \cdot 10^{17}\ \mathrm{s}.$$

Messung von extrem kurzen Zeiten. In der Elementarteilchenphysik können Flugzeiten t von Teilchen, die sich annähernd mit der Vakuumlichtgeschwindigkeit $c \simeq 300\,000$ km/s bewegen, durch die Ausmessung der Flugbahn bestimmt werden. Die Flugbahnen werden mit Photoplatten, Nebelkammern und Blasenkammern aufgenommen. Da eine Bahnlänge s von 10^{-6} m noch meßbar ist, können gemäß der Gleichung $t = s/c$ Zeiten t bis hinab zu $3 \cdot 10^{-15}$ s bestimmt werden.

1.2 Kinematik des Massenpunktes

Die Aufgabe der Kinematik ist die Beschreibung der Bewegung von Körpern ohne Rücksicht auf deren Ursache. In der Kinematik des Massenpunktes wird die Bewegung des Massenpunktes mit Hilfe eines *zeitabhängigen Ortsvektors* $\vec{r}(t)$ beschrieben. Betrachtet man die Zeit t als Parameter, so definiert $\vec{r}(t)$ die Bahn des Massenpunktes. Weitere wichtige Größen der Kinematik sind die *Geschwindigkeit* $\vec{v}(t) = d\vec{r}(t)/dt$ und die *Beschleunigung* $\vec{a}(t) = d^2\vec{r}(t)/dt^2$.

Bewegt sich ein Massenpunkt auf einer Geraden, so genügt in der Kinematik die Angabe der skalaren, zeitabhängigen Lagekoordinate x(t). Bei gekrümmten Bahnen des Massenpunktes interessiert vor allem der Einfluß des *Krümmungsradius* R auf die Beschleunigung $\vec{a}(t)$.

1.2.1 Der Massenpunkt auf der Geraden

Die Ortsangabe. Die Bewegung eines Massenpunktes auf einer Geraden wird bestimmt durch die Angabe des Ortes durch die *skalare Lagekoordinate* x als Funktion der *Zeit* t, was durch einen *Fahrplan* dargestellt werden kann.

$$x(t) = x$$

$$x(0) = x_0$$

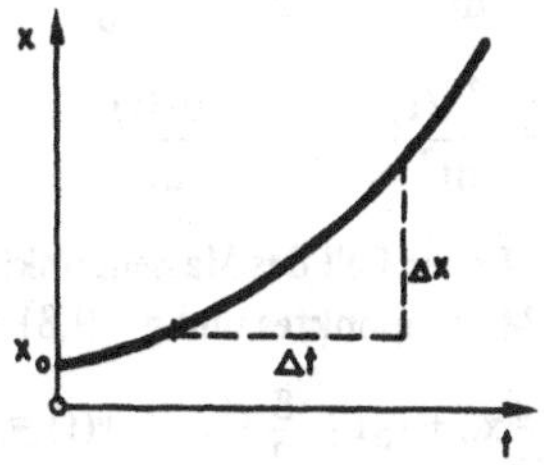

Die Geschwindigkeit. Die Geschwindigkeit eines Massenpunktes ist nach Definition seine *Ortsänderung pro Zeit*. Bewegt sich ein Massenpunkt auf einer Geraden entsprechend dem Fahrplan x(t), so ist seine Geschwindigkeit v(t) definiert als

$$v(t) = \lim_{\Delta t \to 0} \frac{x(t+\Delta t) - x(t)}{\Delta t}$$

$$= \lim_{\Delta t \to 0} \frac{\Delta x}{\Delta t} = \frac{dx(t)}{dt} = \dot{x}$$

$$v(0) = v_0$$

Die Beschleunigung. Die Beschleunigung eines Massenpunktes ist nach Definition seine *Geschwindigkeitsänderung pro Zeit*. Bewegt sich ein Massenpunkt mit der Geschwindigkeit v(t) auf einer Geraden, so ist seine Beschleunigung a(t) definiert als

$$a(t) = \lim_{\Delta t \to 0} \frac{v(t+\Delta t) - v(t)}{\Delta t}$$

$$= \lim_{\Delta t \to 0} \frac{\Delta v}{\Delta t} = \frac{dv(t)}{dt} = \dot{v} = \ddot{x}$$

$$a(0) = a_0$$

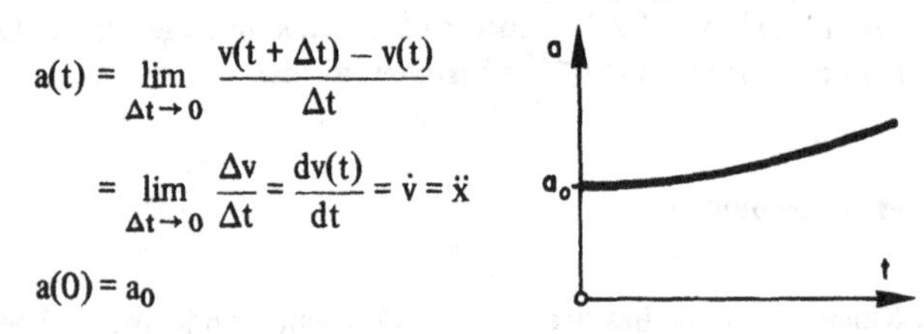

Einheiten. Die Einheiten der Lagekoordinate x(t), der Geschwindigkeit v(t) und der Beschleunigung a(t) ergeben sich aus den SI-Einheiten für Länge und Zeit und aus den obigen Definitionen. Es gilt

$$[x(t)] = 1\ \text{m}$$

$$[v(t)] = 1\ \text{m s}^{-1} = 3{,}6\ \text{km/h}$$

$$[a(t)] = 1\ \text{m s}^{-2}$$

Beziehungen zwischen den kinematischen Größen. Entsprechend den Definitionen sind die Lagekoordinate x(t), die Geschwindigkeit v(t) und die Beschleunigung a(t) mathematisch durch folgende Beziehungen verknüpft:

$$x(t) = x_0 + \int_0^t v(t')dt' = x_0 + \int_0^t \{v_0 + \int_0^{t'} a(t'')dt''\}dt'$$

$$v(t) = \frac{dx(t)}{dt} \qquad = v_0 + \int_0^t a(t'')dt''$$

$$a(t) = \frac{d^2x(t)}{dt^2} \qquad = \frac{dv(t)}{dt}$$

B e i s p i e l : Freier Fall des Massenpunktes ohne Luftwiderstand mit
x = Höhe des Massenpunktes und g = 9,81 m s⁻² = Erd- oder Fallbeschleunigung

$$x(t) = x_0 + v_0 t - \frac{g}{2}t^2, \qquad v(t) = v_0 - gt, \qquad a(t) = -g$$

$$x(0) = x_0, \qquad v(0) = v_0, \qquad a(0) = a_0 = -g$$

Tab. 1.4 Typische Geschwindigkeiten in m s^{-1}

Elektronen in Metallen	$5 \cdot 10^{-3}$
Fußgänger	1,4
Automobil	15 bis 50
Anregung in Nerven	40
Wind bei Stärke 12	50
Flugzeug	70 bis 500
Schall in Normalluft	340
Infanteriegeschoß	800 bis 1000
Erdsatellit	$1{,}2 \cdot 10^3$
Schall in Metallen	$5 \cdot 10^3$
Erde auf Umlaufbahn um die Sonne	$3 \cdot 10^4$
Licht im Vakuum	$3 \cdot 10^8$

Tab. 1.5 Typische Beschleunigungen in m s^{-2}

Personenzug	0,1 bis 0,3
Automobil	3 bis 8
freier Fall	9,81
Infanteriegeschoß im Lauf	$5 \cdot 10^3$
Elektron in Vakuumröhre	$1 \cdot 10^{15}$

1.2.2 Der Massenpunkt im dreidimensionalen Raum

1.2.2.1 Allgemeine Kinematik

Der Ortsvektor. In der klassischen Mechanik läßt sich die Bewegung eines Massenpunktes m durch einen zeitabhängigen Ortsvektor $\vec{r} = \vec{r}(t)$ eindeutig beschreiben.

(1.1) $$\vec{r} = \vec{r}(t)$$ Vektordarstellung

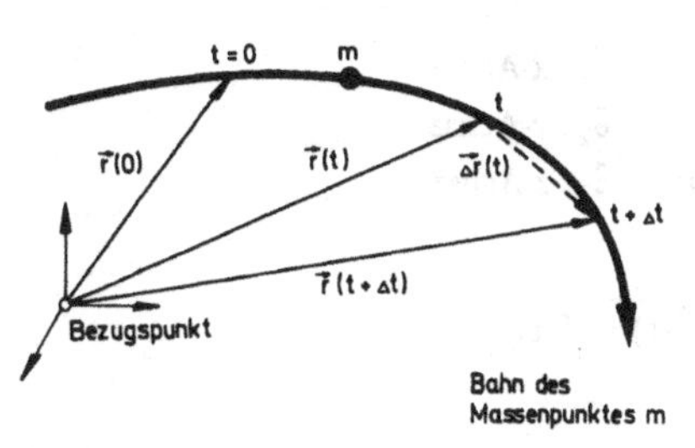

Die Geschwindigkeit Definition

(1.2) $$\vec{v}(t) = \lim_{\Delta t \to 0} \frac{\vec{r}(t + \Delta t) - \vec{r}(t)}{\Delta t} = \lim_{\Delta t \to 0} \frac{\Delta\vec{r}(t)}{\Delta t} = \frac{d\vec{r}(t)}{dt} = \dot{\vec{r}}$$

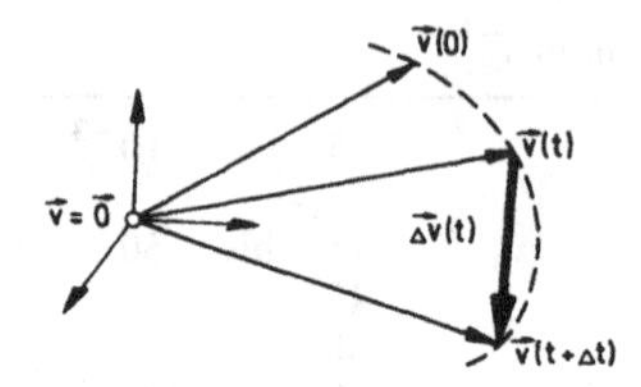

Die Beschleunigung Definition

(1.3)
$$\vec{a}(t) = \lim_{\Delta t \to 0} \frac{\vec{v}(t+\Delta t) - \vec{v}(t)}{\Delta t} = \lim_{\Delta t \to 0} \frac{\Delta\vec{v}(t)}{\Delta t} = \frac{d\vec{v}(t)}{dt} = \dot{\vec{v}} = \frac{d^2\vec{r}(t)}{dt^2} = \ddot{\vec{r}}$$

1.2.2.2 Kinematik im kartesischen Koordinatensystem

In vielen Fällen genügt die Beschreibung der Bewegung eines Massenpunktes mit Hilfe der Komponenten x(t), y(t), z(t) des Ortsvektors $\vec{r}(t)$ in einem kartesischen Koordinatensystem. x(t), y(t) und z(t) bezeichnet man als Lagekoordinaten.

Der Ortsvektor

$$\vec{r}(t) = x(t) \cdot \vec{e}_1 + y(t) \cdot \vec{e}_2 + z(t) \cdot \vec{e}_3 = \{x(t), y(t), z(t)\}$$

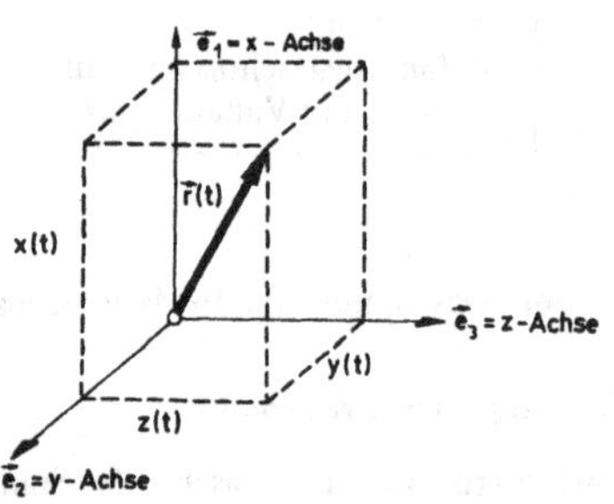

$\vec{e}_1, \vec{e}_2, \vec{e}_3$ = *orthonormierte Basis*

ortho = orthogonal: $\vec{e}_1 \perp \vec{e}_2 \perp \vec{e}_3 \perp \vec{e}_1$ oder $\vec{e}_1 \cdot \vec{e}_2 = \vec{e}_2 \cdot \vec{e}_3 = \vec{e}_3 \cdot \vec{e}_1 = 0$

normiert: $|\vec{e}_1| = |\vec{e}_2| = |\vec{e}_3| = 1$ oder $\vec{e}_1 \cdot \vec{e}_1 = \vec{e}_2 \cdot \vec{e}_2 = \vec{e}_3 \cdot \vec{e}_3 = 1$

$\vec{e}_1, \vec{e}_2, \vec{e}_3$ = *Rechtssystem*

rechte Hand – Daumen $\vec{e}_1$: x-Achse
– Zeigefinger $\vec{e}_2$: y-Achse
– Mittelfinger $\vec{e}_3$: z-Achse

Betrag des Ortsvektors

$$r(t) = |\vec{r}(t)| = \sqrt{x^2(t) + y^2(t) + z^2(t)}$$

Die Geschwindigkeit

$$\vec{v}(t) = v_x(t)\vec{e}_1 + v_y(t)\vec{e}_2 + v_z(t)\vec{e}_3 = \{v_x(t), v_y(t), v_z(t)\}$$

$$\vec{v}(t) = \frac{d\vec{r}}{dt} = \left\{\frac{dx}{dt}, \frac{dy}{dt}, \frac{dz}{dt}\right\} = \{\dot{x}(t), \dot{y}(t), \dot{z}(t)\}$$

$$v_x(t) = \dot{x}(t), \quad v_y(t) = \dot{y}(t), \quad v_z(t) = \dot{z}(t)$$

Betrag der Geschwindigkeit

$$v(t) = |\vec{v}(t)| = \sqrt{v_x^2(t) + v_y^2(t) + v_z^2(t)} = \sqrt{\left(\frac{dx}{dt}\right)^2 + \left(\frac{dy}{dt}\right)^2 + \left(\frac{dz}{dt}\right)^2}$$

Die Beschleunigung

$$\vec{a}(t) = a_x(t)\vec{e}_1 + a_y(t)\vec{e}_2 + a_z(t)\vec{e}_3 = \{a_x(t), a_y(t), a_z(t)\}$$

$$\vec{a}(t) = \frac{d\vec{v}}{dt} = \left\{\frac{dv_x}{dt}, \frac{dv_y}{dt}, \frac{dv_z}{dt}\right\} = \{\dot{v}_x(t), \dot{v}_y(t), \dot{v}_z(t)\}$$

$$\vec{a}(t) = \frac{d^2\vec{r}}{dt^2} = \left\{\frac{d^2x}{dt^2}, \frac{d^2y}{dt^2}, \frac{d^2z}{dt^2}\right\} = \{\ddot{x}(t), \ddot{y}(t), \ddot{z}(t)\}$$

$$a_x(t) = \frac{dv_x}{dt} = \frac{d^2x}{dt^2}, \quad a_y(t) = \frac{dv_y}{dt} = \frac{d^2y}{dt^2}, \quad a_z(t) = \frac{dv_z}{dt} = \frac{d^2z}{dt^2}$$

Betrag der Beschleunigung

$$a(t) = |a(t)| = \sqrt{a_x^2(t) + a_y^2(t) + a_z^2(t)}$$

B e i s p i e l : Die Wasserstrahlparabel.

Im Wasserstrahl darf in erster Näherung jedes Wasserteilchen als ein Massenpunkt aufgefaßt werden. In der Strahlrichtung wirkt auf das Teilchen kein Strömungs- oder Luftwiderstand.

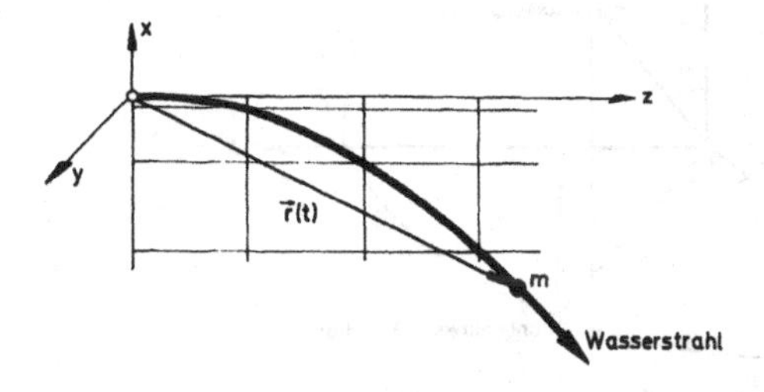

Unter diesen Voraussetzungen wird die Bewegung eines Wasserteilchens im Wasserstrahl beschrieben durch den Ortsvektor $\vec{r}(t)$ mit den kartesischen Komponenten

$$x(t) = x(0) + v_x(0)t - \frac{g}{2}t^2 = -\frac{g}{2}t^2$$

$$y(t) = y(0) + v_y(0)t \qquad = \quad 0$$

$$z(t) = z(0) + v_z(0)t \qquad = \quad v_0\,t$$

Die x-Komponente entspricht der Bewegung eines Massenpunktes im freien Fall ohne Luftwiderstand gemäß (1.3.1). Da die y-Komponente Null ist, beschreibt das Wasserteilchen eine *ebene Bahn*. Diese Bahn ist eine *Parabel*, wie aus der Elimination der Zeit t als Kurvenparameter ersichtlich ist:

$$x = -\frac{g}{2}t^2 = -\frac{g}{2}\left(\frac{z}{v_0}\right)^2 = -\frac{g}{2v_0^2}z^2$$

1.2.2.3 Kinematik in Kugelkoordinaten

Kugelkoordinaten werden in der Mechanik häufig dann verwendet, wenn das betrachtete Problem in irgendeiner Hinsicht Kugelsymmetrie aufweist. Beispiele sind Bewegungen auf der Erde und Elektronenbewegungen in Atomen.

Darstellung des Ortsvektors

$$x = r \sin\Theta \cos\phi, \qquad r^2 = x^2 + y^2 + z^2$$

$$y = r \sin\Theta \sin\phi, \qquad \cos\Theta = \frac{z}{r} \qquad = z/\sqrt{x^2 + y^2 + z^2}$$

$$z = r \cos\Theta, \qquad \tan\phi = \frac{y}{x}$$

Die neuen Lagekoordinaten r, Θ, ϕ sind allgemein Funktionen der Zeit t.

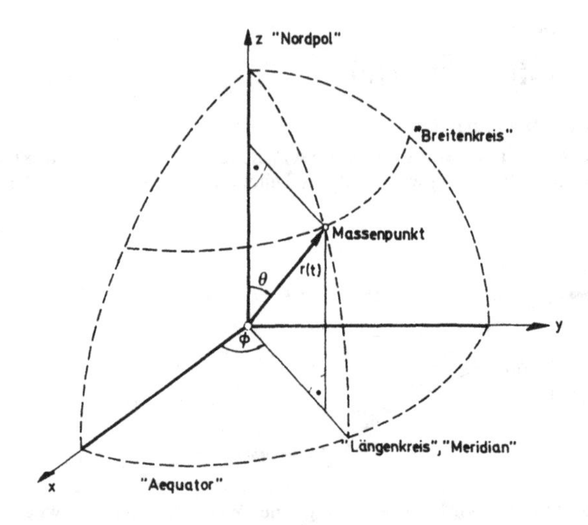

Bei der Erdkugel gilt

$\pi/2 - \Theta$ = nördliche geographische Breite

ϕ = Länge östlich von Greenwich

Geschwindigkeit

$$v_r = v_x \sin\Theta \cos\phi + v_y \sin\Theta \sin\phi + v_z \cos\Theta = \dot{r}$$

$$v_\Theta = v_x \cos\Theta \cos\phi + v_y \cos\Theta \sin\phi - v_z \sin\Theta = r \cdot \dot{\Theta}$$

$$v_\phi = -v_x \sin\phi + v_y \cos\phi = r \cdot \sin\Theta \cdot \dot{\phi}$$

$$v^2 = \dot{r}^2 + r^2(\dot{\Theta}^2 + \sin^2\Theta \cdot \dot{\phi}^2)$$

Beschleunigung

$$a_r = a_x \sin\Theta \cos\phi + a_y \sin\Theta \sin\phi + a_z \cos\Theta = \ddot{r} - r\,(\dot{\Theta}^2 + \sin^2\Theta \cdot \dot{\phi}^2)$$

$$a_\Theta = a_x \cos\Theta \cos\phi + a_y \cos\Theta \sin\phi - a_z \sin\Theta$$
$$= r \cdot \ddot{\Theta} - r \cdot \sin\Theta \cdot \cos\Theta \cdot \dot{\phi}^2 + 2\,\dot{r}\dot{\Theta}$$

$$a_\phi = -a_x \sin\phi \quad + a_y \cos\phi$$
$$= r \cdot \sin\Theta \cdot \ddot{\phi} \quad + 2\dot{\phi}\,(\dot{r} \cdot \sin\Theta + r \cdot \cos\Theta \cdot \dot{\Theta})$$

$$a^2 = a_r^2 + a_\Theta^2 \quad + a_\phi^2$$

1.2.3 Die Kreisbewegung

Die Bewegung eines Massenpunktes auf einem Kreis als Prototyp einer Kurve ist für die Kinematik des Massenpunktes ebenso fundamental wie die Bewegung auf einer Geraden. Ihr typisches Phänomen ist die *Radialbeschleunigung*.

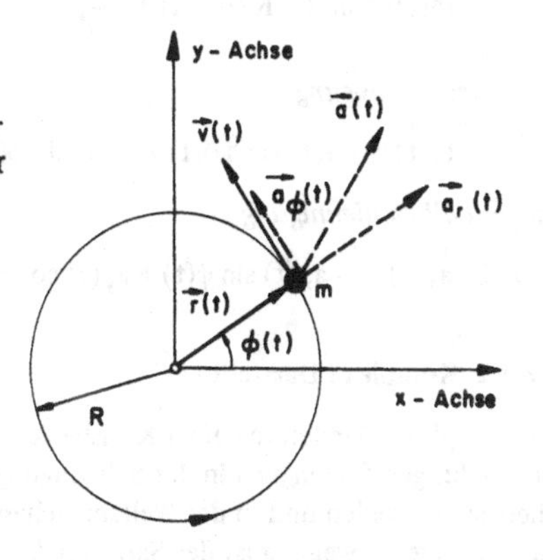

1.2.3.1 Reelle Darstellung

Die Kreisbahn

Kreisebene: xy-Ebene

Bahnradius: $r = (x^2 + y^2)^{1/2} = R = \text{const}$

Drehwinkel: $\phi = \arctan y/x \quad = \phi(t)$

Der Ortsvektor

$$\vec{r}(t) = \{x(t), y(t)\} = R\{\cos\phi(t), \sin\phi(t)\}$$

$$x(t) = R\cos\phi(t),\; y(t) = R\sin\phi(t)$$

Die Geschwindigkeit

$$\vec{v}(t) = \frac{d\vec{r}(t)}{dt} = \{v_x(t), v_y(t)\} = \omega(t) \cdot R \cdot \{-\sin\phi(t), \cos\phi(t)\}$$

$$|\vec{v}(t)| = v(t) = \omega(t) \cdot R$$

Winkelgeschwindigkeit

$$\omega(t) = \frac{d\phi(t)}{dt}$$

Radialgeschwindigkeit

$$v_r(t) = + v_x(t) \cos \phi(t) + v_y(t) \sin \phi(t) = 0$$

Tangentialgeschwindigkeit

$$v_\phi(t) = - v_x(t) \sin \phi(t) + v_y(t) \cos \phi(t) = v(t)$$

Die Beschleunigung

$$\vec{a}(t) = \frac{d\vec{v}(t)}{dt} = \{a_x(t), a_y(t)\}$$

$$= - \omega^2(t) \cdot R\{\cos \phi(t), \sin \phi(t)\} + \frac{d\omega(t)}{dt} \cdot R\{- \sin \phi(t), \cos \phi(t)\}$$

$$|\vec{a}(t)| = a(t) = R \left\{ \omega^4(t) + \left(\frac{d\omega(t)}{dt} \right)^2 \right\}^{1/2}$$

Radialbeschleunigung

$$a_r(t) = + a_x(t) \cos \phi(t) + a_y(t) \sin \phi(t) = - R\omega^2(t)$$

Tangentialbeschleunigung

$$a_\phi(t) = - a_x(t) \sin \phi(t) + a_y(t) \cos \phi(t) = + R \frac{d\omega(t)}{dt}$$

1.2.3.2 Komplexe Darstellung

Die komplexe Darstellung einer Kreisbewegung spielt eine wichtige Rolle in der Physik. Anwendungen finden sich in der Schwingungslehre, der Wechselstromtechnik, der Theorie der Wellen und in der Wellenmechanik. Grundlegend für die komplexe Darstellung der Kreisbewegung ist der Satz von A. de M o i v r e (1667–1754)

$$\boxed{\exp i\alpha \equiv e^{i\alpha} = \cos \alpha + i \sin \alpha} \tag{1.4}$$

Ersetzt man die reelle xy-Ebene durch die komplexe Zahlenebene $z = x + iy$, so erhält man durch Anwendung dieses Satzes für

Die Kreisbahn

$$z(t) = x(t) + i\, y(t) = R \exp \{i \cdot \phi(t)\} = R\, e^{i \cdot \phi(t)}$$

$$x(t) = \mathrm{Re}\, z(t) = R \cos \phi(t); \qquad y(t) = \mathrm{Im}\, z(t) = R \sin \phi(t)$$

$$|z(t)| = \{z(t) \cdot \bar{z}(t)\}^{1/2} = R$$

Die Geschwindigkeit

$$v_K(t) = v_x(t) + i\, v_y(t) = \frac{d}{dt} z(t) = i\, \omega(t) z(t)$$

Die Beschleunigung

$$a_K(t) = a_x(t) + i\, a_y(t) = \frac{d^2}{dt^2} z(t) = i \frac{d\omega(t)}{dt} z(t) - \omega^2(t) z(t)$$

1.2.3.3 Die gleichförmige Kreisbewegung

Viele Kreisbewegungen der Physik sind gleichförmig. *Nach Definition* ist dann die Winkelgeschwindigkeit konstant:

$$\omega(t) = \omega = \text{const}; \qquad \omega = 2\pi\nu = \frac{2\pi}{T}$$

ω bezeichnet die *Kreisfrequenz*, ν die *Frequenz* und T die *Periode*. Für den Drehwinkel $\phi(t)$ gilt

$$\phi(t) = \omega t + \phi_0,$$

wobei ϕ_0 die Phase darstellt.

Reelle Darstellung

$$\vec{r}(t) = R\{\cos(\omega t + \phi_0), \sin(\omega t + \phi_0)\}$$

$$|\vec{r}(t)| = r = R$$

$$\vec{v}(t) = \omega R\{-\sin(\omega t + \phi_0), \cos(\omega t + \phi_0)\}$$

$$|\vec{v}(t)| = v = \omega R$$

$$\vec{a}(t) = -\omega^2 R\{\cos(\omega t + \phi_0), \sin(\omega t + \phi_0)\} = -\omega^2 \vec{r}(t)$$

$$|\vec{a}(t)| = a = \omega^2 R = \frac{v^2}{R}$$

Die Beschleunigung $\vec{a}(t)$ ist *radial.*

Komplexe Darstellung

$$z(t) = R \exp i(\omega t + \phi_0) = R\, e^{i(\omega t + \phi_0)}$$

$$v_K(t) = \frac{d}{dt} z(t) = i\omega z(t); \qquad a_K(t) = \frac{d^2}{dt^2} z(t) = -\omega^2 z(t)$$

1.2.3.4 Kinematik in ebenen Polarkoordinaten

Ebene Polarkoordinaten sind der Kreisbewegung angepaßt. Im Unterschied zur Kreisbewegung sind jedoch radiale Bewegungen und Geschwindigkeiten zugelassen.

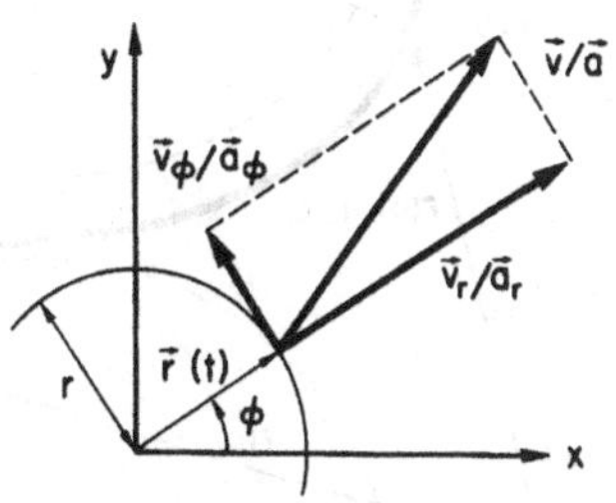

Darstellung des Ortsvektors

$$r(t) = \{x^2(t) + y^2(t)\}^{1/2}, \qquad \phi(t) = \arctan\{y(t)/x(t)\}$$

$$x(t) = r(t) \cdot \cos\phi(t), \qquad y(t) = r(t) \cdot \sin\phi(t)$$

Die Geschwindigkeit

$$v^2 = v_r^2 + v_\phi^2 = \dot{r}^2 + r^2\dot{\phi}^2$$

Radialgeschwindigkeit

$$v_r = v_x \cos\phi + v_y \sin\phi = \dot{r}$$

Azimutalgeschwindigkeit

$$v_\phi = -v_x \sin\phi + v_y \cos\phi = r \cdot \dot{\phi}$$

Die Beschleunigung

$$a^2 = a_r^2 + a_\phi^2$$

Radialbeschleunigung

$$a_r = a_x \cos\phi + a_y \sin\phi = \ddot{r} - r\dot{\phi}^2$$

Azimutalbeschleunigung

$$a_\phi = -a_x \sin\phi + a_y \cos\phi = r\ddot{\phi} + 2\dot{r}\dot{\phi}$$

1.2.4 Kinematik bezogen auf die Bahn des Massenpunktes

Die allgemeinste und übersichtlichste Darstellung der Bewegung eines Massenpunktes beruht auf der *Differentialgeometrie seiner Bahn*.

1.2.4.1 Differentialgeometrie der Bahn

Die Bahn eines Punktes wird in der Differentialgeometrie als Kurve mit dem Weg s als Parameter beschrieben. Die *Zeit* t *spielt keine Rolle*. Sie wird erst in der Kinematik des Massenpunktes eingeführt.

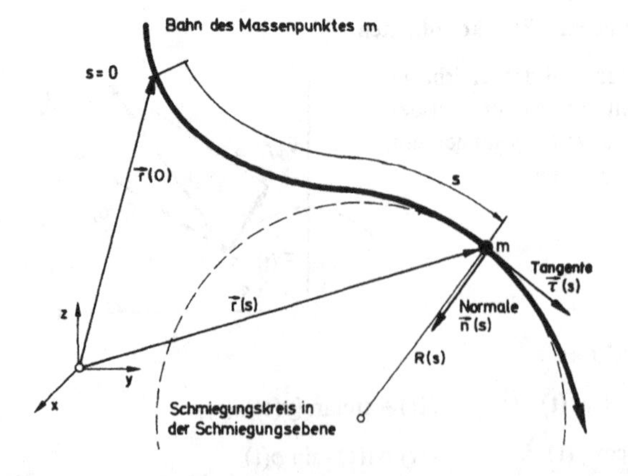

Ortsvektor als Funktion des Weges

Ortsvektor

$$\vec{r} = \{x, y, z\}$$

Definition des Weges

$$ds = |d\vec{r}| = \sqrt{dx^2 + dy^2 + dz^2} \qquad s = \int ds = \int \sqrt{dx^2 + dy^2 + dz^2}$$

Parametrisierung der Bahn

$$\vec{r}(s) = \{x(s), y(s), z(s)\}$$

Der Tangentenvektor. Der Tangentenvektor $\vec{\tau}$ am Ort s der Bahn $\vec{r}(s)$ ist bestimmt durch:

$$(1.5) \qquad \vec{\tau}(s) = \frac{d\vec{r}(s)}{ds}, \qquad |\vec{\tau}(s)| = 1$$

Beweis:

Tangentenrichtung

$$\vec{\tau} = \lim_{\Delta s \to 0} \frac{\vec{r}(s + \Delta s) - \vec{r}(s)}{\Delta s}$$

Einheitslänge

$$|\vec{\tau}(s)| = \left|\frac{d\vec{r}}{ds}\right| = \frac{|d\vec{r}|}{ds} = \frac{ds}{ds} = 1$$

Bahnnormale und Krümmungsradius. Die Normale $\vec{n}(s)$ und der Krümmungsradius R(s) am Ort s der Bahn $\vec{r}(s)$ sind bestimmt durch:

$$(1.6) \qquad \frac{d\vec{\tau}(s)}{ds} = \frac{\vec{n}(s)}{R(s)}, \qquad |\vec{n}(s)| = 1$$

Beweis:

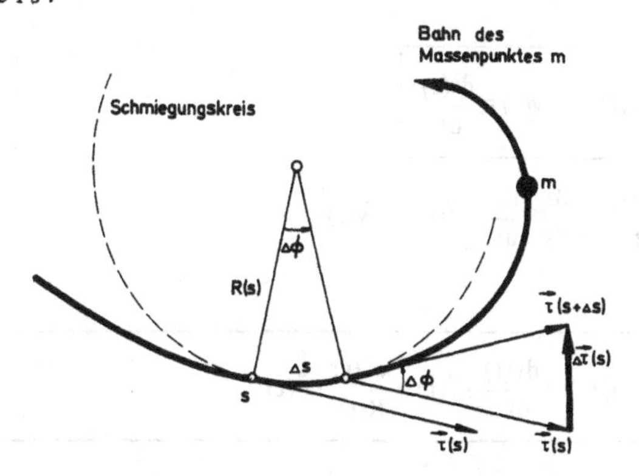

1. Schritt

$$(\vec{\tau}(s))^2 = \vec{\tau}(s) \cdot \vec{\tau}(s) = 1$$

$$\frac{d}{ds}(\vec{\tau}(s))^2 = 2\,\vec{\tau}(s) \cdot \frac{d\vec{\tau}(s)}{ds} = 0, \quad \text{also} \quad \frac{d\vec{\tau}(s)}{ds} \perp \vec{\tau}(s).$$

2. Schritt. Aus der Figur ergibt sich $\Delta s = R(s) \cdot \Delta\phi$ und $|\Delta\vec{\tau}| = |\vec{\tau}| \cdot \Delta\phi = \Delta\phi$, was bedingt, daß

$$\left|\frac{\Delta\vec{\tau}}{\Delta s}\right| = \frac{|\Delta\vec{\tau}|}{\Delta s} = \frac{\Delta\phi}{R(s) \cdot \Delta\phi} = \frac{1}{R(s)}, \quad \text{also} \quad \left|\frac{d\vec{\tau}}{ds}\right| = \frac{1}{R(s)}.$$

1.2.4.2 Die Bewegung des Massenpunktes auf seiner Bahn

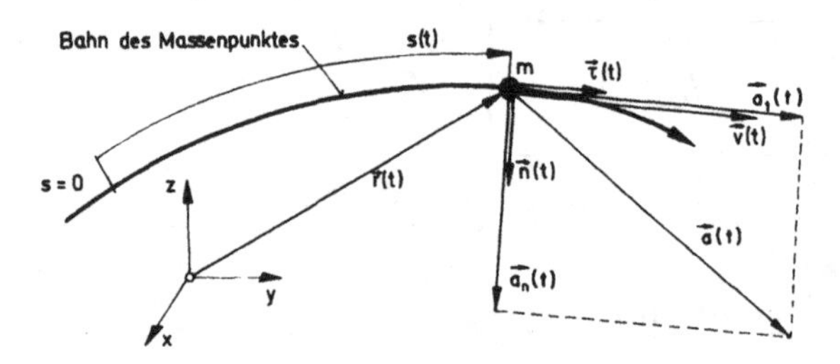

Darstellung des Ortsvektors. Die Bewegung des Massenpunktes auf seiner Bahn kann mit Hilfe der *differentialgeometrischen Parameter* (1.2.4.1): Tangentenvektor $\vec{\tau}$, Normalenvektor $\vec{n}$ und Krümmungsradius R, dargestellt werden, wenn im zeitabhängigen Ortsvektor $\vec{r}(t)$ der *Weg* s *als intermediärer Parameter* eingeführt wird:

Ortsvektor $\vec{r} = \vec{r}(s)$ beschreibt die Differentialgeometrie der Bahn.

Weg $s = s(t)$ entspricht dem Fahrplan auf der Bahn.

$$\vec{r} = \vec{r}\{s(t)\} \tag{1.7}$$

Auf Grund dieser Darstellung ergibt sich für

Die Geschwindigkeit

$$\vec{v}(t) = v(t) \cdot \vec{\tau}(t); \qquad v(t) = \frac{ds(t)}{dt} \tag{1.8}$$

B e w e i s : $\vec{v}(t) = \dfrac{d\vec{r}(s(t))}{dt} = \dfrac{d\vec{r}}{ds} \cdot \dfrac{ds}{dt} = \vec{\tau}(s(t)) \cdot v(t)$

Die Beschleunigung

$$\vec{a}(t) = \vec{a}_t(t) + \vec{a}_n(t) = \frac{dv(t)}{dt} \cdot \vec{\tau}(t) + \frac{v^2(t)}{R(t)} \cdot \vec{n}(t) \tag{1.9}$$

wobei $\vec{a}_t(t)$ die *Tangentialbeschleunigung* und $\vec{a}_n(t)$ die *Zentripetalbeschleunigung* darstellen.

Beweis:

$$\vec{a}(t) = \frac{d}{dt} \cdot \vec{v}(t) = \frac{d}{dt} \{v(t) \cdot \vec{\tau}(s(t))\} = \frac{dv(t)}{dt} \cdot \vec{\tau}(t) + v(t) \cdot \frac{d\vec{\tau}(s)}{ds} \cdot \frac{ds(t)}{dt}$$

$$= \frac{dv(t)}{dt} \cdot \vec{\tau}(t) + v^2(t) \cdot \frac{\vec{n}(t)}{R(t)}$$

1.2.4.3 Bewegung des Massenpunktes auf einer ebenen Bahn

Bewegt sich ein Massenpunkt auf einer ebenen Bahn, so lassen sich seine kinematischen Größen: Ortsvektor, Geschwindigkeit und Beschleunigung, verhältnismäßig einfach durch die Bahnparameter: Tangentenvektor, Normalenvektor und Krümmungsradius, darstellen. Für kartesische Koordinaten gilt:

Ortsvektor $\vec{r} = \{x(t), y(t)\} = \{x, y\}$

Geschwindigkeit $\vec{v} = \{v_x(t), v_y(t)\} = \{\dot{x}, \dot{y}\}$

Beschleunigung $\vec{a} = \{a_x(t), a_y(t)\} = \{\ddot{x}, \ddot{y}\}$

Wegelement = Längenelement $ds = \sqrt{\dot{x}^2 + \dot{y}^2}\, dt$

Tangentenvektor $\vec{\tau} = \left\{\frac{\dot{x}}{\sqrt{\dot{x}^2 + \dot{y}^2}}, \frac{\dot{y}}{\sqrt{\dot{x}^2 + \dot{y}^2}}\right\}$

Normalenvektor $\vec{n} = \left\{\frac{-\dot{y}}{\sqrt{\dot{x}^2 + \dot{y}^2}}, \frac{\dot{x}}{\sqrt{\dot{x}^2 + \dot{y}^2}}\right\}$

Krümmungsradius $R = \frac{(\dot{x}^2 + \dot{y}^2)^{3/2}}{\dot{x}\ddot{y} - \ddot{x}\dot{y}}$

Betrag der Geschwindigkeit $v = \sqrt{\dot{x}^2 + \dot{y}^2}$

Tangentialbeschleunigung $a_t = \frac{\dot{x}\ddot{x} + \dot{y}\ddot{y}}{\sqrt{\dot{x}^2 + \dot{y}^2}}$

Zentripetalbeschleunigung $a_n = \frac{\dot{x}\ddot{y} - \ddot{x}\dot{y}}{\sqrt{\dot{x}^2 + \dot{y}^2}} = \frac{v^2}{R}$

1.3 Die Newtonschen Axiome

Der physikalische *Begriff Kraft* wird indirekt *durch seine Wirkungen definiert*, nämlich durch die

Deformation von Körpern und

Bewegungsänderungen von Körpern.

I. Newton (1642–1727) gelang es 1686 mit Hilfe von *vier Axiomen*, die Begriffe Kraft und „träge" Masse endgültig festzulegen. Diese Axiome sind

1. das Trägheitsprinzip,
2. das Grundgesetz der Dynamik,
3. das Reaktionsprinzip,
4. das Prinzip vom Parallelogramm der Kräfte (Korollar).

Das erste Axiom beschreibt die kräftefreie Bewegung. Das zweite definiert die Kraft durch die an einem Körper verursachte Bewegungsänderung. Die beiden letzten Axiome bestimmen das Verhalten und Zusammenwirken von Kräften.

1.3.1 Das Prinzip vom Parallelogramm der Kräfte
oder: das 4. Newtonsche Axiom (Korollar)

Das Prinzip. Das Prinzip vom Parallelogramm der Kräfte besagt, daß eine Kraft, welche an einem Punkt P angreift, sich wie ein ortsgebundener Vektor $\vec{F}$ verhält.

Die *drei charakteristischen Größen der Kraft* sind demnach

Angriffspunkt: P

Betrag: F

Richtung: $\vec{e} = \vec{F}/F$

Addition von Kräften. Entsprechend dem Prinzip vom Parallelogramm der Kräfte *addieren sich die Kräfte* $\vec{F}_i$, welche in einem Punkt P angreifen, *wie Vektoren*:

$$\vec{F}_{total} \text{ (in P)} = \sum_i \vec{F}_i \text{ (in P)} \tag{1.10}$$

Gleichgewicht. *Nach Definition* sind die Kräfte $\vec{F}_i$, welche in einem Punkt P angreifen, im *Gleichgewicht*, wenn

$$\vec{F}_{total} \text{ (in P)} = \sum_i \vec{F}_i \text{ (in P)} = 0$$

Beispiel:

$F_1 = 3$

$F_2 = 4$

$F_3 = 5$

$\vec{F}_1 + \vec{F}_2 + \vec{F}_3 = 0$

$\vec{F}_3 = -\vec{F}_1 - \vec{F}_2$

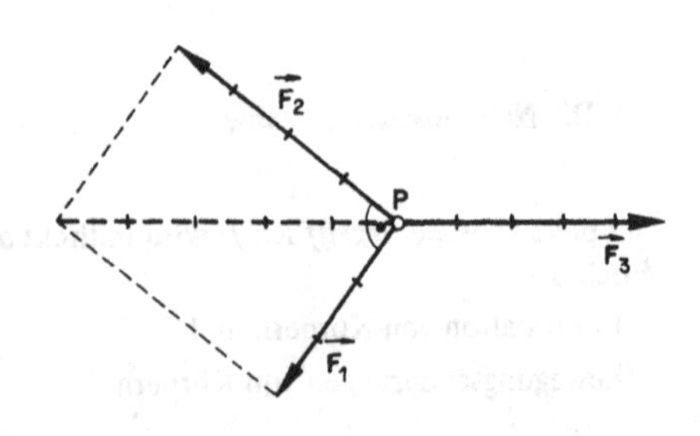

1.3.2 Das Reaktionsprinzip

oder: das 3. Newtonsche Axiom

oder: das Prinzip von der Wechselwirkung der Kräfte

Objektive Formulierung. Übt ein Körper 1 auf einen Körper 2 die Kraft $\vec{F}_{12}$ aus, so reagiert der Körper 2 auf den Körper 1 mit der Gegenkraft $\vec{F}_{21}$. Es gilt

(1.11)
$$\vec{F}_{21} = -\vec{F}_{12}$$
oder: actio = reactio

Kraft und Gegenkraft greifen an verschiedenen Körpern an.

B e i s p i e l 1 : Auflagedruck einer Kugel. Die Kugel drückt im Berührungspunkt P mit der Kraft $\vec{F}_{12}$ auf die Unterlage. Die Unterlage drückt mit der entgegengesetzten Kraft $\vec{F}_{21} = -\vec{F}_{12}$ auf die Kugel.

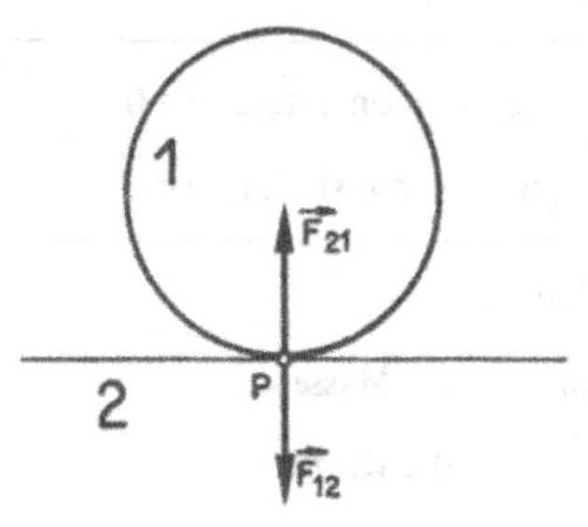

B e i s p i e l 2 : Abstoßung zweier elektrisch geladener Kugeln.

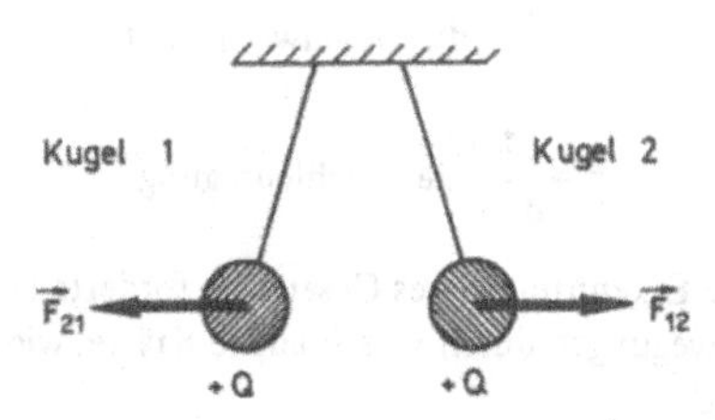

Subjektive Formulierung. Wirke ich auf ein mechanisches System im Punkt P mit der Kraft $\vec{F}_a$, so reagiert es mit der Kraft $\vec{F}_r$. Für diese gilt

(1.12)
$$\vec{F}_r \text{ (in P)} = -\vec{F}_a \text{ (in P)}$$

Man bezeichnet $\vec{F}_a$ als aufgewendete Kraft und $\vec{F}_r$ als Reaktionskraft.

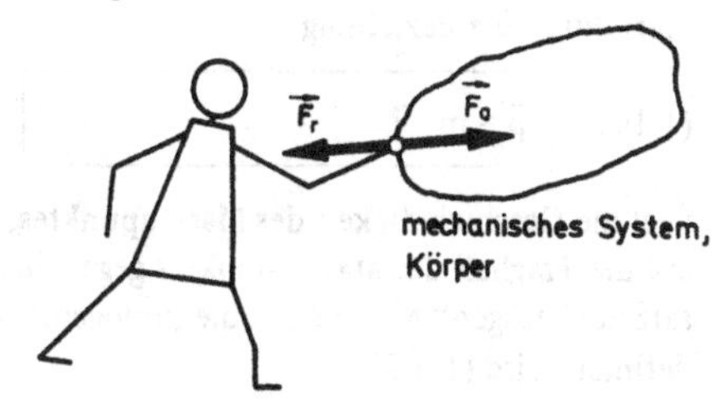

B e i s p i e l : Strecken einer Spiralfeder

$\vec{F}_a = f\,\vec{x} = -\vec{F}_r$

x = Dehnung der Feder

f = Federkonstante

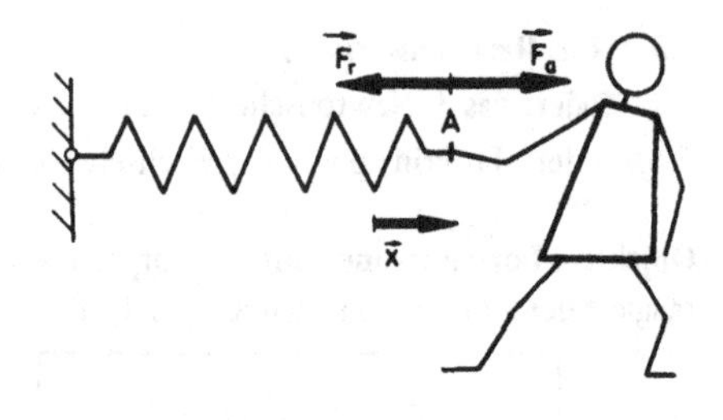

1.3.3 Das Trägheitsgesetz

oder: das 1. Newtonsche Axiom

Jeder Körper mit konstanter Masse verharrt im Zustand der Ruhe oder der gleichförmig geradlinigen Bewegung, sofern er nicht durch Kräfte gezwungen wird, seinen Bewegungszustand zu ändern:

(1.13) Für $m = \text{const}$ und $\vec{F} = 0$
gilt $\vec{v} = \text{const}$, d. h. $\vec{a} = 0$

Dabei bedeuten:

m	die Masse
$\vec{F}$	die Kraft
$\vec{v} = \frac{d\vec{r}}{dt}$	die Geschwindigkeit
$\vec{a} = \frac{d\vec{v}}{dt}$	die Beschleunigung

Die Erkenntnis dieses Gesetzes erforderte eine kühne Abstraktion, da alle natürlichen Bewegungen durch verschiedene Kräfte, wie z. B. Reibung und Gravitation, gestört sind.

1.3.4 Das Grundgesetz der Dynamik

oder: das 2. Newtonsche Axiom

Der Impuls. Das Grundgesetz der Dynamik verknüpft den Begriff Kraft mit einer dynamischen Bewegungsgröße, dem *Impuls* $\vec{p}$. Dieser ist für einen Massenpunkt definiert durch die Beziehung

(1.14) $$\vec{p} = m \cdot \vec{v}$$

$\vec{v}$ ist die Geschwindigkeit des Massenpunktes, m seine *„träge" Masse*. „Träge" deutet hin auf die Trägheit des Massenpunktes gegenüber einer *Bewegungsänderung*. Im Gegensatz zur „trägen" Masse steht die *„schwere" Masse*, die durch das *Gravitationsgesetz* definiert wird (1.5.2).

Zu Beginn dieses Jahrhunderts (1.5.11) konnte postuliert werden, daß *kein Unterschied* zwischen „träger" und „schwerer" Masse besteht. Aus diesem Grund spricht man allgemein nur von der *Masse* m eines Massenpunktes oder eines Körpers.

Die SI-*Einheit des Impulses* ist

$$[\vec{p}] = [m\,\vec{v}] = 1\ \text{kg m s}^{-1}$$

Das zweite Newtonsche Axiom. Die zeitliche Änderung des Impulses $\vec{p}$ eines Massenpunktes ist gleich der wirkenden Kraft $\vec{F}$.

$$\vec{F} = \frac{d\vec{p}}{dt} = \frac{d}{dt}(m\,\vec{v}) \tag{1.15}$$

Dieses Gesetz definiert Größe und Richtung einer Kraft durch die Änderung eines Produktes aus Masse und Geschwindigkeit.

Bewegungsänderung bei konstanter Masse. Ist die Masse m eines Massenpunktes konstant, so gilt

$$\vec{F} = m\,\vec{a} = m \cdot \frac{d\vec{v}}{dt} = m \cdot \frac{d^2\vec{r}}{dt^2}$$

$\vec{a}$ ist die Beschleunigung des Massenpunktes.

Beweis:

$$\vec{F} = \frac{d\vec{p}}{dt} = \frac{d}{dt}(m\,\vec{v}) = \frac{dm}{dt} \cdot \vec{v} + m \cdot \frac{d\vec{v}}{dt} = m \cdot \frac{d\vec{v}}{dt}.$$

Kräftefreie Bewegung. Wirkt keine Kraft auf einen Massenpunkt mit dem Impuls $\vec{p}$, so bleibt $\vec{p}$ konstant.

$$\frac{d\vec{p}}{dt} = 0 \quad \text{oder} \quad \vec{p} = m\,\vec{v} = \text{const}$$

Ist die *Masse* m *konstant*, so gilt das *Trägheitsgesetz* (1.3.3):

$$\vec{a} = \frac{d\vec{v}}{dt} = 0, \qquad \vec{v} = \text{const}$$

Dynamische Krafteinheit. Das 2. Axiom von Newton gestattet, die Einheit der Kraft auf die Einheiten der Masse, der Zeit und der Länge zurückzuführen. Die entsprechende SI-*Einheit* ist

$$[\vec{F}] = \left[\frac{d\vec{p}}{dt}\right] = 1\ \text{Newton} = 1\ \text{N} = 1\ \text{kg m s}^{-2}$$

Die Krafteinheit der CGS-*Systeme* ist

$$[\vec{F}] = 1\ \text{dyn} = 1\ \text{g cm s}^{-2} = 10^{-5}\ \text{N}$$

1.3.5 Integralform des Grundgesetzes

Kraftstoß und Wirkung. Eine Kraft erzielt nur eine Wirkung, wenn ihr genügend Zeit zur Verfügung steht. Dies ergibt sich unmittelbar durch Integration des 2. Newtonschen Axioms:

$$\text{Kraftstoß} = \int_{t_1}^{t_2} \vec{F}(t)\,dt = \vec{p}(t_2) - \vec{p}(t_1) \tag{1.16}$$

Beweis: $\int_{t_1}^{t_2} \vec{F}(t)\,dt = \int_{t_1}^{t_2} \frac{d\vec{p}(t)}{dt}\,dt = \int_{\vec{p}(t_1)}^{\vec{p}(t_2)} d\vec{p}$

Beschreibung rascher Vorgänge. Bei raschen Vorgängen ist es oft nicht möglich, den Bewegungsablauf im einzelnen zu verfolgen. Oft sind nur Anfangszustand und Endzustand bekannt. Trotzdem können mit Hilfe des Integrals des 2. Newtonschen Axioms Aussagen über die während des Vorganges wirkenden Kräfte gemacht werden.

Beispiel: Wirkung einer reflektierten Kugel auf die Unterlage

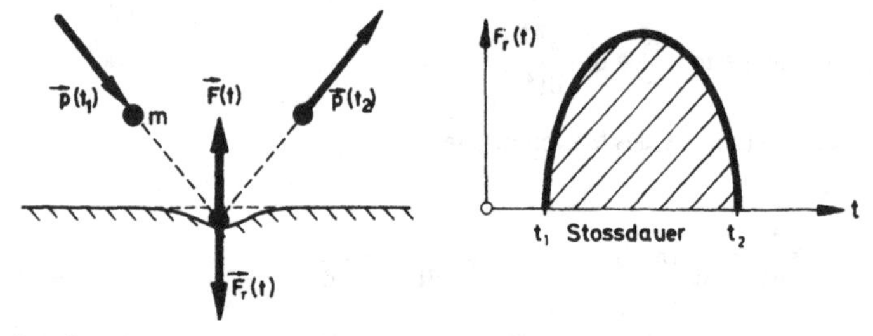

Der Kraftstoß auf die Unterlage ist bestimmt durch die Impulsänderung:

$$\int_{t_1}^{t_2} \vec{F}_r(t)\,dt = -\int_{t_1}^{t_2} \vec{F}(t)\,dt = \vec{p}(t_1) - \vec{p}(t_2)$$

1.4 Arbeit und Energie

1.4.1 Die Arbeit

Definition. Anschaulich kann der physikalische Begriff Arbeit durch das Produkt

Arbeit = aufgewendete Kraft x Weg

beschrieben werden. Dieser Auffassung entspricht folgende Darstellung

$$\Delta W = \vec{F}_a \cdot \Delta\vec{r}$$

$$W = \sum_{\text{Weg } s} \vec{F}_{ai} \cdot \Delta\vec{r}_i$$

Dabei bedeutet W die Arbeit, $\vec{F}_a$ die aufgewendete Kraft und $\Delta\vec{r}$ das unter dem Aufwand dieser Kraft zurückgelegte Wegelement.

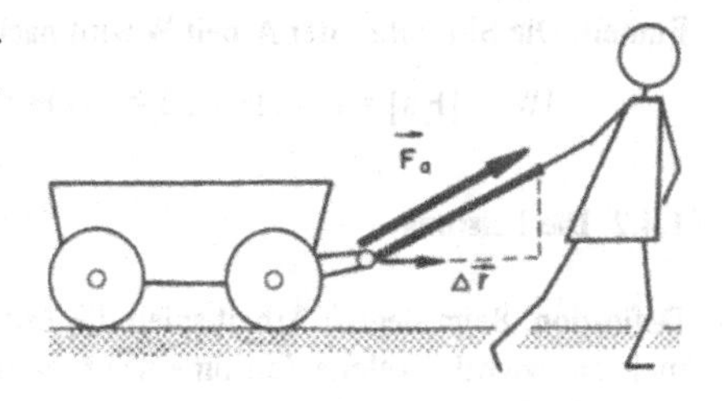

Im Sinne dieser Darstellung läßt sich die *Arbeit* W wie folgt *definieren*:

Bewegt sich ein Massenpunkt m unter dem Einfluß einer Kraft $\vec{F}_a$ auf einer Bahn b, die durch den Ortsvektor $\vec{r}_b(s)$ mit dem Weg s als Parameter beschrieben wird, so ist die Arbeit, die zwischen dem Ort $A_1 \equiv \vec{r}_1 \equiv \vec{r}_b(s_1)$ und dem Ort $A_2 \equiv \vec{r}_2 \equiv \vec{r}_b(s_2)$ geleistet wird, definiert durch

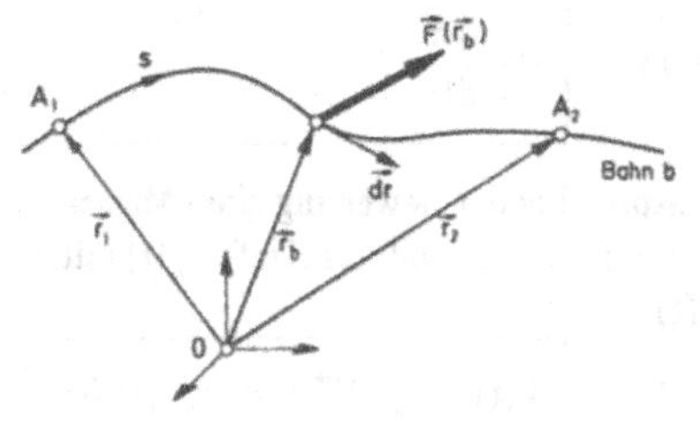

$$W = W(A_1, A_2, b) = W(\vec{r}_1, \vec{r}_2, b) = \int_{\vec{r}_1,\,\text{Bahn b}}^{\vec{r}_2} \vec{F}_a(\vec{r}) \cdot d\vec{r} = \int_{s_1}^{s_2} \vec{F}_a\{\vec{r}_b(s)\} \cdot \vec{\tau}_b(s) \cdot ds \tag{1.17}$$

wobei $\vec{\tau}_b(s) = d\vec{r}_b(s)/ds$ den Tangentenvektor der Bahn b darstellt (1.2.4.1).

Die Arbeit W hängt im allgemeinen ab von der durchlaufenen Bahn b, vom Anfangspunkt $\vec{r}_1$ und vom Endpunkt $\vec{r}_2$.

Arbeit der Gleitreibung. Die *Gleitreibung* wirkt entgegengesetzt zur Bewegungsrichtung, und ihr Betrag ist im Idealfall konstant:

$$\vec{F}_{GR} = -F_{GR}\,\vec{\tau}(s) = -F_{GR}\,\frac{\vec{v}}{v}$$

wobei $\vec{\tau}(s)$ den Tangentenvektor der Bahn des Körpers darstellt.

Die Arbeit, die auf einer Bahn b zwischen dem Punkt $\vec{r}_1$ und dem Punkt $\vec{r}_2$ *gegen* die Gleitreibung geleistet werden muß, ist

$$W(\vec{r}_1, \vec{r}_2, b) = \int_{s_1}^{s_2} (-\vec{F}_{GR})\,\vec{\tau}_b(s)\,ds$$

$$= +F_{GR} \int_{s_1}^{s_2} \vec{\tau}_b(s) \cdot \vec{\tau}_b(s) \cdot ds = +F_{GR} \int_{s_1}^{s_2} ds = +F_{GR} \cdot (s_2 - s_1)$$

Die *Arbeit gegen die Gleitreibung* ist proportional zum zurückgelegten Weg s.

Einheit. Die SI-*Einheit* der Arbeit W wird nach J. P. Joule (1818–1889) benannt:

$$[W] = [F\,s] = 1\ \text{Joule} = 1\ \text{J} = 1\ \text{N m} = 1\ \text{kg m}^2\ \text{s}^{-2} = 1\ \text{W s}$$

1.4.2 Die Leistung

Definition. Beim Begriff Arbeit spielt die Zeit keine Rolle. In der Technik ist es aber meistens wichtig, welche Zeit für einen bestimmten Arbeitsaufwand benötigt wird. Auskunft darüber gibt die Leistung. Sie ist definiert als *Arbeit pro Zeit:*

$$P = \frac{dW}{dt} \tag{1.18}$$

Leistung bei der Bewegung eines Massenpunktes. Bewegt man einen Massenpunkt m unter dem Aufwand der Kraft $\vec{F}_a(t)$ mit der Geschwindigkeit $\vec{v}(t)$, so ist die Leistung P(t)

$$P(t) = \vec{F}_a(t)\,\vec{v}(t) = -\,\vec{F}_r(t)\,\vec{v}(t) \tag{1.19}$$

wobei $\vec{F}_r(t)$ die Reaktionskraft darstellt.

Beweis: Ein Massenpunkt m bewegt sich unter dem Einfluß der Kraft $\vec{F}_a(t)$ auf der Bahn r(t). Die Arbeit, welche dabei von der Zeit t_0 bis zur Zeit t geleistet wird, beträgt:

$$\begin{aligned} W(t_0, t) &= W(\vec{r}(t_0), \vec{r}(t)) \\ &= \int_{\vec{r}(t_0)}^{\vec{r}(t)} \vec{F}_a(t) \cdot d\vec{r}(t) \\ &= \int_{t_0}^{t} \vec{F}_a(t) \cdot \vec{v}(t) \cdot dt \\ &= \int_{t_0}^{t} P(t) \cdot dt \end{aligned}$$

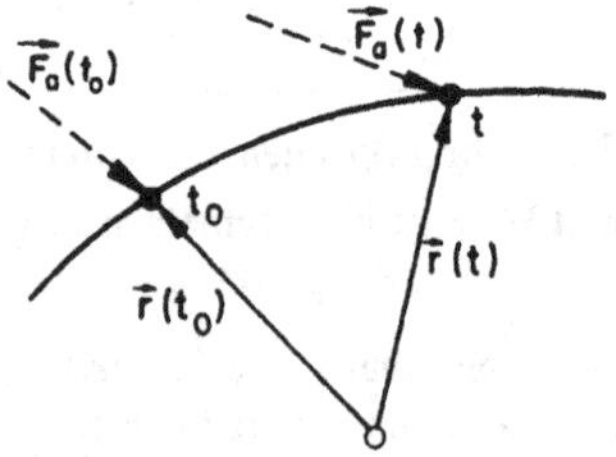

Einheit. Die SI-*Einheit* der Leistung P wird nach dem Erfinder der Dampfmaschine, J. Watt (1736–1819), benannt.

$$[P] = \left[\frac{W}{t}\right] = 1\ \text{Watt} = 1\ \text{W} = 1\ \text{kg m}^2\ \text{s}^{-3} = 1\ \text{J s}^{-1}$$

Beispiel: Beschleunigung eines Automobils.

Ein Automobil mit der Masse m wird vom Stillstand aus durch seinen Motor mit konstanter Leistung P beschleunigt. Die Geschwindigkeit v und die Beschleunigung a ergeben sich aus folgender Rechnung:

$$F = \frac{P}{v} = m\,\frac{dv}{dt}, \qquad 2v\,dv = d(v^2) = \frac{2P}{m}\,dt$$

$$v^2 = \int_0^t \frac{2P}{m}\,dt = \frac{2P}{m}\,t$$

$$v = \sqrt{\frac{2P}{m}}\,\sqrt{t}$$

$$a = \sqrt{\frac{P}{2m}} \cdot \frac{1}{\sqrt{t}}$$

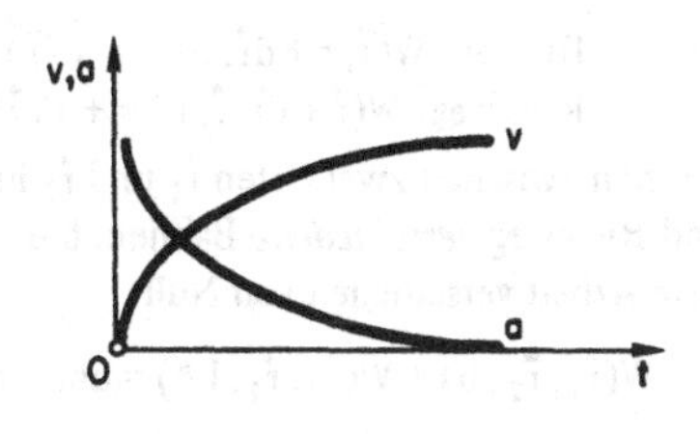

1.4.3 Kraftfelder

Definition. Ein Kraftfeld ist ein Gebiet G, in dem auf einen Massenpunkt m zu jedem Zeitpunkt t eine Kraft $\vec{F}$ wirkt, die eindeutig vom Ortsvektor $\vec{r}$ abhängt:

(1.20) $$\vec{F}\,(\text{auf } m) = \vec{F}(\vec{r}, t)$$

In vielen Fällen ist das Kraftfeld *statisch*, d. h. die Kraft $\vec{F}$ ist unabhängig von der Zeit t:

$$\vec{F}\,(\text{auf } m) = \vec{F}(\vec{r})$$

Beispiele: Schwerefeld (1.5.8), Gravitationsfeld (1.5.3), Elektrisches Feld (5.1.3).

Feldlinien eines Kraftfeldes. Feldlinien sind Kurven $\vec{r}_{FL}(s)$ in einem Kraftfeld, die in jedem Punkt parallel zur Feldkraft $\vec{F}$ stehen. Mathematisch formuliert gilt

$$\vec{F}\{\vec{r}_{FL}(s)\} = \pm F\{\vec{r}_{FL}(s)\} \cdot \vec{\tau}_{FL}(s)$$

$$\vec{\tau}_{FL}(s) = \frac{d\vec{r}_{FL}(s)}{ds}$$

$\vec{\tau}_{FL}(s)$ ist der Tangentenvektor der betreffenden Feldlinie.

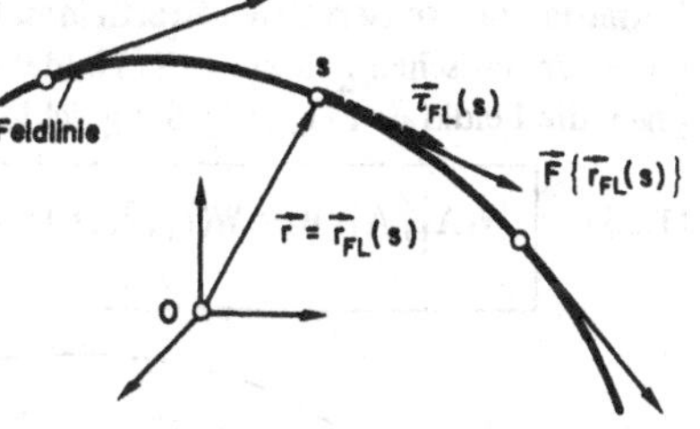

Arbeit in einem statischen Kraftfeld. Die Arbeit $W(\vec{r}_1, \vec{r}_2, b)$, die man in einem statischen Kraftfeld bei der Verschiebung eines Massenpunktes m vom Ort $\vec{r}_1$ zum Ort $\vec{r}_2$ auf der Bahn b gegen die Feldkraft $\vec{F}(\vec{r})$ leistet, ist

(1.21) $$W(\vec{r}_1, \vec{r}_2, b) = +\int_{\vec{r}_1,\ \text{Bahn b}}^{\vec{r}_2} \vec{F}_a \cdot d\vec{r} = -\int_{\vec{r}_1}^{\vec{r}_2} \vec{F}(\vec{r}) \cdot d\vec{r}$$

Arbeit auf dem Hin- und Rückweg. Benützt man zwischen zwei Orten $\vec{r}_1$ und $\vec{r}_2$ in einem statischen Kraftfeld auf dem Hin- und Rückweg die *gleiche* Bahn b, so ist die gesamte geleistete Arbeit Null.

(1.22) $$W(\vec{r}_1, \vec{r}_2, b) + W(\vec{r}_2, \vec{r}_1, b) = 0$$

Beweis: Hinweg: $W(\vec{r}, \vec{r} + d\vec{r}, b) = -\vec{F}(\vec{r}) \cdot d\vec{r}$
Rückweg: $W(\vec{r} + d\vec{r}, \vec{r}, b) = +\vec{F}(\vec{r}) \cdot d\vec{r}$

Benützt man zwischen zwei Orten $\vec{r}_1$ und $\vec{r}_2$ in einem statischen Kraftfeld auf dem Hin- und Rückweg *verschiedene* Bahnen, b und b*, so ist im allgemeinen die gesamte geleistete Arbeit verschieden von Null:

$$W(\vec{r}_1, \vec{r}_2, b) + W(\vec{r}_2, \vec{r}_1, b^*) = \text{unbestimmt für } b \neq b^*$$

1.4.4 Konservative Kraftfelder

Überblick. Konservative Kraftfelder sind Kraftfelder, die einer *starken Einschränkung* unterworfen sind. Diese Einschränkung kann mit *vier verschiedenen Sätzen* beschrieben werden:

die Arbeit verschwindet auf jedem geschlossenen Weg.

Die Arbeit ist unabhängig vom Weg.

Das Kraftfeld ist wirbelfrei.

Im Kraftfeld existiert eine potentielle Energie (1.4.5).

Alle Sätze sind *äquivalent.* Jeder von ihnen genügt, um ein Kraftfeld als konservativ zu kennzeichnen.

Beispiele: Schwerefeld (1.5.8), Gravitationsfeld (1.5.3), elektrostatisches Feld (5.1.3).

Definition des konservativen Kraftfeldes. Ein einfach zusammenhängendes Gebiet G mit einer statischen Feldkraft $\vec{F}(\vec{r})$ bildet ein *konservatives Kraftfeld*, wenn die Arbeit W gegen die Feldkraft $\vec{F}(\vec{r})$ auf jeder geschlossenen Bahn b in G Null ist.

$$W(A_1, A_1, b) = W(\vec{r}_1, \vec{r}_1, b) = -\oint_{\vec{r}_1,\,\text{Bahn b}} \vec{F}(\vec{r})\, d\vec{r} = 0 \qquad (1.23)$$

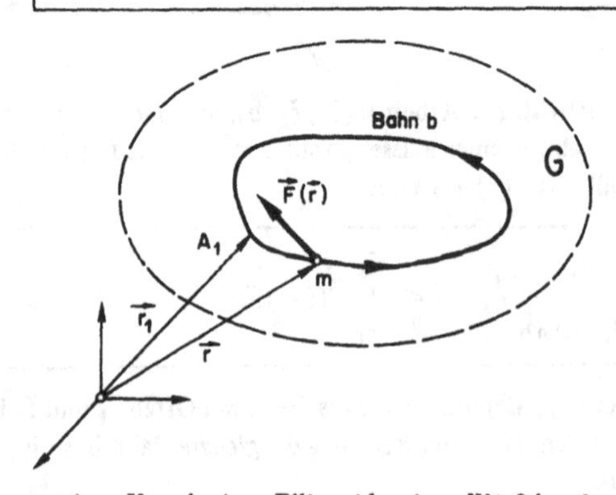

Das Innere einer Kugel, eines Ellipsoids, eines Würfels oder eines Zylinders sind *einfach zusammenhängende Gebiete*. Ein nicht einfach zusammenhängendes Gebiet ist das Innere eines Torus.

Arbeit auf verschiedenen Wegen. Die Arbeit W von einem Ort A_1 zu einem andern Ort A_2 ist in einem konservativen statischen Kraftfeld G *unabhängig von der Bahn* b.

(1.24) $$W(\vec{r}_1, \vec{r}_2, b) = W(\vec{r}_1, \vec{r}_2, b^*)$$

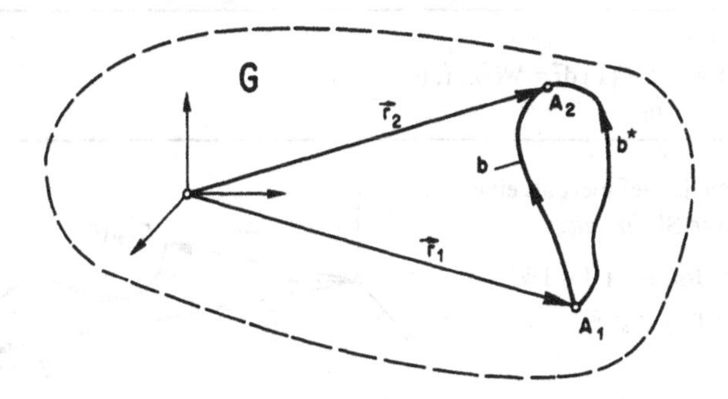

Beweis:

$$W(\vec{r}_1, \vec{r}_2, b) - W(\vec{r}_1, \vec{r}_2, b^*) = W(\vec{r}_1, \vec{r}_2, b) + W(\vec{r}_2, \vec{r}_1, b^*)$$
$$= W(\vec{r}_1, \vec{r}_1, b + b^*) = 0$$

Wirbelfreiheit. In einem konservativen Kraftfeld G ist die Feldkraft $\vec{F}(\vec{r})$ an jedem Ort $\vec{r}$ wirbelfrei.

(1.25) $$\text{rot}\, \vec{F}(\vec{r}) = 0$$

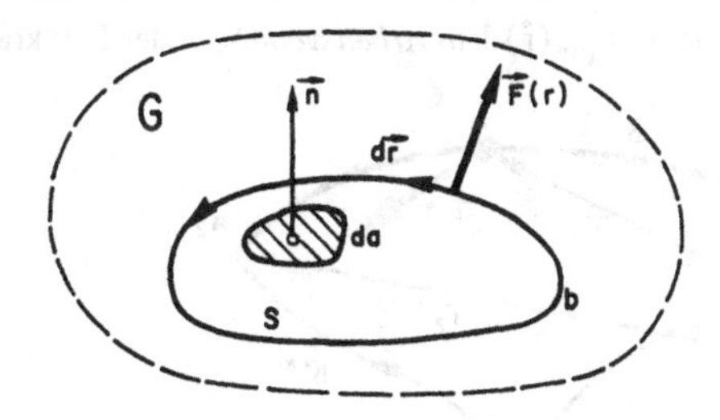

Beweis: Mathematischer Satz von G. G. Stokes (1819–1903)

$$\oint_{\vec{r}_1,\ \text{Bahn b}} \vec{F}(\vec{r}) \cdot d\vec{r} = - \int_{\text{Fläche S}} \text{rot}\, \vec{F}(\vec{r}) \cdot \vec{n}\, da = 0$$

für jede geschlossene Bahn b, die eine Fläche S umschließt. Also muß gelten: rot $\vec{F}(\vec{r}) = 0$ an jedem Ort $\vec{r}$. $\vec{n}$ ist der Normalenvektor auf dem Flächenelement da.

1.4.5 Die potentielle Energie

Definition. In einem konservativen statischen Kraftfeld ist die ortsabhängige potentielle Energie $E_{pot}(\vec{r})$ definiert als die Arbeit W, welche man von einem vereinbarten Fixpunkt $\vec{r}_0$ aus *gegen* die Feldkraft $\vec{F}(\vec{r})$ leisten muß, um zum Ort $\vec{r}$ zu gelangen.

(1.26) $$E_{pot}(\vec{r}) = -\int_{\vec{r}_0}^{\vec{r}} \vec{F}(\vec{r})\,d\vec{r} = W(\vec{r}_0, \vec{r}, b)$$

Einheit. Die Energie ist definiert als eine Arbeit. Somit ist ihre SI-*Einheit*:

$$[E_{pot}] = 1 \text{ Joule} = 1 \text{ J} = 1 \text{ W s} = 1 \text{ kg m}^2 \text{ s}^{-2}$$

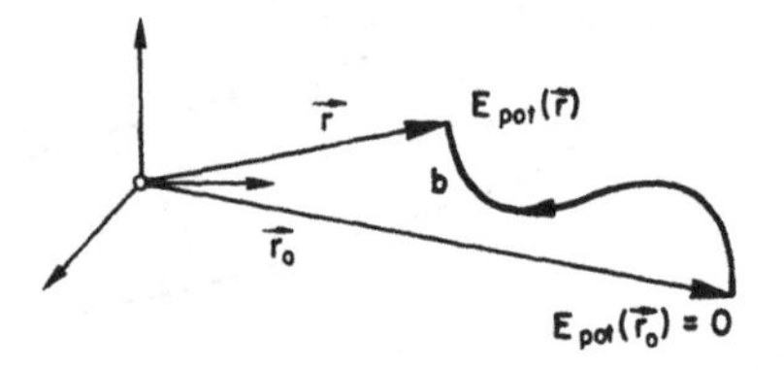

Eindeutigkeit. Die potentielle Energie in einem konservativen Kraftfeld ist eine *eindeutige skalare Funktion des Ortes*, da die Arbeit $W(\vec{r}_0, \vec{r}, b)$ unabhängig von der Bahn b ist (1.4.4).

Potentielle Energie und Arbeit der Feldkraft. Bewegt sich der Massenpunkt m im konservativen Kraftfeld unter dem Einfluß der Feldkraft $\vec{F}(\vec{r})$ auf einer Bahn b von $\vec{r}_1$ nach $\vec{r}_2$, so leistet diese die Arbeit

(1.27) $$W(\vec{r}_1, \vec{r}_2, b) = E_{pot}(\vec{r}_1) - E_{pot}(\vec{r}_2)$$

Somit entspricht die potentielle Energie $E_{pot}(\vec{r})$ dem *Arbeitsvermögen* der Feldkraft $\vec{F}(\vec{r})$.

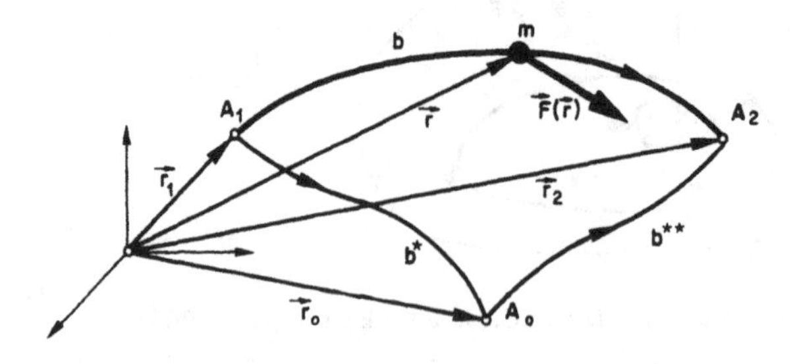

B e w e i s :

$$W(\vec{r}_1, \vec{r}_2, b) = +\int_{\vec{r}_1,\,\text{Bahn b}}^{\vec{r}_2} \vec{F}(\vec{r}) \cdot d\vec{r}$$

$$= \int_{\vec{r}_1,\,\text{Bahn b*}}^{\vec{r}_0} \vec{F}(\vec{r})\,d\vec{r} + \int_{\vec{r}_0,\,\text{Bahn b**}}^{\vec{r}_2} \vec{F}(\vec{r})\,d\vec{r} = E_{pot}(\vec{r}_1) - E_{pot}(\vec{r}_2)$$

Feldkraft als Gradient der potentiellen Energie. In einem konservativen statischen Kraftfeld ist die Feldkraft $\vec{F}(\vec{r})$ eindeutig bestimmt durch die potentielle Energie. Es gilt

$$\vec{F}(\vec{r}) = -\,\mathrm{grad}\,E_{pot}(\vec{r}) \tag{1.28}$$

B e w e i s : $d\{E_{pot}(\vec{r})\} = \mathrm{grad}\,E_{pot}(\vec{r}) \cdot d\vec{r} = -\vec{F}(\vec{r}) \cdot d\vec{r}$ für jedes $d\vec{r}$, also gilt $\mathrm{grad}\,E_{pot}(\vec{r}) = -\vec{F}(\vec{r})$.

1.4.6 Die kinetische Energie

Definition. Die kinetische Energie $E_{kin}(\vec{p})$ ist die Arbeit, die benötigt wird, um einen Massenpunkt m von der Ruhe in den Bewegungszustand mit dem Impuls $\vec{p}$ zu bringen.

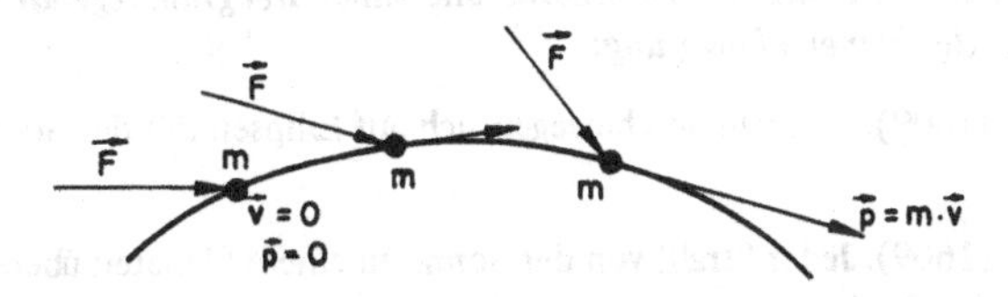

Kinetische Energie als eindeutige Funktion des Impulses. Es gilt

$$E_{kin}(\vec{p} = m\,\vec{v}) = \frac{\vec{p}^2}{2m} = m\,\frac{\vec{v}^2}{2} \tag{1.29}$$

B e w e i s : auf Grund des 2. Newtonschen Axioms

$$E_{kin}(\vec{p}) = W(0, \vec{p}) = \int \vec{F}\,d\vec{r} = \int \frac{d\vec{p}}{dt} \cdot \vec{v}\,dt = \int \frac{d\vec{p}}{dt}\,\frac{\vec{p}}{m}\,dt = \int_0^p \frac{\vec{p}\,d\vec{p}}{m} = \frac{\vec{p}^2}{2m}$$

Einheit. Die kinetische Energie hat die Einheit der Arbeit

$$[E_{kin}] = \left[m\,\frac{\vec{v}^2}{2}\right] = 1\ \text{Joule} = 1\ \text{J} = 1\ \text{W s} = 1\ \text{kg m}^2\ \text{s}^{-2}$$

1.5 Die Gravitation

Unter *Gravitation* versteht man die gegenseitige Anziehung der Körper durch ihre Massen. Die *Schwerkraft* oder das *Gewicht*, das auf der Erdoberfläche auf jeden Körper wirkt, entspricht der Gravitation zwischen dem Körper und der Erde. Gravitation und Schwerkraft entsprechen den Voraussetzungen (1.4.4) der *konservativen Kraftfelder*. Deshalb existiert in Schwere- und Gravitationsfeldern immer eine *potentielle Energie* (1.4.5).

1.5.1 Die Keplerschen Gesetze

Das universelle Gravitationsgesetz und die 4 Axiome der Mechanik (1.3) wurden von I. Newton zur Deutung der 3 Keplerschen Gesetze der Planetenbewegung formuliert. Diese waren das Resultat der astronomischen Beobachtungen und Hypothesen des 15. und 16. Jahrhunderts. N. Kopernikus (Copernicus, Kopernigk, 1473–1543) postulierte ein Weltsystem, in dem die Sonne im Mittelpunkt steht. Dieses heliozentrische oder kopernikanische System hat seinen Ursprung in Überlegungen von Aristarch von Samos (310–250 v. Chr.). T. Brahe (1546–1601) versuchte das kopernikanische durch ein eigenes, modifiziertes geozentrisches Weltsystem zu ersetzen. Deshalb führte er eine möglichst genaue Vermessung der Planetenbahnen durch. Seine astronomischen Beobachtungen sind die genauesten vor der Entdeckung des Teleskops. Sein Assistent und späterer Nachfolger als Mathematikus und Hofastronom von Kaiser Rudolf II in Prag, J. Kepler (1571–1630), war dagegen vom kopernikanischen System überzeugt und benutzte Brahes Messungen zur Formulierung seiner *drei grundlegenden, kinematischen Gesetze der Planetenbewegung*:

1. Keplersches Gesetz (1609). Die Planeten bewegen sich auf Ellipsen mit der Sonne in einem Brennpunkt.

2. Keplersches Gesetz (1609). Jeder Strahl von der Sonne zu einem Planeten überstreicht in gleichen Zeiten gleiche Flächen.

3. Keplersches Gesetz (1619). Die Quadrate der Umlaufzeiten der Planeten verhalten sich wie die Kuben der großen Halbachsen ihrer Bahnen um die Sonne.

Die Keplerschen Gesetze sind rein kinematisch: Sie beschreiben die Bewegung der Planeten, geben aber *keinerlei Auskunft über die Ursache*.

1.5.2 Das universelle Gravitationsgesetz von Newton

Erst I. Newton (1643–1727) gelang es, die Frage nach der Ursache der Planetenbewegung zu beantworten. Neben den 4 Axiomen (1.3) der Mechanik führte er die *Gravitation* als die für die Planetenbewegung verantwortliche Kraft ein (1668). Diese erfüllt folgendes *universelle Gesetz*: Befinden sich zwei Massenpunkte 1 und 2 mit den *„schweren" Massen* m_1 und m_2 im Abstand r_{12}, dann ziehen sie sich mit den Kräften $\vec{F}_{12} = -\vec{F}_{21}$ an, wobei gilt

$$\vec{F}_{12} = -\vec{F}_{21} = -G\, m_1 m_2 \frac{\vec{r}_{12}}{r_{12}^3}$$

$$F_{12} = F_{21} = G \frac{m_1 m_2}{r_{12}^2} \qquad (1.30)$$

$\vec{r}_{12}$ ist der Vektor, der vom Massenpunkt 1 zum Massenpunkt 2 führt. $\vec{F}_{12}$ ist die Kraft auf den Massenpunkt 2, hervorgerufen durch den Massenpunkt 1; $\vec{F}_{21}$ die entsprechende Kraft auf den Massenpunkt 1.

Tab. 1.6 Das Sonnensystem

Körper	Radius (Äquator) 10^3 km	relative Masse m/m(Erde)	Dichte 10^3 kg/m^3	Gravitationsbeschleunigung an Oberfläche m s^{-2}
Sonne	695,3	334 511	1,42	276,6
Merkur	2,44	0,055	5,43	3,70
Venus	6,05	0,813	5,24	8,86
Erde	6,378	1	5,52	9,81
Mars	3,393	0,108	3,94	3,74
Jupiter	71,4	339,3	1,33	26,54
Saturn	60	105,9	0,70	11,74
Uranus	25,4	14,9	1,30	9,23
Neptun	24,3	17,7	1,76	11,95
Pluto	≃ 1,14	0,001	1,1	0,35

Körper	Anzahl Satelliten	Rotations-Periode	mittlerer Sonnenabstand 10^6 km	mittlere Umlaufzeit
Sonne		31 d		
Merkur	0	+ 58 d 16 h	57,9	88 d
Venus	0	− 243 d	108,2	224,7 d
Erde	1	+ 23 h 56′ 4″	149,6	365,26 d
Mars	2	+ 24 h 37′23″	227,9	687 d
Jupiter	16	+ 9 h 50′30″	778,3	11,86 a
Saturn	23	+ 10 h 14′	1428	29,46 a
Uranus	15	− 17 h 18′	2870	84,01 a
Neptun	8	+ 15 h 48′	4497	164,8 a
Pluto	1	+ 6 d 9 h 17′	5910	248,4 a

Satellit	Planet	Radius 10^3 km	Dichte 10^3 kg/m^3	mittlerer Abstand 10^3 km	mittlere Umlaufzeit d
Mond	Erde	1,738	3,34	384,4	27,32
Io	Jupiter	1,82	3,52	422	1,77
Europa	Jupiter	1,50	3,3	671	3.55
Ganymedes	Jupiter	2,60	1,95	1070	7,17
Callisto	Jupiter	2,45	1,6	1880	16,75
Titan	Saturn	2,58	1,34	1220	15,97
Triton	Neptun	1,36	1,33	354	5,90

m (Erde) = 5,977 · 10^{24} kg, m (Mond) = 0,01228 m (Erde)
ρ (Mond) = 3,34 · 10^3 kg/m^3, g (Mond) = 1,67 m s^{-2}

Die durch das universelle Gravitationsgesetz definierte „*schwere*“ Masse eines Körpers unterscheidet sich nicht (1.5.11) von der durch das 1. und 2. Newtonsche Axiom (1.3.3, 1.3.4) definierten „trägen“ Masse.

Die *Gravitationskonstante* G hat nach neuesten Messungen den Wert

$$G = 6{,}673 \cdot 10^{-11}\ \mathrm{N\,m^2\,kg^{-2}}$$

1.5.3 Gravitationsfeld eines Massenpunktes

Das Gravitationsfeld. In einer räumlich diskreten oder kontinuierlichen Massenverteilung wirkt auf einen Testmassenpunkt m_0 am Ort $\vec{r}$ eine ortsabhängige Gravitationskraft $\vec{F}(\vec{r})$. Diese ist die Feldkraft des Gravitationsfeldes, das ein konservatives Kraftfeld darstellt. Das *Gravitationsfeld eines Massenpunktes* m entspricht formal dem universellen Gravitationsgesetz. Es bildet daher den Ausgangspunkt zur Berechnung aller andern Gravitationsfelder. Befindet sich ein Massenpunkt m im Koordinatenursprung 0, so wirkt auf einen Testmassenpunkt m_0 am Ort $\vec{r}$ die Feldkraft

$$\vec{F}(\vec{r}) = -G\,m\,\frac{\vec{r}}{r^3}\,m_0$$

B e w e i s : mit dem universellen Gravitationsgesetz $m_1 = m$, $m_2 = m_0$, $\vec{r}_{12} = \vec{r}$

Der Feldvektor. Wirkt auf den Testmassenpunkt m_0 in einem Gravitationsfeld die Feldkraft $\vec{F}(\vec{r})$, so ist der ortsabhängige Feldvektor $\vec{g}(\vec{r})$ *definiert* als

$$\vec{g}(\vec{r}) = \frac{\vec{F}(\vec{r})}{m_0} \tag{1.31}$$

Die Beschreibung des Gravitationsfeldes einer räumlichen Massenverteilung mit Hilfe des Feldvektors $\vec{g}(\vec{r})$ ist *unabhängig von der Testmasse* m_0. Die SI-*Einheit* des Feldvektors ist die Einheit der Beschleunigung:

$$[\vec{g}(\vec{r})] = \left[\frac{\vec{F}}{m}\right] = \mathrm{m\,s^{-2}}$$

Der Feldvektor des *Gravitationsfeldes eines Massenpunktes* m im Koordinatenursprung 0 ist entsprechend der Feldkraft $\vec{F}(\vec{r})$

$$\vec{g}(\vec{r}) = -G\,m\,\frac{\vec{r}}{r^3} \tag{1.32}$$

Wirbelfreiheit. Das Gravitationsfeld eines Massenpunktes m ist wirbelfrei. Dies ergibt sich aus der Rechnung

$$\operatorname{rot}\vec{g}(\vec{r}) = \operatorname{rot}\left(-G\,m\,\frac{\vec{r}}{r^3}\right) = 0$$

Diese Gleichung bedeutet nach (1.4), daß das Gravitationsfeld *konservativ* ist. Daher existiert eine potentielle Energie.

Die potentielle Energie. Die potentielle Energie $E_{pot}(\vec{r})$ eines Testmassenpunktes m_0 am Ort $\vec{r}$ im Gravitationsfeld eines Massenpunktes m im Koordinatenursprung 0 wird meistens auf einen unendlich fernen Fixpunkt $\vec{r}_0$ bezogen: $r_0 = \infty$. Dann gilt

$$E_{pot}(\vec{r}) = -G\,m\,m_0\,\frac{1}{r}, \qquad E_{pot}(r=\infty) = 0$$

$\vec{r}$ $\vec{dr}$ b m_0 m $\vec{F}(\vec{r})$ $\vec{r}_0 = \vec{r}_\infty$

B e w e i s : Die potentielle Energie berechnet sich am einfachsten als die Arbeit, welche längs der radialen Feldlinie *gegen* die Feldkraft $\vec{F}(\vec{r})$ geleistet werden muß.

$$E_{pot}(\vec{r}) = W(\vec{r}_0, \vec{r}, b) = -W(\vec{r}, \vec{r}_0, b) = -\int_{\vec{r}}^{\vec{r}_0} -\vec{F}(\vec{r})\,d\vec{r}$$

$$= +\int_{\vec{r}}^{\vec{r}_0} -G\,m\,m_0\,\frac{\vec{r}}{r^3}\,d\vec{r} = -\,G\,m\,m_0 \int_r^{r_0} \frac{dr}{r^2} = -G\,m\,m_0\,\frac{1}{r}$$

Das Gravitationspotential. Hat ein Testmassenpunkt m_0 in einem Gravitationsfeld am Ort $\vec{r}$ die potentielle Energie $E_{pot}(\vec{r})$, so ist das Gravitationspotential $\Phi(\vec{r})$ *definiert* durch

$$\Phi(\vec{r}) = \frac{E_{pot}(\vec{r})}{m_0} \tag{1.33}$$

Die SI-*Einheit* des Gravitationspotentials ist

$$[\Phi] = [E_{pot}/m] = m^2\,s^{-2}$$

Wegen der Beziehung $\vec{F}(\vec{r}) = -\,\text{grad}\,E_{pot}(\vec{r})$ gemäß (1.4.5) gilt für den Feldvektor $\vec{g}(\vec{r})$

$$\vec{g}(\vec{r}) = -\,\text{grad}\,\Phi(\vec{r}) \tag{1.34}$$

Das *Gravitationspotential eines Massenpunktes* m im Koordinatenursprung 0 ergibt sich aus der Definition:

$$\Phi(\vec{r}) = -G\,m\,\frac{1}{r} \tag{1.35}$$

Oberflächenintegral über den Feldvektor. Das Oberflächenintegral von $\vec{g}(\vec{r})$ eines Massenpunktes m über eine *konzentrische Kugel* liefert ein interessantes Ergebnis, welches in der Potentialtheorie des Gravitationsfeldes eine wesentliche Rolle spielt:

$$\int_{\text{Kugel}} \vec{g}(\vec{r}) \cdot \vec{n} \cdot da = -4\pi G \cdot m$$

B e w e i s : Normalenvektor

$$\vec{n} = \vec{r}/r.$$

Oberflächenelement in Kugelkoordinaten:

$$da = r^2 \cdot \sin\theta \cdot d\theta \cdot d\phi$$

$$\int_{\text{Kugel}} \vec{g}(\vec{r}) \cdot \vec{n} \cdot da = \int_{\text{Kugel}} -G\,m \cdot \frac{\vec{r}}{r^3} \cdot \frac{\vec{r}}{r} \cdot r^2 \cdot \sin\theta \cdot d\theta \cdot d\phi$$

$$= -G\,m \cdot \int_{\text{Kugel}} \sin\theta \cdot d\phi = -4\pi\,G\,m$$

Man kann zeigen, daß das Integral den gleichen Wert hat, wenn anstelle der konzentrischen Kugeloberfläche eine *beliebige Fläche, die den Massenpunkt* m *umschließt*, gewählt wird.

1.5.4 Gravitationsfeld eines Systems von Massenpunkten

Feldvektor und Gravitationspotential. Ein System mit n Massenpunkten mit den Massen m_k an den Orten $\vec{r}_k$ besitzt folgendes Gravitationsfeld:

$$(1.36)\qquad \vec{g}(\vec{r}) = -G \sum_{k=1}^{n} m_k \cdot \frac{\vec{r} - \vec{r}_k}{|(\vec{r} - \vec{r}_k)|^3} \qquad \Phi(\vec{r}) = -G \sum_{k=1}^{n} m_k \frac{1}{|(\vec{r} - \vec{r}_k)|}$$

Da sich dieses Feld aus den Gravitationsfeldern der einzelnen Massenpunkte m_k addiert, ist es ebenfalls *konservativ und wirbelfrei*:

$$\text{rot}\,\vec{g}(\vec{r}) = 0$$

Oberflächenintegral über den Feldvektor. Das Integral des Gravitationsfeldes $\vec{g}(\vec{r})$ über eine geschlossene Fläche S ergibt ohne Beweis:

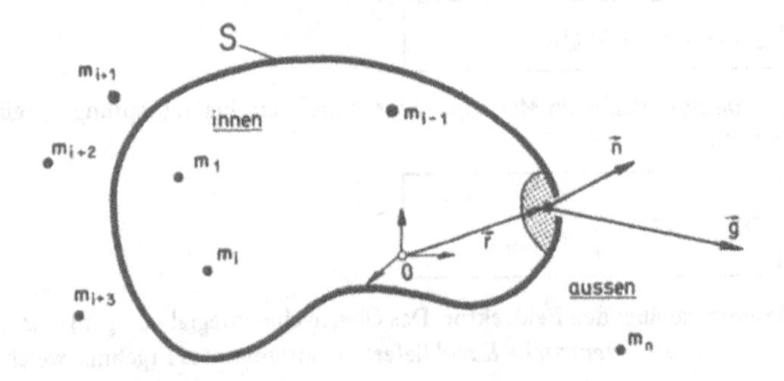

$$(1.37)\quad \oint_S \vec{g}(\vec{r}) \cdot \vec{n}(S, \vec{r})\, da(S, \vec{r}) = -4\pi \cdot G \cdot \sum_k m_k \text{ (innerhalb S)} = -4\pi \cdot G \cdot m \quad \text{(innerhalb S)}$$

Der Normalenvektor $\vec{n} = \vec{n}(S, \vec{r})$ des Flächenelementes $da = da(S, \vec{r})$ der geschlossenen Oberfläche S zeigt immer nach außen.

1.5.5 Massenverteilung und Dichte

Diskrete und kontinuierliche Massenverteilungen. Diskrete Massenverteilungen beschreib man entsprechend (1.5.4) durch die Angabe der Lage $\vec{r}_k$ der einzelnen Massenpunkte k mit den Massen m_k. Dagegen benötigt man zur Beschreibung kontinuierlicher Massenver teilungen in makroskopischen Körpern die *Dichte* als Funktion des Ortes.

Definition der Dichte. Ist in einem kleinen Volumen ΔV an einem Ort $\vec{r}$ einer kontinuierlichen Massenverteilung die Masse Δm enthalten, so ist die Dichte ρ am Ort $\vec{r} = \{x, y, z\}$ definiert als

$$(1.38)\quad \rho = \rho(\vec{r}) = \rho(x, y, z) = \lim_{\Delta V \to 0} \frac{\Delta m(\vec{r})}{\Delta V(\vec{r})}$$

Einheit. Die SI-*Einheit* der Dichte weicht ab von der im Alltag gebräuchlichen Einheit $1\ \mathrm{g\,cm^{-3}}$. Sie ist

$$[\rho] = [m/V] = 1\ \mathrm{kg\,m^{-3}} = 10^{-3}\ \mathrm{g\,cm^{-3}}$$

Tab. 1.7 Typische Dichten in $\mathrm{kg\,m^{-3}}$

intergalaktische Dichte	$4 \cdot 10^{-33}$
galaktische Dichten	10^{-25} bis 10^{-28}
Luft (0 °C, 1 atm)	1,29
Saturn	$6{,}9 \cdot 10^{2}$
Wasser	10^{3}
Sonne	$1{,}4 \cdot 10^{3}$
Erdgestein	$2{,}6 \cdot 10^{3}$
Erde	$5{,}5 \cdot 10^{3}$
Gold	$1{,}93 \cdot 10^{4}$
Neutronenstern, Atomkern	10^{17}

Dichte und Gesamtmasse. Die gesamte Masse m in einem Volumen V einer Massenverteilung, die durch die Dichte $\rho = \rho(\vec{r}) = \rho(x, y, z)$ beschrieben wird, ist

$$(1.39)\quad m = \int_V \rho(\vec{r})\, dV = \iiint_V \rho(x, y, z)\, dx\, dy\, dz$$

1.5.6 Gravitationsfeld einer kontinuierlichen Massenverteilung

Oberflächenintegral des Feldvektors. Umfaßt die geschlossene Oberfläche S das Volumen V einer kontinuierlichen Massenverteilung mit $\rho = \rho(\vec{r}) = \rho(x, y, z)$, so ist das Oberflächenintegral des Feldvektors $\vec{g}(\vec{r})$ des entsprechenden Gravitationsfeldes

$$\int_S \vec{g}(\vec{r}) \cdot \vec{n}(\vec{r})\, da(\vec{r}) = -4\pi\, G\, m \text{ (in S)} = -4\pi\, G \int_V \rho(\vec{r})\, dV$$

Bemerkung: Das Resultat des Oberflächenintegrals entspricht demjenigen in Abschn. 1.5.4.

Die Feldgleichung der Gravitation. In einer kontinuierlichen Massenverteilung mit $\rho = \rho(\vec{r})$ erfüllt der Feldvektor $\vec{g}(\vec{r})$ des Gravitationsfeldes die Gleichung

$$\text{div}\, \vec{g}(\vec{r}) = -4\pi\, G\, \rho(\vec{r}) \tag{1.40}$$

Beweis: mit Hilfe des mathematischen Satzes von K. F. Gauß (1777–1855). Für jedes Volumen V mit der geschlossenen Oberfläche S in der Massenverteilung mit $\rho = \rho(\vec{r})$ gilt

$$\int_S \vec{g}(\vec{r}) \cdot \vec{n}(\vec{r})\, da(\vec{r}) = \int_V \text{div}\, \vec{g}(\vec{r}) \cdot dV = \int_V -4\pi\, G\, \rho(\vec{r})\, dV,$$

also auch: $\text{div}\, \vec{g}(\vec{r}) = -4\pi\, G\, \rho(\vec{r})$.

Lösung der Feldgleichung. Die Lösung der vorangehenden Feldgleichung für das Gravitationsfeld mit einer Massenverteilung entsprechend $\rho = \rho(\vec{r})$ ist

$$\vec{g}(\vec{r}) = -G \cdot \int_{\text{Raum}} \rho(\vec{r}\,')\, \frac{(\vec{r} - \vec{r}\,')}{|(\vec{r} - \vec{r}\,')|^3}\, dV' \tag{1.41}$$

wobei dV' das Volumenelement am Ort $\vec{r}\,'$ darstellt.

Bemerkung: Diese Lösung entspricht dem universellen Gravitationsgesetz von Newton für viele Massenteilchen, die durch Aufteilung des Raums in die Teilvolumen dV' entstanden sind.

Die Poisson-Gleichung des Gravitationspotentials. Das Gravitationspotential einer kontinuierlichen Massenverteilung mit $\rho = \rho(\vec{r})$ erfüllt die Differentialgleichung von S. D. Poisson (1781–1840).

$$\Delta\Phi(\vec{r}) = \text{div}\,\text{grad}\, \Phi(\vec{r}) = +4\pi\, G \cdot \rho(\vec{r}) \tag{1.42}$$

Beweis: $\text{div}\, \vec{g}(\vec{r}) = \text{div}\,(-\text{grad}\, \Phi(\vec{r})) = -\Delta\Phi(\vec{r}) = -4\pi\, G\, \rho(\vec{r})$.

Lösung der Poisson-Gleichung. Die Lösung der vorangehenden Differentialgleichung von Poisson für das Gravitationspotential $\Phi(\vec{r})$ einer kontinuierlichen Massenverteilung mit $\rho = \rho(\vec{r})$ ist

$$(1.43) \quad \Phi(\vec{r}) = -G \int_{\text{Raum}} \rho(\vec{r}\,') \frac{1}{|(\vec{r} - \vec{r}\,')|} dV'$$

wobei dV' das Volumenelement am Ort $\vec{r}\,'$ darstellt.

1.5.7 Gravitationsfeld einer homogenen Kugel

Das Gravitationsfeld einer homogenen Kugel mit dem Radius R und der Dichte $\rho = \rho_0$ für $r < R$ entspricht in erster Näherung dem Gravitations- oder Schwerefeld der Erde. Wegen der Kugelsymmetrie des Problems läßt sich $\vec{g}(\vec{r})$ mit Hilfe der Feldgleichung der Gravitation und dem mathematischen Satz von Gauß für jeden Abstand r vom Kugelzentrum berechnen.

Die *Masse der Kugel* ist

$$m = \frac{4\pi}{3} R^3 \rho_0$$

Feldvektor $\vec{g}(\vec{r})$ und *Gravitationspotential* $\Phi(\vec{r})$ sind

$$r > R: \quad g(r) = -G\frac{m}{r^2}, \qquad \Phi(r) = -G\frac{m}{r}$$

$$r = R: \quad g(r) = -G\frac{m}{R^2}, \qquad \Phi(r) = -G\frac{m}{R}$$

$$r < R: \quad g(r) = -G\frac{m}{R^3}\,r, \quad \Phi(r) = -G\frac{m}{R^3}\left(\frac{3}{2}R^2 - \frac{1}{2}r^2\right)$$

Dabei ist g(r) negativ angegeben, weil $\vec{g}(\vec{r})$ entgegengesetzt zu $\vec{r}$ gerichtet ist.

Das *Gravitationsfeld außerhalb der Kugel* verhält sich so, als ob ihre ganze Masse m im Zentrum konzentriert wäre. Für dieses Gebiet kann die Kugel durch einen Massenpunkt mit der Masse m im Zentrum der Kugel ersetzt werden.

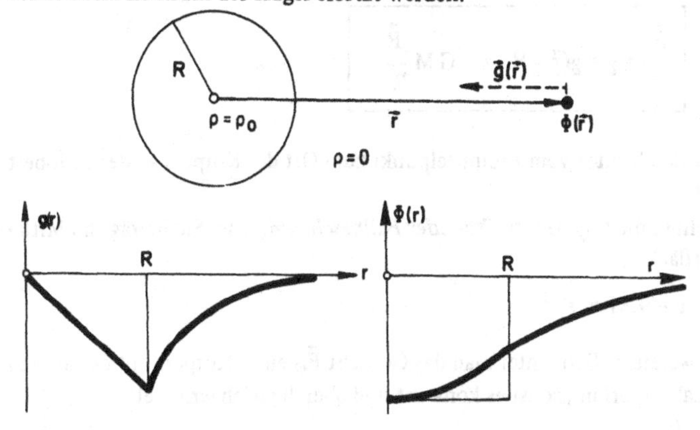

1.5.8 Gravitationsfeld einer kugelsymmetrischen Massenverteilung

Dichte. Bei einer allgemeinen kugelsymmetrischen Massenverteilung ist die Dichte nur eine Funktion des Abstandes r vom Zentrum

$$\rho = \rho(r)$$

Feldvektor. Wegen der Kugelsymmetrie der Massenverteilung ist der Feldvektor radial und auch nur von r abhängig

$$\vec{g}(\vec{r}) = g(r) \cdot \frac{\vec{r}}{r}$$

Lösung der Feldgleichung

$$g(r) = -\frac{4\pi G}{r^2} \int_0^r \rho(r)\, r^2\, dr \tag{1.44}$$

B e w e i s : Oberflächenintegral des Feldvektors über die Kugel mit dem Radius r

$$\int_{\text{Kugel}} \vec{g}\, \vec{n}\, da = 4\pi\, r^2\, g(r) = -4\pi G \int_{\text{Kugel}} \rho dV = -4\pi G \int_0^r \rho(r)\, 4\pi\, r^2\, dr$$

1.5.9 Das Gewicht

Das Gewicht als Folge der Gravitation. Das Gewicht $\vec{F}_G$ oder *die Schwerkraft* eines Körpers auf der Erdoberfläche ist die Folge der Gravitation zwischen der Masse M der Erde und der Masse m des Körpers.

Approximiert man die Erde durch eine Kugel mit der Masse M und dem Radius R, so wird das Gewicht $\vec{F}_G$ pro Masse m eines Körpers gleich dem Feldvektor $\vec{g}(\vec{r})$ des Gravitationsfeldes der Erde auf ihrer Oberfläche:

$$\frac{\vec{F}_G}{m} = \vec{g} = \vec{g}(\vec{r} = \vec{R}) = -G M \frac{\vec{R}}{R^3} \tag{1.45}$$

wobei $\vec{R}$ den Vektor vom Erdmittelpunkt zum Ort des Körpers an der Erdoberfläche darstellt.

$\vec{g}$ bezeichnet die sogenannte *Erd- oder Fallbeschleunigung.* Sie beträgt im Mittel über die Erdoberfläche

$$g = 9{,}81 \text{ m s}^{-2}$$

Das Schwerefeld. Betrachtet man das Gewicht $\vec{F}_G$ eines Körpers mit der Masse m in einem Laboratorium, so ist es konstant und überall gleichgerichtet:

(1.46) $$\frac{\vec{F}_G}{m} = \vec{g} = \text{const}$$

$\vec{g}$ ist der Feldvektor dieses sogenannten Schwerefeldes. Dieses ist *konservativ* und *wirbelfrei*, da rot $\vec{g} = 0$

Die potentielle Energie im Schwerefeld. Da das Schwerefeld konservativ ist, besitzt es eine potentielle Energie E_{pot} und ein Potential Φ. Sie sind nur von der Höhe h des Massenpunktes abhängig:

(1.47) $$E_{pot} = m\,\Phi = m\,g\,h$$

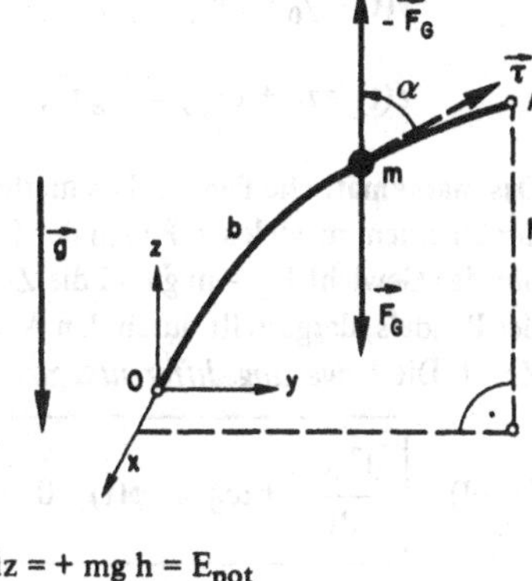

B e w e i s : Die lotrechte z-Richtung ist entgegengesetzt zu $\vec{g} = \{0, 0, -g\}$. Bringt man einen Massenpunkt m vom Koordinatenursprung $0 \equiv \{0, 0, 0\}$ auf der Bahn b zum Ort $A \equiv \vec{r} = \{x, y, z = h\}$, so leistet man gegen die Schwerkraft $\vec{F}_G = m\,\vec{g}$ die Arbeit

$$W(0, \vec{r}, b) = -\int_0^{\vec{r}} \vec{F}_G \cdot d\vec{r} = -m \int_0^{\vec{r}} \vec{g} \cdot \vec{\tau}\,dr$$

$$= +mg \int_0^{\vec{r}} \cos\alpha \cdot dr = +mg \int_0^{h} dz = +mg\,h = E_{pot}$$

Die technischen Einheiten. In der Technik wird häufig das Gewicht zur Definition der *Krafteinheit* verwendet. Es ist

$$[\vec{F}] = 1 \text{ Kilopond} = 1 \text{ kp} = 1 \text{ kg}^*$$

das Gewicht $\vec{F}_G$ der Masse m = 1 kg. Da aber das Gewicht schwach ortsabhängig ist, ist diese Einheit nicht universell. Aus diesem Grund hat man sie mit der dynamischen SI-Einheit der Kraft verknüpft, wobei man die Beziehung $\vec{F}_G = m\,\vec{g}$ verwendet hat. Es gilt

$$1 \text{ Kilopond} = 9{,}81 \text{ Newton} = 9{,}81 \text{ N} = 9{,}81 \text{ kg m s}^{-2}$$

Die technische Krafteinheit dient auch als Basis für die entsprechenden *Einheiten der Arbeit* W *und der Leistung* P:

$$[W] = 1 \text{ m kp} = 9{,}81 \text{ J}, \quad [P] = 1 \text{ Pferdestärke} = 1 \text{ PS} = 75 \text{ m kp/s} = 735{,}75 \text{ W}.$$

1.5.10 Gewichtsbedingte Bewegungen

Der freie Fall im Vakuum. Wirkt auf einen Massenpunkt mit der konstanten Masse m nur das Gewicht $\vec{F}_G = m\,\vec{g}$, so lautet seine *Bewegungsdifferentialgleichung*

(1.48) $$\frac{d^2\vec{r}}{dt^2} = \frac{d\vec{v}}{dt} = \vec{a} = \vec{g}$$

Der Beweis basiert auf dem 2. Axiom von Newton. $\vec{a} = \vec{F}/m = m\,\vec{g}/m = \vec{g}$.
Die Lösung der Bewegungsdifferentialgleichung mit den *Anfangsbedingungen* $\vec{r}(t=0) = \vec{r}_0$ und $\vec{v}(t=0) = \vec{v}_0$ lautet:

$$\vec{r}(t) = \vec{r}_0 + t\,\vec{v}_0 + \frac{t^2}{2}\,\vec{g}, \qquad \vec{v}(t) = \vec{v}_0 + t\,\vec{g}, \qquad \vec{a} = \vec{g}$$

In Komponenten senkrecht und parallel zum Schwerefeld ist

$$x(t) = x_0 + t\,v_{x0}, \qquad v_x(t) = v_{x0}, \qquad a_x = 0$$

$$y(t) = y_0 + t\,v_{y0}, \qquad v_y(t) = v_{y0}, \qquad a_y = 0$$

$$z(t) = z_0 + t\,v_{z0} - \frac{1}{2}\,g\,t^2, \qquad v_z(t) = v_{z0} - g\,t, \qquad a_z = -g$$

Das mathematische Pendel. Das mathematische Pendel besteht aus einem Massenpunkt m, der an einem masselosen Faden der Länge d aufgehängt ist. Auf den Massenpunkt wirkt nur das Gewicht $\vec{F}_G = m\,\vec{g}$ und die Zugkraft des Fadens. Gefragt ist nach der Schwingung des Pendels, dargestellt durch den Auslenkungswinkel ϕ des Fadens als Funktion der Zeit t. Die *Bewegungsdifferentialgleichung* des mathematischen Pendels lautet

$$\frac{d^2\phi(t)}{dt^2} + \omega_0^2 \sin\phi(t) = 0 \quad \text{mit } \omega_0 = \left(\frac{g}{d}\right)^{1/2} \tag{1.49}$$

Beweis:

$$F_G \sin\phi = m\,g\,\sin\phi = -\,md \cdot \frac{d^2\phi}{dt^2}$$

$$\frac{d^2\phi}{dt^2} = -\left(\frac{g}{d}\right)\sin\phi$$

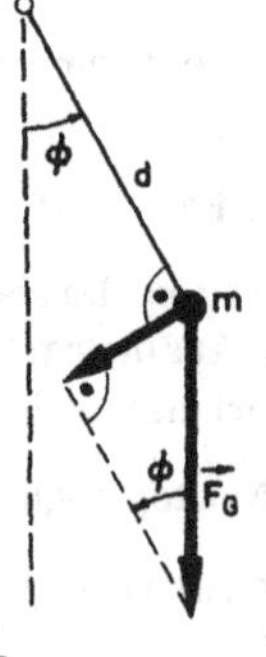

Für *kleine Auslenkungen* ϕ schwingt das mathematische Pendel *harmonisch* (6.1). Es gilt dann $\sin\phi \simeq \phi$ und

$$\frac{d^2\phi(t)}{dt^2} + \omega_0^2 \cdot \phi(t) = 0 \tag{1.50}$$

Die harmonische Schwingung mit der *Amplitude* ϕ_0 und der *Phase* α ist die *Lösung* dieser Bewegungsdifferentialgleichung.

$$\phi(t) = \phi_0 \cdot \cos(\omega_0 t - \alpha) = \phi_0 \cdot \cos\left(2\pi\,\frac{t}{T} - \alpha\right) \tag{1.51}$$

ω_0 ist die *Kreisfrequenz* und $T = 2\pi/\omega_0$ die *Periode*.

1.5.11 Identität von schwerer und träger Masse

Bei den Betrachtungen dieses Kapitels (1.5) wurde immer die Identität von „schwerer" und „träger" Masse vorausgesetzt. Die „schwere" Masse m_s eines Massenpunktes ist durch das universelle Gravitationsgesetz (1.5.2) und seine „träge" Masse m_t durch das 1. und 2. Axiom von Newton (1.3.3 und 1.3.4) definiert. Der Zusammenhang zwischen „schwerer" und „träger" Masse kann in klassischer Weise nach G. Galilei (1564–1642), I. Newton (1643–1727) und R. von Eötvös (1848–1919) experimentell studiert werden.

Galilei experimentierte mit dem freien Fall (1.5.10), Newton mit dem mathematischen Pendel (1.5.10). Eötvös verglich die Gravitation der Erde mit der Zentrifugalkraft (2.2.3) ihrer Rotation. Das Resultat dieser Experimente ist

$$m_s = \alpha \cdot m_t$$

wobei α eine universelle Konstante darstellt. Sie hängt weder von der Masse eines Körpers, noch von der Art seiner Materie ab.

Als Beispiel betrachten wir den *freien Fall* eines Massenpunkts mit konstanter Masse. Unterscheidet man zwischen „schwerer" Masse m_s und „träger" Masse m_t, so gilt nach dem 2. Axiom von Newton und dem universellen Gravitationsgesetz, angewendet auf die Erdanziehung (1.5.9):

$$\vec{F} = m_t \vec{a} = -G\, m_s \frac{M_s}{R^3} \vec{R} \quad \text{oder} \quad \vec{a} = -G \left(\frac{m_s}{m_t} \right) \frac{M_s}{R^3} \vec{R}$$

Experimentell stellt man wie Galilei fest, daß

$$a = g = \text{const}, \qquad g \simeq 9{,}81 \text{ m s}^{-2},$$

unabhängig vom verwendeten Körper und dessen Masse. Somit ist $\alpha = m_s/m_t$ universell.

A. Einstein (1879–1955) postulierte in der *allgemeinen Relativitätstheorie* (1916), daß gilt $\alpha \equiv 1$ oder

(1.52) m_s identisch m_t — so daß $m_t = m_s = m$ gesetzt werden darf.

1.6 Zentralbewegungen

Viele mechanische Probleme beziehen sich auf *Bewegungen um ein Zentrum*. Oft ist dieses Zentrum dadurch ausgezeichnet, daß alle Kräfte auf den oder die betrachteten Massenpunkte in Richtung oder in Gegenrichtung zu diesem Zentrum zeigen.

Diese Kräfte heißen *Zentralkräfte*. Ein Beispiel einer Bewegung um ein Zentrum ist die Bewegung eines Planeten um die Sonne.

Beim Studium der Zentralbewegungen zeigt es sich, daß zwei spezielle mechanische Größen sich besonders eignen, das *mechanische Drehmoment* $\vec{T}$ und der *Drehimpuls* oder *Drall* $\vec{L}$.

1.6.1 Mechanisches Drehmoment und Drall

Definition des mechanischen Drehmoments. Wirkt auf einen Massenpunkt m die Kraft $\vec{F}_m$, so ist ihr mechanisches Drehmoment $\vec{T}_O$ in bezug auf das Zentrum O nach Definition

(1.53) $$\vec{T}_O = [\vec{r}_{Om} \times \vec{F}_m]$$

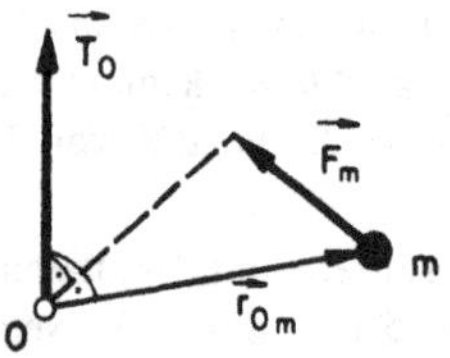

wobei $\vec{r}_{Om}$ den Verbindungsvektor zwischen dem Zentrum O und dem Angriffspunkt m der Kraft $\vec{F}_m$ darstellt.

Definition des Dralls. Der Bahndrehimpuls oder Drall $\vec{L}_O$ eines Massenpunktes m mit dem Impuls $\vec{p} = m\,\vec{v}$ in bezug auf ein Zentrum O ist nach Definition

(1.54) $$\vec{L}_O = [\vec{r}_{Om} \times \vec{p}] = [\vec{r}_{Om} \times m\,\vec{v}]$$

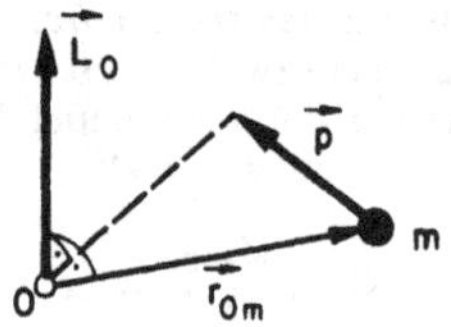

wobei $\vec{r}_{Om}$ den Verbindungsvektor zwischen dem Zentrum O und dem Massenpunkt m darstellt.

Drallsatz. Die Änderung des Bahndrehimpulses $\vec{L}_O$ pro Zeit t ist gleich dem wirkenden mechanischen Drehmoment $\vec{T}_O$, vorausgesetzt, daß $\vec{L}_O$ und $\vec{T}_O$ auf das gleiche Zentrum O bezogen sind.

(1.55) $$\vec{T}_O = \frac{d}{dt}\vec{L}_O$$

Beweis:

$$\frac{d}{dt}\vec{L}_O = \frac{d}{dt}[\vec{r}_{Om} \times \vec{p}] = \left[\frac{d}{dt}\vec{r}_{Om} \times m\,\vec{v}\right] + \left[\vec{r}_{Om} \times \frac{d}{dt}\vec{p}\right]$$

$$= [\vec{r}_{Om} \times \vec{F}_m] = \vec{T}_O$$

1.6.2 Bewegungen bedingt durch Zentralkräfte

Definition der Zentralkraft. Eine Kraft $\vec{F}_m$ auf einen Massenpunkt m ist in bezug auf ein Zentrum O Zentralkraft, wenn sie parallel oder antiparallel zum Verbindungsvektor $\vec{r}_{Om}$ ist.

Das mechanische Drehmoment von Zentralkräften. Das mechanische Drehmoment $\vec{T}_O$ einer Zentralkraft $\vec{F}_m$ ist Null.

$$\vec{T}_O \text{ (Zentralkraft)} = 0$$

B e w e i s : Für eine Zentralkraft gilt $\vec{F}_m \parallel \vec{r}_{Om}$, also $\vec{T}_O = [\vec{r}_{Om} \times \vec{F}_m] = 0$.

Erhaltung des Dralls. Bewegt sich ein Massenpunkt m unter dem Einfluß einer Zentralkraft $\vec{F}_m$, so ist sein Drall $\vec{L}_O$ in bezug auf das Zentrum O der Kraft konstant.

$$\vec{L}_O = \text{const}, \quad \frac{d}{dt}\vec{L}_O = 0 \tag{1.56}$$

B e w e i s : Für eine Zentralkraft $\vec{F}_m$ gilt: $\frac{d}{dt}\vec{L}_O = \vec{T}_O = 0$.

Der Flächensatz
oder: Das 2. Keplersche Gesetz (1.5.1).
Der Ortsvektor $\vec{r}(t)$ eines Massenpunktes mit konstanter Masse m unter dem Einfluß einer Zentralkraft bewegt sich in einer Ebene und überstreicht in gleichen Zeiten t gleiche Flächen A:

$$A = \frac{L_O}{2m} \cdot t \tag{1.57}$$

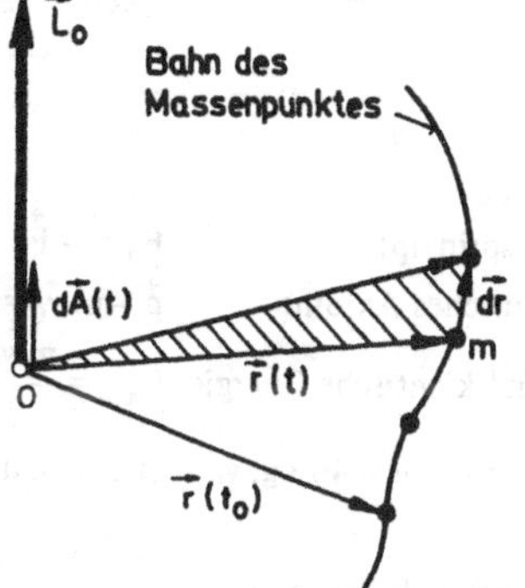

B e w e i s : Die Zentralkraft bedingt: $\vec{L}_O = \text{const}$

$$\frac{\vec{L}_O}{2m}\,dt = \frac{1}{2}\,[\vec{r} \times \vec{v}\,dt] = \frac{1}{2}\,[\vec{r} \times d\vec{r}\,] = d\vec{A}$$

Daraus folgt: $\vec{r} \perp \vec{L}_O$ und $d\vec{r} \perp \vec{L}_O$, d.h. ebene Bewegung, und: $A = L_O t/2m$.

1.7 Rückstoß und Raketenantrieb

Bei den meisten in der Mechanik betrachteten Körpern ist die Masse konstant. Im Gegensatz dazu steht die Rakete, deren Masse mit der Zeit abnimmt. Für ihre Bewegung ist daher das vollständige Grundgesetz der Dynamik (1.3.4) maßgebend:

$$\vec{F} = \frac{d}{dt}\vec{p} = \frac{d}{dt}(m\,\vec{v}) = \frac{dm}{dt}\vec{v} + m\,\vec{a}$$

Der Raketenantrieb beruht auf dem *Reaktionsprinzip* (1.3.2), weshalb er mit dem Rückstoß eines Geschützes verwandt ist.

1.7.1 Der Rückstoß eines Geschützes

Für den Rückstoß $\vec{F}_r$ eines Geschützes gelten die Beziehungen:

(1.58) $$F_r = \frac{m}{t_0} v_0 = \frac{m}{2} \frac{v_0^2}{d}$$

dabei bedeuten:

m die Masse der Kugel
v_0 die Mündungsgeschwindigkeit der Kugel
t_0 die Antriebszeit der Kugel
d die Länge des Rohrs

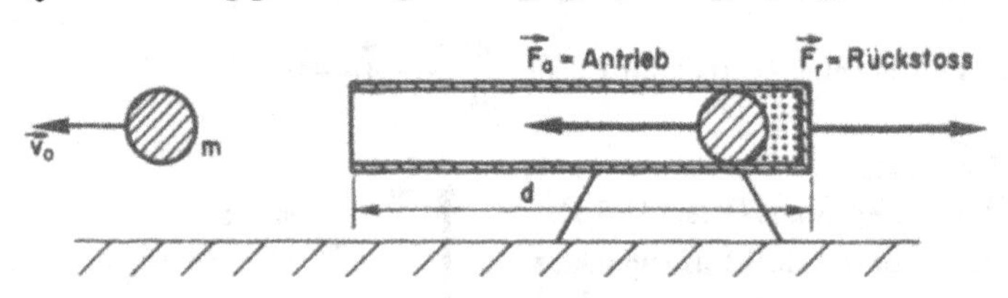

Beweise:

Reaktionsprinzip: $\vec{F}_a = -\vec{F}_r$

2. Newtonsches Axiom: $\vec{p} = m\,\vec{v}_0 = \vec{F}_a t_0 = -\vec{F}_r t_0 \qquad \vec{F}_r = -m\,\vec{v}_0/t_0$

Arbeit und kinetische Energie: $E_{kin} = \dfrac{m\,v_0^2}{2} = W(0, d) = F_a d$

Beispiel: $m = 40$ kg, $v_0 = 500$ m/s, $d = 5$ m: $F_r = 10^6$ N

1.7.2 Der Schub der Düse

Der Schub $\vec{F}_S$ einer Düse mit der Triebmasse $m(t)$, die beim Abbrennen als Gas die Düse mit der Geschwindigkeit $\vec{v}_{Gas}$ verläßt, ist

(1.59) $$\vec{F}_S(t) = + \frac{dm(t)}{dt} \cdot \vec{v}_{Gas} = - \left| \frac{dm(t)}{dt} \right| \cdot \vec{v}_{Gas}$$

Beweis: $\vec{F}_a = -\vec{F}_S = \dfrac{d\vec{p}}{dt} = \dfrac{d}{dt}\{m_{Gas}(t)\}\,\vec{v}_{Gas} = -\dfrac{dm(t)}{dt} \cdot \vec{v}_{Gas}$, wobei $\vec{F}_a$ die Kraft ist, die das Gas aus der Düse treibt.

Beispiel: $v_{Gas} = 500\ \mathrm{m\,s^{-1}}$, $dm/dt = -1\ \mathrm{kg\,s^{-1}}$, $F_S = 500$ N

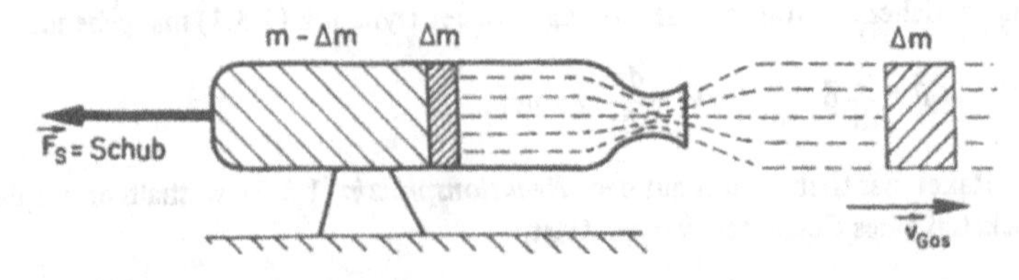

1.7.3 Die allgemeine Raketengleichung

Die Bewegungsgleichung einer Rakete mit der zeitabhängigen gesamten Masse m(t) und der Gasgeschwindigkeit $\vec{v}'_{Gas}$ relativ zur Rakete unter dem Einfluß einer äußeren Kraft $\vec{F}$ lautet:

$$m(t) \cdot \frac{d\vec{v}(t)}{dt} = \frac{dm(t)}{dt} \cdot \vec{v}'_{Gas} + \vec{F}, \qquad \text{wobei } \frac{dm(t)}{dt} < 0, \qquad \vec{v}'_{Gas} = \text{const} \tag{1.60}$$

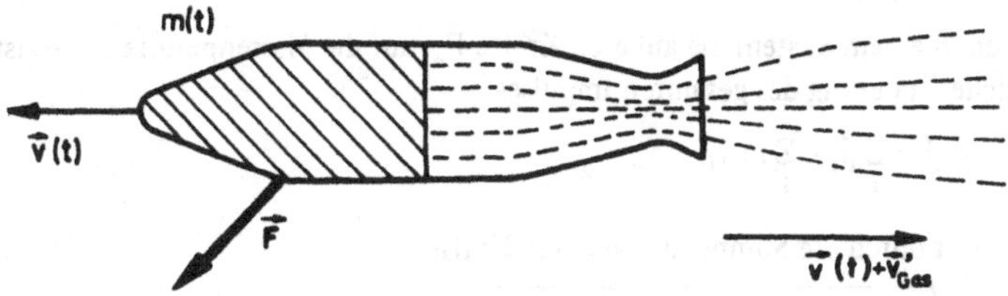

B e w e i s : $\frac{d}{dt} m_{Gas}(t) = -\frac{d}{dt} m(t)$

$$\vec{F} = \frac{d\vec{p}}{dt} = \left\{ m(t) \frac{d\vec{v}(t)}{dt} + \frac{dm(t)}{dt} \vec{v}(t) \right\} - \left\{ \frac{dm(t)}{dt} (\vec{v}(t) + \vec{v}'_{Gas}) \right\}$$

$$= m(t) \cdot \frac{d\vec{v}(t)}{dt} - \frac{dm(t)}{dt} \cdot \vec{v}'_{Gas}$$

F o l g e r u n g : Der Raketenantrieb wirkt unabhängig von der Geschwindigkeit der Rakete und vom Medium, das die Rakete umgibt.

1.7.4 Die Bewegung der kräftefreien Rakete

Ist eine Rakete keiner äußeren Kraft $\vec{F}$ unterworfen, so resultiert aus den *Anfangsbedingungen* $m(0) = m_0$ und $\vec{v}(0) = \vec{v}_0$ die Bewegung mit:

$$\vec{v}(t) = \vec{v}_0 - \vec{v}'_{Gas} \cdot \ln \frac{m_0}{m(t)} \tag{1.61}$$

B e w e i s : Aus $m \frac{d\vec{v}}{dt} = \frac{dm}{dt} \vec{v}'_{Gas}$ folgt $d\vec{v} = \frac{dm}{m} \vec{v}'_{Gas}$.

1.8 Systeme von Massenpunkten

Definition. Ein System von Massenpunkten besteht aus n Massenpunkten mit den Massen m_i. *Die Massen* m_i *seien konstant.*

B e i s p i e l e : Gase, Flüssigkeiten, elastische Körper, starre Körper, Atome, Moleküle, das Planetensystem.

Zweck der Betrachtungen. Die in Natur und Technik vorkommenden mechanischen Systeme und Körper bestehen meistens aus einer Vielzahl kleiner Teilchen, die als Massenpunkte aufgefaßt werden können. Zum Beispiel befinden sich in 1 Mol einer Substanz etwa $n = 6 \cdot 10^{23}$ Moleküle. Für solche mechanische Systeme ist es notwendig, den Zusammenhang und das Verhalten makroskopischer mechanischer Größen zu beschreiben, ohne daß die Dynamik des einzelnen Massenpunktes dargelegt wird.

1.8.1 Der Impulssatz

Wirken in einem System die äußeren Kräfte $\vec{F}_{ai}$ auf die Massenpunkte m_i, so ist die zeitliche Änderung des gesamten Impulses

$$\vec{p} = \sum_i \vec{p}_i = \sum_i m_i \vec{v}_i$$

bestimmt durch die Summe der äußeren Kräfte.

$$\frac{d}{dt}\vec{p} = \frac{d}{dt}\sum_i \vec{p}_i = \vec{F}_a = \sum_i \vec{F}_{ai} \tag{1.62}$$

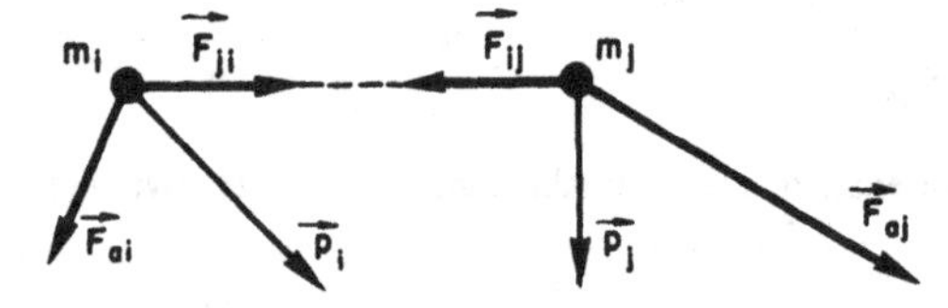

B e w e i s:
Äußere Kraft auf Massenpunkt m_i: $\vec{F}_{ai}$
Innere Kraft von Massenpunkt m_j auf Massenpunkt m_i: $\vec{F}_{ji}$
Reaktionsprinzip: $\vec{F}_{ji} = -\vec{F}_{ij}$
Impulsänderung des Massenpunktes i: $\dot{\vec{p}}_i = \vec{F}_{ai} + \sum_{j \neq i} \vec{F}_{ji}$

Änderung des gesamten Impulses:

$$\dot{\vec{p}} = \sum_i \dot{\vec{p}}_i = \sum_i \vec{F}_{ai} + \vec{F}_{12} + \vec{F}_{21} + \vec{F}_{13} + \vec{F}_{31} + \cdots = \sum_i \vec{F}_{ai} = \vec{F}_a$$

1.8.2 Impulserhaltung

Wirken auf ein System von Massenpunkten *keine äußeren Kräfte*, so ist sein gesamter Impuls konstant.

$$\vec{p} = \sum_i \vec{p}_i = \sum_i m_i \vec{v}_i = \text{const} \tag{1.63}$$

B e w e i s: nach 1.8.1: $\dot{\vec{p}} = \vec{F}_a = \sum_i \vec{F}_{ai} = 0$.

1.8.3 Der Schwerpunktsatz

Definition des Schwerpunkts. Wird die Lage des Schwerpunkts S durch den Ortsvektor $\vec{r}_S$ beschrieben, so ist dieser definiert durch

$$\vec{r}_S = \frac{\sum_i m_i \vec{r}_i}{\sum_i m_i} = \frac{1}{m} \sum_i m_i \vec{r}_i$$

Gesamtimpuls und Schwerpunktgeschwindigkeit. Für den Gesamtimpuls des Systems von Massenpunkten gilt

$$\vec{p} = m\,\vec{v}_S = \frac{d}{dt}(m\,\vec{r}_S) \tag{1.64}$$

B e w e i s : Mit $\vec{r}_i = \vec{r}_S + \vec{R}_i$ wird $\sum_i m_i \vec{R}_i = \sum_i m_i \vec{r}_i - m\,\vec{r}_S = 0$. Dann gilt wegen $m_i = \text{const}$

$$\vec{p} = \sum_i m_i \vec{v}_i = \frac{d}{dt} \sum_i m_i (\vec{r}_S + \vec{R}_i) = \frac{d}{dt}(m\,\vec{r}_S) = m\,\vec{v}_S$$

Bewegung des Schwerpunktes. Der Impulssatz für ein System von Massenpunkten läßt sich wegen der obigen Beziehung auch schreiben als *Schwerpunktsatz*

$$m\,\vec{a}_S = m\,\dot{\vec{v}}_S = \sum_i \vec{F}_{ai} \tag{1.65}$$

Demnach bewegt sich der Schwerpunkt S so, als ob alle Massen des Systems in ihm konzentriert wären und wie wenn alle äußeren Kräfte an ihm angreifen würden.

Konstanz der Schwerpunktgeschwindigkeit. Wirken auf ein System von Massenpunkten mit konstanten Massen m_i *keine äußeren Kräfte*, so bewegt sich der Schwerpunkt S des Systems mit konstanter Geschwindigkeit $\vec{v}_s$.

$$\vec{v}_S = \frac{d}{dt}\vec{r}_S = \text{const} \tag{1.66}$$

B e w e i s : $\vec{p} = \text{const}$ bedingt $\vec{v}_S = \vec{p}/m = \text{const}$.

1.8.4 Der Drallsatz

Mechanisches Drehmoment. Das gesamte mechanische Moment $\vec{T}_O$ der äußeren Kräfte $\vec{F}_{ai}$ eines Systems von Massenpunkten *in bezug auf ein Zentrum* O ist gegeben durch

$$\vec{T}_O = \sum_i \vec{T}_{Oi} = \sum_i [\vec{r}_{Oi} \times \vec{F}_{ai}]$$

Für das mechanische Moment $\vec{T}_S$ der äußeren Kräfte *bezüglich des Schwerpunktes* S des Systems gilt

(1.67) $$\vec{T}_O = \vec{T}_S + [\vec{r}_S \times \vec{F}_a]$$

B e w e i s : Mit $\vec{r}_{Oi} = \vec{r}_S + \vec{r}_{Si}$ gilt

$$\vec{T}_O = \sum_i [(\vec{r}_S + \vec{r}_{Si}) \times \vec{F}_{ai}] = [\vec{r}_S \times \sum_i \vec{F}_{ai}] + \sum_i [\vec{r}_{Si} \times \vec{F}_{ai}] = [\vec{r}_S \times \vec{F}_a] + \vec{T}_S$$

Drall. Der gesamte Drall oder Drehimpuls $\vec{L}_O$ des Systems *in bezug auf ein Zentrum* O ist gegeben durch

$$\vec{L}_O = \sum_i \vec{L}_{Oi} = \sum_i [\vec{r}_{Oi} \times \vec{p}_i]$$

Der Drall $\vec{L}_O$ des Systems bezüglich O und der Drall $\vec{L}_S$ *bezüglich des Schwerpunktes* S sind verknüpft durch

(1.68) $$\vec{L}_O = \vec{L}_S + [\vec{r}_S \times \vec{p}]$$

B e w e i s : wie bei den mechanischen Momenten.

Drallsatz in bezug auf ein festes Zentrum. Die zeitliche Änderung des gesamten Dralls $\vec{L}_O$ des Systems *in bezug auf ein Zentrum* O wird bestimmt durch

(1.69) $$\frac{d}{dt} \vec{L}_O = \vec{T}_O$$

B e w e i s :

$$\frac{d}{dt} \vec{L}_O = \frac{d}{dt} \sum_i [\vec{r}_{Oi} \times \vec{p}_i] = \sum_i [\dot{\vec{r}}_{Oi} \times \vec{p}_i] + \sum_i [\vec{r}_{Oi} \times \dot{\vec{p}}_i]$$

$$= \sum_i \left[\frac{\vec{p}_i}{m_i} \times \vec{p}_i\right] + \sum_i [\vec{r}_{Oi} \times \vec{F}_{ai}] + \sum_i [\vec{r}_{Oi} \times \sum_{j \neq i} \vec{F}_{ji}] = \sum_i [\vec{r}_{Oi} \times \vec{F}_{ai}]$$

Das Verschwinden des dritten Terms kann geometrisch bewiesen werden:

$$\sum_i \sum_{j \neq i} [\vec{r}_{Oi} \times \vec{F}_{ji}] = [\vec{r}_{O1} \times \vec{F}_{21}] + [\vec{r}_{O2} \times \vec{F}_{12}] + \cdots = 0$$

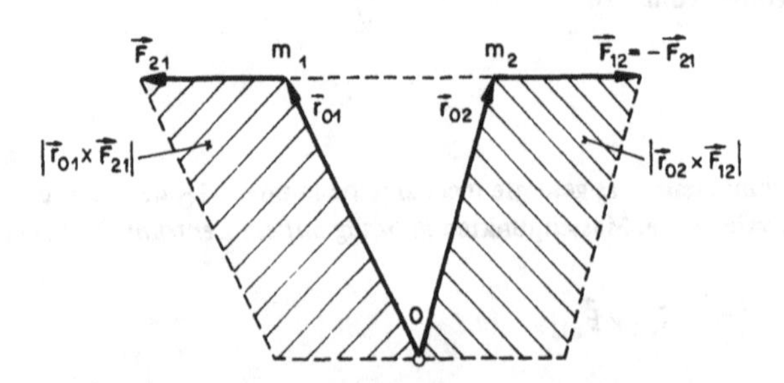

Drallsatz in bezug auf den Schwerpunkt. Der Drallsatz gilt nicht nur für den Drall $\vec{L}_O$ in bezug auf *ein Zentrum* O, sondern auch für den Drall $\vec{L}_S$ *bezüglich des Schwerpunktes* S, d. h. er gilt auch im mit $\vec{v}_S$ mitbewegten Koordinatensystem mit S als Zentrum.

(1.70)
$$\frac{d}{dt}\vec{L}_S = \vec{T}_S$$

B e w e i s :

$$\frac{d}{dt}\vec{L}_O = \frac{d}{dt}(\vec{L}_S + [\vec{r}_S \times \vec{p}]) = \frac{d}{dt}\vec{L}_S + \left[\frac{d}{dt}\vec{r}_S \times \vec{p}\right] + \left[\vec{r}_S \times \frac{d}{dt}\vec{p}\right]$$
$$= \frac{d}{dt}\vec{L}_S + m\,[\vec{v}_S \times \vec{v}_S] + [\vec{r}_S \times \vec{F}_a] = \vec{T}_O = \vec{T}_S + [\vec{r}_S \times \vec{F}_a]$$

1.8.5 Erhaltung des Dralls

Drall in bezug auf ein festes Zentrum. Wirken auf ein System von Massenpunkten m_i mit einem Zentrum O *keine oder nur zentrale äußere Kräfte*, so ist der gesamte Drall $\vec{L}_O$ in bezug auf das Zentrum O konstant.

(1.71)
$$\vec{L}_O = \sum_i [\vec{r}_{Oi} \times \vec{p}_i] = \text{const}$$

B e w e i s : Wenn $\vec{F}_{ai} = 0$ oder $\vec{F}_{ai} \| \vec{r}_{Oi}$, dann gilt:

$$\frac{d}{dt}\vec{L}_O = \vec{T}_O = \sum_i [\vec{r}_{Oi} \times \vec{F}_{ai}] = 0$$

Drall in bezug auf den Schwerpunkt. Wirken auf ein System von Massenpunkten m_i *keine äußeren Kräfte*, so ist der Drall $\vec{L}_S$ bezüglich des Schwerpunktes S des Systems konstant

(1.72)
$$\vec{L}_S = \sum_i [\vec{r}_{Si} \times \vec{p}_i] = \text{const}$$

B e w e i s : $d\vec{L}_S/dt = \vec{T}_S = \sum_i [\vec{r}_{Si} \times \vec{F}_{ai}] = 0$

1.8.6 Der Energiesatz

Wirken in einem *abgeschlossenen System* von Massenpunkten nur *konservative Kräfte*, dann ist die gesamte Energie des Systems konstant.

(1.73)
$$E = E_{kin} + E_{pot} = \text{const}$$

B e w e i s : für ein System mit einem Massenpunkt.
Das Kraftfeld der konservativen Kraft wird zum System gerechnet! Es gilt:

$$\vec{F} = -\text{grad } E_{pot} = \frac{d\vec{p}}{dt}$$

Multiplikation mit $d\vec{r} = \vec{v}\,dt = \frac{\vec{p}}{m}\,dt$ ergibt:

$$\vec{F}\,d\vec{r} = -\text{grad } E_{pot} \cdot d\vec{r} = -dE_{pot} = \frac{\vec{p}\,d\vec{p}}{m} = dE_{kin}$$

$$dE_{kin} + dE_{pot} = dE = 0, \qquad E = \text{const}$$

B e i s p i e l : Energie des Federpendels (6.1.2)

$$\frac{dp}{dt} = F = -f\,x, \qquad p = m\,\dot{x}; \qquad \frac{dp}{dt}\,dx = \frac{dp}{dt}\,\frac{p}{m}\,dt = dp\,\frac{p}{m} = F\,dx = -f\,x\,dx$$

$$d\left(\frac{p^2}{2m}\right) = dE_{kin} = -d\left(\frac{f\,x^2}{2}\right) = -dE_{pot}; \qquad dE = dE_{kin} + dE_{pot} = 0$$

$$E = \frac{p^2}{2m} + \frac{f}{2}\,x^2 = \text{const}$$

1.9 Stöße

1.9.1 Das Stoßproblem

Zwei Massenpunkte m_1 und m_2 mit den Anfangsimpulsen $\vec{p}_1$ und $\vec{p}_2$ stoßen zusammen, das heißt, sie treten in Wechselwirkung. Es kann angenommen werden, daß während des Stoßes keine oder gegenüber der Teilchenwechselwirkung vernachlässigbare äußere Kräfte wirken.
Zu bestimmen sind die Teilchenimpulse $\vec{p}_1^{\,*}$ und $\vec{p}_2^{\,*}$ nach dem Stoß.

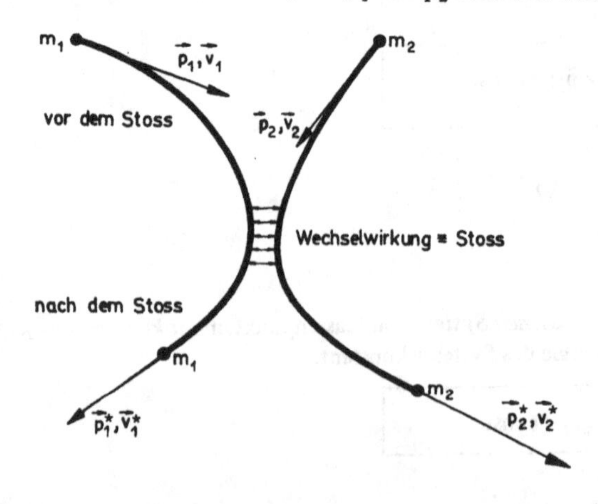

Stoßprobleme obiger Art ergeben sich häufig bei Experimenten der Kernphysik und der Hochenergiephysik. Dabei treten meistens sehr schnelle relativistische Teilchen mit geschwindigkeitsabhängiger Masse und kurzer Lebensdauer, sowie elektromagnetische Strahlungsquanten, sogenannte Photonen, in Erscheinung.

1.9.2 Erhaltungssätze

Da während des Stoßes keine oder nur vernachlässigbare äußere Kräfte wirken, gelten allgemein folgende Erhaltungssätze für

den Impuls:

$$\vec{p}_1 + \vec{p}_2 = \vec{p}_1^* + \vec{p}_2^*$$

den Drall bezüglich eines Punktes O:

$$\vec{L}_1 + \vec{L}_2 = \vec{L}_1^* + \vec{L}_2^*$$

Besitzen die Teilchen konstante Masse, so gelten außerdem

der Schwerpunktsatz:

$$\vec{v}_S = \text{const}$$

die Erhaltung des Dralls bezüglich des Schwerpunktes S:

$$\vec{L}_{S1} + \vec{L}_{S2} = \vec{L}_{S1}^* + \vec{L}_{S2}^*$$

1.9.3 Stoßtypen

Entsprechend dem Energiesatz muß die gesamte Energie der beiden Massenteilchen vor und nach dem Stoß erhalten bleiben. Ein Stoß heißt *elastisch*, wenn die *kinetische Energie erhalten* bleibt:

$$E_{kin,1} + E_{kin,2} = E_{kin,1}^* + E_{kin,2}^*$$

Wandelt sich ein Teil Q der kinetischen Energie in eine andere Energieform um, so wird der Stoß *inelastisch* genannt:

$$E_{kin,1} + E_{kin,2} = E_{kin,1}^* + E_{kin,2}^* + Q; \qquad Q > 0$$

Ein spezieller inelastischer Stoß ist der *plastische Stoß*, bei dem die beiden Massenpunkte nach dem Stoß zusammenbleiben:

$$\vec{v}_1^* = \vec{v}_2^*$$

1.9.4 Der Stoß auf der Geraden

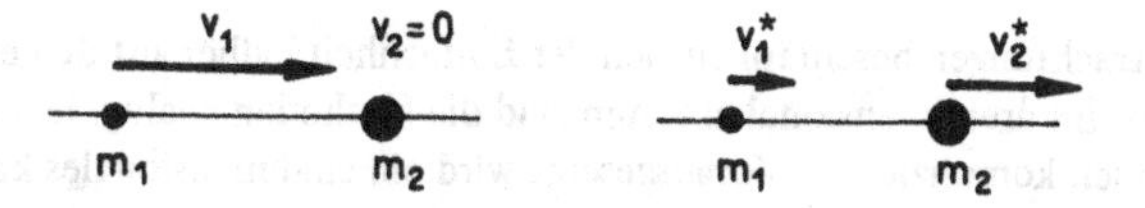

Annahmen $m_1 = \text{const}, m_2 = \text{const}, v_2 = 0$

Impulssatz $m_1 v_1 = m_1 v_1^* + m_2 v_2^*$

Elastischer Stoß $$\frac{m_1 v_1^2}{2} = \frac{m_1 v_1^{*2}}{2} + \frac{m_2 v_2^{*2}}{2}$$

ergibt $$v_1^* = \frac{m_1 - m_2}{m_1 + m_2} v_1; \qquad v_2^* = \frac{2 m_1}{m_1 + m_2} v_1$$

für $m_1 = m_2$: $v_1^* = 0; \qquad v_2^* = v_1$

Plastischer Stoß $$v_1^* = v_2^* = \frac{m_1}{m_1 + m_2} v_1$$

ergibt $$Q = \frac{m_1 v_1^2}{2} \cdot \frac{m_2}{m_1 + m_2}$$

für $m_1 = m_2$: $$v_1^* = v_2^* = \frac{v_1}{2}; \qquad Q = \frac{m_1 v_1^2}{4}$$

1.9.5 Der ebene elastische Stoß von gleichen Massen

Annahmen $m_1 = m_2 = m = \text{const}, \qquad \vec{v}_2 = 0, Q = 0$

Impulssatz $m \vec{v}_1 = m \vec{v}_1^* + m \vec{v}_2^*$ ergibt: $\vec{v}_1 = \vec{v}_1^* + \vec{v}_2^*$

Energiesatz $\frac{m}{2} \vec{v}_1^2 = \frac{m}{2} \vec{v}_1^{*2} + \frac{m}{2} \vec{v}_2^{*2}$ ergibt: $\vec{v}_1^2 = \vec{v}_1^{*2} + \vec{v}_2^{*2}$

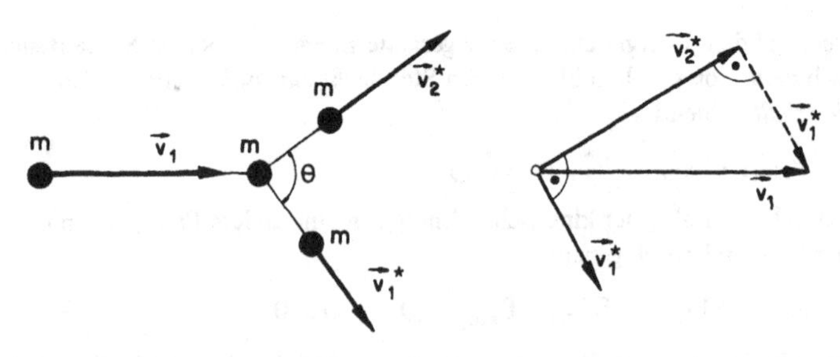

Somit gilt für v_1, v_1^* und v_2^* der Satz von Pythagoras (582–507 v. Chr.). Also ist $\theta = \pi/2$.

1.10 Gleichgewicht und Stabilität

Die folgenden Betrachtungen beschränken sich der Einfachheit halber auf den eindimensionalen Ortsraum. Im dreidimensionalen Raum sind die Methoden analog, jedoch unter Umständen erheblich komplizierter. Vorausgesetzt wird ein eindimensionales konservatives Kraftfeld $F(x)$ mit der potentiellen Energie $E_{pot}(x)$, die hier als Potential $V(x) \equiv E_{pot}(x)$ bezeichnet wird.

$$F(x) = -\frac{d}{dx} V(x)$$

1.10.1 Gleichgewichtslagen

Definition. Als Gleichgewichtslagen bezeichnet man Orte x_i, welche folgende Bedingung erfüllen:

$$F(x_i) = -\frac{dV}{dx}(x_i) = 0 \qquad (1.74)$$

Umgebung der Gleichgewichtslage. Betrachten wir einen Ort $x = x_i + X$ in der Umgebung der Gleichgewichtslage x_i, so können wir das Potential $V(x)$ unter gewissen Voraussetzungen in eine Taylor-Reihe entwickeln

$$V(x_i + X) = V(x_i) + \sum_{n=2}^{\infty} \alpha_{in} \frac{X^n}{n!}$$

$$F(x_i + X) = -\sum_{n=1}^{\infty} \alpha_{i(n+1)} \frac{X^n}{n!}; \qquad \alpha_{in} = \frac{d^n V(x_i)}{dx^n}$$

Charakteristische Bewegungsgleichung. Für einen Massenpunkt m in der Umgebung der Gleichgewichtslage x_i gilt

$$m \frac{d^2}{dt^2}(x_i + X) = m \frac{d^2 X}{dt^2} = F(x_i + X)$$

oder

$$0 = \frac{d^2 X}{dt^2} + m^{-1} \alpha_{i2} X + \sum_{n=2}^{\infty} m^{-1} \alpha_{i(n+1)} \frac{X^n}{n!}$$

1.10.2 Klassifizierung des Gleichgewichts

Kriterium. Man unterscheidet *stabiles, labiles* und *strukturell instabiles* Gleichgewicht. Für die Unterscheidung maßgebend ist das *Kriterium*

(1.75)

stabil	$\alpha_{i2} = \alpha_{s2} > 0$
labil	$\alpha_{i2} = \alpha_{\ell 2} < 0$
strukturell instabil	$\alpha_{i2} = \alpha_{k2} = 0$

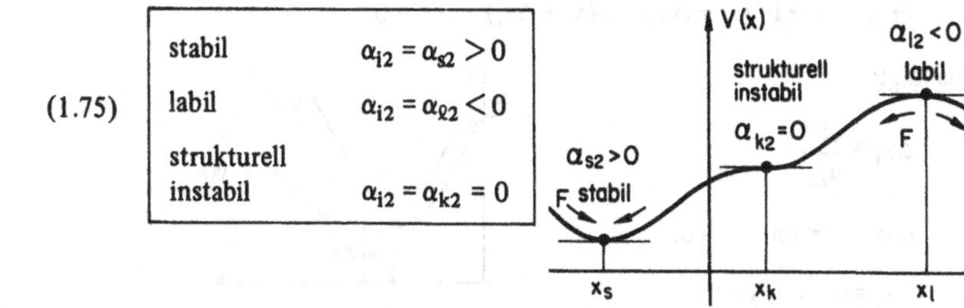

Stabiles Gleichgewicht. Am Ort x_s herrscht stabiles Gleichgewicht unter der Bedingung

$$\frac{dV}{dx}(x_s) = 0, \qquad \frac{d^2V}{dx^2}(x_s) > 0 \tag{1.76}$$

Die charakteristische Bewegungsgleichung ist

$$\frac{d^2X}{dx^2} + m^{-1}\alpha_{s2}X \simeq 0; \qquad \alpha_{s2} > 0$$

Diese Gleichung beschreibt *Oszillationen um die Gleichgewichtslage*

$$X(t) = X_0 \cos \omega_0 t, \qquad \omega_0^2 = \alpha_{s2} m^{-1}$$

Labiles Gleichgewicht. Am Ort x_ℓ herrscht labiles Gleichgewicht unter der Bedingung

$$\frac{dV}{dx}(x_\ell) = 0, \qquad \frac{d^2V}{dx^2}(x_\ell) < 0 \tag{1.77}$$

Die charakteristische Bewegungsgleichung ist

$$\frac{d^2X}{dx^2} \simeq m^{-1}|\alpha_{\ell 2}|\, X, \qquad \alpha_{\ell 2} < 0$$

Diese Gleichung bedingt die *Entfernung von der Gleichgewichtslage*

$$X(t) = X_0 \cosh \beta t, \qquad \beta^2 = |\alpha_{\ell 2}|\, m^{-1}$$

1.10.3 Strukturelle Stabilität

Störung des konservativen Kraftfeldes. Ein konservatives Kraftfeld $F(x)$ wird durch eine schwache konstante Kraft ϵF^* mit dem Störparameter ϵ, $|\epsilon| \ll 1$, gestört:

$$F^S(x) = F(x) + \epsilon F^* \qquad V^S(x) = V(x) - \epsilon F^* x$$

Was geschieht in den Gleichgewichtslagen x_i?

Störung des Gleichgewichts. Durch die Störkraft ϵF^* werden die Gleichgewichtslagen x_i um Δx_i verschoben:

$$F(x_i) = 0 \rightarrow F^S(x_i + \Delta x_i) = F(x_i + \Delta x_i) + \epsilon F^* = 0$$

Daraus folgt:

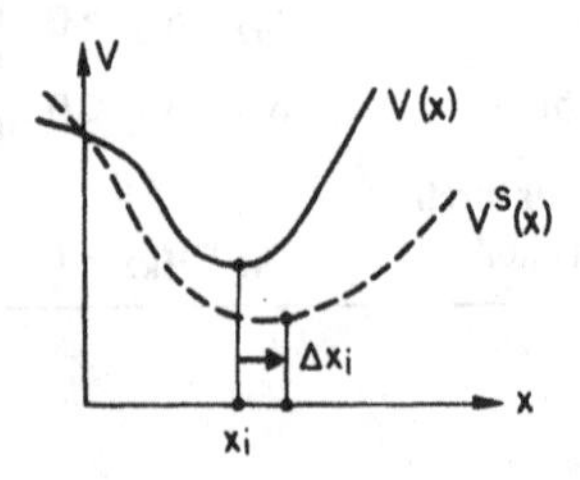

$$\Delta x_i \simeq \frac{\epsilon F^*}{\alpha_{i2}}$$

und $|\Delta x_i| < \infty$ für $\alpha_{i2} \neq 0$;

$\Delta x_i = \infty$ für $\alpha_{i2} = 0$.

Strukturell stabiles Gleichgewicht. Für $\alpha_{i2} \neq 0$ bleibt die Verschiebung Δx_i der Gleichgewichtslage x_i durch die Störung ϵF^* endlich. Der Charakter des Gleichgewichts ändert sich nicht, d. h. das Gleichgewicht ist ***strukturell stabil***. Man unterscheidet wie oben zwei Fälle:

strukturell stabil $\alpha_{i2} \neq 0$ → stabil $\alpha_{i2} > 0$; labil $\alpha_{i2} < 0$

B e i s p i e l e : $V(x) = A\,x^2$, $x_i = 0$; $V(x) = B\cos x$, $x_i = 0$

Strukturell instabiles Gleichgewicht. Für $\alpha_{k2} = 0$ wird die Verschiebung Δx_k der Gleichgewichtslage x_k durch die Störung ϵF^* beliebig groß. Das Gleichgewicht ändert seinen Charakter, d. h. es ist ***strukturell instabil***. Die Voraussetzung dafür ist

$$\frac{dV}{dx}(x_k) = 0, \qquad \frac{d^2V}{dx^2}(x_k) = 0 \tag{1.78}$$

B e i s p i e l e :

$V(x) = A\,x^3$, $x_k = 0$

$V(x) = B\,e^{-x^2}$, $x_k = 0$

$V(x) = C$, x_k beliebig (*indifferentes Gleichgewicht*)

1.10.4 Katastrophen

Definition. Katastrophen sind sprunghafte Änderungen von Systemen bei kontinuierlichen Änderungen von System-Parametern.

B e i s p i e l e :

Einsturz von Brücken

Überrollen von Schiffen

Erdbeben

Kritischer Punkt realer Gase

Umschlag von laminarer in turbulente Strömung

Politischer Umsturz

Mathematische Theorie. Die mathematische Katastrophentheorie wurde von R. T h o m (1923–) entwickelt. Er fand 7 ***mathematisch elementare Katastrophen***.

I l l u s t r a t i o n : Die Methoden der Katastrophentheorie werden im folgenden Abschnitt am Wattschen Zentrifugalregulator erläutert.

1.10.5 Der Wattsche Zentrifugalregulator

Prinzip. Der Zentrifugalregulator wurde von J. Watt (1736–1819) zur Regulation der Dampfzufuhr der von ihm erfundenen Dampfmaschine verwendet. Im Prinzip ist er wie in nebenstehender Figur aufgebaut.

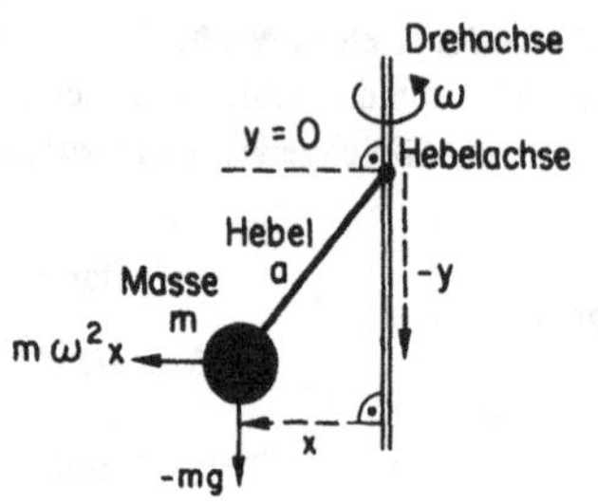

Potentielle Energie. Das Potential V(x) ist eine Funktion der Lage x der Kugelmasse m und der Kreisfrequenz ω.

$$V(x, \omega) = -\, mgy - \frac{1}{2} m\omega^2 x^2$$

oder

(1.79) $$V(x, \omega) = -\, mg\,(a^2 - x^2)^{1/2} - \frac{1}{2} m\omega^2 x^2$$

Gleichgewichtslagen. Die Gleichgewichtslagen x_i sind Funktionen der Kreisfrequenz ω. Sie werden bestimmt durch die Gleichung

(1.80) $$\frac{\partial V}{\partial x}(x_i, \omega) = 0$$

Aus (1.79) ergibt sich

$$x_i \left\{ \left(1 - \left(\frac{x_i}{a} \right)^2 \right)^{-1/2} - (a\omega^2/g) \right\} = 0$$

oder 1. $x_i = 0;$ $y_i = a$

2. u. 3. $x_i = \pm\, a \left(1 - \left(\frac{g}{a\omega^2} \right)^2 \right)^{1/2};$ $y_i = \frac{g}{\omega^2}$

Katastrophen-Mannigfaltigkeit. Die Gesamtheit der Gleichgewichtslagen als Funktion der Systemparameter bildet die Katastrophen-Mannigfaltigkeit. Beim Zentrifugalregulator ist dies $x_i(\omega)$. Es ergibt sich folgendes Bild:

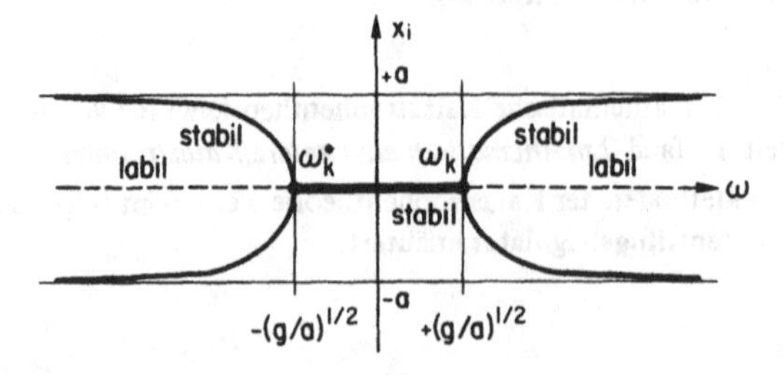

Charakter der Gleichgewichtslagen

1. *Gleichgewichtslage* $x_1 = 0$

$$V(x_1 + X, \omega) = V(X, \omega) \simeq m\left(\frac{g}{a} - \omega^2\right)\frac{X^2}{2}, \qquad \alpha_{12} = m\left(\frac{g}{2} - \omega^2\right)$$

stabiles Gleichgewicht: $|\omega| < (g/a)^{1/2}$

labiles Gleichgewicht: $|\omega| > (g/a)^{1/2}$

strukturell instabiles Gleichgewicht: $|\omega| = (g/a)^{1/2}$

2. *Gleichgewichtslagen* $x_{2,3} = \pm\, a\,\{1 - (g/a\,\omega^2)^2\}^{1/2}$.

Die Gleichgewichtslagen $|x_i| > 0$ existieren nur im Bereich $|\omega| > (g/a)^{1/2}$. Sie entsprechen stabilem Gleichgewicht.

Katastrophenlagen. *Nach Definition* sind Katastrophenlagen strukturell instabile Gleichgewichtslagen x_k. Sie erfüllen folgende Bedingung:

(1.81) $$\frac{\partial V}{\partial x}(x_k, \omega_k) = 0; \qquad \frac{\partial^2 V}{\partial x^2}(x_k, \omega_k) = 0$$

Für den Zentrifugalregulator erhält man

$$x_k = 0, \qquad \omega_k = \pm\left(\frac{g}{a}\right)^{1/2}$$

Erhöht man die Kreisfrequenz ω kontinuierlich, so ereignet sich bei $\omega = \omega_k$ eine Katastrophe, indem die bisherige stabile Gleichgewichtslage $x_1 = 0$ in zwei Gleichgewichtslagen $x_{2,3} = \pm x_2 \neq 0$ aufspaltet. Das rotierende Pendel des Zentrifugalregulators zeigt einen Ausschlag. Die Gleichgewichtslage $x_1 = 0$ existiert auch für $\omega > \omega_k$; sie ist jedoch in diesem Bereich labil. Die Aufgabelung bei $\omega = \omega_k$ bezeichnet man auch als *„Pitchfork"-Bifurkation.*

Katastrophenplan. Der Katastrophenplan zeigt die Lage der Katastrophen im Raum der System-Parameter. Beim Zentrifugalregulator ist die Kreisfrequenz ω System-Parameter. Der Katastrophenplan ist eindimensional.

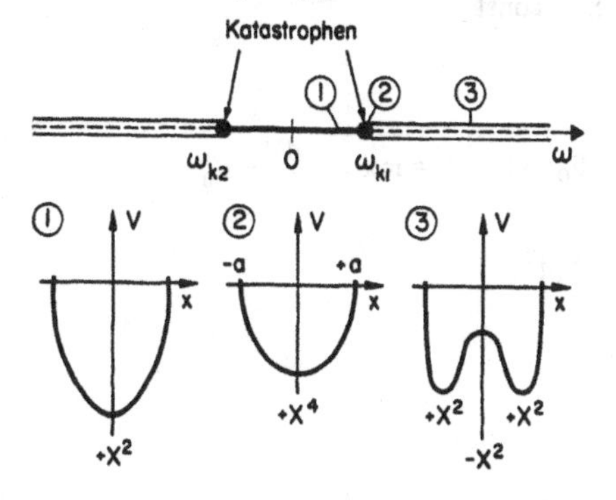

1.11 Darstellungen der klassischen Mechanik

Die durch die Newtonschen Axiome (1.3) definierte klassische Mechanik hat im Laufe der Jahre auch andere Darstellungen gefunden. Diese haben in unserem Jahrhundert an Bedeutung gewonnen. So bildet z. B. die Mechanik von W. Hamilton und K. G. J. Jacobi den Ursprung der Wellenmechanik von E. Schroedinger. Im folgenden beschränken wir uns auf Darstellungen im eindimensionalen x-Raum.

$$x = x(t); \qquad v = \dot{x}; \qquad a = \ddot{x}$$

Wir betrachten die Dynamik eines Massenpunktes mit konstanter Masse m in einem konservativen Kraftfeld mit dem Potential $V(x) \equiv E_{pot}(x)$.

$$F(x) = -\frac{d}{dx} E_{pot}(x) = -\frac{d}{dx} V(x)$$

1.11.1 Newton-Mechanik (nach I. Newton (1642–1727))

Grundgesetze

$$p = mv; \qquad \dot{p} = F$$

Energie

Potentielle Energie

$$E_{pot}(x) \equiv V(x); \; F(x) = -\frac{d}{dx} V(x)$$

Kinetische Energie

$$E_{kin} = T = \frac{m}{2} \dot{x}^2 = \frac{1}{2m} p^2 = \frac{1}{2} p\dot{x}$$

Energiesatz

$$E = T + V = \frac{1}{2m} p^2 + V(x) = \text{const}$$

Beispiel: konstante Kraft

$$F(x) = F_0; \qquad V(x) = -F_0 \cdot x; \qquad \dot{p} = m\ddot{x} = -\frac{dV}{dx} = F_0$$

Lösung: $t_0 = 0, \; x_0 = 0; \; x(t) = \frac{1}{2m} F_0 t^2$.

1.11.2 Lagrange-Mechanik (nach J. L. Lagrange (1736–1813))

Definition der Lagrange-Funktion

(1.82) $$L = L(x, \dot{x}) = T - V = \frac{m}{2}\dot{x}^2 - V(x)$$

Charakteristische Eigenschaften

$$L = L(x, \dot{x}); \qquad \frac{\partial L}{\partial x} = -\frac{dV}{dx} = F = \dot{p}; \qquad \frac{\partial}{\partial \dot{x}} L = p$$

zusammengefaßt:

(1.83) $$\frac{\partial L}{\partial x} = \dot{p}; \qquad \frac{\partial L}{\partial \dot{x}} = p$$

oder

(1.84) $$dL = \dot{p}\, dx + p\, d\dot{x}$$ vollständiges Differential

Lagrange-Gleichung. Aus (1.83) und (1.84) folgt

(1.85) $$\frac{d}{dt}\left\{\frac{\partial L}{\partial \dot{x}}\right\} - \frac{\partial L}{\partial x} = 0$$ Bewegungsgleichung

Beispiel: konstante Kraft

$$L = L(x, \dot{x}) = \frac{m}{2}\dot{x}^2 + F_0 x.$$

1.11.3 Hamilton-Mechanik (nach W. Hamilton (1805–1865))

Legendre-Transformation (nach A. M. Legendre (1752–1834))

Voraussetzung

$$L(x, \dot{x}) + H(x, p) = \dot{x}p$$

Transformation

$$\left.\begin{array}{c} L(x, \dot{x}) \leftrightarrow H(x, p) \\ x \leftrightarrow x \\ \dot{x} = \dfrac{\partial H}{\partial p} \leftrightarrow p = \dfrac{\partial L}{\partial \dot{x}} \end{array}\right\} = \text{Berührungstransformation}$$

Definition der Hamilton-Funktion

(1.86) $$H = H(x, p) = \dot{x}p - L$$

Folgerungen

1. $H = \dot{x}p - L = 2T - L = 2T - (T - V)$

(1.87) $$H = H(x, p) = T + V = \frac{1}{2m} p^2 + V(x)$$

Die Hamilton-Funktion ist die *Energie dargestellt durch Lage- und Impuls-Koordinaten*.

2. $dH = d(\dot{x}p) - dL = (\dot{x}dp + pd\dot{x}) - (\dot{p}dx + pd\dot{x})$

(1.88) $$dH = -\dot{p}dx + \dot{x}dp$$ vollständiges Differential

Kanonische Gleichungen. Aus (1.88) folgt

(1.89) $$\dot{x} = \frac{\partial}{\partial p} H; \qquad \dot{p} = -\frac{\partial H}{\partial x}$$

Beispiel: konstante Kraft

$$F(x) = F_0; \quad H = \frac{1}{2m} p^2 - F_0 x; \qquad \dot{x} = \frac{\partial}{\partial p} H = \frac{p}{m}; \quad \dot{p} = -\frac{\partial H}{\partial x} = F_0$$

1.11.4 Hamilton-Jacobi-Mechanik (nach K. G. J. Jacobi (1804–1851))

Die Wirkungsfunktion

Voraussetzung $x = x(t)$ erfüllt die Lagrange-Gleichung (1.85)

$$\frac{d}{dt}\left\{\frac{\partial L}{\partial \dot{x}}\right\} - \frac{\partial L}{\partial x} = 0$$

Definition der Wirkungsfunktion

(1.90) $$S = S(x, t) = -\int_{t_0}^{t} L\, dt'$$

Charakteristische Eigenschaften

$$\frac{dS}{dt} = -L = H - p\,\dot{x};$$

$$dS = -L\, dt = H\, dt - p\,\dot{x}\, dt$$

also

(1.91) $$dS = H\,dt - p\,dx$$ vollständiges Differential

oder

(1.92) $$p = -\frac{\partial S}{\partial x}; \qquad H = +\frac{\partial S}{\partial t}$$

allgemein $\vec{p} = -\operatorname{grad} S; \qquad H = +\frac{\partial S}{\partial t}$

analog Wellenmechanik von E. Schroedinger, siehe (7.3.2)

$$\vec{p} = -i\hbar\,\operatorname{grad}; \qquad \mathscr{H} = +i\hbar\frac{\partial}{\partial t}$$

Hamilton-Jacobi-Gleichung

Voraussetzung Ein mechanisches System wird durch die Hamilton-Funktion $H = H(x, p)$ beschrieben.

Herleitung

$$H = H(x, p) = H\left(x, -\frac{\partial S}{\partial x}\right) = +\frac{\partial S}{\partial t}$$

oder

(1.93) $$H\left(x, -\frac{\partial S}{\partial x}\right) = \frac{1}{2m}\left\{\frac{\partial S}{\partial x}\right\}^2 + V(x) = +\frac{\partial S}{\partial t}$$

allgemein $H(\vec{r}, -\operatorname{grad} S) = \frac{\partial S}{\partial t}$

analog $\mathscr{H}\Psi = i\hbar\frac{\partial \Psi}{\partial t}$ siehe (7.3.4)

Beispiel: konstante Kraft

Voraussetzungen: $F(x) = F_0$; $H = E = 0$

$$H = \frac{1}{2m}\left\{\frac{\partial S}{\partial x}\right\}^2 - F_0 x = \frac{\partial S}{\partial t} = 0$$ Hamilton-Jacobi-Gleichung

Lösung: $S = S(x, t) = S(x)$;

$$\frac{\partial S}{\partial x} = \frac{dS}{dx} = \pm(2mF_0 x)^{1/2} = -p$$

$$S = S_0 - \frac{2}{3}(2mF_0)^{1/2} x^{3/2}$$

Bewegung: $p = m\frac{dx}{dt} = (2mF_0x)^{1/2}$

somit $x^{-1/2}dx = (2F_0/m)^{1/2}dt$

$$x = (F_0/2m)t^2, \qquad \dot{x} = (F_0/m)t, \qquad p = F_0t$$

Lagrange-Funktion:

$$L = \dot{x}p - H = \dot{x}p = (F_0^2/m)t^2$$

Wirkungsfunktion:

$$S = -\int_{t_0}^{t} L\,dt' = S_0 - \frac{1}{3}(F_0^2/m)t^3;$$

$$S = S_0 - \frac{2}{3}(2mF_0)^{1/2}x^{3/2}$$

2 Relativität

Die Theorien der Relativität befassen sich mit den Beziehungen zwischen den physikalischen Gesetzen in Bezugssystemen, die sich gegeneinander bewegen.

Die *klassische Relativität* (2.1 und 2.2) basiert auf den Annahmen von G. Galilei (1564–1642) und I. Newton (1643–1723). Sie ist gekennzeichnet durch die Trennung der Begriffe Raum und Zeit und die Superposition von Geschwindigkeiten durch die reine Addition. Ihre Gesetze entsprechen den alltäglichen Vorstellungen von Raum und Zeit.

Gegen Ende des 19. Jahrhunderts erwiesen sich die ursprünglich als trivial und sicher erscheinenden Beziehungen der klassischen Relativität als fragwürdig. Insbesondere ergab sich aus den Experimenten von A. A. Michelson (1852–1931) und anderer, daß die in zwei gegeneinander bewegten Bezugssystemen gemessenen Vakuumlichtgeschwindigkeiten gleich sind. Dies steht im Widerspruch zum Additionstheorem der Geschwindigkeiten in der klassischen Relativität. Gleichzeitig zeigte sich eine Diskrepanz der klassischen Relativität zu den Gleichungen (5.8.3) von J. C. Maxwell (1831–1897), welche der Deutung des Lichtes als elektromagnetische Welle zugrunde liegen.

Nachdem alle Versuche fehlgeschlagen waren, die experimentellen Tatsachen über die Fortpflanzungseigenschaften des Lichtes mit Hilfe des „Äthers" als Träger des Lichtes und anderer elektromagnetischer Wellen zu deuten, machte A. Einstein (1879–1955) sie 1905 zum Ausgangspunkt seiner *speziellen Relativitätstheorie*. In dieser Theorie sind Raum und Zeit eng verknüpft.

Die *allgemeine Relativitätstheorie*, die von A. Einstein 1916 veröffentlicht wurde, gibt eine Deutung der Gravitation und postuliert die Identität von schwerer und träger Masse.

2.1 Klassische Relativität gleichförmig bewegter Bezugssysteme

Die klassische Auffassung der Relativität gleichförmig bewegter Bezugssysteme beruht auf drei grundlegenden Annahmen:

dem Relativitätsprinzip von I. Newton
der Transformation von G. Galilei
der klassischen Mechanik von I. Newton

2.1.1 Das Relativitätsprinzip

Das Relativitätsprinzip beschreibt den Zusammenhang zwischen zwei besonders einfachen Bezugssystemen, sogenannten Inertialsystemen.

Ein Koordinatensystem x y z t heißt *Inertialsystem*, wenn sich ein kräftefreier Massenpunkt in seinem Rahmen gleichmäßig geradlinig fortbewegt oder ruht.

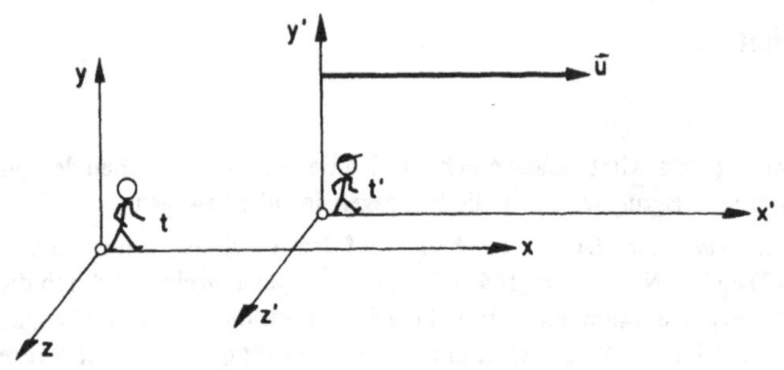

Das *Relativitätsprinzip* postuliert: „Bewegt sich ein Koordinatensystem $x'\,y'\,z'\,t'$ gegenüber einem Inertialsystem x, y, z, t mit konstanter Geschwindigkeit $\vec{u}$, so ist es auch Inertialsystem."

2.1.2 Die Galilei-Transformation

Die Galilei-Transformation gibt den kinematischen Zusammenhang zwischen den beiden gegeneinander bewegten Koordinatensystemen x y z t und $x'\,y'\,z'\,t'$. Diese Transformation erscheint trivial. Für $\vec{u} = \{u, 0, 0\}$ gilt:

$$x = x' + ut' \qquad z = z' \qquad x' = x - ut \qquad z' = z$$

$$y = y' \qquad t = t' \qquad y' = y \qquad t' = t$$

Bei der Galilei-Transformation addieren sich die Geschwindigkeiten nach dem *Additionstheorem*

$$\boxed{\vec{v} = \vec{v}' + \vec{u}} \tag{2.1}$$

2.1.3 Die klassische Mechanik

Die Gesetze der klassischen Mechanik sind für konstante Massen invariant gegenüber der Galilei-Transformation:

$$m = m'; \qquad \vec{F} = \vec{F}'; \qquad \vec{F} = m\,\frac{d\vec{v}}{dt}; \qquad \vec{F}' = m'\,\frac{d\vec{v}'}{dt'}$$

2.2 Klassische Relativität beschleunigter Bezugssysteme

2.2.1 Trägheitskräfte

Wir betrachten ein Bezugssystem $x'\,y'\,z'\,t'$, das gegenüber einem Inertialsystem x y z t die Beschleunigung $\vec{a}_S$ erfährt. Dann gilt:

$$\vec{a} = \vec{a}' + \vec{a}_S$$

Außerdem wünschen wir, daß die konstanten Massen m, die Zeiten t und die Grundgesetze der Mechanik in beiden Systemen identisch sind:

$$t = t' \qquad m = m'$$

$$\vec{F} = m\frac{d\vec{v}}{dt} \qquad \vec{F}' = m'\frac{d\vec{v}'}{dt'}$$

Dabei nehmen wir jedoch in Kauf, daß die beiden entsprechenden Kräfte $\vec{F}$ und $\vec{F}'$ verschieden sind. Die Differenz zwischen $\vec{F}'$ und $\vec{F}$ bezeichnet man als *Trägheitskraft*.

In einem Bezugssystem x′ y′ z′ t′, welches gegenüber einem Inertialsystem x y z t beschleunigt ist, wirkt auf jeden Massenpunkt m zusätzlich zu den anderen Kräften die Trägheitskraft $\vec{F}_T$:

$$\text{(2.2)} \quad \boxed{\vec{F} + \vec{F}_T = \vec{F}' \qquad \vec{F}_T = -m\,\vec{a}_S}$$

wobei $\vec{a}_S$ die Beschleunigung des Systems x′ y′ z′ t′ gegenüber dem System x y z t darstellt.

Beweis: $m = m', t = t', \vec{a} = \vec{a}' + \vec{a}_S, \vec{F} = m\vec{a}, \vec{F}' = m\vec{a}', \vec{F} = m\vec{a} = m(\vec{a}' + \vec{a}_S)$
$= m\vec{a}' + m\vec{a}_S = \vec{F}' + m\vec{a}_S, \vec{F}' = \vec{F} - m\vec{a}_S.$

Schwerelosigkeit im frei fallenden Lift In einem frei fallenden Lift ist das Gewicht $\vec{F}'_G$ eines Massenpunktes m Null:

$$\text{(2.3)} \quad \boxed{\vec{F}'_G = 0}$$

Beweis: $\vec{F}_G = m\vec{g}$ (träge Masse = schwere Masse), $\vec{a}_S = \vec{g}, \vec{F}'_G = \vec{F}_G + \vec{F}_T$
$= m\vec{g} - m\vec{a}_S = m\vec{g} - m\vec{g} = 0.$

2.2.2 Das Prinzip von d'Alembert

Das Problem. Ein System von Massenpunkten m_i bewegt sich unter dem Einfluß von äußern und innern Kräften $\vec{F}_{ai}$ und $\vec{F}_{ji}$. Die Bewegung wird bestimmt durch die Gesamtheit der Bewegungsgleichungen für die Massenpunkte m_i. Die Lösung dieses Systems von Differentialgleichungen kann sehr kompliziert und unübersichtlich sein. Man fragt sich deshalb, ob es nicht möglich ist, dieses Problem der Dynamik formal in ein Problem der Statik umzuwandeln. Probleme der Statik sind meist viel anschaulicher als diejenigen der Dynamik.

Das Prinzip. „Ersetzt man bei einem bewegten System von Massenpunkten m_i die entsprechenden Beschleunigungen $\vec{a}_i$ durch die Trägheitskräfte

$$\text{(2.4)} \quad \boxed{\vec{F}_{Ti} = -m_i \cdot \vec{a}_i}$$

so hat man das dynamische Problem formal auf ein statisches Problem zurückgeführt".

Aussagen des ruhenden Beobachters:

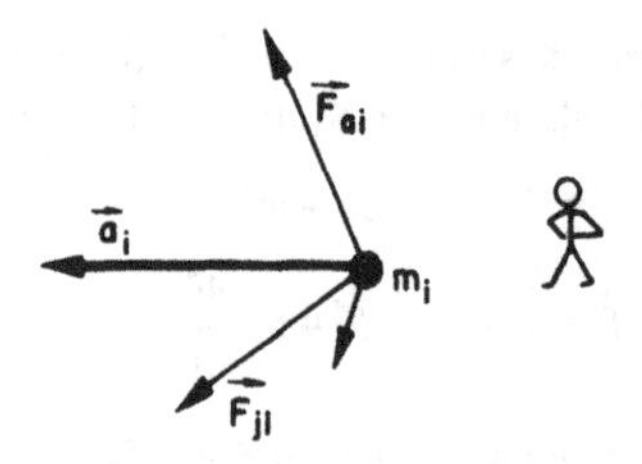

2. Newtonsches Axiom:

$$m_i\vec{a}_i = \vec{F}_{ai} + \sum_j \vec{F}_{ji}$$

Bewegungsgleichung: DYNAMIK

Aussagen des mitbewegten Beobachters:

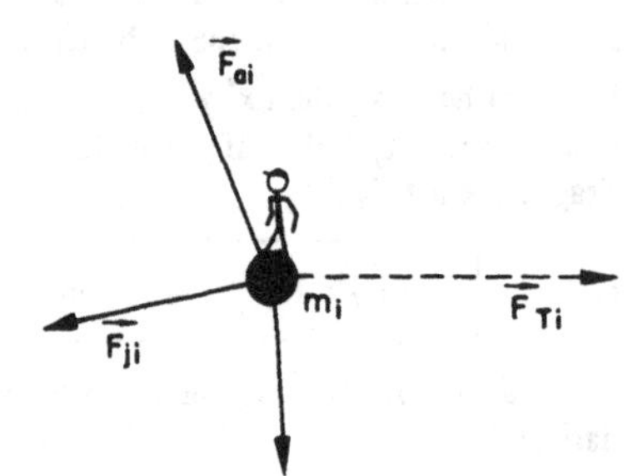

Prinzip von d'Alembert:

$$m_i\vec{a}_i = -\vec{F}_{Ti} = \vec{F}_{ai} + \sum_j \vec{F}_{ji}$$

oder $$\vec{F}_{Ti} + \vec{F}_{ai} + \sum_j \vec{F}_{ji} = 0$$

Formales Gleichgewicht: STATIK

2.2.3 Gleichförmig rotierende Bezugssysteme

Erde, Karussell und Moleküle in verdünnten Gasen sind Beispiele für ungefähr gleichförmig rotierende Bezugssysteme. Typische Trägheitskräfte rotierender Systeme sind die *Zentrifugalkraft* und die *Coriolis-Kraft*.

Voraussetzung. Das bewegte Bezugssystem x' y' z' t' rotiert im festen Bezugssystem x y z t mit konstanter Winkelgeschwindigkeit ω um eine feste Achse $\vec{e}$:

$$\vec{\omega} = \omega \cdot \vec{e} = \text{const}, \qquad |\vec{\omega}| = \omega$$

Die beiden Koordinatensysteme haben den gleichen Ursprung, d. h. die Rotationsachse geht durch den Nullpunkt.

Zeitliche Ableitungen von Vektoren. Weil die Bewegungen bezüglich der beiden Systeme verschieden sind, unterscheiden sich die zeitlichen Ableitungen von Vektoren $\vec{u}$ in den beiden Bezugssystemen.

Wir bezeichnen die zeitliche Ableitung von $\vec{u}$

im festen System x y z t mit $\frac{d}{dt}\vec{u}$

im rotierenden Bezugssystem x' y' z' t' mit $\frac{\partial}{\partial t}\vec{u}$

Der Zusammenhang zwischen den beiden zeitlichen Ableitungen ist bestimmt durch

$$\frac{d}{dt}\vec{u} = \frac{\partial}{\partial t}\vec{u} + [\vec{\omega} \times \vec{u}] \tag{2.5}$$

B e w e i s : $i = x, y, z$; festes System: $\vec{e}_i$; rotierendes System: $\vec{e}_i'(t)$

Rotation: $\frac{d}{dt}\vec{e}_i'(t) = [\vec{\omega} \times \vec{e}_i'(t)]$

Vektor: $\vec{u}(t) = \vec{u} = \sum_i u_i(t)\vec{e}_i = \sum_i u_i'(t)\vec{e}_i'(t)$

Zeitliche Änderung des Vektors:

$$\frac{d}{dt}\vec{u}(t) = \dot{\vec{u}} = \sum_i \dot{u}_i\vec{e}_i = \sum_i \dot{u}_i'\vec{e}_i' + \sum_i u_i'\dot{\vec{e}}_i'$$

$$= \frac{\partial}{\partial t}\vec{u} + \sum_i u_i'[\vec{\omega} \times \vec{e}_i'] = \frac{\partial}{\partial t}\vec{u} + [\vec{\omega} \times \sum_i u_i'\vec{e}_i'] = \frac{\partial}{\partial t}\vec{u} + \vec{\omega} \times \vec{u}$$

Geschwindigkeiten. Setzt man $\vec{u} = \vec{r}$, so findet man für $\vec{v} = d\vec{r}/dt$ und $\vec{v}' = \partial\vec{r}/\partial t$

$$\vec{v} = \vec{v}' + [\vec{\omega} \times \vec{r}] \tag{2.6}$$

Beschleunigungen. Die Beschleunigung im festen Bezugssystem ist *definiert* als $\vec{a} = \frac{d}{dt}\vec{v}$ und die Relativbeschleunigung im rotierenden Bezugssystem als $\vec{a}' = \frac{\partial}{\partial t}\vec{v}'$

Setzt man $\vec{u} = \vec{v}$, so ergibt sich

$$\frac{d}{dt}\vec{v} = \frac{\partial}{\partial t}\vec{v} + [\vec{\omega} \times \vec{v}] = \frac{\partial}{\partial t}(\vec{v}' + [\vec{\omega} \times \vec{r}]) + [\vec{\omega} \times (\vec{v}' + [\vec{\omega} \times \vec{r}])]$$

$$= \frac{\partial}{\partial t}\vec{v}' + 2 \cdot [\vec{\omega} \times \vec{v}'] + [\vec{\omega} \times [\vec{\omega} \times \vec{r}]]$$

Dementsprechend gilt die Beziehung:

$$\vec{a} = \vec{a}' + [\vec{\omega} \times [\vec{\omega} \times \vec{r}]] + 2 \cdot [\vec{\omega} \times \vec{v}'] \tag{2.7}$$

Zerlegen wir $\vec{r}$ in eine Komponente $\vec{r}^*$ parallel zu $\vec{\omega}$ und eine Komponente $\vec{R}$ senkrecht zu $\vec{\omega}$:

$$\vec{r} = \vec{r}^* + \vec{R}$$

so finden wir:

$$\vec{a} = \vec{a}' - \omega^2\vec{R} + 2[\vec{\omega} \times \vec{v}'] \tag{2.8}$$

Trägheitskräfte. Die obige Verknüpfung der Beschleunigung $\vec{a}$ und $\vec{a}'$ erlaubt uns, mit Hilfe der Trägheitskräfte den Zusammenhang zwischen $\vec{F}$ und $\vec{F}'$ zu formulieren:

$$\vec{F} + \vec{F}_T = \vec{F}'$$

wobei die Trägheitskraft $\vec{F}_T$ in zwei Terme zerfällt:

$$\vec{F}_T = -m[\vec{\omega} \times [\vec{\omega} \times \vec{r}]] - 2m[\vec{\omega} \times \vec{v}']$$

Der erste Term, die *Zentrifugalkraft*, ist nur vom Ort $\vec{r}$, nicht aber von der Relativgeschwindigkeit $\vec{v}'$ abhängig:

(2.9) $$\vec{F}_{\text{Zentrifugal}} = -m[\vec{\omega} \times [\vec{\omega} \times \vec{r}]] = +m\,\omega^2\,\vec{R}$$

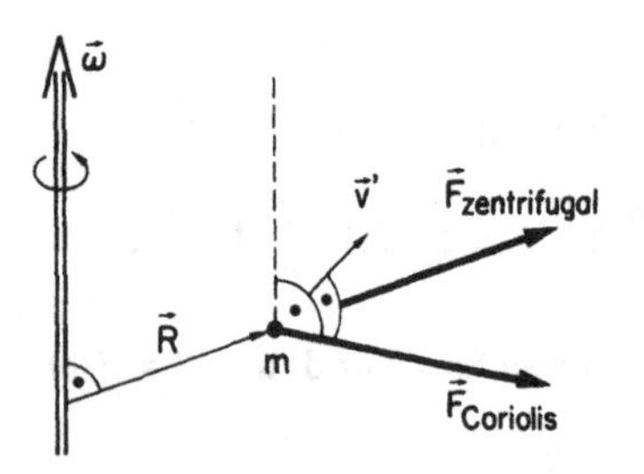

Der zweite Term, die *Kraft von* G. de Coriolis (1792–1843), wird ausschließlich durch die Relativgeschwindigkeit $\vec{v}'$ bestimmt:

(2.10) $$\vec{F}_{\text{Coriolis}} = -2m[\vec{\omega} \times \vec{v}'] = +2\,m[\vec{v}' \times \vec{\omega}]$$

2.2.4 Die Erde als rotierendes Bezugssystem

Die Erde rotiert in erster Näherung gleichmäßig um ihre Süd-Nord-Achse mit der Kreisfrequenz

$$\omega = \frac{2\pi}{1\ \text{Tag}} \simeq 0{,}727 \cdot 10^{-4}\ \text{s}^{-1}$$

Aus diesem Grund kann ein Bezugssystem in einem Laboratorium an der Erdoberfläche nicht als Inertialsystem in bezug auf das Weltall aufgefaßt werden.

Als *festes Bezugssystem* x y z t definieren wir ein kartesisches Koordinatensystem, das sein Zentrum in der Erdmitte hat und dessen Achsen feste Richtungen im Weltall aufweisen. Als z-Achse wählen wir die Süd-Nord-Achse der Erde.

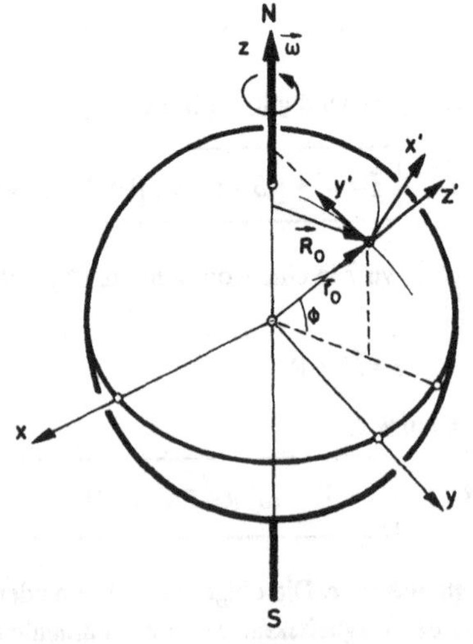

Als *bewegtes Bezugssystem* x′ y′ z′ t′ betrachten wir ein Laboratoriumssystem an einem Ort an der Erdoberfläche mit der geographischen Breite ϕ (Zürich 47° 23′). Sein Abstand r_0 vom Erdmittelpunkt beträgt

$$r_0 = 6{,}36 \cdot 10^8\ \text{cm}.$$

Für die Koordinatenachsen wählen wir folgende Richtungen:

x'-Achse: E, y'-Achse: N, z'-Achse: lotrecht

Bezeichnen wir mit $\vec{v}'$ die Relativgeschwindigkeit, so finden wir in diesem bewegten Bezugssystem x' y' z' t' für

den *Winkelgeschwindigkeitsvektor*:

$$\vec{\omega} = \omega\{0, \cos\phi, \sin\phi\}$$

die *Zentrifugalkraft*:

$$\vec{F}_{\text{Zentrifugal}} = m\,\omega^2\,\vec{R}_0 = m\,\omega^2\,r_0\{0, -\sin\phi\cos\phi, \cos^2\phi\}$$

die *Coriolis-Kraft*:

$$\vec{F}_{\text{Coriolis}} = 2\,m\,\omega\{v'_y \sin\phi - v'_z \cos\phi, -v'_x \sin\phi, v'_x \cos\phi\}$$

Foucault-Pendel. Der nach J. B. L. Foucault (1819–1868) benannte Pendelversuch zum Nachweis der Erdrotation wurde erstmalig im Jahre 1661 von V. Viviani durchgeführt und 1851 von Foucault als Demonstrationsexperiment im Pariser Panthéon aufgebaut. Foucault benützte ein Pendel von 67 m Länge, so daß die Schwingungsdauer 16,4 s betrug. Die Erddrehung bewirkt eine langsame Drehung der beobachteten Pendelebene. Da das Pendel nur am Aufhängepunkt mit der Erde verbunden ist und sich die Pendelebene um die lotrechte z'-Richtung dreht, ist die Kreisfrequenz ω^* der relativen Drehung der Pendelebene gleich der negativen Projektion des Vektors $\vec{\omega}$ der Erddrehung auf die lotrechte z'-Richtung:

$$\boxed{\omega^* = -\omega_{z'} = -\omega\sin\phi} \tag{2.11}$$

Die Pendelebene rotiert deshalb mit der Periode

$$T^* = \frac{2\pi}{\omega\sin\phi} = \frac{1\ \text{Tag}}{\sin\phi} = \frac{86\,400}{\sin\phi}\,\text{s}$$

um die Lotrechte, wobei ϕ die geographische Breite (Paris 48° 50') darstellt.

2.3 Die spezielle Relativitätstheorie

2.3.1 Widersprüche zur klassischen Relativität

Widerspruch zur Elektrodynamik. Die Phänomene der Elektrizität, des Magnetismus und der elektromagnetischen Wellen (Licht, Radio, Radar, Infrarot, Ultraviolett etc.) lassen sich durch die Gleichungen von J. C. Maxwell (1831–1879) beschreiben (5.8.3). Diese Gleichungen sind aber *nicht invariant* gegenüber der Galilei-Transformation (2.1.2) der klassischen Relativität. Dagegen bleiben sie *invariant* gegenüber einer Transformation, welche von H. A. Lorentz (1853–1928) formuliert wurde. Wenn das Relativitätsprinzip und die Maxwell-Gleichungen in unveränderter Form gültig sein sollen, muß die Galilei-Transformation modifiziert werden.

Die Experimente von Michelson und Morley. Ursprünglich postulierte man einen „ruhenden" Weltraum mit dem „Äther" als Medium, in dem sich das Licht mit der Geschwindigkeit c in jeder Richtung $\vec{e}$ ($|\vec{e}| = 1$) fortpflanzt. Der „ruhende" Weltraum spielt in diesem Modell die Rolle des festen, ruhenden Inertialsystems, in dessen Rahmen die Gestirne ihre Bahnen durchlaufen. Die Geschwindigkeit $\vec{u}$ eines Ortes P auf der Erde gegenüber dem „ruhenden" Weltall variiert mit der Zeit. Doch lassen sich die Anteile der Rotation der Erde um die Sonne (ca. 30 km/s) und der Eigenrotation der Erde (0–450 m/s) für jeden Zeitpunkt bestimmen. Mißt man am Ort P die Vakuumlichtgeschwindigkeit c* in der Richtung $\vec{e}$, so ist entsprechend dem obigen Modell und der Galilei-Transformation zu erwarten, daß

$$c^* = c - \vec{u} \cdot \vec{e}.$$

Die beobachtete Lichtgeschwindigkeit c* sollte damit von der Richtung und der Zeit abhängen. A. A. Michelson (1852–1931) und E. W. Morley (1838–1923) entwickelten 1881 ein präzises experimentelles Verfahren, um diese Variation der Lichtgeschwindigkeit c* nachzuweisen. Sie benützten dazu eine monochromatische Lichtquelle und ein nach A. A. Michelson benanntes *Interferometer* (6.14.3). Das *Experiment von Michelson und Morley verlief negativ*. Es ließen sich keine Geschwindigkeitsunterschiede nachweisen. Die Lichtgeschwindigkeit c ist unabhängig von Betrag und Richtung der Geschwindigkeit u des Interferometers. Die Galilei-Transformation gilt nicht für Licht! Das Konzept des „ruhenden" Weltalls ist nicht haltbar. Die Existenz einer *Ausbreitungsgeschwindigkeit* c *des Lichtes im Vakuum unabhängig von der Geschwindigkeit des Beobachters ist aber im Einklang mit den Maxwellschen Gleichungen.*

2.3.2 Die Theorie von Einstein

A. Einstein (1879–1955) gelang es 1905, das Ergebnis von Michelson und Morley mit Hilfe der speziellen Relativitätstheorie zu deuten. Diese Theorie betrifft physikalische Systeme, bei denen extrem hohe Geschwindigkeiten auftreten. Dabei spielt die Geschwindigkeit c des Lichtes im Vakuum die Rolle der maximal erreichbaren Geschwindigkeit. Die spezielle Relativitätstheorie korrigiert die klassische Auffassung der Relativität (2.1), welche auf dem Relativitätsprinzip, der Galilei-Transformation und der klassischen Mechanik beruht. Das eigentliche Relativitätsprinzip bleibt dabei erhalten. Die Galilei-Transformation wird durch die Lorentz-Transformation ersetzt. Die Maxwellschen Gleichungen werden als gültig anerkannt. Mit einer entsprechenden Modifikation des Impulses können auch die Newtonschen Axiome der Mechanik bewahrt werden.

Das Relativitätsprinzip. Es gilt das Relativitätsprinzip (2.1.1) der klassischen Auffassung.

Die Lorentz-Transformation. Die Transformation von H. A. Lorentz (1853–1928) ersetzt die Galilei-Transformation (2.1.2).

Bewegt sich das Inertialsystem x' y' z' t' gegenüber dem Inertialsystem x y z t mit der Geschwindigkeit $\vec{u} = \{u, 0, 0\}$, so lautet die Lorentz-Transformation:

(2.12)

$$t' = \frac{t - \frac{ux}{c^2}}{\sqrt{1 - \frac{u^2}{c^2}}} \qquad t = \frac{t' + \frac{ux'}{c^2}}{\sqrt{1 - \frac{u^2}{c^2}}}$$

$$x' = \frac{x - ut}{\sqrt{1 - \frac{u^2}{c^2}}} \qquad x = \frac{x' + ut'}{\sqrt{1 - \frac{u^2}{c^2}}}$$

$$y' = y \qquad y = y'$$

$$z' = z \qquad z = z'$$

In der Relativitätstheorie verwendet man *Abkürzungen* für die folgenden, häufig auftretenden Größen:

$$\beta = u/c \quad \text{oder} \quad v/c, \qquad \gamma = (1 - \beta^2)^{-1/2} = 1/\sqrt{1 - \frac{u^2}{c^2}} \quad \text{oder} \quad 1/\sqrt{1 - \frac{v^2}{c^2}}$$

Bei relativistischen Problemen empfiehlt sich oft die Zusammenfassung der vier Größen ct, x, y, z zu einem Wertequadrupel oder *Vierervektor*:

$$r = (ct, x, y, z)$$

mit *dem Betragsquadrat* r^2 definiert durch

$$r^2 = + c^2 t^2 - x^2 - y^2 - z^2$$

und dem *Skalarprodukt* $(r_1 \cdot r_2) = c^2 t_1 t_2 - x_1 x_2 - y_1 y_2 - z_1 z_2$

Das Betragsquadrat ist invariant unter der Lorentz-Transformation:

$$(r')^2 = + c^2 t'^2 - x'^2 - y'^2 - z'^2 = + c^2 t^2 - x^2 - y^2 - z^2 = (r)^2$$

Elektrodynamik. Die Maxwellschen Gleichungen sind invariant gegenüber der Lorentz-Transformation. Sie bleiben unverändert.

Relativistische Mechanik. Die Metrik des Raumes und der Zeit ist in der speziellen Relativitätstheorie wesentlich verschieden von der klassischen, Newtonschen Auffassung. Das Newtonsche Gesetz gilt auch in der Relativitätstheorie, sofern man den Impuls p um den Faktor γ korrigiert. Somit gilt für

Geschwindigkeit $\vec{v} = \frac{d}{dt}\vec{r}$

Impuls

(2.13)

$$\vec{p} = m\gamma\vec{v} = \frac{m\vec{v}}{\sqrt{1 - \frac{v^2}{c^2}}}$$

Kraft $\vec{F} = \frac{d\vec{p}}{dt} = \frac{d}{dt}\left\{ \frac{m\vec{v}}{\sqrt{1 - \frac{v^2}{c^2}}} \right\}$

In diesen Gleichungen bedeutet m die skalare konstante *Masse* der klassischen Mechanik von Newton.

In der Literatur findet man auch den Begriff der *„relativistischen" geschwindigkeitsabhängigen Masse* m_r, die jedoch nur unter speziellen Umständen verwendet werden darf. Sie ist definiert als

$$m_r = \gamma m = \frac{m}{\sqrt{1 - \frac{v^2}{c^2}}} \quad \text{so, daß gilt } \vec{p} = m_r \vec{v}$$

Folgerung. Gemäß obigen Gesetzen ist es nicht möglich, einen Körper mit einer endlichen Masse m durch einen endliche Kraft $\vec{F}$ auf die Lichtgeschwindigkeit c zu beschleunigen.

2.3.3 Der Grenzfall kleiner Geschwindigkeiten

Für physikalische Systeme mit Geschwindigkeiten u und v, welche klein sind gegenüber der Lichtgeschwindigkeit c im Vakuum, entspricht die spezielle Relativitätstheorie der *klassischen Auffassung der Relativität*: Für $u \ll c$, $v \ll c$ oder für $c \simeq \infty$ finden wir $\gamma \approx 1 + 1/2\,(v/c)^2$. Daraus folgt

a) der Übergang von der Lorentz-Transformation zur Galilei-Transformation,

b) der Übergang vom relativistischen Impuls (2.13) zum nichtrelativistischen Impuls (1.14).

2.4 Aspekte der speziellen Relativitätstheorie

2.4.1 Die Addition von Geschwindigkeiten

Ein Massenpunkt m bewegt sich mit der Geschwindigkeit $\vec{v}' = \{v', 0, 0\}$ in einem Inertialsystem x′ y′ z′ t′, welches sich gegenüber einem anderen Inertialsystem x y z t mit der Geschwindigkeit $\vec{u} = \{u, 0, 0\}$ bewegt. Die Geschwindigkeit $\vec{v} = \{v, 0, 0\}$ in diesem zweiten Koordinatensystem ist gegeben durch die Beziehung:

$$v = \frac{u + v'}{1 + \frac{uv'}{c^2}} \tag{2.14}$$

Relativistisches Additionstheorem

Beweis:

Geschwindigkeiten: $v = \frac{x}{t}$, $v' = \frac{x'}{t'}$

Lorentz-Transformation (2.3.2): $v = \frac{x}{t} = \frac{x' + ut'}{t' + \frac{ux'}{c^2}} = \frac{\frac{x'}{t'} + u}{1 + \frac{ux'}{c^2 t}}$

Folgerungen. Die obige Beziehung läßt sich umformen in

$$1 - \left(\frac{v}{c}\right)^2 = \frac{\left\{1 - \left(\frac{v'}{c}\right)^2\right\}\left\{1 - \left(\frac{u}{c}\right)^2\right\}}{\left\{1 + \frac{uv'}{c^2}\right\}^2}$$

Diese Formel bestätigt die Ausgangspunkte der Relativitätstheorie:

Die Lichtgeschwindigkeit ist in jedem Inertialsystem gleich: Aus $v' = c$ folgt $v = c$ für jedes $u \leqslant c$.

Die Lichtgeschwindigkeit c wird von einem Körper mit Masse m in keinem Inertialsystem erreicht oder überschritten: Aus $v' < c$, $u < c$ folgt $v < c$.

2.4.2 Die Lorentz-Kontraktion

Das Inertialsystem x′ y′ z′ t′ bewegt sich mit der Geschwindigkeit $\vec{u} = \{u, 0, 0\}$ gegenüber dem Inertialsystem x y z t.

Im bewegten System x′ y′ z′ t′ betrachtet man eine Strecke s′ in der x′-Richtung und mit der Länge a′. Mißt man diese bewegte Strecke s vom ruhenden System x y z t aus, indem man die Positionen der beiden Endpunkte der Strecke s′ zur *gleichen Zeit* t bestimmt, so findet man eine *verkürzte Länge* a

(2.15) $$a = \sqrt{1 - \frac{u^2}{c^2}} \cdot a'$$ *Längenkontraktion*

Beweis: a′ ist begrenzt durch $x' = 0$ und $x' = X'$, somit ist $a' = X' - 0 = X'$. a ist begrenzt durch $x = X_0$ und $x = X$, somit ist $a = X - X_0$.

Lorentz-Transformation (2.3.2):

$$X' = \frac{X - ut}{\sqrt{\ }}, \qquad 0 = \frac{X_0 - ut}{\sqrt{\ }} \qquad a = X - X_0 = \sqrt{\ } \cdot X' = \sqrt{\ } \cdot a'$$

Beispiel: Aus $u = 0{,}5\,c$, $a' = 1$ m folgt $a = 0{,}87$ m.

Bemerkung. Das Vorzeichen von u spielt in der Längenkontraktion keine Rolle. Das bedeutet, daß auch bei der Vertauschung der Rollen der beiden Systeme, wonach x y z t das mit der Geschwindigkeit $\vec{u} = \{-u, 0, 0\}$ bewegte und x′ y′ z′ t′ das ruhende System darstellt, eine Längenkontraktion auftritt. Mißt man dann von x′ y′ z′ t′ aus die Strecke s mit der Länge a im bewegten System x y z t zur Zeit t′, so erhält man eine verkürzte Länge $a' = a \cdot \sqrt{\ }$.

2.4.3 Die Zeitdilatation

Das Inertialsystem $x' \, y' \, z' \, t'$ bewegt sich mit der Geschwindigkeit $\vec{u} = \{u, 0, 0\}$ gegenüber dem Inertialsystem $x \, y \, z \, t$.
Im bewegten System $x' \, y' \, z' \, t'$ finden im Koordinatenursprung $x' = 0, y' = 0, z' = 0$ zwei Ereignisse A' und B' statt, deren zeitlicher Abstand t' beträgt. Mißt ein Beobachter vom ruhenden System $x \, y \, z \, t$ aus die Zeit zwischen den Ereignissen A' und B' im bewegten System, so findet er eine *längere Zeit* t':

(2.16)
$$t(x = ut, y = 0, z = 0) = \frac{t'(x' = 0, y' = 0, z' = 0)}{\sqrt{1 - \frac{u^2}{c^2}}}$$

Zeitdilatation

Beweis: mit der Lorentz-Transformation (2.3.2).
Beispiel: Aus $u = 0{,}5\,c$, $t' = 1$ s folgt $t = 1{,}15$ s.

Experimenteller Nachweis der Zeitdilatation. Die mittlere Eigenlebensdauer positiver Müonen, die sich annähernd mit Lichtgeschwindigkeit bewegen, übersteigt die Eigenlebensdauer ruhender Müonen von $2 \cdot 10^{-6}$ s um ein Vielfaches.

Bemerkung. Wie die Längenkontraktion (2.4.2) hängt die Zeitdilatation *nicht vom Vorzeichen* von u ab. Auch hier kann die Rolle der beiden Inertialsysteme $x' \, y' \, z' \, t'$ und $x \, y \, z \, t$ im Sinne von (2.4.2) vertauscht werden.

2.4.4 Relativität der Gleichzeitigkeit

Das Inertialsystem $x' \, y' \, z' \, t'$ bewegt sich mit der Geschwindigkeit $\vec{u} = \{u, 0, 0\}$ gegenüber dem Inertialsystem $x \, y \, z \, t$. Finden zwei Ereignisse A und B im System $x' \, y' \, z' \, t'$ an den Stellen $\{x' = +a'/2, y' = 0, z' = 0\}$ und $\{x' = -a'/2, y' = 0, z' = 0\}$ zu gleichen Zeiten $t'_A = t'_B$ statt, dann sind die beiden Ereignisse für den Beobachter im System $x \, y \, z \, t$ *nicht gleichzeitig*. Es ist

(2.17)
$$\Delta t' = t'_B - t'_A = 0$$
$$\Delta t = t_B - t_A = -\frac{u\,a'}{c^2} \frac{1}{\sqrt{1 - \frac{u^2}{c^2}}}$$

Relativistische Zeitdifferenz

Beweis: mit der Lorentz-Transformation (2.3.2).
Beispiel: Aus $\Delta t' = 0$, $u = 0{,}99\,c$, $a' = 300$ km folgt $\Delta t = 0{,}007$ s.

Bemerkung. In der klassischen Relativität ist der Begriff „gleichzeitig" problemlos. In der speziellen Relativitätstheorie findet man jedoch, daß die Aussage „Die räumlich getrennten Ereignissen A und B sind gleichzeitig" steht und fällt mit dem gewählten Intertialsystem. Der Begriff „gleichzeitig" ist somit relativ zum Beobachter definiert.

2.4.5 Relativistische Beschleunigung

Gemäß der relativistischen Formulierung des 2. Newtonschen Axioms gilt

$$\vec{F} = \frac{d}{dt}(m\gamma\vec{v}) = m\left(\frac{d\gamma}{dt}\right)\vec{v} + m\gamma\frac{d\vec{v}}{dt}$$

Daraus folgt für die Beschleunigung $\vec{a} = d\vec{v}/dt$:

$$m\gamma\vec{a} = \vec{F} - \frac{1}{c^2}(\vec{F}\cdot\vec{v})\vec{v} \tag{2.18}$$

Im allgemeinen zeigt die Beschleunigung $\vec{a}$ in eine andere Richtung als die Kraft $\vec{F}$, außer für $\vec{F} \parallel \vec{v}$ und $\vec{F} \perp \vec{v}$

$$\vec{a} = \vec{a}_t = \frac{\vec{F}}{m\gamma^3} \quad \text{für } \vec{F} \parallel \vec{v} \qquad \text{Tangentialbeschleunigung}$$

$$\vec{a} = \vec{a}_n = \frac{\vec{F}}{m\gamma} \quad \text{für } \vec{F} \perp \vec{v} \qquad \text{Zentripetalbeschleunigung}$$

$\vec{a}_t$ und $\vec{a}_n$ sind im Abschnitt 1.2.4.2 definiert. Unter dem Einfluß einer konstanten, parallel zu $\vec{v}$ wirkenden Kraft $\vec{F}$ nähert sich v asymptotisch der Lichtgeschwindigkeit c, γ geht gegen unendlich, und die Tangentialbeschleunigung a_t gegen null.

2.5 Die relativistische Energie

2.5.1 Die Beziehung von Einstein

Die Energie E eines Teilchens mit der Masse m, der Geschwindigkeit $\vec{v}$ und der potentiellen Energie E_{pot} ist

$$E = E_{rel} + E_{pot}$$

$$E_{rel} = mc^2 \cdot \gamma = \frac{mc^2}{\sqrt{1 - \frac{v^2}{c^2}}} \tag{2.19}$$

Relativistische Energie

B e w e i s : Für ein konservatives System gilt dE = 0, also

$$dE_{rel} = dE - dE_{pot} = 0 + \vec{F} \cdot d\vec{r} = \left(\frac{d}{dt} m\gamma\vec{v}\right) \cdot \vec{v} \cdot dt$$

$$= m\,d(\gamma\vec{v}) \cdot \vec{v} = m \cdot d\gamma \cdot \vec{v}^2 + m \cdot \gamma \cdot \vec{v} \cdot d\vec{v}$$

$$= m\left(d\gamma \cdot \vec{v}^2 + \frac{1}{2}\gamma \cdot d(\vec{v}^2)\right) = m\,d\gamma\left(\vec{v}^2 + \frac{1}{2}\gamma\frac{d\vec{v}^2}{d\gamma}\right)$$

$$= m\,d\gamma(\vec{v}^2 + c^2/\gamma^2) = mc^2 \cdot d\gamma$$

2.5.2 Relativistische Energie und Masse

Ein ruhendes Teilchen mit der Masse m besitzt entsprechend obiger Beziehung Energie

(2.20) $$E_0 = mc^2$$ *Ruheenergie*

Somit sind *Masse und Energie äquivalente Formen desselben Phänomens.* Sie können ineinander umgewandelt werden. Die Masse m = 1 kg entspricht der Energie $0{,}9 \cdot 10^{17}$ J oder 20 Megatonnen TNT.

Kernphysikalische Anwendungen. Bei der Verschmelzung (Fusion) von leichten Atomkernen und bei der Spaltung (Fission) von schweren Atomkernen werden enorme Energien frei, die mit Massendefekten verbunden sind. Diese Energien werden in Kernreaktoren und Atombomben freigesetzt.

2.5.3 Relativistische Energie, Impuls und Masse

Aus den Beziehungen $E_{rel} = mc^2 \cdot \gamma$ und $\vec{p} = m\gamma\vec{v}$ folgt

(2.21) $$E_{rel}^2 - \vec{p}^2 c^2 = m^2 c^4$$

Gemäß dieser Beziehung läßt sich die skalare Masse m berechnen. Demnach ist sie eine Invariante, welche nicht vom Bezugssystem abhängt, in dem E_{rel} und $\vec{p}$ gemessen werden. Diese Bezeichnung gilt für alle Teilchen, auch für solche mit der Masse null, also z. B. für das Photon. Für m = 0 gilt:

$$E_{rel} = c|\vec{p}|$$

Entsprechend dem Vierervektor $r = (ct, x, y, z)$ kann aufgrund der Gleichung (2.21) ein Energie-Impuls-Vierervektor p eingeführt werden:

$$p = (E_{rel}, p_x c, p_y c, p_z c) \quad \text{mit} \quad p^2 = m^2 c^4$$

dessen Betragsquadrat p^2 invariant gegenüber der Lorentz-Transformation ist.

Für kleine Impulse $p \ll mc$ gilt:

$$E_0 = mc^2 + \frac{\vec{p}^2}{2m} + +$$

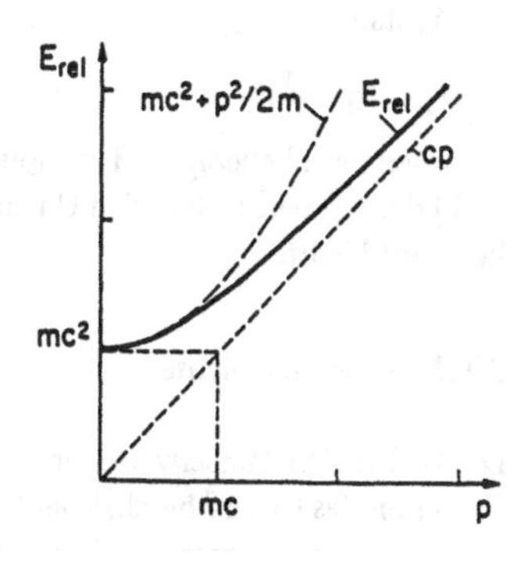

Diese Energie kann verglichen werden mit der klassischen Energie eines Massenpunktes:

$$E = E_{pot} + \frac{\vec{p}^2}{2m}$$

2.5.4 Die kinetische Energie

Definition. In der speziellen Relativitätstheorie ist die kinetische Energie definiert als

$$E_{kin} = E_{rel} - mc^2 = mc^2(\gamma - 1) \tag{2.22}$$

Grenzfall kleiner Geschwindigkeiten. Für kleine Geschwindigkeiten $|v| \ll c$ gilt entsprechend der klassischen Mechanik

$$E_{kin} = m\frac{v^2}{2}$$

Beweis:

$$E_{kin} = mc^2(\gamma - 1) = mc^2\left\{\left(1 - \frac{v^2}{c^2}\right)^{-1/2} - 1\right\}$$

$$= mc^2\left\{1 + \frac{1}{2}\left(\frac{v}{c}\right)^2 + +\right\} - mc^2 = mc^2\left\{\frac{1}{2}\left(\frac{v}{c}\right)^2 + +\right\} \approx m\frac{v^2}{2}$$

3 Mechanik der starren Körper

3.1 Grundbegriffe und Kinematik

3.1.1 Definition des starren Körpers

Ein Körper ist *nach Definition starr*, wenn der Abstand

$$r_{ij} = |\vec{r}_{ij}|$$

zwischen zwei beliebigen Massenpunkten i und j des Körpers unter allen Umständen konstant bleibt.

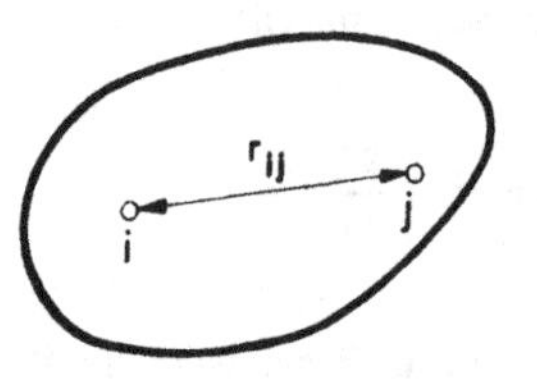

3.1.2 Masse und Dichte

Die Dichte. Die Massenverteilung in einem starren Körper wird durch die Dichte ρ als Funktion des Ortes $\vec{r}$ beschrieben. Die Dichte ist definiert als

$$\rho(\vec{r}) = \lim_{\Delta V \to 0} \frac{\Delta m(\vec{r})}{\Delta V} \tag{3.1}$$

wobei $\Delta m(\vec{r})$ die Masse im Volumen ΔV am Ort $\vec{r}$ des starren Körpers bedeutet.

Die Masse. Die Masse m des starren Körpers läßt sich nach der Formel

$$m = \int_V dm = \int_V \rho(\vec{r})\, dV = \int\int\int \rho(x, y, z)\, dx\, dy\, dz$$

berechnen. V ist das gesamte Volumen des starren Körpers; x, y, z sind die kartesischen Komponenten des Ortsvektors $\vec{r}$.

3.1.3 Der Schwerpunkt

Definition. Der Schwerpunkt S eines starren Körpers hat in bezug auf dessen Massenpunkte eine feste Lage. Der Ortsvektor $\vec{r}_S$ des Schwerpunkts ist definiert durch die Beziehung

$$\vec{r}_S = \frac{1}{m} \int_V \vec{r}\, dm = \frac{1}{m} \int_V \vec{r} \cdot \rho(\vec{r}) \cdot dV$$

Kinematische Bedeutung des Schwerpunkts. Die Bewegung eines starren Körpers wird häufig durch die *Translation des Schwerpunkts* S, bestimmt durch die Funktion

$$\vec{r}_S = \vec{r}_S(t),$$

und die *Drehung oder Kreiselung um seinen Schwerpunkt* S beschrieben. Die Kreiselung um den Schwerpunkt S kann mit den drei *Eulerschen Winkeln* α, β, γ als Funktion der Zeit t dargestellt werden (3.1.4).

Schwerpunktsysteme. Koordinatensysteme mit dem Schwerpunkt S des starren Körpers im Ursprung dienen zur Beschreibung der Kreiselung des starren Körpers um den Schwerpunkt. Für diese Koordinatensysteme gilt die Gleichung

$$\int_V \vec{r}\, dm = \int_V \vec{r}\, \rho(\vec{r})\, dV = m\, \vec{r}_S = 0$$

3.1.4 Drehungen des starren Körpers

Raumfeste und körperfeste Koordinatensysteme. In der Mechanik des starren Körpers verwendet man meistens zwei Koordinatensysteme mit dem gleichen körperfesten Ursprung, mit Vorteil im Schwerpunkt S des Körpers. Es sind dies das „raumfeste" Koordinatensystem x^*, y^*, z^* mit raumfesten Achsenrichtungen und das körperfeste Koordinatensystem x, y, z mit körperfesten Achsen. Der Ortsvektor $\vec{r}(t)$ eines Massenpunktes des starren Körpers läßt sich dann darstellen als

(3.2)
$$\begin{aligned}\vec{r}(t) &= x^*(t)\, \vec{e}_x^{\,*} + y^*(t)\, \vec{e}_y^{\,*} + z^*(t)\, \vec{e}_z^{\,*} \\ &= x\, \vec{e}_x(t) + y\, \vec{e}_y(t) + z\, \vec{e}_z(t)\end{aligned}$$

wobei $\vec{e}_x^{\,*}, \vec{e}_y^{\,*}, \vec{e}_z^{\,*}$ die zeitunabhängigen Basisvektoren des raumfesten Systems und $\vec{e}_x(t), \vec{e}_y(t), \vec{e}_z(t)$ die in bezug auf den Raum zeitabhängigen Basisvektoren des körperfesten Systems bilden. Alle Basisvektoren haben den Betrag 1.

Die Eulerschen Winkel. Die Lage eines festen Körpers im Raum wird eindeutig beschrieben durch den Ortsvektor $\vec{r}_S$ seines Schwerpunkts S und die *Verdrehung* des körperfesten Koordinatensystems mit den Basisvektoren $\vec{e}_x, \vec{e}_y, \vec{e}_z$ gegenüber dem „raumfesten" Koordinatensystem mit den Basisvektoren $\vec{e}_x^{\,*}, \vec{e}_y^{\,*}, \vec{e}_z^{\,*}$. Diese Verdrehung kann dargestellt werden mit den von L. Euler (1707–1783) eingeführten Winkeln:

$$\alpha, \beta, \gamma \quad \text{oder} \quad \phi, \theta, \psi.$$

Diese Winkel entsprechen den folgenden sukzessiven Drehungen des starren Körpers aus der Anfangslage, die durch das Zusammenfallen der beiden Koordinatensysteme mit $\vec{e}_x, \vec{e}_y, \vec{e}_z$ und $\vec{e}_x^{\,*}, \vec{e}_y^{\,*}, \vec{e}_z^{\,*}$ gekennzeichnet ist.

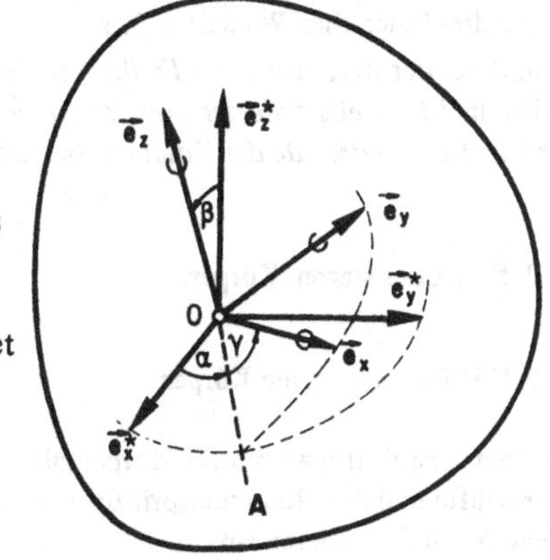

α oder ϕ: 1. Drehung um $\vec{e}_z^{\,*}$

β oder θ: 2. Drehung um 0A

γ oder ψ: 3. Drehung um $\vec{e}_z$

Matrixdarstellung. Die Komponenten x, y, z und x^*, y^*, z^* des Ortsvektors $\vec{r}$ eines Massenpunktes des starren Körpers transformieren sich wie folgt:

$$x^* = R_{11}\,x + R_{12}\,y + R_{13}\,z, \qquad x = R_{11}\,x^* + R_{21}\,y^* + R_{31}\,z^*$$

$$y^* = R_{21}\,x + R_{22}\,y + R_{23}\,z, \qquad y = R_{12}\,x^* + R_{22}\,y^* + R_{32}\,z^*$$

$$z^* = R_{31}\,x + R_{32}\,y + R_{33}\,z, \qquad z = R_{13}\,x^* + R_{23}\,y^* + R_{33}\,z^*$$

Die Größen R_{ik} bilden die *Elemente einer Matrix*. Die folgende Tabelle zeigt die Matrixelemente R_{ik} als Funktionen der Eulerschen Winkel.

R_{ik}	k = 1	k = 2	k = 3
i = 1	$-\cos\beta\sin\alpha\sin\gamma$ $+\cos\alpha\cos\gamma$	$-\cos\beta\sin\alpha\cos\gamma$ $-\cos\alpha\sin\gamma$	$+\sin\beta\sin\alpha$
i = 2	$+\cos\beta\cos\alpha\sin\gamma$ $+\sin\alpha\cos\gamma$	$+\cos\beta\cos\alpha\cos\gamma$ $-\sin\alpha\sin\gamma$	$-\sin\beta\cos\alpha$
i = 3	$+\sin\beta\sin\gamma$	$+\sin\beta\cos\gamma$	$+\cos\beta$

Die Matrix mit den Elementen R_{ik} ist *orthogonal*, d. h. sie erfüllt die Bedingung

$$\sum_j R_{ij}\,R_{kj} = \begin{cases} 0 & \text{für } i \neq k \\ 1 & \text{für } i = k \end{cases}$$

3.1.5 Freiheitsgrade der Bewegung

Die Lage und die Bewegung eines starren Körpers wird bestimmt durch *sechs unabhängige Variable* oder Parameter. Zum Beispiel sind dies

die drei Komponenten des Ortsvektors $\vec{r}_S$ des Schwerpunkts: x_S, y_S, z_S

die drei Eulerschen Winkel: α, β, γ.

Somit hat der starre Körper 6 *Freiheitsgrade* der Bewegung. Diese 6 Freiheitsgrade zerfallen in 3 *Freiheitsgrade der Translation*, bestimmt durch die Schwerpunktsbewegung, und in 3 *Freiheitsgrade der Rotation*, beschrieben durch die Eulerschen Winkel.

3.2 Statik des starren Körpers

3.2.1 Kräfte am starren Körper

Für einzelne Kräfte am starren Körper gilt außer dem Prinzip vom Parallelogramm der Kräfte und dem Reaktionsprinzip noch *ein weiteres Gesetz*, das sich auf verschiedene Arten formulieren läßt.

a) Der Angriffspunkt i einer Kraft $\vec{F}$ am starren Körper darf in der Kraftrichtung verschoben werden.

oder

b) Die Kraft $\vec{F}$ in i ist *äquivalent* der Kraft $\vec{F}$ in j, wenn die Verbindungsgerade g zwischen i und j parallel zu $\vec{F}$ ist.

oder

c) *Kräfte am starren Körper sind linienflüchtige Vektoren.*

Dieses Gesetz folgt unmittelbar *aus der Definition des starren Körpers* (3.1.1).

3.2.2 Kräftepaare

Definition. Ein Kräftepaar am starren Körper besteht nach der *Definition* von L. P o i n s o t (1777–1853) aus einer Kraft $+\vec{F}$ in einem Punkt j und aus der Gegenkraft $-\vec{F}$ in einem andern Punkt i des starren Körpers.

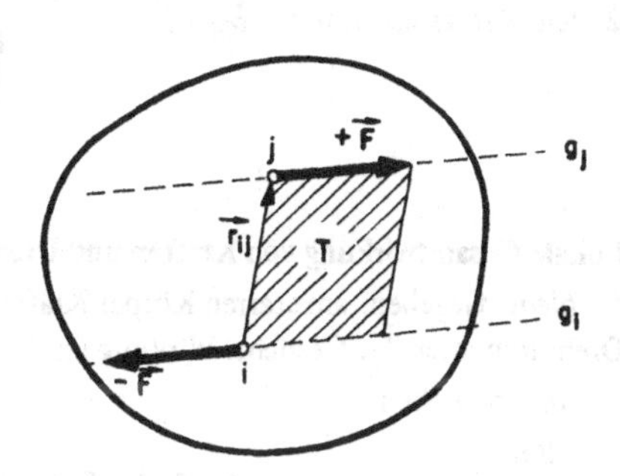

Mechanisches Drehmoment. Das *mechanische Drehmoment* $\vec{T}$ des Kräftepaares ist *definiert* als

(3.3) $$\vec{T} = \vec{r}_{ij} \times \vec{F}$$

Das mechanische Drehmoment $\vec{T}$ ändert sich nicht, wenn die Kräfte $\vec{F}$ und $-\vec{F}$ in ihrer Richtung, d. h. längs den Geraden g_j und g_i verschoben werden.

Äquivalenzgesetz. Für Kräftepaare gilt ein wichtiges *Gesetz*, das die Statik der starren Körper weitgehend bestimmt:

Zwei Kräftepaare sind äquivalent, wenn sie das gleiche Drehmoment $\vec{T}$ besitzen.

Das bedeutet: Ein Kräftepaar am starren Körper läßt sich durch ein anderes ersetzen, wenn beide das *gleiche Drehmoment* $\vec{T}$ besitzen:

$$\vec{T} = \vec{r} \times \vec{F} = \vec{r}' \times \vec{F}'$$

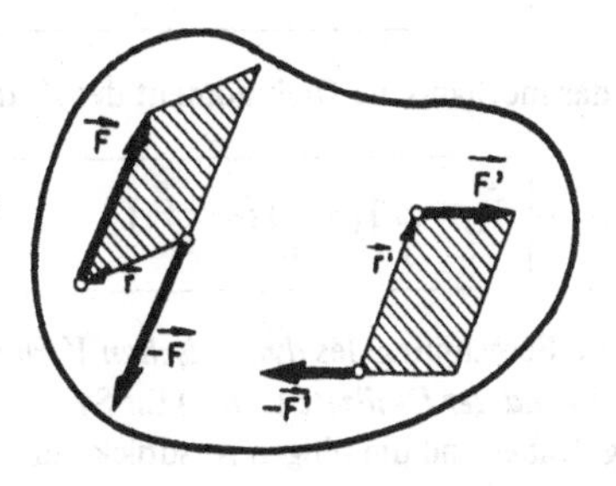

3.2.3 Die Dyname

Definition. Eine Dyname besteht *nach Definition* aus einer Kraft $\vec{F}$, die in einem Punkt i des starren Körpers angreift, und einem Kräftepaar mit dem mechanischen Drehmoment $\vec{T}$.

Lokale Wirkung einer Kraft

Problem: Gegeben: eine Kraft $\vec{F}_i$ im Punkt i des starren Körpers. Gesucht: Wirkung im Punkt O des starren Körpers.

Lösung: Einführung der sich gegenseitig aufhebenden Kräfte $\vec{F}_i$ und $-\vec{F}_i$ im Punkt O

Resultat: Die *Dyname* in O besteht aus

1. der Kraft $\vec{F}_i$ im Punkt O
2. dem Kräftepaar mit $\vec{T} = \vec{r}_{Oi} \times \vec{F}_i$.

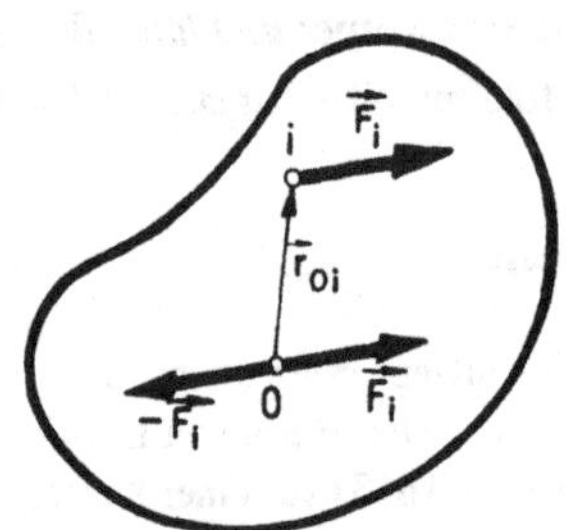

Lokale Gesamtwirkung von Kräften und Drehmomenten

Problem: Gegeben: am starren Körper Kräfte $\vec{F}_i$ in den Punkten i und Kräftepaare j mit Drehmomenten $\vec{T}_j$. Gesucht: Wirkung im Punkt O des starren Körpers.

Lösung: wie oben

Resultat:

$$\text{Dyname in O} \begin{cases} 1.\ \text{Kraft } \vec{F} = \sum_i \vec{F}_i \text{ im Punkt O} \\ 2.\ \text{Kräftepaar mit } \vec{T} = \sum_i [\vec{r}_{Oi} \times \vec{F}_i] + \sum_j \vec{T}_j \end{cases}$$

Zusammenfassung. Die Wirkung aller Kräfte und Kräftepaare an einem starren Körper läßt sich beschreiben mit Hilfe einer *Dyname in einem beliebig gewählten Bezugspunkt* O. Dabei ist die Kraft:

$$\vec{F} = \sum_i \vec{F}_i \tag{3.4}$$

und das mechanische Drehmoment des Kräftepaares:

$$\vec{T}_O = \sum_j \vec{T}_j + \sum_i [\vec{r}_{Oi} \times \vec{F}_i] \tag{3.5}$$

Für die Berechnung des *dynamischen Verhaltens starrer Körper* finden *der Impuls-* (1.8.1) *und der Drallsatz* (1.8.4) für Systeme von Massenpunkten sinngemäße Anwendung. Dabei sind die obigen Ausdrücke für $\vec{F}$ und $\vec{T}_O$ einzusetzen.

3.2.4 Die Wirkung der Schwerkraft auf den starren Körper

Die Wirkung der Schwerkraft auf einen starren Körper wird am einfachsten durch die resultierende Dyname in seinem Schwerpunkt S dargestellt.

Dyname im Schwerpunkt S

1. Kraft: $\vec{F} = \sum_i \vec{F}_i = \sum_i \Delta m_i \, \vec{g} = m \, \vec{g}$

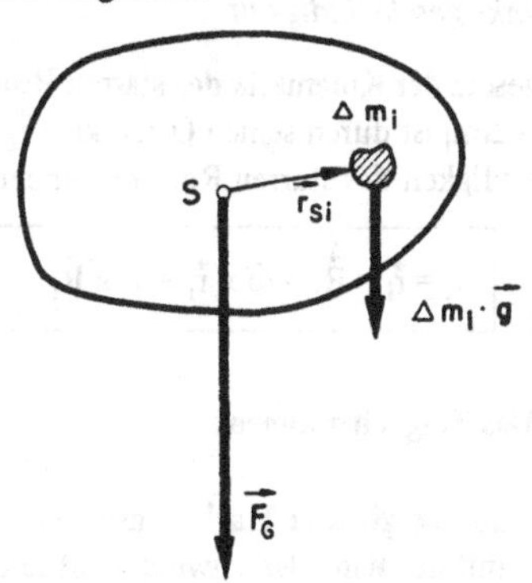

(3.6) $$\vec{F} = m \, \vec{g} = \vec{F}_G$$

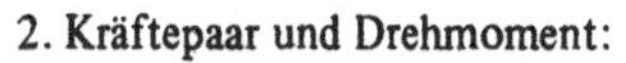

2. Kräftepaar und Drehmoment:

$$\vec{T}_S = \sum_i [\vec{r}_{Si} \times \Delta m_i \, \vec{g}]$$

$$= [\sum_i \Delta m_i \, \vec{r}_{Si} \times \vec{g}]$$

Aus der *Definition des Schwerpunktes* (3.1.3) folgt $\sum_i \Delta m_i \, \vec{r}_{Si} = 0$. Damit gilt

(3.7) $$\vec{T}_S = 0$$

Das Gewicht $\vec{F}_G$ eines starren Körpers greift in seinem Schwerpunkt S an.

3.3 Der starre Rotator

3.3.1 Kinematik des starren Rotators

Definition des starren Rotators. Ein starrer Rotator ist nach *Definition* ein starrer Körper, der um eine *feste Achse* rotiert.

Die *Lage* $\vec{r}_i$ eines Massenpunktes Δm_i *in bezug auf die Drehachse* des starren Rotators läßt sich wie folgt beschreiben:

Bezugspunkt auf der Achse: 0

Massenpunkt: Δm_i

Ortsvektor: $\vec{r}_i$

Zerlegung des Ortsvektors: $\vec{r}_i = \vec{a}_i + \vec{R}_i$

$\vec{a}_i$ parallel zur Achse, $\vec{R}_i$ senkrecht zur Achse

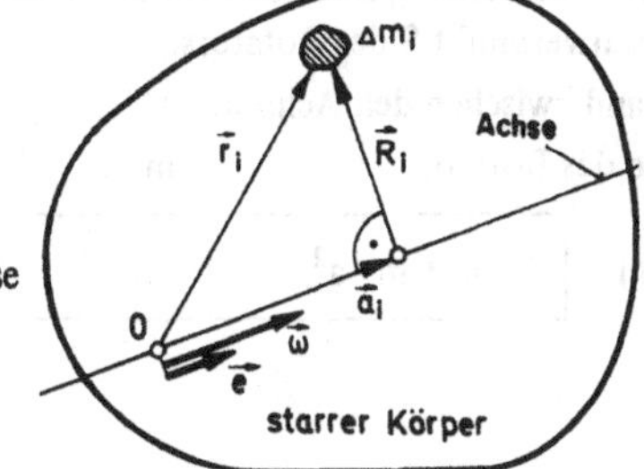

Der Vektor der Winkelgeschwindigkeit. Die Rotation des starren Rotators um seine Achse wird mit Hilfe des Vektors $\vec{\omega}$ der Winkelgeschwindigkeit dargestellt:

(3.8) $$\vec{\omega}(t) = \omega(t) \cdot \vec{e}$$

Dabei bedeutet $\vec{e}$ den *Einheitsvektor auf der Drehachse* und $\omega(t) = d\phi(t)/dt$ die *momentane Winkelgeschwindigkeit*.

Grundgesetz der Kinematik des starren Rotators. Die Geschwindigkeit $\vec{v}_i$ jedes Massenpunktes Δm_i ist durch seinen Ortsvektor $\vec{r}_i = \vec{a}_i + \vec{R}_i$ und den Vektor $\vec{\omega}$ der Winkelgeschwindigkeit des starren Rotators eindeutig bestimmt. Es gilt

(3.9) $$\vec{v}_i = \dot{\vec{r}}_i = \dot{\vec{R}}_i = \vec{\omega} \times \vec{r}_i = \vec{\omega} \times \vec{R}_i$$

3.3.2 Das Trägheitsmoment

Kinetische Energie und Trägheitsmoment. Die kinetische Energie eines starren Rotators, welcher mit der Winkelgeschwindigkeit ω um die Achse $\vec{e}$ rotiert, kann mit Hilfe des *Trägheitsmoments* I des starren Rotators bezüglich der Drehachse $\vec{e}$ dargestellt werden:

(3.10)
$$E_{kin} = \frac{1}{2} I\omega^2$$
$$I = \sum_i R_i^2 \cdot \Delta m_i = \int R^2 \cdot \rho \cdot dV = \int [\vec{e} \times \vec{r}]^2 \cdot \rho \cdot dV$$

B e w e i s : Wegen der mathematischen Beziehung $[\vec{a} \times \vec{b}]^2 = \vec{a}^2 \cdot \vec{b}^2 - (\vec{a} \cdot \vec{b})^2$ gilt

$$E_{kin} = \sum_i \frac{1}{2} \Delta m_i \cdot \vec{v}_i^2 = \frac{1}{2} \sum_i \Delta m_i \cdot [\vec{\omega} \times \vec{R}_i]^2$$
$$= \frac{1}{2} \sum_i \Delta m_i \cdot \{\omega^2 R_i^2 - (\vec{\omega} \cdot \vec{R}_i)^2\} = \frac{1}{2} \cdot \omega^2 \cdot \sum_i R_i^2 \cdot \Delta m_i$$

Der Satz von Steiner oder Huygens. Der Satz von J. S t e i n e r (1796–1863) verknüpft das Trägheitsmoment I eines starren Rotators bezüglich der Achse $\vec{e}$ mit dem Trägheitsmoment I_S desselben Rotators bezüglich der zu $\vec{e}$ parallelen Achse $\vec{e}_S$ durch den Schwerpunkt S des Rotators.

Abstand zwischen den Achsen: a

Masse des Rotators: m

(3.11) $$I = I_S + m \cdot a^2$$

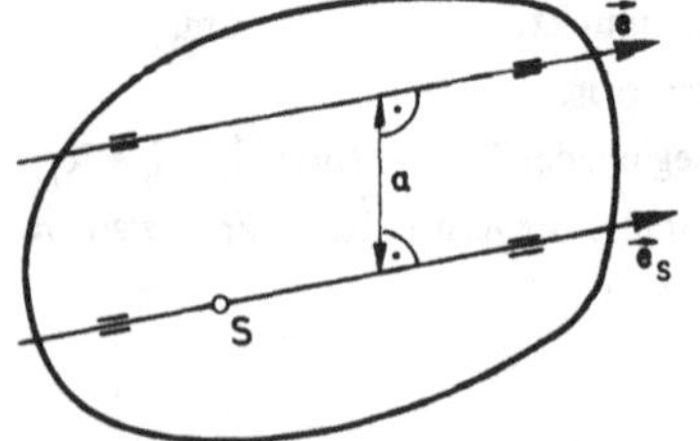

Dank dem Satz von Steiner genügt es, nur die Trägheitsmomente I_S bezüglich der Achsen $\vec{e}_S$ durch den Schwerpunkt S zu kennen.

Tab. 3.1 Trägheitsmomente einfacher homogener Körper bezüglich Schwerpunktachsen
m = Masse, a = Radius oder Länge, $\vec{e}_S$ = Schwerpunktachse

Körper	Schwerpunktachse $\vec{e}_S$	Trägheitsmoment I_S
Kugel	beliebige Richtung	$\frac{2}{5}\, m\, a^2$
Vollzylinder	Zylinderachse	$\frac{1}{2}\, m\, a^2$
dünner Hohlzylinder	Zylinderachse	$m\, a^2$
dünner Stab	senkrecht zum Stab	$\frac{1}{12}\, m\, a^2$

Das Rollen auf einer schiefen Ebene

Geschwindigkeit des Schwerpunkts S (siehe auch (3.20))

$$v = v_S = a \cdot \omega$$

Potentielle Energie

$$E_{pot} = m\, g\, h$$

Kinetische Energie

$$E_{kin} = \frac{m}{2} v^2 + \frac{I_S}{2} \omega^2$$

Energiesatz

$$E_{pot} + 0 = 0 + E_{kin}$$

Endgeschwindigkeit $\quad v = \sqrt{2\, gh} \cdot \left(1 + \frac{I_S}{ma^2}\right)^{-1/2}$

3.3.3 Der Drehimpuls des starren Rotators

Definition. In Analogie zum Drehimpuls eines Massenpunktes ist der Drehimpuls oder Drall $\vec{L}_O$ eines starren Rotators bezüglich eines Punktes O auf der Drehachse $\vec{e}$ wie folgt definiert:

$$\vec{L}_O = \sum_i [\vec{r}_i \times \Delta\vec{p}_i] = \sum_i \Delta m_i [\vec{r}_i \times \vec{v}_i] = \sum_i \Delta m_i [\vec{r}_i \times [\vec{\omega} \times \vec{r}_i]] = \int_V \rho(\vec{r}) [\vec{r} \times [\vec{\omega} \times \vec{r}]]\, dV$$

Kinetische Energie und Drehimpuls. Ein starrer Rotator mit dem Winkelgeschwindigkeitsvektor $\vec{\omega}$ und Drehimpuls oder Drall $\vec{L}_O$ bezüglich eines Punktes O auf der Drehachse $\vec{e}$ hat die kinetische Energie

$$E_{kin} = \frac{1}{2} \vec{L}_O \cdot \vec{\omega} \tag{3.12}$$

B e w e i s : Wegen der mathematischen Beziehung

$$[\vec{a} \times \vec{b}]^2 = \vec{a}^2 \cdot \vec{b}^2 - (\vec{a} \cdot \vec{b})^2 = \vec{a} \cdot ([\vec{b} \times [\vec{a} \times \vec{b}]])$$

und $$\vec{L}_O = \sum_i \Delta m_i [\vec{r}_i \times \vec{v}_i]$$

gilt $$E_{kin} = \frac{1}{2} \sum_i \Delta m_i \vec{v}_i^2 = \frac{1}{2} \sum_i \Delta m_i [\vec{\omega} \times \vec{r}_i]^2$$

$$= \frac{1}{2} \vec{\omega} \cdot \sum_i \Delta m_i [\vec{r}_i \times [\vec{\omega} \times \vec{r}_i]] = \frac{1}{2} \vec{\omega} \cdot \vec{L}_O$$

Zerlegung des Drehimpulses. Zum Verständnis der Dynamik des starren Rotators ist es notwendig, den Drall bezüglich eines Punktes O auf der Drehachse $\vec{e}$ in zwei Komponenten parallel und senkrecht zur Drehachse zu zerlegen:

(3.13) $$\vec{L}_O = \vec{L}_p + \vec{L}_s, \qquad \vec{L}_p = I\,\vec{\omega}, \qquad \vec{L}_s = -\omega \int \vec{R}\, a\, dm = -\omega \sum_i \vec{R}_i \cdot a_i\, \Delta m_i$$

Dabei bedeutet:

$\vec{\omega}$ den Vektor der Kreisfrequenz

$\vec{e}$ den Einheitsvektor der Achse

I das Trägheitsmoment bezüglich $\vec{e}$

$\vec{r}_i = \vec{R}_i + \vec{a}_i$ den Ortsvektor des Massenpunktes Δm_i

$\vec{r} = \vec{R} + \vec{a}$ den Ortsvektor des Massenpunktes dm

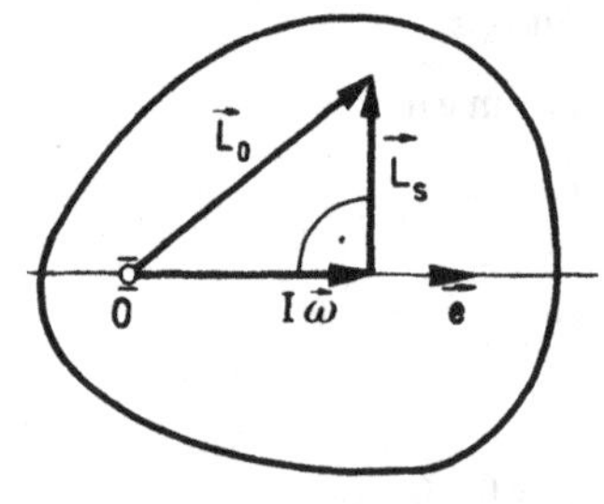

B e w e i s : Wegen der mathematischen Beziehung:

$$[\vec{a} \times [\vec{b} \times \vec{c}]] = (\vec{a} \cdot \vec{c})\,\vec{b} - (\vec{a} \cdot \vec{b})\,\vec{c}$$

gilt: $$\vec{L}_O = \sum_i [\vec{r}_i \times \Delta m_i \vec{v}_i] = \sum_i \Delta m_i [(\vec{a}_i + \vec{R}_i) \times [\vec{\omega} \times \vec{R}_i]]$$

$$= \sum_i \Delta m_i [\vec{R}_i \times [\vec{\omega} \times \vec{R}_i]] + \sum_i \Delta m_i [\vec{a}_i \times [\vec{\omega} \times \vec{R}_i]]$$

$$= \sum_i \Delta m_i R_i^2 \cdot \vec{\omega} - \omega \cdot \sum_i \Delta m_i\, a_i \cdot \vec{R}_i = \vec{L}_p + \vec{L}_s$$

Bemerkung. Der Drehimpuls $\vec{L}_O$ bezüglich eines Achsenpunktes O ist im allgemeinen nicht parallel zur Achse oder zu $\vec{\omega}$. $\vec{L}_p$ ist unabhängig vom Ort des Punktes O auf der Achse, $\vec{L}_s$ im allgemeinen jedoch nicht.

3.3.4 Dynamik des starren Rotators

Der Drallsatz. Die Dynamik des starren Rotators wird bestimmt durch den Drallsatz bezüglich eines Punktes oder Lagers O auf der Drehachse. Ist $\vec{L}_O$ der entsprechende Drehimpuls und $\vec{T}_O$ das mechanische Drehmoment, das im Punkt O auf den Rotator wirkt, dann gilt

(3.14) $$\frac{d\vec{L}_O}{dt} = \vec{T}_O$$

Gleichförmige Rotation des starren Rotators. Gleichförmige Rotation bedeutet, daß der Vektor $\vec{\omega} = \omega\,\vec{e}$ konstant ist. Im Gegensatz dazu ist aber der Drall $\vec{L}_O$ im allgemeinen nicht konstant. Seine zeitliche Ableitung wird

$$\frac{d\vec{L}_O}{dt} = \frac{d}{dt}(I\,\vec{\omega} + \vec{L}_s) = \frac{d}{dt}\vec{L}_s = \vec{\omega} \times \vec{L}_s = \vec{\omega} \times \vec{L}_O$$

Beweis:

$$\frac{d\vec{L}_s}{dt} = \frac{d}{dt}(-\omega \int \vec{R}\;a\,dm) = -\omega \int \frac{d\vec{R}}{dt}\,a\,dm = -\omega \int [\vec{\omega} \times \vec{R}]\,a\,dm$$
$$= \vec{\omega} \times (-\omega \int \vec{R} \cdot a\,dm) = \vec{\omega} \times \vec{L}_s = \vec{\omega} \times (\vec{L}_p + \vec{L}_s) = \vec{\omega} \times \vec{L}_O$$

Wirken außer den Lagerkräften keine äußeren Kräfte und Momente auf den Rotator, so reagiert dieser auf das Drehlager im Punkt O mit einer *zeitlich ändernden Dyname*, bestehend aus einer *Kraft*

$$\vec{F}\,(\text{reactio}) = -\,m[\vec{\omega} \times [\vec{\omega} \times \vec{r}_S]] = m\,\omega^2\,\vec{R}_S$$

und einem *mechanischen Drehmoment*

$$\vec{T}\,(\text{reactio}) = [\vec{L}_s \times \vec{\omega}] = [\vec{L}_O \times \vec{\omega}] = -\frac{d}{dt}\vec{L}_O \qquad \text{(Drallsatz)}$$

Dabei bedeuten $\vec{r}_S$ den Ortsvektor des Schwerpunkts S des Rotators, $\vec{p}$ den Gesamtimpuls des Rotators. Für $\vec{p}$ gilt:

$$\vec{p} = \sum_i \Delta m_i\,\vec{v}_i = [\vec{\omega} \times (\sum_i \Delta m_i\,\vec{r}_i)] = m[\vec{\omega} \times \vec{r}_S] = m\,\vec{v}_S$$

gemäß *Definition* von $\vec{r}_S$ (3.1.3).

Auswuchten eines starren Rotators. Verschwindet die Dyname im Drehlager des Rotators, so nennt man den Rotator ausgewuchtet. Er ist *statisch ausgewuchtet*, wenn

$$\vec{F}\,(\text{reactio}) = m\,\omega^2\,\vec{R}_S = 0 \quad \text{oder} \quad R_S = 0$$

Dies bedeutet, daß der Schwerpunkt auf der Drehachse liegt.
Der Rotator ist *dynamisch ausgewuchtet*, wenn

$$\vec{L}_s = 0 \quad \text{für } \omega \neq 0$$

Dies bedeutet, daß die Drehachse mit einer Hauptachse des Trägheitsellipsoids (3.4.2) zusammenfällt.

Der starre Rotator unter der Einwirkung eines axialen Drehmoments. Wirkt auf einen starren Rotator ein äußeres, axiales Drehmoment $\vec{T} = T\,\vec{e}$, so läßt sich der Drallsatz schreiben als

$$\vec{T} - \vec{T}\,(\text{reactio}) = \frac{d}{dt}\vec{L}_O$$

Daraus ergibt sich für die Komponenten in der Achsenrichtung und senkrecht zur Achse

$$T = T\,(\text{axial}) = \frac{d}{dt} L_p = I \frac{d\omega}{dt} = I \frac{d^2\phi}{dt^2}$$

(3.15)

$$\vec{T}\,(\text{reactio}) = -\frac{d}{dt}\vec{L}_s = -[\vec{\omega} \times \vec{L}_s] - \frac{\dot{\omega}}{\omega}\vec{L}_s$$

$$= \omega[\vec{\omega} \times \int \vec{R}\, a\, dm] - \frac{\dot{\omega}}{\omega}\vec{L}_s$$

3.3.5 Das physikalische Pendel

Einen starren Rotator unter dem Einfluß der Schwerkraft bezeichnet man als physikalisches Pendel.

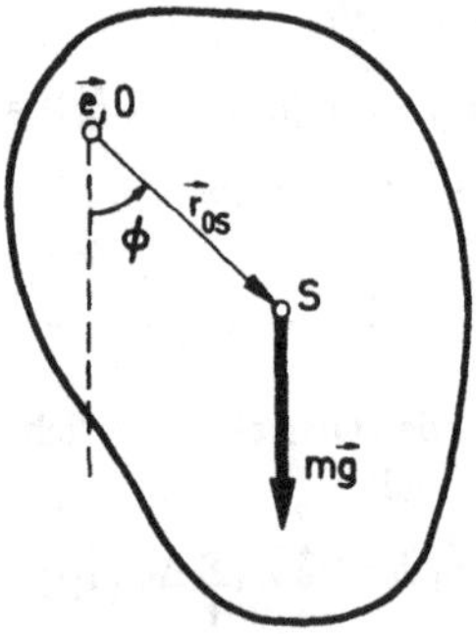

Bewegungsgleichung

Mechanisches Drehmoment

$$T\,(\text{axial}) = -|\vec{r}_{OS} \times m\vec{g}|$$
$$= -\sin\phi \cdot r_{OS} \cdot m \cdot g$$

Drehimpuls

$$L_p = I\,\omega = (I_S + m\,r_{OS}^2)\,\omega$$

$$T\,(\text{axial}) = I \frac{d\omega}{dt}$$

oder $\quad -\sin\phi \cdot r_{OS} \cdot m \cdot g = (I_S + m\,r_{OS}^2)\,\dot{\omega} = (I_S + m\,r_{OS}^2)\,\ddot{\phi}$

Harmonische Schwingungen. Für kleine Winkel ϕ gilt die Differentialgleichung des *harmonischen Oszillators* (6.1)

(3.16)

$$\ddot{\phi} + \omega_0^2\phi = 0 \quad \text{mit} \quad \omega_0^2 = \frac{g}{r_{OS} + \dfrac{I_S}{m \cdot r_{OS}}}$$

Das physikalische Pendel kann mit dem *mathematischen Pendel* verglichen werden, wenn man die *reduzierte Pendellänge* a_r einführt:

(3.17)

$$a_r = r_{OS} + \frac{I_S}{m\,r_{OS}}; \qquad \omega_0^2 = \frac{g}{a_r}$$

3.4 Der Kreisel

3.4.1 Kinematik des Kreisels

Definition des Kreisels. Der Kreisel ist ein starrer Körper, dessen Bewegung durch *einen Fixpunkt* O festgelegt ist. Seine Bewegung heißt *Kreiselung*.

Winkelgeschwindigkeit und momentane Drehachse. Eine Kreiselung besteht im allgemeinen aus einer Rotation um eine zeitabhängige *momentane Drehachse* $\vec{e}(t)$ mit der zeitabhängigen Kreisfrequenz $\omega(t)$. Das Produkt beider Größen bildet den *Vektor* $\vec{\omega}$ *der Winkelgeschwindigkeit*.

(3.18) $$\vec{\omega}(t) = \omega(t) \cdot \vec{e}(t)$$

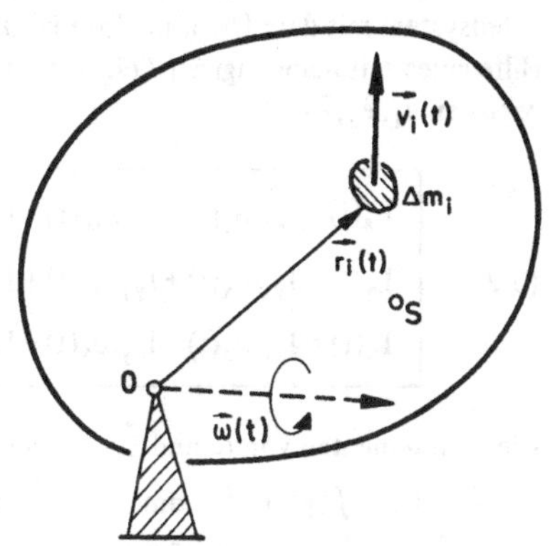

Grundgesetz der Kinematik des Kreisels. Die Geschwindigkeit $\vec{v}_i(t)$ eines Massenpunktes Δm_i des Kreisels ist bestimmt durch:

(3.19) $$\vec{v}_i(t) = \vec{\omega}(t) \times \vec{r}_i(t)$$

Polkegel. Die momentane Drehachse $\vec{e}(t)$ ändert im allgemeinen ihre Lage im Raum und im Körper. Die Gesamtheit der Drehachsen im Raum bildet den festen Polkegel F, diejenige der Drehachsen im Körper den beweglichen Polkegel G. Bei jeder Kreiselung rollt der *bewegliche Polkegel* G auf dem *festen Polkegel* F ab. Die gemeinsame Mantellinie repräsentiert in jedem Zeitpunkt die momentane Drehachse.

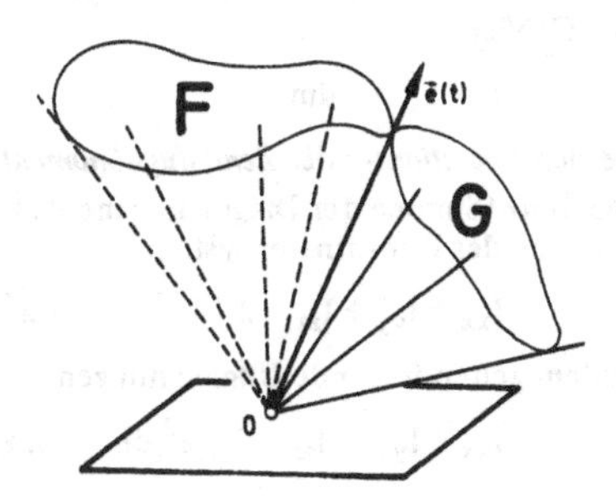

Der rollende Zylinder. Der auf einer Ebene E rollende Kreiszylinder Z entspricht einem speziellen Kreisel. Der Fixpunkt O seiner Bewegung liegt im Unendlichen. Die Zylinderoberfläche bildet den beweglichen Polkegel G, die Ebene E den festen Polkegel F. Die momentane Drehachse $\vec{e}(t)$ ist die dem Zylinder Z und der Ebene E gemeinsame Gerade, jedoch *nicht* die Schwerpunktachse $\vec{e}_S$ des Zylinders.

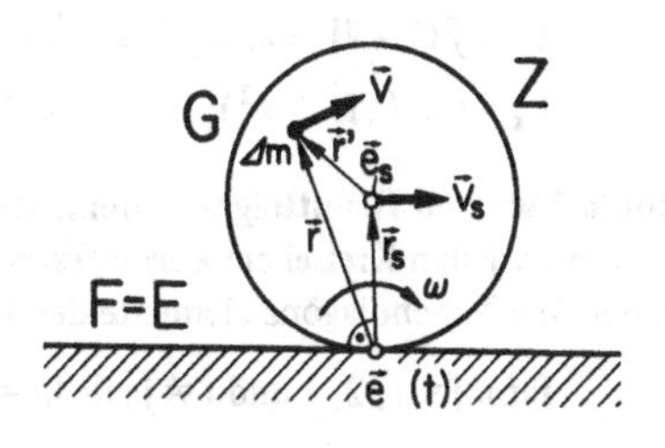

Die Geschwindigkeit $\vec{v}$ eines Massenpunktes Δm des Zylinders Z am Ort $\vec{r} = \vec{r}_S + \vec{r}'$ ist demnach

(3.20) $$\vec{v} = \vec{\omega} \times \vec{r} = \vec{v}_S + \vec{\omega} \times \vec{r}' \quad \text{mit} \quad \vec{v}_S = \vec{\omega} \times \vec{r}_S$$

3.4.2 Drehimpuls und kinetische Energie

Der Trägheitstensor. Meistens ist die Kreiselung schwierig zu überblicken, weil der Zusammenhang zwischen dem kinematischen Vektor $\vec{\omega}(t)$ und dem dynamischen Vektor $\vec{L}_O(t)$ verhältnismäßig kompliziert ist. In einem k ö r p e r f e s t e n Koordinatensystem mit dem Ursprung im Fixpunkt O läßt sich dieser Zusammenhang mit Hilfe eines zeitunabhängigen Trägheitstensors darstellen. Es gilt für körperfeste Basisvektoren $\vec{e}_1, \vec{e}_2, \vec{e}_3$:

(3.21)
$$\begin{aligned} L_x(t) &= I_{xx}\omega_x(t) + I_{xy}\omega_y(t) + I_{xz}\omega_z(t) \quad && \text{mit} \\ L_y(t) &= I_{yx}\omega_x(t) + I_{yy}\omega_y(t) + I_{yz}\omega_z(t) \quad && \vec{\omega}(t) = \omega_x(t)\vec{e}_1 + \omega_y(t)\vec{e}_2 + \omega_z(t)\vec{e}_3 \\ L_z(t) &= I_{zx}\omega_x(t) + I_{zy}\omega_y(t) + I_{zz}\omega_z(t) \quad && \vec{L}_O(t) = L_x(t)\vec{e}_1 + L_y(t)\vec{e}_2 + L_z(t)\vec{e}_3 \end{aligned}$$

Die Komponenten von $\vec{\omega}$ und $\vec{L}_O$ hängen somit linear zusammen. Die Größen

$$I_{xx} = \int (y^2 + z^2) \cdot dm \quad \text{etc.} \quad \text{und} \quad I_{xy} = \int - x\, y \cdot dm \quad \text{etc.}$$

bilden die *Komponenten des Trägheitstensors* I_O bezüglich des Fixpunkts O. Der Trägheitstensor ist symmetrisch, d. h. es gilt $I_{ij} = I_{ji}$, wobei $i, j = x, y, z$.
Die Größen

$$I_{ij} = \pm \int i \cdot j \cdot dm$$

werden *Deviations-* oder *Zentrifugalmomente* genannt.
Die *Spur* (Summe der Diagonalelemente) des Trägheitstensors *ändert nicht* bei einer Drehung des Koordinatensystems:

$$I_{xx} + I_{yy} + I_{zz} = 2 \int (x^2 + y^2 + z^2)\, dm = 2 \int \vec{r}^2\, dm = \text{const}$$

Zudem gelten folgende Ungleichungen:

$$I_{xx} + I_{yy} - I_{zz} = 2 \int z^2\, dm \geqslant 0, \text{ zyklisch}$$

B e w e i s : x, y, z = Komponenten des körperfesten Koordinatensystems in O

$$\vec{L} = \int [\vec{r} \times \vec{v}] \cdot dm = \int [\vec{r} \times [\vec{\omega} \times \vec{r}]] \cdot dm = \vec{\omega} \int \vec{r}^2\, dm - \int \vec{r}\, (\vec{r} \cdot \vec{\omega})\, dm$$

$$L_x = \omega_x \int (\vec{r}^2 - x^2) \cdot dm - \omega_y \int xy \cdot dm - \omega_z \int xz \cdot dm$$

Hauptachsen und Hauptträgheitsmomente. Da der Trägheitstensor symmetrisch ist, existiert für jeden Kreisel ein *körperfestes Koordinatensystem* $\vec{e}_1, \vec{e}_2, \vec{e}_3$ im Fixpunkt O, bei dem die Nebendiagonalelemente des Trägheitstensors verschwinden, d. h.

für $i, j = 1, 2, 3$ und $i \neq j$ gilt $I_{ij} = 0$

Dieses Koordinatensystem bezeichnet man als *Hauptachsensystem* und die entsprechenden Diagonalelemente des Trägheitstensors als *Hauptträgheitsmomente*:

$$I_{ii} = I_i$$

Meistens werden die Basisvektoren $\vec{e}_1, \vec{e}_2, \vec{e}_3$ so *numeriert*, daß gilt

$$I_1 \geqslant I_2 \geqslant I_3$$

Beschreibt man die momentane Drehachse $\vec{e}(t)$, den Winkelgeschwindigkeitsvektor $\vec{\omega}(t)$ und den Drall $\vec{L}_O(t)$ im Hauptachsensystem, so findet man:

(3.22)
$$\begin{aligned} L_x(t) &= I_1 \cdot \omega_x(t) = I_1 \cdot \omega(t) \cdot e_x(t) \\ L_y(t) &= I_2 \cdot \omega_y(t) = I_2 \cdot \omega(t) \cdot e_y(t) \\ L_z(t) &= I_3 \cdot \omega_z(t) = I_3 \cdot \omega(t) \cdot e_z(t) \end{aligned}$$

Die kinetische Energie. Die kinetische Energie eines Kreisels entspricht derjenigen des starren Rotators.

(3.23)
$$E_{kin} = \frac{1}{2} \vec{L}_O(t) \cdot \vec{\omega}(t)$$

Werden die Vektoren $\vec{\omega}(t)$ und $\vec{L}_O(t)$ im körperfesten Hauptachsensystem dargestellt, so gilt:

(3.24)
$$\begin{aligned} E_{kin} &= \frac{1}{2} \left\{ \frac{L_x^2(t)}{I_1} + \frac{L_y^2(t)}{I_2} + \frac{L_z^2(t)}{I_3} \right\} \\ &= \frac{1}{2} \left\{ I_1\, \omega_x^2(t) + I_2\, \omega_y^2(t) + I_3\, \omega_z^2(t) \right\} \end{aligned}$$

Beweis:

$$\begin{aligned} E_{kin} &= \frac{1}{2} \{I_1\, \omega_x, I_2\, \omega_y, I_3\, \omega_z\} \cdot \{\omega_x, \omega_y, \omega_z\} \\ &= \frac{1}{2} (I_1\, \omega_x^2 + I_2\, \omega_y^2 + I_3\, \omega_z^2) \end{aligned}$$

Das Trägheitsmoment bezüglich einer momentanen Drehachse. Das Trägheitsmoment I des Kreisels bezüglich der momentanen Drehachse $\vec{e}$ mit den Komponenten

$$\vec{e} = x\, \vec{e}_1 + y\, \vec{e}_2 + z\, \vec{e}_3 \quad \text{mit } x^2 + y^2 + z^2 = 1$$

im körperfesten Hauptachsensystem ist

(3.25)
$$I = x^2 I_1 + y^2 I_2 + z^2 I_3$$

B e w e i s : Wegen $\vec{\omega} = \omega \cdot \vec{e}$ ergibt sich:

$$E_{kin} = \frac{1}{2}\omega^2 (x^2 \cdot I_1 + y^2 \cdot I_2 + z^2 \cdot I_3) = \frac{1}{2}\omega^2 I$$

Das Trägheitsellipsoid. Konstruiert man aus der Drehachse $\vec{e}$ und dem entsprechenden Trägheitsmoment I den Vektor

$$\vec{u} = \{u_x, u_y, u_z\} = \frac{\vec{e}}{\sqrt{I}} = \left\{\frac{x}{\sqrt{I}}, \frac{y}{\sqrt{I}}, \frac{z}{\sqrt{I}}\right\}$$

so erfüllt er die Gleichung des Trägheitsellipsoids:

$$1 = I_1 \cdot u_x^2 + I_2 \cdot u_y^2 + I_3 \cdot u_z^2 \tag{3.26}$$

Das Trägheitsellipsoid ist körperfest und hat die gleichen Hauptachsen wie der Kreisel. Die Länge der *Halbachsen* ist

$$\frac{1}{\sqrt{I_i}}$$

Klassifikation der Kreisel. Anhand des Trägheitsellipsoids können die Kreisel mit dem Fixpunkt O im Schwerpunkt S gemäß folgender Tabelle klassifiziert werden:

Tab. 3.2 Klassifikation der starren Kreisel

Kreiseltyp	Hauptträgheitsmomente	Trägheitsellipsoid
Kugel – Kreisel	$I_1 = I_2 = I_3$	Kugel
axialsymmetrisch tellerförmig	$I_1 > I_2 = I_3$	Rotationsellipsoid, tellerförmig
axialsymmetrisch spindelförmig	$I_1 = I_2 > I_3$	Rotationsellipsoid, spindelförmig
asymmetrisch	$I_1 > I_2 > I_3$	allgemeines Ellipsoid

3.4.3 Dynamik des kräftefreien Kreisels

Definition des kräftefreien Kreisels. Ein Kreisel mit dem Fixpunkt O heißt *kräftefrei*, wenn das *mechanische Drehmoment* $\vec{T}_O$ in bezug auf diesen Fixpunkt *verschwindet*.

$$\vec{T}_O = 0 \tag{3.27}$$

Mit dieser Bedingung folgt aus dem Drallsatz, daß der *Drehimpuls* bezüglich des Fixpunktes O konstant ist.

(3.28) $$\frac{d\vec{L}_O}{dt} = 0, \qquad \vec{L}_O = \text{const}$$

Ebenso ist die kinetische rotatorische *Energie* konstant.

(3.29) $$E_{kin} = \frac{1}{2}\,\vec{L}_O \cdot \vec{\omega}(t) = \text{const}$$

Realisierungen des kräftefreien Kreisels. Als kräftefreie Kreisel erscheinen z. B. starre Körper, auf die nur die Schwerkraft wirkt und die

a) im Schwerpunkt S unterstützt werden, oder

b) sich frei im Raum bewegen. Im Schwerpunkts-Koordinatensystem entspricht dann die Kreiselung des starren Körpers der Bewegung eines kräftefreien Kreisels.

Grundgesetz des kräftefreien Kreisels. Momentane Drehachse und Winkelgeschwindigkeit des kräftefreien Kreisels sind im allgemeinen *zeitabhängig*:

$$\vec{\omega}(t) = \omega(t)\,\vec{e}(t)$$

Aus dem Umstand, daß die kinetische Energie E_{kin} des kräftefreien Kreisels konstant ist, ergibt sich, daß die *Projektion* ω_L des Vektors $\vec{\omega}(t)$ auf die Richtung des konstanten Drehimpulses $\vec{L}_O$ ebenfalls *konstant* ist.

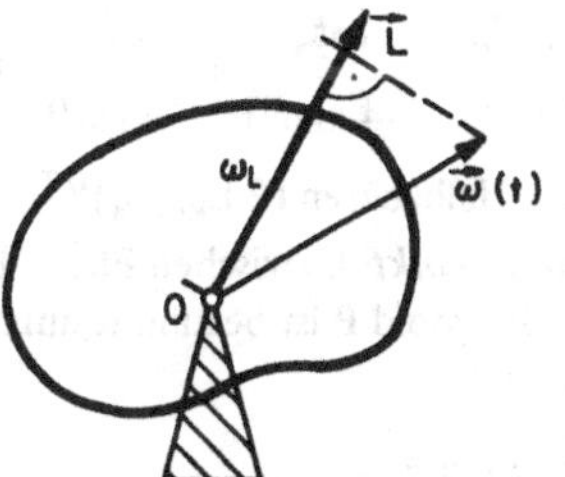

(3.30) $$\omega_L = \text{const}$$

Beweis: $\omega_L = \vec{\omega}(t) \cdot \frac{\vec{L}_O}{L_O} = \frac{2\,E_{kin}}{L_O} = \text{const}$

Ist der Vektor $\vec{\omega}$ der Winkelgeschwindigkeit parallel zum Drehimpuls $\vec{L}_O$, dann ist er entsprechend dem Grundgesetz konstant. In diesem Fall spricht man von *permanenter Rotation* des Kreisels. Ist $\vec{\omega}$ nicht parallel zu $\vec{L}_O$, dann ist er zeitabhängig: $\vec{\omega} = \vec{\omega}(t)$. Diese Bewegung des kräftefreien Kreisels bezeichnet man als *Nutation*. Sie ist abhängig von den *Anfangsbedingungen* der Bewegung.

Permanente Rotation. Der Vektor $\vec{\omega}$ der Winkelgeschwindigkeit ist konstant, wenn er parallel zum Drehimpuls $\vec{L}_O$ steht. Das bedeutet, daß der Kreisel *um eine Hauptachse rotiert*. Es gilt deshalb

(3.31) $$\vec{\omega}_i = \frac{1}{I_i}\,\vec{L}_O = \text{const}, \qquad i = 1, 2, 3$$

Beim *asymmetrischen Kreisel* mit $I_1 > I_2 > I_3$ sind nicht alle Rotationen um die Hauptachsen stabil. Es gilt folgendes *Stabilitätskriterium*.

Tab. 3.3 Stabilität der Rotation um Hauptachsen $\vec{e}_1, \vec{e}_2, \vec{e}_3$ definiert durch $I_1 > I_2 > I_3$

Rotationsachse	Trägheitsmoment	Charakter
$\vec{e}_1$	I_1	stabil
$\vec{e}_2$	I_2	instabil
$\vec{e}_3$	I_3	stabil

Eine kleine Störung der Rotation um die Hauptachse $\vec{e}_2$ bewirkt eine krasse Bewegungsänderung des kräftefreien Kreisels.

Nutation im raumfesten Koordinatensystem. Im Raum bildet der Winkelgeschwindigkeitsvektor $\vec{\omega}(t)$ die Verbindung zwischen dem Fixpunkt O und dem Berührungspunkt A zwischen einer zum konstanten Drehimpuls senkrecht stehenden Ebene E und dem darauf abrollenden, körperfesten Ellipsoid von L. Poinsot (1777–1853).

Die *Ebene* E wird beschrieben durch den variablen Vektor $\vec{\omega}_E$, der folgender Bedingung unterworfen ist:

$$\vec{\omega}_E \vec{L}_O = \omega_L \cdot L_O = 2\,E_{kin} = \text{const}$$

Das *Poinsot-Ellipsoid* P, dargestellt durch den variablen Vektor $\vec{\omega}_P$, ist konzentrisch und ähnlich zum Trägheitsellipsoid:

$$\frac{\vec{L}_O \cdot \vec{\omega}_P}{2\,E_{kin}} = \frac{\omega_{Px}^2}{2\,E_{kin}/I_1} + \frac{\omega_{Py}^2}{2\,E_{kin}/I_2} + \frac{\omega_{Pz}^2}{2\,E_{kin}/I_3} = 1$$

Es besitzt die Halbachsen $(2\,E_{kin}/I_i)^{1/2}$.

Der *Berührungspunkt* A zwischen Ebene E und Poinsot-Ellipsoid P ist bestimmt durch die Bedingung

$$\vec{\omega}_E = \vec{\omega}_P = \vec{\omega}$$

Die Bahnkurve des Punktes A auf dem Poinsot-Ellipsoid P bezeichnet man als *Polhodie*, diejenige des Punktes A auf der festen Ebene E als *Herpolhodie*.

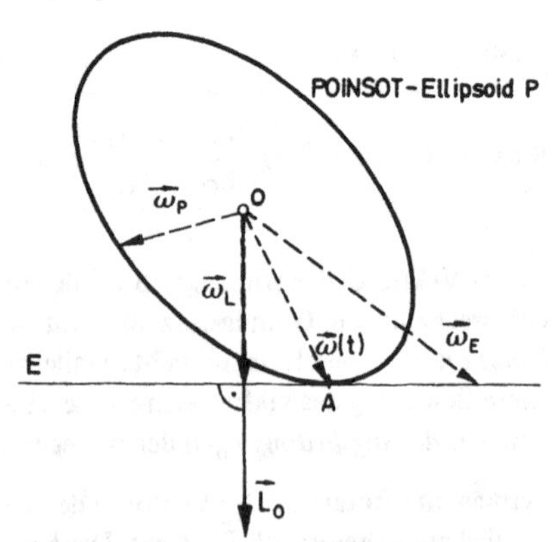

Nutation im körperfesten Hauptachsensystem. Im körperfesten Hauptachsensystem bildet der Winkelgeschwindigkeitsvektor $\vec{\omega}(t)$ die Verbindung zwischen dem Schwerpunkt S und einem Punkt auf der Polhodie. Diese ist gegeben durch den Schnitt des Poinsot-Ellipsoids P und dem *Drallellipsoid* D:

$$\frac{\vec{L}_O^2}{L_O^2} = \frac{\omega_{Dx}^2}{(L_O/I_1)^2} + \frac{\omega_{Dy}^2}{(L_O/I_2)^2} + \frac{\omega_{Dz}^2}{(L_O/I_3)^2} = 1$$

Polhodien für $I_1 > I_2 > I_3$ auf dem Poinsot-Ellipsoid. Die Polhodien für ein rotationsförmiges Poinsot-Ellipsoid sind Kreise.

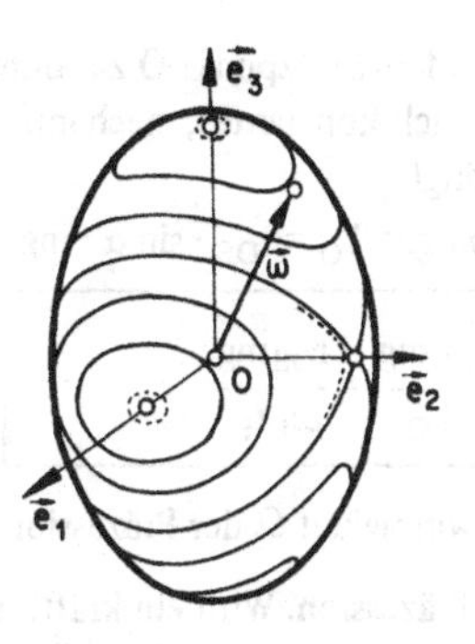

3.4.4 Kreisel unter dem Einfluß von Kräften

Dynamik. Ist ein Kreisel Kräften und mechanischen Drehmomenten unterworfen, so ist seine Kreiselung bestimmt durch den Drallsatz bezüglich des Fixpunktes O:

$$\frac{d}{dt}\vec{L}_O = \vec{T}_O \tag{3.32}$$

Der Zusammenhang zwischen dem Drall $\vec{L}_O$ und dem Winkelgeschwindigkeitsvektor $\vec{\omega}$ ist durch den Trägheitstensor bestimmt.

Dabei ist zu beachten, daß der Drall $\vec{L}_O$ im Drallsatz nur bis auf eine additive Konstante $\vec{L}_O^*$ bestimmt ist, welche durch den anfänglichen Bewegungszustand des Kreisels festgelegt wird. Die Anfangsbedingungen können somit bewirken, daß der durch das mechanische Drehmoment $\vec{T}_O$ erzwungenen Kreiselung die Nutation als Bewegung des kräftefreien Kreisels überlagert ist. Nur spezielle Anfangsbedingungen gewährleisten eine *nutationsfreie Kreiselung*.

Die Präzession. Als *Präzession* bezeichnet man die Bewegung eines Kreisels, welche durch die Rotation des Drehimpulses $\vec{L}_O$ mit dem Vektor $\vec{\Omega}$ der Winkelgeschwindigkeit gekennzeichnet ist.

$$\frac{d\vec{L}_O}{dt} = \vec{\Omega} \times \vec{L}_O \tag{3.33}$$

Kinderkreisel. Der Kinderkreisel ist ein symmetrischer Kreisel, der um seine Symmetrieachse (Figurenachse, Hauptachse $\vec{e}_i$) mit der Kreisfrequenz ω rotiert. Da der Schwerpunkt S nicht mit dem Stützpunkt O zusammenfällt, wirkt im allgemeinen ein mitlaufendes, dem Betrag nach konstantes, mechanisches Drehmoment $\vec{T}_O$, das von der Neigung α des Kreisels abhängt.

Für die *Präzession* gilt $T_O = r_{OS} \cdot \sin\alpha \cdot mg = \Omega \cdot \sin\alpha \cdot L_O$, sofern $\omega \gg \Omega$.

(3.34)
$$\Omega = \frac{r_{OS}mg}{L_O} = \frac{r_{OS}mg}{\omega_i I_i}$$

Die Winkelgeschwindigkeit Ω der Präzession hängt nicht von der Neigung des Kreisels ab.

Die erzwungene Präzession. Wird ein kräftefreier Kreisel mit dem Drall $\vec{L}_O$ zur Präzession mit dem Winkelgeschwindigkeitsvektor $\vec{\Omega}$ gezwungen, so reagiert er wegen des Drallsatzes und des Reaktionsprinzips mit einem mechanischen Drehmoment

(3.35)
$$\vec{T}_O\,(\text{reactio}) = -\frac{d}{dt}\vec{L}_O = [\vec{L}_O \times \vec{\Omega}]$$

Die erzwungene Präzession und das dadurch bedingte Drehmoment finden *Anwendungen in der Technik*: Kreiselkompaß, Wendezeiger, Kollergang, Stabilisierung von Schiffen und Raketen.

4 Mechanik deformierbarer Medien

4.1 Mechanische Eigenschaften der Materie

4.1.1 Mechanische Spannungen

4.1.1.1 Die Normalspannung

Die Belastung. Die Belastung eines dünnen runden Stabes mit der Länge a und dem Querschnitt $A = \pi d^2/4$ auf Zug oder uniaxialen Druck wird beschrieben durch die *Normalspannung* σ, welche durch die Beziehung

$$\vec{F}_n = \sigma A \vec{n}$$

definiert ist. Dabei bedeuten $\vec{n}$ die Flächennormale und $\vec{F}_n$ die Zug- oder Druckkraft. Beanspruchung auf Zug bedeutet $\sigma > 0$, Belastung mit uniaxialem Druck $\sigma < 0$. Die *Einheit* der Normalspannung σ ist 1 Pascal = 1 Pa = 1 N m^{-2}.

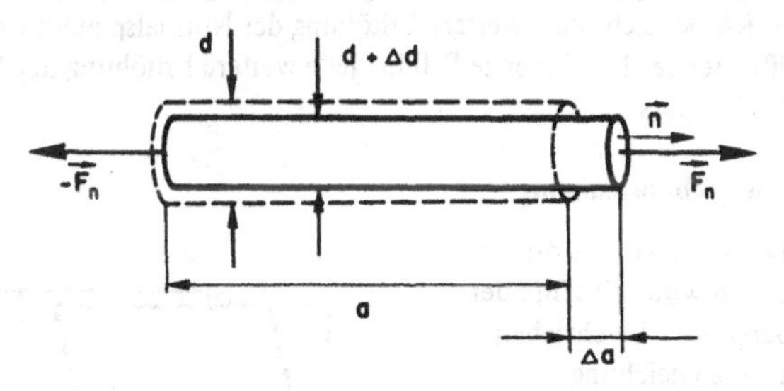

Die Wirkung. Die Wirkung der Normalspannung σ besteht aus

a) einer relativen Längenänderung ϵ, welche definiert ist als

$$\epsilon = \frac{\Delta a}{a} = \Delta \ln a.$$

$\epsilon > 0$ kennzeichnet eine Dehnung, $\epsilon < 0$ eine Verkürzung.

b) einer relativen Änderung der Querschnittsabmessung

$$\frac{\Delta d}{d} = \Delta \ln d = -\mu \cdot \epsilon$$

wobei μ den Poisson-Koeffizienten darstellt.

$\Delta d < 0$ entspricht einer Querkontraktion, $\Delta d > 0$ einer Querschnittsverbreiterung.

c) Aus a) und b) resultiert eine relative Volumenänderung

$$\frac{\Delta V}{V} = \Delta \ln V = (1 - 2\mu)\,\epsilon$$

Das Gesetz von Hooke. R. H o o k e (1636–1708) postulierte die Proportionalität zwischen relativer Längenänderung ϵ und Normalspannung σ:

(4.1) $$\sigma = E \cdot \epsilon$$

E bezeichnet den *Elastizitätsmodul* oder den Modul von T. Y o u n g (1773–1829). Er hat die *Einheit* 1 Pascal = 1 Pa = 1 N m^{-2}.

Das Hookesche Gesetz gilt nur in einem beschränkten Bereich der relativen Längenänderung ϵ. Eine graphische Darstellung der experimentell bestimmten Beziehung zwischen σ und ϵ für einen festen Körper sieht wie nebenstehend aus:

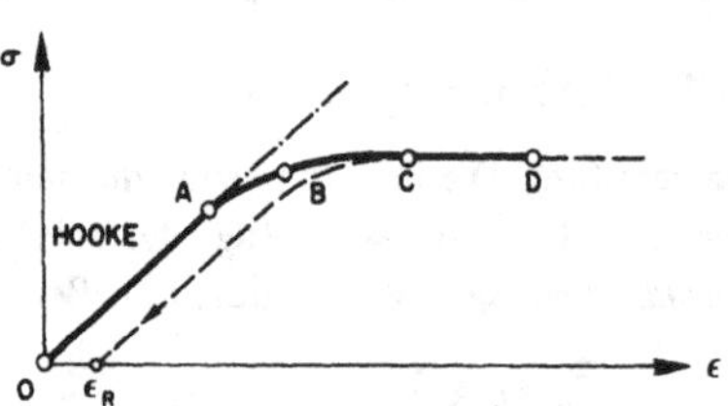

Das Hookesche Gesetz stimmt bis zur Proportionalitätsgrenze A. Von A bis zur Elastizitätsgrenze B ist σ nicht mehr proportional zu ϵ. Wird B überschritten, so bleibt beim Aufheben der Normalspannung σ eine Restdeformation ϵ_R übrig. Die Fließgrenze C ist erreicht, wenn der Körper sich ohne weitere Erhöhung der Normalspannung σ zusätzlich dehnen läßt. Bei der Bruchgrenze D führt jede weitere Erhöhung der Dehnung ϵ zum Bruch des Körpers.

4.1.1.2 Die Scher- oder Schubspannung

Die Belastung. Die Belastung eines Körpers auf Scherung oder Schub wird mit Hilfe der *Scher- oder Schubspannung* τ beschrieben. Sie ist definiert durch die Gleichung

$$F_s = \tau A,$$

wobei F_s die Scher- oder Schubkraft in der Fläche A senkrecht zur Flächennormalen $\vec{n}$ bedeutet. Die *Einheit* von τ ist 1 Pascal = 1 Pa = 1 N m^{-2}.

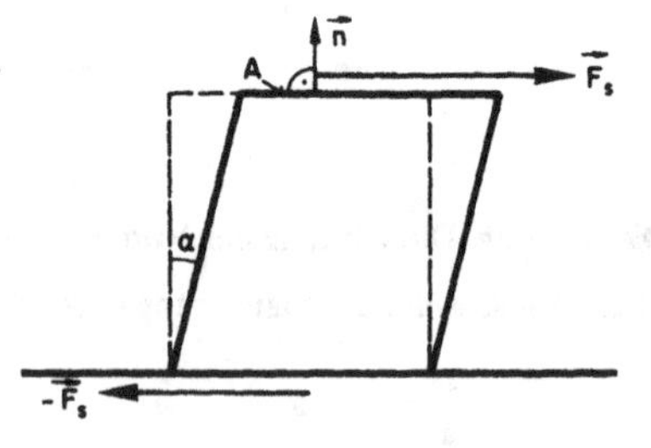

Die Wirkung. Die Schubspannung τ bewirkt eine Scherung des Körpers, die mit dem Winkel α gemessen wird. Da der Winkel α meistens klein ist, gilt $\alpha \simeq \sin\alpha \simeq \tan\alpha$. Das Volumen des Körpers wird durch eine reine Scherung in erster Näherung nicht geändert.

Das Gesetz von Hooke. Entsprechend dem Gesetz von Hooke für die relative Längenänderung eines Körpers unter der Belastung durch eine Normalspannung (4.1.1.1) gilt für die Scherspannung

(4.2) $$\tau = G \tan\alpha \simeq G\,\alpha$$

G bezeichnet den *Schub- oder Torsionsmodul* mit der *Einheit* 1 Pascal = 1 Pa = 1 N m^{-2}.

Für einen isotropen festen Körper gilt

(4.3) $$G = E/2(1 + \mu)$$

4.1.1.3 Der isotrope Druck

Die Belastung. Wirkt auf jedes Flächenelement ΔA einer Oberfläche eines Körpers eine Kraft $\Delta\vec{F}_n$ von der Form:

$$\Delta\vec{F}_n = -p \cdot \Delta A \cdot \vec{n}$$

dann spricht man von der Belastung des Körpers durch den isotropen Druck p. Der Druck p hat die *Einheit* 1 Pascal = 1 Pa = 1 N m^{-2}. Andere übliche Einheiten sind in A2.2 aufgeführt.

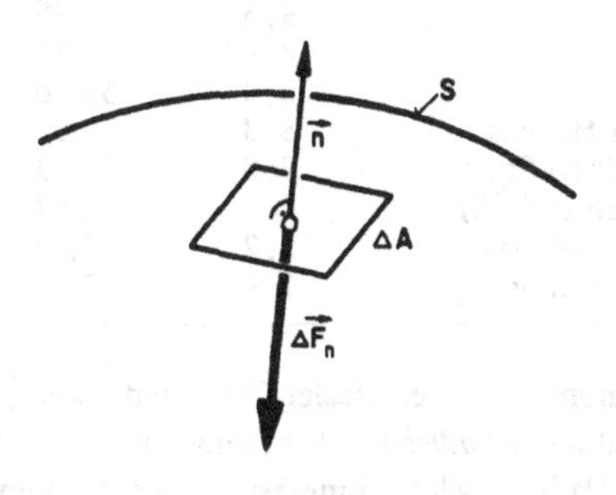

Die Wirkung. Bei einem isotropen Körper bewirkt eine Änderung Δp des isotropen Drucks eine relative Volumenänderung:

$$\theta = \frac{\Delta V}{V} = \Delta \ln V$$

Lokal läßt sich diese Volumenänderung durch eine Dichteänderung beschreiben:

$$\theta = -\frac{\Delta\rho}{\rho} = -\Delta \ln \rho$$

Kompressionsmodul und Kompressibilität. Entsprechend dem Hookeschen Gesetz ist die relative Volumenänderung proportional zur Änderung Δp des isotropen Drucks

$$\Delta p = -K\,\theta = -\frac{1}{\beta}\,\theta$$

oder

(4.4) $$\beta = -\frac{1}{V}\frac{dV}{dp} = \frac{1}{\rho}\frac{d\rho}{dp} = K^{-1}$$

Der *Kompressionsmodul* K hat die *Einheit* 1 Pascal = 1 Pa = 1 N m^{-2}, die *Kompressibilität* β die *Einheit* 1 m^2 N^{-1}.

Die Kompressibilität isotroper fester Körper. Im Bereich des Hookeschen Gesetzes gilt für isotrope feste Körper

(4.5) $$\beta = K^{-1} = 3(1 - 2\mu)\,E^{-1}$$

Diese Beziehung ergibt sich, wenn der isotrope Druck formal durch drei zueinander senkrecht stehende uniaxiale Drücke ersetzt wird.

Tab. 4.1 Dichte und elastische Konstanten fester Körper

Material	ρ(g cm^{-3})	E (10^{10} Pa)	G (10^{10} Pa)	K (10^{10} Pa)	μ
Pb	11,36	1,67	0,59	4,32	0,44
Al	2,72	7,06	2,64	7,36	0,34
Au	19,32	7,95	2,75	17,66	0,42
Cu	8,93	11,77	3,92	13,73	0,35
Ir	22,4	52,00	20,60	36,30	0,26
α-Messing	8,3	9,81	3,53	12,26	0,38
Cr-Ni-Stahl	7,8	19,13	7,85	16,68	0,28
Eis (−4 °C)	1	0,97	0,36	0,98	0,33
Quarzglas	2,2	7,46	3,24	3,73	0,17
Marmor	2,6	7,16	2,75	6,08	0,30

Kompressibilitäten idealer Gase. Man unterscheidet zwischen *isothermer* (konstante Temperatur) und *adiabatischer* (keinen Wärmeaustausch mit der Umgebung) Kompressibilität. Da bei *rascher* Kompression eines Mediums praktisch keine Wärme mit der Umgebung ausgetauscht wird, ist dafür die adiabatische Kompressibilität maßgebend. Somit wird der *Schall* in einer Flüssigkeit oder in einem Gas durch die adiabatische Kompressibilität mitbestimmt. Die isothermen und adiabatischen Kompressibilitäten idealer Gase unterscheiden sich:

$$\beta(\text{isotherm}) = \frac{1}{p}; \qquad \beta(\text{adiabatisch}) = \frac{C_V}{C_p \cdot p} = \frac{1}{\kappa \cdot p} \tag{4.6}$$

Dabei ist C_p die Molwärme bei konstantem Druck und C_V die Molwärme bei konstantem Volumen.

Beweis:

Zustandsgleichung: $pV = \frac{m}{M} R\,T$

Dichte bei konstanter Temperatur: $\rho(p) = \frac{m}{V} = \frac{M}{RT}\,p$

Isotherme Kompressibilität: $\beta = \frac{1}{\rho}\frac{d\rho}{dp} = \frac{1}{p}$

Adiabate (siehe 8.5.2): $\delta Q = \frac{m}{M} C_V\,dT + p\,dV = 0, \qquad R = C_p - C_V$

$$\frac{\frac{m}{M} C_V \cdot dT}{\frac{m}{M} R \cdot T} = \frac{-p \cdot dV}{p \cdot V} \text{ ergibt } T^{(C_V/R)} \cdot V = \text{const}$$

Adiabatische Dichtevariation: $\rho(p) = \rho_0 \cdot \left(\frac{p}{p_0}\right)^{C_V/C_p}$

Adiabatische Kompressibilität: $\beta = \frac{C_V}{C_p \cdot p}$

Tab. 4.2 Dichten ρ und isotherme Kompressibilitäten β
ρ in $cm^3\,g^{-1}$, β in Pa^{-1} bei 20°C, 1 atm

	ρ	β
Inkompressible Flüssigkeit	–	0
Quecksilber	13,6	$0,4 \cdot 10^{-10}$
Wasser	1	$5 \cdot 10^{-10}$
Benzol	0,88	$10 \cdot 10^{-10}$
Äthylalkohol	0,79	$10 \cdot 10^{-10}$
Ideales Gas	–	10^{-5}

4.1.1.4 Der Spannungstensor

Auf jedes Flächenelement $\Delta\vec{A} = \vec{n} \cdot \Delta A$ mit der Fläche ΔA und dem Normalenvektor $\vec{n}$ ($|\vec{n}| = 1$) in einem Punkt P im Innern des Körpers wirkt eine Kraft $\Delta\vec{F}$, deren Betrag ΔF proportional zur Fläche ΔA ist und deren Richtung im allgemeinen von der Richtung des Normalenvektors $\vec{n}$ abweicht. Daher kann die Kraft $\Delta\vec{F}$ zerlegt werden in eine *Normalkraft* $\Delta\vec{F}_n$ parallel zu $\vec{n}$ und eine *Schubkraft* $\Delta\vec{F}_s$ senkrecht zu $\vec{n}$:

$$\Delta\vec{F} = \Delta\vec{F}_n + \Delta\vec{F}_s$$

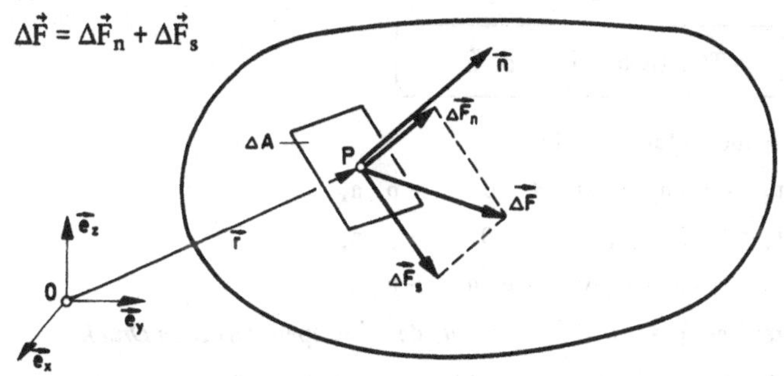

Wegen der Proportionalität von ΔF zu ΔA definiert man als *Spannungsvektor*:

$$\frac{d\vec{F}}{dA} = \vec{t} = \vec{t}_n + \vec{t}_s$$

Die Komponente von $\vec{t}$ parallel zu $\vec{n}$ bezeichnet man entsprechend Abschnitt 4.1.1.1 als Normalspannung $t_n = \sigma$ und die Komponente von $\vec{t}$ senkrecht zu $\vec{n}$ entsprechend Abschnitt 4.1.1.2 als Scher- oder Schubspannung $t_s = \tau$. Zwischen dem Spannungsvektor $\vec{t}$ und dem Normalenvektor $\vec{n}$ besteht ein linearer Zusammenhang:

$$\boxed{\vec{t} = T \cdot \vec{n}} \tag{4.7}$$

oder in Komponenten-Darstellung:

$$t_x = \tau_{xx} \cdot n_x + \tau_{xy} \cdot n_y + \tau_{xz} \cdot n_z$$

$$t_y = \tau_{xy} \cdot n_x + \tau_{yy} \cdot n_y + \tau_{yz} \cdot n_z$$

$$t_z = \tau_{xz} \cdot n_x + \tau_{yz} \cdot n_y + \tau_{zz} \cdot n_z$$

wobei die τ_{ik} die Elemente des symmetrischen *Spannungstensors* T darstellen.

$\tau_{xx} = \sigma_x, \tau_{yy} = \sigma_y, \tau_{zz} = \sigma_z$ sind die *Elemente der Normalspannung*,

$\tau_{xy}, \tau_{xz}, \tau_{yz}$ sind die *Elemente der Schubspannung*.

4.1.1.5 Der Spannungszustand der Flüssigkeiten und Gase

Statisches Verhalten. Flüssigkeiten und Gase sind *nach Definition* Körper, welche keine statischen Schubspannungen aufweisen:

$$\vec{t}_s(\text{statisch}) = 0, \qquad \tau(\text{statisch}) = 0 \tag{4.8}$$

Demnach besitzen Flüssigkeiten bei Vernachlässigung der Oberflächenspannung (4.1.2) und Gase keine Formfestigkeit. Die Moleküle dieser Medien können ohne Kraftaufwand langsam gegeneinander verschoben werden.

Das Fehlen von statischen Schubspannungen $\vec{t}_s$ bewirkt eine einfache Gestalt des statischen *Spannungstensors* T(statisch):

$$\vec{t} = T(\text{statisch}) \cdot \vec{n} = -p \cdot \vec{n} \tag{4.9}$$

oder in Komponenten-Darstellung:

$$\begin{aligned} t_x &= -p \cdot n_x + 0 + 0 = -p \cdot n_x \\ t_y &= +0 - p \cdot n_y + 0 = -p \cdot n_y \\ t_z &= +0 + 0 - p \cdot n_z = -p \cdot n_z \end{aligned}$$

Dabei bezeichnet $p = -\sigma_x = -\sigma_y = -\sigma_z$ den isotropen *statischen Druck*.

Dynamisches Verhalten. Trotz der fehlenden statischen Schubspannungen treten in bewegten Flüssigkeiten und Gasen im allgemeinen *dynamische Schubspannungen* auf, welche von der inneren Reibung oder Viskosität stammen:

$$\vec{t}_s(\text{dynamisch}) \neq 0, \qquad \tau(\text{dynamisch}) \neq 0 \tag{4.10}$$

Flüssigkeiten und Gase ohne dynamische Schubspannungen bezeichnet man als *reibungslos*.

4.1.2 Oberflächenspannung

4.1.2.1 Oberflächenenergie und Oberflächenspannung

Die Flüssigkeitsoberfläche. Flüssigkeiten unterschieden sich von Gasen, indem sie *freie Oberflächen* aufweisen. Zwischen den Molekülen einer Flüssigkeit wirken starke kurzreichweitige Kräfte, welche nur zwischen den allernächsten Nachbarn zur Geltung kommen. Befindet sich ein Molekül im Innern der Flüssigkeit, so heben sich diese Kräfte im zeitlichen Mittel auf. Liegt das Molekül aber an der Oberfläche S, so resultiert eine Kraft $\vec{F}_S(M)$, welche das Molekül ins Innere der Flüssigkeit zu ziehen versucht. Deshalb wirkt die Oberfläche einer Flüssigkeit wie eine Gummihaut, welche sich so weit wie möglich zusammenzieht.

Molekül im Innern i: Molekül an der Oberfläche S:

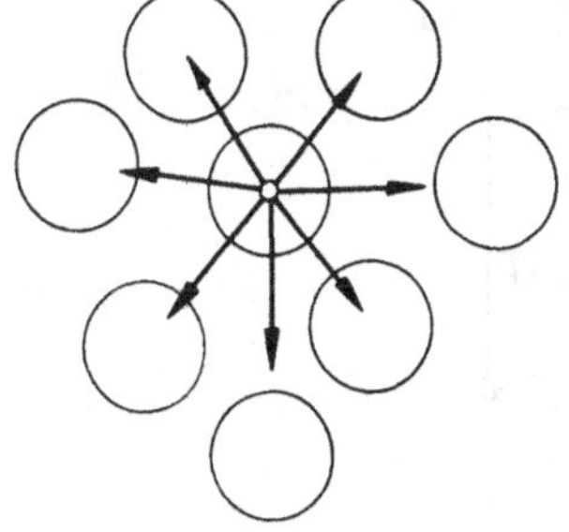

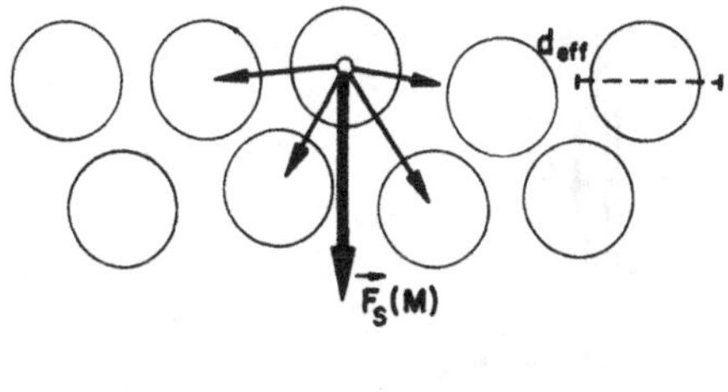

Mikroskopische Begründung der Oberflächenenergie. Schiebt sich ein Molekül vom Innern der Flüssigkeit an deren Oberfläche S, so leistet es gegen die Oberflächenkraft $\vec{F}_S(M)$ die Arbeit $A_{iS}(M)$, welche es beim Wiedereindringen ins Innere zurückgewinnt. Die Arbeit $A_{iS}(M)$ hat daher den Charakter einer potentiellen Energie:

$$E_{pot}(M) = A_{iS}(M)$$

Eine Flüssigkeit mit n · S Molekülen an der Oberfläche S besitzt daher die *Oberflächenenergie*:

(4.11)
$$E_{pot}\,(\text{Oberfläche}) = \sigma_S \cdot S$$
$$\sigma_S = n \cdot E_{pot}(M) = \frac{1}{d_{eff}^2} \cdot E_{pot}(M)$$

wobei σ_S die Konstante der *Oberflächenspannung* und d_{eff} den effektiven Durchmesser eines Moleküls an der Oberfläche bedeuten.

Die *Einheit* von σ_S ist $1\ \text{N m}^{-1}$.

Phänomenologie der Oberflächenspannung. Die intermolekularen Kräfte in einer Flüssigkeit erstreben eine Verkleinerung der Oberfläche. Schneidet man einen geraden Spalt der Länge Δx in einen dünnen Flüssigkeitsfilm, so wirken auf dessen Kanten die Kräfte $\pm 2\Delta\vec{F}$, welche in den Oberflächen und senkrecht zum Spalt liegen. Ihr Betrag ist bestimmt durch eine Materialkonstante, die *Oberflächenspannung*.

(4.12)
$$\sigma_S = \frac{\Delta F}{\Delta x}$$

B e w e i s : Spannt man einen Flüssigkeitsfilm in einen rechteckigen Rahmen mit einer beweglichen Kante, so kann man mit Hilfe einer Verschiebung Δy der Kante den Zusammenhang zwischen der Oberflächenenergie und den in den zwei Oberflächen wirkenden Kräften bestimmen:

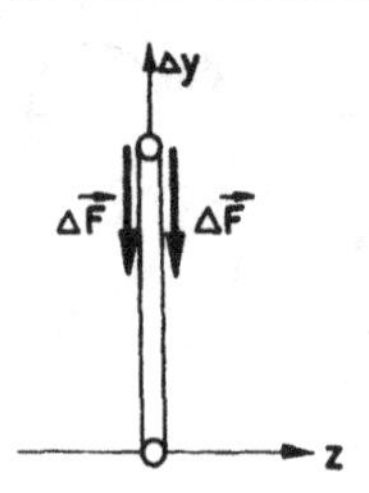

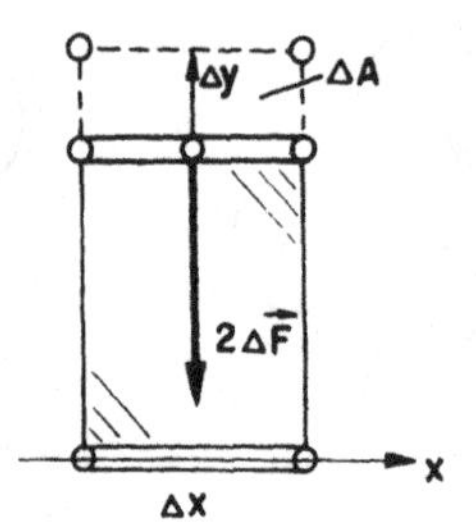

Es gilt:

$$2\Delta F \cdot \Delta y = 2\Delta E_{pot}\ (\text{Oberfläche}) = \sigma_S\, 2\Delta A = \sigma_S \cdot 2\Delta x \cdot \Delta y, \qquad \Delta F = \sigma_S \cdot \Delta x$$

Tab. 4.3 Oberflächenspannungen σ_S in 10^{-3} N/m

Quecksilber	470	Seifenlösung	25
Wasser	73	Äthyläther	17
Benzol	29		

4.1.2.2 Statik eines freitragenden Flüssigkeitsfilms

Die Flächengleichung. Existiert zwischen den beiden Seiten eines freitragenden Flüssigkeitsfilms z. B. einer Seifenhaut die Druckdifferenz Δp, so hat die Fläche des Films die Eigenschaft, daß in jedem Punkt P die beiden Hauptkrümmungsradien R_1 und R_2 folgende Bedingung erfüllen:

$$\frac{1}{R_1} + \frac{1}{R_2} = \frac{\Delta p}{2\sigma_S} \qquad (4.13)$$

Hauptkrümmungsradien:

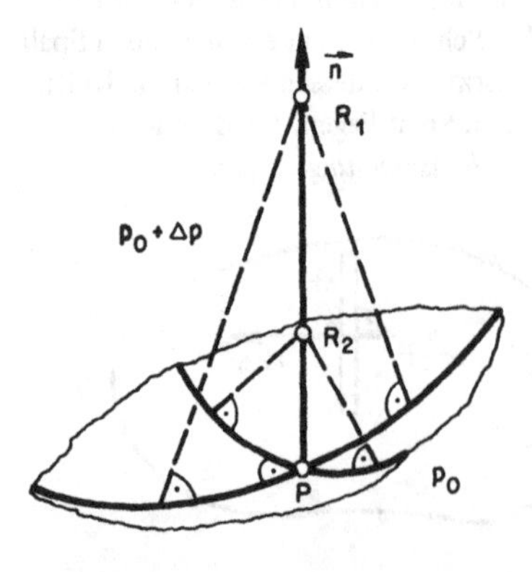

Kugelförmige Seifenblase:

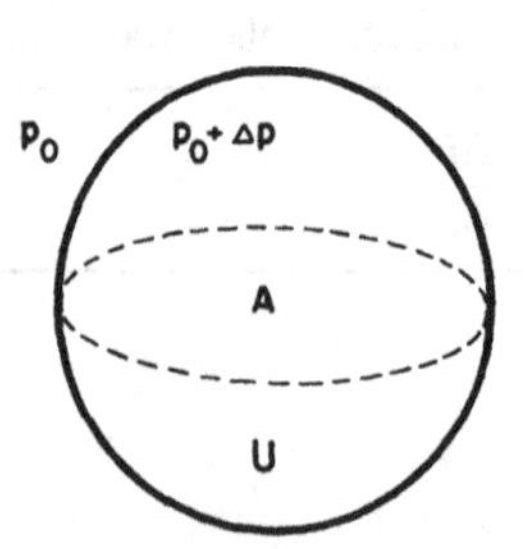

Kugelförmige Seifenblase. Im Äquatorialschnitt gilt:

$$\Delta p \cdot A = 2\sigma_S \cdot U; \qquad \Delta p\, \pi R^2 = 2\sigma_S \cdot 2\pi R$$

Somit ist:

$$\frac{2}{R} = \frac{1}{R_1} + \frac{1}{R_2} = \frac{\Delta p}{2\sigma_S}$$

Minimalflächen. Existiert kein Druckunterschied Δp zwischen den beiden Seiten des Flüssigkeitsfilms, so bildet dieser eine Minimalfläche mit

(4.14) $$\frac{1}{R_1} + \frac{1}{R_2} = 0$$

Minimalflächen sind:

das axialsymmetrische Katenoid: $(x^2 + y^2)^{1/2} = R_0 \cosh \frac{z}{R_0}$

die Wendelflächen: $z = p \arctan \frac{y}{x}$

4.1.3 Übersicht

Die Materie läßt sich entsprechend ihrem mechanischen Verhalten nach Tab. 4.4 klassifizieren:

Tab. 4.4 Mechanische Eigenschaften der Materie

Körper	Dichte ρ	Kompressibilität $\beta = K^{-1}$	Schubspannungen		Oberflächenspannungen σ_S
			statisch τ(stat)	dynamisch τ(dyn)	
Gas	klein	groß	0	klein	0
Gas reibungslos	klein	groß	0	0	0
Flüssigkeit	groß	klein	0	ja	ja
Flüssigkeit ideal	groß	klein	0	0	ja
Flüssigkeit inkompressibel	groß	0	0	ja	ja
Körper fest	groß	klein	ja	ja	meist unwichtig
Körper starr	groß	0	ja	–	unwichtig

4.2 Statik der Flüssigkeiten und Gase

4.2.1 Massenkräfte

Definition. Um die Dynamik einer Masse Δm in einer Flüssigkeit oder in einem Gas zu beschreiben, ist es von Vorteil, den Begriff der Massenkraft einzuführen. Wirkt auf die Masse Δm die Kraft $\Delta\vec{F}$, so ist die *Massenkraft* nach L. Prandtl (1875–1953) definiert als

(4.15) $$\vec{F}_m = \lim_{\Delta m \to 0} \frac{\Delta\vec{F}}{\Delta m}$$

Gemäß der Definition entspricht die Massenkraft einer *Beschleunigung* mit der *Einheit* $1\ \mathrm{m\,s^{-2}}$.

Beispiele: In der Mechanik der Flüssigkeiten und Gase häufig vorkommende Massenkräfte sind

die Schwerkraft: $\vec{F}_m = \vec{g}$
die Zentrifugalkraft: $\vec{F}_m = \omega^2\,\vec{R}$
die Coriolis-Kraft: $\vec{F}_m = 2 \cdot [\vec{v}_{relativ} \times \vec{\omega}]$

4.2.2 Volumenkräfte oder Kraftdichten

Definition. Wirkt auf die Masse der Flüssigkeit oder des Gases in einem vorgegebenen Volumenelement ΔV, die Kraft $\Delta\vec{F}$, so ist die *Volumenkraft* nach L. Prandtl definiert als

(4.16) $$\vec{F}_V = \lim_{\Delta V \to 0} \frac{\Delta\vec{F}}{\Delta V}$$

Die Volumenkraft ist eine *Kraftdichte*.

Einheit. Die Einheit der Volumenkraft ist $\mathrm{kg\,m^{-2}\,s^{-2}}$.

Zusammenhang zwischen Volumenkraft und Massenkraft. Volumen- und Massenkraft sind durch die Dichte ρ verknüpft:

(4.17) $$\vec{F}_V = \rho \cdot \vec{F}_m$$

Zusammenhang zwischen Volumenkraft und Spannungstensor. Die Normal- und Schubspannungen, welche auf die geschlossene Oberfläche eines kleinen Volumens eines Körpers wirken, addieren sich zu einer Volumenkraft. Es gilt

(4.18) $$\vec{F}_V(\vec{r}) = \operatorname{div} T(\vec{r})$$

wobei $\vec{F}_V(\vec{r})$ die durch den Spannungstensor $T(\vec{r})$ bewirkte Volumenkraft darstellt.

Die Darstellung in Komponenten lautet:

$$F_{Vx}(T) = \frac{\partial}{\partial x}\sigma_x + \frac{\partial}{\partial y}\tau_{xy} + \frac{\partial}{\partial z}\tau_{xz}$$

$$F_{Vy}(T) = \frac{\partial}{\partial x}\tau_{xy} + \frac{\partial}{\partial y}\sigma_y + \frac{\partial}{\partial z}\tau_{yz}$$

$$F_{Vz}(T) = \frac{\partial}{\partial x}\tau_{xz} + \frac{\partial}{\partial y}\tau_{yz} + \frac{\partial}{\partial z}\sigma_z$$

Beispiele: Die meisten Volumenkräfte basieren auf Massenkräften:

die Schwerkraft: $\vec{F}_V = \rho \cdot \vec{g}$

die Zentrifugalkraft: $\vec{F}_V = \rho \cdot \omega^2 \cdot \vec{R}$

die Coriolis-Kraft: $\vec{F}_V = \rho \cdot 2 \cdot [\vec{v}_{relativ} \times \vec{\omega}]$

Im Gegensatz dazu steht

der Druckgradient (4.2.3): $\vec{F}_V = -\,\text{grad}\;p$

4.2.3 Druck und Druckgradient

Druckgradient als Volumenkraft. In Flüssigkeiten und Gasen reduziert sich der im allgemeinen ortsabhängige Spannungstensor $T(\vec{r})$ entsprechend (4.1.1.4) auf den Druck p, welcher in diesem Fall eine ortsabhängige *skalare* Funktion darstellt:

$$p = p(\vec{r})$$

Die Abhängigkeit des Drucks vom Ort bedingt eine Volumenkraft, den *Druckgradienten*:

$$\vec{F}_V(\vec{r}) = -\,\text{grad}\;p(\vec{r}) \tag{4.19}$$

Der Druckgradient ist typisch für die Mechanik der Flüssigkeiten und Gase. Er bewirkt den *statischen Auftrieb*.

1. Beweis: für einen in der z-Richtung variierenden Druck.

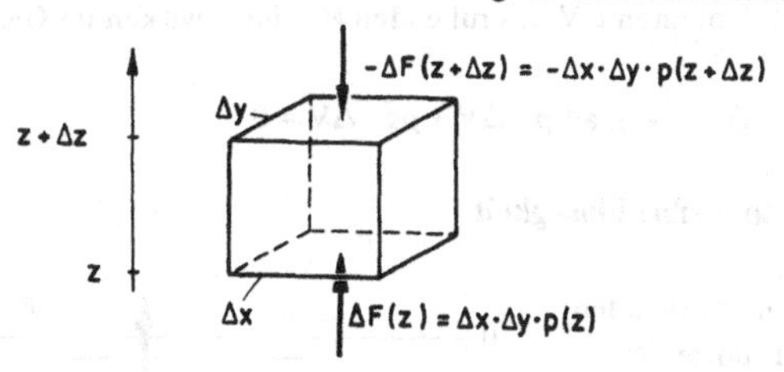

Die Normalspannungen in der x- und y-Richtung heben sich auf. Die z-Komponente der Normalspannungen wird:

$$-\Delta F(z+\Delta z) + \Delta F(z) = -\{p(z+\Delta z) - p(z)\} \cdot \Delta x\,\Delta y$$

$$= -\frac{dp(z)}{dz}\Delta z\,\Delta x\,\Delta y = -\frac{dp(z)}{dz}\Delta V$$

2. Beweis: Mit Hilfe des Spannungstensors: In Flüssigkeiten und Gasen gilt

$$\sigma_x = \sigma_y = \sigma_z = -p; \qquad \tau_{xy} = \tau_{xz} = \tau_{yz} = 0$$

$$F_{Vx} = \frac{\partial}{\partial x}\sigma_x = -\frac{\partial p}{\partial x}, \qquad F_{Vy} = \frac{\partial}{\partial y}\sigma_y = -\frac{\partial p}{\partial y}, \qquad F_{Vz} = \frac{\partial}{\partial z}\sigma_z = -\frac{\partial p}{\partial z}$$

3. Beweis: Mit Hilfe eines Integralsatzes: Die Kraft $\Delta\vec{F}$ auf das beliebig gewählte Volumenelement ΔV mit der Oberfläche Δa ist nach A4.7.5:

$$\Delta\vec{F} = \int_{\Delta a} d\vec{F} = \int_{\Delta a} -p \cdot \vec{n} \cdot da = \int_{\Delta V} \text{grad}\,(-p)\,dV$$

$$\vec{F}_V = -\,\text{grad}\,p$$

Druck als Potential. Da der Druckgradient eine Volumenkraft darstellt, ist der Druck das Potential dieser Volumenkraft:

$$p(\vec{r}) = p(\vec{r}_0) - \int_{\vec{r}_0}^{\vec{r}} \vec{F}_V(\vec{r})\,d\vec{r}$$

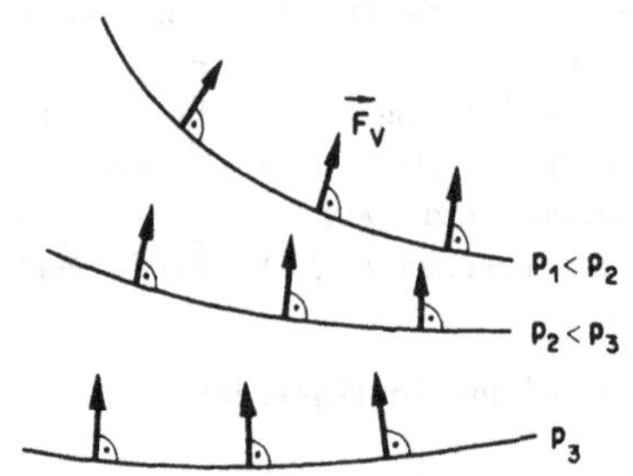

Flüssigkeitsoberflächen. Die Oberfläche einer Flüssigkeit ist eine Fläche konstanten Drucks p_0 und somit Äquipotentialfläche des Druckgradienten. Der Druckgradient steht daher senkrecht auf der Oberfläche und zeigt ins Innere der Flüssigkeit.

4.2.4 Flüssigkeiten und Gase im Schwerefeld

Die Druckverteilung ruhender Flüssigkeiten oder Gase im Schwerefeld $\vec{g}$ erfüllt die Beziehung

(4.20) $$\text{grad}\,p = \rho\,\vec{g}$$

Beweis: Auf ein kleines Volumen ΔV des ruhenden Mediums wirken im Gleichgewicht die Kräfte:

$$-\,\text{grad}\,p \cdot \Delta V + \vec{g} \cdot \Delta m = -\,\text{grad}\,p \cdot \Delta V + \rho\vec{g} \cdot \Delta V = 0$$

4.2.4.1 Die ruhende inkompressible Flüssigkeit

Der Druck. Der Druck in einer ruhenden, inkompressiblen Flüssigkeit unter dem Einfluß der Schwerkraft nimmt mit der Tiefe z linear zu:

(4.21) $$p = p_0 + \rho\,g\,z$$

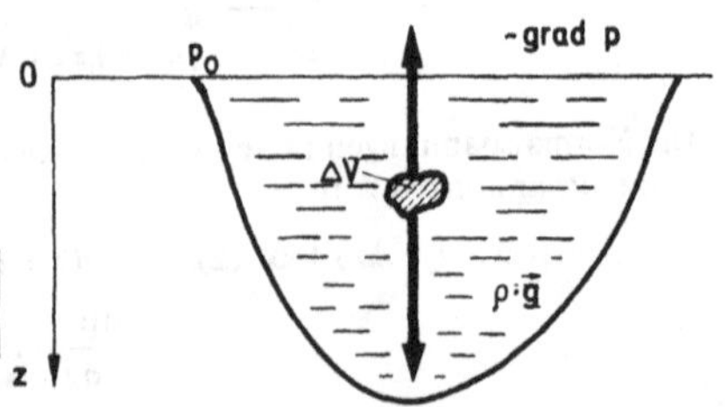

B e w e i s :

inkompressible Flüssigkeit: $\rho = \text{const}$

Gleichgewicht der Volumenkräfte: $-\text{grad } p + \rho \vec{g} = 0$

z-Komponente der Volumenkräfte: $-\frac{dp}{dz} + \rho g = 0$

B e i s p i e l : Wasser, $p_0 = 760$ mm Hg = 1 atm, T = 15 °C, p (atm) = {1 + 0,097 z(m)}

Der Auftrieb. Der Auftrieb $\vec{A}$ eines Körpers in einer Flüssigkeit ist die Folge des Druckgradienten. In einer ruhenden, inkompressiblen Flüssigkeit mit der Dichte ρ ist er

(4.22) $$\vec{A} = -\rho_{Fl} V \vec{g} = -\text{ Gewicht der verdrängten Flüssigkeit}$$

Prinzip von Archimedes

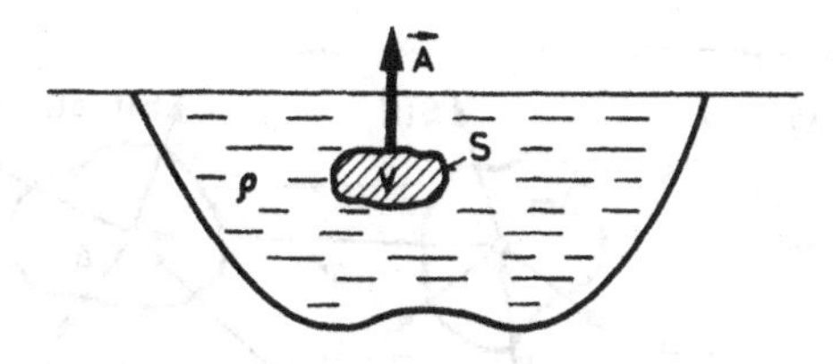

B e w e i s : $\text{grad } p = \rho \vec{g}$

$$\vec{A} = \int_S d\vec{F} = -\int_S p \cdot \vec{n} \cdot da = \int_V -\text{grad } p \cdot dV = \int_V -\rho\vec{g}\, dV = -\rho V\vec{g}$$

4.2.4.2 Das ruhende ideale Gas

Isotherme Barometerformel. Das ruhende ideale Gas unter dem Einfluß der Schwerkraft hat bei konstanter Temperatur T in der Höhe z den Druck p(z):

(4.23) $$p = p_0 \exp\left(-\frac{gM}{RT} z\right)$$

B e w e i s :

Wie bei der ruhenden Flüssigkeit gilt: $-\text{grad } p + \rho \vec{g} = 0$

Die Dichte ist jedoch druckabhängig: $\rho = \frac{m}{V} = \frac{M}{RT} p$

z-Komponente der Volumenkräfte: $\frac{dp}{dz} = -\rho g = -\frac{gM}{RT} \cdot p$

B e i s p i e l : $p_0 = 760$ mm Hg, T = 0 °C; p (mm Hg) = 760 exp $\left(-\frac{z(m)}{7900}\right)$

4.3 Kinematik der Flüssigkeiten und Gase

4.3.1 Lokale und totale zeitliche Änderungen

4.3.1.1 Ruhendes und mitbewegtes Bezugssystem

In der Kinematik von Flüssigkeiten und Gasen haben sich zwei Arten von Bezugssystemen eingebürgert: das räumlich feste Laborsystem S* und das mitbewegte System S(t), welches dem Materieteilchen m folgt.

Dem räumlich festen Laborsystem S* entsprechen die *lokalen* zeitlichen Änderungen und Ableitungen der hydro- und aerodynamischen Größen, dem mitbewegten System S(t) die *totalen* zeitlichen Änderungen und Ableitungen.

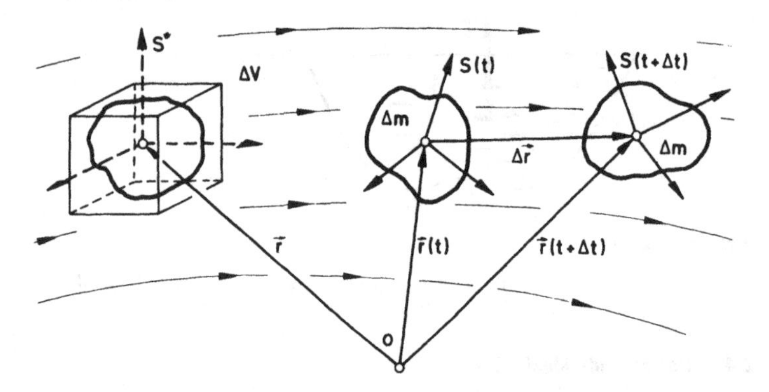

In den meisten Fällen beobachtet und mißt man die Strömung einer Flüssigkeit oder eines Gases in einem räumlich festen Laborsystem S*. Dabei betrachtet man ein festes Volumen ΔV oder V des Mediums.

Die Dynamik der Flüssigkeiten und Gase basiert auf dem Grundgesetz der Mechanik, dem 2. Newtonschen Axiom. Dieses Gesetz kann aber nur auf die einzelnen Teilchen der Flüssigkeit oder des Gases angewendet werden. Diese Tatsache erfordert die Einführung des mitbewegten Systems S(t). Setzt man voraus, daß die Masse Δm oder m eines Teilchens konstant ist, so erscheint das *Grundgesetz der Mechanik* in der Gestalt

$$\vec{F}_m = \frac{\vec{F}}{m} = \vec{a} = \frac{d\vec{v}}{dt} \tag{4.24}$$

wobei $\vec{F}_m$ die Massenkraft, $\vec{a}$ die Beschleunigung und $\vec{v}$ die Geschwindigkeit darstellt. Im folgenden werden die Beziehungen zwischen den lokalen und totalen Ableitungen der Dichte ρ und der Geschwindigkeit $\vec{v}$ untersucht.

4.3.1.2 Lokale zeitliche Ableitungen

Betrachtet man Strömungen von Flüssigkeiten und Gasen in einem kleinen konstanten Volumen ΔV an einem festen Ort $\vec{r}$, so beobachtet man das lokale zeitliche Verhalten der hydro- und aerodynamischen Größen. Da im *Laborsystem* S* der Ort $\vec{r}$ fest ist, lassen sich die *lokalen Ableitungen* nach der Zeit t wie folgt schreiben:

$$\frac{\partial \rho}{\partial t} = \frac{\partial}{\partial t}\rho(\vec{r}, t) = \frac{\partial}{\partial t}\rho(x, y, z, t), \qquad \frac{\partial \vec{v}}{\partial t} = \frac{\partial}{\partial t}\vec{v}(\vec{r}, t) = \frac{\partial}{\partial t}\vec{v}(x, y, z, t) \tag{4.25}$$

4.3.1.3 Totale zeitliche Ableitungen

Im *mitbewegten System* S(t) beschreiben die physikalischen Größen zu jedem Zeitpunkt den Zustand des gleichen Teilchens der Flüssigkeit oder des Gases. Die Bahn des Teilchens wird bestimmt durch den zeitabhängigen Ortsvektor:

$$\vec{r} = \vec{r}(t) = \{x(t), y(t), z(t)\}$$

A c h t u n g : x(t), y(t) und z(t) sind die Koordinaten im ruhenden System S*.
Die *Variation einer physikalischen Größe* im mitbewegten System S(t) wird daher sowohl durch t, als auch durch $\vec{r}(t)$ bestimmt. Zum Beispiel ist in S(t) die *Variation der Dichte*:

$$\rho = \rho(\vec{r}(t), t) = \rho(x(t), y(t), z(t), t), \qquad \vec{v} = \vec{v}(\vec{r}(t), t) = \vec{v}(x(t), y(t), z(t), t)$$

Die Ableitungen der physikalischen Größen auf der Bahn $\vec{r}(t)$ eines Teilchens bezeichnet man als *totale Ableitungen* und verwendet dafür das gewöhnliche Differentiationssymbol:

$$\frac{d\rho}{dt} = \frac{d}{dt}\rho(x(t), y(t), z(t), t), \qquad \vec{a} = \frac{d\vec{v}}{dt} = \frac{d}{dt}\vec{v}(x(t), y(t), z(t), t) \tag{4.26}$$

Dabei bedeutet $\vec{a}$ die Beschleunigung des Teilchens.

4.3.1.4 Der Zusammenhang zwischen totalen und lokalen Ableitungen

Die Beziehungen zwischen den totalen und lokalen Ableitungen ergeben sich aus den entsprechenden Definitionen unter (4.3.1.2) und (4.3.1.3). Es gilt für die
Dichte

$$\frac{d}{dt}\rho = \frac{\partial}{\partial t}\rho + \{\text{grad}\,\rho\}\cdot\vec{v} \tag{4.27}$$

B e w e i s :

$$\frac{d}{dt}\rho = \frac{d}{dt}\rho(x(t), y(t), z(t), t) = \frac{\partial \rho}{\partial x}\cdot\frac{dx}{dt} + \frac{\partial \rho}{\partial y}\cdot\frac{dy}{dt} + \frac{\partial \rho}{\partial z}\cdot\frac{dz}{dt} + \frac{\partial}{\partial t}\rho$$

$$= \frac{\partial \rho}{\partial x}\cdot v_x + \frac{\partial \rho}{\partial y}\cdot v_y + \frac{\partial \rho}{\partial z}\cdot v_z + \frac{\partial}{\partial t}\rho$$

Beschleunigung (ohne Beweis)

$$\vec{a} = \frac{d\vec{v}}{dt} = \frac{\partial\vec{v}}{\partial t} + (\vec{v}\,\text{grad})\,\vec{v} = \frac{\partial\vec{v}}{\partial t} + \text{grad}\left(\frac{1}{2}\vec{v}^2\right) - \vec{v}\times\text{rot}\,\vec{v} \tag{4.28}$$

4.3.2 Die Kontinuitätsgleichung

Wegen der Erhaltung der Masse sind die Dichte $\rho(t, \vec{r})$ und die Geschwindigkeit $\vec{v}(t, \vec{r})$ einer beliebigen Strömung durch die Kontinuitätsgleichung verkoppelt:

$$\frac{\partial\rho}{\partial t} + \text{div}\,(\rho\vec{v}) = \frac{d\rho}{dt} + \rho\cdot\text{div}\,\vec{v} = 0 \tag{4.29}$$

1. B e w e i s : für eine Strömung in der z-Richtung.

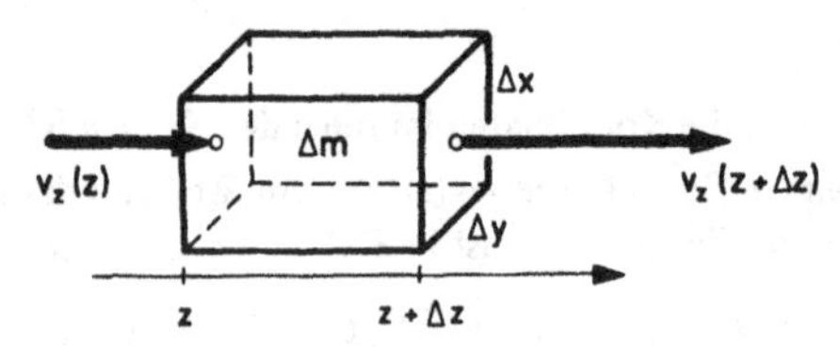

Änderung der Masse Δm im ortsfesten Volumen $\Delta V = \Delta x \cdot \Delta y \cdot \Delta z$ während der Zeit δt:

$$\delta(\Delta m) = \Delta x\cdot\Delta y\cdot\Delta z\,\frac{\partial}{\partial t}\,\rho\left(z + \frac{1}{2}\,\Delta z\right)\cdot\delta t$$

$$= -\rho(z+\Delta z)\cdot v_z(z+\Delta z)\cdot\delta t\cdot\Delta x\cdot\Delta y + \rho(z)\cdot v_z(z)\cdot\delta t\cdot\Delta x\cdot\Delta y$$

$$\frac{\delta(\Delta m)}{\delta t} = \Delta x\cdot\Delta y\cdot\Delta z\,\frac{\partial}{\partial t}\,\rho(z) = -\,\frac{\partial\{\rho(z)\,v_z(z)\}}{\partial z}\cdot\Delta z\cdot\Delta x\cdot\Delta y$$

$$\frac{\partial\rho}{\partial t} = -\,\frac{\partial}{\partial z}\,\{\rho(z)\,v_z(z)\}$$

2. B e w e i s : mit Hilfe des Gaußschen Satzes.

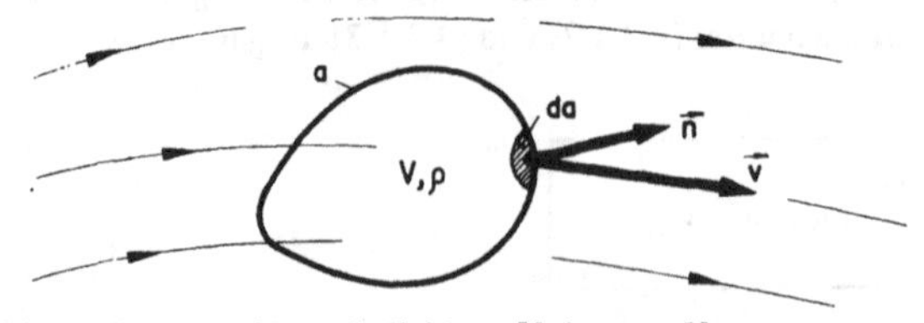

Massenbilanz eines ortsfesten beliebigen Volumens V:

$$\frac{\partial m}{\partial t} = \frac{\partial}{\partial t}\int_V \rho\cdot dV = -\int_a (\rho\,\vec{v})\cdot\vec{n}\cdot da = -\int_V \text{div}\,(\rho\,\vec{v})\,dV$$

$$\frac{\partial\rho}{\partial t} = -\,\text{div}\,(\rho\,\vec{v});\qquad \frac{d\rho}{dt} = \frac{\partial\rho}{\partial t} + \text{grad}\,\rho\cdot\vec{v} = -\,\rho\,\text{div}\,\vec{v}$$

4.3.3 Stationäre Strömungen

Bei *stationären* Strömungen ändert sich zeitlich an einem festen Ort $\vec{r}$ keine der hydro- oder aerodynamischen Größen. Dementsprechend gilt *für jede physikalische Größe*

(4.30) $$\frac{\partial}{\partial t} = 0$$

für die *totale Ableitung der Dichte*

$$\frac{d\rho}{dt} = \{\text{grad}\,\rho\} \cdot \vec{v}$$

für die *Kontinuitätsgleichung*

(4.31) $$\text{div}\,(\rho\,\vec{v}) = 0$$

für die *Beschleunigung*

$$\vec{a} = \frac{d\vec{v}}{dt} = \text{grad}\left(\frac{1}{2}\,\vec{v}^2\right) - [\vec{v} \times \text{rot}\,\vec{v}]$$

Bei *stationären laminaren Strömungen* bewegen sich die Teilchen der Flüssigkeit oder des Gases in Stromschichten oder Stromfäden

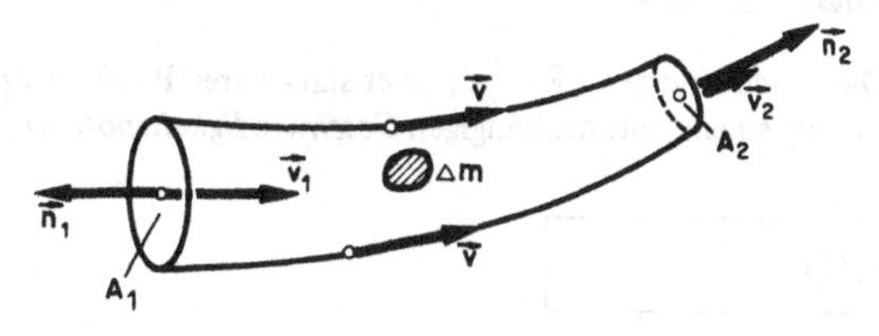

Für einen Stromfaden einer stationären laminaren Strömung gilt die *Kontinuitätsgleichung*:

(4.32) $$A_1\,\rho_1\,v_1 = A_2\,\rho_2\,v_2 = \text{const}$$

Dabei bedeuten $A_{1,2}$ die Querschnittsflächen des Stromfadens, $\rho_{1,2}$ die entsprechenden Dichten und $v_{1,2}$ die mittleren Geschwindigkeiten.

Beweis: mit dem Gaußschen Satz: Da die Geschwindigkeitsvektoren $\vec{v}$ an der Seitenwand des Stromfadens tangential verlaufen, reduziert sich das Oberflächenintegral auf die beiden Endflächen A_1 und A_2:

$$0 = \int_V \text{div}\,(\rho\vec{v})\,dV = \int_S \rho\,\vec{v} \cdot \vec{n}\,da$$
$$= \rho_1\,\vec{v}_1 \cdot \vec{n}_1\,A_1 + \rho_2\,\vec{v}_2 \cdot \vec{n}_2\,A_2 = -\rho_1\,v_1\,A_1 + \rho_2\,v_2\,A_2$$

4.3.4 Strömungen inkompressibler Flüssigkeiten

Inkompressible Flüssigkeiten besitzen eine konstante Dichte ρ. Deshalb gilt

$$\rho = \text{const}; \qquad \frac{d\rho}{dt} = \frac{\partial\rho}{\partial t} = 0.$$

Die *Kontinuitätsgleichung* wird dadurch reduziert auf

(4.33) $$\operatorname{div} \vec{v} = 0$$

Beweis: $\rho = \text{const}, \frac{\partial\rho}{\partial t} = \frac{d\rho}{dt} = -\rho \cdot \operatorname{div} \vec{v} = 0$

Dagegen bedeutet div $\vec{v} = 0$ nicht in allen Fällen, daß die Flüssigkeit inkompressibel sein muß.

Für einen Stromfaden einer *stationären laminaren Strömung* einer inkompressiblen Flüssigkeit gilt gemäß (4.33)

(4.34) $$A_1 v_1 = A_2 v_2 = \text{const}$$

Beweis: siehe 4.3.3

4.3.5 Stationäre Potentialströmungen

Die Geschwindigkeit. Die Geschwindigkeit $\vec{v} = \vec{v}(\vec{r})$ einer stationären Potentialströmung läßt sich nach Definition mit einem zeitunabhängigen *Geschwindigkeitspotential* $\Phi(\vec{r})$ darstellen:

(4.35) $$\vec{v}(\vec{r}) = \operatorname{grad} \Phi(\vec{r})$$

Die Geschwindigkeit $\vec{v}(\vec{r})$ ist *wirbelfrei*:

(4.36) $$\operatorname{rot} \vec{v}(\vec{r}) = 0$$

Beweis: $\operatorname{rot} \vec{v}(\vec{r}) = \operatorname{rot} \operatorname{grad} \Phi(\vec{r}) = 0$

Die Beschleunigung. Auch die Beschleunigung $\vec{a} = \vec{a}(\vec{r})$ einer Potentialströmung besitzt ein Potential:

(4.37) $$\vec{a} = \frac{d\vec{v}}{dt} = \operatorname{grad} \Phi^*(\vec{r}); \qquad \Phi^*(\vec{r}) = \frac{1}{2}\vec{v}^2 = \frac{1}{2}\{\operatorname{grad} \phi(\vec{r})\}^2$$

und ist wirbelfrei:

(4.38) $$\operatorname{rot} \vec{a}(\vec{r}) = 0$$

Beweis: siehe Gleichung (4.28)

$$\vec{a} = \frac{d\vec{v}}{dt} = \frac{\partial \vec{v}}{\partial t} + \text{grad}\left(\frac{1}{2}\vec{v}^2\right) - \vec{v} \times \text{rot}\,\vec{v} = \text{grad}\left(\frac{1}{2}\vec{v}^2\right)$$

4.3.6 Rotation und Zirkulation

4.3.6.1 Die gleichförmige Rotation

Rotiert eine Flüssigkeit mit konstanter Winkelgeschwindigkeit ω um eine feste Achse $\vec{e}$, so bildet sie eine stationäre Strömung mit der *Geschwindigkeit*

(4.39) $$\vec{v}(\vec{r}) = \vec{\omega} \times \vec{r} = \vec{\omega} \times \vec{R}, \qquad v(R) = v_\phi = \omega R$$

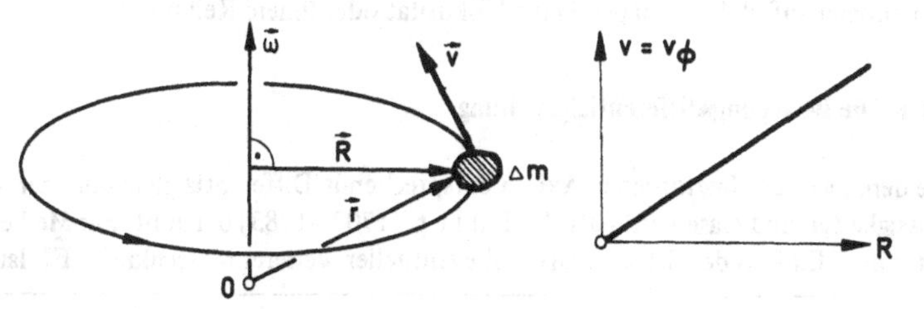

Die gleichförmige Rotation ist *an keinem Ort wirbelfrei*:

(4.40) $$\text{rot}\,\vec{v}(\vec{r}) = \text{rot}\,[\vec{\omega} \times \vec{r}] = 2\vec{\omega} \neq 0$$

Die *Beschleunigung* $\vec{a}(\vec{r})$ entspricht daher der *Zentrifugalbeschleunigung*.

Beweis:

$$\vec{a}(\vec{r}) = \frac{d\vec{v}}{dt} = \frac{\partial \vec{v}}{\partial t} + \text{grad}\,\frac{\vec{v}^2}{2} - \vec{v} \times \text{rot}\,\vec{v} = 0 + \text{grad}\,\frac{\omega^2 R^2}{2} - 2[\vec{\omega} \times \vec{r}] \times \vec{\omega}$$
$$= 0 + \omega^2 \vec{R} - 2\omega^2 \vec{R} = -\omega^2 \vec{R}$$

4.3.6.2 Lokale Rotation in einer Strömung

Bei einer allgemeinen Strömung $\vec{v} = \vec{v}(\vec{r}, t)$ stellt

(4.41) $$\vec{\omega}(\vec{r}, t) = \frac{1}{2}\,\text{rot}\,\vec{v}(\vec{r}, t)$$

die lokale Rotation der Flüssigkeit oder des Gases an der Stelle $\vec{r}$ zur Zeit t dar.

4.3.6.3 Die Zirkulation Γ

Nach *Definition* bezeichnet man als Zirkulation längs einer geschlossenen Kurve s das Linienintegral

(4.42)
$$\Gamma = \oint_s \vec{v}\, d\vec{s}$$

Für *Potentialströmungen* verschwindet die Zirkulation wegen des Satzes von Stokes (A 4.7.5):

$$\Gamma = \oint \vec{v}\, d\vec{s} = \int \text{rot}\, \vec{v} \cdot d\vec{a} = 0$$

4.4 Dynamik der reibungslosen Flüssigkeiten und Gase

Reibungslose Flüssigkeiten und Gase weisen *nach Definition* keine dynamischen Schubspannungen auf, d. h. sie haben keine Viskosität oder innere Reibung.

4.4.1 Die Bewegungsdifferentialgleichung

Die dem zweiten Newtonschen Axiom entsprechende Differentialgleichung der idealen Flüssigkeiten und Gase wird nach L. Euler (1707–1783) benannt. Für Medien unter dem Einfluß der Schwerkraft und eventueller weiterer Massenkräfte $\vec{F}_m^*$ lautet sie:

(4.43)
$$\vec{a} = \frac{d\vec{v}}{dt} = \frac{\partial \vec{v}}{\partial t} + \text{grad}\, \frac{\vec{v}^2}{2} - \vec{v} \times \text{rot}\, \vec{v} = -\frac{1}{\rho}\, \text{grad}\, p + \vec{g} + \vec{F}_m^*$$

B e w e i s : Auf ein Masseteilchen Δm wirkt die Kraft:

$$\Delta\vec{F} = \Delta m \cdot \vec{g} - \text{grad}\, p \cdot \Delta V + \Delta m \cdot \vec{F}_m^*$$

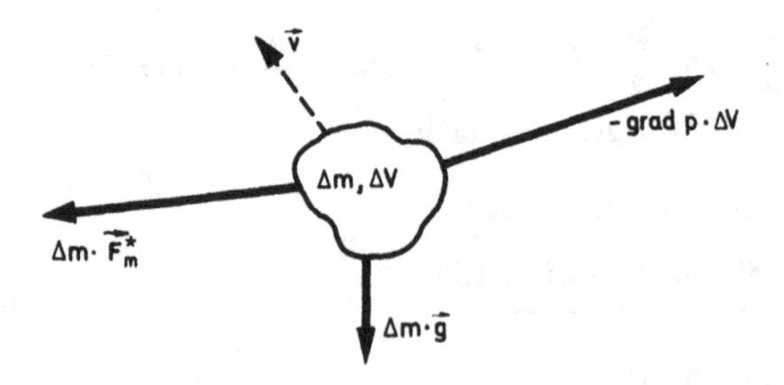

Entsprechend dem zweiten Newtonschen Axiom und wegen $\frac{d\,\Delta m}{dt} = 0$ erhalten wir die Gleichung:

$$\frac{d(\Delta m \cdot \vec{v})}{dt} = \Delta m \cdot \frac{d\vec{v}}{dt} = \Delta m \cdot \vec{a} = \Delta\vec{F}$$

$$= \Delta m \cdot \left(\vec{g} - \frac{1}{\rho}\, \text{grad}\, p + \vec{F}_m^*\right)$$

4.4.2 Die Bernoulli-Gleichung

Die Gleichung von D. B e r n o u l l i (1700–1782) basiert auf dem *Energiesatz*. Sie gilt für diejenigen stationären laminaren Strömungen einer Flüssigkeit oder eines Gases, bei denen die Viskosität keine Rolle spielt. Insbesondere gilt sie für reibungslose Flüssigkeiten und Gase. Es treten jedoch auch bei viskosen Medien Strömungen auf, bei welchen die Viskosität keine oder nur eine untergeordnete Rolle spielt (4.8.4).

Wirkt nur die Schwerkraft, so gilt *längs der stationären Stromröhre* einer idealen, kompressiblen Flüssigkeit für die Geschwindigkeit $\vec{v}$, den Druck p und die Höhe h die Beziehung:

$$\frac{1}{2}(\vec{v}^2 - \vec{v}_0^2) + g\,(h - h_0) + \int_{p_0}^{p} \frac{dp}{\rho(p)} = 0 \tag{4.44}$$

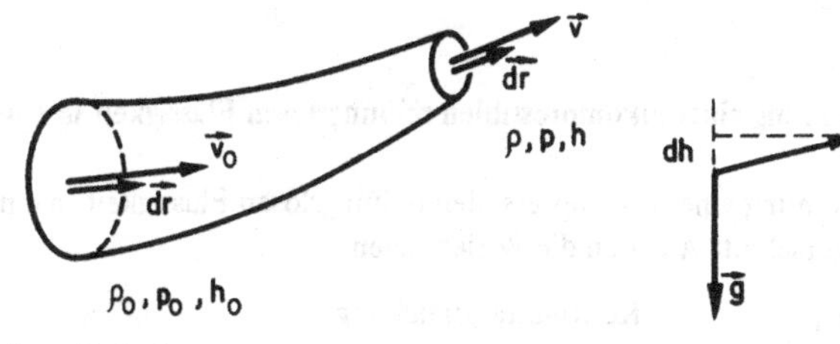

B e w e i s : Es bedeute

nur die Schwerkraft: $\vec{F}_m^* = 0$

stationäre Strömung: $\partial\vec{v}/\partial t = 0$

kompressible Flüssigkeit: $\rho = \rho(p)$

Die Bewegungsgleichung (4.43) ist

$$\text{grad}\,\frac{\vec{v}^2}{2} - \vec{v} \times \text{rot}\,\vec{v} + \frac{\text{grad}\,p}{\rho} - \vec{g} = 0$$

Die skalare Multiplikation mit $d\vec{r} = \vec{v}\,dt$ ergibt wegen $[\vec{v} \times \text{rot}\,\vec{v}] \cdot \vec{v} = 0$:

$$d\left(\frac{\vec{v}^2}{2}\right) + 0 + \frac{dp}{\rho} + g \cdot dh = 0$$

Durch Integration längs der Stromröhre erhält man die obige Bernoulli-Gleichung.

4.4.3 Die Bernoulli-Gleichung inkompressibler reibungsloser Flüssigkeiten

Für konstante Dichte reduziert sich die Bernoulli-Gleichung zu

$$\frac{1}{2}\rho\, v^2 + p + \rho \cdot gh = \frac{1}{2}\rho\, v_0^2 + p_0 + \rho\, gh_0 = \text{const} \tag{4.45}$$

B e w e i s : $\rho = \text{const}$ ergibt $\int_{p_0}^{p} \frac{dp}{\rho} = \frac{p - p_0}{\rho}$.

Anwendungen. Die vorliegende Bernoulli-Gleichung wird häufig auch dann verwendet, wenn die Voraussetzungen nicht streng erfüllt sind. Dies ist in vielen Fällen erlaubt, da sie bei Unterschall-Strömungen realer Flüssigkeiten und Gase meistens eine gute Näherung darstellt.

Der Becher von Torricelli. Es gelten nach E. Torricelli (1608–1647) folgende Beziehungen:

$$v = \sqrt{2gh}; \qquad p - p_0 = \rho \cdot gh \tag{4.46}$$

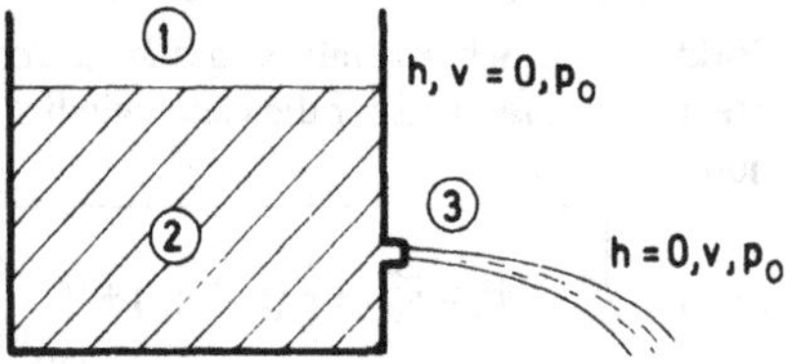

Beweis: Bernoulli-Gleichung

$$\underset{①}{0 + p_0 + \rho\, gh} = \underset{②}{0 + p + 0} = \underset{③}{\rho \frac{v^2}{2} + p_0 + 0}$$

4.4.4 Laminare Strömung einer inkompressiblen reibungslosen Flüssigkeit in einem Rohr

Für die laminare Strömung einer inkompressiblen reibungslosen Flüssigkeit in einem Rohr mit variierendem Querschnitt A gelten die Beziehungen

$$A\, v = A_m\, v_m \qquad \text{Kontinuitätsgleichung}$$

$$\frac{\rho}{2} v^2 + p = p_0 = \frac{\rho}{2} v_m^2 \qquad \text{Bernoulli-Gleichung}$$

wobei v_m die maximale Geschwindigkeit und A_m den minimalen Querschnitt darstellen, welche durch die Bedingung $p = 0$ erlaubt sind. Aus diesen Beziehungen lassen sich der Querschnitt A und der Druck p als Funktion der Geschwindigkeit berechnen.

$$\frac{A_m}{A} = \frac{v}{v_m}, \qquad \frac{p}{p_0} = 1 - \left(\frac{v}{v_m}\right)^2 \tag{4.47}$$

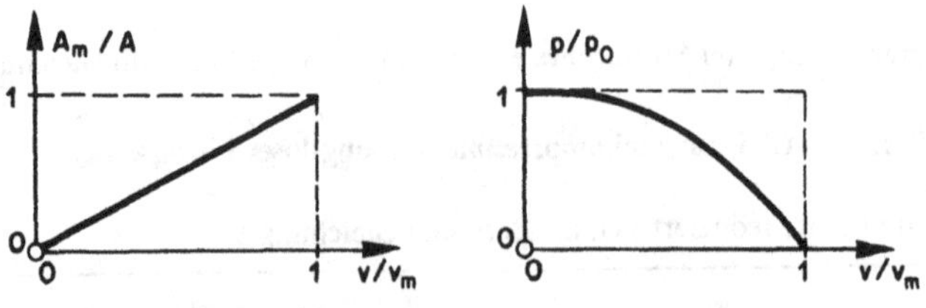

Diese Charakteristiken der Strömung einer inkompressiblen Flüssigkeit in einem Rohr unterscheiden sich merklich von denjenigen der Strömung eines kompressiblen Mediums, bei dem eine endliche Schallgeschwindigkeit existiert (4.7).

4.5 Potentialströmungen inkompressibler Flüssigkeiten

4.5.1 Definition

Die Geschwindigkeit einer stationären Potentialströmung einer inkompressiblen Flüssigkeit gehorcht den Bedingungen:

$$(4.48)\quad \begin{array}{|l|l} \vec{v} = \vec{v}(\vec{r}) = \operatorname{grad} \phi(\vec{r}) & \text{Existenz eines Geschwindigkeitspotentials} \\ \operatorname{rot} \vec{v}(\vec{r}) = 2\vec{\omega}(\vec{r}) = 0 & \text{Wirbelfreiheit} \\ \operatorname{div} \vec{v}(\vec{r}) = 0 & \text{Inkompressibilität} \end{array}$$

Dieser Strömungstyp ist verhältnismäßig einfach und bildet häufig *eine gute Näherung für reale Strömungen*. Wegen $\operatorname{rot} \vec{v}(\vec{r}) \equiv 0$ gilt in einer Potentialströmung die *Bernoulli-Gleichung* nicht nur längs eines Stromfadens, sondern auch für zwei beliebige Orte in der Strömung.

4.5.2 Das Geschwindigkeitspotential

Das Geschwindigkeitspotential $\phi(\vec{r})$ gehorcht der Differentialgleichung von P. S. Laplace (1749–1827)

$$(4.49)\quad \boxed{\Delta\phi(\vec{r}) = 0}$$

Beweis: $0 = \operatorname{div} \vec{v} = \operatorname{div}(\operatorname{grad} \phi) = \Delta\phi$

Äquipotentialflächen. Die Stromschichten, Stromlinien oder Stromfäden stehen senkrecht auf den Äquipotentialflächen definiert durch

$$\phi(\vec{r}) = \text{const}$$

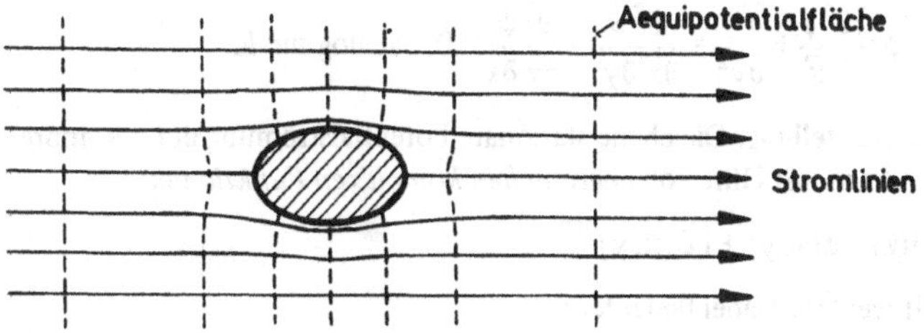

Beweis:

$$\phi(\vec{r}) = \text{const} = \phi(\vec{r} + d\vec{r}) = \phi(\vec{r}) + \operatorname{grad} \phi(\vec{r}) \cdot d\vec{r} = \phi(\vec{r}) + \vec{v} \cdot d\vec{r}$$

$$\vec{v} \cdot d\vec{r} = 0, \quad \text{d. h. } \vec{v} \perp d\vec{r} \text{ in Äquipotentialfläche}$$

4.5.3 Paradoxon von d'Alembert

J. d'A l e m b e r t (1717–1783) fand, daß der *Strömungswiderstand* eines Körpers *in einer Potentialströmung* Null ist:

(4.50) $$\vec{W}_{Pot} = 0$$

Nur viskose Flüssigkeiten und Gase ergeben Strömungswiderstände.

4.5.4 Komplexe Darstellung der ebenen Potentialströmung

Potentialgleichung. Die *ebene* stationäre Potentialströmung der inkompressiblen Flüssigkeit erfüllt folgende Beziehungen:

$$\vec{v} = \{v_x(x, y), v_y(x, y)\} = \left\{\frac{\partial\phi(x, y)}{\partial x}, \frac{\partial\phi(x, y)}{\partial y}\right\}$$

$$\Delta\phi = \frac{\partial^2\phi(x, y)}{\partial x^2} + \frac{\partial^2\phi(x, y)}{\partial y^2} = 0$$

Komplexe analytische Funktionen. f(z) *analytisch* im Punkt z heißt:

f(z) ist an der Stelle z beliebig oft differenzierbar und kann in eine Reihe von B. T a y l o r (1685–1731) entwickelt werden: Es ist

$$f(z + \Delta z) = f(z) + \frac{1}{1!} f'(z)\,\Delta z + \frac{1}{2!} f''(z)\,\Delta z^2 + + +, \qquad z = x + iy$$

Real- und Imaginärteil von f(z) erfüllen die Differentialgleichungen von A. L. C a u c h y (1789–1857) und B. R i e m a n n (1826–1866)

$$\frac{\partial\phi}{\partial x} = \frac{\partial\psi}{\partial y}, \qquad \frac{\partial\psi}{\partial x} = -\frac{\partial\phi}{\partial y}, \qquad f = \phi + i\psi$$

Damit erfüllen ϕ und ψ auch die *Potentialgleichung*:

$$\Delta\phi = \frac{\partial^2\phi}{\partial x^2} + \frac{\partial^2\phi}{\partial y^2} = \frac{\partial^2\psi}{\partial x\,\partial y} - \frac{\partial^2\psi}{\partial y\,\partial x} = 0, \quad \text{analog für } \psi.$$

Komplexe Darstellung. Die ebene stationäre Potentialströmung der inkompressiblen Flüssigkeit kann mit Hilfe von *analytischen komplexen Funktionen*

$$f(z) = \phi(x, y) + i\,\psi(x, y)$$

dargestellt werden. Dabei bedeuten:

$z = x + iy$	ein Punkt in der komplexen Strömungsebene
$\phi(x, y)$	das Geschwindigkeitspotential
$\phi(x, y) = C_1$	eine Äquipotentialkurve
$\psi(x, y)$	die Stromfunktion
$\psi(x, y) = C_2$	eine Stromlinie

Stromfunktion und Geschwindigkeitspotential können durch Multiplikation von f(z) mit −i *vertauscht werden*:

$$-i\, f(z) = \psi(x, y) + i(-\phi(x, y))$$

Die *Geschwindigkeit* v erscheint in der komplexen Darstellung als

$$v = v_x + i v_y = \frac{\partial \phi}{\partial x} + i \frac{\partial \phi}{\partial y} = (f'(z))^* = \left(\frac{df}{dz}\right)^* = \frac{df^*}{dz^*}$$

wobei die konjugiert komplexen Größen durch * gekennzeichnet sind.
Für die komplexe Darstellung des *Drucks* folgt aus der Bernoulli-Gleichung für ebene Potentialströmungen $p = p_0 - \rho\, v^2/2$ der Ausdruck

$$p = p_0 - \frac{1}{2} \rho\, v v^* = p_0 - \frac{1}{2} \rho \frac{df}{dz} \frac{df^*}{dz^*}$$

4.5.5 Komplexe Darstellung einer Quelle in der Ebene

(4.51) $$f(z) = \frac{Q}{2\pi} \cdot \ln \frac{z}{r_0}$$ Charakteristische Funktion

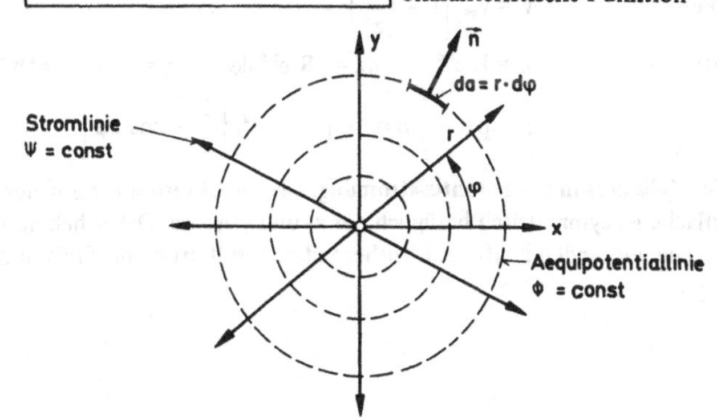

Polarkoordinaten: $z = r\, e^{i\varphi}$, $f(r\, e^{i\varphi}) = \frac{Q}{2\pi}\left(\ln \frac{r}{r_0} + i\varphi\right)$

Geschwindigkeitspotential: $\phi = \frac{Q}{2\pi} \ln \frac{r}{r_0}$

Stromfunktion: $\psi = Q \cdot \frac{\varphi}{2\pi}$

Stromlinien: $\varphi = \text{const}$

Geschwindigkeit: $v = \frac{Q}{2\pi} \frac{1}{z^*}$, $|v| = \frac{Q}{2\pi} \frac{1}{r}$

Quellstärke: $\int \vec{v} \cdot \vec{n}\, da \Rightarrow \int_0^{2\pi} \frac{Q}{2\pi r} \cdot r\, d\varphi = Q$; Druck: $p = p_0 - \frac{1}{2} \rho\, v v^* = p_0 - \rho \frac{Q^2}{8\pi^2} \cdot \frac{1}{r^2}$

4.5.6 Die komplexe Darstellung der Potentialströmung um einen Zylinder

(4.52) $f(z) = v_\infty(z + R^2 z^{-1})$ Charakteristische Funktion

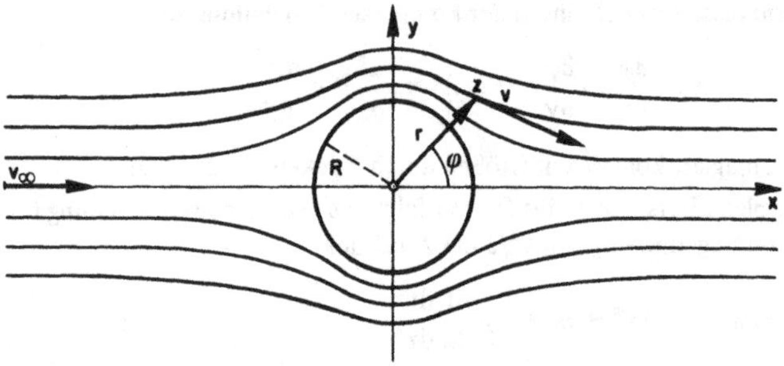

Polarkoordinaten: $z = r\,e^{i\varphi}$, $f(r\,e^{i\varphi}) = v_\infty\, r\left\{e^{i\varphi} + \left(\frac{R}{r}\right)^2 e^{-i\varphi}\right\}$

Geschwindigkeitspotential: $\phi = v_\infty \cos\varphi\{r + R^2 r^{-1}\}$

Stromfunktion: $\psi = v_\infty \sin\varphi\{r - R^2 r^{-1}\}$

Geschwindigkeit: $v = v_\infty\left\{1 - \left(\frac{R}{z^*}\right)^2\right\}$

Zylinderoberfläche: $z = R\,e^{i\varphi}$, $dz = i\,R\,e^{i\varphi}\,d\varphi$, $v = v_\infty\{1 - e^{2i\varphi}\}$

Druck: $p = p_0 - \frac{1}{2}\rho v v^* = p_0 - \rho v_\infty^2\left\{\frac{1}{2} - \cos 2\varphi\right\}$

Widerstand des Zylinders in der Potentialströmung. Die Druckverteilung auf der Zylinderoberfläche ist symmetrisch bezüglich der x- und y-Achse. Daher heben sich die auf die Oberfläche wirkenden Kräfte auf. Insbesondere resultiert keine Kraft in der Strömungsrichtung $\vec{v}_\infty$.

4.6 Wirbel

4.6.1 Der Potentialwirbel

Definition. Die *gleichförmige Rotation* eignet sich nicht zur Beschreibung eines realen Wirbels. Beim realen Wirbel ist die Geschwindigkeit innen groß und außen klein, bei der gleichförmigen Rotation sind die Verhältnisse umgekehrt. Zudem ist die gleichförmige Rotation *nirgends wirbelfrei* (4.3.6.1).

Dagegen gibt der *Potentialwirbel* ein gutes Bild eines *realen Wirbels*. Er ist definiert durch

(4.53) $v_r = 0, \qquad v_\varphi = \frac{\Gamma}{2\pi r}$

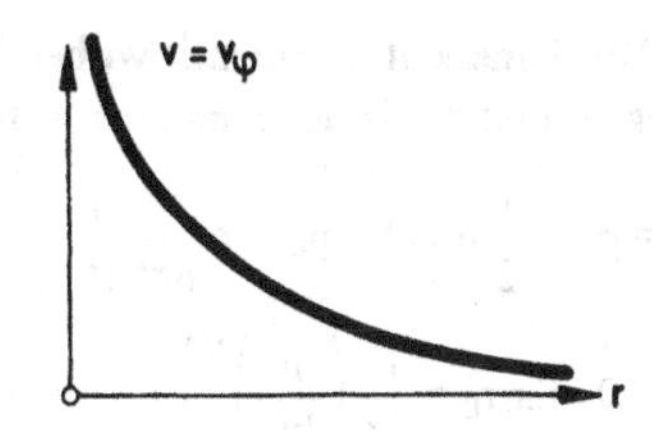

Für kartesische Koordinaten erhält man:

$$\vec{v} = \frac{\Gamma}{2\pi}\left\{\frac{-y}{r^2}, \frac{x}{r^2}, 0\right\}$$

Eigenschaften. Der Potentialwirbel ist überall *wirbelfrei mit Ausnahme der Achse*:

$$\operatorname{rot} \vec{v} = 0 \quad \text{für } r > 0; \qquad \operatorname{rot} \vec{v} \neq 0 \quad \text{für } r = 0$$

Deswegen besitzt er für $r \neq 0$ ein *Geschwindigkeitspotential*:

$$\phi = \frac{\Gamma}{2\pi} \cdot \varphi, \qquad 0 \leqslant \varphi < 2\pi$$

Der Potentialwirbel ist die Strömung einer *inkompressiblen Flüssigkeit*:

$$\operatorname{div} \vec{v} = 0$$

Komplexe Darstellung des Potentialwirbels. Der Potentialwirbel bildet für $r \neq 0$ eine ebene Potentialströmung einer inkompressiblen Flüssigkeit (4.5.4). Deshalb läßt er sich im Bereich $r \neq 0$ darstellen mit der charakteristischen Funktion:

$$f(z) = -i\frac{\Gamma}{2\pi}\ln\frac{z}{r_0} = \frac{\Gamma}{2\pi}\left(\varphi - i\ln\frac{r}{r_0}\right) \tag{4.54}$$

Der Potentialwirbel entspricht der Vertauschung von Stromfunktion und Geschwindigkeitspotential für die Quelle (4.5.5):

$$f(z)_{\text{Potentialwirbel}} = -i\, f(z)_{\text{Quelle}}, \quad \text{mit } Q = \Gamma.$$

Geschwindigkeitspotential: $\phi = \dfrac{\Gamma}{2\pi}\varphi$

Stromfunktion: $\psi = -\dfrac{\Gamma}{2\pi}\ln\dfrac{r}{r_0}$

Stromlinien: $r = \text{const}$

Geschwindigkeit: $v = +i\dfrac{\Gamma}{2\pi}\dfrac{1}{z^*}, \qquad |v| = \dfrac{\Gamma}{2\pi}\dfrac{1}{r}$

Zirkulation (Wirbelstärke): $\oint \vec{v}\, d\vec{s} = \displaystyle\int_0^{2\pi} v\, r\, d\varphi = \Gamma$

Druck und Druckgradient im Potentialwirbel. Nach dem Gesetz von Bernoulli für Potentialströmungen sinkt der Druck p im Innern eines Potentialwirbels:

$$p = p_0 - \frac{1}{2} \rho \, v v^* = p_0 - \rho \frac{\Gamma^2}{8\pi^2} \frac{1}{r^2}$$

$$p = 0 \quad \text{für } r_0 = \frac{\Gamma}{2\pi} \left(\frac{\rho}{2 p_0} \right)^{1/2}$$

Für $r < r_0$ ist der Potentialwirbel für eine inkompressible Flüssigkeit sinnlos. Ein realer Flüssigkeitswirbel weist deshalb in der Achse ein Loch auf.

Die Volumenkraft des Druckgradienten eines Potentialwirbels wirkt in Richtung der Wirbelachse:

$$\vec{F}_V = -\operatorname{grad} p = -\rho \frac{\Gamma^2}{4\pi^2} \frac{\vec{r}}{r^4}$$

4.6.2 Die Helmholtzschen Wirbelsätze

H. Helmholtz (1821–1894) formulierte das Verhalten der Wirbel in Gasen und Flüssigkeiten ohne dynamische Schubspannungen (Viskosität). Seine drei Lehrsätze beschreiben die Wirbel auch in realen Gasen und Flüssigkeiten, vorausgesetzt, daß die Viskosität nicht zu hoch ist.

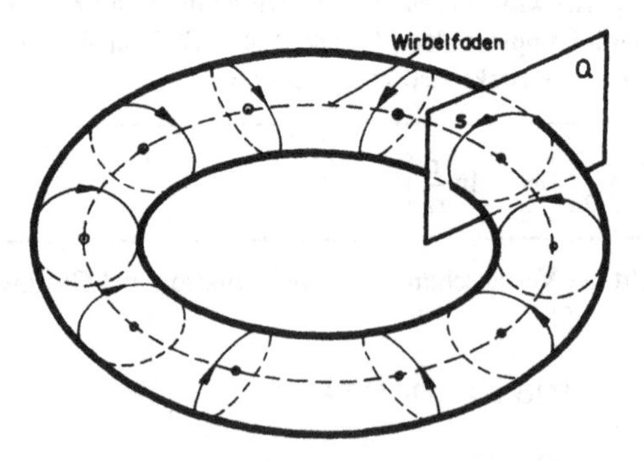

1. Satz. *Im Innern einer Flüssigkeit oder eines Gases können keine Wirbel beginnen oder endigen.*

Beispiele: Badewannenwirbel, Rauchringe.

2. Satz. *Wirbel enthalten zu jeder Zeit die gleichen Teilchen.*

Beispiel: Rauchring.

3. Satz. *Die Zirkulation* $\Gamma = \oint \vec{v} \, d\vec{s}$ *ist für jeden Wirbelquerschnitt* Q *senkrecht zum Wirbelfaden konstant.*

Beispiele: Rauchring, Potentialwirbel.

4.6.3 Strömungen um Wirbelfäden

Entsprechend dem 3. Helmholtzschen Wirbelsatz kann ein Wirbel im dreidimensionalen Raum durch einen Wirbelfaden mit der Zirkulation oder Wirbelstärke Γ (4.42) beschrieben werden. Die Geschwindigkeit $\vec{v}$ in einem Punkt P der Strömung um den Wirbelfaden s mit der Zirkulation Γ wird durch das Gesetz

(4.55) $$\vec{v}(\text{in P}) = + \frac{\Gamma}{4\pi} \int_s \frac{\{\vec{r} \times d\vec{r}\}}{r^3}$$

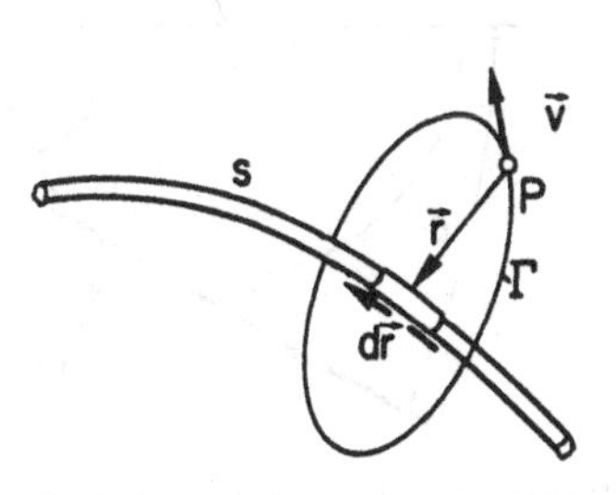

dargestellt. Dabei bedeutet $d\vec{r}$ das Wegstück auf dem Wirbelfaden s und $\vec{r}$ den Vektor vom Wegstück zum Punkt P. Dieses Gesetz ist analog zum Gesetz von Biot-Savart (5.79), welches das Magnetfeld eines stromführenden dünnen Drahtes bestimmt.

4.7 Überschallströmungen

In inkompressiblen Medien pflanzt sich jede Störung unendlich rasch fort. In kompressiblen Medien breitet sich dagegen eine Störung mit der endlichen *Schallgeschwindigkeit* aus. In Flüssigkeiten und Gasen ist sie bestimmt durch die adiabatische Kompressibilität β_{ad} und die Dichte ρ (6.9.4)

(4.56) $$u = (\rho\, \beta_{ad})^{-1/2} = \left(\frac{dp}{d\rho}\right)_{ad}^{1/2}$$

Strömungen eines kompressiblen Mediums mit einer Geschwindigkeit v, die größer ist als die Schallgeschwindigkeit u, unterscheiden sich merklich von den langsamen Unterschall-Strömungen.

4.7.1 Der Machsche Kegel

Eine typische Erscheinung der Überschall-Strömung ist der Machsche Kegel, der von mit Überschall-Geschwindigkeit fliegenden Geschossen, Raketen und Flugzeugen ausgeht. Sein halber Öffnungswinkel θ ist bestimmt durch das Verhältnis der Geschwindigkeiten u und v:

(4.57) $$\sin\theta = \frac{u}{v} = \frac{1}{M}$$

wobei M nach E. Mach (1838–1916) als Machsche Zahl bezeichnet wird.

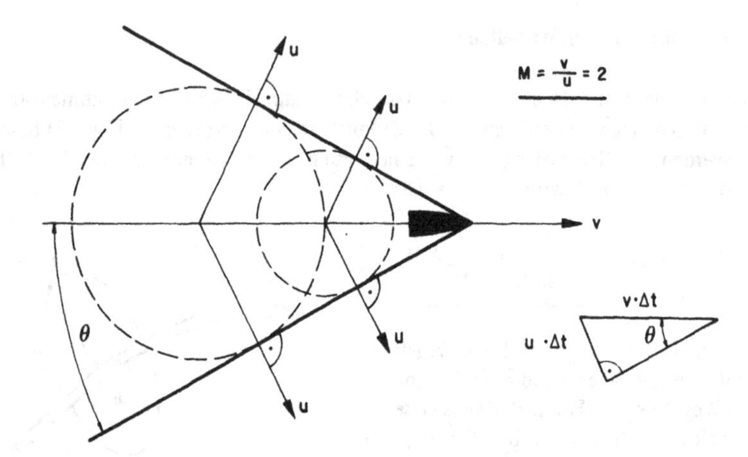

Erklärung. Der Machsche Kegel kann erklärt werden mit dem Prinzip von Ch. Huygens (1629–1695). Im vorliegenden Fall besagt es, daß zu jedem Zeitpunkt von der Spitze des mit Überschall-Geschwindigkeit fliegenden Objektes eine Schallwelle ausgeht, welche sich kugelförmig mit der Schallgeschwindigkeit ausbreitet. Die additive Überlagerung aller dieser Kugelwellen ergibt den Machschen Kegel.

Beobachtung. Passiert der Mantel des Machschen Kegels einen Beobachter, so hört dieser den sogenannten *Überschallknall*, da der Machsche Kegel einer Verdichtungswelle entspricht. Im Laboratorium wird der Machsche Kegel mit dem Schlierenverfahren (6.13.2) beobachtet.

Verwandte Erscheinungen. Der Machsche Kegel der Überschall-Strömung entspricht dem *Doppler-Effekt* (6.17) im Unterschall-Bereich. Ebenfalls verwandt mit dem Machschen Kegel sind die *Bugwellen eines fahrenden Schiffes* und der *Effekt von* P. A. Cherenkov (1904–): Fliegt ein elektrisch geladenes Elementarteilchen durch ein Medium mit dem Brechungsindex n (z. B. Plexiglas) mit einer Geschwindigkeit v größer als die Lichtgeschwindigkeit c/n des Mediums, so beginnt es zu strahlen. Dieses entspricht einer kegelförmigen elektromagnetischen Welle entsprechend dem Machschen Kegel. Der Cherenkov-Effekt wird in der Kernphysik zum Nachweis schneller Teilchen verwendet.

4.7.2 Unter- und Überschallströmung eines idealen Gases in einem Rohr

Schallgeschwindigkeit des idealen Gases. Die adiabatische Kompressibilität eines idealen Gases ist (4.1.1.3) $\beta = 1/\kappa\, p$, mit $\kappa = C_p/C_V$. C_p bedeutet die Molwärme bei konstantem Druck, C_V diejenige bei konstantem Volumen. Die Schallgeschwindigkeit des idealen Gases wird demnach

$$u = \left(\frac{\kappa\, p}{\rho}\right)^{1/2} \tag{4.58}$$

Die Bernoulli-Gleichung des idealen Gases. In raschen Strömungen idealer Gase ändern sich die Zustandsgrößen *adiabatisch*. Für adiabatische Zustandsänderungen idealer Gase gilt

$$\frac{p}{p_0} = \left(\frac{\rho}{\rho_0}\right)^{\kappa} \quad \text{mit } \kappa = \frac{C_p}{C_V}$$

Zusammen mit der Zustandsgleichung $p = \rho\, RT/M^*$ erhält man für die Bernoulli-Gleichung idealer Gase, bei Vernachlässigung der Gravitation:

$$\frac{v^2}{2} + \frac{\kappa}{\kappa - 1}\frac{p}{\rho} = \frac{v^2}{2} + \frac{u^2}{\kappa - 1} = \frac{v^2}{2} + \frac{C_p}{M^*}T$$

$$= \frac{\kappa}{\kappa - 1}\frac{p_0}{\rho_0} = \frac{1}{\kappa - 1}u_0^2 = \frac{1}{2}v_m^2 = \frac{C_p}{M^*}T_0$$

T entspricht der absoluten Temperatur des Gases, M^* dem Molekulargewicht, v_m der maximalen Geschwindigkeit.

Die kritische Geschwindigkeit. Bei der kritischen Geschwindigkeit eines Gases ist die Strömungsgeschwindigkeit v gleich der Schallgeschwindigkeit u:

$$v^* = u^* = \sqrt{2}(\kappa + 1)^{-1/2}u_0 = \left(\frac{\kappa - 1}{\kappa + 1}\right)^{1/2} v_m; \quad v_m = \left(\frac{2\kappa}{\kappa - 1}\frac{RT_0}{M^*}\right)^{1/2}$$

Tab. 4.5 Strömungsparameter der Luft

κ	1,4	M^*	0,029 kg/mol
T_0	20 °C = 293,17 K	p_0	1 atm ≃ 10^5 Nm^{-2}
ρ_0	1,205 kg m^{-3}	u_0	344 m s^{-1}
v_m	770 m s^{-1}	u^*	314 m s^{-1}

Die Kontinuitätsgleichung. Die Kontinuitätsgleichung für eine stationäre laminare Strömung eines Gases lautet

$$A\rho v = A^* \rho^* v^* = A^* \rho_0 v_m\, 2^{+\frac{1}{\kappa - 1}} (\kappa - 1)^{+\frac{1}{2}} (\kappa + 1)^{-\frac{\kappa + 1}{2(\kappa - 1)}}$$

wobei A den Querschnitt, A^* den Querschnitt bei der kritischen Geschwindigkeit bedeuten.

Die Strömungsgleichungen. Unter der Voraussetzung, daß die Strömung auch für große Geschwindigkeiten laminar bleibt, erhält man aus der Bernoulli-Gleichung, der Kontinuitätsgleichung und der Beziehung für adiabatische Zustandsänderung

$$\frac{p}{p_0} = \left(\frac{\rho}{\rho_0}\right)^{\kappa}$$

die Größen M, p, ρ, T und A als Funktion von v:

$$M = \frac{v}{u} = 2^{1/2}(\kappa - 1)^{-1/2}\left(\frac{v}{v_m}\right)\left\{1 - \left(\frac{v}{v_m}\right)^2\right\}^{-1/2}$$

$$\frac{p}{p_0} = \left\{1 - \left(\frac{v}{v_m}\right)^2\right\}^{\frac{\kappa}{\kappa+1}}, \qquad \frac{\rho}{\rho_0} = \left\{1 - \left(\frac{v}{v_m}\right)^2\right\}^{\frac{1}{\kappa+1}}$$

$$\frac{T}{T_0} = 1 - \left(\frac{v}{v_m}\right)^2$$

$$\frac{A^*}{A} = 2^{-\frac{1}{\kappa-1}} (\kappa - 1)^{-\frac{1}{2}} (\kappa + 1)^{+\frac{\kappa+1}{2(\kappa-1)}} \left(\frac{v}{v_m}\right) \left\{1 - \left(\frac{v}{v_m}\right)^2\right\}^{+\frac{1}{\kappa-1}}$$

Laval-Düse. Strömt ein Gas aus einem Behälter mit dem Druck p_0 und der Temperatur T_0 durch ein sich verengendes Rohr, so steigt die Geschwindigkeit v, und es sinkt stetig der Druck p, die Dichte ρ und die Temperatur T. Bei der kritischen Geschwindigkeit $v^* = u^*$ ist die Machsche Zahl M = 1 und der Querschnitt $A = A^*$ des Rohres ein Minimum. Soll die Geschwindigkeit weiter steigen, so muß für $M > 1$ der Querschnitt A des Rohrs sich wieder vergrößern. Diese Forderung erfüllt die Düse von K. G. de Laval (1845–1913), die vor allem bei *Raketentriebwerken* verwendet wird.

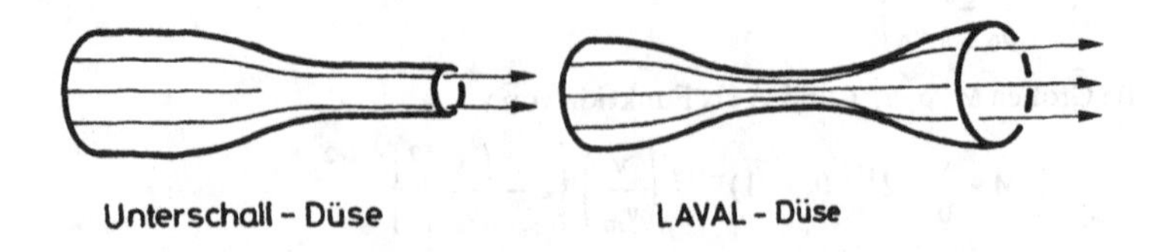

4.8 Dynamik viskoser Flüssigkeiten und Gase

4.8.1 Viskosität

Die *Viskosität* oder *Zähigkeit* beschreibt die innere Reibung, d. h. die dynamischen Schub- und Normalspannungen der Flüssigkeiten und Gase.

Die Scherviskosität. Flüssigkeiten und Gase haben nach Definition *keine statischen Scherspannungen*. Dagegen zeigen bewegte Flüssigkeiten und Gase *dynamische Scherspannungen*. Diese werden durch die *Scherviskosität* charakterisiert, welche auch als *erste Viskosität* oder einfach als *Viskosität* bezeichnet wird. Nach I. Newton (1643–1727) läßt sie sich wie folgt beschreiben:

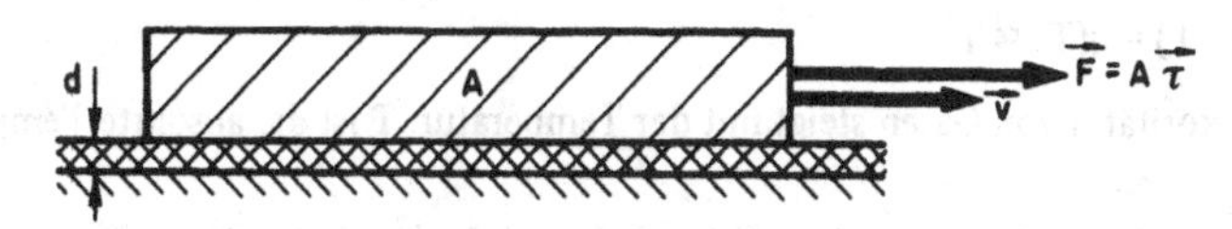

Zwischen einer ruhenden und einer mit der Geschwindigkeit $\vec{v}$ bewegten Platte der Fläche A liegt ein Flüssigkeitsfilm der Dicke d. Wegen der Viskosität der Flüssigkeit muß eine Kraft $\vec{F}$ zur Verschiebung der Platte aufgewendet werden, die bestimmt ist durch die Beziehung:

(4.59) $$\vec{\tau} = \frac{\vec{F}}{A} = \eta \frac{\vec{v}}{d} \quad \text{oder} \quad t_x = \eta \frac{\partial v_x}{\partial z}$$

wobei der Proportionalitätsfaktor η als *dynamische Scherviskosität* bezeichnet wird. $\vec{\tau}$ entspricht die *Schubspannung der Scherviskosität*, das Geschwindigkeitsgefälle v/d dem *Schergefälle*. In der Strömungstechnik wird häufig mit der auf die Dichte bezogene *kinematischen Scherviskosität* ν gerechnet:

(4.60) $$\eta = \rho \cdot \nu$$

Volumenviskosität. Bei der Kompression oder Dilatation von Gasen oder kompressiblen Flüssigkeiten erscheint im allgemeinen neben der Normalspannung des Drucks eine zusätzliche Normalspannung, welche durch innere *dynamische* Reibung hervorgerufen wird:

(4.61) $$\sigma^* = \frac{F^*}{A} = -\zeta \frac{1}{\rho} \frac{d\rho}{dt} = -\zeta \frac{d}{dt} \ln \rho$$

Der Proportionalitätsfaktor ζ heißt *Volumenviskosität* oder *zweite Viskosität*.

Einheiten. Aus den obigen Beziehungen ergibt sich für die *dynamischen Viskositäten* η und ζ die SI-Einheit:

$$[\eta] = [\zeta] = \text{kg m}^{-1} \text{ s}^{-1}$$

Im CGS-System bezeichnet man die Einheit der dynamischen Viskositäten zu Ehren von J. L. M. Poiseuille (1799–1869) als Poise:

$$1 \text{ Poise} = 1 \text{ g cm}^{-1} \text{ s}^{-1} = 0{,}1 \text{ kg m}^{-1} \text{s}^{-1}$$

Im SI-System ist die Einheit der *kinematischen Viskosität* ν:

$$[\nu] = \text{m}^2 \text{ s}^{-1}$$

Die CGS-Einheit heißt nach G. G. Stokes (1819–1903):

$$1 \text{ Stokes} = 1 \text{ cm}^2 \text{ s}^{-1} = 10^{-4} \text{ m}^2 \text{ s}^{-1}$$

Abhängigkeit von Temperatur und Druck. Nach der kinetischen Gastheorie ist die *dynamische Scherviskosität η von Gasen* in erster Näherung unabhängig vom Druck p:

$$\eta(\text{p}, \text{T}) = \eta(\text{T}) \propto \text{T}^{1/2}$$

Die Scherviskosität η von Gasen steigt mit der Temperatur. T ist die absolute Temperatur gemessen in K.

Die *dynamische Scherviskosität η von Flüssigkeiten* sinkt drastisch mit der Temperatur. Sie ist nur schwach vom Druck abhängig. Gemäß der Theorie der Platzwechselvorgänge und der Löcher-Theorie der Diffusion gilt folgende Beziehung:

$$\eta(\text{p}, \text{T}) = \eta_\infty \cdot \exp \frac{\text{E}_\text{A} + \text{p V}_\text{L}}{\text{R T}}$$

Dabei bedeutet R die universelle Gaskonstante, E_A eine Aktivierungsenergie und V_L ein Löchervolumen.

Tab. 4.6 Dynamische Scherviskosität

Medium p(1 at)	Temperatur T(°C)	Scherviskosität η(kg m^{-1} s^{-1})
Wasser, H_2O	0	$1{,}80 \cdot 10^{-3}$
	20	$1{,}01 \cdot 10^{-3}$
	100	$2{,}83 \cdot 10^{-4}$
Glyzerin, $C_3H_8O_3$	− 40	$4 \cdot 10^{+6}$
	− 20	$1{,}34 \cdot 10^{+5}$
	0	$1{,}21 \cdot 10^{+1}$
	20	1,49
	100	$1{,}48 \cdot 10^{-2}$
	150	$3{,}82 \cdot 10^{-3}$
Luft	0	$1{,}73 \cdot 10^{-5}$
	20	$1{,}84 \cdot 10^{-5}$
	100	$2{,}19 \cdot 10^{-5}$
	500	$3{,}60 \cdot 10^{-5}$
Wasserstoff, H_2	−200	$0{,}33 \cdot 10^{-5}$
	−100	$0{,}62 \cdot 10^{-5}$
	0	$0{,}85 \cdot 10^{-5}$
	100	$1{,}04 \cdot 10^{-5}$
	500	$1{,}82 \cdot 10^{-5}$

Tab. 4.7 Kinematische Scherviskosität

Gas (1 at, 20 °C)	He	H_2	CH_4	Luft	Cl_2
$\nu\,(10^{-6}\,m^2\,s^{-1})$	118	106	16,5	15,1	4,51

Flüssigkeitstypen. Flüssigkeiten werden nach ihrer dynamischen Scherviskosität η und deren Abhängigkeit vom Schergefälle v/d klassifiziert.
Dies zeigt folgende Übersicht:

Tab. 4.8 Flüssigkeitstypen

Flüssigkeit	Viskosität η	Änderung der Viskosität η mit zunehmendem Schergefälle v/d
reibungslos ideal	= 0	keine
newtonsch	$\neq 0$	keine
nicht-newtonsch pseudo-plastisch	$\neq 0$	abnehmend
nicht-newtonsch dilatant	$\neq 0$	zunehmend

Diese Klassifizierung der Flüssigkeiten manifestiert sich auch in der graphischen Darstellung der Beziehung zwischen Schubspannung τ und Schergefälle v/d der verschiedenen Flüssigkeiten:

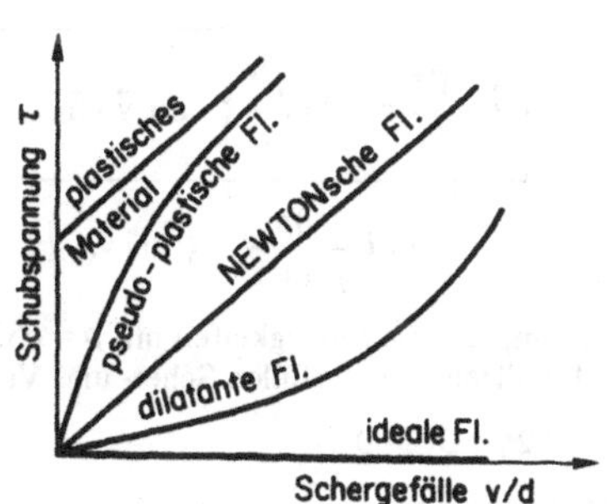

B e i s p i e l e :
plastisches Material: Kitt, Schmierfett
pseudoplastische Flüssigkeiten: Emulsionen, Harze
dilatante Flüssigkeiten: Farben, Druckerschwärze

Messung der Viskosität. Die Viskosität kann bestimmt werden durch Messung

der *Durchflußmenge* durch ein Rohr oder eine Kapillare unter dem Einfluß der Schwerkraft oder eines Fremddruckes bei langsamer Strömung (nach Hagen-Poiseuille (4.71));

der *Fallzeit einer Kugel* in einer Flüssigkeit unter dem Einfluß der Schwerkraft und bei niedriger Geschwindigkeit (nach Stokes (4.68));

der *Drehzahl eines Zylinders oder einer Scheibe* im betreffenden Medium bei konstantem Drehmoment und langsamer Rotation;

der *Dämpfung von Ultraschall* im betreffenden Medium.

4.8.2 Spannungstensoren der Viskosität

Scherviskosität. Die durch die Scherviskosität η hervorgerufene Spannung $\vec{t}$ wird durch den Spannungstensor $T(\eta)$ mit der Flächennormalen $\vec{n}$ verknüpft. Diese Beziehung lautet:

(4.62) $$\vec{t} = \frac{\vec{F}}{A} = T(\eta)\vec{n}$$

oder in Komponenten:

$$\frac{1}{\eta} t_x = 2\left(\frac{\partial v_x}{\partial x}\right) n_x + \left(\frac{\partial v_y}{\partial x} + \frac{\partial v_x}{\partial y}\right) n_y + \left(\frac{\partial v_z}{\partial x} + \frac{\partial v_x}{\partial z}\right) n_z$$

$$\frac{1}{\eta} t_y = \left(\frac{\partial v_y}{\partial x} + \frac{\partial v_x}{\partial y}\right) n_x + 2\left(\frac{\partial v_y}{\partial y}\right) n_y + \left(\frac{\partial v_z}{\partial y} + \frac{\partial v_y}{\partial z}\right) n_z$$

$$\frac{1}{\eta} t_z = \left(\frac{\partial v_z}{\partial x} + \frac{\partial v_x}{\partial z}\right) n_x + \left(\frac{\partial v_z}{\partial y} + \frac{\partial v_y}{\partial z}\right) n_y + 2\left(\frac{\partial v_z}{\partial z}\right) n_z$$

Volumenviskosität. Der Spannungstensor $T(\zeta)$ der Volumenviskosität ist zu einem Skalar degeneriert. Die Beziehung zwischen der durch die Volumenviskosität ζ hervorgerufenen Spannung $\vec{t}$ und der Flächennormalen $\vec{n}$ lautet:

(4.63) $$\vec{t} = \frac{\vec{F}^*}{A} = T(\zeta)\,\vec{n} = \zeta \cdot \operatorname{div}\vec{v} \cdot \vec{n}$$

B e w e i s : Es gilt $\zeta \, \frac{1}{\rho} \frac{d\rho}{dt} = -\,\zeta \operatorname{div}\vec{v}$.

Für inkompressible Flüssigkeiten mit $\rho = \text{const}$ ist die Volumenviskosität ζ ohne Bedeutung. Im allgemeinen erfüllen Scher- und Volumenviskosität die Bedingung:

$$2\eta + 3\zeta \geqslant 0$$

Für ideale Gase gilt:

$$\zeta = -\frac{2}{3}\eta$$

In der Praxis benutzt man diese Gleichung auch für andere Gase und kompressible Flüssigkeiten.

4.8.3 Volumenkräfte der Viskosität

Die Volumenkraft $\vec{F}_V$ ist die Divergenz des Spannungstensors T:

(4.64) $$\vec{F}_V = \operatorname{div} T = \operatorname{div}\,(T(\eta) + T(\zeta))$$

Kompressible Flüssigkeiten. Aus obiger Beziehung und der mathematischen Formel

$$\Delta\vec{v} = (\Delta v_x, \Delta v_y, \Delta v_z) = \text{grad}(\text{div}\,\vec{v}) - \text{rot}(\text{rot}\,\vec{v})$$

ergibt sich bei der kompressiblen Flüssigkeit die Volumenkraft der *Scher-Viskosität*:

$$\begin{aligned} \vec{F}_V(\eta) &= \eta\,\{2\,\text{grad}(\text{div}\,\vec{v}) - \text{rot}(\text{rot}\,\vec{v})\} \\ &= \eta\,\{\text{grad}(\text{div}\,\vec{v}) + \Delta\vec{v}\} \\ &= \eta\,\{2\,\Delta\vec{v} + \text{rot}(\text{rot}\,\vec{v})\} \end{aligned} \tag{4.65}$$

und die Volumenkraft der *Volumen-Viskosität*

$$\vec{F}_V(\zeta) = \zeta \cdot \text{grad}(\text{div}\,\vec{v}) \tag{4.66}$$

Inkompressible Flüssigkeiten. Bei der inkompressiblen Flüssigkeit mit der charakteristischen Bedingung $\text{div}\,\vec{v} = 0$ existiert nur die Volumenkraft der *Scher-Viskosität*:

$$\vec{F}_V(\eta) = -\,\eta\,\text{rot}(\text{rot}\,\vec{v}) = +\,\eta \cdot \Delta\vec{v} \tag{4.67}$$

jedoch *keine* Volumenkraft der *Volumen-Viskosität*:

$$F_V(\zeta) = 0$$

4.8.4 Die Bewegungsgleichung viskoser Medien

Allgemeine Navier-Stokes-Gleichung. Die Bewegungsgleichung der Strömung einer viskosen Flüssigkeit oder eines viskosen Gases unter dem Einfluß der Volumenkraft $\vec{F}_V$ wird nach L. Navier (1785–1836) und G. G. Stokes (1819–1903) benannt. Sie lautet:

$$\begin{aligned} \rho\,\frac{d\vec{v}}{dt} &= \rho\left(\frac{\partial\vec{v}}{\partial t} + \text{grad}\,\frac{\vec{v}^2}{2} - \vec{v} \times \text{rot}\,\vec{v}\right) \\ &= \vec{F}_V - \text{grad}\,p + \eta\,\Delta\vec{v} + (\zeta + \eta)\,\text{grad div}\,\vec{v} \\ &= \vec{F}_V - \text{grad}\,p - \eta\,\text{rot}(\text{rot}\,\vec{v}) + (\zeta + 2\eta)\,\text{grad div}\,\vec{v} \end{aligned} \tag{4.68}$$

Vereinfachte Navier-Stokes-Gleichungen

a) *Reibungslose Medien*: $\eta = 0, \zeta = 0$.

Die Navier-Stokes-Gleichung wird reduziert zur Euler-Gleichung (4.4.1).

b) *Inkompressible Medien*: $\operatorname{div}\vec{v} = 0$.

$$\rho\,\frac{d\vec{v}}{dt} = \vec{F}_V - \operatorname{grad} p - \eta\,\operatorname{rot}(\operatorname{rot}\vec{v}) = \vec{F}_V - \operatorname{grad} p + \eta\Delta\vec{v}$$

Die Volumen-Viskosität spielt keine Rolle.

c) *Potentialströmungen inkompressibler Flüssigkeiten*: $\operatorname{div}\vec{v} = 0$, $\operatorname{rot}\vec{v} = 0$.

$$\rho\,\frac{d\vec{v}}{dt} = \vec{F}_V - \operatorname{grad} p = \rho\,\operatorname{grad}\frac{\vec{v}^2}{2}$$

Bei Potentialströmungen spielt die Viskosität keine Rolle. Daher gilt für Potentialströmungen die Bernoulli-Gleichung (4.4.2) auch in viskosen Medien.

4.8.5 Reibungswiderstand in viskosen Flüssigkeiten

Ist eine laminare Strömung einer viskosen Flüssigkeit nicht wirbelfrei, so treten Reibungsverluste auf. Diese bewirken einen Reibungswiderstand, der *proportional zur Geschwindigkeit* v *und zur Viskosität* η ist. Er ist bestimmt durch die Volumenkraft der Viskosität (4.8.3). Da laminare Strömungen bei hohen Geschwindigkeiten in solche mit Wirbeln und Turbulenz übergehen, ist der Reibungswiderstand nur *bei kleinen Geschwindigkeiten* v *maßgebend*.

4.8.5.1 Reibungswiderstand einer Kugel

Der Reibungswiderstand einer Kugel ist nach G. G. Stokes (1819–1903)

(4.69) $$\vec{W}_R = -6\pi\,\eta\,r\cdot\vec{v}_K$$

wobei r den Radius und $\vec{v}_K$ die Geschwindigkeit der Kugel bedeuten.

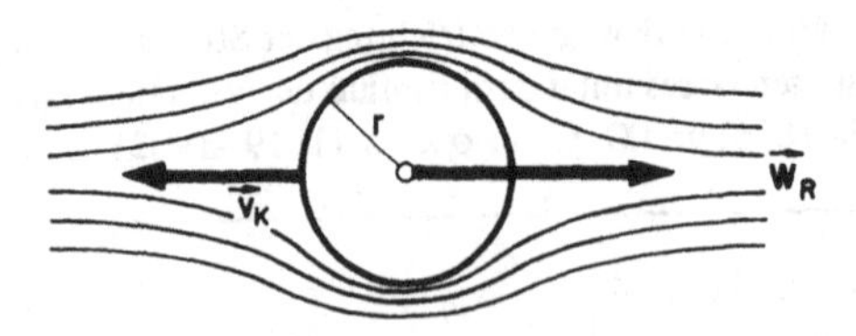

4.8.5.2 Reibungswiderstand in einem Rohr

Die Bewegungsdifferentialgleichung. Die stationäre laminare Strömung einer viskosen inkompressiblen Flüssigkeit in einem horizontalen Rohr von beliebigem konstanten Querschnitt erfüllt die Bedingung:

(4.70) $$\operatorname{grad} p = \eta\,\Delta\vec{v} = -\eta\,\operatorname{rot}(\operatorname{rot}\vec{v})$$

mit $\vec{v} = 0$ an der Rohrwand.

Beweis: siehe 4.8.4. Da das Rohr horizontal ist, spielt $\vec{F}_V = \rho \, \vec{g}$ keine Rolle.

An der Rohrwand ist $\vec{v} = 0$, weil dort die viskose Flüssigkeit haften bleibt.

Stationäre laminare Strömung in einem runden Rohr. Die stationäre laminare Strömung einer viskosen inkompressiblen Flüssigkeit in einem runden Rohr mit dem Radius R wurde von G. Hagen (1797–1883) und J. M. L. Poiseuille (1799–1869) beschrieben. Wirkt längs einem Rohrstück ein Druckgradient dp/dz, so entsteht eine laminare Strömung, die vom Achsenabstand r abhängt.

(4.71) $$v_z(r) = -\frac{1}{4\eta}\frac{dp}{dz}(R^2 - r^2)$$

Diese laminare Strömung ist keine Potentialströmung.

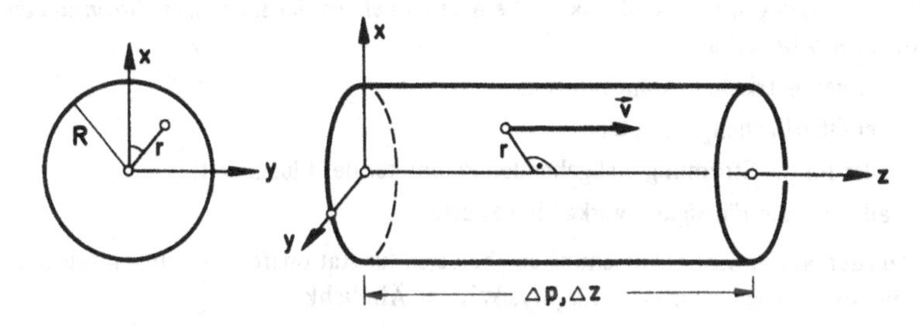

Beweis:

Bewegungsdifferentialgleichung: $-\operatorname{grad} p + \eta \, \Delta\vec{v} = 0$

z-Komponente: $-\frac{dp}{dz} + \eta \, \Delta v_z(r) = 0$

$$-\frac{dp}{dz} + \eta \frac{1}{r}\frac{d}{dr}\left(r \frac{d}{dr} v_z(r)\right) = 0$$

Laplace-Operator in Zylinderkoordinaten siehe A 4.7.2.

lineare Druckverteilung: $p = p_0 + \frac{dp}{dz} z$

Randbedingung: $v_z(R) = 0$

Geschwindigkeitsverteilung: $v_z(r) = -\frac{1}{4\eta}\frac{dp}{dz}(R^2 - r^2)$

Durchflußmenge und mittlere Geschwindigkeit. Aus dieser Geschwindigkeitsverteilung lassen sich die Durchflußmenge Q in $m^3 \, s^{-1}$ und die mittlere Geschwindigkeit $\bar{v}$ in $m \, s^{-1}$ berechnen

(4.72) $$Q = -\frac{\pi}{8\eta}\frac{dp}{dz} R^4, \qquad \frac{dp}{dz} = -8\eta \, R^{-2} \, \bar{v}$$

Gesetz von Hagen und Poiseuille

B e w e i s :

$$Q = \int v_z(r)\,da = \int_0^R v_z(r) \cdot 2\pi\, r\, dr = -\frac{\pi}{8\eta}\frac{dp}{dz} \cdot R^4$$

und $$\bar{v} = Q/R^2\pi = -\frac{1}{8\eta}\frac{dp}{dz} R^2$$

4.8.6 Ähnlichkeitsgesetze

Ähnlichkeit von Strömungen. Bei Strömungsproblemen viskoser Flüssigkeiten ist die analytische Lösung der Navier-Stokes-Gleichung (4.68) häufig nicht möglich. Man ist daher auf experimentelle Untersuchungen an Modellströmungen angewiesen. Diese Methode ist aber nur sinnvoll, wenn Modell- und Originalströmung physikalisch ähnlich sind.

Voraussetzungen für die physikalische Ähnlichkeit zweier *stationärer Strömungen* ist die Proportionalität

der geometrischen Abmessungen,
der Oberflächenparameter,
aller für die Strömung maßgebenden Parameter der Flüssigkeit,
aller auf die Flüssigkeit wirkenden Kräfte.

Aus der Navier-Stokes-Gleichung ergeben sich für stationäre Strömungen folgende dimensionslose *Kennzahlen* für physikalische Ähnlichkeit:

die Reynolds-Zahl,
die Froude-Zahl,
die Mach-Zahl (4.57).

Die Reynolds-Zahl. Der Einfluß der *Scherviskosität* auf die Strömung wird beschrieben durch die von O. R e y n o l d s (1842–1912) eingeführte Kennzahl

(4.73) $$\mathrm{Re} = \frac{d\rho\bar{v}}{\eta} = \frac{d\bar{v}}{\nu}, \qquad [\mathrm{Re}] = 1$$

beschrieben. Dabei bedeuten:

$\bar{v}$ = mittlere Strömungsgeschwindigkeit
ρ = Dichte des Mediums
η = dynamische Scherviskosität
ν = kinematische Scherviskosität
d = lineare Abmessung oder Durchmesser

Die Reynolds-Zahl ist maßgebend bei Strömungen bei denen die *Scherviskosität* gegenüber der Schwerkraft und der Kompressibilität des Mediums dominiert. Sie entspricht dem Verhältnis

$$\mathrm{Re} = \frac{\text{Trägheitskraft}}{\text{Reibungskraft}}$$

Tab. 4.9 Typische Reynolds-Zahlen

ν(Luft, 1 at, 20 °C) = $15 \cdot 10^{-6}$ m²/s 1 Knoten = 1 kn = 0,5144 m/s
$\nu(H_2O$, 1 at, 20 °C) = 10^{-6} m²/s 1 km/h = 0,2777 m/s

in Luft	Re	in Luft	Re
Schmetterling	$5 \cdot 10^2$	Segel eines Boots	10^6
kleiner Vogel	$2 \cdot 10^4$	Auto	10^7
Seemöve	$6 \cdot 10^4$	Privatflugzeug	$4 \cdot 10^7$
Albatros	$2 \cdot 10^5$	Verkehrsflugzeug	10^9
in Wasser	**Re**	**in Wasser**	**Re**
kleiner Fisch	10^5	Schiff	10^7 bis 10^{10}
Delphin	10^7	Schiffspropeller	$2 \cdot 10^7$

Die Froude-Zahl. Der Einfluß der *Schwerkraft* auf die Strömung wird durch die 1870 von W. Froude (1810–1879) eingeführte Kennzahl

(4.74) $$\mathrm{Fr} = \frac{\bar{v}}{\sqrt{d\,g}}, \qquad [\mathrm{Fr}] = 1$$

beschrieben. Dabei bedeuten:

$\bar{v}$ = mittlere Geschwindigkeit
g = Erdbeschleunigung
d = lineare Abmessung oder Durchmesser

Die Froude-Zahl ist maßgebend bei Strömungen bei denen die *Schwerkraft* gegenüber der Scherviskosität und der Kompressibilität dominiert. Beispiele sind Schwerewellen (6.10.3) und Strömungen um Schiffe. Sie entspricht dem Verhältnis

$$\mathrm{Fr}^2 = \frac{\text{Trägheitskraft}}{\text{Schwerkraft}}$$

Die Mach-Zahl. Die von J. Ackeret (1898–1981) nach E. Mach (1838–1916) benannte Kennzahl

(4.57) $$M = \frac{v}{u}, \qquad [M] = 1$$

oder $$M = \frac{\text{Geschwindigkeit}}{\text{Schallgeschwindigkeit}}$$

berücksichtigt die *Kompressibilität* β des Mediums, da diese die Schallgeschwindigkeit u bestimmt (4.56).

Gesetz für stationäre Strömungen. Zwei stationäre Strömungen i und j sind physikalisch ähnlich, wenn folgende Bedingungen erfüllt sind

$$\text{Re}_i = \text{Re}_j, \qquad \text{Fr}_i = \text{Fr}_j, \qquad M_i = M_j \tag{4.75}$$

Dabei ist zu berücksichtigen:

$M = \infty$ für inkompressible Medien mit $\beta = 0$;
$\text{Re} = \infty$ für reibungslose Medien mit $\eta = 0$;
$\text{Fr} = \infty$ bei Vernachlässigung der Schwerkraft.

4.9 Turbulente Strömungen

4.9.1 Turbulenz und Reynolds-Kriterium

Erhöht man die Geschwindigkeit der laminaren Strömung einer viskosen Flüssigkeit in einem Rohr oder um einen Körper, so geht die Strömung ganz oder teilweise in eine turbulente Strömung über. Dieser Übergang ist häufig mit dem Abreißen der Prandtlschen Grenzschicht verknüpft. Die turbulenten Strömungen haben statistischen Charakter. Die Dynamik der turbulenten Strömung wird im wesentlichen durch die Dichte ρ des Mediums bestimmt, aber kaum durch dessen Viskosität η. Die Viskosität spielt nur insofern eine Rolle, als sie die Bedingung für das Abreißen der Prandtlschen Grenzschicht (4.9.3) mitbestimmt. Den Strömungswiderstand einer turbulenten Strömung bezeichnet man daher als *Druckwiderstand* im Gegensatz zum *Reibungswiderstand* einer laminaren Strömung.

Der *Vergleich* der turbulenten mit der laminaren Strömung zeigt folgende *Hauptmerkmale*:

stationäre laminare Strömung	turbulente Strömung
$\frac{\partial \vec{v}}{\partial t} = 0$	$\vec{v} = \vec{v}(x, y, z, t)$ statistische Funktion
Die Bahn eines Teilchens Δm ist durch den Stromfaden bestimmt.	Die Bahn eines Teilchens Δm kann nicht vorausgesagt werden.
Strömungswiderstand bestimmt durch die Viskosität η und proportional zu v: „Reibungswiderstand“	Strömungswiderstand bestimmt durch die Turbulenz und ungefähr proportional zu v^2: „Druckwiderstand“

O. Reynolds (1842–1912) fand ein *Kriterium für den Umschlag der laminaren Strömung in die turbulente Strömung*. Da es sich um ein Stabilitätskriterium handelt, ist der Umschlag sehr empfindlich auf kleine Störungen und braucht sich nicht exakt an die durch das Kriterium gegebenen Daten zu halten. Der Umschlag wird bestimmt durch die Reynolds-Zahl Re (4.73):

(4.76)

$$\text{Re} < \text{Re}_{\text{krit}}: \text{ laminar}$$
$$\text{Re} > \text{Re}_{\text{krit}}: \text{ turbulent}$$

Reynolds-Kriterium

4.9.2 Turbulente Strömung in einem Rohr

Das Strömungsbild

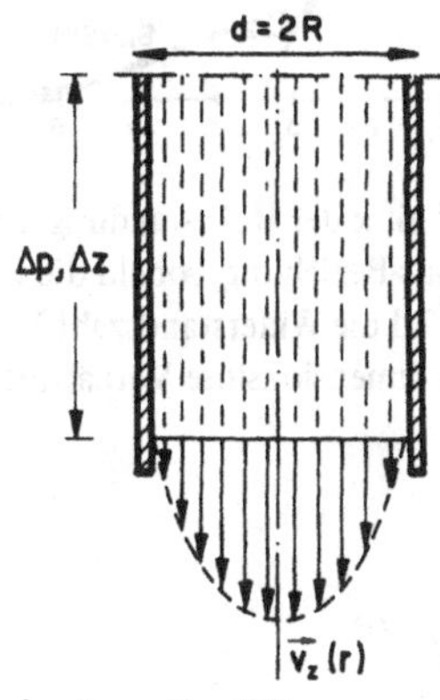

laminar: $\text{Re} \leqslant \text{Re}_{\text{krit}}$

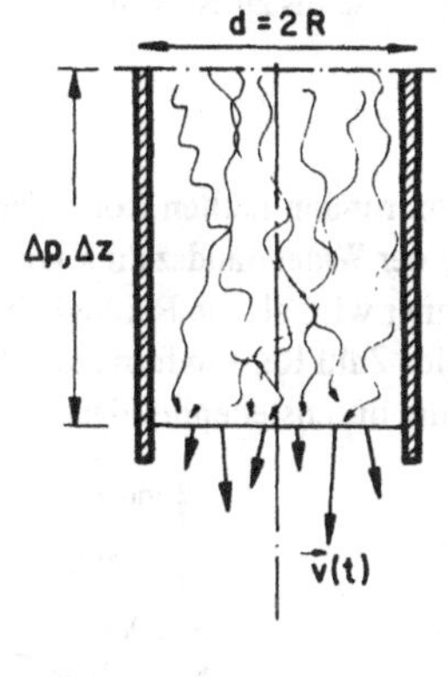

turbulent: $\text{Re} \geqslant \text{Re}_{\text{krit}}$

Die Reynolds-Zahl. In einem runden Rohr mit dem Durchmesser d = 2 R ist die Reynolds-Zahl definiert als

$$\text{Re} = \frac{d\,\rho\,\bar{v}}{\eta} = \frac{2\,R\,\rho\,\bar{v}}{\eta},$$

mit $\bar{v}$ als mittlere Durchflußgeschwindigkeit.

Die *kritische* Reynolds-Zahl eines runden glatten Rohres liegt bei

Re_{krit} = 1000 bis 1200 für einen scharfkantigen Einlauf
= 20 000 für einen glatten Einlauf

Die Widerstandszahl. Die Widerstandszahl λ eines runden Rohres ist bestimmt durch die Beziehung:

(4.77)

$$\frac{\Delta p}{\Delta z} = \frac{\lambda}{d}\frac{\rho}{2}\,v^2,$$

wobei Δp den Druckabfall längs des Rohrstücks Δz darstellt. Die Strömungsverhältnisse in einem runden Rohr werden allgemein beschrieben durch die Widerstandszahl λ als Funktion der Reynolds-Zahl Re.

Strömung in einem runden glatten Rohr. Die *Widerstandszahl* λ *der laminaren Strömung* wird durch das Gesetz von Hagen-Poiseuille (4.71) bestimmt. Durch Einführung von λ und Re erhält man:

$$\lambda = 64\ \mathrm{Re}^{-1}$$

Für die *turbulente Strömung* in einem runden glatten Rohr fand P. R. H. Blasius (1883–) die Beziehung:

$$\lambda = 0{,}316 \cdot \mathrm{Re}^{-1/4},$$

welche die Verhältnisse bis zu Re von 10^5 gut wiedergibt.

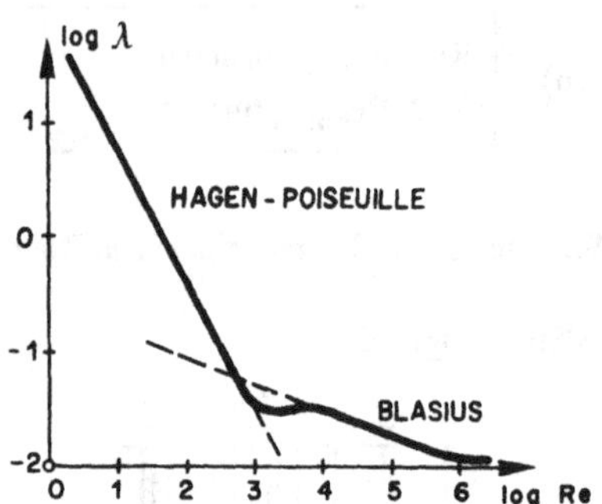

Strömung in einem runden rauhen Rohr. Die Rauhigkeit k der Rohrwandung bewirkt eine Abweichung der Widerstandszahl λ von der Blasius-Beziehung, sobald die Prandtlsche Grenzschicht dünner wird als die Rauhigkeit. Dann wird die Widerstandszahl λ nicht nur durch die Reynolds-Zahl Re, sondern auch durch das dimensionslose Verhältnis k/R beeinflußt. Dies zeigt die untenstehende Figur.

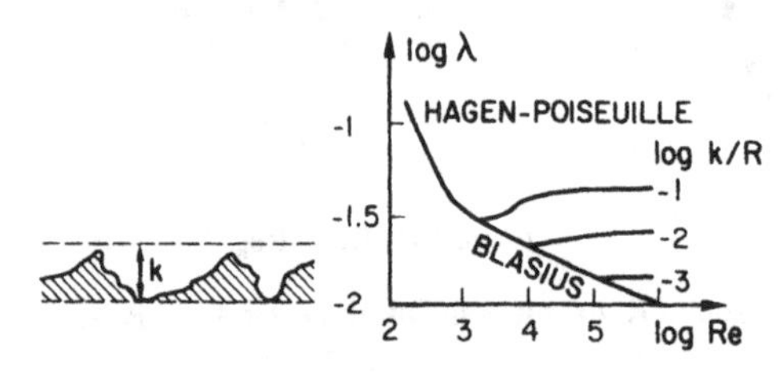

Tab. 4.10 Rauhigkeit von Rohrwänden

Rohrmaterial, fabrikneu	k (mm)
Gummidruckschlauch	0,0016
gezogene Rohre aus Metall, Glas und Kunststoff	0,0015
Stahl	0,02–0,1
Gußeisen	0,1 –0,6
Eternit	0,03–0,1
Beton	0,2 –0,8

4.9.3 Die Prandtlsche Grenzschicht

Beschreibung. Eine Unterschallströmung um einen Körper ist in großen Gebieten laminar. In großen Abständen vor und neben dem Körper kann sie als Potentialströmung betrachtet werden. Da bei einer Potentialströmung die Scherviskosität η nicht zur Geltung kommt, leisten diese Gebiete keinen Beitrag zum Strömungswiderstand.

Infolge der Viskosität des Mediums und der Rauhigkeit des Körpers haften die Strömungsteilchen an der Körperoberfläche. Bei Potentialströmungen sind jedoch die Strömungsgeschwindigkeiten an den Körperoberflächen mit Ausnahme einzelner Stellen von Null verschieden. Deshalb postulierte L. Prandtl (1875–1953) die Existenz einer Grenzschicht zwischen Körperoberfläche und Potentialströmung. Diese Grenzschicht ist nicht wirbelfrei, weshalb die Scherviskosität η einen Strömungswiderstand bewirkt. Die an der Körperoberfläche haftenden Strömungsteilchen bremsen die darüber fließenden Teilchen und erzeugen Reibungswiderstand und Turbulenzen. Im untenstehenden Bild ist eine reale Strömung um einen Körper dargestellt. P bezeichnet die Potentialströmung, G die Prandtlsche Grenzschicht.

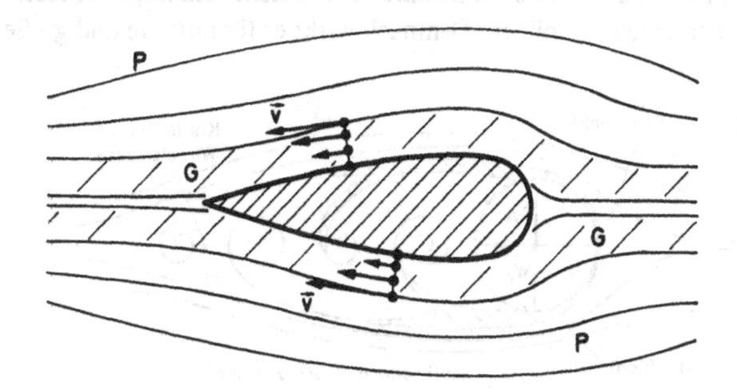

Dicke der Prandtlschen Grenzschicht. Einen Einblick in die Struktur der Prandtlschen Grenzschichten gibt die Strömung um eine dünne ebene Platte.

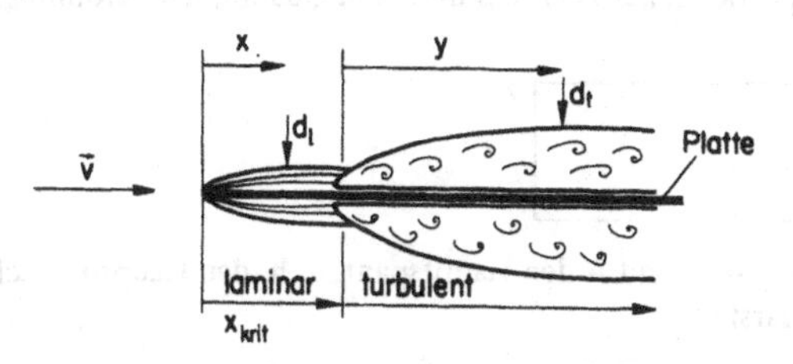

Die Grenzschicht wird nach einer laminaren Anlaufstrecke x_{krit} bei der kritischen Reynolds-Zahl

$$Re_{krit} = \frac{\rho \cdot v \cdot x_{krit}}{\eta} \simeq 5 \cdot 10^5$$

turbulent, wobei eine dünne laminare Unterschicht bestehen bleibt. Nach P. R. H. Blasius ist die *Dicke* d_ℓ *der laminaren Grenzschicht*

$$d_\ell = 5 \cdot x \cdot Re^{-1/2}.$$

Für die *Dicke* d_t *der turbulenten Grenzschicht* fanden Th. von Karman (1881–1963) und L. Prandtl

$$d_t = 0{,}37 \cdot y \cdot Re^{-1/5}.$$

Abreißen der Prandtlschen Grenzschicht. Überschreitet die Reynolds-Zahl (4.73) einer laminaren Strömung um einen Körper den kritischen Wert, so reißt ein Teil der Grenzschicht ab. Dies bewirkt, daß ein Teil der Strömung *turbulent* wird. Dadurch steigt der Strömungswiderstand erheblich an. Der durch die Viskosität η bestimmte eigentliche Reibungswiderstand geht in den größeren, durch die Dichte ρ der Flüssigkeit oder des Gases bestimmten *Druckwiderstand* über.

4.9.4 Druckwiderstand auf umströmte Körper

Der Druckwiderstand wirkt auf Körper in Strömungen, welche sich nach der Ablösung der Prandtlschen Grenzschicht ausbilden. Demnach wirkt er für mittlere und große Geschwindigkeiten.

Das Strömungsbild

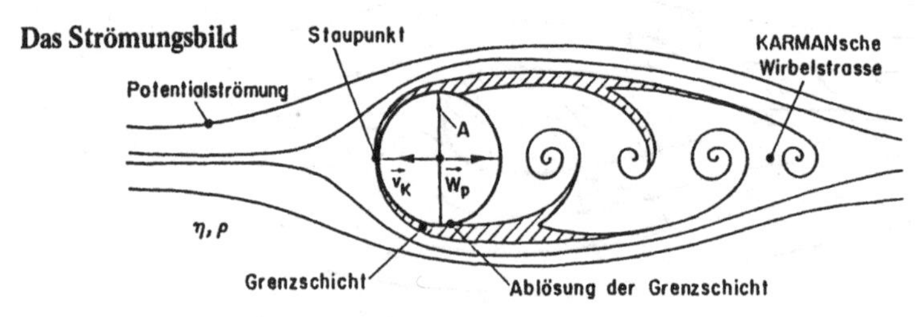

Die Widerstandsformel. Der Druckwiderstand W_p eines umströmten Körpers ist *unabhängig von der Viskosität* η des Mediums. Diese ist jedoch *für die Grenzschichtablösung verantwortlich.* W_p ist proportional zur Dichte ρ und zum Quadrat der Strömungsgeschwindigkeit v_K

$$W_p = c_W A \frac{\rho}{2} v_K^2, \tag{4.78}$$

wobei c_W den *Widerstandsbeiwert* und A den Hauptspant, d. h. den Hauptquerschnitt des umströmten Körpers, darstellt.

Qualitativer Beweis: Die Teilchen, welche mit der Strömungsgeschwindigkeit $-\vec{v}_K$ auf den Körper mit dem Hauptspant A auftreffen, werden im Staupunkt gebremst, wodurch der Druck um Δp ansteigt. Hinter dem Körper werden die Teilchen in eine turbulente Strömung übergeführt. Deren mittlere Geschwindigkeit entspricht ungefähr der Strömungsgeschwindigkeit v_K, weshalb der Druck hinter dem Körper wieder auf den alten Druck absinkt. Die Druckdifferenz zwischen der Vorder- und der Rückseite des Körpers gibt den Druckwiderstand. Diese Vorstellung läßt sich anhand der Bernoulli-Gleichung mathematisch formulieren.

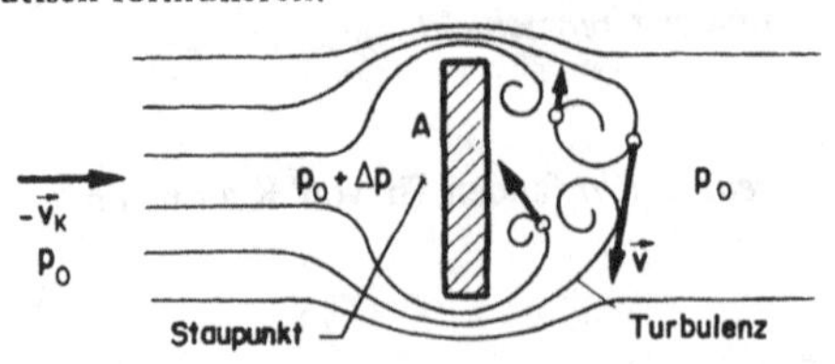

Strömung ungestört:	vor dem Körper:	hinter dem Körper:
$p_0 + \frac{\rho}{2}\vec{v}_K^2$	$= p_0 + \Delta p$	$= p_0 + \frac{\rho}{2}\cdot\bar{\vec{v}}^2$

Druckwiderstand: $W_p \simeq A \cdot \Delta p = A\,\frac{\rho}{2}\,\bar{\vec{v}}^2 = A\,\frac{\rho}{2}\cdot\vec{v}_K^2$

Der Widerstandsbeiwert. Der Widerstandsbeiwert ist dimensionslos und im Idealfall nur von der Geometrie des umströmten Körpers abhängig. Er ändert sich aber auch mit der Reynolds-Zahl Re.

Tab. 4.11 Widerstandsbeiwerte c_W geometrischer Formen für Re = 100 000

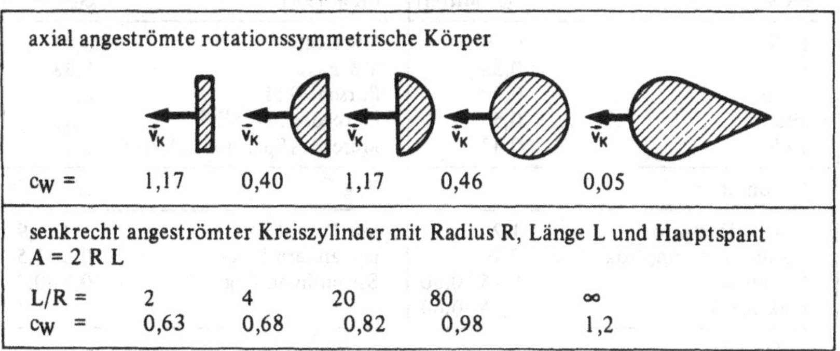

axial angeströmte rotationssymmetrische Körper					
	$\vec{v}_K$	$\vec{v}_K$	$\vec{v}_K$	$\vec{v}_K$	$\vec{v}_K$
c_W =	1,17	0,40	1,17	0,46	0,05
senkrecht angeströmter Kreiszylinder mit Radius R, Länge L und Hauptspant A = 2 R L					
L/R =	2	4	20	80	∞
c_W =	0,63	0,68	0,82	0,98	1,2

Tab. 4.12 siehe S. 164

4.9.5 Strömungswiderstand einer Kugel

Reynolds-Zahl. Die Reynolds-Zahl einer Kugel mit dem Radius r und der Geschwindigkeit v_K in einem Medium der Dichte ρ und der Viskosität η ist definiert als

$$Re = \frac{2r\,\rho\,v_K}{\eta}$$

Reibungswiderstand. Der Reibungswiderstand einer Kugel in *laminarer Strömung* wird durch die Formel von Stokes (4.69) beschrieben. Daraus errechnet sich der Widerstandsbeiwert c_W der laminaren Strömung um die Kugel zu

$$c_W = 24\,Re^{-1}$$

Die *kritische Reynolds-Zahl*, bei der die Stokessche Formel ihre Gültigkeit verliert, liegt bei log Re = 0,4.

Widerstandsbeiwert der Kugel

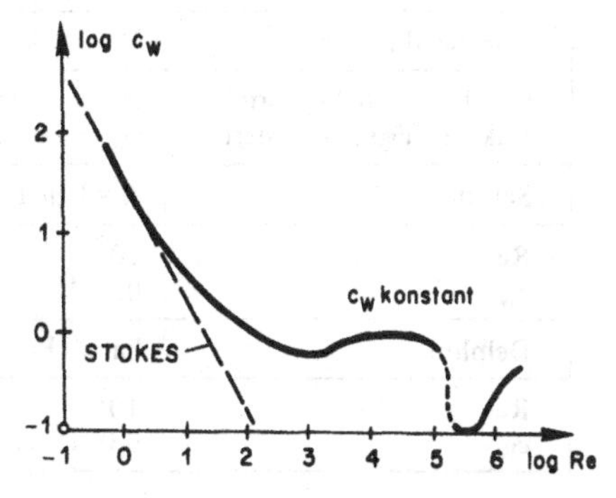

Tab. 4.12 Widerstandsbeiwerte
ν (Luft, 1 at, 20 °C) = $15 \cdot 10^{-6}$ m²/s, u (Luft, 1 at, 20 °C) = 345 m/s,
ν (H_2O, 1 at, 20 °C) = 10^{-6} m²/s, u (H_2O, 1 at, 20 °C) = 1415 m/s,
1 Knoten = 1 kn = 0,5144 m/s, 1 km/h = 0,2777 m/s

Straßenfahrzeug	c_W	Straßenfahrzeug	c_W
PKW alte Form	0,45–0,55	Motorrad unbesetzt	0,6–0,7
PKW Pontonform	0,40–0,50	Motorrad besetzt	1 –1,5
PKW Stromlinienform	0,35–0,40	LKW	0,3–0,7
PKW Kombi	0,45	LKW mit Anhänger	0,7–0,85
PKW offenes Cabriolet	0,6 –0,9	Omnibus	0,9–1,5

PKW	c_W (Mittel)	PKW 1981	c_W
1930	0,70	VW Golf	0,41
1940	0,58	VW Passat	0,38
1950	0,52	Porsche 924	0,36
1960	0,50	Mercedes 280 SE	0,36
1970	0,47	Mercedes Sparmobil (Exp.)	0,2

Lokomotive	c_W	Zug	c_W
übliche Dampflok	1,2	mit Dampflok	1,2–1,9
Stromliniendampflok	0,7	mit andern Loks	0,8–1,5
Diesellok	0,45–0,60	Stromlinien-Zug	0,5–0,7
Elektrolok	0,45–0,60		

Luftschiff	c_W	Baujahr	Form
LZ 10 Schwaben	0,12	1911	Zigarre
LZ 127 Graf Zeppelin	0,057	1928	Stromlinie

Jahr	Flugzeug	c_W	Jahr	Flugzeug	c_W
1903	Wright Brothers Biplane	0,074	1940	Heinkel 111 (Bomber)	0,026
1927	Spirit of St. Louis	0,033	1942	Me 109 (Jäger)	0,036
1932	Ju 52	0,032	1943	Boeing B29 (Bomber)	0,033
1934	DC 2	0,021	1943	Me 262 (Jet)	0,022
1934	Heinkel 70	0,013	1946	Lockheed Constellat.	0,019
1938	Fieseler Storch	0,066	1951	DC 6 B	0,019

siehe auch Tab. 4.13 auf S. 169

Überschallprofile	M	< 0,8	≃ 1	2	5
Geschoß, übliche Form	c_W	0,15–0,25	0,35–0,5	0,3	0,2
Rakete, flügelstabilisiert	c_W	0,3 –0,4	0,7 –0,8	0,6–0,7	0,5–0,6

Schiff	A = benetzte Schiffshaut			
Re	10^7	10^8	10^9	10^{10}
c_W	0,004	0,003	0,002	0,001

Delphin	hartes Profil	weiche Delphinhaut
Re	10^7	10^7
c_W	0,0025	0,0015

4.9.6 Widerstand einer Strömung parallel zu einer Wand

Der Widerstand einer Strömung entlang einer ebenen Wand mit der Breite b und der Länge a wird durch die *Prandtlsche Grenzschicht* (4.9.3) bestimmt. Er wird ebenfalls mit Hilfe des Widerstandsbeiwertes c_W beschrieben, wobei $A = a\,b$ die Plattenfläche darstellt. Die Reynolds-Zahl ist

$$\mathrm{Re} = \frac{\rho\, v\, a}{\eta}$$

Glatte Wand. Für die Strömung mit *laminarer Grenzschicht* fand P. R. H. Blasius (1912)

$$c_W = 1{,}33\ \mathrm{Re}^{-1/2} \quad \text{für } \mathrm{Re} < \mathrm{Re}_{krit} \approx 5.10^5$$

Nach Th. von Karman (1921) und L. Prandtl (1927) gilt bei *turbulenter Grenzschicht*

$$c_W = 0{,}074\ \mathrm{Re}^{-1/5} \quad \text{für } \mathrm{Re} > \mathrm{Re}_{krit} \approx 5.10^5$$

Rauhe Wand. Der Widerstand der Strömung parallel zu einer rauhen Wand wird nicht nur durch die Reynolds-Zahl Re, sondern auch durch das Verhältnis k/a von Wandrauhigkeit k zur Wandlänge a beeinflußt.

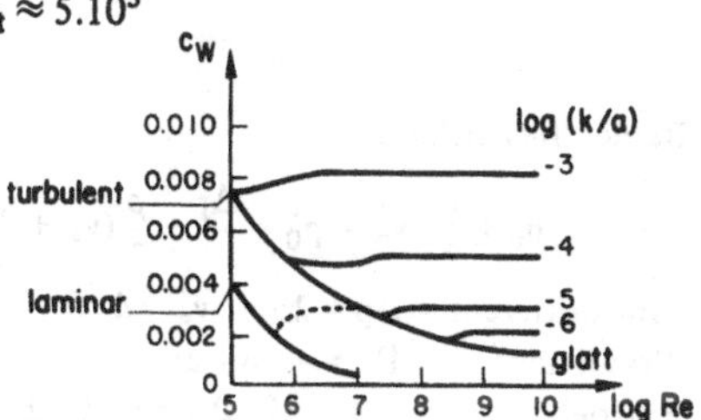

4.10 Der dynamische Auftrieb

Ballone und Zeppeline fliegen dank des *statischen Auftriebs*, Vögel und Flugzeuge dagegen wegen des *dynamischen Auftriebs*. Die Vorwärtsbewegung des Flugzeugs bewirkt an den Tragflügeln Kräfte, welche senkrecht zur Flugrichtung nach oben wirken und deshalb das Flugzeug tragen.

4.10.1 Das Gesetz von Kutta-Joukowski

M. W. Kutta (1867–1944) und N. E. Joukowski (1847–1921) haben bewiesen, daß der dynamische Auftrieb eines Profils eng zusammenhängt mit der *Zirkulation* der Strömung um das Profil. Ein Profil der Länge ℓ in einer Flüssigkeit oder in einem Gas mit der Strömungsgeschwindigkeit $\vec{v}_\infty$ und der ungefähr konstanten Dichte ρ hat bei einer

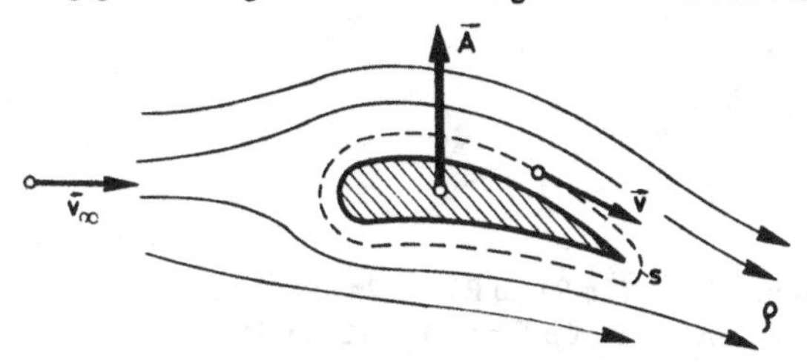

Zirkulation Γ den Auftrieb $\vec{A}$:

(4.79) $$A = -v_\infty \cdot \ell \cdot \rho \cdot \Gamma \quad \text{mit } \Gamma = +\oint_s \vec{v} \cdot d\vec{s}$$

Begründung: mit einer fiktiven Strömung um eine Platte.

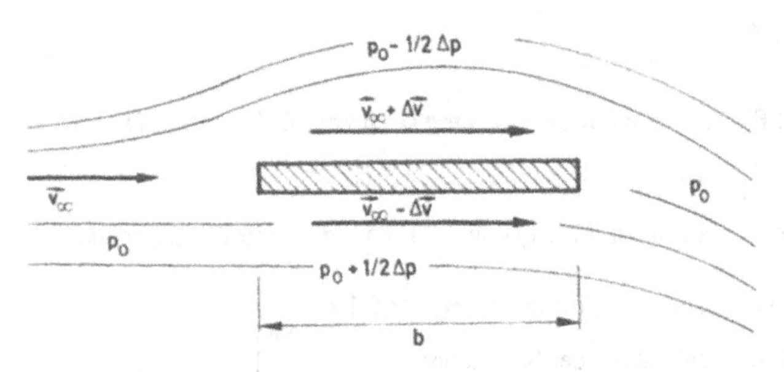

Bernoulli-Gleichung:

$$p_0 + \frac{\rho}{2} \cdot v_\infty^2 = p_0 - \frac{\Delta p}{2} + \frac{\rho}{2}(v_\infty + \Delta v)^2 = p_0 + \frac{\Delta p}{2} + \frac{\rho}{2}(v_\infty - \Delta v)^2$$

Druckdifferenz: $\Delta p = 2 \cdot \rho \cdot v_\infty \cdot \Delta v$

Zirkulation: $\Gamma = -2b \cdot \Delta v$

Auftrieb: $A = b \cdot \ell \cdot \Delta p = b \cdot \ell \cdot 2\rho\, v_\infty\, \Delta v = -\ell \cdot \rho \cdot v_\infty \cdot \Gamma$

4.10.2 Der Magnus-Effekt

Rotiert ein Zylinder in einer laminaren Strömung, so erfährt er nach H. G. Magnus (1802–1870) einen Auftrieb. Die Ursache des Auftriebs ist die durch die Rauhigkeit des rotierenden Zylinders erzeugte Zirkulation. Der Auftrieb $\vec{A}$ des mit der Kreisfrequenz ω rotierenden Zylinders mit dem Radius R und der Länge ℓ in einer Flüssigkeit oder in einem Gas mit der angenähert konstanten Dichte ρ und der Strömungsgeschwindigkeit $\vec{v}_\infty$ ist

(4.80) $$A = 2\pi\, \omega\, \rho\, v_\infty\, R^2\, \ell = 2\omega\, v_\infty\, \rho\, V_{\text{Zylinder}}$$

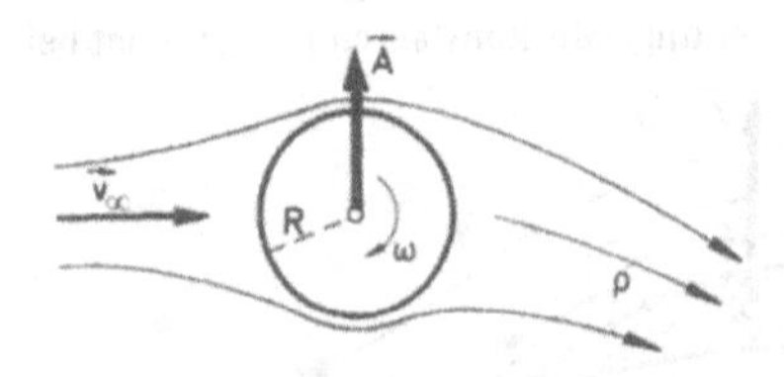

Beweis: Zirkulation: $\Gamma = -(2\pi R)(\omega R) = -2\pi\, \omega\, R^2$

Auftrieb: $A = -v_\infty\, \ell \rho\, \Gamma = v_\infty\, \ell \rho \cdot (2\pi\, \omega\, R^2)$

4.10.3 Auftrieb und induzierter Widerstand eines Flügels

Das Strömungsbild

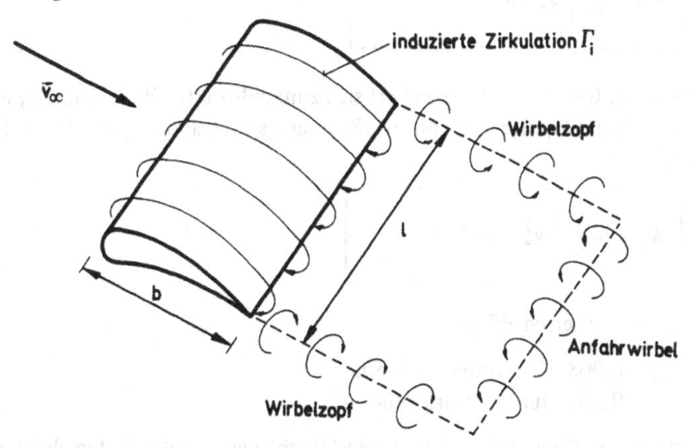

Die *scharfe Flügelhinterkante* erzeugt beim Anfahren ein *Wirbelsystem*, bestehend aus einem Anfahrwirbel, zwei seitlichen Wirbelzöpfen und einer *induzierten Zirkulation* Γ_i um den Flügel. Das Wirbelsystem bleibt während des Flugs erhalten. Der Anfahrwirbel bleibt am Start und die induzierte Zirkulation begleitet den Flügel. Beim Landen und Bremsen löst sich die induzierte Zirkulation vom Flügel in der Form eines Bremswirbels. Das Wirbelsystem ist wegen des 1. Helmholtzschen Wirbelsatzes in sich geschlossen.

Induzierte Zirkulation. Die induzierte Zirkulation Γ_i ist proportional zur Flügelbreite b und Strömungsgeschwindigkeit v_∞:

$$\Gamma_i = \frac{1}{2} c_A \, b \, v_\infty$$

wobei c_A den *Auftriebsbeiwert* bezeichnet.

Induzierter Auftrieb. Entsprechend dem Gesetz von Kutta-Joukowski bewirkt die induzierte Zirkulation einen induzierten Auftrieb:

$$A = c_A \frac{\rho}{2} v_\infty^2 \cdot b \cdot \ell \qquad (4.81)$$

Induzierter Widerstand. Die Strömungsablenkung am Flügelprofil durch die Wirbelzöpfe bewirkt nach L. Prandtl eine Änderung der ursprünglichen Anströmrichtung des Flügels um den sogenannten induzierten Anstellwinkel α_i. Dementsprechend erhält der Auftrieb eine Komponente in Richtung der ursprünglichen Anströmrichtung, welche mit dem effektiven Auftrieb senkrecht zur ursprünglichen Anströmrichtung durch die Beziehung

$$W_i = A \tan \alpha_i$$

verknüpft ist. Deshalb läßt sich der induzierte Widerstand darstellen durch das Gesetz

$$W_i = c_{Wi} \frac{\rho}{2} v_\infty^2 \cdot b \cdot \ell \tag{4.82}$$

Profilwiderstand. Bei jedem Flügel addiert sich zum induzierten Widerstand W_i noch der Profilwiderstand W_P der dem üblichen Strömungswiderstand W_P (4.78) des Flügelprofils entspricht:

$$W_P = c_{WP} \frac{\rho}{2} v_\infty^2 \cdot b \cdot \ell \tag{4.83}$$

Beispiele: Unterschallflügel

$c_{WP} = 0{,}008$ für orthodoxe Profile
$\phantom{c_{WP}} = 0{,}004$ für Laminarprofile

Bei den Laminarprofilen ist die größte Dicke (Hauptspant) weiter hinten als bei den orthodoxen Flügelprofilen.

Rauhe Flügeloberflächen. Bei Rauhigkeit, Bemalung oder Stoffbespannung der Flügeloberfläche wird der Auftriebsbeiwert c_A (4.81) meist stark vermindert (bis auf 50%) und der Beiwert c_{WP} des Profilwiderstandes erhöht (10% bis 25%).

Polardiagramm. Beim von O. Lilienthal (1848–1896) eingeführten Polardiagramm wird der Auftriebsbeiwert c_A auf der Ordinate und der Beiwert $c_W = c_{Wi} + c_{WP}$ des gesamten Strömungswiderstandes als Abszisse aufgetragen. Als *Kurvenparameter* dient der Anstellwinkel α.

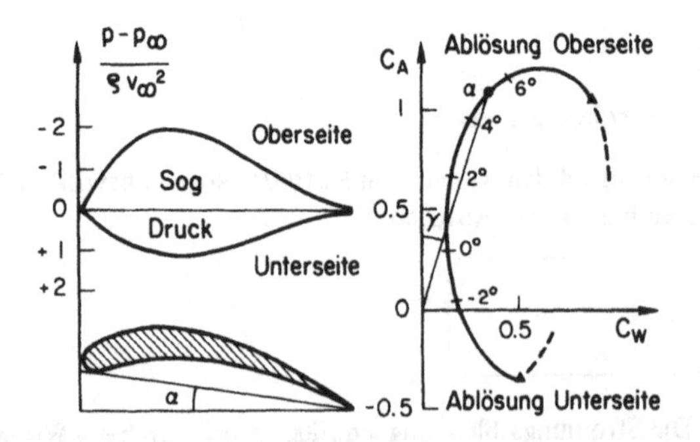

Wird der Anstellwinkel α zu groß, so löst sich die Prandtlsche Grenzschicht vom Flügel und der mit der laminaren Strömung verknüpfte induzierte Auftrieb verschwindet. Das geschieht beim *Absacken* eines Flugzeuges und bei der Landung eines Vogels.

Gleitzahl. Als *Gleitzahl* ϵ eines Flügels oder eines Flugzeuges bezeichnet man das Verhältnis

(4.84) $$\epsilon = \frac{c_W}{c_A} = \tan\gamma$$

γ heißt *Gleitwinkel*, da er den Neigungswinkel eines ohne Antrieb gleitenden Flugzeuges darstellt. Er läßt sich vom Polardiagramm ablesen.

Tragflügel an der Schallgrenze. Bei Strömungsgeschwindigkeiten nahe der Schallgrenze ändern Auftrieb und Widerstand eines Tragflügels wegen der Kompressibilität der Luft drastisch. Man unterscheidet drei Geschwindigkeitsbereiche:

a) *Reine Unterschallströmung* ($M < 1$). Der Widerstandsbeiwert c_W liegt in der Größenordnung $c_W = 0{,}01$ bis $0{,}05$ und ändert sich wenig bei zunehmender Machzahl M. Nach L. Prandtl gilt für den Auftriebsbeiwert c_A

$$c_A(M) = c_A(0) \cdot (1 - M^2)^{-1/2}$$

mit $c_A(0)$ von der Größenordnung $c_A(0) = 0{,}4$ bis $1{,}2$.

b) *Transsonischer Bereich* ($M \approx 1$). Liegt die Anströmgeschwindigkeit v knapp unter der Schallgeschwindigkeit, so kann auf dem Flügelprofil die Strömungsgeschwindigkeit lokal die Schallgeschwindigkeit überschreiten. Dies resultiert in einem Überschallgebiet über dem Flügel mit anschließendem Verdichtungsstoß, der sich als Stoßwelle oder Überschallknall ausbreitet. Bei zunehmender Anströmgeschwindigkeit geschieht dasselbe auf der Flügelunterseite. Der Strömungswiderstand erhöht sich um den sogenannten *Wellenwiderstand*, der die Leistung für die Stoßwelle aufbringt. Die völlig veränderten Strömungsverhältnisse am Tragflügel bewirken eine starke Abnahme des Auftriebs.

Tab. 4.13 Beiwerte zum dynamischen Auftrieb

	Re	M	c_A	ϵ
Flügelprofil Gö-623	$4{,}2 \cdot 10^5$		1	1 : 50
Laminarprofil ETH	10^6		0,5	1 : 100
Segelflugzeug	10^6		0,8	1 : 30
Düsenverkehrsflugzeug	$5 \cdot 10^7$	0,9	0,7	1 : 18
Jagdflugzeug		0,5	0,7	1 : 10
,,		2	0,5	1 : 4
Haussperling	$4 \cdot 10^4$		0,8	1 : 3
Möve (Modell)	$5 \cdot 10^4$		0,95	1 : 7
,,	$5 \cdot 10^5$		1,15	1 : 12

Überschallflugzeug: $c_W \simeq c_S + K\,c_A^2$

M	≤ 0,9	1	1,2	2
c_S	0,0091	0,0209	0,0183	0,0131
K	1,15	1,20	1,40	2,29
$c_{A,max}$	0,950	0,830	0,825	0,795

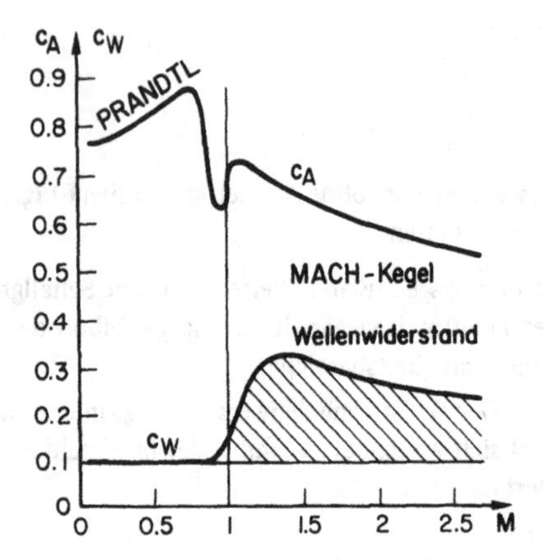

c) *Reine Überschallströmung* (M > 1). Der Mach-Kegel ist voll ausgebildet. Sowohl c_W wie auch c_A nehmen mit steigender Mach-Zahl M ab. c_W liegt in der Größenordnung 0,2 bis 0,3, c_A übersteigt selten Werte von 0,6 bis 0,8.

5 Elektrizität und Magnetismus

Einheiten. Für die Elektrizität und den Magnetismus existieren verschiedene Einheitensysteme. Im vorliegenden Kapitel wird praktisch nur das SI-Einheitensystem verwendet. Das Gaußsche Einheitensystem, das elektrostatische und das elektromagnetische CGS-System werden im Anhang (A 2) beschrieben und mit dem SI-Einheitensystem verglichen.

5.1 Elektrostatik

5.1.1 Die elektrische Ladung

Einheit. Die Einheit der elektrischen Ladung im SI-System ist das *Coulomb*:

1 Coulomb = 1 C = 1 As

Die elektrische Ladung ist durch folgende Eigenschaften und Wirkungen gekennzeichnet:

Vorzeichen. Es gibt zwei verschiedene Ladungsarten. Nach G. C. Lichtenberg (1742–1799) nennt man sie positive und negative elektrische Ladungen. Ladungen mit gleichem Vorzeichen stoßen sich ab, Ladungen mit verschiedenen Vorzeichen ziehen sich an. Die Definition der Vorzeichen elektrischer Ladungen ist historisch:
negative Ladung: Ein Kunstharzstab mit einem Katzenfell gerieben lädt sich negativ auf.
positive Ladung: Ein Glasstab mit Leder gerieben lädt sich positiv auf.

Trennung und Rekombination. Elektrische Ladungen lassen sich trennen und rekombinieren.

Erhaltung. Werden die Vorzeichen berücksichtigt, so ist die Summe der elektrischen Ladungen in einem abgeschlossenen System konstant.

Quantelung. Jede elektrische Ladung Q ist ein ganzzahliges Vielfaches der Elementarladung e:

$$Q = n \cdot e, \quad e = 1{,}602\,2 \cdot 10^{-19}\ \text{Coulomb}, \quad n = 0, \pm 1, \pm 2, \pm 3, \ldots \tag{5.1}$$

Beispiele:
Elektron: $Q = -e$
Atomkerne: $Q = +Z\,e$, $Z = 1, 2, 3, \ldots$

Verknüpfung mit Masse. Jede elektrische Ladung Q ist mit Masse M verknüpft.

Beispiele:

Elektron: $Q = -e = -1{,}6022 \cdot 10^{-19}$ Coulomb
$M = m_e = 0{,}91094 \cdot 10^{-30}$ kg

Proton: $Q = +e = +1{,}6022 \cdot 10^{-19}$ Coulomb
$M = m_p = 1{,}6726 \cdot 10^{-27}$ kg

5.1.2 Wechselwirkung zwischen zwei elektrischen Punktladungen

Das Gesetz von Coulomb. Befinden sich zwei Massenpunkte m_1 und m_2 mit den elektrischen Ladungen Q_1 und Q_2 im Vakuum im Abstand r_{12}, so wirken sie aufeinander mit den Kräften $\vec{F}_{12}$ und $\vec{F}_{21}$, welche dem Gesetz von Ch. A. Coulomb (1736–1806) gehorchen:

$$\vec{F}_{12} = -\vec{F}_{21} = +\frac{1}{4\pi\epsilon_0} Q_1 \cdot Q_2 \frac{\vec{r}_{12}}{r_{12}^3}; \qquad F_{12} = F_{21} = +\frac{1}{4\pi\epsilon_0} |Q_1 \cdot Q_2| \frac{1}{r_{12}^2} \tag{5.2}$$

ϵ_0 bezeichnet die *elektrische Feldkonstante*:

$$\epsilon_0 = 0{,}88542 \cdot 10^{-11} \frac{\text{Coulomb}^2}{\text{Newton m}^2} = 0{,}88542 \cdot 10^{-11}\ \text{A}^2\text{s}^4\ \text{kg}^{-1}\ \text{m}^{-3}$$

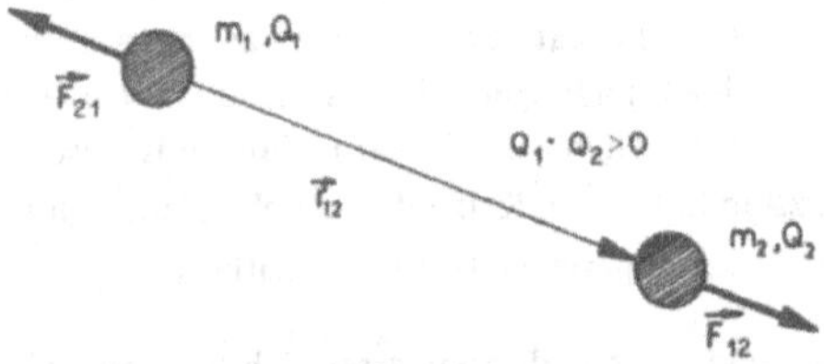

Für einen *Größenvergleich* zwischen der elektrostatischen Wechselwirkung und der Gravitation berechnen wir die entsprechenden Kräfte auf zwei Elektronen im Abstand 1 cm.

$$F(\text{Gravitation}) = 5{,}5 \cdot 10^{-67}\ \text{N}$$

$$F(\text{Coulomb}) = 2{,}3 \cdot 10^{-24}\ \text{N}$$

Da das Elektron ein Elementarteilchen ist, kann aus dem Resultat geschlossen werden, daß die Gravitation viel schwächer ist als die elektrostatische Wechselwirkung.

Die potentielle Energie zweier elektrischer Punktladungen. Das durch das Gesetz von Coulomb bestimmte Kraftfeld

$$\vec{F}(\vec{r}) = \vec{F}_{12}(\vec{r}_{12})$$

ist *konservativ*, d. h. es gilt überall

$$\text{rot}\ \vec{F}(\vec{r}) = \text{rot}\ \frac{1}{4\pi\epsilon_0} Q_1 Q_2 \frac{\vec{r}}{r^3} = \frac{1}{4\pi\epsilon_0} Q_1 Q_2 \cdot \text{rot}\ \frac{\vec{r}}{r^3} = 0$$

Deshalb existiert eine *potentielle Energie* $E_{pot}(\vec{r})$. Setzt man voraus, daß $E_{pot}(\vec{r}) = 0$ für $r = \infty$, dann ist die potentielle Energie zweier Punktladungen Q_1 und Q_2 im Abstand r

$$E_{pot}(\vec{r}) = \frac{1}{4\pi\epsilon_0} Q_1 Q_2 \frac{1}{r} \tag{5.3}$$

Beweis:

$$E_{pot}(\vec{r}) = E_{pot}(\infty) + W(\infty, \vec{r}) = 0 - \int_{\infty}^{\vec{r}} \vec{F}(\vec{r})\, d\vec{r}$$

$$= -\frac{Q_1 Q_2}{4\pi\epsilon_0} \int_{\infty}^{\vec{r}} \frac{\vec{r}}{r^3} \cdot d\vec{r} = \frac{Q_1 Q_2}{4\pi\epsilon_0} \int_{\infty}^{r} -\frac{dr}{r^2} = +\frac{Q_1 Q_2}{4\pi\epsilon_0} \frac{1}{r}$$

5.1.3 Elektrische Felder

5.1.3.1 Definitionen

Häufig ist es notwendig, die elektrostatische Wechselwirkung zwischen einer Verteilung von elektrischen Ladungen und einer punktförmigen Testladung q an einem beliebigen Ort $\vec{r}$ zu kennen. Zu diesem Zweck führt man die Begriffe des elektrischen Feldes und des elektrostatischen Potentials ein, indem man die Testladung q formal eliminiert.

Das elektrische Feld. Wirkt am Ort $\vec{r}$ auf eine elektrische Punktladung q bei fehlendem magnetischen Feld die Kraft $\vec{F}(\vec{r})$, dann ist das elektrische Feld $\vec{E}(\vec{r})$ definiert durch

$$\vec{E}(\vec{r}) = \frac{\vec{F}(\vec{r})}{q} \tag{5.4}$$

Sowohl Kraftfeld $\vec{F}(\vec{r})$ als auch elektrisches Feld $\vec{E}(\vec{r})$ sind in der Elektrostatik konservativ und wirbelfrei:

$$\operatorname{rot} \vec{E}(\vec{r}) = 0 \tag{5.5}$$

Das elektrostatische Potential. Wegen der Wirbelfreiheit (5.5) des elektrischen Feldes $\vec{E}(\vec{r})$ existiert ein elektrostatisches Potential $U(\vec{r})$, das mit dem elektrischen Feld $\vec{E}(\vec{r})$ und der potentiellen Energie $E_{pot}(\vec{r})$ des Kraftfeldes $\vec{F}(\vec{r})$ der Testladung q verknüpft ist:

$$\vec{E}(\vec{r}) = -\operatorname{grad} U(\vec{r}), \qquad U(\vec{r}) = U(\vec{r}_0) - \int_{\vec{r}_0}^{\vec{r}} \vec{E}(\vec{r}\,') \cdot d\vec{r}\,' = \frac{E_{pot}(\vec{r})}{q} \tag{5.6}$$

Die elektrische Spannung V. Die elektrische Spannung $V = V(\vec{r}_1, \vec{r}_2)$ zwischen den Orten $\vec{r}_1$ und $\vec{r}_2$ eines konservativen elektrischen Feldes $\vec{E}(\vec{r})$ bezeichnet die *Potentialdifferenz*

$$V(\vec{r}_1, \vec{r}_2) = U(\vec{r}_1) - U(\vec{r}_2)$$

Ist $V = V(\vec{r}_1, \vec{r}_2) > 0$, so gewinnt eine elektrische Punktladung q auf dem Weg von $\vec{r}_1$ nach $\vec{r}_2$ vom elektrischen Feld $\vec{E}(\vec{r})$ die Energie

$$\Delta E = q\, V(\vec{r}_1, \vec{r}_2) = q\{U(\vec{r}_1) - U(\vec{r}_2)\} = E_{pot}(\vec{r}_1) - E_{pot}(\vec{r}_2) \tag{5.7}$$

Einheiten

Elektrisches Potential und elektrische Spannung: Die Maßeinheit *Volt* ergibt sich aus der Definition des elektrostatischen Potentials:

$$1\ \text{Volt} = 1\ \text{V} = 1\ \frac{\text{Joule}}{\text{Coulomb}} = 1\ \frac{\text{J}}{\text{A s}} = 1\ \frac{\text{Watt}}{\text{Ampère}} = 1\ \frac{\text{W}}{\text{A}}$$

Elektronvolt: Das Elektronvolt ist definiert als die Energie, welche ein Elektron beim Durchlaufen einer elektrischen Spannung von 1 Volt aufnimmt:

$$1\ \text{eV} = 1\ \text{Elektronvolt} = 1{,}6022 \cdot 10^{-19}\ \text{Coulomb} \cdot 1\ \text{Volt}$$

$$1\ \text{eV} = 1{,}6022 \cdot 10^{-19}\ \text{Joule}$$

Elektrisches Feld: Aus dem Zusammenhang $\vec{E}(\vec{r}) = -\operatorname{grad} U(\vec{r})$ ergibt sich die Einheit für das elektrische Feld $\vec{E}(\vec{r})$:

$$1\ \frac{\text{Volt}}{\text{m}} = 1\ \frac{\text{V}}{\text{m}}$$

5.1.3.2 Das elektrische Feld von Punktladungen

Eine Punktladung Q am Ort $\vec{r}_0$ besitzt entsprechend dem Gesetz von Coulomb ein konservatives elektrisches Feld

$$\vec{E}(\vec{r}) = \frac{Q}{4\pi\epsilon_0} \cdot \frac{\vec{r} - \vec{r}_0}{|\vec{r} - \vec{r}_0|^3} \tag{5.8}$$

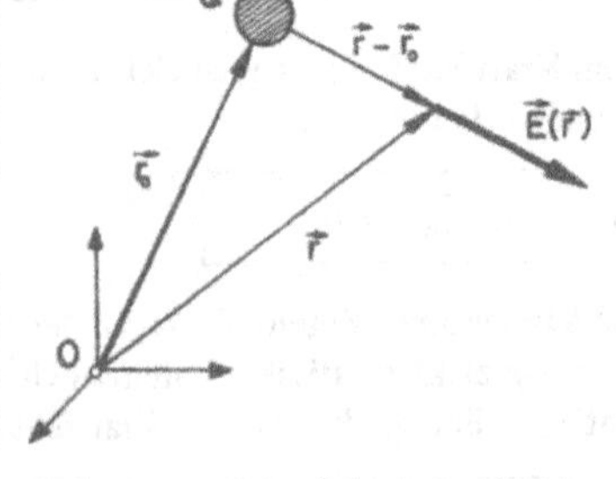

mit dem elektrostatischen Potential

$$U(\vec{r}) = \frac{Q}{4\pi\epsilon_0} \frac{1}{|\vec{r} - \vec{r}_0|} \tag{5.9}$$

N Punktladungen Q_i an den Orten $\vec{r}_i$ besitzen ein konservatives elektrisches Feld

$$\vec{E}(\vec{r}) = \sum_{i=1}^{N} \frac{Q_i}{4\pi\epsilon_0} \frac{\vec{r} - \vec{r}_i}{|\vec{r} - \vec{r}_i|^3}$$

mit dem elektrostatischen Potential

$$U(\vec{r}) = \sum_{i=1}^{N} \frac{Q_i}{4\pi\epsilon_0} \frac{1}{|\vec{r} - \vec{r}_i|}$$

5.1.3.3 Die elektrische Ladungsdichte

Befindet sich an einem Ort $\vec{r}$ in einem kleinen Volumen ΔV die elektrische Ladung $\Delta Q(\vec{r})$, so ist die elektrische Ladungsdichte definiert als

$$\rho_{el}(\vec{r}) = \lim_{\Delta V \to 0} \frac{\Delta Q(\vec{r})}{\Delta V} \tag{5.10}$$

Für die elektrische Ladung in einer geschlossenen Fläche S mit dem Volumen V gilt

$$Q(\text{in } S) = \int_{V(S)} \rho_{el}(\vec{r})\, dV$$

5.1.3.4 Die dielektrische Verschiebung

Oberflächenintegral. Gesucht wird das Oberflächenintegral des elektrischen Feldes $\vec{E}$ auf einer Kugel um eine elektrische Punktladung Q.

Normalenvektor: $\vec{n} = \vec{r} \cdot r^{-1}$

Oberflächenelement in Polarkoordinaten: $da = r^2 \cdot \sin\Theta\, d\Theta\, d\phi$

elektrisches Feld: $\vec{E} = \frac{Q}{4\pi\epsilon_0} \cdot r^{-3} \cdot \vec{r}$

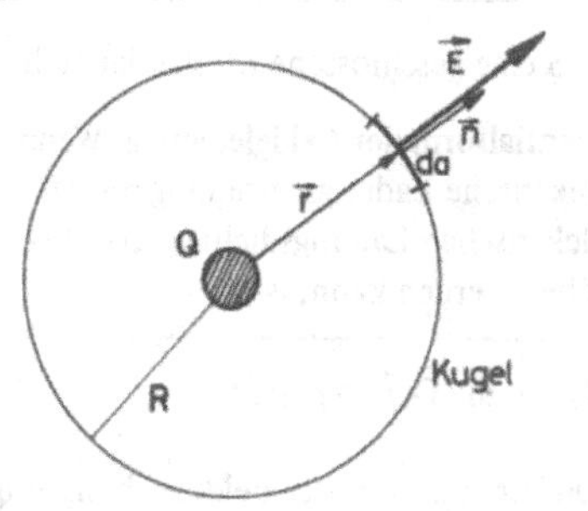

$$\int_{Kugel} \vec{E}\,\vec{n}\, da = \int_{Kugel} \frac{Q}{4\pi\epsilon_0} r^{-3}(\vec{r}\cdot\vec{r})r^{-1} \cdot r^2 \sin\Theta\, d\Theta\, d\phi$$

$$= \frac{Q}{4\pi\epsilon_0} \int_{Kugel} \sin\Theta\, d\Theta\, d\phi = \frac{Q}{\epsilon_0}$$

Definition. Das Oberflächenintegral wird vereinfacht, wenn man den Vektor $\vec{D}(\vec{r})$, die *dielektrische Verschiebung*, einführt. Im Vakuum ist $\vec{D}(\vec{r})$ definiert als

$$\vec{D}(\vec{r}) = \epsilon_0 \vec{E}(\vec{r}) \tag{5.11}$$

Für das Vakuum stellt die Beziehung zwischen $\vec{D}(\vec{r})$ und $\vec{E}(\vec{r})$ nur eine Maßänderung dar. Diese Verknüpfung ist jedoch anders und erhält eine physikalische Bedeutung, sobald der Raum von Materie erfüllt ist (siehe Kap. 5.2).

Das *Oberflächenintegral von* $\vec{D}$ *um eine Punktladung* Q ist

$$\int_{Kugel} \vec{D}\, d\vec{a} = \int_{Kugel} \vec{D}\,\vec{n}\, da = Q$$

Einheit. Die Einheit von $\vec{D}$ ist $1\ C/m^2 = 1\ As/m^2$.

5.1.3.5 Die Feldgleichung der Elektrostatik

Die Feldgleichung der Elektrostatik heißt auch

Gaußscher Satz der Elektrostatik

3. Maxwellsche Gleichung

Integralform der Feldgleichung. In Verallgemeinerung des obigen Oberflächenintegrals (5.1.3.4) gilt für die dielektrische Verschiebung einer elektrischen Ladungsverteilung

$$\int_S \vec{D}(\vec{r}) \cdot d\vec{a}(\vec{r}) = \int_S \vec{D}(\vec{r}) \cdot \vec{n}(\vec{r}) \cdot da(\vec{r}) = Q(\text{in } S) \tag{5.12}$$

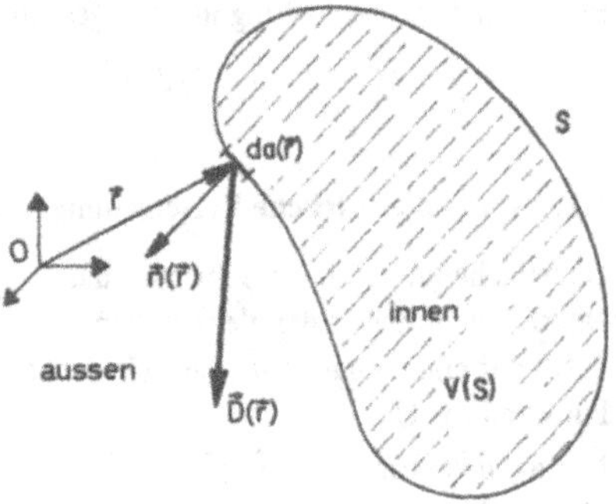

wobei S eine geschlossene Fläche darstellt.

S
da($\vec{r}$)
$\vec{r}$
O
$\vec{n}(\vec{r})$
innen
aussen
V(S)
$\vec{D}(\vec{r})$

Differentialform der Feldgleichung. Wenn die elektrische Ladungsverteilung mit einer elektrischen Ladungsdichte $\rho_{el}(\vec{r})$ beschrieben werden kann, ist

$$\operatorname{div} \vec{D}(\vec{r}) = \rho_{el}(\vec{r}) \tag{5.13}$$

Die Differentialform der Feldgleichung folgt aus der Integralform durch Anwendung des mathematischen Satzes von K. F. G a u ß (1777–1855).

$$Q\,(\text{in } S) = \int_{V(S)} \rho_{el}(\vec{r}) \cdot dV = \int_S \vec{D}(\vec{r}) \cdot d\vec{a} = \int_{V(S)} \operatorname{div} \vec{D}(\vec{r}) \cdot dV$$

Da diese Beziehung für jede beliebige geschlossene Fläche S mit dem Volumen V(S) gilt, ergibt sich $\operatorname{div} \vec{D}(\vec{r}) = \rho_{el}(\vec{r})$.

Die elektrischen Ladungen sind demnach die *Quellen* der dielektrischen Verschiebung.

5.1.3.6 Die Feldgleichung bei fehlender elektrischer Raumladung

Für Medien ohne elektrische Raumladung gilt

$$\operatorname{div} \vec{D}(\vec{r}) = 0 \quad \text{und} \quad \int_S \vec{D}(\vec{r}) \cdot d\vec{a}(\vec{r}) = 0 \tag{5.14}$$

Diese Beziehungen sind *analog* zu den Kontinuitätsgleichungen der inkompressiblen Flüssigkeiten. Für das Geschwindigkeitsfeld $\vec{v}(\vec{r})$ gilt

$$\operatorname{div} \vec{v}(\vec{r}) = 0 \quad \text{und} \quad \int_S \vec{v}(\vec{r}) \cdot d\vec{a}(\vec{r}) = 0$$

5.1.3.7 Feld einer elektrischen Ladungsverteilung

Problem

Gegeben: Vakuum, gekennzeichnet durch ϵ_0, und elektrische Ladungsverteilung, gekennzeichnet durch $\rho_{el}(\vec{r})$.
Randbedingungen: $U(\vec{r}) = 0$ für $r = \infty$; $\vec{E}(\vec{r}) = 0$ für $r = \infty$.
Gesucht: $U(\vec{r})$; $\vec{E}(\vec{r})$.

Potentialgleichung

$$\rho_{el}(\vec{r}) = \operatorname{div} \vec{D}(\vec{r}) = \epsilon_0 \operatorname{div} \vec{E}(\vec{r}); \qquad \vec{E}(\vec{r}) = -\operatorname{grad} U(\vec{r})$$

$$-\frac{1}{\epsilon_0}\rho_{el}(\vec{r}) = -\operatorname{div} \vec{E}(\vec{r}) = +\operatorname{div}\operatorname{grad} U(\vec{r}) = \Delta U(\vec{r})$$

(5.15) $$\boxed{\Delta U(\vec{r}) = -\frac{1}{\epsilon_0}\rho_{el}(\vec{r})}$$ Potentialgleichung, Poisson-Gleichung

Lösung. In Analogie zum elektrischen Feld und Potential einer Gesamtheit von räumlich verteilten Punktladungen (5.1.3.2) gilt für eine elektrische Ladungsverteilung:

$$U(\vec{r}) = \frac{1}{4\pi\epsilon_0}\int_{V'} \frac{1}{|\vec{r}-\vec{r}'|}\rho_{el}(\vec{r}')\,dV'(\vec{r}')$$

$$\vec{E}(\vec{r}) = -\operatorname{grad} U(\vec{r}) = \frac{1}{4\pi\epsilon_0}\int_{V'} \frac{\vec{r}-\vec{r}'}{|\vec{r}-\vec{r}'|^3}\rho_{el}(\vec{r}')\,dV'(\vec{r}')$$

Diese Formeln bilden die Lösung der Differentialgleichung (5.15) und des gestellten Problems.

5.1.4 Elektrostatik von Metallen

5.1.4.1 Das Innere von Metallen

Das elektrische Feld. Im Innern eines Metalles befinden sich frei bewegliche Ladungsträger, d. h. quasifreie Elektronen mit der Ladung $-e$ und der Masse m, welche sich unter dem Einfluß eines elektrischen Feldes $\vec{E}$ bewegen. Bei Metallen im Normalzustand wirkt auf die bewegten Ladungsträger ein *Reibungswiderstand*, der proportional zur Geschwindigkeit $\vec{v}$ angenommen werden kann. Die Bewegungsdifferentialgleichung der Ladungsträger lautet daher

$$-e\,\vec{E} = m\frac{d\vec{v}}{dt} + \alpha\vec{v}$$

Für Metalle im *supraleitenden Zustand* ist der Reibungswiderstand praktisch Null (5.4.5).

In der Elektrostatik wird vorausgesetzt, daß die elektrischen Ladungsträger sich in Ruhe befinden. Somit gilt

(5.16) $\vec{E}$(im Innern des Metalls) = 0

Das elektrostatische Potential. Wegen $\vec{E} = 0$ im Innern des Metalls und der Beziehung

$$U(\vec{r}) = U(\vec{r}_0) - \int_{\vec{r}_0}^{\vec{r}} \vec{E}(\vec{r}\,') \cdot d\vec{r}\,'$$

gilt in der *Elektrostatik*

(5.17) U(im Innern des Metalls) = const

Die elektrische Ladung. Im Innern des Metalls heben sich die elektrischen Ladungen der Leitungselektronen und der Metallionen gegenseitig auf.

(5.18) Q(im Innern des Metalls) = 0, ρ_{el}(im Innern des Metalls) = 0

Beweis: $\operatorname{div} \vec{D} = \operatorname{div} \epsilon_0 \vec{E} = \rho_{el} = 0$.

5.1.4.2 Die Oberfläche des Metalls

Das elektrische Feld. Das elektrische Feld $\vec{E}^a$ an der Außenseite des Metalls zerlegen wir in eine Komponente $\vec{E}^a_\parallel$ parallel und in eine Komponente $\vec{E}^a_\perp$ senkrecht zur Oberfläche. In der *Elektrostatik* gilt für die Metalloberfläche

(5.19) $\vec{E}^a_\parallel = 0, \qquad \vec{E}^a = \vec{E}^a_\perp$

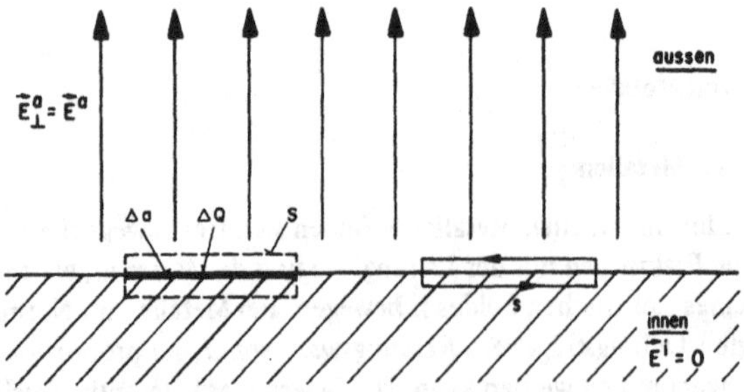

Beweis: Elektrostatische Felder sind wirbelfrei (rot $\vec{E} = 0$). Der Satz von G. G. Stokes (1819–1903) liefert bei Integration über eine Schlaufe s

$$0 = \oint_s \vec{E}\, d\vec{s} = \frac{s}{2} (E^a_\parallel - E^i_\parallel)$$

Da das Feld $\vec{E}^i$ im Innern des Leiters verschwindet, folgt daraus $\vec{E}^a_\parallel = 0$.

Das elektrostatische Potential. Im Innern des Metalls ist $\vec{E} = 0$ und an der Oberfläche $\vec{E}_\parallel = 0$. Dies bedingt in der Elektrostatik

(5.20)	U(an der Oberfläche des Metalls) = U(im Innern des Metalls) = const

Die Oberfläche eines elektrischen Leiters ist eine *Äquipotentialfläche* (U = const).

Die elektrische Oberflächenladung. Bei elektrostatischen Problemen sitzt die elektrische Ladung an der Oberfläche des Metalls. Die Ladung ist bestimmt durch die Feldgleichung der Elektrostatik

$$\Delta Q(\text{in } S) = \Delta Q(\text{an der Oberfläche } \Delta a)$$
$$= \int_S \vec{D}(\vec{r}) \cdot d\vec{a}(\vec{r}) = \int_{\Delta a} \vec{D}(\vec{r}) \cdot d\vec{a}(\vec{r}) = \vec{D}(\vec{r}) \cdot \vec{n}(\vec{r})\, \Delta a = D_\perp \cdot \Delta a$$

Die *elektrische Oberflächenladungsdichte*

$$\sigma_{el}(\vec{r}) = \lim_{\Delta a \to 0} \frac{\Delta Q(\vec{r})}{\Delta a}$$

ist daher

(5.21)	$\sigma_{el}(\vec{r}) = \vec{D}(\vec{r}) \cdot \vec{n}(\vec{r}) = D_\perp(\vec{r}) = \epsilon_0 E_\perp(\vec{r})$

Die dielektrische Verschiebung $\vec{D}$ bestimmt die elektrische Oberflächenladungsdichte σ_{el}.

Einheit. Die *Oberflächenladungsdichte* σ_{el} hat die gleiche Einheit wie die dielektrische Verschiebung $\vec{D}$: $A\,s\,m^{-2}$.

5.1.4.3 Das elektrische Feld zwischen metallischen Körpern

Die elektrischen Feldlinien sind Orthogonaltrajektorien zu den Äquipotentialflächen.

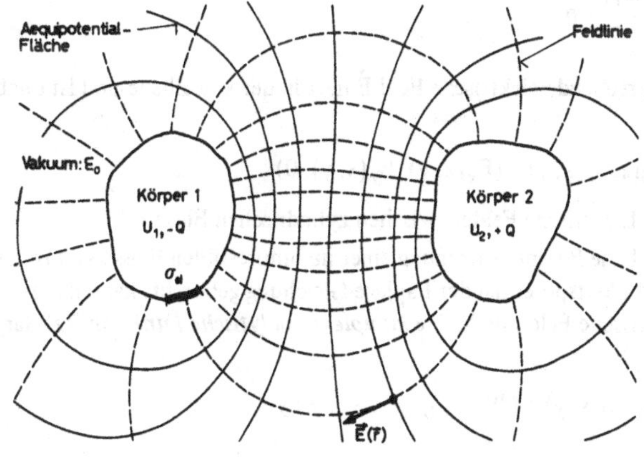

Problem

Gegeben: Zwei metallische Körper mit den Potentialen $U_2 > U_1$ im Vakuum, gekennzeichnet durch ϵ_0 und $\rho_{el} = 0$.

Gesucht: Das elektrische Feld $\vec{E}(\vec{r})$ und das Potential $U(\vec{r})$ im Vakuum zwischen den Körpern, die Oberflächenladungsdichte $\sigma_{el}(\vec{r})$ und die elektrischen Ladungen $\pm Q$.

Differentialgleichung. Im Vakuum gilt div $\epsilon_0\vec{E}(\vec{r}) = \rho_{el} = 0$; $\vec{E}(\vec{r}) = -\operatorname{grad} U(\vec{r})$.

(5.22) $$\boxed{\Delta U(\vec{r}) = 0}$$ Laplace-Gleichung

Randbedingungen

im Vakuum: $U(r = \infty) = 0, \vec{E}(r = \infty) = 0$

an den Metalloberflächen: $U(\vec{r} \text{ auf Oberfläche } 1) = U_1$

$U(\vec{r} \text{ auf Oberfläche } 2) = U_2$

Lösung. Die Differentialgleichung $\Delta U(\vec{r}) = 0$ mit den angegebenen Randbedingungen muß mathematisch gelöst werden. Ausgehend von der Lösung $U(\vec{r})$ berechnet man

$$\vec{E}(\vec{r}) = -\operatorname{grad} U(\vec{r})$$

$$\sigma_{el}(\vec{r} \text{ auf Oberfläche } 1) = \epsilon_0 E_\perp(\vec{r} \text{ auf Oberfläche } 1)$$

$$\sigma_{el}(\vec{r} \text{ auf Oberfläche } 2) = \epsilon_0 E_\perp(\vec{r} \text{ auf Oberfläche } 2)$$

$$Q = \int_{\text{Oberfläche 2}} \epsilon_0 \vec{E}(\vec{r})\, d\vec{a}(\vec{r}) = -\int_{\text{Oberfläche 1}} \epsilon_0 \vec{E}(\vec{r})\, d\vec{a}(\vec{r})$$

5.1.4.4 Komplexe Darstellung zweidimensionaler elektrischer Felder

Zweidimensionale elektrische Felder im ladungsfreien Raum sind durch ein elektrisches Potential $U(x, y)$ gekennzeichnet, das die Laplace-Gleichung

$$\frac{\partial^2 U}{\partial x^2} + \frac{\partial^2 U}{\partial y^2} = 0$$

erfüllt. Das entsprechende elektrische Feld $\vec{E}$ liegt in der x, y-Ebene und ist unabhängig von z:

$$\vec{E} = -\operatorname{grad} U(x, y) = (E_x(x, y), E_y(x, y), 0)$$

B e i s p i e l e : Elektrische Felder zwischen zylindrischen Elektroden.

Ebenso wie die ebene Potentialströmung einer inkompressiblen Flüssigkeit (4.5.4), deren Geschwindigkeitspotential der Laplace-Gleichung gehorcht, kann das zweidimensionale elektrische Feld durch eine *komplexe analytische Funktion* f(z) dargestellt werden:

$$f = f(z) = U(x, y) + i\,W(x, y), \qquad z = x + i\,y$$

Dabei bedeuten

$U = U(x, y)$ das elektrische Potential

$W = W(x, y)$ die Feldlinienfunktion

Aus dieser Darstellung ergibt sich für

die Äquipotentialfläche: $U = U(x, y) = \text{const}$

die Feldlinie: $W = W(x, y) = \text{const}$

das elektrische Feld: $E = E_x + i E_y = -\left(\frac{df}{dz}\right)^*$

das elektrische Potential: $U(z) = U(z_0) - \text{Re} \int_{z_0}^{z} E^* dz$

das Integral der dielektrischen Verschiebung $\vec{D}$ über eine Zylinderoberfläche der Länge L

$$Q = \int \vec{D} \cdot \vec{n}\, da = \int \epsilon_0 \vec{E} \cdot \vec{n}\, da = -i L \epsilon_0 \oint E^* dz = \epsilon_0 L \mho W(x, y),$$

wobei Q die elektrische Ladung innerhalb der Zylinderoberfläche darstellt.

Elektrisches Feld um einen Kreiszylinder. Elektrisches Feld um eine kreiszylindrische Elektrode mit dem Radius r_0, der Länge L und der elektrischen Ladung Q.

$$f(z) = \frac{1}{2\pi \epsilon_0} \frac{Q}{L} \ln \frac{z}{r_0} \tag{5.23}$$

Polarkoordinaten: $z = r\, e^{i\varphi}$, $dz = e^{i\varphi}(dr + ir\, d\varphi)$

$$f(r, \varphi) = \frac{1}{2\pi \epsilon_0} \frac{Q}{L} \left(\ln \frac{r}{r_0} + i\varphi \right), \qquad U(r, \varphi) = \frac{1}{2\pi \epsilon_0} \frac{Q}{L} \cdot \ln \frac{r}{r_0}$$

$$W(r, \varphi) = \frac{1}{2\pi \epsilon_0} \frac{Q}{L} \cdot \varphi, \qquad \mho W(r, \varphi) = \frac{Q}{\epsilon_0 L}, \qquad E(r, \varphi) = \frac{-1}{2\pi \epsilon_0} \frac{Q}{L} r^{-1} e^{+i\varphi}$$

Elektrodenoberfläche: $r = r_0$, φ = beliebig; $U = U(r_0, \varphi) = 0$.

5.1.5 Elektrische Kondensatoren

Elektrische Kondensatoren dienen zur Speicherung elektrischer Ladung und Energie (5.1.6). Sie bestehen im Prinzip aus zwei isolierten Metallelektroden, welche mit den elektrischen Ladungen $\pm Q$ aufgeladen sind.

5.1.5.1 Die elektrische Kapazität

Definition. Bringt man die elektrischen Ladungen $\pm Q$ auf zwei isolierte Metallelektroden, so entsteht zwischen ihnen eine elektrische Spannung V(2,1), die proportional zu Q ist:

$$V(2,1) = U_2 - U_1 = \frac{1}{C(2,1)} Q \tag{5.24}$$

C(2,1) definiert die elektrische Kapazität des Kondensators, der von den zwei Elektroden 1 und 2 gebildet wird. Die elektrische Kapazität C ist abhängig von der Form und den Abmessungen der beiden Metallelektroden, sowie vom dazwischen liegenden isolierenden Medium. Dagegen wird C von Q und V nicht beeinflußt.

Einheit. Die elektrische Kapazität wird zu Ehren von M. F a r a d a y (1791–1867) in *Farad* gemessen:

$$1 \text{ F} = 1 \text{ Farad} = \frac{1 \text{ Coulomb}}{\text{Volt}} = \frac{1 \text{ A s}}{\text{V}}$$

5.1.5.2 Der Plattenkondensator

Aufbau. Der Plattenkondensator besteht aus zwei gleichen, kreisrunden, ebenen, parallelen Metallplatten mit den Flächen A, deren Abstand d sehr gering ist ($d^2 \ll A$).

Elektrische Kapazität. Wir nehmen an, daß der Plattenkondensator sich im Vakuum befindet. Dann ist seine elektrische Kapazität C

$$C = \epsilon_0 \frac{A}{d} \tag{5.25}$$

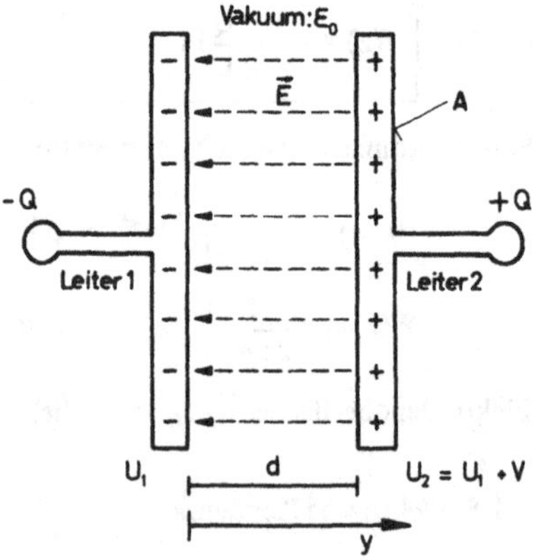

Ferner gilt

$$E = \frac{V}{d}, \qquad D = \frac{Q}{A} \tag{5.26}$$

B e i s p i e l :
$A = 1 \text{ m}^2$
$d = 1 \, \mu\text{m} = 10^{-6} \text{ m}$
$C = 8{,}85 \, \mu\text{F}$
$V = 1 \text{ Volt}$
$Q = 8{,}85 \cdot 10^{-6} \text{ A s}$
$D = 8{,}85 \cdot 10^{-6} \text{ A s m}^{-2}$
$E = 10^6 \text{ V m}^{-1}$

B e w e i s : Der Abstand d der beiden Platten sei so gering, daß der Plattenrand das elektrische Feld $\vec{E}$ zwischen den Platten nicht beeinflußt. Daher dürfen wir annehmen

$$\vec{E} = \{0, -E, 0\} = \text{const}$$

Daraus folgt

$$U = U(y) = U_1 - \int_0^y (-E)\, dy = U_1 + Ey$$

$$U(d) = U_1 + Ed = U_1 + V = U_2$$

$$E = \frac{V}{d}$$

U(y) erfüllt die Differentialgleichung $\Delta U = 0$:

$$\Delta U = \Delta U(y) = \frac{d^2}{dy^2}(U_1 + Ey) = 0$$

Entsprechend unsern Voraussetzungen sind die elektrischen Ladungen gleichmäßig über die innern Oberflächen verteilt:

$$\sigma_{el} = \frac{Q}{A} = D = \epsilon_0 \, E$$

$$Q = D\,A = \epsilon_0 \, E\,A = \epsilon_0 \frac{V}{d} A = \epsilon_0 \frac{A}{d} V = C\,V$$

5.1.5.3 Der Kugelkondensator

Aufbau. Die isolierten Metallelektroden des Kugelkondensators sind zwei dünne konzentrische Hohlkugeln mit den Radien $R_1 > R_2$.

Elektrische Kapazität. Befinden sich die beiden Hohlkugeln im Vakuum, dann ist ihre elektrische Kapazität

$$C = 4\pi \, \epsilon_0 \frac{R_1 R_2}{R_1 - R_2} \tag{5.27}$$

B e w e i s : Wegen der Kugelsymmetrie des Kondensators ergibt der Gaußsche Satz der Elektrostatik (5.12) das Potential

$$U(R) = \frac{1}{4\pi \, \epsilon_0} \frac{Q}{R}$$

und die elektrische Spannung

$$V(2,1) = U(R_2) - U(R_1)$$

5.1.5.4 Der Zylinder-Kondensator

Aufbau. Die isolierten Metallelektroden des Zylinder-Kondensators sind zwei dünne koaxiale Hohlzylinder mit den Radien $r_1 > r_2$ und der Länge L. Die Länge L soll so groß sein, daß die elektrischen Felder an den beiden Enden des Kondensators vernachlässigt werden können.

Elektrische Kapazität. Befindet sich Vakuum zwischen den beiden Metallelektroden des Zylinder-Kondensators, so ist dessen elektrische Kapazität

$$C = 2\pi \, \epsilon_0 \, L \, (\ln r_1 - \ln r_2)^{-1} \tag{5.28}$$

B e w e i s : Aus dem Potential $U(r, \varphi)$ des elektrischen Feldes (5.23) um eine kreiszylindrische Metallelektrode mit der Ladung Q ergibt sich für den Zylinder-Kondensator die Spannung

$$V(2,1) = \frac{1}{2\pi \, \epsilon_0} \frac{Q}{L} \ln \frac{r_1}{r_2}$$

5.1.6 Die Energie im elektrischen Feld

5.1.6.1 Die potentielle Energie im Kondensator

Die potentielle Energie E_{pot} in einem Kondensator mit der Kapazität C beträgt

$$E_{pot} = \frac{C}{2} V^2 = \frac{Q^2}{2C} \tag{5.29}$$

B e w e i s : Berechnung der Arbeit beim Auf- und Entladen des Kondensators

$$W(Q, Q + \Delta Q) = V \cdot \Delta Q = Q \cdot \frac{\Delta Q}{C}$$

$$W(0, Q) = \int_0^Q \frac{1}{C} Q \, dQ = \frac{Q^2}{2C} = E_{pot}(Q)$$

$$W(Q_1, Q_2) = E_{pot}(Q_2) - E_{pot}(Q_1)$$

B e i s p i e l : $C = 8{,}85\ \mu F$, $V = 1$ Volt:

$Q = 8{,}85 \cdot 10^{-6}$ A s, $\quad E_{pot} = 4{,}43 \cdot 10^{-6}$ J

5.1.6.2 Die Energiedichte des elektrischen Feldes

Die Energiedichte des elektrischen Feldes $\vec{E}$ im Vakuum ist

$$w_{el} = \epsilon_0 \frac{\vec{E}^2}{2} = \frac{\vec{E} \cdot \vec{D}}{2} \tag{5.30}$$

B e w e i s : Die potentielle elektrische Energie des geladenen Plattenkondensators steckt im elektrischen Feld zwischen den Platten. Da $\vec{E}$ im Kondensator konstant ist, folgt daraus

$$E_{pot} = \frac{C}{2} \cdot V^2 = \frac{1}{2} \epsilon_0 \frac{A}{d} (Ed)^2 = \frac{1}{2} \epsilon_0 E^2 (Ad) = \frac{1}{2} \epsilon_0 E^2 \,\text{Vol} = w_{el} \cdot \text{Vol}$$

B e i s p i e l : $E = 10^6\ \text{V m}^{-1}$, $w_{el} = 4{,}43\ \text{J m}^{-3}$.

5.1.7 Kräfte im elektrischen Feld

5.1.7.1 Die Kraft auf eine Punktladung

Die Kraft $\vec{F}(\vec{r})$ auf eine elektrische Punktladung q am Ort $\vec{r}$ in einem elektrischen Feld $\vec{E}(\vec{r})$ ist entsprechend der Definition des elektrischen Feldes

$$\vec{F}(\vec{r}) = q \cdot \vec{E}(\vec{r}) \tag{5.31}$$

5.1.7.2 Die Volumenkraft des elektrischen Feldes

Die Volumenkraft $\vec{F}_{V,el}(\vec{r})$ auf eine elektrische Raumladung mit der Dichte $\rho_{el}(\vec{r})$ am Ort $\vec{r}$ des elektrischen Feldes $\vec{E}(\vec{r})$ ist

$$(5.32)\qquad \vec{F}_{V,el}(\vec{r}) = \lim_{\Delta V \to 0} \frac{\Delta\vec{F}(\vec{r})}{\Delta V} = \rho_{el}(\vec{r}) \cdot \vec{E}(\vec{r})$$

B e w e i s : Die Kraft $\Delta\vec{F}(\vec{r})$ auf ein kleines Volumen ΔV mit der elektrischen Ladung $\Delta Q = \rho_{el}(\vec{r}) \cdot \Delta V$ ist:

$$\Delta\vec{F}(\vec{r}) = \Delta Q \cdot \vec{E}(\vec{r}) = \Delta V \cdot \rho_{el}(\vec{r}) \cdot \vec{E}(\vec{r})$$

5.1.7.3 Die Kraft auf eine elektrisch geladene Metalloberfläche

Die mechanische Spannung σ_{Maxw} auf eine elektrisch geladene Metalloberfläche mit der Oberflächenladungsdichte $\sigma_{el} = D_\perp = \epsilon_0 E_\perp$ wird bestimmt durch die Beziehung

$$(5.33)\qquad \sigma_{Maxw} = \lim_{\Delta A \to 0} \frac{\Delta F(\vec{r})}{\Delta A} = \frac{\epsilon_0}{2}\vec{E}^2 = \frac{\vec{E}\cdot\vec{D}}{2}$$

σ_{Maxw} ist eine Zugspannung und wird als *Maxwellsche Spannung* bezeichnet.

B e a c h t e : Die Maxwellsche Spannung ist gleich der elektrischen Energiedichte im angrenzenden felderfüllten Raum.

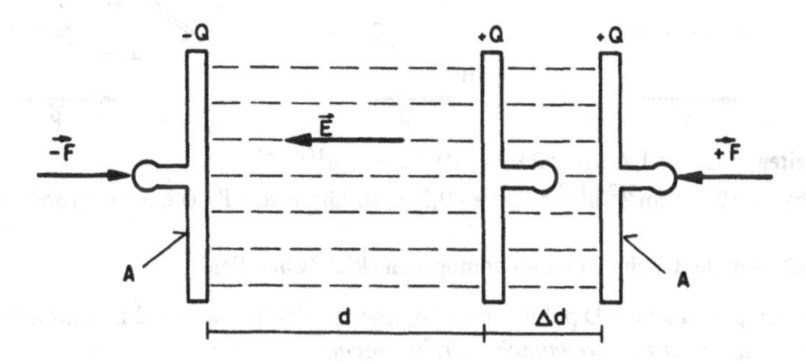

B e w e i s : Bestimmung der Kräfte $\pm\vec{F}$ auf die Platten eines Plattenkondensators durch Berechnung der Arbeit, welche zur Vergrößerung des Plattenabstandes d um Δd bei konstanter elektrischer Ladung Q notwendig ist:

$$W(d, d + \Delta d) = F \cdot \Delta d = E_{pot}(d + \Delta d) - E_{pot}(d) = \frac{Q^2}{2\epsilon_0 A}\Delta d = \frac{\epsilon_0}{2}\vec{E}^2 \cdot A \cdot \Delta d$$

$$\sigma_{Maxw} = \frac{F}{A} = \frac{\epsilon_0}{2} \cdot \vec{E}^2$$

B e i s p i e l : $E = 10^6\ V\,m^{-1}$, $\sigma_{Maxw} = 4{,}43\ N\,m^{-2}$.

A n w e n d u n g e n : Elektrostatisches Voltmeter, Waage von W. T h o m s o n (Lord Kelvin) (1824–1907).

5.1.8 Permanente elektrische Dipole

5.1.8.1 Definition des elektrischen Dipols

Der elektrische Dipol ist ein elektrisch neutrales Gebilde. Idealisiert besteht er aus zwei entgegengesetzten elektrischen Punktladungen $-Q$ und $+Q$ mit dem Verbindungsvektor $\vec{a}$. Er wird charakterisiert durch sein elektrisches *Dipolmoment* $\vec{p}$.

Nach *Definition* ist in der *Physik*:

$$\vec{p} = Q\,\vec{a} \tag{5.34}$$

In der *Chemie* wird das elektrische Dipolmoment $\vec{p}_{Ch}$ mit dem entgegengesetzten Vorzeichen versehen, da die Dipolmomente von Molekülen dadurch entstehen, daß die Valenzelektronen gegenüber dem positiv geladenen Ionengerüst verschoben werden.

$$\vec{p}_{Ch} = Q\,(-\vec{a}) = -Q\,\vec{a} = -\vec{p}$$

In diesem Buch verwenden wir die physikalische Definition. Elektrische Dipole sind *permanent*, wenn sich der Betrag p ihres Dipolmomentes beim Anlegen elektrischer Felder nicht ändert.

Elektrische Dipole in der Natur

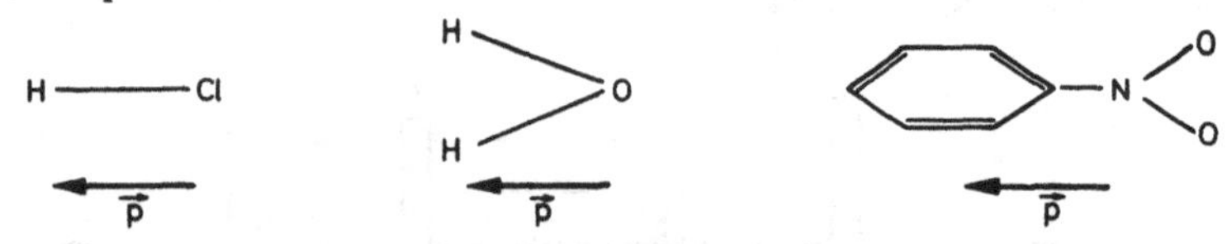

Einheiten. 1 C m = 1 A s m = $2{,}998 \cdot 10^{11}$ $cm^{5/2}\,g^{1/2}\,s^{-1}$

1 Debye = 10^{-18} $cm^{5/2}\,g^{1/2}\,s^{-1} \simeq e \cdot 0{,}2$ Å, zu Ehren von P. Debye (1884–1966)

5.1.8.2 Der elektrische Dipol im homogenen elektrischen Feld

Auf einen permanenten Dipol in einem homogenen elektrischen Feld $\vec{E}$ wirkt *keine Kraft*, sondern *nur ein mechanisches Drehmoment*:

$$\vec{T} = \vec{p} \times \vec{E} \tag{5.35}$$

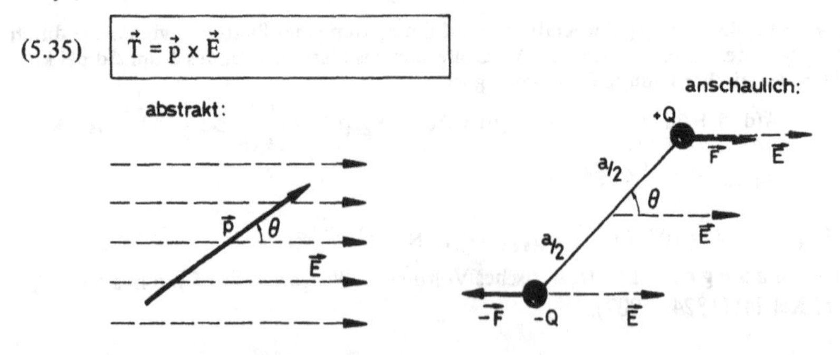

B e w e i s :

$$T = \frac{a}{2} QE \cdot \sin\Theta + \frac{a}{2}(-Q)E(-\sin\Theta) = Qa \cdot \sin\Theta \cdot E = |\vec{p} \times \vec{E}|$$

Dementsprechend besitzt der permanente elektrische Dipol im homogenen elektrischen Feld $\vec{E}$ die *potentielle Energie*

$$E_{pot} = -\vec{p} \cdot \vec{E} \tag{5.36}$$

wobei $E_{pot} = 0$, wenn $\vec{p} \perp \vec{E}$.

B e w e i s :

$$E_{pot} = E_{pot}\left(\Theta = \frac{\pi}{2}\right) + \int_{\pi/2}^{\Theta} T\, d\Theta = 0 + \int_{\pi/2}^{\Theta} pE \sin\Theta\, d\Theta = -pE\cos\Theta$$

Das mechanische Drehmoment $\vec{T}$ verschwindet, wenn $\vec{p}$ parallel oder antiparallel zu $\vec{E}$ ist. $\vec{p}$ parallel zu $\vec{E}$ bedeutet stabiles Gleichgewicht: E_{pot} ist minimal. $\vec{p}$ antiparallel zu $\vec{E}$ bedeutet labiles Gleichgewicht: E_{pot} ist maximal. Im stabilen Gleichgewicht zeigt $\vec{p}$ in Richtung des elektrischen Feldes $\vec{E}$.

5.1.8.3 Der permanente elektrische Dipol im inhomogenen Feld

Der permanente elektrische Dipol darf als hantelförmiger starrer Körper aufgefaßt werden. Die Wirkung eines inhomogenen elektrischen Feldes $\vec{E}(\vec{r})$ auf einen permanenten elektrischen Dipol am Ort $\vec{r}$ kann deshalb mit einer Dyname, bestehend aus der Kraft $\vec{F}(\vec{r})$ und dem mechanischen Drehmoment $\vec{T}(\vec{r})$, dargestellt werden:

$$\begin{aligned} \vec{F}(\vec{r}) &= \{\vec{p}\ \mathrm{grad}\}\ \vec{E}(\vec{r}) \\ \vec{T}(\vec{r}) &= \vec{p} \times \vec{E}(\vec{r}) \end{aligned} \tag{5.37}$$

B e w e i s :

$$\vec{F}(\vec{r}) = Q\,\vec{E}(\vec{r} + \vec{a}) - Q\,\vec{E}(\vec{r}) \simeq Q\{\vec{a} \cdot \mathrm{grad}\}\,\vec{E}(\vec{r}) = \{Q\vec{a} \cdot \mathrm{grad}\}\,\vec{E}(\vec{r})$$

$$\vec{T}(\vec{r}) = \vec{a} \times Q\,\vec{E}(\vec{r} + \vec{a}) \simeq \vec{a} \times Q\,\vec{E}(\vec{r}) = Q\vec{a} \times \vec{E}(\vec{r})$$

5.1.8.4 Das Feld des permanenten elektrischen Dipols im Vakuum

Der elektrische Dipol besitzt ein eigenes elektrisches Feld mit

$$\begin{aligned} U(\vec{r}) &= \frac{1}{4\pi\epsilon_0} \cdot \frac{\vec{p} \cdot \vec{r}}{r^3} \\ \vec{E}(\vec{r}) &= -\mathrm{grad}\ U(\vec{r}) = \frac{1}{4\pi\epsilon_0} \cdot \frac{3(\vec{p} \cdot \vec{r})\vec{r} - (\vec{r} \cdot \vec{r})\vec{p}}{r^5} \end{aligned} \tag{5.38}$$

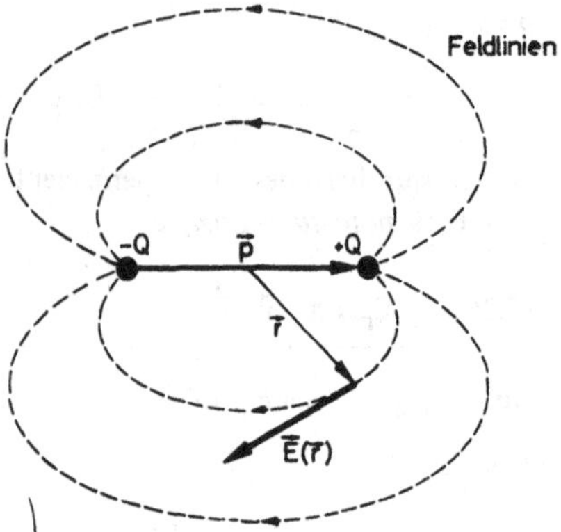

B e w e i s : für $U(\vec{r})$:

Lage der Testladung q: $\vec{r}$

Lage der Dipolladung + Q: $+\Delta\vec{r} = +\vec{p}/2Q$

Lage der Dipolladung − Q: $-\Delta\vec{r} = -\vec{p}/2Q$

Approximation:

$$|\Delta\vec{r}| \ll r = |\vec{r}|,$$

$$|\vec{r} + \Delta\vec{r}| \simeq r\left(1 + \frac{\vec{r}\cdot\Delta\vec{r}}{r^2}\right)$$

Feldlinien

−Q $\vec{p}$ +Q

$\vec{r}$

$\vec{E}(\vec{r})$

$$U(\vec{r}) = \frac{1}{4\pi\epsilon_0}\left(\frac{+Q}{|\vec{r}-\vec{p}/2Q|} + \frac{-Q}{|\vec{r}+\vec{p}/2Q|}\right)$$

$$\simeq \frac{Q}{4\pi\epsilon_0 r}\left(\frac{1}{1-\frac{\vec{p}\cdot\vec{r}}{2Qr^2}} - \frac{1}{1+\frac{\vec{p}\cdot\vec{r}}{2Qr^2}}\right) \simeq \frac{Q}{4\pi\epsilon_0 r}\cdot\frac{\vec{p}\cdot\vec{r}}{Qr^2}$$

5.1.9 Induzierte elektrische Dipole

5.1.9.1 Ein Atom im homogenen elektrischen Feld

Der Effekt. Das elektrische Feld bewirkt eine Verschiebung der negativ geladenen Elektronenwolke gegenüber dem positiv geladenen Kern des Atoms. Dadurch induziert das elektrische Feld einen elektrischen Dipol.

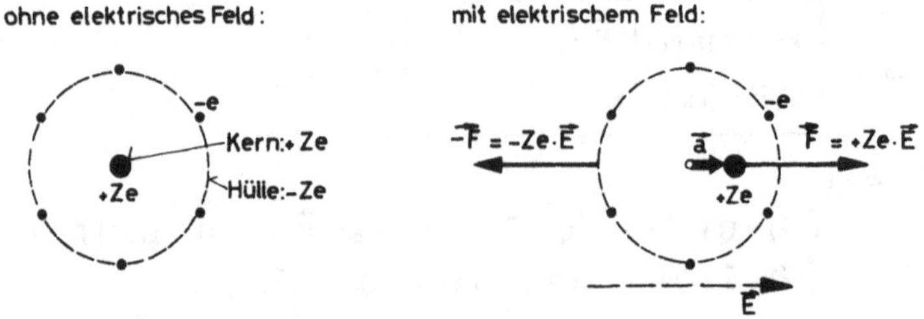

ohne elektrisches Feld:

−e

Kern: +Ze

+Ze

Hülle: −Ze

mit elektrischem Feld:

−e

$-\vec{F} = -Ze\cdot\vec{E}$

$\vec{a}$

$\vec{F} = +Ze\cdot\vec{E}$

+Ze

$\vec{E}$

Dipolmoment und Polarisierbarkeit. Das Moment des induzierten Dipols läßt sich berechnen, wenn formal eine Federkonstante f für die Verschiebung $\vec{a}$ des Kerns gegenüber dem Schwerpunkt der Elektronenwolke eingeführt wird.

$$\vec{F} = Ze\,\vec{E} = f\,\vec{a} \quad \text{und} \quad \vec{p}_{ind} = Ze\cdot\vec{a}$$

(5.39)
$$\boxed{\vec{p}_{ind} = \frac{(Ze)^2}{f}\cdot\vec{E} = \alpha\,\vec{E}}$$

$\vec{p}_{ind}$ ist das *induzierte Dipolmoment* und α *die Polarisierbarkeit*.

Einheit. Die Einheit der Polarisierbarkeit ist

$$1 \text{ Farad m}^2 = 1 \frac{\text{As m}^2}{\text{V}} = 9 \cdot 10^{15} \text{ cm}^3 \text{ (elektrostatische CGS-Einheit)}$$

Tab. 5.1 Polarisierbarkeiten von Atomen und Ionen
α in 10^{-40} Farad m^2

gefüllte Elektronenschale:

He	Ne	Xe	CCl_4	Li^+	K^+	O^{--}	Cl^-	I^-
0,2	0,4	3,5	10	0,03	0,9	3,5	4	7

nichtgefüllte Elektronenschale

H	Li	K	Cs
0,7	13	38	46

5.1.9.2 Potentielle Energie des induzierten Dipols

Die potentielle Energie des induzierten Dipols im homogenen Feld $\vec{E}$ ist

$$E_{pot} = \frac{\alpha}{2} \vec{E}^2 = \frac{\vec{p}_{ind}^2}{2\alpha} = \frac{1}{2} \vec{E} \vec{p}_{ind} \tag{5.40}$$

Beweis:

$$\Delta E_{pot} = W(\vec{p}, \vec{p} + \Delta\vec{p}) = Q \vec{E} \cdot \Delta\vec{a} = \vec{E} \cdot \Delta\vec{p} = \frac{\vec{p}}{\alpha} \cdot \Delta\vec{p}, \qquad E_{pot} = \int_0^{\vec{p}} \frac{\vec{p}}{\alpha} \cdot d\vec{p} = \frac{\vec{p}^2}{2\alpha}$$

5.2 Dielektrische Eigenschaften der Materie

5.2.1 Phänomenologie

Charakteristische Funktion. Bisher wurde vorausgesetzt, daß sich zwischen den elektrischen Ladungen Vakuum befindet. Im vorliegenden Kapitel wird untersucht, was passiert, wenn ein *Dielektrikum*, d. h. elektrischer Isolator, anstelle des Vakuums tritt. Das elektrische Verhalten eines Dielektrikums wird beschrieben durch die temperaturabhängige *Funktion* D(E), wobei im SI-System *für das Vakuum* gilt

$$\vec{D} = \epsilon_0 \cdot \vec{E}$$

Experimentelle Bestimmung der Funktion $\vec{D}(\vec{E})$. Die Funktion $\vec{D}(\vec{E})$ eines isotropen Isolators kann gemessen werden, indem man diesen in den Zwischenraum eines Plattenkondensators mit dem Plattenabstand d und der Fläche A bringt.

Das elektrische Feld $\vec{E}$ und die dielektrische Verschiebung $\vec{D}$ lassen sich unabhängig voneinander aus der am Plattenkondensator angelegten Spannung V und der gemessenen elektrischen Aufladung Q bestimmen.

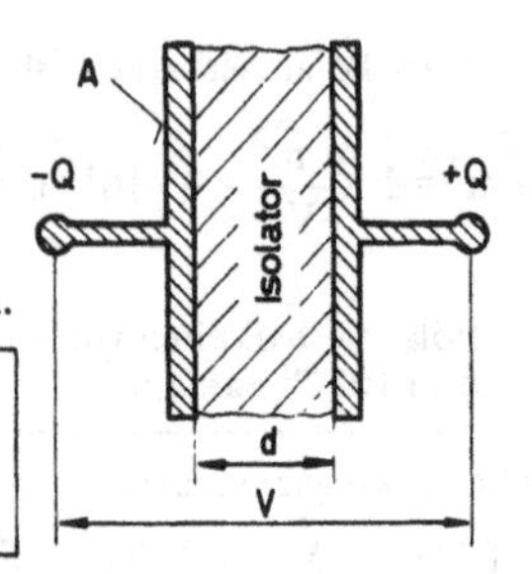

(5.41)
$$E = V/d$$
$$D = Q/A$$

Normale Dielektrika. Für viele Isolatoren ist die Beziehung zwischen $\vec{D}$ und $\vec{E}$ bei jeder Temperatur *linear*, d. h.

(5.42)
$$\vec{D} = \epsilon\, \epsilon_0\, \vec{E} = (1 + \chi_e)\, \epsilon_0\, \vec{E}, \qquad \epsilon \geqslant 1, \quad \chi_e \geqslant 0$$

wobei ϵ als *Dielektrizitätskonstante* und χ_e als *dielektrische Suszeptibilität* bezeichnet wird. Isolatoren, für welche die obige Beziehung gilt, bezeichnet man als Dielektrika. Bei isotropen Dielektrika sind ϵ und χ_e Skalare, bei anisotropen Dielektrika sind sie Tensoren.

Für Dielektrika gelten sämtliche Formeln der *Elektrostatik des Vakuums*, wenn ϵ_0 durch $\epsilon\, \epsilon_0$ ersetzt wird:

(5.43)

Elektrostatik des Vakuums	Elektrostatik der Dielektrika
ϵ_0	$\epsilon \cdot \epsilon_0$

Ferroelektrika. Bei Ferroelektrika hat die Funktion $\vec{D}(\vec{E})$ die Form einer *Hystereseschleife*.

Die ferroelektrische Hysterese verschwindet oberhalb einer bestimmten Temperatur, der *Umwandlungstemperatur* T_u. Charakteristisch für die ferroelektrische Hysterese sind die sogenannte Spontanpolarisation P_s (5.2.4) und das Koerzitivfeld E_C.

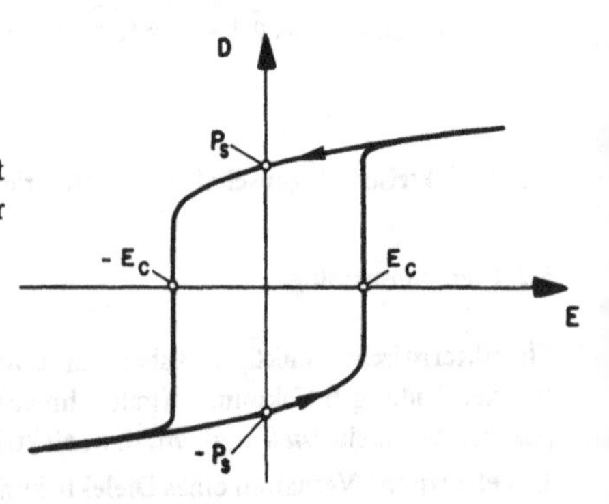

Oberhalb der Umwandlungstemperatur gilt für viele Ferroelektrika bei kleinen Feldern

(5.44)
$$\vec{D} = \epsilon\, \epsilon_0\, \vec{E} = (1 + \chi_e)\, \epsilon_0\, \vec{E}; \qquad \chi_e = \frac{C}{T - T_C}$$

Die Curie-Temperatur T_C, benannt nach P. C u r i e (1859–1906), liegt knapp unterhalb T_u oder fällt mit dieser zusammen. Die Materialkonstante C wird Curie-Konstante genannt.

Beispiele:
$BaTiO_3$: $T_u = 493$ K, $T_C = 385$ K, $C = 1{,}8 \cdot 10^5$ K
KH_2PO_4: $T_u = T_C = 123$ K, $C = 3{,}3 \cdot 10^3$ K

Tab. 5.2 Statische Dielektrizitätskonstanten

Medium		$\epsilon(\omega = 0)$	Kristall	$\epsilon(\omega = 0)$
Vakuum		1	C(Diamant)	5,7
Luft; 760 Torr,	0 °C	1,000 58	Si	12,0
H_2; 760 Torr,	0 °C	1,000 26	Ge	16,0
N_2; 760 Torr,	0 °C	1,000 61	Sn	23,8
SO_2; 760 Torr,	0 °C	1,009 90	GaAs	10,9
Petroleum	18 °C	2,1	InSb	15,7
Äthylalkohol	20 °C	25,8	MgO	3,0
Nitrobenzol	15 °C	37	ZnO	4,6
Wasser	18 °C	81,1	CdS	5,2

Tab. 5.3 Ferroelektrika und ihre Umwandlungstemperaturen

Ferroelektrikum	T_u(K)	Ferroelektrikum	T_u(K)
Seignettesalz	297/255	TGS (Triglyzinsulfat)	322
Seignettesalz, deut.	308/251	$BaTiO_3$	493
KH_2PO_4	123	$PbTiO_3$	763
KD_2PO_4	213	$CdTiO_3$	55
RbH_2PO_4	147	$LiNbO_3$	1420
RbD_2PO_4	218	$KNbO_3$	708

5.2.2 Grenzfläche zwischen zwei Dielektrika

Für jede Grenzfläche zwischen zwei elektrisch neutralen Isolatoren gelten die Beziehungen:

$$D_{1\perp} = D_{2\perp}, \quad E_{1\parallel} = E_{2\parallel} \tag{5.45}$$

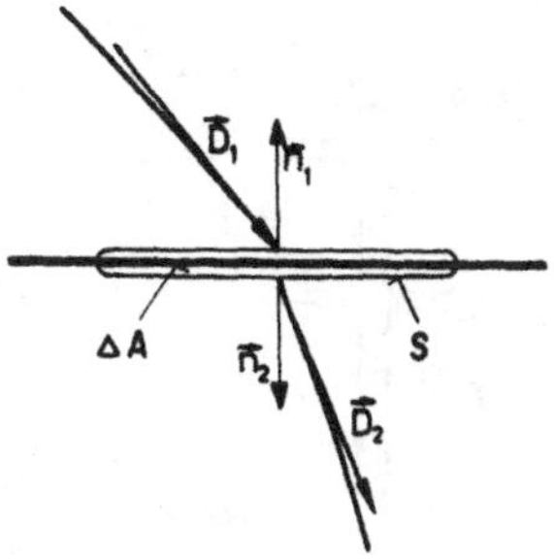

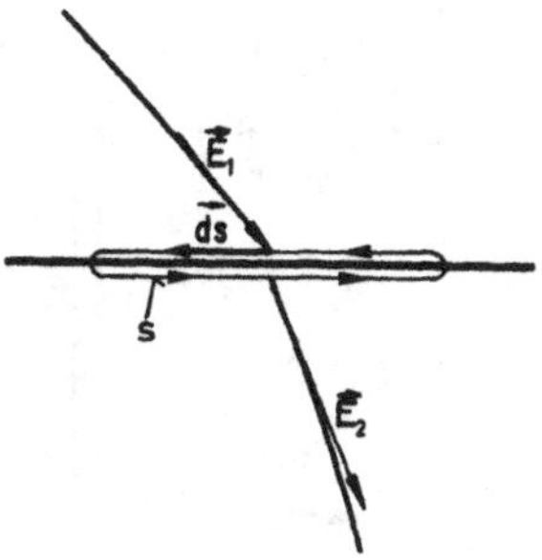

Beweis: Weil die Isolatoren elektrisch neutral sind, gilt $\rho_{el} = \operatorname{div} \vec{D} = 0$ oder für eine Fläche S, welche ein Stück ΔA der Grenzfläche umschließt

$$\int_S \vec{D}\, d\vec{a} = -D_{1\perp}\,\Delta A + D_{2\perp}\,\Delta A = 0 \quad \text{oder} \quad D_{1\perp} = D_{2\perp}$$

Vorausgesetzt, daß sich die Isolatoren nicht in einem zeitlich veränderlichen Magnetfeld befinden, ist das elektrische Feld $\vec{E}$ überall wirbelfrei: rot $\vec{E} = 0$, (5.1.3). Betrachtet man eine Schlaufe s, welche die Grenzfläche zweimal durchdringt, so gilt

$$\oint_s \vec{E}\, d\vec{s} = -E_{1\parallel} \cdot \frac{s}{2} + E_{2\parallel} \cdot \frac{s}{2} = 0 \quad \text{oder} \quad E_{1\parallel} = E_{2\parallel}$$

5.2.3 Die elektrische Polarisation

Die Abweichung der dielektrischen Verschiebung $\vec{D}$ eines Isolators von der dielektrischen Verschiebung $\epsilon_0 \vec{E}$ des Vakuums bezeichnet man als *elektrische Polarisation* $\vec{P}$:

$$\vec{D} = \epsilon_0 \vec{E} + \vec{P} \tag{5.46}$$

Die elektrische Polarisation $\vec{P}$ läßt sich beschreiben als *Dichte der induzierten und permanenten Dipolmomente* $\vec{p}_i$ im Isolator

$$\vec{P} = \frac{1}{\text{Vol}} \sum_i \vec{p}_i \tag{5.47}$$

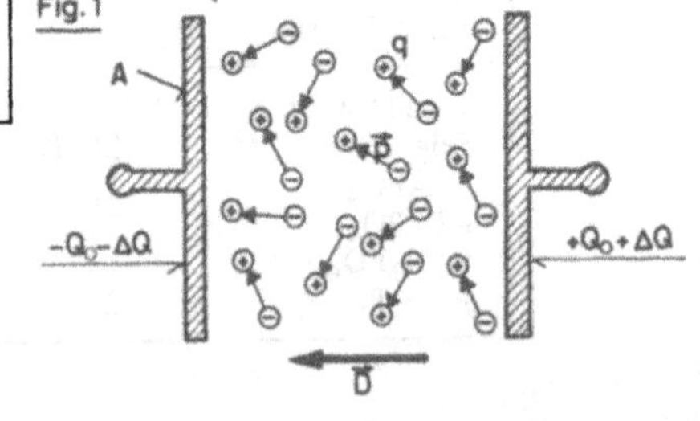

Um diese Beziehung *plausibel zu machen*, betrachten wir einen Plattenkondensator mit dem Plattenabstand d und der Fläche A, der auf die Spannung V aufgeladen ist. Sein Volumen A · d enthalte elektrische Dipolmomente $\vec{p}_i = q\,\vec{a}_i$ (Fig. 1). Die $\vec{p}_i$ werden vektoriell addiert, indem man Ketten bildet (Fig. 2). Dabei kompensieren sich die zusammenfallenden elektrischen Ladungen $\pm q$ der Dipole. Dadurch entstehen makroskopische Dipole mit dem totalen Dipolmoment $\Delta Q \cdot d$ (Fig. 3). Die elektrischen Ladungen $+\Delta Q$ sitzen direkt an den innern Plattenoberflächen des Kondensators und influenzieren in den Platten die Zusatzladungen $\pm \Delta Q$. Diese addieren sich zu den Ladungen $\pm Q_0$ des leeren Kondensators.

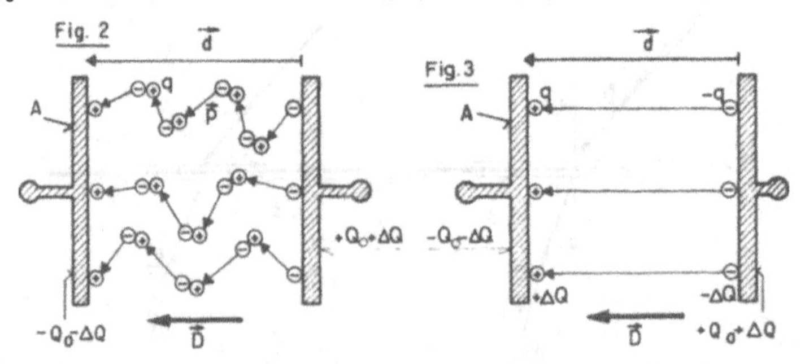

Es gilt:

$$\sum_i \vec{p}_i = \Delta Q \cdot \vec{d}; \qquad \vec{P} = \sum_i \vec{p}_i/\mathrm{Vol} = \frac{\Delta Q\, \vec{d}}{A\, d}; \qquad Q_0 = \epsilon_0 A \cdot E; \qquad Q = Q_0 + \Delta Q;$$

$$\vec{D} = \sigma_{el} \cdot \frac{\vec{d}}{d} = \frac{Q}{A} \frac{\vec{d}}{d} = \frac{Q_0 + \Delta Q}{A} \frac{\vec{d}}{d} = \epsilon_0 \vec{E} + \frac{\Delta Q\, \vec{d}}{A\, d} = \epsilon_0 \vec{E} + \vec{P};$$

5.2.4 Atomistische Deutung der dielektrischen Eigenschaften

Die atomistische Deutung der Funktion $\vec{D}(\vec{E})$ eines Isolators geschieht meist durch Berechnung der Polarisation $\vec{P}$ als Funktion des elektrischen Feldes $\vec{E}$ und der Temperatur T anhand eines Modells. Wegen weitreichender und oft starker elektrostatischer und anderer Wechselwirkungen der elektrischen Dipole ist dies heute nur in wenigen Fällen möglich. Als Beispiel wird hier die Berechnung der Dielektrizitätskonstanten ϵ eines Dielektrikums mit induzierten Dipolen durchgeführt. Dagegen wird die Hysterese der Ferroelektrika nicht atomistisch berechnet, sondern mit deren experimentell beobachtbaren Domänenstruktur erklärt.

Dielektrika mit induzierten Dipolen. Dielektrika ohne permanente Dipole zeigen eine kleine, temperaturunabhängige elektrische Suszeptibilität χ_e, welche von den induzierten elektrischen Dipolen herrührt. Wir betrachten zur Illustration ein Dielektrikum, das pro Einheitsvolumen N identische induzierte Dipole aufweist. Dann gilt für die Polarisation $\vec{P}$

$$\vec{P} = N\, \vec{p}_{ind} = N\, \alpha\, \vec{E}_{lokal}$$

wobei α die Polarisierbarkeit und $\vec{E}_{lokal}$ das elektrische Feld am Ort des induzierten Dipols darstellt. Infolge des Einflusses der umgebenden induzierten Dipole ist dieses verschieden von dem am Dielektrikum angelegten elektrischen Feld $\vec{E}$.

Zur Berechnung von $\vec{E}_{lokal}$ nimmt man das Dielektrikum mit der noch nicht bekannten elektrischen Polarisation $\vec{P}$ und schneidet ein kugelförmiges Loch heraus, in das man den betrachteten induzierten Dipol setzt. Das auf diesen Dipol wirkende Feld $\vec{E}_{lokal}$ ist unabhängig vom Radius des Lochs:

$$\vec{E}_{lokal} = \vec{E} + \frac{1}{3\epsilon_0} \vec{P} \tag{5.48}$$

Beweis:

F. Hund: Theoretische Physik. Bd. II, S. 64. Stuttgart 1964.

G. Joos: Lehrbuch der theoretischen Physik. Frankfurt a. M. 1959.

Berücksichtigt man, daß

$$\vec{P} = (\epsilon - 1)\, \epsilon_0 \vec{E} = \chi_e\, \epsilon_0 \vec{E} \tag{5.49}$$

so findet man durch Kombination der obigen Formeln die Gleichung von R. J. E. Clausius (1822–1888) und O. F. Mossotti (1791–1863)

(5.50)
$$\frac{\epsilon - 1}{\epsilon + 2} = \frac{N\alpha}{3\epsilon_0}.$$

Für Gase läßt sich die Clausius-Mossotti-Gleichung wegen $\epsilon \simeq 1$ vereinfachen

$$\epsilon - 1 = \frac{1}{\epsilon_0} N\alpha$$

Diese Gleichung sagt aus, daß man in verdünnten Systemen die Wechselwirkung der induzierten Dipole vernachlässigen darf. Das auf die Moleküle wirkende lokale Feld ist gleich dem äußeren angelegten Feld.

Ferroelektrika. Durch Auflösen der Clausius-Mossotti-Gleichung nach ϵ erhält man

$$\epsilon = \frac{1 + \frac{2}{3\epsilon_0} N\alpha}{1 - \frac{1}{3\epsilon_0} N\alpha}$$

Falls $N\alpha$ als Funktion der Temperatur gegen $3\epsilon_0$ strebt, kann die Dielektrizitätskonstante sehr groß werden, wie das bei Ferroelektrika der Fall ist.
An der Umwandlungstemperatur wird das Ionengitter instabil, durch Ionenverschiebungen werden spontan Dipolmomente gebildet. Diese sind die Ursache der *Spontanpolarisation* $\vec{P}_s$, welche in der Hystereseschleife sichtbar ist

$$\vec{D}\,(\vec{E} = 0) = \vec{P}_s$$

Die Richtung der Spontanpolarisation kann durch Anlegen eines elektrischen Feldes umgeklappt werden, was Sprünge in der Hystereseschleife bewirkt.

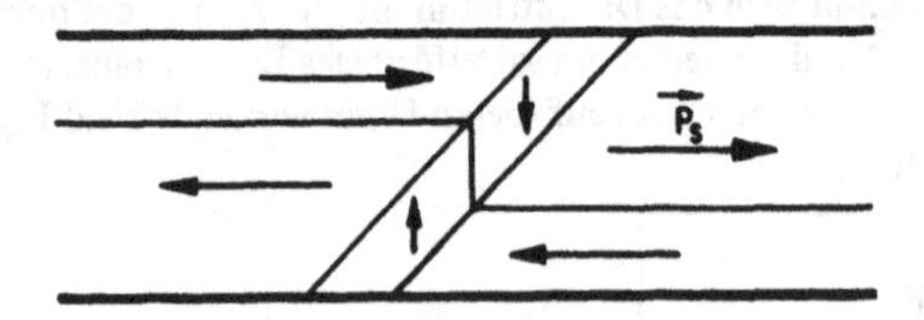

Meistens sind ferroelektrische Kristalle in Bereiche mit homogener Spontanpolarisation aufgespalten. Man nennt diese Bereiche *ferroelektrische Domänen*. Die Domänen sind durch Domänenwände voneinander abgegrenzt.

5.2.5 Dielektrische Dispersion

Das Phänomen. Ist das auf das Dielektrikum einwirkende elektrische Feld $\vec{E}$ zeitlich periodisch, so ist die Dielektrizitätskonstante ϵ im allgemeinen von dessen Kreisfrequenz ω abhängig:

$$\epsilon = \epsilon(\omega)$$

Diese Abhängigkeit bezeichnet man als *dielektrische Dispersion*. Die untenstehende Figur zeigt schematisch die Dispersionsrelation eines Festkörpers.

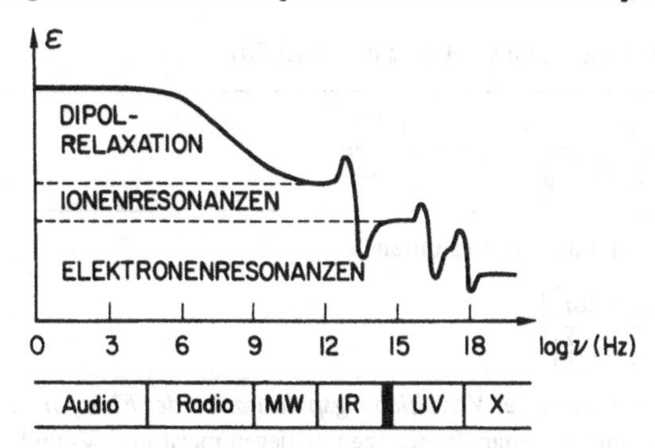

Fig. 5.4 Dielektrische Dispersion: statische und optische Dielektrizitätskonstanten (DK) von Alkalihalogeniden

Kristall	statische DK $\epsilon(\omega = 0)$	optische DK $\epsilon(\omega \to \infty)$	Kristall	statische DK $\epsilon(\omega = 0)$	optische DK $\epsilon(\omega \to \infty)$
LiF	9,01	1,96	NaCl	5,90	2,34
LiCl	11,95	2,78	KCl	4,84	2,19
LiBr	13,25	3,17	RbCl	4,92	2,19
LiI	16,85	3,80	CsCl	7,20	2,62

Modell. Man betrachtet ein Dielektrikum mit induzierten Dipolen p_{ind} (5.1.9) und berechnet deren Polarisierbarkeit α als Funktion der Kreisfrequenz ω des elektrischen Feldes $\vec{E}$. Nimmt man an, daß die induzierten Dipole entstehen durch die Verschiebungen x einzelner Elektronen mit der Masse m und der elektrischen Ladung $-e$ gegenüber den positiv geladenen Atomkernen, so erhält man

$$p_{ind} = -e\,x$$

In erster Näherung sind die Elektronen elastisch mit der Federkonstanten f an ihre Kerne gebunden. Daraus resultiert für die Elektronen folgende Bewegungsgleichung

$$m\ddot{x} = -f\,x - e\,E_0 e^{i\omega t}$$

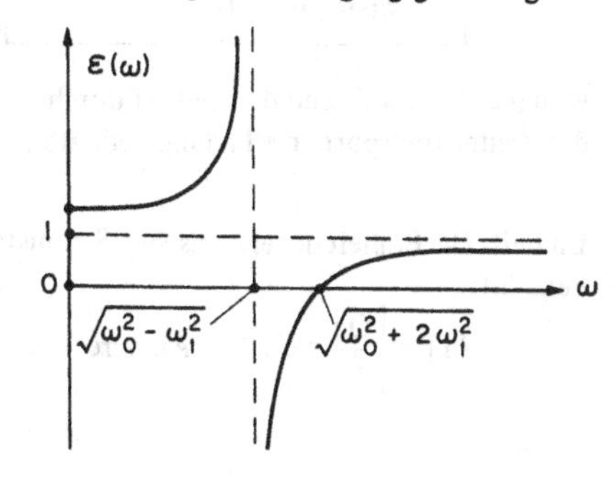

Die stationäre Schwingung der Elektronen ist die partikuläre Lösung dieser linearen inhomogenen Differentialgleichung

$$x(t) = -e\,E_0\,m^{-1}(\omega_0^2 - \omega^2)^{-1} \cdot e^{i\omega t}$$

mit $\omega_0^2 = f\,m^{-1}$

Daraus ergibt sich die frequenzabhängige Polarisierbarkeit

$$\alpha(\omega) = \frac{e^2}{m} \frac{1}{\omega_0^2 - \omega^2}$$

und nach der Formel von Clausius-Mossotti (5.50)

$$\frac{\epsilon(\omega) - 1}{\epsilon(\omega) + 2} = \frac{1}{3} \frac{N e^2}{\epsilon_0 m} \frac{1}{\omega_0^2 - \omega^2} = \frac{\omega_1^2}{\omega_0^2 - \omega^2} \tag{5.51}$$

oder entsprechend der Figur auf Seite 195 unten

$$\epsilon(\omega) = \frac{\omega^2 - [\omega_0^2 + 2\omega_1^2]}{\omega^2 - [\omega_0^2 - \omega_1^2]}$$

Dieses Modell gibt nur den Beitrag der *Verschiebungspolarisation der Elektronen* zur dielektrischen Dispersion. Ihre Resonanzfrequenzen ν_0 liegen meist im UV- und im Röntgen-Bereich. Weitere Beiträge zur dielektrischen Dispersion stammen von der *Verschiebungspolarisation der Ionen* im Kristallgitter mit Resonanzfrequenzen im IR und von der *Orientierungspolarisation von permanenten Dipolen* bei Frequenzen unterhalb 10^{12} Hz.

5.3 Stationäre elektrische Ströme

5.3.1 Der elektrische Strom

Die Stromstärke. Im Gegensatz zu den Isolatoren kann in den *elektrischen Leitern* elektrische Ladung transportiert werden. Zu den elektrischen Leitern zählen Metalle, Halbleiter, Elektrolyte, Plasmen (ionisierte Gase) und Kathodenstrahlröhren. Legt man an zwei Grenzflächen oder Elektroden eines elektrischen Leiters eine elektrische Spannung $V = U_2 - U_1$, so bewegt sich im Leiter elektrische Ladung. Als elektrischen Strom oder *elektrische Stromstärke* I bezeichnet man die Größe

$$I = \lim_{\Delta t \to 0} \frac{\Delta Q}{\Delta t} = \frac{dQ}{dt} \tag{5.52}$$

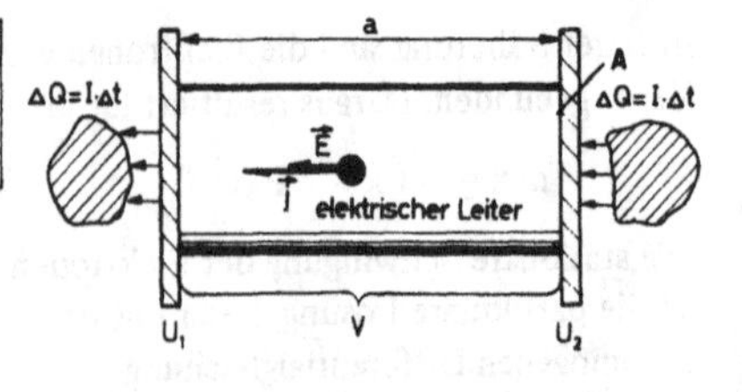

wobei ΔQ die während der Zeit Δt durch den Leiter transportierte Ladung bedeutet.

Einheit. Die Einheit der elektrischen Stromstärke wird nach A. M. Ampère (1775–1836) benannt:

$$[I] = \left[\frac{Q}{t}\right] = C\,s^{-1} = \text{Ampère} = A, \qquad [Q] = [It] = \text{Coulomb} = A\,s$$

5.3.2 Das ohmsche Gesetz

Postulat. G. S. Ohm (1789–1854) postulierte, daß bei einem elektrischen Leiter die Stromstärke I proportional zur angelegten Spannung $V = U_2 - U_1$ ist:

$$V = R\,I \tag{5.53}$$

Ohmscher Widerstand. Der Proportionalitätsfaktor R heißt elektrischer oder *ohmscher Widerstand*. Die *Einheit* des ohmschen Widerstandes ist

$$[R] = \left[\frac{V}{I}\right] = \frac{V}{A} = \text{Ohm} = \Omega$$

$$[R^{-1}] = \left[\frac{I}{V}\right] = \frac{A}{V} = \text{mho (USA)} = \text{Siemens}$$

Strom-Spannungscharakteristik. Die von Ohm postulierte Beziehung ist kein Gesetz. Sie erlaubt aber eine nützliche Klassifizierung der elektrischen Leiter, respektive der elektrischen Zweipole, in ohmsch und nicht-ohmsch. Die nicht-ohmschen Leiter und Zweipole spielen in der modernen Elektrotechnik eine dominante Rolle. Die Entscheidung ob ohmsch oder nicht-ohmsch geschieht anhand der *Strom-Spannungscharakteristik* des Leiters oder Zweipols:

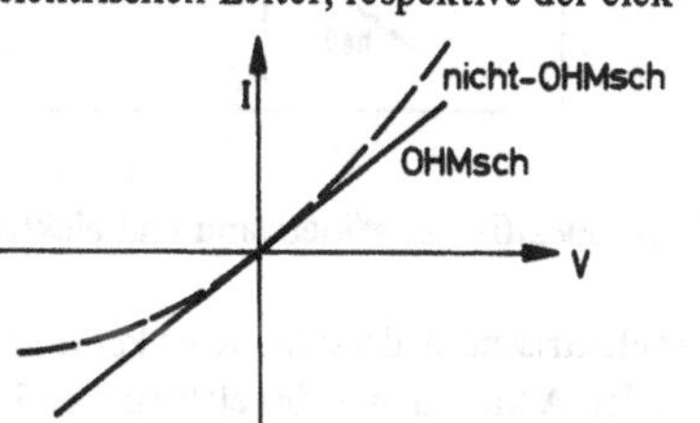

Tab. 5.5 Typische Strom-Spannungscharakteristiken

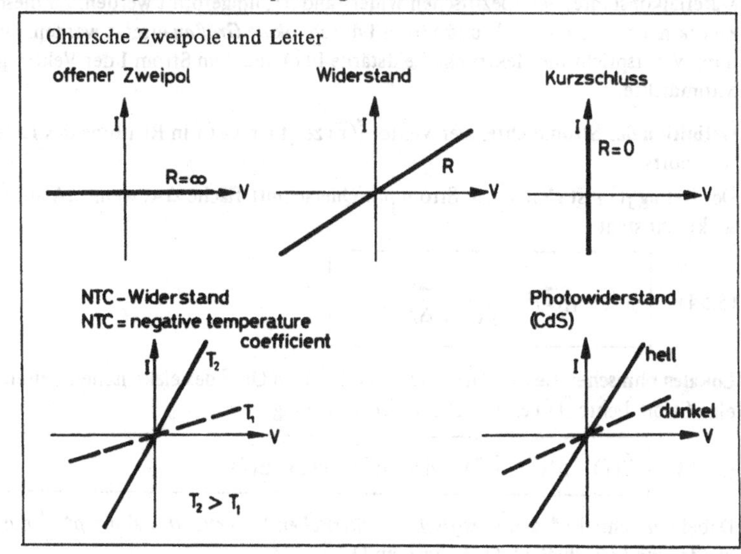

Tab. 5.5 Fortsetzung

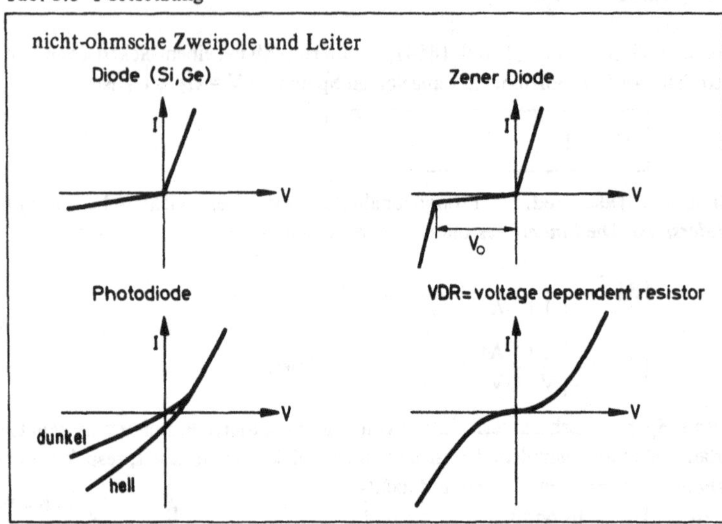

5.3.3 Spezifischer Widerstand und elektrische Leitfähigkeit

Der elektrische Widerstand R ist keine Materialkonstante; er hängt von der Geometrie und den Abmessungen des elektrischen Leiters ab. Durch entsprechende Umformung des ohmschen Gesetzes kann jedoch der ohmsche Widerstand auf die entsprechende Materialkonstante, den spezifischen Widerstand ρ^*, umgeformt werden. Zu diesem Zweck müssen Spannung V und Strom I durch *lokale Größen* ersetzt werden. Der Spannung V entspricht die elektrische Feldstärke $\vec{E}(\vec{r})$ und dem Strom I der Vektor $\vec{j}(\vec{r})$ der Stromdichte.

Definition der Stromdichte. Der Vektor $\vec{j}(\vec{r})$ zeigt am Ort $\vec{r}$ in Richtung des Ladungstransports.

Der Betrag $\vec{j}(\vec{r})$ ist gleich dem Strom pro Querschnittsfläche ΔA, wenn ΔA auf $\vec{j}(\vec{r})$ senkrecht steht:

$$j(\vec{r}) = |\vec{j}(\vec{r})| = \lim_{\Delta A \to 0} \frac{\Delta I}{\Delta A} \tag{5.54}$$

Lokales ohmsches Gesetz. Die Feldstärke $\vec{E}(\vec{r})$ am Ort $\vec{r}$ des elektrischen Leiters bewirkt eine Stromdichte $\vec{j}(\vec{r})$ entsprechend der Beziehung:

$$\vec{E}(\vec{r}) = \rho^*(\vec{r}) \cdot \vec{j}(\vec{r}) \quad \text{oder} \quad \vec{j}(\vec{r}) = \sigma(\vec{r}) \cdot \vec{E}(\vec{r}) \tag{5.55}$$

Dabei bezeichnet ρ^* den *spezifischen elektrischen Widerstand* und $\sigma = \rho^{*-1}$ die *elektrische Leitfähigkeit* des Leiters am Ort $\vec{r}$.

Bei homogenen Materialien sind ρ^* und σ unabhängig vom Ort $\vec{r}$.
Bei anisotropen Materialien sind ρ^* und σ Tensoren.

Beweis: für die Anordnung der Figur von 5.3.1:

$$E\,a = V = R\,I = R\,A\,j$$

$$\rho^* = \frac{E}{j} = \frac{R\,A}{a}$$

Einheiten

$$[\rho^*] = 1 \text{ Ohm m} = 100 \text{ Ohm cm} = 100\ \Omega \text{ cm}$$

$$[\sigma] = 1\ \frac{\text{mho}}{\text{m}} = 10^{-2}\ \frac{\text{mho}}{\text{cm}} = 1\ \frac{\text{Siemens}}{\text{m}}$$

5.3.4 Die Kontinuitätsgleichung des elektrischen Stromes

Betrachten wir einen elektrischen Leiter, bei dem keine elektrischen Ladungsträger lokal erzeugt oder vernichtet werden, so verhält sich die elektrische Ladung Q wie die Masse in einer *kompressiblen Flüssigkeit*. Für ein örtlich fixiertes Volumen V gilt somit die Ladungsbilanz

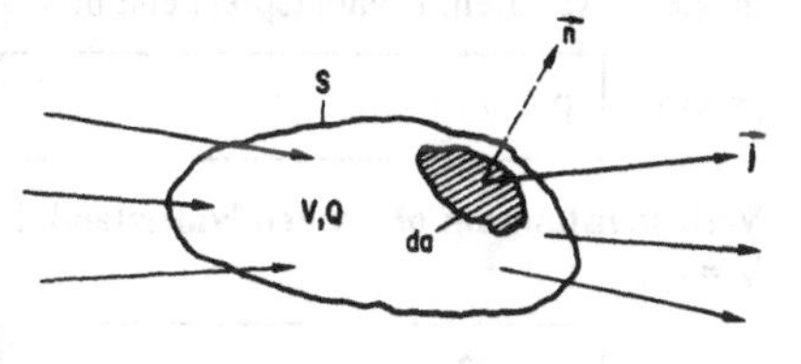

$$\frac{\partial Q}{\partial t} = \frac{\partial}{\partial t} \int_V \rho_{el}(\vec{r}) \cdot dV$$
$$= - \int_S \vec{j}(\vec{r})\, \vec{n}(\vec{r})\, da$$

Der mathematische Satz von Gauß liefert die Kontinuitätsgleichung

$$\frac{\partial \rho_{el}(\vec{r})}{\partial t} + \operatorname{div} \vec{j}(\vec{r}) = 0 \tag{5.56}$$

5.3.5 Potentialtheorie der ohmschen Leiter

Ein homogener, isotroper ohmscher Leiter ohne elektrische Raumladung liegt zwischen zwei Elektroden mit den Potentialen U_2 und U_1.

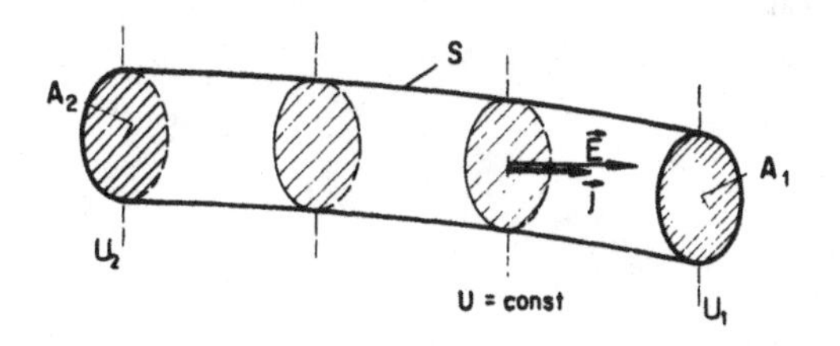

Gesucht ist der Stromverlauf, beschrieben durch $\vec{j}(\vec{r})$, der gesamte Strom I und der elektrische Widerstand R des Leiters, wenn die elektrische Leitfähigkeit σ bekannt ist.

Gegeben: σ, A_1, A_2, S, $V = U_2 - U_1$, $\rho_{el} = 0$

Gesucht: $\vec{j}$, I, R

Lösung: $\operatorname{div} \vec{j} = 0; \vec{j} = \sigma \vec{E}$

$\operatorname{div} \vec{j} = \operatorname{div} (\sigma \vec{E}) = \sigma \operatorname{div} (-\operatorname{grad} U) = -\sigma \Delta U = 0$

(5.57)
$$\Delta U = 0; \qquad \vec{j} = -\sigma \operatorname{grad} U$$
$$I = \int_{A_1} \vec{j} \cdot \vec{n}\, da, \qquad R = \frac{V}{I}$$

5.3.6 Die Leistung des elektrischen Stromes

Allgemeine Verlustleistung. Durchfließt ein elektrischer Strom I einen Leiter unter der Spannung V, so geht während der Zeit Δt die elektrostatische Energie

$$E_{pot} = V \cdot \Delta Q = V \cdot I \cdot \Delta t$$

im Leiter verloren. Dementsprechend beträgt die *elektrische Verlustleistung* allgemein

(5.58)
$$P = V \cdot I$$

Verlustleistung am ohmschen Widerstand. Für den ohmschen Widerstand gilt wegen $V = R\,I$

(5.59)
$$P = \frac{V^2}{R} = R\,I^2$$

Die im ohmschen Widerstand vernichtete elektrostatische Energie geht *in Wärme über.*

Einheiten. Für die Leistung des elektrischen Stroms ergibt sich die SI-Einheit

$$[P] = VA = W = \frac{J}{s}$$

Für die Messung der am ohmschen Widerstand entstehenden Wärme wurden früher cal verwendet. Zur Umrechnung dient das *elektrische Wärmeäquivalent*

$$1 \text{ Watt} = 0{,}2389 \frac{\text{cal}}{\text{s}}$$

5.4 Elektrische Leiter

5.4.1 Die Faraday-Gesetze der Elektrolyse

Elektrolyte. Elektrolyte sind Stoffe, deren Lösungen oder Schmelzen den elektrischen Strom leiten. Die Stromleitung geschieht durch elektrisch geladene Atome oder Moleküle, welche man als *Ionen* bezeichnet. Im Gegensatz zu den Metallen oder Halbleitern ist der Strom in Elektrolyten mit einer chemischen Zersetzung verbunden. Deshalb scheiden sich an den Elektroden in Elektrolyten Stoffe ab, welche meist chemisch rein sind.

Gesetze. Die Gesetze von M. Faraday (1791–1867) über die Abscheidungen an den Elektroden in Elektrolyten erlauben eine genaue *Eichung der transportierten elektrischen Ladung und des elektrischen Stromes*:

1) Die elektrolytisch an einer Elektrode abgeschiedene Masse m ist der transportierten elektrischen Ladung Q proportional:

$$m = A\,Q$$

Der Proportionalitätsfaktor A heißt elektrochemisches Äquivalent. Seine Einheit ist kg/A s.

2) Die durch gleiche elektrische Ladungen Q abgeschiedenen Massen m verschiedener Elektrolyte verhalten sich wie die äquivalenten Massen m_A der abgeschiedenen Stoffe. Die äquivalente Masse m_A eines Stoffes ist die Atommasse m_a oder die Molekularmasse m_m dividiert durch die Wertigkeit Z des entsprechenden Ions.

Es gilt

$$m = m_A N_A F^{-1} Q \quad \text{und} \quad F = N_A e \tag{5.60}$$

wobei bedeuten:

$F = 9{,}6485 \cdot 10^4$	A s (g-Äquivalent)$^{-1}$	die Faraday-Konstante,
$e = 1{,}6022 \cdot 10^{-19}$	A s	die elektrische Elementarladung,
$N_A = 6{,}0222 \cdot 10^{23}$	mol^{-1}	die Loschmidtsche oder Avogadro-Zahl

Historische Einheit. Früher benutzte man die elektrolytische Silberabscheidung für die *Definition des Ampère als Stromstärkeeinheit*. Dem Strom 1 A entsprach die Abscheidung von $1{,}1180 \cdot 10^{-6}$ kg/s Ag.

5.4.2 Mikroskopische Deutung der elektrischen Leitfähigkeit

Der Ladungstransport in einem elektrischen Leiter (Metall, Halbleiter, Elektrolyt, Plasma) wird durch positive (p) oder negative (n) elektrische *Ladungsträger* (Elektronen, Ionen etc.) mit den Massen m und den Ladungen q bewerkstelligt. In einem elektrisch neutralen Leiter kompensieren sich entweder die elektrischen Ladungen der Ladungsträger gegenseitig oder mit den elektrischen Ladungen der festen Ionen des Kristallgitters. Im Gegensatz zur Elektrostatik verschwindet bei elektrischen Strömen das elektrische Feld $\vec{E}$ im Innern des Leiters nicht. Dieses bewirkt, daß sich die Ladungsträger wegen der Reibung im Leiter mit einer mittleren Geschwindigkeit $\bar{\vec{v}}$ fortbewegen. Wegen der relativ großen Reibung im Leiter dürfen wir für die mittlere Geschwindigkeit $\bar{\vec{v}}(t)$ einer Sorte Ladungsträger mit der effektiven Masse m^* (7.113) schreiben

$$m^* \frac{d}{dt} \bar{\vec{v}}(t) = q\,\vec{E} - \frac{m^*}{\tau} \cdot \bar{\vec{v}}(t)$$

wobei m^*/τ den Reibungskoeffizienten darstellt. Die Lösung für $\bar{\vec{v}}(0) = 0$ lautet:

$$\bar{\vec{v}}(t) = \vec{v}_D (1 - e^{-t/\tau})$$

mit der normalerweise extrem kurzen *Relaxationszeit* τ und der *Driftgeschwindigkeit*

$$\vec{v}_D = b \cdot \vec{E}; \qquad b = \frac{q}{m^*}\,\tau \tag{5.61}$$

b wird als *Beweglichkeit* des Ladungsträgers bezeichnet. Die Reibung der Ladungsträger im Leiter erklärt man wie folgt:

Die Ladungsträger bewegen sich mit einer Geschwindigkeit, welche sich aus Anteilen der thermischen Bewegung und der Beschleunigung im elektrischen Feld $\vec{E}$ zusammensetzt. Sie stoßen jedoch häufig auf thermisch bewegte Ionen und Atome, welche nicht am Ladungstransport beteiligt sind. Es zeigt sich, daß die mittlere Zeit zwischen zwei Zusammenstößen $\approx \tau$, die entsprechende *mittlere freie Weglänge* $\Lambda \approx \tau\, v_{\text{thermisch}}$ beträgt.

Betrachten wir einen elektrischen Leiter, der *nur eine Sorte Ladungsträger* mit der Konzentration n aufweist.

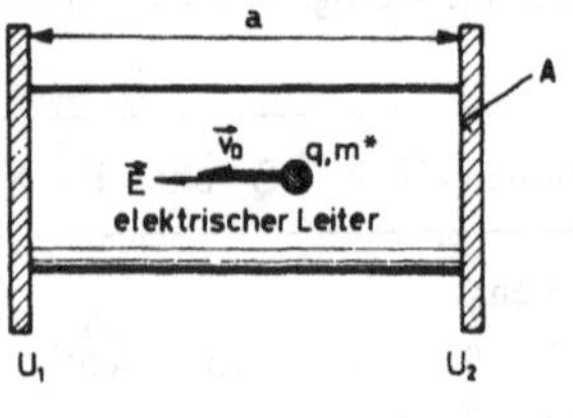

Dann gilt

$$I = A \cdot j = (A\,a) \cdot n \cdot q \cdot \frac{v_D}{a}$$

oder

$$\vec{j} = n \cdot q \cdot \vec{v}_D \tag{5.62}$$

Daraus ergibt sich für die *elektrische Leitfähigkeit*

$$\sigma = n\,q\,b = n\,\frac{q^2}{m^*}\,\tau \tag{5.63}$$

Sind im Leiter *positive* (p) *und negative* (n) *Ladungsträger* vorhanden, so bildet die elektrische Leitfähigkeit eine Summe:

$$\sigma = n_n\,q_n\,b_n + n_p\,q_p\,b_p = n_n \cdot \frac{q_n^2}{m_n^*} \cdot \tau_n + n_p \cdot \frac{q_p^2}{m_p^*}\,\tau_p$$

Tab. 5.6 Charakteristische Daten von Ladungsträgern
n = Elektronen, p = positiv geladene Löcher in Halbleitern (5.4.6)

Effektive Massen	(m^*/m_e, m_e = Elektronenmasse)		
Metalle:	Na, n 0,9		
Halbleiter:	Si, n 0,3	Ge, n 0,2	InSb, n 0,014
	Si, p_1/p_2 0,5/0,2	Ge, p_1/p_2 0,3/0,05	InSb, p_1/p_2 0,4/0,015
Beweglichkeiten	(cm^2/V s)		
Metalle, 300 K:	Na, n 55	Cu, n 48	Ag, n 70
Halbleiter:	Si, n 1350	Ge, n 4500	InSb, n 78 000
	Si, p 480	Ge, p 3500	InSb, p 750
Elektrolyte, 300 K, unendliche Verdünnung:	H^+ $33 \cdot 10^{-4}$	Ag^+ $5{,}7 \cdot 10^{-4}$	Cl^- $6{,}8 \cdot 10^4$
Relaxationszeiten	(10^{-14} s)		
Metalle, 300 K:	Na, n 3,1	Cu, n 2,7	Ag, n 4,0
Halbleiter, 300 K:	Si, n 25	Ge, n 45	InSb, n 62
Mittlere freie Weglängen	(Å)		
Metalle, 300 K:	Na, n 350	Cu, n 420	Ag, n 570
Halbleiter, 300 K:	Si, n 550	Ge, n 1200	InSb, n 6600

5.4.3 Feste elektrische Leiter

Elektrische Leitung in Festkörpern. Die elektrische Leitfähigkeit von Festkörpern wird meist durch die *Energiebandstruktur* (7.9.3) und die Lage der *Fermi-Energie* (9.4.6) *der Elektronen* bestimmt. Ausnahmen sind die *Ionenleiter*, wie z. B. Alkalihalogenide und Silberhalogenide.

Voll besetzte Energiebänder liefern *keinen Beitrag* zur elektrischen Leitfähigkeit. Der Grund dafür ist, daß die Elektronen in den voll besetzten Energiebändern unter dem Einfluß eines äußeren elektrischen Feldes keine Impulsänderung erfahren. Somit übernehmen sie keinen Ladungstransport. Im Gegensatz dazu sind die *teilweise gefüllten Energiebänder verantwortlich* für *die elektrische Leitung* in vielen Festkörpern. Elektronen in nur teilweise gefüllten Energiebändern erfahren eine Impulsänderung unter dem Einfluß eines elektrischen Feldes. Festkörper mit der Fermi-Energie E_F innerhalb eines Energiebandes unterscheiden sich daher in bezug auf die elektrische Leitfähigkeit drastisch von Festkörpern, deren Fermi-Energie E_F in der *Energielücke* zwischen zwei Energiebändern liegt. Dies erlaubt eine *Klassifizierung* der festen elektrischen Leiter.

Isolatoren. Beim Isolator ist das höchste mit Elektronen besetzte Energieband, das *Valenzband*, aufgefüllt. Das nächst höhere Energieband, das *Leitungsband*, ist unbesetzt. Die Fermi-Energie E_F liegt zwischen Valenz- und Leitungsband. Bezeichnet man die höchste Energie des Valenzbandes mit E_V und die tiefste Energie des Leitungsbandes mit E_L, so ist die Energielücke $\Delta E = E_L - E_V$. Beim eigentlichen Isolator ist die Energielücke $\Delta E > 3$ eV. Somit reicht die thermische Energie nicht aus, um Elektronen aus dem Valenzband in das Leitungsband zu bringen. Ein Beispiel eines guten Isolators ist Diamant mit $\Delta E = 5{,}4$ eV.

Halbleiter. In Isolatoren besteht bei Temperaturen $T > 0$ K für die Elektronen des Valenzbandes die Wahrscheinlichkeit $\exp(-\Delta E/2kT)$ über die Energielücke ΔE ins Leitungsband thermisch angeregt zu werden. Die Elektronen entvölkern bei $T > 0$ K das Valenzband und besetzen das Leitungsband. Da nun sowohl Leitungsband wie auch Valenzband teilweise mit Elektronen besetzt sind, verursachen beide eine elektrische Leitfähigkeit. Im Leitungsband erscheinen als Ladungsträger die quasifreien *Elektronen* (n) mit negativer elektrischer Ladung. Im Valenzband fehlen diese Elektronen am oberen Rand. Diese Leerstellen sind beweglich und manifestieren sich als positiv geladene Ladungsträger, die man als *Löcher* (p) bezeichnet.

Dieses Phänomen tritt auf bei Isolatoren mit einer Energielücke $\Delta E \leqslant 3$ eV, man bezeichnet sie als *Halbleiter*. Typische Halbleiter sind Si, Ge, InSb.

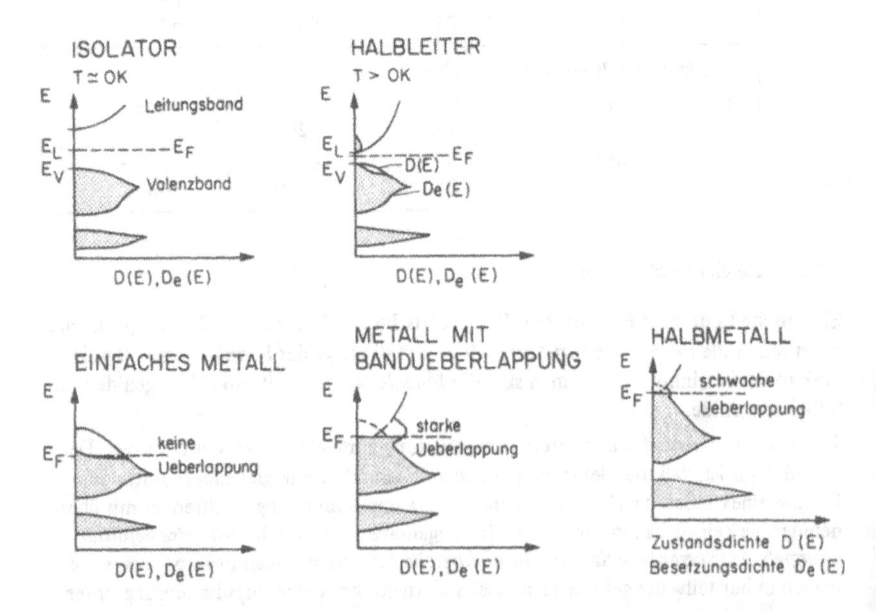

Da die Anzahl der Ladungsträger im *reinen Halbleiter* durch einen Boltzmann-Faktor (9.10) von der Gestalt exp $(-\Delta E/2kT)$ bestimmt wird, ist dessen *Leitfähigkeit stark temperaturabhängig*. Die elektrische Leitfähigkeit von *unreinen* oder künstlich *dotierten Halbleitern* wird zusätzlich stark beeinflußt von negativ und positiv geladenen Fremdatomen oder Störstellen, welche als *Donatoren* und *Akzeptoren* bezeichnet werden. Diesen Beitrag nennt man *Störleitung*. Bei $T > 0$ K geben die Donatoren Elektronen an das Leitungsband und die Akzeptoren nehmen Elektronen aus dem Valenzband. Die Energie E_D der Donatoren liegt knapp unter dem Leitungsband: $E_L - E_D \ll \Delta E$, die Energie E_A der Akzeptoren knapp über dem Valenzband: $E_A - E_V \ll \Delta E$ in der Energielücke ΔE.

Metalle. Metalle besitzen ein oder verschiedene überlappende Energiebänder mit teilweiser Elektronenbesetzung. Die Fermi-Energie liegt im oder in den verschiedenen überlappenden Energiebändern. Die Elektronen in diesen *Leitungsbändern* sind quasi frei beweglich und können in erster Näherung als *Elektronengas* (9.4.6) beschrieben werden. Metalle sind deswegen *gute elektrische Leiter*.

Bei den *Alkalimetallen*, deren Atome eine *ungerade Elektronenzahl* aufweisen, befindet sich im obersten Energieniveau jedes Atoms ein einziges s-Elektron, das sich im Metall an der elektrischen Leitfähigkeit beteiligt. Es existiert ein *einziges Leitungsband*, das zur Hälfte gefüllt ist.

Im Gegensatz zu den Alkalimetallen weisen die Atome vieler anderer Metalle, wie z. B. der *Erdalkalimetalle*, eine *gerade Elektronenzahl* auf. Würden die Energiebänder dieser Festkörper nicht überlappen, so wären sie wegen der geraden Elektronenzahl gefüllt und es gäbe keine elektrische Leitung. Da aber die *Energiebänder überlappen*, stellen sie den Elektronen bei gegebener Fermi-Energie eine Anzahl freier Zustände mit tieferer Energie zur Verfügung. Überlappende Energiebänder im Bereich der Fermi-Energie E_F werden somit nur teilweise gefüllt, was die elektrische Leitfähigkeit bewirkt.

Halbmetalle. Halbmetalle sind Festkörper, deren *Valenz- und Leitungsband nur wenig überlappen*. Ihre elektrische Leitfähigkeit liegt ein bis zwei Größenordnungen unter derjenigen von Metallen. Beispiele sind Arsen, Antimon und Wismut.

5.4.4 Normale Metalle

Bei normalen Metallen beruht die elektrische Leitfähigkeit auf dem Vorhandensein *quasifreier Elektronen*, d. h. Elektronen mit der effektiven Masse $m^* \simeq m_e$. Dementsprechend kann die Gesamtheit der Elektronen im Metall als *Elektronengas* (9.4.6) beschrieben werden. Die elektrische Leitfähigkeit ist hoch.

Der spezifische elektrische Widerstand ρ^* der Metalle wird bewirkt durch die *Streuung* der quasifreien Elektronen an

Fehlstellen in der Kristallstruktur,
Fremdatomen im Kristallgitter,
Schwingungen des Kristallgitters, d. h. Phononen,
Magnetische Anregungen, d. h. Magnonen,
Oberflächen.

Der Anteil ρ^*_{Ph} des spezifischen elektrischen Widerstandes, der von den Streuungen an den Phononen herrührt, nimmt ab mit sinkender Temperatur, da die Anzahl der Phononen ebenfalls sinkt. Bei tiefen Temperaturen bleibt ein *Restwiderstand* ρ^*_R, der von der Streuung an den Fehlstellen, den Fremdatomen und den Oberflächen des Kristallgitters herrührt. Ein Beispiel ist die Temperaturabhängigkeit des spezifischen Widerstandes ρ^* von Au in untenstehender Figur.

Ein interessantes Phänomen, der *Effekt von* J. Kondo, tritt auf bei Metallen mit paramagnetischen Fremdatomen, z. B. Fe in Cu, Ce in $LaAl_2$, wegen der Wechselwirkung der magnetischen Momente der paramagnetischen Fremdatome mit den Spins der Leitungselektronen. Diese Wechselwirkung verursacht bei sehr tiefen Temperaturen ein Wiederansteigen des spezifischen Widerstandes, so daß ein Minimum in $\rho^*(T)$ auftritt, wie z. B. bei (La, Ce) Al_2 gemäß nachstehender Figur.

Werden die Abmessungen der Metallproben vergleichbar mit der freien Weglänge Λ der Elektronen, so wird der spezifische elektrische Widerstand ρ^* zusätzlich vergrößert durch *Elektronenstreuung an der Oberfläche*. Dieser *Size-Effekt* tritt auf bei tiefen Temperaturen an dünnen Drähten oder Schichten reiner Metalle, wie z. B. an Sn-Filmen.

Tab. 5.7 Spezifischer elektrischer Widerstand ρ^* von Metallen; ρ^* in 10^{-8} Ohm m

Metall	4 K	77 K	273 K	Metall	4 K	77 K	273 K
Li	0,03	1,0	8,5	Cu	0,0004	0,2	1,6
Na	0,004	0,8	4,2	Ag	0,004	0,3	1,5
K		1,4	6,1	Au	0,0006	0,5	2,0
Rb		2,2	11,0	Fe		0,7	8,9

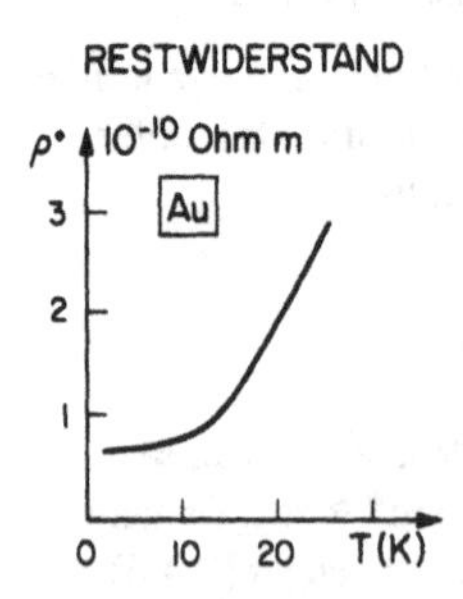

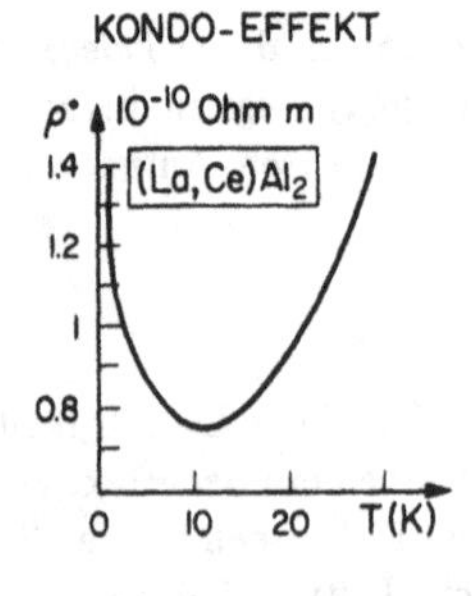

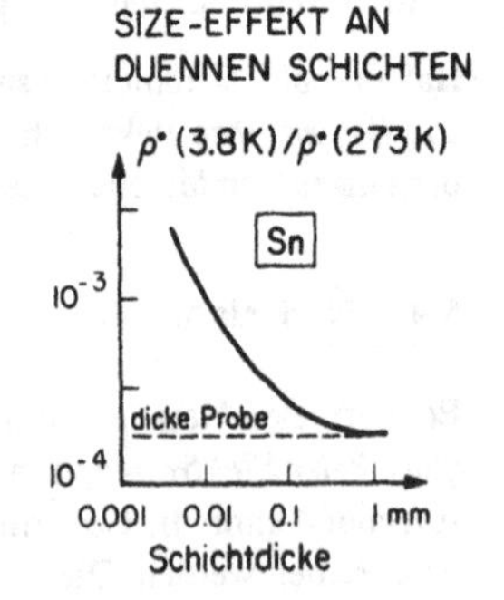

5.4.5 Supraleiter

Grundlagen. Supraleitende Metalle zeigen unterhalb einer materialabhängigen Übergangs- oder Sprungtemperatur T_c einen verschwindenden spezifischen elektrischen Widerstand ρ^*. Die bis heute gemessenen Übergangstemperaturen T_c liegen unterhalb 24 K. Die untenstehende Figur zeigt den Temperaturverlauf des spezifischen Widerstands von Pb, das eine Sprungtemperatur T_c von 7,2 K aufweist.

Die Supraleitung wurde 1911 von H. Kamerlingh-Onnes (1853–1926) entdeckt, aber erst um 1960 von J. Bardeen (1908–), L. N. Cooper (1930–) und J. R. Schrieffer (1931–) mit der sogenannten BCS-Theorie erklärt. Die Grundlage dieser Theorie bilden die Cooper-Paare, zwei korrelierte Elektronen mit entgegengesetztem Impuls und entgegengesetztem Elektronenspin (7.7.3). Die Kopplung der beiden Elektronen erfolgt über die Gitterschwingungen des Metalls. Die Kohärenzlänge ξ_{co}, d. h. die mittleren Abstände, über welche diese Kopplung wirksam ist, beträgt 0,1 μm bis 1 μm. Die elektrische Ladung der Cooper-Paare ist 2e.

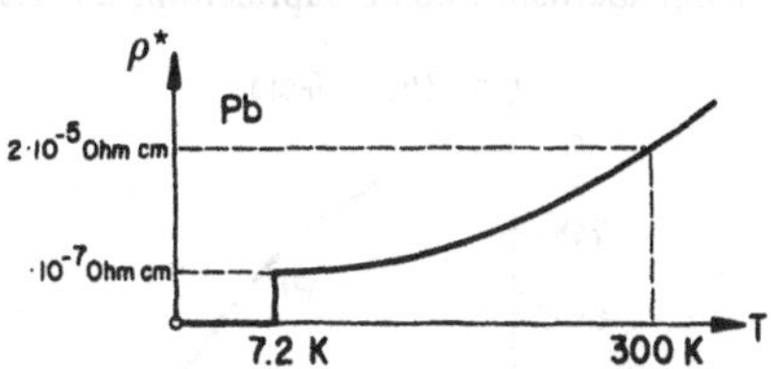

Tab. 5.8 zeigt die Übergangstemperaturen T_c und die Debye-Temperaturen Θ_D (8.2.4) supraleitender Elemente. Zwischen diesen beiden Temperaturen besteht eine Beziehung, da die Debye-Temperatur die Gitterschwingungen des Metalls charakterisiert, welche für die Kopplung der Cooper-Paare maßgebend sind. Außerdem zeigt die Tab. 5.8 Elemente, welche nur unter Druck supraleitend werden.

Tab. 5.8 Übergangstemperaturen von supraleitenden Elementen (weiche Supraleiter)

Element	Übergangs-temperatur $T_c(K)$	Debye-Temperatur $\Theta_D(K)$	Element	Übergangs-temperatur $T_c(K)$	Debye-Temperatur $\Theta_D(K)$
Be	0,026	1440	Sn	3,72	200
Ru	0,5	600	Hg	4,15	72
Os	0,65	500	La	4,8	140
Al	1,19	428	Pb	7,2	105
In	3,4	108	Nb	9,2	275
Element	**Übergangs-temperatur $T_c(K)$**	**Druck p_{min}(kbar)**			
Cs	1,5	100			
Ba	5,1	140			
Ge	5,4	110			
Sb	3,6	85			
Se	6,9	130			

Meissner-Ochsenfeld Effekt. 1933 fanden F. W. Meissner (1882–1974) und R. Ochsenfeld, daß eine im normalleitenden Metall vorhandene magnetische Induktion B beim Übergang in den supraleitenden Zustand aus dem Innern des Metalls verdrängt wird. Daraus ergab sich, daß die Supraleitung eine eindeutige thermodynamische Phase des Metalls darstellt.

Überschreitet das äußere Feld $B = \mu_0 H$ ein kritisches Feld B_c so verschwindet die Supraleitung. Das kritische Feld B_c steigt mit sinkender Temperatur T gemäß

$$B_c(T) \simeq B_c(0)\left[1 - \left(\frac{T}{T_0}\right)^2\right]$$

Dies ist aus der untenstehenden Figur ersichtlich, in der $B_c(T)$ für verschiedene supraleitende Elemente aufgetragen ist. $B_c(0)$ ist das kritische Feld, bei dem im betreffenden Metall überhaupt keine Supraleitung auftritt.

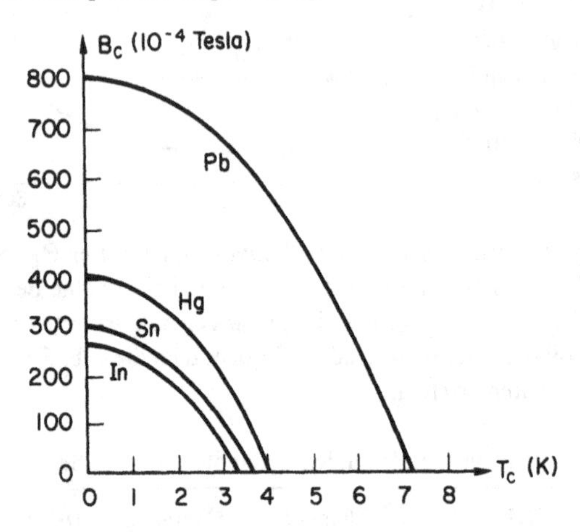

Supraleitende Phasen. Bei der Supraleitung unterscheidet man zwei Phasen:

a) die *Meissner-Phase*, bei der die magnetische Induktion $\vec{B}$ bis auf eine dünne Oberflächenschicht aus dem Innern des Metalls verdrängt ist. Die Dicke dieser Schicht bezeichnet man als *Londonsche Eindringtiefe* λ_L. Sie beträgt einige 10^{-6} cm, z. B. 0,051 μm für Sn. In der Meissner-Phase ist das Metall ideal supraleitend und ideal diamagnetisch, d. h. seine magnetische Suszeptibilität beträgt $\chi_m = -1$;

b) die *Shubnikov-Phase*, welche auch als Mischzustand bezeichnet wird, bei der die Magnetisierung durch die Supraströme nicht ausreicht, um das äußere Magnetfeld abzuschirmen. In dieser Phase dringen regelmäßig verteilte Magnetfluß-Schläuche, deren Kern normalleitend ist, ins Innere des Metalls ein. Bei homogenen Metallen in der Shubnikov-Phase enthält jeder Magnetfluß-Schlauch (Vortex) ein *elementares Magnetflußquant*

$$\Phi_0 = \frac{h}{2e} \simeq 2{,}068 \cdot 10^{-15}\ \text{Vs} \tag{5.64}$$

wobei h das Plancksche Wirkungsquantum bedeutet. In der Shubnikov-Phase ist der spezifische Widerstand ρ^* endlich, jedoch extrem klein.

Weiche und harte Supraleiter. Gemäß Existenz und Nichtexistenz der Shubnikov-Phase unterscheidet man zwischen harten und weichen Supraleitern.

Beim *weichen oder Typ I Supraleiter* existiert keine Shubnikov-Phase. Die Meissner-Phase geht beim kritischen Feld B_c schlagartig in den normalleitenden Zustand über. Supraleitende Elemente sind Typ I Supraleiter. Sie zeigen niedere Sprungtemperaturen T_c

und niedere kritische Felder B_c. Die höchsten Werte hat Nb mit $T_c(B = 0) = 9{,}2$ K und $B_c(T = 0) = 0{,}198$ T. Weiche Supraleiter eignen sich nicht für Hochfeldmagnete.
Bei vielen supraleitenden *Legierungen* schiebt sich die Shubnikov-Phase zwischen die Meissner-Phase und den normalleitenden Zustand. Derartige Legierungen bezeichnet man als *harte oder Typ II Supraleiter*. Die Übergänge zwischen den drei Phasen werden durch zwei kritische Felder B_{c1} und B_{c2} gekennzeichnet:

Meissner-Phase:	$0 < B = \mu_0 H < B_{c1}$
Shubnikov-Phase:	$B_{c1} < B = \mu_0 H < B_{c2}$
normalleitende Phase:	$B_{c2} < B = \mu_0 H$

Der Unterschied zwischen Typ I und Typ II Supraleitern widerspiegelt sich am besten in den *Magnetisierungskurven*, die in nachstehender Figur illustriert sind. In Tab. 5.9 sind Daten von Typ II Supraleitern zusammengefaßt. Sie erreichen weit höhere kritische Felder als die Typ I Supraleiter. Deshalb können sie zum *Bau von Hochfeldmagneten* verwendet werden.

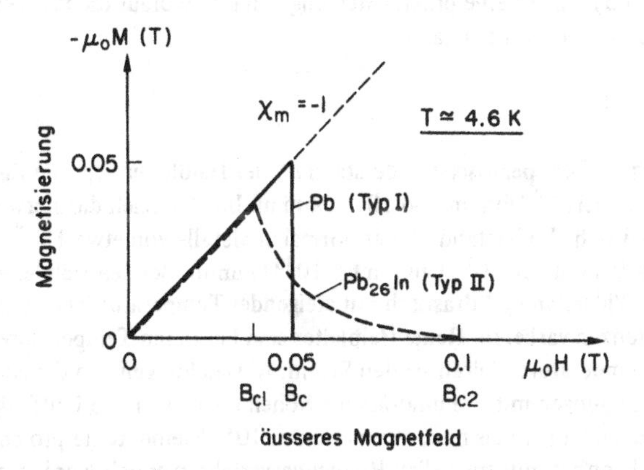

Tab. 5.9 Übergangstemperaturen supraleitender Verbindungen (harte Supraleiter)

Verbindung	Übergangs-temperatur T_c (K)	kritisches Magnetfeld B_{c2} (Tesla) 4,2 K	kritische Stromdichte j_c (10^8 A/m^2) 4,2 K, 10 Tesla
$HgBa_2Ca_2Cu_3O_8$	133	≈100 (0 K)	
$La_{1.85}Sr_{0.15}Cu_{4-x}$	37	> 10	
Nb_3Ge	23,3	37	10
Nb_3Ga	20,3	33	3
Nb_3Sn	18,3	26	50
V_3Si	17,1	23	9
V_3Ga	15,4	23,6	170

Bis vor kurzem lagen die Übergangstemperaturen T_c von bekannten Supraleitern unterhalb 24 K. Dank der Entdeckung von K. A. Müller (1927–) und J. G. Bednorz (1950–) im Jahr 1986, daß Lanthan-Kupferoxid und verwandte Verbindungen Typ II Supraleiter sind, entwickelt man heute derartige Materialien mit T_c weit oberhalb der Verflüssigungstemperatur $T_{fl/g} = 77{,}3$ K von Stickstoff.

Josephson-Effekt. Supraleiter zeigen interessante Effekte, die von B. D. Josephson (1940–) auf Grund der BCS-Theorie 1962 vorausgesagt wurden. Befindet sich zwischen zwei Supraleitern eine dünne Isolierschicht von 10 Å bis 20 Å Dicke, so können Cooper-Paare durch diese Barriere diffundieren. Legt man an diesen Kontakt eine elektrische Spannung U, so tritt nach B. D. Josephson eine hochfrequente *Wechselspannung* auf mit der Frequenz

(5.65) $$\nu_J = 2U\,e/h = U/\Phi_0 \qquad \nu_J\,(\mathrm{Hz}) = 0{,}4835 \cdot 10^{15}\ U(\mathrm{V})$$

Diese Wechselspannung wurde von I. Giaever (1929–) 1965 experimentell nachgewiesen. Gl. (5.65) erlaubt eine präzise Messung von e/h, woraus die Plancksche Konstante h genau berechnet werden kann.

5.4.6 Halbleiter

Spezifischer Widerstand. Der spezifische Widerstand ρ^* der Halbleiter liegt bei Zimmertemperatur zwischen 10^{-4} Ohm m und 10^{+7} Ohm m. Im Vergleich dazu erwähnt werden muß der spezifische Widerstand ρ^* der normalen Metalle von etwa 10^{-8} Ohm m und derjenige von Isolatoren von 10^{12} Ohm m bis 10^{30} Ohm m. Bei den Halbleitern sinkt der spezifische Widerstand ρ^* drastisch mit steigender Temperatur. Dabei kann er über viele Zehnerpotenzen variieren. Reine Halbleiter sind bei tiefen Temperaturen Isolatoren, bei höheren Temperaturen leiten sie den Strom. Abweichungen von der Stöchiometrie oder Verunreinigungen mit Fremdatomen erhöhen die elektrische Leitfähigkeit. Einen Halbleiter bezeichnet man als rein, wenn er unter 10^{10} Fremdatome pro cm^3 enthält. Diese Reinheit kann nur mit speziellen Reinigungsverfahren erzielt werden, z. B. mit *Zonenschmelzen*.

Energieschema. Das typische Energieschema eines Halbleiters ist in der folgenden Figur dargestellt. Es entspricht der Charakterisierung des Halbleiters durch seine Bandstruktur

Tab. 5.10 Energielücken reiner Halbleiter

Halbleiter	ΔE (eV)	Halbleiter	ΔE (eV)
C (Diamant)	5,3	ZnS	0,91
ZnO	3,44	GaSb	0,81
AgCl	3,2	Ge	0,66
SiC	3	InAs	0,36
CdS	2,8	PbS	0,29
GaAs	1,52	InSb	0,23
Si	1,12		

in Abschn. 5.4.3. Die *Energielücke* $\Delta E = E_L - E_V$ liegt bei einem Halbleiter unter 3 eV. Energielücken technisch wichtiger Halbleiter sind in Tab. 5.10 aufgeführt.

Im Energieschema des Halbleiters sind auch die Energieniveaus E_D und E_A der *Donatoren* und *Akzeptoren* (5.4.3), d. h. der Fremdatome und Störstellen mit überschüssigen oder fehlenden Elektronen eingezeichnet. Die Energieniveaus E_D der Donatoren liegen meist sehr nahe beim Leitungsband, d. h. $E_L - E_D \ll \Delta E$, diejenigen der Akzeptoren sehr nahe beim Valenzband, d. h. $E_A - E_V \ll \Delta E$. Die Energieniveaus E_D und E_A der Donatoren bzw. Akzeptoren in Si und Ge sind in Tab. 5.11 angegeben.

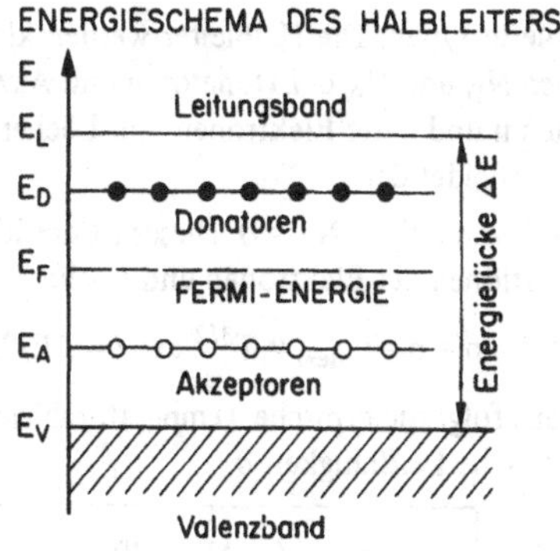

Tab. 5.11 Energieniveaus der Donatoren und Akzeptoren in Si und Ge
Energien E in eV

Si: $\Delta E = 1{,}12$, $\epsilon = 11{,}8$, $m_n^* = 0{,}33\ m_e$, $m_p^* = 0{,}55\ m_e$				
Donatoren $E_L - E_D$	Sb 0,039	P 0,044	As 0,049	Li 0,033
Akzeptoren $E_A - E_V$	Al 0,057	Ga 0,065	In 0,160	B 0,045
Ge: $\Delta E = 0{,}66$, $\epsilon = 15{,}6$, $m_n^* = 0{,}22\ m_e$, $m_p^* = 0{,}39\ m_e$				
Donatoren $E_L - E_D$	Sb 0,0097	P 0,0120	As 0,0127	Li 0,0090
Akzeptoren $E_A - E_V$	Al 0,0102	Ga 0,0108	In 0,0112	B 0,0100

Die *Energieniveaus der Fremdatome* können mit einem einfachen *Modell nach N. F. Mott* (1905–) *und H. A. Bethe* (1906–) interpretiert werden. Als Beispiel betrachtet man einen Halbleiter mit kovalenter Bindung, z. B. Si, dotiert mit P. Si hat 4 Valenzelektronen, P deren 5. Von den 5 Valenzelektronen des P beteiligen sich 4 an der Elektronenpaarbindung mit den 4 benachbarten Si-Atomen im Kristallgitter des Si. Das 5. Valenzelektron des P unterliegt nur der elektrostatischen Coulomb-Anziehung des P-Atomrumpfs. Somit bilden das 5. Valenzelektron des P und der P-Atomrumpf ein H-ähnliches Atom im Si mit der Dielektrizitätskonstanten ϵ und der effektiven Elektronenmasse m_n^*. Die Energie dieses H-ähnlichen Gebildes bezieht sich auf die tiefste Energie E_L des Leitungsbandes von Si. Somit gilt

$$E_D - E_L = -\frac{1}{n^2}\frac{m_n^*}{m_e}\frac{1}{\epsilon^2}\cdot 13{,}6\ \text{eV}, \qquad n = 1, 2, 3, \ldots \tag{5.66}$$

Diese Energie ist in Si und Ge von der Größenordnung 0, 01 eV in Übereinstimmung mit Tab. 5.11.

Halbleitertypen. Die Halbleiter werden klassifiziert entsprechend der Konzentrationen N_D und N_A der Donatoren und Akzeptoren. Diese beeinflussen die Konzentrationen n und p der Elektronen und Löcher, somit auch den Leitungsmechanismus. Man unterscheidet den

a) i-*Typ* mit $N_D = N_A = 0$. Dieses ist der Idealhalbleiter mit reiner *Eigenleitung*. Die Konzentrationen der Elektronen und Löcher sind gleich:

$$n = p = n_{ideal} \propto T^{3/2} \exp(-\Delta E/2kT)$$

Daraus folgt die typische Temperaturabhängigkeit der durch die Eigenleitung bestimmte elektrische Leitfähigkeit σ

$$\sigma(T) \propto \exp(-\Delta E/2kT) \tag{5.67}$$

wobei ΔE die Energielücke und k den Boltzmann-Faktor darstellen.

b) n-*Typ* mit $N_D \neq 0$, $N_A \simeq 0$. Bei diesem Typ sind die Ladungsträger hauptsächlich Elektronen. Es herrscht ein Überschuß an Elektronen:

$$n \gg p$$

Bei tiefen Temperaturen wird die Temperaturabhängigkeit der elektrischen Leitfähigkeit σ bestimmt durch die Lage des Donatorniveaus E_D:

$$\sigma(T) \propto \exp(E_D - E_L)/2kT$$

c) p-*Typ* mit $N_D \simeq 0$, $N_A \neq 0$. Bei diesem Typ sind die Ladungsträger hauptsächlich Löcher. Es herrscht ein Defekt an Elektronen:

$$n \ll p$$

Bei tiefen Temperaturen wird die Temperaturabhängigkeit der elektrischen Leitfähigkeit σ bestimmt durch die Lage des Akzeptorniveaus E_A:

$$\sigma(T) \propto \exp(E_V - E_A)/2kT$$

d) k-*Typ* mit $N_D \neq 0$, $N_A \neq 0$. Bei diesem *Kompensations-Typ* kompensieren sich die Wirkungen der Donatoren und Akzeptoren partiell. Man spricht meistens dann von einem k-Typ Halbleiter, wenn

$$N_D \simeq N_A \neq 0, \qquad n \simeq p$$

Typ i repräsentiert den idealen *reinen Halbleiter*, die andern Typen n, p und k sind

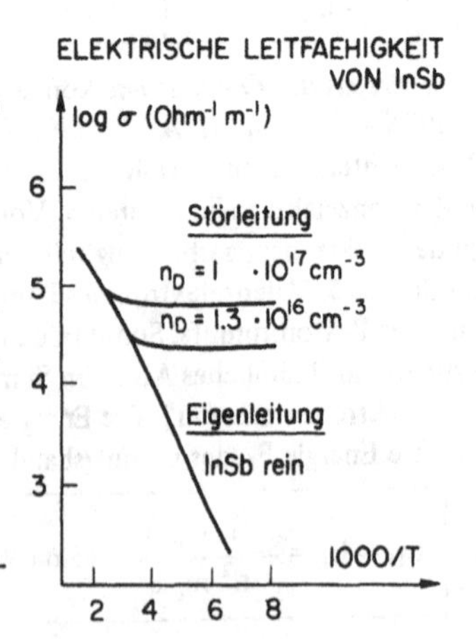

Störstellenhalbleiter. Die elektrische Leitfähigkeit σ der Störstellenhalbleiter verhält sich bei hohen Temperaturen wie diejenige des i-Typs, bei tiefen Temperaturen weicht sie wesentlich davon ab. Dies ist illustriert in der vorangehenden Figur, welche Eigenleitung und Störleitung in InSb darstellt.

5.5 Magnetismus

5.5.1 Einleitung

Magnetismus als elektrisches Phänomen. Magnetische Felder beschreibt man wie elektrische Felder. Im Unterschied zur Elektrizität existieren jedoch beim Magnetismus keine magnetischen Ladungen, sondern nur magnetische Dipole. Bei näherer Betrachtung erweisen sich die magnetischen Dipole als elektrische Kreisströme, das heißt als rotierende elektrische Ladungen. Deshalb muß der Magnetismus als ein elektrisches Phänomen aufgefaßt werden. Im SI-System werden daher die *Einheiten der magnetischen Größen* mit Hilfe der elektrischen und der mechanischen Einheiten dargestellt.

Magnetische Induktion und Magnetfeld. Zur Beschreibung der magnetischen Felder verwendet man die *magnetische Induktion* $\vec{B}$ und das *Magnetfeld* $\vec{H}$. Diese Bezeichnungen sind historisch. Es hat sich gezeigt, daß das eigentliche magnetische Feld durch die Größe $\vec{B}$ beschrieben wird, während $\vec{H}$ den durch makroskopische Ströme I erzeugten Teil des magnetischen Feldes darstellt. Der andere Teil des magnetischen Feldes stammt von den atomaren Dipolen oder Kreisströmen des Mediums.

Die magnetische Feldkonstante. Im *Vakuum* sind die magnetische Induktion $\vec{B}$ und das Magnetfeld $\vec{H}$ gleichwertig, da keine atomaren magnetischen Dipole vorhanden sind. Im SI-System unterscheiden sich $\vec{B}$ und $\vec{H}$ durch einen konstanten skalaren Faktor, die *magnetische Feldkonstante* μ_0:

$$\mu_0 = \frac{B_{\text{Vakuum}}}{H} = 4\pi \cdot 10^{-7}\,\frac{\text{V s}}{\text{A m}} \simeq 1{,}256\,6 \cdot 10^{-6}\,\frac{\text{V s}}{\text{A m}} \tag{5.68}$$

5.5.2 Magnetische Dipole

Bis zu den Entdeckungen der Zusammenhänge zwischen Magnetfeldern und elektrischen Strömen war der Magnetismus ein von den elektrischen Erscheinungen unabhängiges Gebiet der Physik. Die Theorie des Magnetismus beschränkte sich auf die Beschreibung der Kraftwirkungen zwischen permanenten magnetischen Dipolen und Magnetfeldern. Kompaßnadeln waren die ersten bekannten magnetischen Dipole. Erst viel später fand man, daß auch die Elektronen und andere Elementarteilchen, viele Kerne, sowie zahlreiche Atome und Ionen als magnetische Dipole wirken. Die Kenngröße eines magnetischen Dipols ist das *magnetische Dipolmoment* $\vec{m}$. Bei einer Kompaßnadel zeigt $\vec{m}$ von S nach N. Im Gegensatz zum elektrischen Dipol kann der magnetische Dipol nicht durch zwei räumlich getrennte, entgegengesetzt gleiche Ladungen dargestellt werden, da keine magnetischen Ladungen existieren. Es zeigt sich, daß magnetische Dipole als Kreisströme aufgefaßt werden müssen (5.5.9).

Einheit. Die erwähnte Analogie zwischen Kreisstrom und magnetischem Dipol bestimmt die *Einheit des magnetischen Dipolmoments* im SI-System:

$$[\vec{m}] = \mathrm{A\,m^2}$$

Magnetischer Dipol im homogenen magnetischen Feld. *Kompaßnadeln* richten sich parallel zum magnetischen Feld $\vec{B}$ der Erde. Offenbar übt dieses auf die quergestellte Nadel ein mechanisches Drehmoment aus. Allgemein wirkt auf jeden magnetischen Dipol mit dem Moment $\vec{m}$ in einem homogenen magnetischen Feld, dargestellt durch die magnetische Induktion $\vec{B}$, ein *mechanisches Drehmoment*

(5.69) $$\boxed{\vec{T} = \vec{m} \times \vec{B}}$$

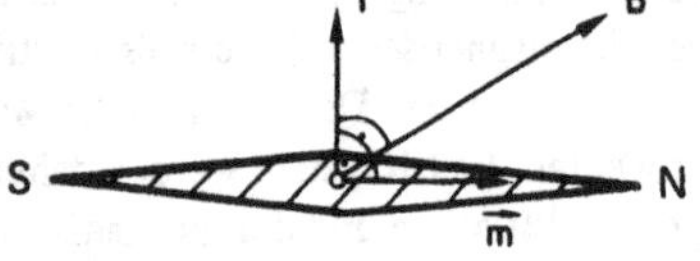

Dieses Drehmoment entspricht demjenigen, welches auf einen elektrischen Dipol mit dem Moment $\vec{p}$ in einem homogenen elektrischen Feld $\vec{E}$ wirkt. Die dem mechanischen Drehmoment zugeordnete *potentielle Energie* E_{pot} ist

(5.70) $$\boxed{E_{pot} = -\vec{m} \cdot \vec{B}}$$

Aus (5.69) und (5.70) ergibt sich, daß eine Kompaßnadel in einem Magnetfeld $\vec{B}$ in stabiler Orientierung mit N in Richtung von $\vec{B}$ zeigt. Weil die Kompaßnadel auf der Erdoberfläche mit N in Richtung des geographischen N-Pols weist, entspricht dieser ungefähr dem magnetischen S-Pol und vice versa.

Einheit. Aus obiger Beziehung (5.70) ergibt sich die *Einheit der magnetischen Induktion* $\vec{B}$ im SI-System. Sie wird nach N. Tesla (1858–1943) benannt:

$$[B] = 1 \text{ Tesla} = 1\,\mathrm{T} = \left[\frac{E_{pot}}{|\vec{m}|}\right] = 1\,\frac{\mathrm{W\,s}}{\mathrm{A\,m^2}} = 1\,\frac{\mathrm{V\,s}}{\mathrm{m^2}}$$

Magnetischer Dipol im inhomogenen magnetischen Feld. Auf einen magnetischen Dipol mit dem Moment $\vec{m}$ in einem ortsabhängigen magnetischen Feld $\vec{B}(\vec{r})$ wirkt eine *Dyname*, zusammengesetzt aus Kraft $\vec{F}$ und Drehmoment $\vec{T}$:

(5.71) $$\boxed{\vec{F} = \{\vec{m}\,\mathrm{grad}\}\,\vec{B} \qquad \vec{T} = \vec{m} \times \vec{B}}$$

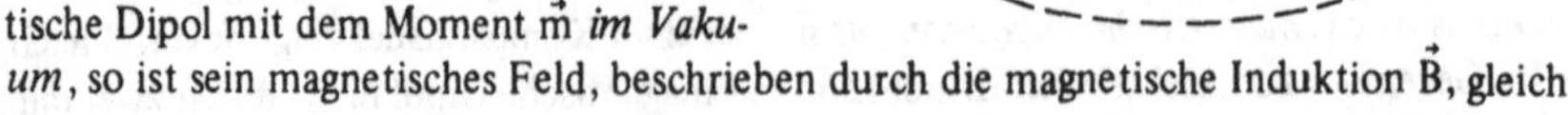

Das magnetische Feld eines magnetischen Dipols. Ebenso wie der elektrische Dipol besitzt der magnetische Dipol ein eigenes magnetisches Feld. Befindet sich der magnetische Dipol mit dem Moment $\vec{m}$ *im Vakuum*, so ist sein magnetisches Feld, beschrieben durch die magnetische Induktion $\vec{B}$, gleich

(5.72) $$\vec{B}(\vec{r}) = \frac{\mu_0}{4\pi} \cdot \frac{3(\vec{m} \cdot \vec{r})\vec{r} - (\vec{r} \cdot \vec{r})\vec{m}}{r^5}$$

wobei $\vec{r}$ als Ortsvektor seinen Ursprung im magnetischen Dipol $\vec{m}$ hat (vgl. 5.1.8.4).

5.5.3 Die Feldgleichung des Magnetismus
oder: die 4. Maxwellsche Gleichung

Da experimentell *keine magnetischen Punktladungen* Q_m gefunden werden, muß die magnetische Raumladungsdichte ρ_m Null sein.
In Analogie zur Elektrostatik gilt daher

(5.73) $$\operatorname{div} \vec{B} = \rho_m = 0$$

Dies bedeutet, daß die magnetischen Feldlinien in einem homogenen Medium sich verhalten wie die Stromlinien einer inkompressiblen Flüssigkeit, deren Kontinuitätsgleichung lautet: $\operatorname{div} \vec{v} = 0$.
Wegen des mathematischen Satzes von Gauß verschwindet jedes Oberflächenintegral von $\vec{B}$ über eine geschlossene Oberfläche S:

(5.74) $$\int_S \vec{B}(\vec{r})\, \vec{n}(\vec{r})\, da = 0$$

5.5.4 Magnetfelder elektrischer Ströme

Magnetische Felder elektrischer Ströme werden mit Hilfe des *sogenannten Magnetfeldes* $\vec{H}$ beschrieben. Der Zusammenhang zwischen dem Magnetfeld $\vec{H}$ und dem eigentlichen magnetischen Feld, der magnetischen Induktion $\vec{B}$, wird durch das Medium bestimmt. Für Vakuum gilt gemäß 5.5.1 die Beziehung $\vec{B} = \mu_0 \vec{H}$. Die allgemeinen Beziehungen werden in Abschn. 5.6 diskutiert.

Einheit. Im SI-System ist die Einheit des Magnetfeldes

$$[\vec{H}] = \mathrm{A\,m^{-1}}$$

Das Durchflutungsgesetz von Ampère. Fließt in einem Medium ein stationärer elektrischer Strom mit der ortsabhängigen Stromdichte $\vec{j}(\vec{r})$, so erzeugt dieser ein Magnetfeld $\vec{H}(\vec{r})$, das die Beziehung

(5.75) $$\operatorname{rot} \vec{H}(\vec{r}) = \vec{j}(\vec{r})$$

erfüllt. Für eine geschlossene Kurve s, welche eine Fläche A umschließt, bedingt diese Beziehung entsprechend dem mathematischen Satz von Stokes

(5.76) $$\oint_s \vec{H}(\vec{r}) \cdot d\vec{r} = \int_A \vec{j}(\vec{r}) \cdot \vec{n}(\vec{r}) \cdot da$$

Magnetfeld um einen geraden Draht. Das Magnetfeld $\vec{H}$ eines Stromes I in einem unendlich langen, dünnen Draht ist im Abstand r

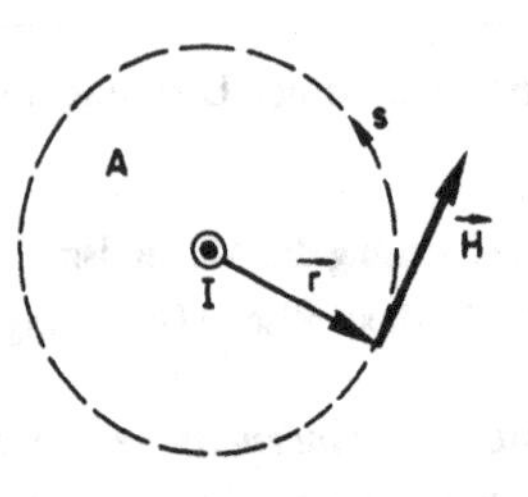

(5.77) $$H(r) = \frac{I}{2\pi r}$$

Gemäß dieser Formel entspricht der Strom I der Wirbelstärke Γ und das Magnetfeld $\vec{H}$ der Geschwindigkeit $\vec{v}$ eines Potentialwirbels einer inkompressiblen Flüssigkeit (4.6.1).

Beweis: $\oint_s \vec{H}(\vec{r})\, d\vec{r} = 2\pi r\, H(r) = \int_A \vec{j}(\vec{r}) \cdot \vec{n}(\vec{r}) \cdot da = I$

Magnetfeld in einem langen Solenoid. Das Magnetfeld $\vec{H}$ im Innern eines langen Solenoids mit dem Radius r, der Länge $\ell \gg r$ und der Windungszahl N, welches vom Strom I durchflossen ist, gehorcht der Gleichung

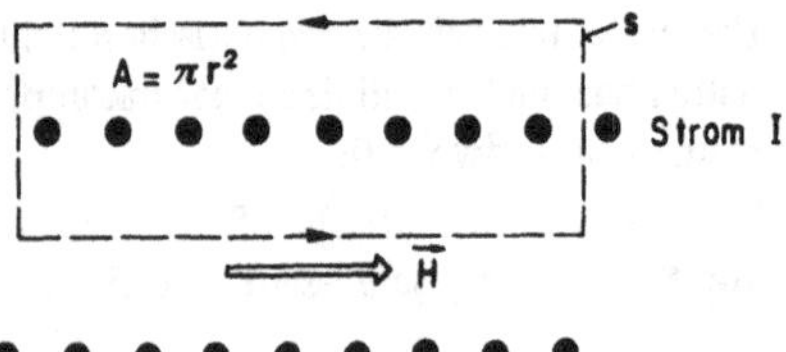

(5.78) $$H = I\,\frac{N}{\ell}$$

Beweis: Integration über s, Feld außerhalb des Solenoids ≃ 0

$$\oint_s \vec{H}\, d\vec{s} = \ell \cdot H = \int_A \vec{j}(\vec{r}) \cdot \vec{n}(\vec{r}) \cdot dA = N \cdot I$$

Das Gesetz von Biot-Savart. Zur Berechnung magnetischer Felder von dünnen stromführenden Drähten ist das Durchflutungsgesetz von Ampere im allgemeinen nicht geeignet. Zu diesem Zweck benutzt man das äquivalente Gesetz von Biot-Savart:

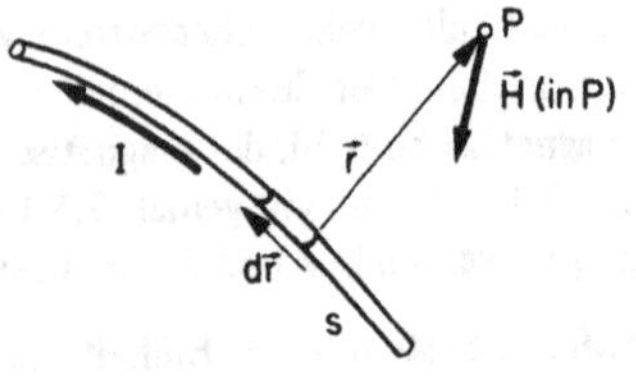

Das Magnetfeld $\vec{H}$ eines elektrischen Stroms I in einem dünnen Draht s ist in einem Punkt P außerhalb des Drahtes bestimmt durch das Integral

(5.79) $$\vec{H}(\text{in } P) = -\frac{I}{4\pi}\int_s \frac{\{\vec{r} \times d\vec{r}\}}{r^3}$$

Aus dieser Formel ersieht man, daß das Magnetfeld ein *axialer Vektor* ist (A 4.6.6).

Beispiel: Berechnung des Magnetfeldes eines Kreisstromes (5.5.9).
analog: Strömung um einen Wirbelfaden (4.6.3)

5.5.5 Bewegte elektrische Ladungen im magnetischen Feld

Die Lorentz-Kraft. Bewegt man eine elektrische Ladung Q mit der Geschwindigkeit $\vec{v}$ in einem magnetischen Feld, beschrieben durch die magnetische Induktion $\vec{B}$, so erfährt sie eine Kraft. Nach H. A. Lorentz (1853–1928) gilt für diese Kraft $\vec{F}_L$:

(5.80) $$\vec{F}_L = Q\{\vec{v} \times \vec{B}\}$$

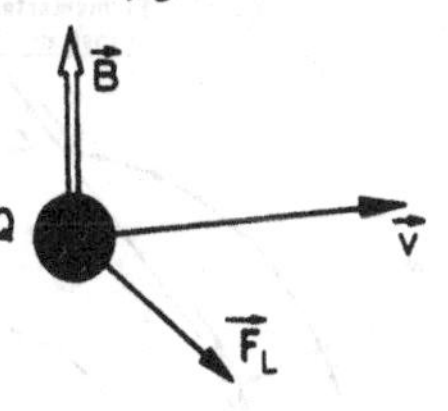

Da die Kraft immer senkrecht zur Geschwindigkeit steht, kann das Teilchen in einem statischen Magnetfeld keine Energie gewinnen.

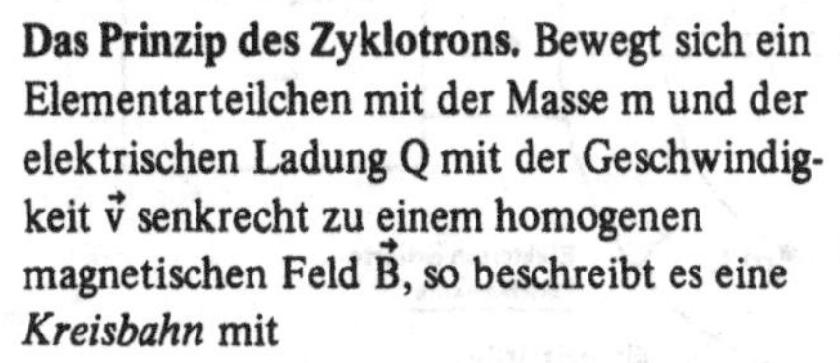

Das Prinzip des Zyklotrons. Bewegt sich ein Elementarteilchen mit der Masse m und der elektrischen Ladung Q mit der Geschwindigkeit $\vec{v}$ senkrecht zu einem homogenen magnetischen Feld $\vec{B}$, so beschreibt es eine *Kreisbahn* mit

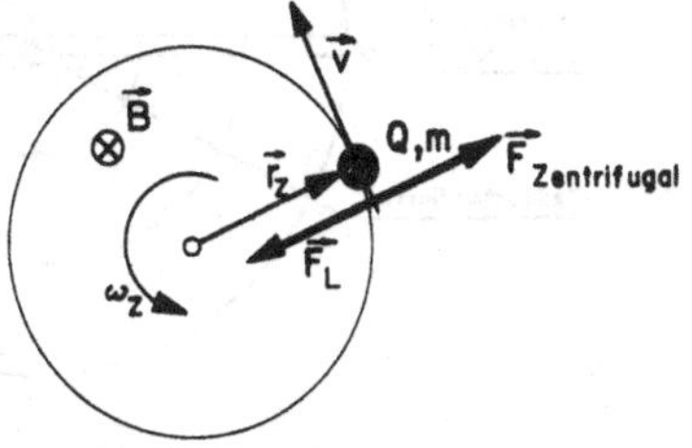

(5.81)
$$\omega_Z = \frac{Q}{m} \cdot B \qquad \text{Zyklotron-Kreisfrequenz}$$
$$r_Z = \frac{m}{Q} \cdot \frac{v}{B} \qquad \text{Zyklotronradius}$$

Beweis:

$$F_{\text{Zentrifugal}} = m\,\omega_Z^2\, r_Z = F_L = Qv\,B = Q \cdot r_Z \cdot \omega_Z \cdot B$$
$$\omega_Z = \frac{Q}{m}\,B \text{ und } r_Z = \frac{v}{\omega_Z} = \frac{m}{Q}\frac{v}{B}$$

Das Prinzip des Zyklotrons findet Anwendung in Physik und Technik:

Die Elektronenschleuder. Die aus einer Heizkathode austretenden Elektronen mit der Masse $m = 9{,}1 \cdot 10^{-31}$ kg und der elektrischen Ladung $-e = -1{,}602 \cdot 10^{-19}$ A s werden mit einer elektrischen Spannung V auf die Geschwindigkeit $v \ll c$ beschleunigt und senkrecht in ein homogenes magnetisches Feld $\vec{B}$ eingeschossen. Der Zyklotronradius der Elektronenbahn

$$r_Z = \sqrt{\frac{2m}{e}} \cdot \frac{\sqrt{V}}{B}$$

kann mit einem Fluoreszenzschirm sichtbar gemacht werden. Die Zyklotronfrequenz der Elektronen ist bestimmt durch

$$\frac{\omega_Z}{B} = \frac{e}{m} = 1{,}760 \cdot 10^{11}\,(\text{s} \cdot \text{Tesla})^{-1}$$

Klassisches Zyklotron. Bei einem Zyklotron werden die geladenen Elementarteilchen, welche z. B. aus einer zentral angeordneten radioaktiven Quelle austreten, im Magnetfeld von zwei einander gegenüber stehenden, elektrisch isolierten Polschuhen auf Kreisbahnen gelenkt.

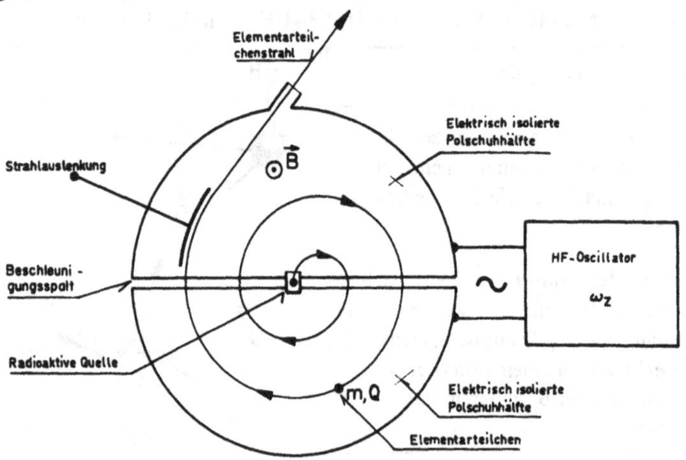

Am Spalt zwischen den Polschuhhälften wird mit einem HF Generator eine Wechselspannung angelegt, deren Frequenz auf die Zyklotronfrequenz der betrachteten Teilchen abgestimmt ist. Da die Zyklotron-Kreisfrequenz ω_Z *nicht von der Geschwindigkeit* abhängt, benötigen alle gleichen Teilchen für die halbe Kreisbahn dieselbe Zeit π/ω_Z. Deshalb werden sämtliche Teilchen, welche mit dem elektrischen Wechselfeld der Kreisfrequenz ω_Z am Spalt zwischen den Polschuhen in Phase sind, simultan *beschleunigt*. Somit vergrößern die Teilchen bei jedem Durchgang am Spalt ihre Bahnradien. Die maximal beschleunigten Teilchen werden an der Peripherie des Zyklotrons elektrisch ausgelenkt.

Zyklotronresonanz in Halbleitern. Die effektiven Massen m* der elektrischen Ladungsträger (Tab. 5.6) mit den Ladungen ± e eines Halbleiters können gemessen werden, indem man den Halbleiter in ein magnetisches Feld $\vec{B}$ und ein elektrisches Wechselfeld mit der Kreisfrequenz ω bringt. Absorption des Wechselfeldes tritt auf, wenn die Felder die Zyklotronbedingung

$$\frac{\omega}{B} = \frac{e}{m^*}$$

erfüllen. Zu diesem Experiment müssen sehr tiefe Probentemperaturen ($\ll$ 4K) und hohe Frequenzen (10^9 bis 10^{11} Hz) verwendet werden.

Magnetische Kräfte auf stromdurchflossene Leiter. Elektrische Ströme entsprechen einer Gesamtheit von bewegten elektrischen Ladungsträgern. Nach 5.5.5 wirkt deshalb auf stromführende elektrische Drähte im magnetischen Feld gemäß J. B. Biot (1774–1862) und F. Savart (1791–1841) die Kraft

(5.82) $$\Delta\vec{F}_{BS} = I[\Delta\vec{s} \times \vec{B}]$$

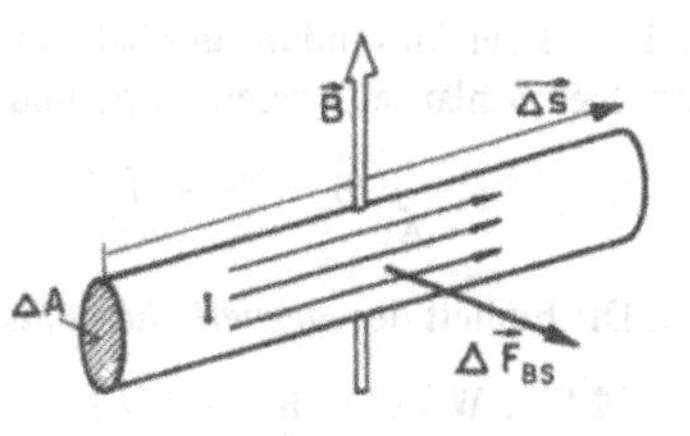

wobei der Vektor $\Delta\vec{s}$ die Länge Δs und die Richtung des Stromes I hat.

Beweis: Die obige Formel folgt direkt aus der Lorentz-Kraft:

$$Q[\vec{v} \times \vec{B}] = Q\left[\frac{\Delta\vec{s}}{\Delta t} \times \vec{B}\right] = \frac{Q}{\Delta t}[\Delta\vec{s} \times \vec{B}] = I[\Delta\vec{s} \times \vec{B}]$$

Auf das Einheitsvolumen eines elektrischen Leiters mit der elektrischen Stromdichte $\vec{j}$ im magnetischen Feld $\vec{B}$ wirkt die *Kraftdichte* oder Volumenkraft

(5.83) $$\vec{F}_{V,BS} = \lim_{\Delta V \to 0} \frac{\Delta\vec{F}_{BS}}{\Delta V} = \vec{j} \times \vec{B}$$

Beweis:

$$\vec{F}_{BS} = \Delta V \cdot \vec{F}_{V,BS} = I[\Delta\vec{s} \times \vec{B}] = j \cdot \Delta A[\Delta\vec{s} \times \vec{B}] = \Delta A \cdot \Delta s \cdot [\vec{j} \times \vec{B}] = \Delta V[\vec{j} \times \vec{B}]$$

5.5.6 Das Induktionsgesetz von Faraday

oder: 2. Maxwellsches Gesetz

Der magnetische Fluß. Für die Formulierung des Induktionsgesetzes von M. Faraday (1791–1867) führt man eine neue Größe ein, die man als *magnetischen Fluß* Φ oder Induktionsfluß bezeichnet.

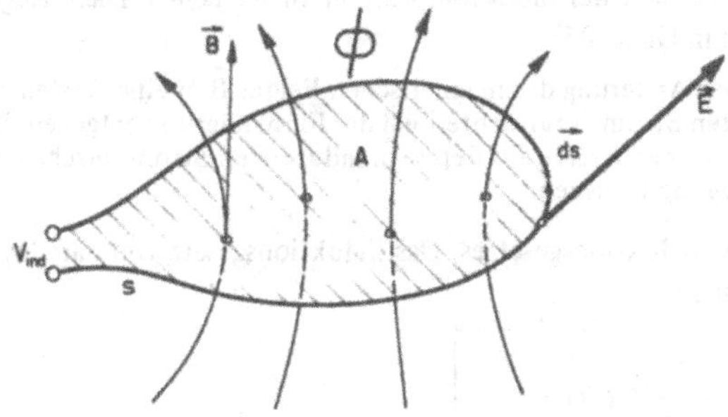

Durchfließt die magnetische Induktion $\vec{B}$ eine geschlossene Schlaufe s, so ist der magnetische Fluß Φ definiert als

(5.84) $$\Phi = \int_A \vec{B} \cdot \vec{n}\, da$$

wobei A eine durch die Schlaufe s begrenzte Fläche darstellt. Φ ist unabhängig von der Wahl der Fläche A. Diese Aussage folgt unmittelbar aus der Divergenzfreiheit des magnetischen Feldes bei Anwendung des Satzes von Gauß. Für zwei Flächen A_1 und A_2, die von derselben Schlaufe s begrenzt sind und das Volumen V umschließen, gilt:

$$\Phi_1 - \Phi_2 = \int_{A_1} \vec{B} \cdot \vec{n}\, da - \int_{A_2} \vec{B} \cdot \vec{n}\, da = \int_V \operatorname{div} \vec{B} \cdot dV = 0$$

Einheit. Die Einheit des *magnetischen Flusses* Φ heißt nach W. Weber (1804–1891)

$$[\Phi] = 1 \text{ Weber} = [BA] = 1 \text{ V s}$$

Die induzierte elektrische Spannung. Der magnetische Fluß Φ kann zeitlich ändern durch eine Lageänderung oder Deformation der Schlaufe s oder indem $\vec{B}$ zeitlich variiert. Ein zeitlich veränderlicher magnetischer Fluß Φ bewirkt nach M. Faraday (1791–1867) zwischen den zwei Enden der Drahtschlaufe eine induzierte elektrische Spannung V_{ind}:

(5.85) $$V_{ind} = +\oint_s \vec{E}\, d\vec{s} = -\frac{d}{dt}\Phi(t)$$

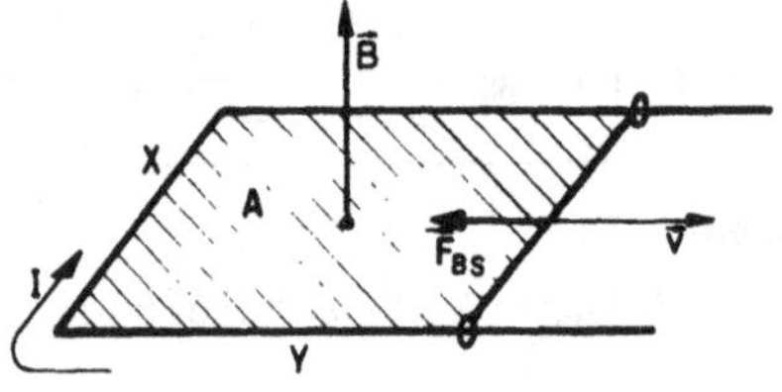

Beweis: für eine veränderliche Schlaufe bei konstantem Feld $\vec{B}$ mit dem Kraftgesetz (5.82):

magnetischer Fluß: $\Phi = B \cdot X \cdot Y;\ \frac{d}{dt}\Phi = B \cdot X \cdot v$

Leistung: $P = F_{BS} \cdot v = I \cdot X \cdot B \cdot v = -I \cdot V_{ind}$

Induzierte Spannung: $V_{ind} = -B \cdot X \cdot v = -\frac{d}{dt}\Phi$

Lenzsche Regel. Die induzierten Ströme sind nach H. F. E. Lenz (1804–1865) immer so gerichtet, daß sie die Ursache der Induktion zu hindern versuchen. Diese Regel bedingt das negative Vorzeichen in Gl. (5.85).

Beispiele: Bei einer Änderung des magnetischen Feldes $\vec{B}$ in einer festen Schlaufe wirkt das vom induzierten Strom verursachte Feld der Flußänderung entgegen. Bei einer Bewegung der Schlaufe wirken Kräfte auf den vom induzierten Strom durchflossenen Leiter, welche die Bewegung hemmen.

Die Differentialform des Induktionsgesetzes. Das Induktionsgesetz von Faraday läßt sich auch lokal beschreiben:

(5.86) $$\operatorname{rot} \vec{E}(\vec{r}, t) = -\frac{\partial}{\partial t}\vec{B}(\vec{r}, t)$$

Beweis: Für eine feste Schlaufe bei veränderlichem Magnetfeld mit dem mathematischen Satz von Stokes:

$$V_{ind} = \oint_s \vec{E}\, d\vec{s} = \int_A \operatorname{rot} \vec{E} \cdot \vec{n}\, da = -\frac{d}{dt}\int_A \vec{B}\, \vec{n}\, da = \int_A -\frac{\partial B}{\partial t}\, \vec{n}\, da$$

wobei s und das dazugehörige A beliebig gewählt werden können. Also muß gelten: $\operatorname{rot} \vec{E} = -\partial\vec{B}/\partial t$.

5.5.7 Anwendungen des Induktionsgesetzes

Der Wechselspannungs-Generator. Das Induktionsgesetz von Faraday bildet die theoretische Grundlage des Wechselspannungs-Generators. Eine einfache Ausführung eines solchen Generators besteht aus einer ebenen Drahtschlaufe mit der Fläche A und der Normalen $\vec{n}$, welche in einem Magnetfeld $\vec{B}$ mit der Frequenz $\nu = \omega/2\pi$ um eine Achse $\vec{a}$ rotiert. $\vec{B}$ und $\vec{n}$ stehen senkrecht auf $\vec{a}$.

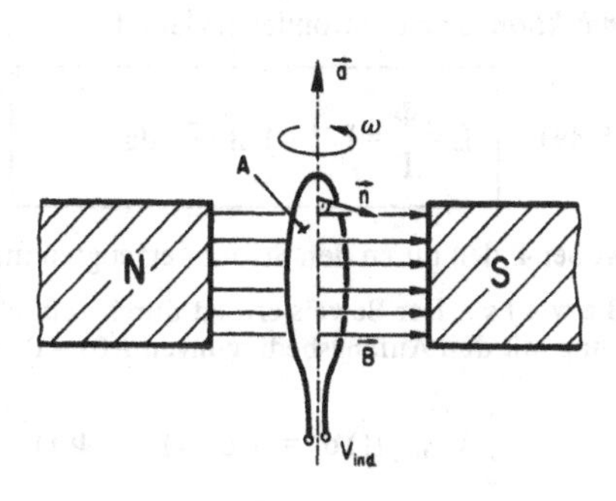

Die in der Schlaufe induzierte Spannung ist

$$V_{ind} = -\frac{d}{dt}\int_A \vec{B}\,\vec{n}\,da = -\frac{d}{dt}\vec{B}\,\vec{n}\,A = -\frac{d}{dt}B\cos\omega t\,A = +\omega\,B\,A\sin\omega t$$

Die Selbstinduktion. Nach dem Gesetz von Biot-Savart wird jeder elektrische Strom von einem magnetischen Feld begleitet. Bei einem zeitlich veränderlichen Strom induziert das begleitende magnetische Feld an den Enden des Leiters eine elektrische Spannung $V_{s.ind.}(t)$, welche auf den erzeugenden Strom I(t) rückwirkt. Für einen allgemein geformten Leiter gilt

(5.87) $$V_{s.ind.}(t) = -L\frac{d}{dt}I(t)$$

Der Proportionalitätsfaktor L wird als *Selbstinduktion* bezeichnet. Sie ist eine Funktion der Gestalt des Stromleiters und der magnetischen Eigenschaften der umgebenden Materialien.

Einheit. Die Einheit der *Selbstinduktion* wird nach J. Henry (1797–1878) benannt:

$$[L] = \text{Henry} = \frac{V\,s}{A} = \Omega\,s$$

Beweis: Zum Beweis der Beziehung zwischen dem Strom und seiner selbstinduzierten Spannung betrachten wir ein langes *Solenoid* im Vakuum mit der Länge ℓ, der Querschnittsfläche $A = \pi r^2$ und N Windungen.

$$V_{s.ind.}(t) = -\frac{d}{dt}B(t)\cdot A\cdot N = -\frac{d}{dt}\mu_0\frac{I(t)\,N}{\ell}A\cdot N = -\frac{\mu_0 N^2 A}{\ell}\frac{dI(t)}{dt}$$

Daraus ergibt sich die

Selbstinduktion eines langen Solenoids:
Für $\ell \gg r$ gilt

(5.88) $$L = \frac{\mu_0 N^2 A}{\ell}$$

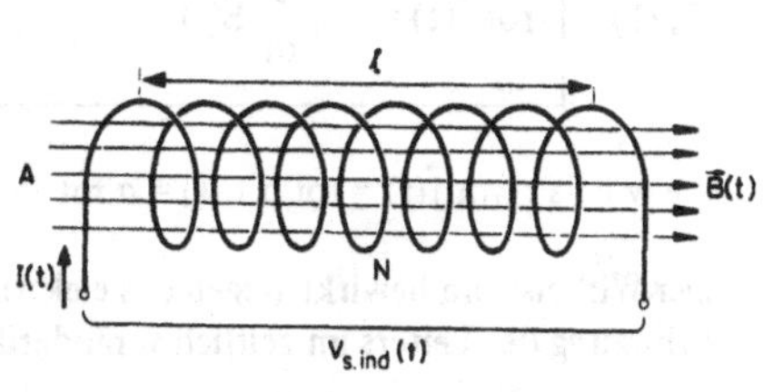

Selbstinduktion und magnetischer Fluß. Eine *andere allgemeine Darstellung der Selbstinduktion* L eines Stromleiters lautet

(5.89) $$L = \frac{\Phi}{I} = I^{-1} \cdot \int_A \vec{B} \cdot \vec{n} \cdot da$$

wobei Φ den durch den Strom I erzeugten magnetischen Fluß darstellt.

B e w e i s : Der Beweis erfolgt durch zeitliche Integration der selbstinduzierten Spannung mit den Anfangsbedingungen $I(0) = 0$ und $\Phi(0) = 0$:

$$\int_0^t V_{s.ind.}(t)\, dt = -L\, I(t) = -\Phi(t)$$

Der Transformator. Der *Transformator* besteht aus zwei übereinander gestülpten, gleichstrommäßig isolierten Drahtspulen, die wechselstrommäßig durch Induktion gekoppelt sind.

Im *einfachsten Fall* besteht der Transformator aus zwei Solenoiden mit gleichem Radius r, gleicher Länge ℓ und verschiedenen Windungszahlen N_1 und N_2. Für zeitlich veränderliche Ströme und speziell für Wechselstrom ist das Verhältnis der beiden Spannungen V_1 und V_2 an den beiden Solenoiden gleich dem Verhältnis der beiden Windungszahlen N_1 und N_2, vorausgesetzt, daß der Strom I_2 in der zweiten Spule klein ist.

(5.90) $$\frac{dI_1}{dt} \neq 0, I_2 \simeq 0 \Rightarrow \frac{V_2}{V_1} = \frac{N_2}{N_1}$$

B e w e i s : $A = \pi r^2$

$$V_1 = V_{1,s.ind.} = -N_1^2 \mu_0 A \ell^{-1} \frac{dI_1}{dt}$$

$$V_2 = V_{2,ind} = -d\Phi/dt = -N_2 A \frac{dB}{dt} \simeq -N_2 A \mu_0 N_1 \ell^{-1} \frac{dI_1}{dt} = -N_2 N_1 \mu_0 A \ell^{-1} \frac{dI_1}{dt}$$

$$\frac{V_2}{V_1} = \frac{V_{2,ind}}{V_{1,s.ind.}} = \frac{N_2}{N_1}$$

Der Wirbelstrom. Eine zeitlich veränderliche magnetische Induktion $\vec{B}(t)$ erzeugt in einem elektrischen Leiter mit der elektrischen Leitfähigkeit σ einen Wirbelstrom mit der Stromdichte $\vec{j}$. Für einen isotropen Leiter gilt die Beziehung:

(5.91) $$\operatorname{rot} \vec{j}(t) = -\sigma \frac{d}{dt} \vec{B}(t)$$

B e w e i s : $\operatorname{rot} \vec{j}(t) = \operatorname{rot} \sigma \vec{E}(t) = \sigma \operatorname{rot} \vec{E}(t) = -\sigma \frac{d}{dt} \vec{B}(t)$

Der Wirbelstrom bewirkt wegen des elektrischen Widerstandes eine meist unerwünschte Erhitzung des Leiters im zeitlich veränderlichen Magnetfeld. Bei *Elektromotoren, Genera-*

toren und Transformatoren mit Eisenkernen wird der Wirbelstrom unterdrückt, indem der Eisenkern aus Schichten von dünnen, isolierten Eisenblechen aufgebaut wird.

5.5.8 Magnetische Feldenergie und magnetische Kräfte

Magnetische Energie einer Spule. Wir betrachten ein langes *Solenoid* im Vakuum mit der Länge ℓ, der Querschnittsfläche A und N Windungen. Die Arbeit, welche wir beim Einschalten des elektrischen Stromes der Spule zur Erzeugung ihres Magnetfeldes benötigen, ist:

$$W = -\int_0^t V_{s.ind.} \cdot I \cdot dt = +L \int_0^t \frac{dI}{dt} \cdot I \cdot dt = +L \int I \cdot dI = \frac{1}{2} L I^2$$

Diese Arbeit steckt in der potentiellen Energie E_{pot} des Magnetfeldes der Spule

(5.92) $$E_{pot} = \frac{1}{2} L I^2 = \frac{1}{2L} \cdot \Phi^2$$

Magnetische Energiedichte und magnetischer Druck. Energiedichte w_{magn} und magnetischer Druck σ_{magn} eines magnetischen Feldes $\vec{H}$ betragen

(5.93) $$w_{magn} = \lim_{\Delta V \to 0} \frac{\Delta E_{pot}}{\Delta V} = \frac{1}{2} \vec{B} \cdot \vec{H} = \sigma_{magn}$$

Der Zusammenhang zwischen w_{magn} und σ_{magn} entspricht demjenigen von w_{el} und σ_{maxw} gemäß (5.30) und (5.33).

Beweis: $w_{magn} = \frac{E_{pot}}{V} = \frac{L I^2}{2V} = \frac{\mu_0 N^2 A l^{-1} I^2}{2 A l} = \frac{1}{2} \left(\frac{\mu_0 N I}{l}\right) \left(\frac{N I}{l}\right) = \frac{1}{2} \vec{B} \cdot \vec{H}$

Beispiel: Vakuum $H = 10^6$ A/m, $B = 1{,}26$ T, $w_{magn} = 6{,}28 \cdot 10^5$ Ws/m^3, $\sigma_{magn} = 6{,}28 \cdot 10^5$ Pascal $\approx 6{,}28$ kp/cm^2

5.5.9 Der magnetische Dipol als Kreisstrom

Die Analogie von Ampère. Nach A. M. Ampère (1775–1836) entspricht jedem magnetischen Dipolmoment $\vec{m}$ ein Kreisstrom, bei dem ein elektrischer Strom I eine Fläche A umfließt. Wird die Fläche A als eben angenommen, so soll die Richtung des Normalenvektors $\vec{n}$ durch den Umlaufsinn des Stromes I gemäß der Rechten-Hand-Regel festgelegt sein. Dann gilt

(5.94) $$\vec{m} = I \cdot A \cdot \vec{n}$$

Die *Einheit des magnetischen Dipolmoments* $[\vec{m}] = \text{A m}^2$ entspricht dieser Beziehung.

Der *Beweis* für den allgemeinen Fall ist kompliziert. Wir beschränken uns daher auf den Vergleich zweier physikalischer Größen des magnetischen Dipols und des entsprechenden Kreisstroms, nämlich auf das in einem homogenen magnetischen Feld $\vec{B}$ wirkende mechanische Drehmoment $\vec{T}$ und das eigene Magnetfeld.

Mechanisches Drehmoment auf einen Kreisstrom im magnetischen Feld

$A = \pi R^2$
$\vec{n} = \{0, 0, 1\}$
$\vec{B} = \{B \sin\alpha, 0, B \cos\alpha\}$
$\vec{R} = \{R \sin\beta, -R \cos\beta, 0\}$
$d\vec{s} = \{R \cos\beta\, d\beta, R \sin\beta\, d\beta, 0\}$

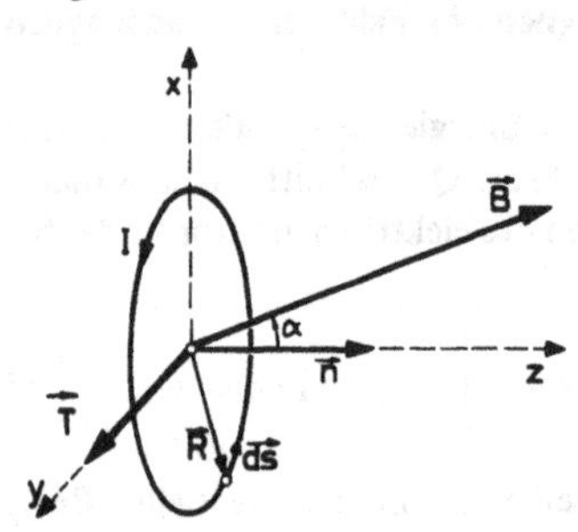

Das mechanische Drehmoment $\vec{T}$ auf einen Kreisstrom $I A \vec{n}$ in einem Magnetfeld $\vec{B}$ läßt sich mit dem Kraftgesetz berechnen:

$$\vec{T} = \int_s [\vec{R} \times I [d\vec{s} \times \vec{B}]] = \int_0^{2\pi} I B \sin\alpha\, R^2 \{\sin\beta \cos\beta\, d\beta, \sin^2\beta\, d\beta, 0\}$$

$$= I B \sin\alpha\, R^2 \{0, \pi, 0\} = I \pi R^2 \cdot \sin\alpha \cdot B \{0, 1, 0\}$$

(5.95) $$\vec{T} = I A \vec{n} \times \vec{B}$$

im Vergleich zu (5.69) : $\vec{T} = \vec{m} \times \vec{B}$.

Das magnetische Feld eines Kreisstroms

$A = \pi R^2$
$\vec{n} = \{0, 0, 1\}$
$\vec{r} = \{r \sin\alpha, 0, r \cos\alpha\}$
$\vec{R} = \{R \sin\beta, -R \cos\beta, 0\}$
$d\vec{s} = \{R \cos\beta\, d\beta, R \sin\beta\, d\beta, 0\}$

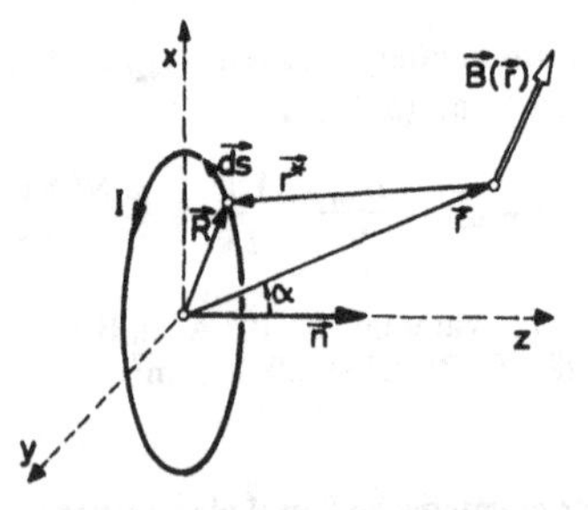

Das Feld $\vec{B}(\vec{r})$ eines kleinflächigen Kreisstroms $I A \vec{n}$ wird mit dem Gesetz von Biot-Savart berechnet. Die drei bei der Berechnung *maßgebenden Integrale* sind

$$\int_s \vec{R} \times d\vec{s} = \int_0^{2\pi} \{0, 0, R^2\, d\beta\} = 2\pi R^2 \vec{n} = 2A \vec{n}$$

$$\int_s d\vec{s} = \int_0^{2\pi} R \{\cos\beta\, d\beta, \sin\beta\, d\beta, 0\} = 0$$

$$\int_s (\vec{R}\, \vec{r})\, d\vec{s} = \int_0^{2\pi} R^2 r \sin\alpha \{\sin\beta \cos\beta\, d\beta, \sin^2\beta\, d\beta, 0\}$$

$$= \pi R^2 r \sin\alpha \{0, 1, 0\} = [A \cdot \vec{n} \times \vec{r}]$$

Für $r \gg R$ gelten folgende *Approximationen*:

$$r^* = |\vec{r} - \vec{R}| \simeq r\left(1 - \frac{\vec{r}\,\vec{R}}{r^2}\right); \quad r^{*-3} \simeq r^{-3} + 3r^{-5}(\vec{r}\,\vec{R})$$

$$\vec{B}(\vec{r}) = \frac{\mu_0}{4\pi} I \int_s \frac{\vec{r}^* \times d\vec{s}}{r^{*3}} \simeq \frac{\mu_0}{4\pi} I \int_s \frac{(\vec{R} - \vec{r}) \times d\vec{s}}{r^3}\left(1 + 3\frac{\vec{r}\,\vec{R}}{r^2}\right)$$

$$= \frac{\mu_0}{4\pi} I \left(r^{-3} \int_s [\vec{R} \times d\vec{s}] - [r^{-3}\vec{r} \times \int_s d\vec{s}] - [3r^{-5}\vec{r} \times \int_s (\vec{r}\,\vec{R})\,d\vec{s}]\right)$$

$$= \frac{\mu_0}{4\pi} I \left(r^{-3}\, 2A\,\vec{n} - 0 - 3r^{-5}\,[\vec{r} \times [A\,\vec{n} \times \vec{r}]]\right)$$

$$\vec{B}(\vec{r}) \simeq \frac{\mu_0}{4\pi}\left(-\frac{I A \vec{n}}{r^3} + 3\frac{(I A \vec{n} \cdot \vec{r})\,\vec{r}}{r^5}\right) \quad \text{für } r \gg R \tag{5.96}$$

im Vergleich zu (5.72):

$$\vec{B}(\vec{r}) = \frac{\mu_0}{4\pi}\left\{-\frac{\vec{m}}{r^3} + 3\frac{(\vec{m}\,\vec{r})\,\vec{r}}{r^5}\right\}$$

5.6 Magnetische Eigenschaften der Materie

5.6.1 Phänomenologie

Charakteristische Funktion. Das magnetische Verhalten von Materie wird durch die Beziehung zwischen $\vec{B}$ und $\vec{H}$ beschrieben. Im SI-System gilt für das Vakuum gemäß 5.5.1: $\vec{B} = \mu_0 \vec{H}$. Die Materie wird magnetisch klassifiziert entsprechend der Art und der Temperaturabhängigkeit der *Funktion* $\vec{B}(\vec{H})$. Die wichtigsten magnetischen Klassen sind die Diamagnetika, die Paramagnetika und die Ferromagnete. Zu erwähnen sind ferner die Antiferromagnete und die Ferrimagnete.

Die Bestimmung der Funktion $\vec{B}(\vec{H})$. Die Funktion $\vec{B}(\vec{H})$ kann für isotropes Material und niederfrequente $\vec{H}$ mit zwei Spulen bestimmt werden, welche um einen Kern aus dem zu untersuchenden Material gewickelt sind. An die erste Spule wird ein niederfrequenter periodischer Strom $I(t) = I_0 \cdot \sin \omega t$ gelegt. An den Enden der zweiten Spule mißt man die induzierte Spannung.

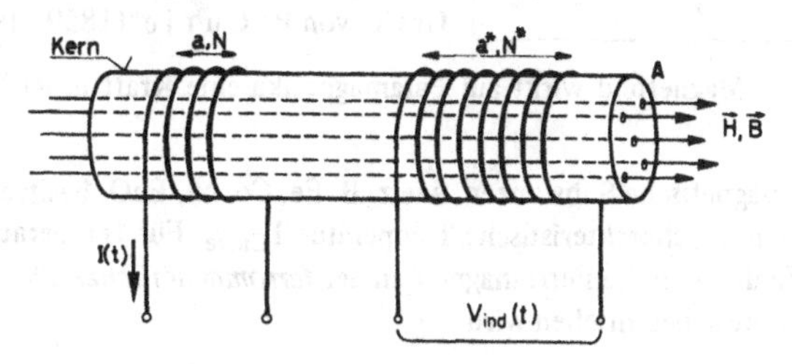

$$V_{ind}(t) = -N^* A \frac{dB}{dt}$$

Unter Benutzung von $H(t) = \frac{N}{a} I(t)$ erhält man die Funktion $B(H) = B\{H(t)\}$ durch Integration von dB/dt.

Permeabilität und Suszeptibilität. Ein *linearer Zusammenhang* zwischen $\vec{B}$ und $\vec{H}$ wird beschrieben durch die *magnetische Permeabilität* μ oder die *magnetische Suszeptibilität* χ_m:

(5.97) $$\vec{B} = \mu(\mu_0 \cdot \vec{H}) = (1 + \chi_m)(\mu_0 \cdot \vec{H})$$

In anisotropen Substanzen sind μ und χ_m Tensoren.
Man unterscheidet zwischen Materialien mit negativer und positiver Suszeptibilität

$\chi_m < 0$: Diamagnetika
$\chi_m > 0$: Paramagnetika

Diamagnetika. Diamagnetisch ($\chi_m < 0$) sind Substanzen wie NaCl, Benzol, H_2O, H_2, Edelgase und einige Metalle. Die Absolutwerte von χ_m sind klein ($|\chi_m| \simeq 10^{-5}$). In einem inhomogenen Magnetfeld wirkt auf Diamagnetika eine Kraft in Richtung kleinerer Feldstärke.

Tab. 5.12 Molare Suszeptibilitäten $\chi_m = \chi^{molar} \cdot mol/cm^3$

Atom	χ^{molar} 10^{-6} cm³/mol	Ion	χ^{molar} 10^{-6} cm³/mol	Ion	χ^{molar} 10^{-6} cm³/mol
He	− 1,9			Li^+	− 0,7
Ne	− 7,2	F^-	− 9,4	Na^+	− 6,1
A	− 19,4	Cl^-	− 24,2	K^+	− 14,6
Kr	− 28	Br	− 34,5	Rb^+	− 22,0
Xe	− 43	I^-	− 50,6	Cs^+	− 35,1

Paramagnetika. Paramagnetisch sind unter anderem O_2, die meisten Metalle, sowie Stoffe mit nur teilweise gefüllten inneren Elektronenschalen. In vielen Fällen ist die paramagnetische Suszeptibilität stark temperaturabhängig:

(5.98) $$\chi_m = \mu - 1 = \frac{const}{T}$$

Gesetz von P. Curie (1859–1906)

In einem inhomogenen Magnetfeld wirkt auf Paramagnetika eine Kraft in Richtung hoher Feldstärke.

Ferromagnete. Ferromagnetische Substanzen, wie z. B. Fe, Co, Ni, EuO, besitzen eine nach P. Curie benannte, charakteristische Temperatur T_{Curie}. Für Temperaturen T kleiner als T_{Curie} befinden sich die Ferromagnete in der *ferromagnetischen Phase*, welche durch die Hysterese beschrieben wird:

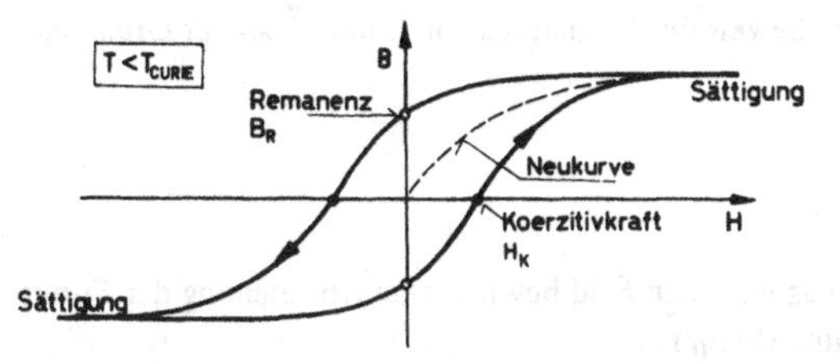

Bei der Hysterese ist zu beachten, daß auch ohne Magnetfeld $\vec{H}$ ein Feld $\vec{B}$ entsprechend der Remanenz $\vec{B}_R$ existieren kann. Dieser Fall entspricht den *Permanentmagneten*. Das Feld $\vec{B}$ kann nur zum Verschwinden gebracht werden, indem ein entsprechend starkes Magnetfeld $\vec{H}_K$, die *Koerzitivkraft*, angelegt wird.

Steigt die Temperatur T über T_{Curie}, so geht der Ferromagnet in eine *pseudo-paramagnetische Phase* über. Dann gilt:

(5.99)
$$\vec{B} = \mu(\mu_0 \vec{H}) = (1 + \chi_m)(\mu_0 \vec{H}); \qquad \mu > 1; \chi_m > 0.$$
$$\chi_m = \mu - 1 = \frac{\text{const}}{T - T_{Curie}} \qquad \text{für } T > T_{Curie}$$

Gesetz von P. C u r i e und P. W e i s s (1865–1940)

Tab. 5.13 Curie-Temperaturen und Sättigungs-Magnetisierungen von Ferromagneten
T_{Curie} in K; M_S in Gauß = 10^3 A/m

Element	T_{Curie}	M_S (0 K)	Substanz	T_{Curie}	M_S (0 K)
Fe	1043	1752	$CrBr_3$	37	270
Co	1388	1445	EuO	77	1910
Ni	627	510	EuS	17	1184
Gd	293	1980	$GdCl_3$	2	550
Dy	85	3000	MnAs	318	870

5.6.2 Grenzfläche zwischen zwei Magnetika

An einer Grenzfläche zwischen zwei magnetischen Materialien gilt die Feldgleichung (5.73)

$$\text{div}\,\vec{B} = 0$$

Fließt kein Ladungs- oder Verschiebungsstrom, so ist wegen (5.116)

$$\text{rot}\,\vec{H} = 0$$

Unter dieser Voraussetzung gilt an der Grenzfläche zwischen zwei magnetischen Materialien 1 und 2:

(5.100)
$$B_{1\perp} = B_{2\perp}, \qquad H_{1\parallel} = H_{2\parallel}$$

B e w e i s : Analog zum Beweis des Verhaltens von $\vec{E}$ und $\vec{D}$ an der Grenzfläche zweier Dielektrika (5.2.2).

5.6.3 Die Magnetisierung

Definition. Materie im magnetischen Feld bewirkt eine Abweichung der Funktion $\vec{B}(\vec{H})$ von der Vakuumbeziehung $\vec{B} = \mu_0 \vec{H}$.

Durch Einführung der *Magnetisierung* $\vec{M}$ läßt sich der Zusammenhang zwischen $\vec{B}$ und $\vec{H}$ für jede Art Materie sinnvoll beschreiben. Im SI-System ist die Magnetisierung $\vec{M}$ definiert durch die Gleichung

$$\vec{B} = \mu_0(\vec{H} + \vec{M}) \tag{5.101}$$

Entsprechend der *Definition* gilt für das *Vakuum*: $\vec{M} = 0$.

Einheit. Die Einheit der *Magnetisierung* $\vec{M}$ ist diejenige des Magnetfeldes $\vec{H}$:

$$[\vec{M}] = [\vec{H}] = \text{A/m}.$$

Magnetisierung als Dichte magnetischer Dipolmomente. In Analogie zur elektrischen Polarisation $\vec{P}$ entspricht die Magnetisierung $\vec{M}$ der Dichte der Momente $\vec{m}_i$ der mikroskopischen magnetischen Dipole in der Materie:

$$\vec{M} = \sum_i \vec{m}_i/\text{Volumen} \tag{5.102}$$

Die Magnetisierung ist häufig temperaturabhängig, da die Ausrichtung der einzelnen mikroskopischen Dipole von der Temperatur beeinflußt wird.

Magnetisierung als Dichte mikroskopischer Kreisströme. Gemäß Abschn. 5.5.9 entsprechen die mikroskopischen Dipole $\vec{m}_i$ Kreisströmen. Zur Hauptsache sind es die Ströme der in den Atomen um den Kern und um die eigene Achse rotierenden Elektronen. Diese mikroskopischen Dipole werden in Kapitel 7 quantenmechanisch untersucht. Formal kann gesetzt werden

$$\vec{m}_i = I_i A_i \vec{n}_i$$

wobei I_i den Strom, A_i die Fläche und $\vec{n}_i$ die Normale des Kreisstromes Nr. i darstellen. Für die Magnetisierung $\vec{M}$ gilt demnach

$$\vec{M} = \sum_i I_i A_i \vec{n}_i/\text{Volumen} \tag{5.103}$$

Die Magnetisierung ist die Summe der mikroskopischen Kreisströme pro Volumen, d. h. Dichte der mikroskopischen Kreisströme.

5.6.4 Der Zusammenhang zwischen dem Magnetfeld, der Magnetisierung und der magnetischen Induktion

Deutung als Kreisströme. Das Magnetfeld $\vec{H}$, die Magnetisierung $\vec{M}$ und die magnetische Induktion $\vec{B}$ können als *Kreisströme* beschrieben werden. Es ist

a) das Magnetfeld $\vec{H}$ der äußere makroskopische Kreisstrom pro Volumen,

b) die Magnetisierung $\vec{M}$ die Dichte der mikroskopischen Kreisströme

und

c) das magnetische Feld oder die magnetische Induktion $\vec{B}$ die Gesamtheit aller Kreisströme pro Volumen multipliziert mit der Feldkonstanten μ_0.

Durchflutungsgesetz von Ampère. Die Bedeutung der drei Größen $\vec{H}$, $\vec{M}$ und $\vec{B}$ zeigt sich auch, wenn man für sie das Durchflutungsgesetz von Ampère in Differentialform (5.75) schreibt:

a) $\text{rot}\,\vec{H} = \vec{j} = \vec{j}_{\text{makroskopisch}}$

b) $\text{rot}\,\vec{M} \quad = \vec{j}_{\text{mikroskopisch}}$

c) $\text{rot}\,\dfrac{\vec{B}}{\mu_0} = \vec{j}_{\text{total}}$

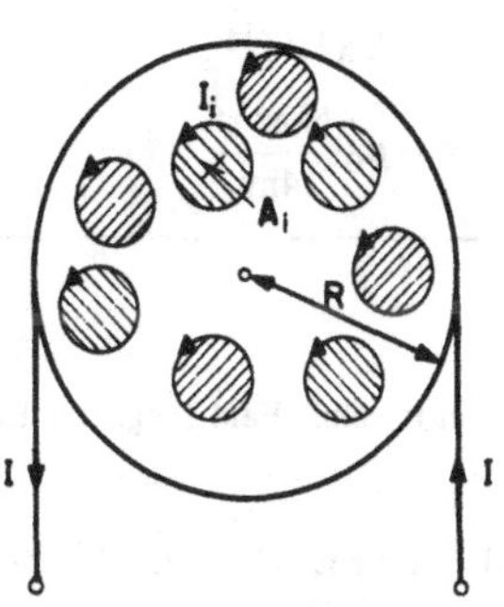

I l l u s t r a t i o n : Zur Illustration betrachten wir einen langen Kreiszylinder mit dem Querschnitt πR^2 und der Länge $a \gg R$, welcher aus homogenem magnetischen Material besteht, das N_i identische mikroskopische Kreisströme $I_i \cdot A_i \cdot \vec{n}_i$ enthält. Der Einfachheit halber wollen wir annehmen, daß alle Normalenvektoren $\vec{n}_i$ parallel zur Achsenrichtung des Zylinders gerichtet sind.

a) Umwickeln wir den erwähnten Zylinder mit N Wicklungen eines Drahtes, so ergibt ein Strom I das *Magnetfeld* $\vec{H}$

$$H = \frac{N\,I}{a} = \frac{N(I\,\pi R^2)}{\pi\,R^2\,a}$$

= Summe der makroskopischen Kreisströme pro Volumen

b) Unter obiger Voraussetzung ist die *Magnetisierung* $\vec{M}$:

$$M = \frac{N_i(I_i\,A_i)}{\pi\,R^2\,a}$$

= Summe der mikroskopischen Kreisströme pro Volumen

c) Die *magnetische Induktion* $\vec{B}$ ist bestimmt durch die Gesamtheit der Kreisströme. Sie kümmert sich nicht darum, ob ein Kreisstrom mikroskopisch oder makroskopisch ist.

$$\frac{B}{\mu_0} = H + M = \frac{N(I\,\pi R^2) + N_i(I_i\,A_i)}{\pi\,R^2\,a}$$

= Summe aller Kreisströme pro Volumen

5.6.5 Mikroskopische Deutung der magnetischen Eigenschaften

Diamagnetika. Diamagnetische Substanzen, wie z. B. Benzol, enthalten *keine permanenten atomaren oder molekularen magnetischen Dipole*. Bringt man eine diamagnetische Substanz in ein Magnetfeld, so *induziert* dieses in den Elektronenwolken der Atome und Moleküle Kreisströme. Wegen des negativen Vorzeichens im Induktionsgesetz von Faraday erzeugen diese entsprechend der Regel von F. E. Lenz (1804–1865) ein entgegengesetzt gerichtetes magnetisches Feld. Dieses bewirkt, daß das gesamte magnetische Feld $\vec{B}$ kleiner ist als im Vakuum: $B < \mu_0 H$.

Illustration: Zur Illustration betrachten wir eine diamagnetische Substanz, welche pro Einheitsvolumen N identische Atome oder Moleküle enthält, bei denen Kreisströme induziert werden können. Zudem nehmen wir an, daß die Kreisströme durch Elektronen mit der Masse m und der elektrischen Ladung $-e$ erzeugt werden, welche sich um Kreisbahnen mit dem Radius r senkrecht zum Magnetfeld bewegen. Da es sich um atomare oder molekulare Kreisströme handelt, dürfen wir die Reibung, resp. den elektrischen Widerstand vernachlässigen. Unter diesen Voraussetzungen gilt:

$$\vec{B} = (1 + \chi_m)\,\mu_0\,\vec{H} \qquad \chi_{dia} = -\mu_0\,\frac{N\,e^2\,r^2}{4m} \tag{5.104}$$

-e,m
$\vec{v}$
r
$\mu_0\vec{H}$
I_{ind}

Beweis: Elektrisches Feld längs der Elektronenbahn beim Einschalten des Magnetfeldes

$$\oint \vec{E}\,d\vec{s} = 2\pi\,r\,E = \int \text{rot}\,\vec{E}\cdot d\vec{a} = -\int \frac{d\vec{B}}{dt}\,\vec{n}\,da \simeq -\pi\,r^2\,\mu_0\,\frac{dH}{dt}$$

$$E = -\frac{r}{2}\,\mu_0\,\frac{dH}{dt}$$

Das Elektron wird durch das elektrische Feld auf die Geschwindigkeit v beschleunigt und kreist mit der Frequenz ν auf der Bahn.

$$-e\,E = m\,\frac{dv}{dt} = e\,\frac{r}{2}\,\mu_0\,\frac{dH}{dt}, \qquad v = \int \frac{dv}{dt}\,dt = \frac{re}{2m}\,\mu_0\,H = 2\pi\cdot\nu\cdot r$$

Induzierter Strom:

$$I_{ind} = e\,\nu = \mu_0\,\frac{e^2\,H}{4\pi\,m}, \qquad M = \chi_{dia}\,H = N\,I_{ind}\cdot\pi\,r^2 = -\mu_0\,N\,\frac{e^2}{4m}\,r^2\,H$$

Paramagnetika. Paramagnetika enthalten *permanente atomare magnetische Dipole* $\vec{m}$, welche sich zu einem angelegten Magnetfeld $\vec{H}$ *parallel* stellen. Dieser Ausrichtung wirkt jedoch die Temperaturbewegung entgegen, so daß sie nur unvollständig erfolgt. Das Resultat ist eine temperaturabhängige Magnetisierung $\vec{M}$ proportional und parallel zum angelegten Magnetfeld $\vec{H}$.

I l l u s t r a t i o n : Zur Illustration betrachten wir eine paramagnetische Substanz, welche pro Einheitsvolumen N identische atomare magnetische Dipole $\vec{m}$ enthält. Der Einfachheit halber nehmen wir an, daß die Ausrichtung der atomaren magnetischen Dipole nicht gequantelt ist (Richtungsquantelung siehe 7.6). Der Einfluß der Temperaturbewegung auf die Magnetisierung wird durch die Boltzmann-Statistik bestimmt.

Daraus resultiert für nicht zu tiefe Temperaturen T die Formel von P. C u r i e

$$\vec{B} = (1 + \chi_m)\,\mu_0\,\vec{H}; \qquad \chi_m \simeq +\mu_0\,\frac{N\,\vec{m}^2}{3k\,T} \tag{5.105}$$

wobei $k = 1{,}3805 \cdot 10^{-23}$ W s/K die Boltzmann-Konstante darstellt.

B e w e i s : Zur Berechnung von $\vec{M}$ benutzen wir Polarkoordinaten:

Magnetfeld: $\vec{H} = \{0, 0, H\}$

Dipolmoment: $\vec{m} = \{m \sin\Theta \cos\phi,\ m \sin\Theta \sin\phi,\ m \cos\Theta\}$

Raumwinkelelement: $d\Omega = \sin\Theta\, d\Theta\, d\phi = -\,d(\cos\Theta)\, d\phi$

Die Energie E des Dipols im Magnetfeld $\vec{H}$ hängt nur von Θ oder $u = \cos\Theta$ ab:

$$E = -\,\vec{m}(\mu_0\,\vec{H}) = -\,m\,\mu_0\,H\cos\Theta = -\,m\,\mu_0\,H \cdot u$$

Die Magnetisierung M_z in der H-Richtung ist gegeben durch

$$M_z = \frac{1}{V}(\Sigma\,\vec{m})_z = N \cdot m \cdot \langle\cos\Theta\rangle$$

Für den Mittelwert $\langle\cos\Theta\rangle = \langle u\rangle$ ergibt sich nach der Boltzmann-Statistik (9.2)

$$\langle\cos\Theta\rangle = \frac{\int_\Omega \cos\Theta \cdot e^{-E/kT} \cdot d\Omega}{\int_\Omega e^{-E/kT} \cdot d\Omega} = \frac{\int_0^{2\pi}\int_0^{\pi} \cos\Theta\, e^{-x\cdot\cos\Theta} \sin\Theta\, d\Theta\, d\phi}{\int_0^{2\pi}\int_0^{\pi} e^{-x\cdot\cos\Theta} \sin\Theta\, d\Theta\, d\phi}$$

$$\langle u\rangle = \frac{\int_{-1}^{+1} u \cdot e^{-xu}\, du}{\int_{-1}^{+1} e^{-xu}\, du} = \coth x - \frac{1}{x} = L(x); \qquad x = \frac{m\,\mu_0\,H}{kT}$$

L(x) ist die *Langevin-Funktion*.

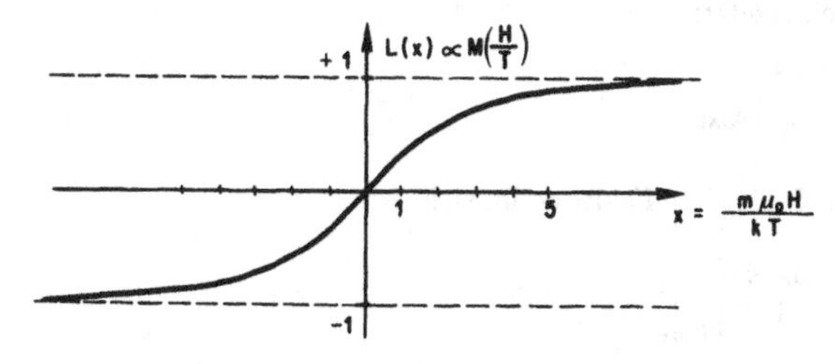

Für große x, d. h. große Magnetfelder und tiefe Temperaturen tritt *Sättigung* ein. Dann sind alle Dipole ausgerichtet. Ausgeschrieben ergibt sich für die Magnetisierung

$$M_z(H) = N\, m \left(\coth \mu_0 \frac{mH}{kT} - \frac{1}{\mu_0} \frac{kT}{mH} \right)$$

Für $kT \gg m\, \mu_0\, H$ gilt

$$M_z = \chi_m\, H = \mu_0 \frac{N\, \vec{m}^2}{3k\, T}\, H.$$

Tab. 5.14 Gemessene magnetische Dipolmomente von Ionen; $|\vec{m}|$ in Bohrschen Magnetonen μ_B

Ion	$\lvert\vec{m}\rvert$	Ion	$\lvert\vec{m}\rvert$	Ion	$\lvert\vec{m}\rvert$	Ion	$\lvert\vec{m}\rvert$
V^{3+}	2,8	V^{2+}	3,8	Ce^{3+}	2,4	Eu^{3+}	3,4
Cr^{3+}	3,7	Cr^{2+}	4,8	Pr^{3+}	3,5	Gd^{3+}	8
Mn^{3+}	5,0	Mn^{2+}	5,9	Nd^{3+}	3,5	Tb^{3+}	9,5
Fe^{3+}	5,9	Fe^{2+}	5,4	Sm^{3+}	1,5	Dy^{3+}	10,6

Ferromagnete. Ferromagnete besitzen *permanente atomare magnetische Dipole* $\vec{m}$, *welche untereinander stark gekoppelt sind*. Unterhalb der *Curie-Temperatur* T_{Curie} richten sich daher die Dipole in ganzen Bereichen parallel. Größe und Struktur dieser als *Weißsche Bezirke* bezeichneten Bereiche verändern sich mit der Temperatur T und dem angelegten Magnetfeld $\mu_0\, \vec{H}$, was sich in der temperaturabhängigen *Hysterese* widerspiegelt. Oberhalb der Curie-Temperatur verhindert die ungeordnete Temperaturbewegung die kopplungsbedingte Parallelstellung der magnetischen Dipole. Der Ferromagnet verhält sich dann ähnlich wie ein Paramagnet.

Weißsche Lokalfeldtheorie. P. Weiß ist es gelungen, das Verhalten eines Ferromagneten oberhalb der Curie-Temperatur plausibel darzustellen. Zu diesem Zweck betrachtet er das *lokale Magnetfeld* $\vec{H}_{lokal}$ am Ort jedes Dipols, welches durch die benachbarten gekoppelten Dipole erzeugt wird. Er setzt dieses lokale Magnetfeld proportional zur Magnetisierung:

$$\vec{H}_{lokal} = \vec{H} + \lambda \vec{M} \tag{5.106}$$

$\lambda \vec{M}$ wird *Austauschfeld* oder *Molekularfeld* genannt. Das Weißsche lokale Feld wird in die Curie-Formel eingesetzt:

$$\vec{M} = \mu_0 \frac{N\, \vec{m}^2}{3k\, T}\, \vec{H}_{lokal}$$

Durch Elimination des lokalen Feldes ergibt sich

$$\chi_m = \frac{M}{H} = \frac{\mu_0\, N\, \vec{m}^2/3k}{T - T_{Curie}}$$

wobei

$$T_{Curie} = \lambda \mu_0 \frac{N \vec{m}^2}{3k} \tag{5.107}$$

Somit ist die Curie-Temperatur ein Maß für die Kopplung λ der magnetischen Dipole in Ferromagneten.

5.7 Quasistationäre Ströme

5.7.1 Einleitung

Zeitlich veränderliche Ströme I(t) bezeichnet man als *quasistationär*, wenn die maximale Lineardimension d_{max} der elektrischen Schaltung und die minimale Dauer t_{min} der elektrischen Vorgänge so bemessen sind, daß die Ausbreitungsgeschwindigkeit der elektrischen und magnetischen Felder keine Rolle spielt. Diese entspricht der Geschwindigkeit der elektromagnetischen Wellen (6.9), d. h. der Lichtgeschwindigkeit c. Somit muß gelten

$$t_{min} \gg \frac{d_{max}}{c}$$

Zum *Beispiel* gilt die Theorie der quasistationären Ströme für ein elektronisches Gerät mit $d_{max} = 1$ m nur dann, wenn $t_{min} \gg 3{,}33 \cdot 10^{-9}$ s. Insbesondere ist die Theorie der quasistationären Ströme *nicht anwendbar* auf Antennen, Verzögerungsleitungen und Mikrowellengeräte.

Im folgenden beschränken wir uns auf *Wechselströme*, elektrische *Impulse* und *Schaltvorgänge* in *linearen elektrischen Schaltungen*.

5.7.2 Lineare Schaltungen

Lineare Schaltungen lassen sich in den meisten Fällen als Kombinationen von elementaren linearen Zweipolen und Vierpolen darstellen:

Lineare Zweipole. Bei den linearen Zweipolen besteht eine lineare Beziehung zwischen dem durchfließenden Strom I(t) und der elektrischen Spannung V(t) an den beiden Polen. Die einfachsten Zweipole sind: der *ohmsche Widerstand*, der *verlustfreie Kondensator* und die *widerstandsfreie Induktionsspule*. Für diese gelten

(5.108)

Ohmscher Widerstand: $V(t) = +R\, I(t)$

Induktionsspule: $V(t) = +L \frac{d}{dt} I(t)$

Kondensator: $V(t) = V(t=0) + \int_0^t \frac{1}{C} I(t) dt = \frac{Q(t)}{C}, \qquad \frac{d}{dt} V(t) = \frac{1}{C} I(t)$

Symbole

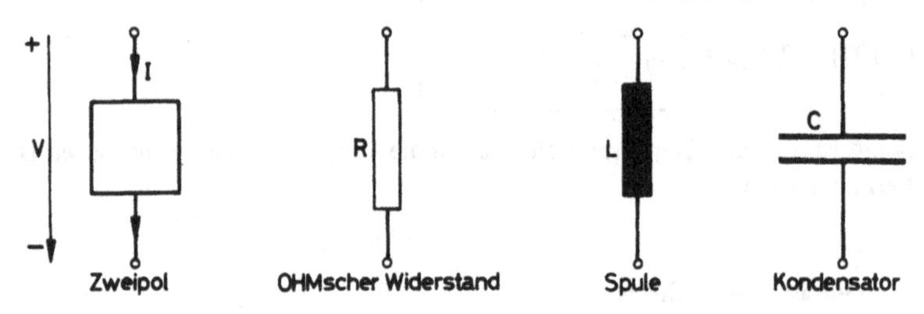

Lineare Vierpole

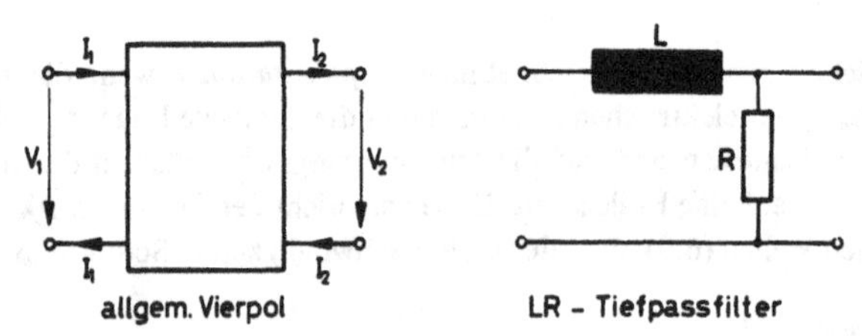

Unter einem linearen Vierpol verstehen wir ein elektrisches Netzwerk, bei dem zwischen den Strömen $I_1(t)$, $I_2(t)$ und den Spannungen $V_1(t)$, $V_2(t)$ an den beiden Polpaaren (Klemmenpaaren) lineare Beziehungen bestehen.

Wird der Vierpol am zweiten Polpaar mit einem Zweipol *belastet*, so darf das erste Polpaar des Vierpols als Zweipol aufgefaßt werden. Im *Leerlauf* läßt man das zweite Polpaar des Vierpols unbelastet, d. h. es gilt $I_2(t) \equiv 0$. Unter dieser Betriebsbedingung mißt man die Ausgangsspannung $V_2(t)$ des Vierpols als Funktion der Eingangsspannung $V_1(t)$ oder des Eingangsstromes $I_1(t)$.

LR-Tiefpaßfilter: Als Beispiel betrachten wir das abgebildete LR-Tiefpaßfilter: Zwischen Strömen und Spannungen bestehen die linearen Beziehungen

$$V_2(t) = +V_1(t) - L\frac{d}{dt}I_1(t)$$

$$I_2(t) = -\frac{1}{R}V_1(t) + \left\{1 + \frac{L}{R}\frac{d}{dt}\right\}I_1(t)$$

Belastet man das LR-Tiefpaßfilter mit einem ohmschen Widerstand R', so gilt

$$V_2(t) = R'\,I_2(t)$$

Mit dieser Zusatzbedingung erhält man für das Eingangspolpaar

$$V_1(t) = \left(\frac{1}{R} + \frac{1}{R'}\right)^{-1} I_1(t) + L\frac{d}{dt}I_1(t)$$

Im Leerlauf ergibt sich mit $I_2(t) \equiv 0$:

$$V_2(t) = R\,I_1(t) \text{ und } V_1(t) = R\,I_1(t) + L\frac{d}{dt}I_1(t)$$

5.7.3 Wechselströme

Komplexe Spannungs- und Stromamplituden. Das Verhalten linearer Schaltelemente gegenüber *periodischen Spannungen und Strömen mit fester Kreisfrequenz* ω läßt sich *komplex darstellen*. Zu diesem Zweck setzt man

(5.109)
$$V(t) = V_0 \cos(\omega t - \phi) = \mathrm{Re}\,(V_0 e^{-i\phi}\, e^{i\omega t}) = \mathrm{Re}\,(V \cdot e^{i\omega t})$$
$$I(t) = I_0 \cos(\omega t - \psi) = \mathrm{Re}\,(I_0 e^{-i\psi}\, e^{i\omega t}) = \mathrm{Re}\,(I \cdot e^{i\omega t})$$

wobei V und I die komplexen Spannungs- und Stromamplituden bedeuten.

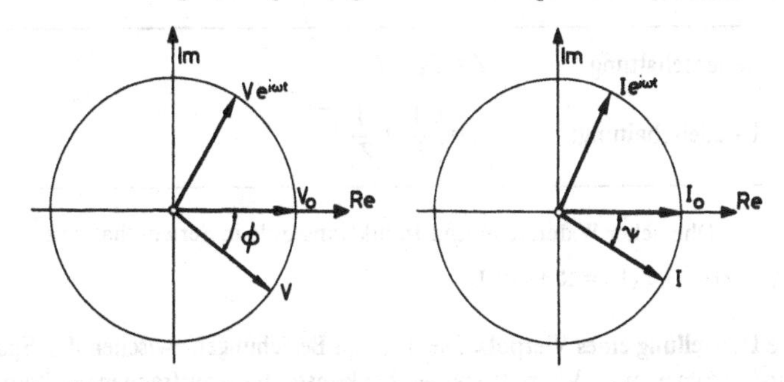

Impedanzen linearer Zweipole

D e f i n i t i o n : Die Impedanz eines linearen Zweipols ist nach Definition der Quotient zwischen komplexer Spannungsamplitude und komplexer Stromamplitude:

(5.110)
$$Z = \frac{V}{I}$$

Insbesondere gilt

(5.111)

Ohmscher Widerstand: $Z(R) = R$

Induktionsspule: $Z(L) = i\,\omega\, L$

Kondensator: $Z(C) = \dfrac{1}{i\,\omega\, C}$

B e w e i s :

$$V(t) = \mathrm{Re}\, V\, e^{i\omega t} = R \cdot I(t) = R \cdot \mathrm{Re}\, I\, e^{i\omega t} = \mathrm{Re}\, R\, I\, e^{i\omega t}$$

$$V(t) = \mathrm{Re}\, V\, e^{i\omega t} = L \frac{d}{dt} I(t) = L \frac{d}{dt} \mathrm{Re}\, I\, e^{i\omega t}$$

$$= \mathrm{Re}\, L \frac{d}{dt} I\, e^{i\omega t} = \mathrm{Re}\, L\, i\, \omega\, I\, e^{i\omega t}$$

$$V(t) = \mathrm{Re}\, V\, e^{i\omega t} = \frac{1}{C} \int_0^t I(t)\, dt + V(0) = \frac{1}{C} \int_0^t (\mathrm{Re}\, I\, e^{i\omega t})\, dt + V(0)$$

$$= \mathrm{Re} \int_0^t \frac{1}{C} I\, e^{i\omega t}\, dt + V(0) = \mathrm{Re}\, \frac{1}{C} \frac{I}{i\omega} e^{i\omega t}$$

wobei $V(0) = I/\omega C$ gewählt werden muß.

R e c h n u n g m i t I m p e d a n z e n : Mit den im allgemeinen komplexen Impedanzen kann wie mit ohmschen Widerständen gerechnet werden. Für zwei Impedanzen Z_1 und Z_2 ist die Impedanz Z der

(5.112)

Serienschaltung:	$Z = Z_1 + Z_2$
Parallelschaltung:	$Z = \left(\frac{1}{Z_1} + \frac{1}{Z_2}\right)^{-1}$

B e i s p i e l : Ohmscher Widerstand und Induktionsspule in Serienschaltung:

$$Z = Z(R) + Z(L) = R + i\,\omega\, L$$

Komplexe Darstellung eines Vierpols. Die linearen Beziehungen zwischen den Spannungen und Strömen eines Vierpols können bei konstanter Kreisfrequenz ω komplex dargestellt werden. Dazu dient folgendes *Übersetzungsschema*

(5.113)

$$f(t) = \mathrm{Re}\, f\, e^{i\omega t} \to f$$

$$\frac{d}{dt} f(t) \to (i\,\omega) \cdot f; \qquad \frac{d^2}{dt^2} f(t) \to (i\,\omega)^2 \cdot f$$

$$\int_0^t dt'\, f(t') \to (i\,\omega)^{-1} f; \qquad \int_0^t dt' \int_0^{t'} dt''\, f(t'') \to (i\,\omega)^{-2} f$$

wobei die Funktion f(t) mit ihrer komplexen Amplitude f stellvertretend für die Größen $I_1(t), I_2(t), V_1(t)$ bzw. $V_2(t)$ des Vierpols gesetzt ist.

LR-T i e f p a ß f i l t e r : Zum Beispiel gilt für das LR-Tiefpaßfilter

$$V_2 = +V_1 - i\,L\,\omega\, I_1 \qquad \qquad V_1 = \left(1 + i\,\omega \frac{L}{R}\right) V_2 - i\,\omega\, L\, I_2$$

oder

$$I_2 = -\frac{1}{R} V_1 + \left(1 + i\,\omega \frac{L}{R}\right) I_1 \qquad \qquad I_1 = \frac{1}{R} V_2 + I_2$$

$$V_1 = (R + i\,\omega\, L)\, I_1 - R\, I_2 \qquad \qquad I_1 = \frac{1}{i\,\omega\, L} V_1 - \frac{1}{i\,\omega\, L} V_2$$

oder

$$V_2 = R\, I_1 - R\, I_2 \qquad \qquad I_2 = \frac{1}{i\,\omega\, L} V_1 - \left(\frac{1}{R} + \frac{1}{i\,\omega\, L}\right) V_2$$

Daraus ist ersichtlich, daß das Wechselstromverhalten linearer Vierpole mit *komplexen zweidimensionalen Matrizen* dargestellt werden kann.
Belastet man das LR-Tiefpaßfilter mit einem ohmschen Widerstand R', so bildet sein Eingangspolpaar einen Zweipol mit der Impedanz

$$Z = \frac{V_1}{I_1} = \left(\frac{1}{R} + \frac{1}{R'}\right)^{-1} + i\,\omega\,L$$

Im Leerlauf ergibt sich

$$V_2 = R\,I_1 \quad \text{und} \quad V_2 = \frac{R}{R + i\,\omega\,L}\,V_1$$

Komplexe Darstellung der Wechselstromleistung. Die von einem Zweipol konsumierte *momentane Leistung* P(t) ist:

$$\begin{aligned} P(t) &= I(t)\,V(t) = I_0 \cos(\omega t - \psi)\,V_0 \cos(\omega t - \phi) \\ &= \frac{I_0 V_0}{2}\{\cos(\psi - \phi) + \cos(2\omega t - \psi - \phi)\} \end{aligned}$$

Daraus ergibt sich die *mittlere Leistung*: $\overline{P} = \overline{P(t)}$

$$\overline{P} = \overline{P(t)} = \frac{1}{T}\int_0^T P(t)\,dt = \frac{I_0 V_0}{2}\cos(\psi - \phi)$$

oder

$$\overline{P} = (I_0/\sqrt{2}) \cdot (V_0/\sqrt{2}) \cos(\psi - \phi) = \frac{1}{2}\,\mathrm{Re}\, I^* V = \frac{1}{2}\,\mathrm{Re}\, I\, V^* \tag{5.114}$$

Effektive Ströme und Spannungen. In der Elektrotechnik bezeichnet man

$$I_{eff} = I_0/\sqrt{2} \quad \text{und} \quad V_{eff} = V_0/\sqrt{2}$$

als *effektive Ströme und Spannungen*. Denn es gilt

$$\overline{P} = I_{eff} \cdot V_{eff} \cdot \cos(\psi - \phi)$$

Diese Formel ist für die Praxis geeignet.

5.7.4 Schaltvorgänge und Impulse

Die Laplace-Transformation. Zur Berechnung von Schaltvorgängen und Impulsumformungen in linearen Schaltungen wird in der Elektrotechnik meistens ein spezielles mathematisches Verfahren, die Transformation von P. de Laplace (1749–1827), verwendet. Ist f(t) eine für die Zeiten $t \geqslant 0$ definierte Funktion, so wird ihre *Laplace-Transformierte* F(p) durch folgendes Integral bestimmt:

(5.115) $$L\{f(t)\} = \int_0^\infty f(t)\, e^{-pt}\, dt = F(p)$$

Die Transformierte ist eine Funktion F(p) einer neuen Variablen p.

Beispiel: $f(t \geqslant 0) = e^{-t/\tau}$

$$F(p) = \int_0^\infty e^{-t/\tau}\, e^{-pt} \cdot dt = \frac{1}{p + \frac{1}{\tau}}$$

Die Laplace-Transformationen der wichtigsten mathematischen Operationen und Funktionen sind in Tabelle A4.4 aufgeführt. Lehrbücher und Tabellen sind ebenfalls in A4.4 zu finden.

Schalt- und Impulsfunktionen. Zur Beschreibung von Schaltvorgängen und Impulsumformungen in linearen Schaltungen werden spezielle Funktionen verwendet, wie z. B.

die Einschaltfunktion:
oder Heaviside-Funktion

$$\Theta(t - \tau) = 0 \text{ für } t < \tau$$
$$= 1 \text{ für } t \geqslant \tau$$

$$L\{\Theta(t - \tau)\} = \frac{1}{p}\, e^{-\tau p}$$

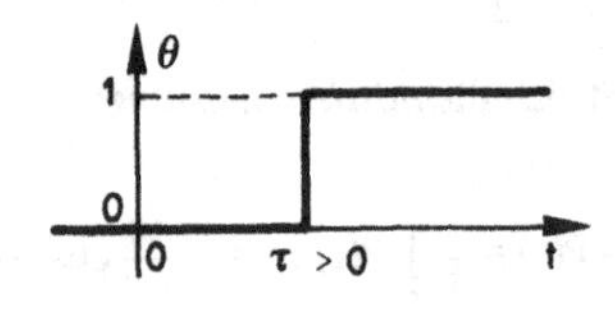

die Ausschaltfunktion:

$$1 - \Theta(t - \tau) = 1 \text{ für } t < \tau$$
$$= 0 \text{ für } t \geqslant \tau$$

$$L\{1 - \Theta(t - \tau)\} = \frac{1}{p}\,(1 - e^{-\tau p})$$

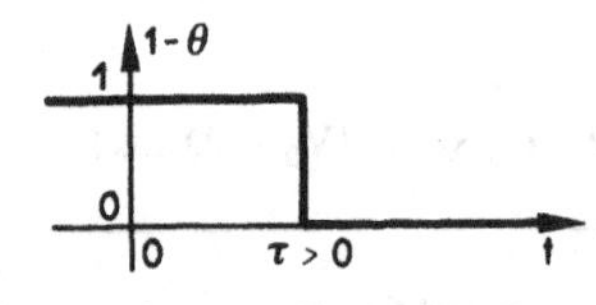

der ideale Impuls:
δ-Funktion (A4.2.13)

$$\delta(t - \tau) = 0 \text{ für } t \neq \tau$$
$$= \infty \text{ für } t = \tau$$

$$\int_0^t \delta(t' - \tau)\, dt' = \Theta(t - \tau)$$

$$L\{\delta(t - \tau)\} = e^{-p\tau}$$

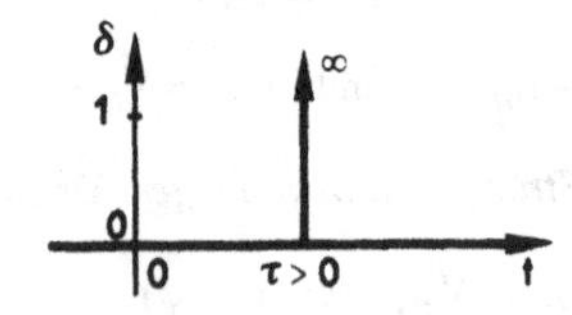

die Rechteckfunktion:
$\Theta(t - \tau_1) - \Theta(t - \tau_2)$,
wobei $\tau_1 < \tau_2$

$$L\{\Theta(t - \tau_1) - \Theta(t - \tau_2)\} = $$
$$= \frac{1}{p}\,\{e^{-\tau_1 p} - e^{-\tau_2 p}\}$$

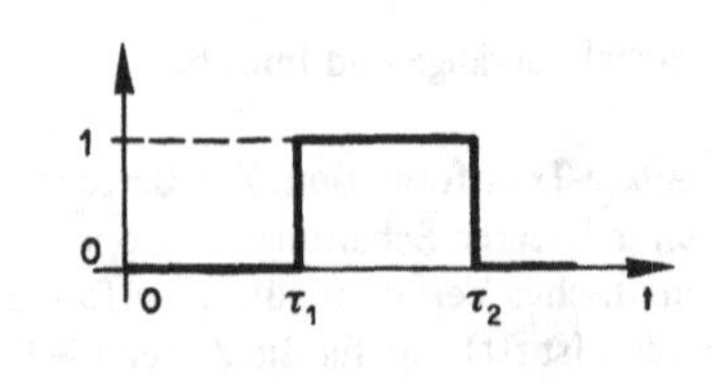

Einschaltvorgang bei einem RL-Zweipol

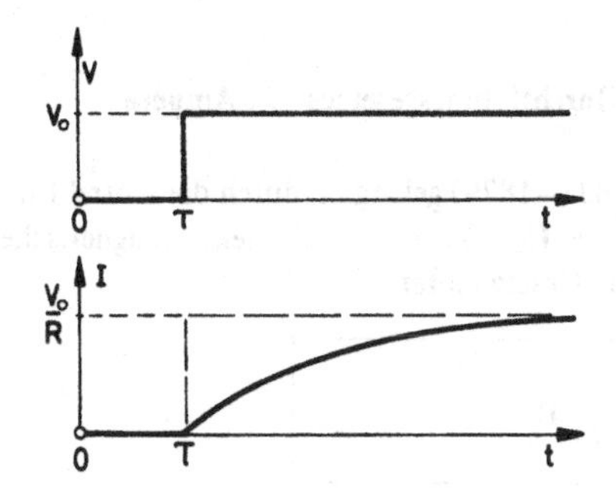

Diff. Gl. des Zweipols: $V(t) = R\, I(t) + L \frac{d}{dt} I(t)$

Laplace-Transformierte: $V(p) = R\, I(p) + L\, p\, I(p) - L \cdot I(t=0)$

Voraussetzungen: $V(t) = V_0\, \Theta(t - \tau),\ I(t=0) = 0$

Laplace-Transformierte: $V(p) = V_0 \frac{1}{p} e^{-\tau p}$

Unbekannte: $I(t)$

Laplace-Transformierte:
$$I(p) = V(p) \frac{1}{R + Lp} = \frac{V_0}{R} e^{-\tau p} \frac{1}{p(1 + Lp/R)}$$
$$= \frac{V_0}{R} e^{-\tau p} \left(\frac{1}{p} - \frac{1}{p + R/L}\right)$$

Lösung:
$$I(t) = \frac{V_0}{R} \Theta(t - \tau) \cdot \left(1 - \exp - \frac{R}{L}(t - \tau)\right)$$

Impulsumformung durch RL-Tiefpaßfilter im Leerlauf

Diff. Gl. des LR-Tiefpaßfilters im Leerlauf (5.7.2)

$$V_2(t) = R\, I_1(t),\ V_1(t) = R\, I_1(t) + L \frac{d}{dt} I_1(t),\ I_2(t) = 0$$

Laplace-Transformierte:

$$V_2(p) = R\, I_1(p),\ V_1(p) = R\, I_1(p) + Lp\, I_1(p) - L\, I_1(t=0)$$
$$I_2(p) = 0$$

Voraussetzungen: $V_1(t) = V_0 \cdot \left(\frac{L}{R}\right) \cdot \delta(t - \tau),\ I_1(t=0) = 0$

Laplace-Transformierte: $V_1(p) = V_0 \left(\frac{L}{R}\right) e^{-\tau p}$

Unbekannte: $V_2(t)$

Laplace-Transformierte: $V_2(p) = \frac{R}{R + Lp} \cdot V_1(p)$

Lösung: $V_2(t) = V_0 \cdot \Theta(t - \tau) \cdot e^{-\frac{R}{L}(t - \tau)}$

5.8 Die Maxwellschen Gleichungen

5.8.1 Korrektur des Durchflutungsgesetzes von Ampère

J. C. Maxwell (1831–1879) gelang es, durch die Korrektur des Durchflutungsgesetzes von Ampère (5.75) das Licht als elektromagnetische Welle zu deuten (6.9.5). Das korrigierte Gesetz lautet

(5.116) $$\text{rot}\,\vec{H} = \vec{j} + \frac{\partial}{\partial t}\vec{D}$$

und wird als 1. *Maxwellsches Gesetz* bezeichnet. Daraus ist ersichtlich, daß neben der Stromdichte $\vec{j}$ auch die *Verschiebungsstromdichte* $\partial\vec{D}/\partial t$ zum Magnetfeld $\vec{H}$ beiträgt.

5.8.2 Vollständige phänomenologische Theorie der Elektrizität und des Magnetismus

Maxwellsche Gesetze. Die Korrektur des Durchflutungsgesetzes von Ampère durch Maxwell erlaubt es, die Erscheinungen der Elektrizität und des Magnetismus mit einem Gleichungssystem vollständig zu beschreiben. Die vier *grundlegenden Gleichungen*, welche nach *Maxwell* benannt werden, lauten:

(5.117)

1. Maxwellsches Gesetz	$\text{rot}\,\vec{H} = \vec{j} + \frac{\partial}{\partial t}\vec{D}$
2. Maxwellsches Gesetz = Induktionsgesetz von Faraday	$\text{rot}\,\vec{E} = -\frac{\partial}{\partial t}\vec{B}$
3. Maxwellsches Gesetz = Grundgesetz der Elektrostatik	$\text{div}\,\vec{D} = \rho_{el}$
4. Maxwellsches Gesetz = Grundgesetz des Magnetismus	$\text{div}\,\vec{B} = 0$

Charakteristische Funktionen des Mediums. Die vier Maxwellschen Gleichungen für die sechs Größen $\vec{E}$, $\vec{D}$, $\vec{B}$, $\vec{H}$, ρ_{el} und $\vec{j}$ werden ergänzt durch *weitere Gleichungen, welche die elektrischen und magnetischen Eigenschaften des Mediums beschreiben*:

$$\rho_{el} \begin{cases} = 0 & \text{elektrisch neutral} \\ = \rho_{el}(\vec{r}) & \text{elektrisch geladen} \end{cases}$$

$$\vec{j} \begin{cases} = 0 & \text{Isolator} \\ = \sigma \cdot \vec{E} & \text{ohmscher elektrischer Leiter} \\ = \vec{j}(\vec{E}) & \text{nicht-ohmscher elektrischer Leiter} \end{cases}$$

$$\vec{D} = \epsilon_0 \vec{E} + \vec{P} \begin{cases} = \epsilon \cdot \epsilon_0 \cdot \vec{E} & \text{normal dielektrisch} \\ = \vec{D}(\vec{E}) & \left.\begin{array}{l}\text{Hysterese} \\ \text{Curie-Weiss-Gesetz}\end{array}\right\} \text{ferroelektrisch} \end{cases}$$

$$\vec{B} = \mu_0(\vec{H} + \vec{M}) \begin{cases} = \mu \cdot \mu_0 \cdot \vec{H} & \text{dia- oder paramagnetisch} \\ = \vec{B}(\vec{H}) & \left.\begin{array}{l}\text{Hysterese} \\ \text{Curie-Weiss-Gesetz}\end{array}\right\} \text{ferromagnetisch} \end{cases}$$

Lorentz-Kraft. Eine vollständige Beschreibung der klassischen Dynamik von elektrisch geladenen Teilchen mit elektromagnetischen Feldern wird erreicht durch Hinzufügen der Gleichungen der elektrischen Feldkraft und der Lorentz-Kraft zu den vier Maxwellschen Gleichungen.

Für *Punktladungen* q resultiert die *Kraft*

(5.118) $$\boxed{\vec{F} = q\,(\vec{E} + \vec{v} \times \vec{B})}$$

und für *kontinuierliche Ladungsverteilungen* die *Kraftdichte*

$$\vec{F}_V = \rho_{el}\vec{E} + [\vec{j} \times \vec{B}]$$

5.8.3 Die elektromagnetischen Eigenschaften des Vakuums

Maxwellsche Gesetze. Das Vakuum nimmt in der Theorie der Elektrizität und des Magnetismus (Elektrodynamik) eine Sonderstellung ein. Die entsprechenden Maxwellschen Gleichungen sind:

(5.119)

1. Maxwellsche Gleichung $\operatorname{rot} \vec{H} = +\epsilon_0 \frac{\partial}{\partial t} \vec{E}$
2. Maxwellsche Gleichung $\operatorname{rot} \vec{E} = -\mu_0 \frac{\partial}{\partial t} \vec{H}$
3. Maxwellsche Gleichung $\operatorname{div} \vec{E} = 0$
4. Maxwellsche Gleichung $\operatorname{div} \vec{H} = 0$

Charakteristische Beziehungen für das Vakuum. Die elektrischen und magnetischen Eigenschaften des Vakuums werden durch folgende *Beziehungen* bestimmt:

$$\rho_{el} = 0; \quad \vec{j} = 0; \quad \vec{D} = \epsilon_0 \cdot \vec{E}; \quad \vec{B} = \mu_0 \vec{H}.$$

Lichtgeschwindigkeit nach Maxwell. J. C. Maxwell interpretierte das Licht als elektromagnetische Welle im Vakuum auf Grund der Maxwellschen Gleichungen. Seine Theorie (6.9.5) ergibt für die *Lichtgeschwindigkeit im Vakuum*:

(5.120) $$\boxed{\epsilon_0 \cdot \mu_0 \cdot c^2 = 1}$$

6 Schwingungen und Wellen

6.1 Harmonische Schwingungen

6.1.1 Definition

Eine *Schwingung* ist eine periodische Zustandsänderung eines physikalischen Systems. Erfüllt die maßgebende zeitabhängige physikalische Größe w(t) des Systems die Differentialgleichung

$$\frac{d^2}{dt^2} w(t) + \omega_0^2 w(t) = 0 \qquad (6.1)$$

so wird die Zustandsänderung als *harmonische Schwingung* und das System als *harmonischer Oszillator* bezeichnet. Der momentane Zustand eines harmonischen Oszillators heißt *Phase*. Die harmonische Schwingung besitzt die *Periode* oder *Schwingungsdauer* T_0, welche durch die Periodizitätsbeziehung

$$w(t + T_0) = w(t) \qquad (6.2)$$

definiert ist. Die Periode T_0 ist verknüpft mit der *Eigenfrequenz* ν_0 und der *Eigenkreisfrequenz* ω_0:

$$T_0 = \frac{1}{\nu_0} = \frac{2\pi}{\omega_0} \qquad (6.3)$$

Die *Einheiten* dieser Schwingungsparameter sind

$$[T_0] = s, \qquad [\nu_0] = \text{Hertz} = \text{Hz} = s^{-1}, \qquad [\omega_0] = s^{-1}.$$

6.1.2 Beispiele harmonischer Oszillatoren

Das Federpendel. *Bewegungsgleichung*:

$$\frac{d^2}{dt^2} x(t) + \omega_0^2 x(t) = 0$$

$$\omega_0 = (f/m)^{1/2}$$

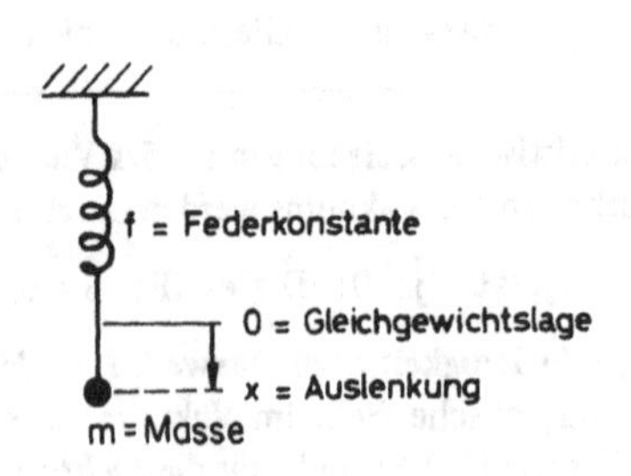

Die Variable x(t) ist die Auslenkung des Pendels aus der Ruhelage.

Beweis: 2. Newtonsches Axiom

$$m \frac{d^2}{dt^2} x = F = -f x$$

Der LC-Parallelschwingkreis. *Bewegungsgleichung*:

$$\frac{d^2}{dt^2} Q(t) + \omega_0^2 Q(t) = 0$$

$$\omega_0 = (LC)^{-1/2}$$

Die Variable Q(t) ist die elektrische Ladung auf dem Kondensator C.

B e w e i s : Die Summe der elektrischen Spannungen verschwindet für einen geschlossenen Stromkreis.

$$\frac{1}{C} Q + L \frac{d}{dt} I = 0, \qquad I = \frac{d}{dt} Q$$

6.1.3 Lösungen der Bewegungsgleichung des harmonischen Oszillators

Da die Bewegungsgleichung (6.1.1) des harmonischen Oszillators eine lineare Differentialgleichung 2. Ordnung darstellt, sind ihre Lösungen durch *zwei Parameter*, z. B. durch zwei Anfangsbedingungen, bestimmt.

Reelle Lösungen

Parameter: W = Amplitude, α = Phasenwinkel

$$w(t) = W \cos(\omega_0 t - \alpha) = W \cos(2\pi\nu_0 t - \alpha) = W \cos\left(\frac{2\pi}{T_0} t - \alpha\right) \tag{6.4}$$

Parameter: A, B = Amplituden

$A = W \cos\alpha$, $B = W \sin\alpha$, $W = (A^2 + B^2)^{1/2}$, $\alpha = \arctan B/A$

$$w(t) = A \cos\omega_0 t + B \sin\omega_0 t \tag{6.5}$$

Parameter: Anfangsbedingungen $w(0)$, $\dot{w}(0)$

$W^2 = w^2(0) + \omega_0^{-2}\dot{w}^2(0)$, $\alpha = \arctan(\dot{w}(0)/\omega_0 w(0))$

$$w(t) = w(0) \cos\omega_0 t + \omega_0^{-1}\dot{w}(0) \sin\omega_0 t \tag{6.6}$$

Komplexe Lösung

Parameter: $W_K = W \exp(-i\alpha)$ = komplexe Amplitude

$$w_K(t) = \mathrm{Re}\, w_K(t) + i\, \mathrm{Im}\, w_K(t) = W_K \exp i\omega_0 t \tag{6.7}$$

Zusammenhang mit reeller Lösung:

$$w(t) = \mathrm{Re}\, w_K(t) = \mathrm{Re}\,(W_K \exp i\omega_0 t) \tag{6.8}$$

6.1.4 Energie des harmonischen Oszillators

In einem ungedämpften harmonischen Oszillator ist die gesamte Energie E konstant. Sie pendelt mit der doppelten Eigenfrequenz $2\nu_0$ des harmonischen Oszillators zwischen zwei Energieformen E_1 und E_2.

(6.9) $$E_1 = \frac{E}{2}\{1 + \cos 2(\omega_0 t - \alpha)\}, \qquad E_2 = \frac{E}{2}\{1 - \cos 2(\omega_0 t - \alpha)\}$$

Federpendel

Auslenkung:

$$x(t) = X \cos(\omega_0 t - \alpha)$$

potentielle Energie:

$$E_1 = E_{pot} = \frac{f}{2} x^2(t) = \frac{f}{2} X^2 \cdot \frac{1}{2}\{1 + \cos 2(\omega_0 t - \alpha)\}$$

kinetische Energie:

$$E_2 = E_{kin} = \frac{m}{2} \dot{x}^2(t) = \frac{f}{2} X^2 \cdot \frac{1}{2}\{1 - \cos 2(\omega_0 t - \alpha)\}$$

gesamte Energie: $E = E_{pot} + E_{kin} = \frac{f}{2} X^2$

6.2 Linear gedämpfte harmonische Schwingungen

6.2.1 Definition

Eine linear gedämpfte harmonische Schwingung wird beschrieben durch die Bewegungsgleichung

(6.10) $$\frac{d^2}{dt^2} w(t) + \omega_0 \mathfrak{Q}^{-1} \frac{d}{dt} w(t) + \omega_0^2 w(t) = 0$$

Dabei bedeutet ω_0 die Eigenkreisfrequenz der ungedämpften harmonischen Schwingung und $\mathfrak{Q}$ die dimensionslose *Kreisgüte*. $\mathfrak{Q}$ wird auch als Q-Faktor oder „quality factor" bezeichnet. $\mathfrak{Q}$ ist verknüpft mit der *Zeitkonstanten τ der Dämpfung* durch die Beziehung

(6.11) $$2\mathfrak{Q} = \omega_0 \tau$$

Die *Einheiten* der Zeitkonstanten und der Kreisgüte sind: $[\tau] = s$, $[\mathfrak{Q}] = 1$

Die Kreisgüte $\mathfrak{Q}$ bestimmt die Art der Dämpfung des harmonischen Oszillators.

(6.12)
$$\left.\begin{array}{l}\omega_0\tau = 2\mathfrak{Q} > 1\text{: unterkritische}\\ \omega_0\tau = 2\mathfrak{Q} = 1\text{: kritische}\\ \omega_0\tau = 2\mathfrak{Q} < 1\text{: überkritische}\end{array}\right\}\ \text{Dämpfung}$$

6.2.2 Beispiele linear gedämpfter harmonischer Oszillatoren

Linear gedämpftes Federpendel *Bewegungsgleichung*:

(6.13)
$$\frac{d^2}{dt^2}x(t) + \omega_0\,\mathfrak{Q}^{-1}\,\frac{d}{dt}x(t) + \omega_0^2\,x(t) = 0$$
$$\omega_0 = \left(\frac{f}{m}\right)^{1/2},\qquad \mathfrak{Q} = \frac{(fm)^{1/2}}{6\pi\,\eta\,R},\qquad \tau = \frac{2\mathfrak{Q}}{\omega_0} = \frac{m}{3\pi\,\eta\,R}$$

Beweis: Die Kugel mit Radius R bewegt sich in einer Flüssigkeit mit der Zähigkeit η. 2. Newtonsches Axiom und Stokesscher Widerstand:

$$m\,\frac{d^2}{dt^2}\,x = F = -f\,x - 6\pi\,\eta\,R\,\frac{d}{dt}\,x$$

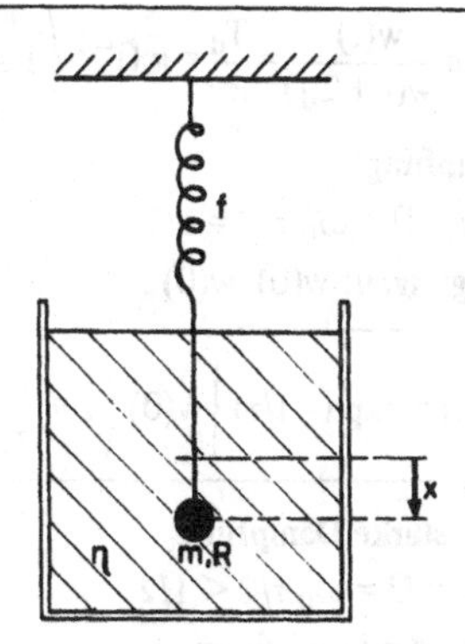

LRC-Schwingkreis *Bewegungsgleichung*:

(6.14)
$$\frac{d^2}{dt^2}Q(t) + \omega_0\,\mathfrak{Q}^{-1}\,\frac{d}{dt}Q(t) + \omega_0^2\,Q(t) = 0$$
$$\omega_0 = (L\,C)^{-1/2},\qquad \mathfrak{Q} = \frac{1}{R}\left(\frac{L}{C}\right)^{1/2},\qquad \tau = \frac{2L}{R}$$

Beweis: Die Summe der elektrischen Spannungen verschwindet für einen geschlossenen Stromkreis.

$$\frac{1}{C}\,Q + R\,I + L\,\frac{d}{dt}\,I = 0$$
$$I = \frac{d}{dt}\,Q$$

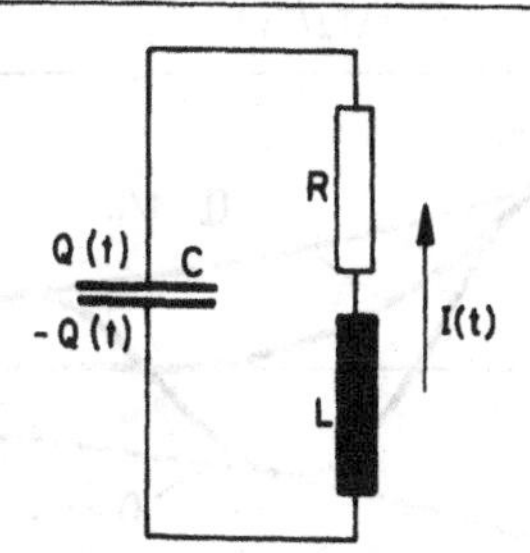

6.2.3 Lösungen der Bewegungsgleichung

Unterkritische, schwache Dämpfung

Kennzeichnung: $Q = \omega_0 \tau/2 > 1/2$

„*Periode*" der schwach gedämpften Schwingung:

$$T_d = \frac{1}{\nu_d} = \frac{2\pi}{\omega_d} = T_0 \left(1 - \frac{1}{4} Q^{-2}\right)^{-1/2}$$

Anfangsbedingungen: $w(0)$, $\dot{w}(0)$

$$w(t) = \exp\left(-\frac{t}{\tau}\right)\left\{w(0)\cos\omega_d t + \left(\frac{w(0)}{\omega_d \tau} + \frac{\dot{w}(0)}{\omega_d}\right)\sin\omega_d t\right\} \tag{6.15}$$

Logarithmisches Dekrement:

$$\Lambda = \ln\frac{w(t)}{w(t + T_d)} = \frac{T_d}{\tau} = \pi Q^{-1}\left(1 - \frac{1}{4} Q^{-2}\right)^{-1/2}$$

Kritische Dämpfung

Kennzeichnung: $Q = \omega_0 \tau/2 = 1/2$

Anfangsbedingungen: $w(0)$, $\dot{w}(0)$

$$w(t) = \exp(-t/\tau)\left\{w(0)\left(1 + \frac{t}{\tau}\right) + \dot{w}(0)\cdot t\right\} \tag{6.16}$$

Überkritische, starke Dämpfung

Kennzeichnung: $Q = \omega_0 \tau/2 < 1/2$

Zeitkonstanten der Dämpfung:

$$\tau_{1,2} = \frac{\tau}{1 \pm \sqrt{1 - 4Q^2}}$$

Anfangsbedingungen: $w(0)$, $\dot{w}(0)$

$$w(t) = \frac{w(0) + \tau_2 \dot{w}(0)}{1 - (\tau_2/\tau_1)}\exp(-t/\tau_1) + \frac{w(0) + \tau_1 \dot{w}(0)}{1 - (\tau_1/\tau_2)}\exp(-t/\tau_2) \tag{6.17}$$

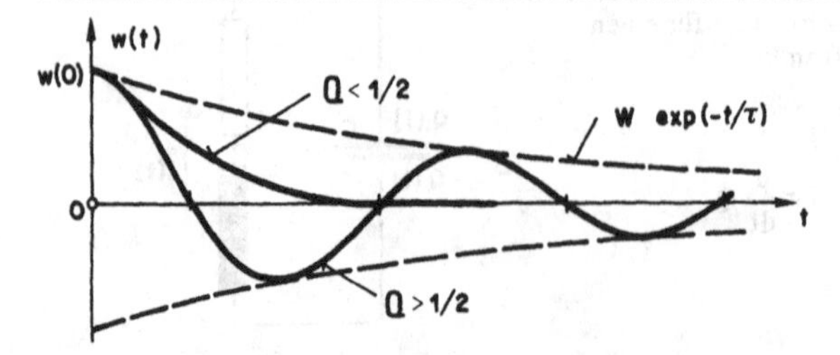

6.3 Erzwungene harmonische Schwingungen

6.3.1 Definition

Eine erzwungene harmonische Schwingung erfüllt die Bewegungsdifferentialgleichung

(6.18) $$W(0)\,\omega_0^2 \cos \omega t = \frac{d^2}{dt^2} w(t) + \omega_0\, \mathfrak{Q}^{-1} \frac{d}{dt} w(t) + \omega_0^2\, w(t)$$

Dabei bedeuten ω_0 die Kreisfrequenz des ungedämpften harmonischen Oszillators, $\mathfrak{Q}$ die Kreisgüte, ω die Kreisfrequenz und W(0) die Amplitude der Anregung.

6.3.2 Erzwungene Schwingung im LRC-Serieschwingkreis

Bewegungsgleichung:

$$V_0 L^{-1} \cos \omega t$$
$$= \frac{d^2}{dt^2} Q(t) + RL^{-1} \frac{d}{dt} Q(t) + (LC)^{-1} Q(t)$$
$$\omega_0 = (LC)^{-1/2},\ \mathfrak{Q} = R^{-1} \left(\frac{L}{C}\right)^{1/2},$$
$$W(0) = V_0 C.$$

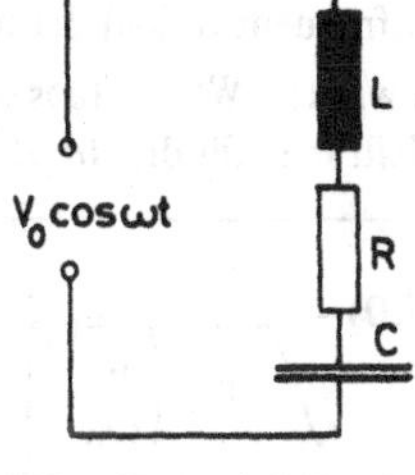

Beweis: Die Summe der elektrischen Spannungen auf einem geschlossenen Stromkreis verschwindet:

$$V_0 \cos \omega t - L \frac{d}{dt} I - R\,I - C^{-1} Q = 0, \qquad I = \frac{d}{dt} Q$$

6.3.3 Erzwungene Schwingungen bei unterkritischer Dämpfung

Allgemeine Form der erzwungenen Schwingungen. Erzwungene Schwingungen w(t) bestehen aus zwei verschiedenen Schwingungstypen, dem Einschwingvorgang $w_e(t)$ und der stationären Schwingung $w_{st}(t)$.

(6.19) $$w(t) = w_e(t) + w_{st}(t)$$

Der *Einschwingvorgang* $w_e(t)$ ist

die allgemeine Lösung der *homogenen* Bewegungsdifferentialgleichung (W(0) = 0),
abhängig von den Anfangsbedingungen,
abklingend.

Die *stationäre Schwingung* $w_{st}(t)$ ist

die periodische Lösung der *inhomogenen* Bewegungsdifferentialgleichung $(W(0) \neq 0)$,
unabhängig von den Anfangsbedingungen,
stationär.

Der Einschwingvorgang. Bei der erzwungenen Schwingung eines unterkritisch gedämpften Oszillators entspricht der Einschwingvorgang einer *gedämpften Schwingung.*

(6.20) $$w_e(t) = W_0 \exp(-t/\tau) \cos(\omega_d t - \alpha_0)$$

Die Amplitude W_0 und die Phase α_0 sind Parameter, welche sich aus den Anfangsbedingungen für die gesamte erzwungene Schwingung, z. B. $w(0)$ und $\dot{w}(0)$, bestimmen lassen.

Die stationäre Schwingung. Die stationäre Schwingung $w_{st}(t)$ ist eine *harmonische Schwingung* mit der Kreisfrequenz ω der Anregung.

(6.21) $$w_{st}(t) = W(\omega) \cdot \cos(\omega t - \alpha(\omega))$$

Im Gegensatz zur Amplitude W_0 und Phase α_0 des Einschwingvorganges sind Amplitude $W(\omega)$ und Phase $\alpha(\omega)$ der stationären Schwingung nicht von den Anfangsbedingungen, sondern von der Kreisfrequenz ω und der Amplitude $W(0)$ der Anregung abhängig.

Durch Einsetzen von $w_{st}(t) = W(\omega) \cdot \{\cos\alpha \cos\omega t + \sin\alpha \sin\omega t\}$ in die Bewegungsdifferentialgleichung erhält man für die *Amplitude* $W(\omega)$ der stationären Schwingung

(6.22) $$W(\omega) = W(0) \frac{1}{\sqrt{\left\{1 - \left(\frac{\omega}{\omega_0}\right)^2\right\}^2 + \left(\frac{\omega}{Q\omega_0}\right)^2}}$$

Die Amplitude $W(0)$ der Anregung entspricht der *Amplitude der statischen Auslenkung.*

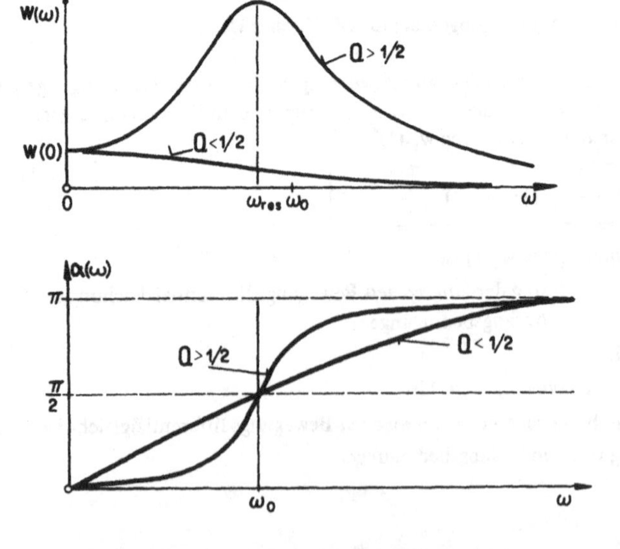

Die *Phase* $\alpha(\omega)$ der erzwungenen Schwingung wird bestimmt durch die Beziehung

$$\tan\alpha(\omega) = \frac{1}{Q}\,\frac{\omega\cdot\omega_0}{\omega_0^2-\omega^2} \tag{6.23}$$

Für die Kreisfrequenz ω der Anregung lassen sich in bezug auf die Phase der stationären erzwungenen Schwingung folgende Bereiche angeben:

$\omega = 0$	$\alpha = 0$	Anregung und Oszillator im Takt
$0 < \omega < \omega_0$	$0 < \alpha < \frac{\pi}{2}$	
$\omega = \omega_0$	$\alpha = \frac{\pi}{2}$	
$\omega > \omega_0$	$\frac{\pi}{2} < \alpha < \pi$	
$\omega \gg \omega_0$	$\alpha \simeq \pi$	Anregung und Oszillator im Gegentakt

Für die *komplexe Darstellung* der stationären erzwungenen Schwingung gilt

$$w_{K,st}(t) = W_K(\omega)\exp i\omega t$$

wobei

$$w_{st}(t) = \mathrm{Re}\, w_{K,st}(t)$$

Die Amplitude $W_K(\omega)$ der stationären Schwingung ist

$$W_K(\omega) = W_K(0)\cdot\frac{1}{1-\left(\frac{\omega}{\omega_0}\right)^2 + i\,\frac{\omega}{Q\omega_0}} \tag{6.24}$$

6.3.4 Resonanz und Kreisgüte

Die Resonanz. Für $Q > 1/2$ tritt bei einer bestimmten Kreisfrequenz $\omega = \omega_{res}$ der Anregung eine maximale Amplitude $W(\omega_{res}) = W_{max}$ der stationären erzwungenen Schwingung auf. Es gilt

$$\omega_{res} = \omega_0\left(1-\frac{1}{2}Q^{-2}\right)^{1/2}, \qquad W_{max} = W(0)\cdot Q\left(1-\frac{1}{4}Q^{-2}\right)^{-1/2}$$
$$\tan\alpha_{res} = 2Q\left(1-\frac{1}{2}Q^{-2}\right)^{1/2} \tag{6.25}$$

Für $Q \gg 1$ erhält man

$$\omega_{res} \simeq \omega_0, \qquad W_{max} \simeq W(0) \cdot Q$$

$$\tan \alpha_{res} \simeq 2Q, \qquad \alpha_{res} \simeq \frac{\pi}{2}$$

Energieverlust des gedämpften harmonischen Oszillators. Die im gedämpften harmonischen Oszillator gespeicherte Energie E ist proportional dem Quadrat der Amplitude W. Seine Energie nimmt daher *ohne äußere Anregung* exponentiell ab

$$E(t) = E(0) \exp - \frac{t}{\tau_E} = E(0) \exp - \frac{\omega_0 t}{Q} \quad \text{mit} \quad \tau_E = \tau/2.$$

Beim *schwach gedämpften* harmonischen Oszillator mit $Q \gg 1$ geht pro „Periode" $T_d \simeq T_0$ die Energie

$$\Delta E = E(t) - E(t + T_d) \simeq E(t) - E(t + T_0) =$$

$$= E(t)\left(1 - \exp - \frac{T_0}{\tau_E}\right) \simeq E(t) \cdot \frac{T_0}{\tau_E} = E(t)\frac{2\pi}{Q}$$

verloren. Der *relative Energieverlust pro Periode* beträgt daher

$$\frac{\Delta E}{E} \simeq \frac{2\pi}{Q} \quad \text{mit} \quad Q = \omega_0 \cdot \tau_E \tag{6.26}$$

Bei der *stationären harmonischen Schwingung* des schwach gedämpften harmonischen Oszillators *mit der Resonanzkreisfrequenz* $\omega_{res} \simeq \omega_0$ muß diese Verlustenergie pro Period[e] zur Aufrechterhaltung der Schwingung von außen zugeführt werden.

Tab. 6.1 Kreisgüten

Oszillator	Q
Elektronischer Schwingkreis $\nu_0 = 10^4$ Hz	100
Schwingquarz in elektronischer Uhr $\nu_0 = 10^5$ Hz	20 000
Mikrowellen-Hohlraumresonator $\nu_0 = 10^{10}$ Hz	1000 bis 20 000
Optische Spektrallinie $\nu_0 = 6 \cdot 10^{14}$ Hz	100 000
Frequenzstabilisierter CO_2-Laser $\nu_0 = 3 \cdot 10^{13}$ Hz	10^9

Halbwertsbreite der Resonanz. Als Halbwertsbreite einer Resonanz bezeichnet man das Intervall $\Delta\omega$ zwischen den beiden Anregungskreisfrequenzen, für welche die Energie der erzwungenen Schwingung des harmonischen Oszillators die Hälfte der Resonanzenergie bei ω_{res} beträgt. Da die Energie proportional zum Quadrat der Amplitude $W(\omega)$

ist, gilt $\Delta\omega = \omega_1 - \omega_2$ mit

$$W(\omega_1) = W(\omega_2) = \frac{W(\omega_{res})}{\sqrt{2}} = \frac{W_{max}}{\sqrt{2}}$$

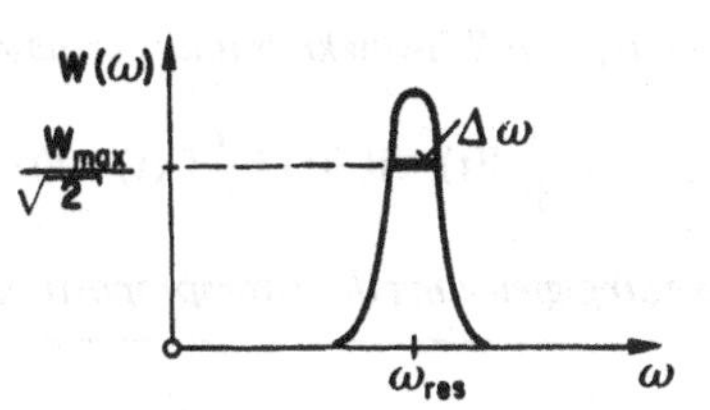

Für $Q \gg 1$ erhält man

(6.27) $$\frac{\Delta\omega}{\omega_0} = \frac{1}{Q}$$

6.4 Rückkopplung

6.4.1 Definition

Wird bei einem Oszillator ein Signal abgegriffen und verstärkt wieder eingegeben, so spricht man bei positiver Verstärkung von *Mitkopplung* und bei negativer Verstärkung von *Gegenkopplung*. Die Mitkopplung dient zur Entdämpfung und Aufrechterhaltung einer Oszillation, die Gegenkopplung zur Zusatzdämpfung und Stabilisierung. Als gedämpften harmonischen Oszillator mit geschwindigkeitsproportionaler Mit- oder Gegenkopplung bezeichnet man ein physikalisches System, das folgende Differentialgleichung erfüllt:

(6.28) $$\frac{d^2}{dt^2} w(t) + \omega_0 Q^{-1} \frac{d}{dt} w(t) + \omega_0^2 w(t) = a \left\{ \omega_0 Q^{-1} \frac{d}{dt} w(t) \right\}$$

Das *Vorzeichen des Kopplungsparameters* a bestimmt die Art der Kopplung

$a > 0$: Mitkopplung,

$a < 0$: Gegenkopplung

6.4.2 Stromproportionale Rückkopplung eines LRC-Schwingkreises

Verstärker:

$V(t) = a \cdot \{R \cdot I(t)\}$

Der Parameter a entspricht der Spannungsverstärkung.

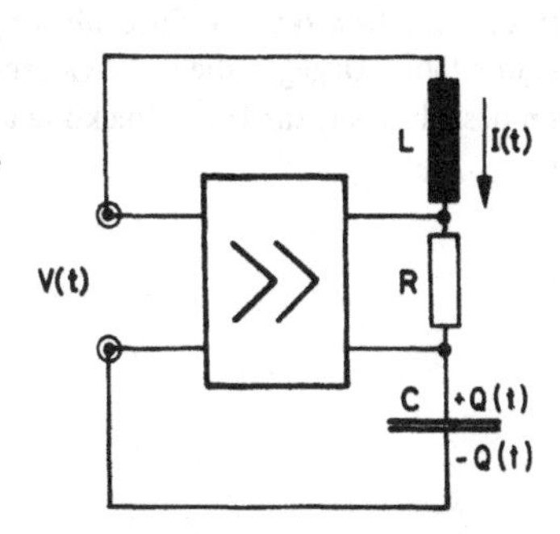

Kopplung von Schwingkreis und Verstärker:

$$L \frac{d}{dt} I(t) + R\, I(t) + \frac{1}{C} Q(t) = V(t) = a \cdot \{R \cdot I(t)\}$$

Bewegungsgleichung der stromproportionalen Kopplung:

$$\frac{d^2}{dt^2} Q(t) + \omega_0\, \mathfrak{Q}^{-1} \frac{d}{dt} Q(t) + \omega_0^2\, Q(t) = a \left\{ \omega_0\, \mathfrak{Q}^{-1} \frac{d}{dt} Q(t) \right\} \qquad (6.29)$$

wobei $\omega_0 = (LC)^{-1/2}$ und $\mathfrak{Q} = \frac{1}{R} \left(\frac{L}{C} \right)^{1/2}$

6.4.3 Wirkungen der Rückkopplung

Die Differentialgleichung (6.28) des gedämpften harmonischen Oszillators mit geschwindigkeitsproportionaler Mit- oder Gegenkopplung entspricht der Differentialgleichung eines gedämpften oder angefachten harmonischen Oszillators mit einer *modifizierten Kreisgüte* $\mathfrak{Q}^*$.

$$\frac{d^2}{dt^2} w(t) + \omega_0\, \mathfrak{Q}^{*-1} \frac{d}{dt} w(t) + \omega_0^2\, w(t) = 0 \quad \text{mit} \quad \mathfrak{Q}^* = \mathfrak{Q}(1 - a)^{-1} \qquad (6.30)$$

Die Wirkungen der Mit- und Gegenkopplung lassen sich mit Hilfe der modifizierten Kreisgüte $\mathfrak{Q}^*$ klassifizieren.

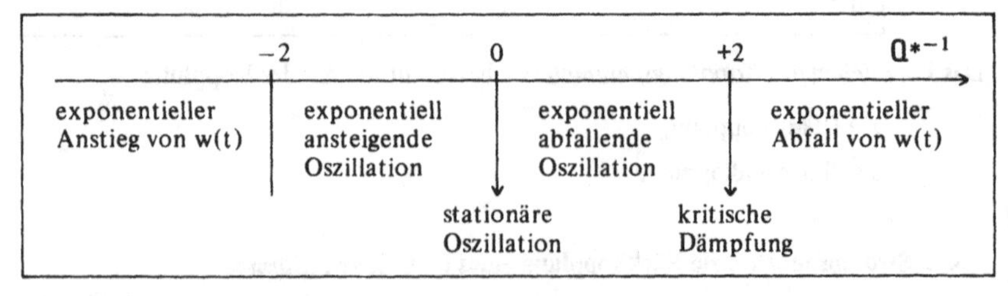

Die Mitkopplung bewirkt eine Entdämpfung, die im Extremfall zur Anfachung einer Schwingung führt. Dagegen dient die Gegenkopplung zur Dämpfung oder Stabilisierung. Sie kann deshalb auch zur Unterdrückung unerwünschter Schwingungen verwendet werden.

6.5 Gekoppelte Schwingungen

6.5.1 Das System der Bewegungsgleichungen

Zwei gekoppelte identische Federpendel

2. Newtonsches Axiom:

$$m \frac{d^2}{dt^2} x_1 = -f x_1 - f^*(x_1 - x_2)$$

$$m \frac{d^2}{dt^2} x_2 = -f x_2 - f^*(x_2 - x_1)$$

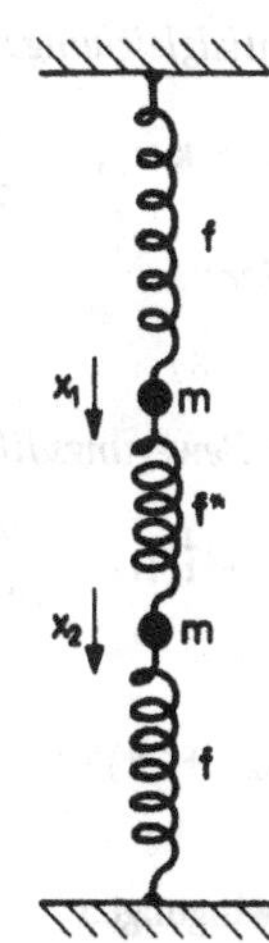

Gekoppelte Bewegungsdifferentialgleichungen:

$$\frac{d^2}{dt^2} x_1 = -\omega_0^2 x_1 - \kappa(x_1 - x_2)$$

$$\frac{d^2}{dt^2} x_2 = -\omega_0^2 x_2 - \kappa(x_2 - x_1)$$

Dabei bezeichnen:

x_1, x_2 die gekoppelten zeitabhängigen Ortsvariablen,

$\omega_0 = (f/m)^{1/2}$ die Kreisfrequenz der ungekoppelten Pendel,

$\kappa \;= f^*/m$ den *Kopplungsparameter*.

Die zwei gekoppelten Federpendel besitzen *2 Freiheitsgrade*, da ihre *Bewegung durch 2 zeitabhängige Ortsvariablen* beschrieben wird.

6.5.2 Normalkoordinaten und Eigenkreisfrequenzen

Wird ein *physikalisches System mit n Freiheitsgraden* durch ein System von n linearen Differentialgleichungen von der Form

$$\text{(6.31)} \qquad \boxed{\frac{d^2}{dt^2} w_i(t) = \sum_j A_{ij}\, w_j(t); \qquad i, j = 1, 2, \ldots, n}$$

beschrieben, so können die Differentialgleichungen durch eine lineare Variablentransformation entkoppelt werden. Die n neuen Variablen $q_1, q_2, \ldots, q_n$ bezeichnet man als *Normalkoordinaten*. Sie erfüllen die entkoppelten Differentialgleichungen

$$\text{(6.32)} \qquad \boxed{\frac{d^2}{dt^2} q_i(t) = -\Omega_i^2\, q_i(t); \qquad i = 1, 2, \ldots, n}$$

Die Größen Ω_i bezeichnet man als *Eigenkreisfrequenzen* des physikalischen Systems.

Eine Normalkoordinate $q_i(t)$ mit einem reellen Ω_i erfüllt die Bewegungsgleichung einer harmonischen Schwingung.

Zwei gekoppelte identische Federpendel

System der Bewegungsdifferentialgleichungen:

$$\frac{d^2}{dt^2} x_1 = -(\omega_0^2 + \kappa)x_1 + \kappa\, x_2, \qquad \frac{d^2}{dt^2} x_2 = +\kappa\, x_1 - (\omega_0^2 + \kappa)x_2$$

Lineare Variablentransformation:

$$q_1 = x_1 + x_2; q_2 = x_1 - x_2$$

System der zwei entkoppelten Bewegungsdifferentialgleichungen:

$$\frac{d^2}{dt^2} q_1 = -\omega_0^2 q_1 = -\Omega_1^2 q_1, \qquad \frac{d^2}{dt^2} q_2 = -(\omega_0^2 + 2\kappa)\, q_2 = -\Omega_2^2 q_2$$

Eigenkreisfrequenzen:

$$\Omega_1 = \omega_0, \qquad \Omega_2 = (\omega_0^2 + 2\kappa)^{1/2}$$

6.5.3 Normal- oder Eigenschwingungen

Definition. Als *Normal- oder Eigenschwingungen* bezeichnet man diejenigen Schwingungen eines physikalischen Systems, bei denen nur eine Normalkoordinate q_k mit der entsprechenden Eigenkreisfrequenz Ω_k oszilliert:

(6.33) $$q_k = Q_k \cos(\Omega_k t - \alpha_k), \qquad q_i = 0 \text{ für } i \neq k$$

Die Anregung von Normalschwingungen makrophysikalischer Systeme ist durch spezielle Wahl der Anfangsbedingungen möglich.

Zwei gekoppelte identische Federpendel

Anregung der 1. *Normalschwingung*:

$$q_1(0) = 2A, \qquad \dot{q}_1(0) = 0, \qquad q_2(0) = 0, \qquad \dot{q}_2(0) = 0$$

ergibt $q_1 = 2A \cos \Omega_1 t; \qquad q_2 = 0$

und $x_1 = A \cos \Omega_1 t; \qquad x_2 = A \cos \Omega_1 t$: *Schwingungen im Takt*.

Anregung der 2. *Normalschwingung*:

$$q_1(0) = 0, \qquad \dot{q}_1(0) = 0, \qquad q_2(0) = 2A, \qquad \dot{q}_2(0) = 0$$

ergibt $q_1 = 0; \qquad q_2 = 2A \cos \Omega_2 t$

und $x_1 = A \cos \Omega_2 t; \qquad x_2 = -A \cos \Omega_2 t$: *Schwingungen im Gegentakt*.

Bemerkung: Die Einfachheit der beiden Normalschwingungen beruht auf der *Symmetrie des Systems* der beiden gekoppelten Federpendel. Für physikalische Systeme mit niederer Symmetrie sind die Normalschwingungen kompliziert.

6.5.4 Wirkung der Kopplung auf entartete Normalschwingungen

Für verschwindende Kopplung, $\kappa = 0$, fallen die beiden Eigenkreisfrequenzen der Normalschwingungen der zwei identischen Federpendel zusammen:

$$\Omega_1 = \Omega_2 = \omega_0$$

Man spricht in diesem Fall von *Entartung* der Normalschwingungen. *Durch die Kopplung* $\kappa \neq 0$, *wird diese Entartung aufgehoben*:

$$\Omega_1 = \omega_0, \qquad \Omega_2 = (\omega_0^2 + 2\kappa)^{1/2}$$

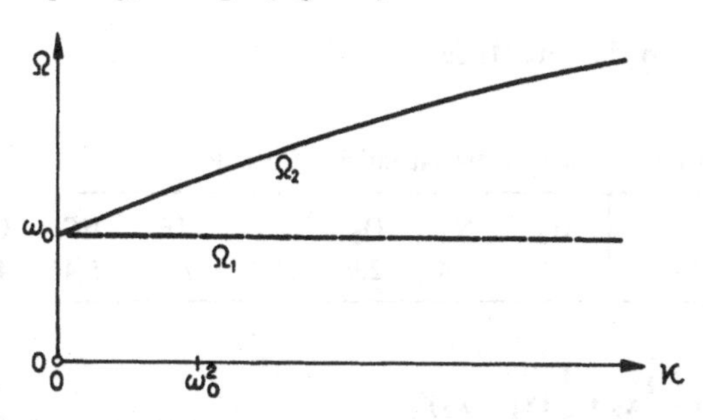

Die *Aufhebung einer Entartung durch Kopplung* ist eine häufige Erscheinung in makro- und mikrophysikalischen Systemen.

6.5.5 Schwingungen zweiatomiger Moleküle

Eindimensionales Modell. Die Schwingung oder Vibration der Kerne eines zweiatomigen Moleküls, wie z. B. HCl, HF, CN, H_2, N_2, kann in erster, harmonischer Näherung durch ein eindimensionales Federmodell beschrieben werden:

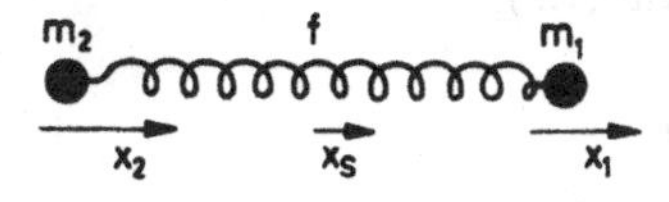

Dabei bedeuten:

m_1, m_2	die Massen der Atomkerne,
f	die effektive Federkonstante der Molekülbindung,
x_1, x_2	die Verschiebung der Kerne,

$x_S = (m_1 x_1 + m_2 x_2)/(m_1 + m_2)$ die Verschiebung des Schwerpunkts.

Die Bewegungsdifferentialgleichungen:

$$m_1 \ddot{x}_1 = -f(x_1 - x_2), \qquad m_2 \ddot{x}_2 = -f(x_2 - x_1)$$

oder $$\ddot{x}_1 = -\frac{f}{m_1}(x_1 - x_2), \qquad \ddot{x}_2 = -\frac{f}{m_2}(x_2 - x_1)$$

Schwingungsfreiheitsgrade: 2

Normalschwingungen und Eigenkreisfrequenzen:

$q_1 = x_S$, $\ddot{q}_1 = 0$, $q_1 = v_0 t + x_0$

$q_2 = x_1 - x_2$, $\ddot{q}_2 + \Omega_2^2 q_2 = 0$, $q_2 = Q_2 \cos(\Omega_2 t - \alpha_2)$

$\Omega_1 = 0$ „Eigenkreisfrequenz" der Translation

$\Omega_2 = \sqrt{\frac{f}{\mu}}$ Eigenkreisfrequenz der Vibration

$\mu = \frac{m_1 m_2}{m_1 + m_2}$ reduzierte Masse

Tab. 6.2 Vibrationsfrequenzen zweiatomiger Moleküle

Molekül	H_2	N_2	O_2	F_2	HF	HCl	CO
$\Omega_2 (10^{14}\,s^{-1})$	7,7	4,4	2,9	1,7	7,5	5,45	4,05

Energie:

$$E_{total} = \frac{m_1}{2}\dot{x}_1^2 + \frac{m_2}{2}\dot{x}_2^2 + \frac{f}{2}(x_1 - x_2)^2$$

$$= \frac{m_1 + m_2}{2}\dot{x}_S^2 + \frac{\mu}{2}(\dot{x}_1 - \dot{x}_2)^2 + \frac{f}{2}(x_1 - x_2)^2$$

$$= \underbrace{\frac{m_1 + m_2}{2}\dot{q}_1^2}_{\text{Translationsenergie}} + \underbrace{\frac{\mu}{2}\cdot\dot{q}_2^2 + \frac{f}{2}q_2^2}_{\text{Vibrationsenergie}}$$

Wellenmechanik der Molekülschwingung: siehe (7.5).

6.5.6 Schwingungen mehratomiger Moleküle

Freiheitsgrade der Vibration, Translation und Rotation. Die Freiheitsgrade der Vibration, Translation und Rotation eines N-atomigen Moleküls im dreidimensionalen Raum verteilen sich wie folgt:

	lineares Molekül	nicht-lineares Molekül
Vibration	3N – 5	3N – 6
Translation	3	3
Rotation	2	3
Total	3N	3N

Beispiel: CH_4, N = 5; Vibrations-Fg: 9, Translations-Fg: 3, Rotations-Fg: 3.

Eigenfrequenzen. Den (3N – 5), respektive (3N – 6) Freiheitsgraden der Molekülvibration entsprechen ebensoviele Eigenkreisfrequenzen Ω_k. Diese sind jedoch nur bei niedrigsymmetrischen Molekülen voneinander verschieden. Bei *symmetrischen* Molekülen sind viele der Eigenkreisfrequenzen Ω *entartet*.

Beispiel: CH_4, $(3N - 6) = 9$

$$\Omega_1 = 5{,}75 \cdot 10^{14}\,s^{-1}, \qquad \Omega_{2-3} = 2{,}61 \cdot 10^{14}\,s^{-1}$$

$$\Omega_{4-6} = 5{,}95 \cdot 10^{14}\,s^{-1}, \qquad \Omega_{7-9} = 2{,}58 \cdot 10^{14}\,s^{-1}$$

6.5.7 Schwebungen

Als *Schwebungen* bezeichnet man Schwingungen mit langsam periodisch schwankenden Amplituden. Schwebungen können bei Systemen *schwach gekoppelter harmonischer Oszillatoren* auftreten.

Zwei gekoppelte identische Federpendel. Die Anfangsbedingungen

$$x_1(0) = A,\ \dot{x}_1(0) = 0,\ x_2(0) = 0,\ \dot{x}_2(0) = 0$$

ergeben $q_1 = A \cos \Omega_1 t$, $q_2 = A \cos \Omega_2 t$

und $$x_1 = A \cos \frac{1}{2}(\Omega_1 - \Omega_2)\,t \cdot \cos \frac{1}{2}(\Omega_1 + \Omega_2)\,t$$

$$x_2 = -A \sin \frac{1}{2}(\Omega_1 - \Omega_2)\,t \cdot \sin \frac{1}{2}(\Omega_1 + \Omega_2)\,t$$

Bei *schwacher Kopplung* gilt

$$\kappa \ll \omega_0^2, \quad \Omega_2 = \Omega_1 + \Delta\Omega \simeq \Omega_1, \quad \Delta\Omega \ll \Omega_1$$

(6.34) $$x_1 = \left\{A \cos \frac{1}{2}\Delta\Omega t\right\} \cdot \cos \Omega_1 t; \qquad x_2 = \left\{A \sin \frac{1}{2}\Delta\Omega t\right\} \cdot \sin \Omega_1 t$$

Die Periode $4\pi/\Delta\Omega$ der Amplitudenmodulation ist viel größer als die Periode $2\pi/\Omega_1$ der Grundschwingung.

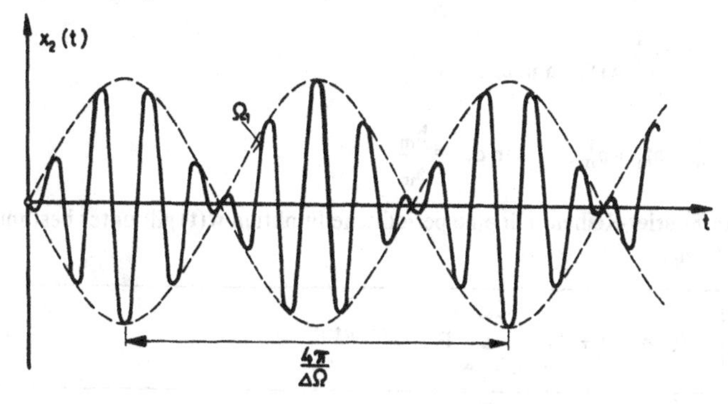

6.6 Das Frequenzspektrum

Harmonische Schwingungen sind durch eine einzige Kreisfrequenz ω gekennzeichnet. Die *harmonische Analyse* erlaubt es, nicht-harmonische Schwingungen und Vorgänge in einzelne bis unendlich viele verschiedene harmonische Schwingungen zu zerlegen. Die Gesamtheit der dabei auftretenden Kreisfrequenzen ω_i bildet das *Frequenzspektrum*.

6.6.1 Fourier-Reihen

Periodische Funktionen lassen sich durch eine Reihe von J. B. J. Fourier (1768–1830) darstellen. Eine periodische Funktion besitzt daher ein *diskretes Frequenzspektrum*.

Periodische Funktionen. w(t) heißt *periodisch*, wenn gilt

(6.35) $$w(t) = w(t + T) \quad \text{mit der Periode} \quad T = \frac{2\pi}{\omega} = \frac{1}{\nu}$$

Reelle Fourier-Reihe. Für eine *reelle* periodische Funktion w(t) gilt unter bestimmten Voraussetzungen:

(6.36) $$w(t) = w(t + T) = a_0 + \sum_{m=1}^{\infty} a_m \cos m\,\omega\,t + \sum_{m=1}^{\infty} b_m \sin m\,\omega\,t$$

oder $$= A_0 + \sum_{m=1}^{\infty} A_m \cos(m\,\omega\,t - \alpha_m)$$

Koeffizienten der reellen Fourier-Reihe:

$$a_0 = A_0 = \frac{1}{T} \cdot \int_0^T w(t)\,dt$$

$$a_m = \frac{2}{T} \int_0^T w(t) \cos m\,\omega\,t \cdot dt$$

$$b_m = \frac{2}{T} \int_0^T w(t) \sin m\,\omega\,t \cdot dt$$

$$A_m^2 = a_m^2 + b_m^2, \qquad \tan\alpha_m = \frac{b_m}{a_m}$$

Komplexe Fourier-Reihen. Für eine periodische Funktion w(t) gilt unter bestimmten Voraussetzungen

(6.37) $$w(t) = w(t + T) = \sum_{m=-\infty}^{+\infty} F_m \cdot e^{im\,\omega\,t}$$

Koeffizienten der komplexen Fourier-Reihe:

$$F_m = \frac{1}{T} \int_0^T w(t) \cdot e^{-im\omega t} \cdot dt$$

Für *reelle* periodische Funktionen w(t) gilt:

$$F_0 = a_0, \quad F_m = \frac{1}{2}(a_m - ib_m), \quad F_{-m} = \frac{1}{2}(a_m + ib_m) = F_m^*, \quad m > 0$$

Sägezahnfunktion (B e i s p i e l)

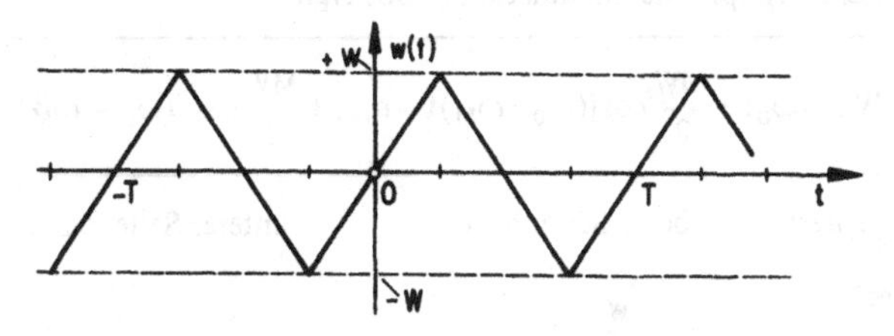

$$x(t) = \frac{8W}{\pi^2}\left(\sin \omega t - \frac{1}{3^2} \sin 3\omega t + \frac{1}{5^2} \sin 5\omega t - + -\right)$$

Frequenzspektrum:

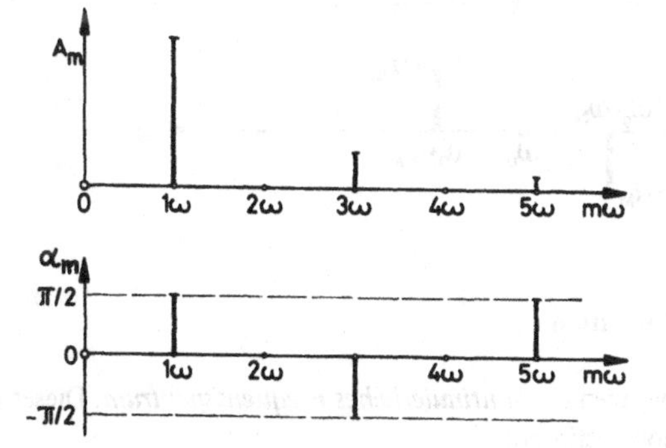

B e m e r k u n g : Zur Darstellung des Frequenzspektrums gehört sowohl die Amplitude (A_m) als auch die Phase (α_m).

Weitere *Fourier-Reihen*: siehe A 4.3

6.6.2 Amplitudenmodulation

Die technisch wichtige amplitudenmodulierte Schwingung ist nicht periodisch. Die periodisch amplitudenmodulierte Schwingung besitzt jedoch ein diskretes Frequenzspektrum. Dies ist aus der harmonischen Amplitudenmodulation ersichtlich:

Harmonische Amplitudenmodulation

(6.38) $$w(t) = W\{1 + M\cos(\omega_M t - \alpha_M)\}\cos\omega_0 t$$

Dabei bedeuten:

ω_0 die Trägerkreisfrequenz

ω_M die Modulationskreisfrequenz

α_M die Phase der Modulation

M den Modulationsgrad

Frequenzspektrum der harmonischen Amplitudenmodulation. Eine einfache Umrechnung der harmonischen Amplitudenmodulation (6.38) ergibt

(6.39) $$w(t) = W\cos\omega_0 t + \frac{MW}{2}\cos\{(\omega_0 + \omega_M)t - \alpha_M\} + \frac{MW}{2}\cos\{(\omega_0 - \omega_M)t + \alpha_M\}$$

Träger oberes Seitenband unteres Seitenband

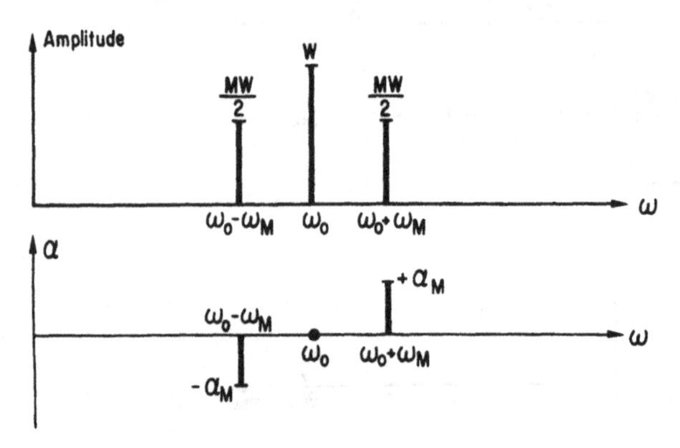

6.6.3 Die Fourier-Transformation

Aperiodische Vorgänge besitzen ein *kontinuierliches Frequenzspektrum*. Dieses ist durch die Fourier-Transformation bestimmt.

(6.40)
$$w(t) = \frac{1}{\sqrt{2\pi}}\int_{-\infty}^{+\infty} F(\omega)\,e^{+i\omega t}\,d\omega$$

$$F(\omega) = |F(\omega)|\,e^{-i\alpha(\omega)} = \frac{1}{\sqrt{2\pi}}\int_{-\infty}^{+\infty} w(t)\cdot e^{-i\omega t}\,dt$$

Für *reelle* Funktionen w(t) gilt:

$$F(-\omega) = F^*(\omega)$$

Das Frequenzspektrum des Knalls. Ein Knall, Stoß oder Schock kann durch die Funktion

$w(t) = 0 \quad$ für $|t| > \tau/2$

$w(t) = A/\tau \quad$ für $|t| \leq \tau/2$

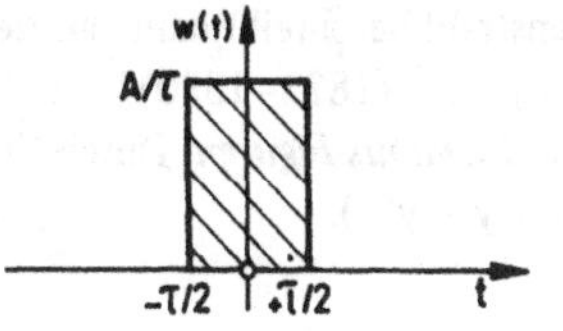

beschrieben werden. Ihre Fourier-Transformierte ist

$$F(\omega) = \frac{A}{\sqrt{2\pi}} \cdot \frac{\sin \frac{\omega \tau}{2}}{\frac{\omega \tau}{2}}$$

Das Frequenzspektrum der Gaußschen Fehlerfunktion. Ein Knall, Stoß oder Schock kann auch durch eine *Gaußsche Fehlerfunktion*

$$w(t) = \frac{A}{\tau} \cdot (2\pi)^{-1/2} \cdot \exp - \frac{t^2}{2\tau^2}$$

dargestellt werden. Ihre Fourier-Transformierte ist wieder eine Gaußsche Fehlerfunktion

$$F(\omega) = A \cdot (2\pi)^{-1/2} \cdot \exp - \frac{\omega^2 \tau^2}{2}$$

6.7 Zweidimensionale harmonische Schwingungen

6.7.1 Lissajous-Figuren

In der Technik hat man oft die Aufgabe, die Frequenzen ω_1, ω_2 und die Phasenverschiebung α zweier harmonischer Schwingungen zu vergleichen. Dazu benützt man am einfachsten einen Kathodenstrahloszillographen, bei dem man die Horizontalauslenkung x proportional zur ersten Schwingung und die Vertikalauslenkung y proportional zur zweiten Schwingung wählt:

(6.41) $$x(t) = A_1 \cos \omega_1 t, \qquad y(t) = A_2 \cos (\omega_2 t - \alpha)$$

Der Kathodenstrahl beschreibt dann auf dem Bildschirm Kurven, die man nach J. A. Lissajous (1822–1880) bezeichnet. x(t) und y(t) bilden die Parameterdarstellung dieser *Lissajous-Figuren*. Durch Elimination der Zeit t als Parameter erhält man die Darstellung y = y(x).

6.7.2 Phasenvergleich gleichfrequenter Schwingungen

Haben die beiden Schwingungen x(t) und y(t) gleiche Kreisfrequenzen $\omega_1 = \omega_2 = \omega$, so bildet die Lissajous-Figur im allgemeinen eine *Ellipse*, für $\alpha = 0, \pi, 2\pi, \ldots$ eine *Gerade* und für $A_1 = A_2$; $\alpha = \frac{1}{2}\pi, \frac{3}{2}\pi, \ldots$ einen *Kreis*.

Beispiele:

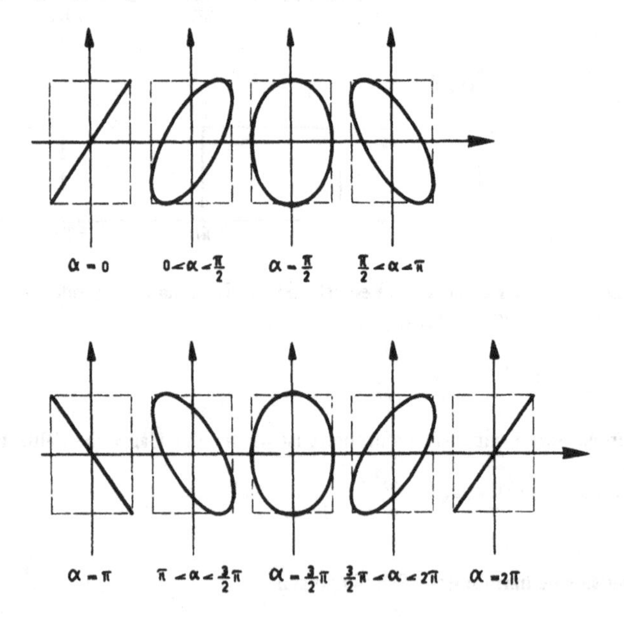

Aus der Art und der Lage der Lissajous-Figur läßt sich die Phase α bestimmen.

6.7.3 Zweidimensionale Schwingungen mit verschiedenen Frequenzen

Für Schwingungen x(t) und y(t) mit verschiedenen Kreisfrequenzen $\omega_1 \neq \omega_2$ erhält man nur dann in sich *geschlossene, d. h. stationäre Lissajous-Figuren*, wenn die beiden *Kreisfrequenzen in einem rationalen Verhältnis* ω_1/ω_2 zueinander stehen. Unter dieser Voraussetzung ist die Anzahl der Maxima M_{xi} in der x-Richtung dividiert durch die Anzahl der Maxima M_{yi} in der y-Richtung gleich dem Verhältnis der Kreisfrequenzen ω_1/ω_2.

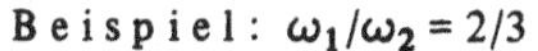
Beispiel: $\omega_1/\omega_2 = 2/3$

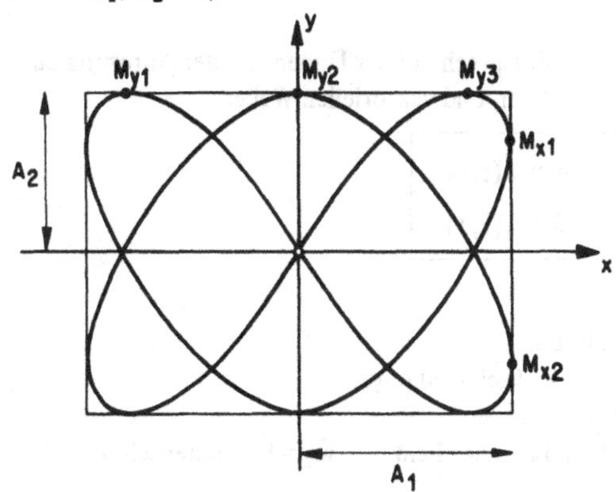

6.8 Wellen und Wellengeschwindigkeiten

6.8.1 Der Begriff Welle

Definition. Als Welle bezeichnet man die *Ausbreitung einer Anregung oder einer Störung* in einem kontinuierlichen Medium oder in einer periodischen Struktur. Sie wird beschrieben durch die Anregung oder Störung w oder $\vec{w}$ als Funktion des Ortes $\vec{r} = \{x, y, z\}$ und der Zeit t.

Ursache der Wellenausbreitung. Die Ursache für die Ausbreitung einer Anregung oder einer Störung in einem Medium in Gestalt einer Welle ist die Kopplung zwischen den lokalen Anregungen oder Teilchen des Mediums.

Energietransport. In den meisten Fällen wird in einer Welle *Energie transportiert.*

Beispiele:

Bei der eindimensionalen *Seilwelle* ist das Medium ein elastisches Seil. Die Störung entspricht der seitlichen Auslenkung des Seils.

Bei einer *Oberflächenwelle* ist das Medium die zweidimensionale Oberfläche einer Flüssigkeit oder eines Kristalls. Die Störung ist die Auslenkung der Flüssigkeitsteilchen oder der Atome an der Oberfläche aus ihrer Ruhelage.

Bei einer *Schallwelle* oder *akustischen Welle* ist das Medium ein fester Körper, eine Flüssigkeit oder ein Gas. Die Störung ist die lokale Druckänderung, welche mit einer mittleren lokalen Verschiebung der Atome oder Moleküle verknüpft ist. Im starren Körper existiert keine Schallwelle.

Bei einer *elektromagnetischen Welle*, wie z. B. Licht, ist das Medium das 3-dimensionale Vakuum oder ein fester, flüssiger oder gasförmiger Stoff. Die Anregung umfaßt zeitlich veränderliche elektrische und magnetische Felder.

Bei einer *Welle auf einer linearen Kette* ist das Medium z. B. eine lineare Anordnung von identischen Massenpunkten m in gleichen Abständen, welche durch identische Federn mit der Federkonstanten f verbunden sind. Die Störung entspricht Verschiebungen der Massen in Richtung der Kette.

6.8.2 Wellentypen

Skalare und vektorielle Wellen. Entsprechend der Dimension der Anregung oder Störung unterscheidet man zwischen skalaren und vektoriellen Wellen:

(6.42)

skalare Welle:	$w = w(\vec{r}, t)$
vektorielle Welle:	$\vec{w} = \vec{w}(\vec{r}, t)$

Beispiele:

Skalare Welle: Schall in Luft, $w = \Delta p$ Druckschwankung,

Vektorielle Welle: Licht im Vakuum, $\vec{w}_1 = \vec{E}$ elektrisches Feld, $\vec{w}_2 = \vec{H}$ magnetisches Feld.

Ebene Wellen. Die einfachsten Wellenarten im dreidimensionalen Raum sind die ebenen Wellen. Sie sind gekennzeichnet durch eine Ausbreitungsrichtung $\vec{e}$, $|\vec{e}| = 1$ und ebenen Wellenfronten oder Phasenflächen die senkrecht auf der Ausbreitungsrichtung stehen. Ebene Wellen haben folgende Form:

$$w = w(\vec{r}, t) = w(\vec{e} \cdot \vec{r}, t) \quad \text{oder} \quad \vec{w} = \vec{w}(\vec{r}, t) = \vec{w}(\vec{e} \cdot \vec{r}, t) \tag{6.43}$$

Beispiel: $\vec{e} = \{0, 0, 1\}$; $\vec{w} = \vec{w}(\vec{r}, t) = \vec{w}(z, t)$

Ausbreitungsrichtung: z-Richtung; Wellenfronten: xy-Ebenen.

Longitudinale und transversale Wellen. In mehrdimensionalen Medien unterscheidet man zwischen longitudinalen und transversalen vektoriellen Wellen. Diese sind wie folgt *definiert*:

(6.44)

transversale Welle:	$\operatorname{div} \vec{w}(\vec{r}, t) = 0$
longitudinale Welle:	$\operatorname{rot} \vec{w}(\vec{r}, t) = 0$

Ebene vektorielle Wellen: Für ebene Wellen, welche sich in der Richtung $\vec{e} = \{0, 0, 1\}$ fortpflanzen, ergeben sich folgende Darstellungen:

transversale Welle: $\vec{w}(\vec{r}, t) = \{w_x(z, t), w_y(z, t), 0\}$

longitudinale Welle: $\vec{w}(\vec{r}, t) = \{0, 0, w_z(z, t)\}$

Transversale Wellen zeigen *Polarisation* (6.9.5), longitudinale nicht.

Beispiele:

Transversale Welle: Licht im Vakuum;

Longitudinale Welle: Schall in Gasen.

Wellen in anisotropen Medien: In anisotropen Medien können Wellen auftreten, die sowohl longitudinale, als auch transversale Komponenten aufweisen. Beispiele sind Schallwellen und elektromagnetische Wellen in niedrigsymmetrischen Kristallen.

Skalare und longitudinale Wellen. *Skalare* Wellen sind *longitudinal*:

(6.45)

skalare Welle:	$w = w(\vec{r}, t)$
entsprechende longitudinale Welle:	$\text{grad } w = \text{grad } w(\vec{r}, t)$

Beweis: $\text{rot grad } w(\vec{r}, t) = 0$.

Beispiel: Schall in Gasen

Skalare Komponenten: Δp lokale Druckschwankung
$\Delta\rho$ lokale Dichteschwankung

Vektorielle Komponenten: $\Delta\vec{r}$ lokale Verschiebung der Teilchen
$\vec{v}$ lokale mittlere Geschwindigkeit
$\vec{a}$ lokale mittlere Beschleunigung

Dispersionsfreie Wellen:

Skalare dispersionsfreie Welle gemäß (6.62):

$$\frac{\partial^2 w}{\partial t^2} = u^2 \Delta w$$

Gradient:

$$\text{grad } \frac{\partial^2 w}{\partial t^2} = \frac{\partial^2}{\partial t^2} \text{grad } w = \text{grad } u^2 \Delta w = u^2 \text{ grad (div grad } w)$$

$$= u^2 \text{ grad div (grad } w) = u^2 \Delta(\text{grad } w) + u^2 \text{ rot rot (grad } w) = u^2 \Delta(\text{grad } w)$$

Daraus ergibt sich für die *longitudinale dispersionsfreie Welle*:

$$\frac{\partial^2}{\partial t^2} (\text{grad } w) = u^2 \Delta(\text{grad } w)$$

6.8.3 Phasen- und Gruppengeschwindigkeit

Bei einer Welle unterscheidet man prinzipiell *zwei Arten von Ausbreitungsgeschwindigkeiten*: die Phasengeschwindigkeit u und die Gruppengeschwindigkeit u_g.

Die Phasengeschwindigkeit u beschreibt die Ausbreitungsgeschwindigkeit einer harmonischen, d. h. sin- oder cos-förmigen Welle.

Die *Gruppengeschwindigkeit* u_g bezeichnet die Fortpflanzungsgeschwindigkeit einer impulsartigen lokalen Störung oder einer sogenannten Wellengruppe. Sie entspricht der Geschwindigkeit, mit welcher in der Welle Energie transportiert oder Signale übermittelt werden. Ihre obere Schranke ist die Geschwindigkeit c des Lichtes im Vakuum:

(6.46) $u_g \leqslant c$

Ist bei einer Welle die Phasengeschwindigkeit u verschieden von der Gruppengeschwindigkeit u_g, so spricht man von *Dispersion*.

6.8.4 Überlagerung von Wellen

Das Superpositionsprinzip. Das Superpositionsprinzip besagt, daß sich zwei gleichartige Wellenfelder $\vec{w}_1(\vec{r}, t)$ und $\vec{w}_2(\vec{r}, t)$ *additiv* überlagern:

$$\vec{w}_1(\vec{r}, t) + \vec{w}_2(\vec{r}, t) = \vec{w}_{1+2}(\vec{r}, t) = \vec{w}(\vec{r}, t) \tag{6.47}$$

Folgerung: Die *Differentialgleichungen* oder Wellengleichungen von Wellen $\vec{w}(\vec{r}, t)$, welche dem Superpositionsprinzip entsprechen, sind *linear*.

Anwendungen: Das Superpositionsprinzip wird vor allem bei der Berechnung der Beugung (6.15) und der Interferenz (6.14) verwendet.

Prinzip der ungestörten Überlagerung. Das Prinzip von der ungestörten Überlagerung besagt, daß bereits vorhandene gleichartige Wellenfelder die Ausbreitung eines Wellenfeldes $\vec{w}(\vec{r}, t)$ nicht beeinflussen. Dieses Prinzip ist *äquivalent zum Superpositionsprinzip*.

Nichtlineare Effekte. Eine Welle *widerspricht dem Superpositionsprinzip* bzw. *dem Prinzip der ungestörten Überlagerung*, sobald nichtlineare Effekte auftreten. In diesem Fall ist die Differentialgleichung des Wellenfeldes $\vec{w}(\vec{r}, t)$ *nichtlinear*.

6.8.5 Harmonische Wellen

Definition. Die Störung $w(x, t)$ der eindimensionalen harmonischen Welle hat *gemäß Definition* folgende mathematische Gestalt:

$$\begin{aligned} w(x, t) &= W_0 \cos(\omega t - kx - \alpha) = W_0 \cos(2\pi\nu t - 2\pi\tilde{\nu} x - \alpha) \\ &= W_0 \cos\left(\frac{2\pi}{T} t - \frac{2\pi}{\lambda} x - \alpha\right) \end{aligned} \tag{6.48}$$

Dabei bedeuten:

W_0 die Amplitude, α die Phase;

ω die Kreisfrequenz, ν die Frequenz, T die Periode;

k die Kreiswellenzahl, $\tilde{\nu}$ die Wellenzahl, λ die Wellenlänge.

Es gilt

$$\omega = 2\pi\nu = \frac{2\pi}{T} \quad \text{und} \quad k = 2\pi\tilde{\nu} = \frac{2\pi}{\lambda} \tag{6.49}$$

Periodizitäten der harmonischen Welle. Harmonische Wellen sind *räumlich und zeitlich periodisch*:

$$w(x + \lambda, t) = w(x, t) \quad \text{und} \quad w(x, t + T) = w(x, t) \tag{6.50}$$

Wellenbild bei festem Ort: $\alpha = 0$, $x = 0$, $w(0, t) = W_0 \cos \omega t = W_0 \cos \frac{2\pi}{T} t$

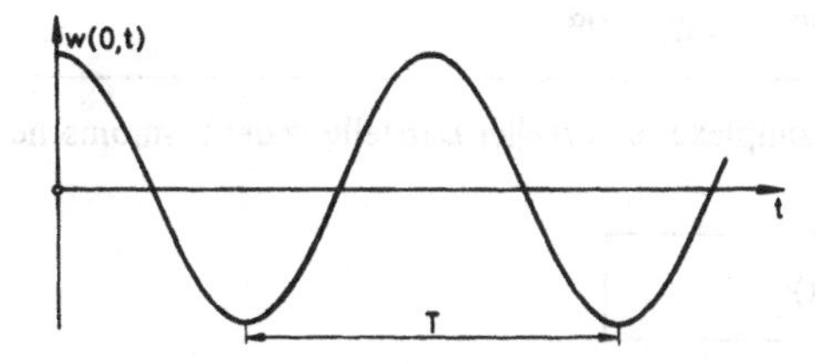

Wellenbild bei fester Zeit: $\alpha = 0$, $t = 0$, $w(x, 0) = W_0 \cos kx = W_0 \cos \frac{2\pi}{\lambda} x$

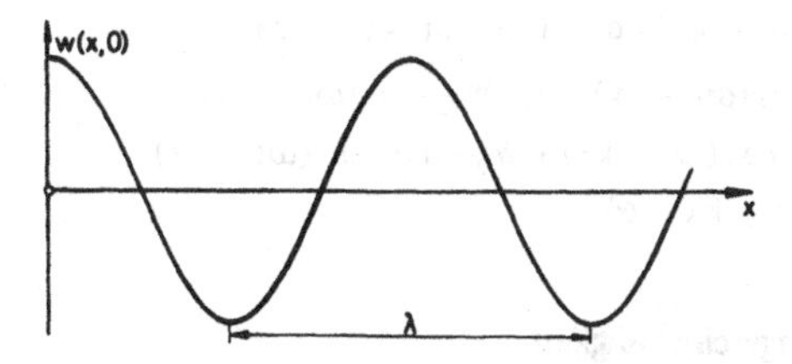

Die Phasengeschwindigkeit. Die Phasengeschwindigkeit u einer Welle ist *nach Definition die Fortpflanzungsgeschwindigkeit der Orte gleicher Phase*:

$$\omega t - kx - \alpha = \text{const}$$

Sie entspricht der Geschwindigkeit der harmonischen Welle.

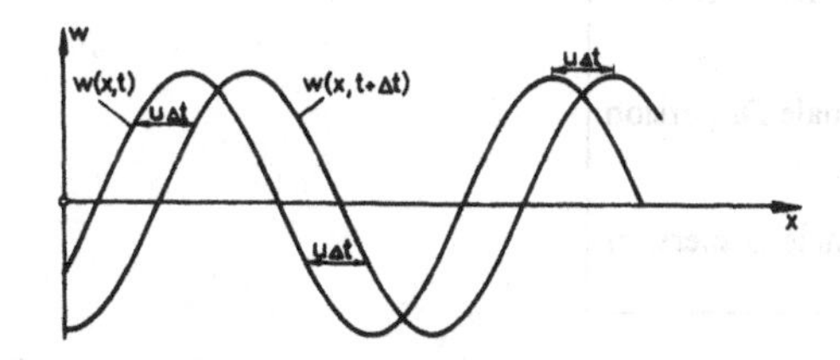

Die *Phasengeschwindigkeit* u beträgt:

(6.51) $$u = \frac{\omega}{k} = \nu \cdot \lambda$$

B e w e i s : Durch Differentiation von $\omega t - kx - \alpha = \text{const}$ erhält man:

$$\omega \cdot \Delta t - k \cdot \Delta x = 0; \qquad u = \lim_{\Delta t \to 0} \frac{\Delta x}{\Delta t} = \frac{\omega}{k}$$

Die komplexe Darstellung der harmonischen Welle. Die komplexe Darstellung einer harmonischen Welle ist analog zur komplexen Darstellung einer harmonischen Schwingung:

(6.52)
$$w_K(x, t) = W_K\, e^{i(\omega t - kx)} = W_0\, e^{i(\omega t - kx - \alpha)}$$
$$W_K = |W_K|\, e^{-i\alpha} = W_0\, e^{-i\alpha}$$

Der Zusammenhang zwischen komplexer und reeller Darstellung der harmonischen Welle ergibt sich zu

(6.53)
$$w(x, t) = \operatorname{Re} w_K(x, t)$$

B e w e i s : Mit dem Satz von de Moivre erhält man:

$$\begin{aligned} w_K(x, t) &= W_K\, \{\cos(\omega t - kx) + i \sin(\omega t - kx)\} \\ &= W_0\, \{\cos(\omega t - kx - \alpha) + i \sin(\omega t - kx - \alpha)\} \\ w(x, t) &= \operatorname{Re} W_K \cdot \cos(\omega t - kx) - \operatorname{Im} W_K \cdot \sin(\omega t - kx) \\ &= W_0 \cos\alpha \cdot \cos(\omega t - kx) + W_0 \sin\alpha \cdot \sin(\omega t - kx) \\ &= W_0 \cos(\omega t - kx - \alpha) \end{aligned}$$

6.8.6 Dispersion und Gruppengeschwindigkeit

Die Dispersion. Eine Welle zeigt Dispersion, wenn die Phasengeschwindigkeit u von der Wellenlänge λ abhängt. Dies ergibt die

1. K l a s s i f i k a t i o n d e r D i s p e r s i o n .

(6.54)
$$\frac{du(\lambda)}{d\lambda} = 0 \quad \text{keine Dispersion}$$
$$\frac{du(\lambda)}{d\lambda} > 0 \quad \text{normale Dispersion}$$
$$\frac{du(\lambda)}{d\lambda} < 0 \quad \text{anomale Dispersion}$$

Die Dispersionsrelation. Als Dispersionsrelation bezeichnet man die *Funktion* $\omega(k)$, welche die Dispersion einer Welle eindeutig bestimmt. Aus den vorangehenden Gesetzen ergibt sich

(6.55)
$$\frac{d\omega(k)}{dk} = \frac{\omega(k)}{k} \quad \text{keine Dispersion}$$
$$\frac{d\omega(k)}{dk} < \frac{\omega(k)}{k} \quad \text{normale Dispersion}$$
$$\frac{d\omega(k)}{dk} > \frac{\omega(k)}{k} \quad \text{anomale Dispersion}$$

Die Wellengruppe. Eine wichtige Wellenform ist die Wellengruppe. Sie zeigt bei festgehaltener Zeit folgendes *Wellenbild*:

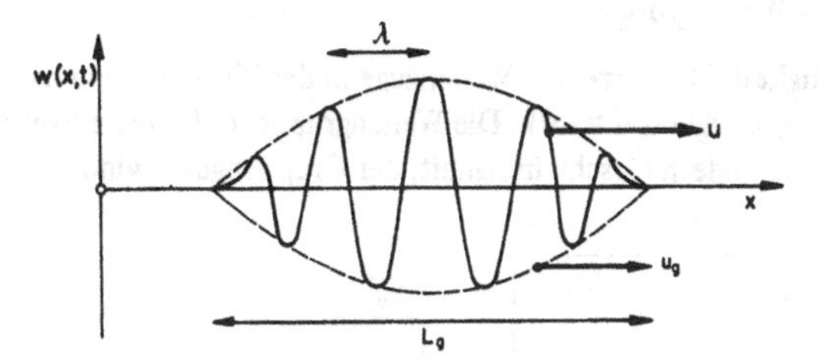

Kette von unendlich vielen Wellengruppen. Die mathematische Darstellung einer Wellengruppe ist nicht trivial. Am einfachsten beginnt man mit der Darstellung einer Kette von unendlich vielen Wellengruppen. Diese erhält man durch den Ansatz

$$w(x, t) = +W_0 \cos\{(\omega_0 - \Delta\omega)\, t - (k_0 - \Delta k)\, x - \alpha\}$$
$$+W_0 \cos\{(\omega_0 + \Delta\omega)\, t - (k_0 + \Delta k)\, x - \alpha\}$$

Eine einfache Umformung liefert

(6.56) $$w(x, t) = 2W_0 \cos(\Delta\omega t - \Delta k x) \cdot \cos(\omega_0 t - k_0 x - \alpha)$$

Diese Welle mit der Kreisfrequenz ω_0 und der Kreiswellenzahl k_0 ist amplitudenmoduliert mit der Kreisfrequenz $\Delta\omega$ und der Kreiswellenzahl Δk. Sie entspricht einer Kette, zusammengesetzt aus unendlich vielen Wellengruppen mit der Länge $L_g = \pi/\Delta k$. $\Delta\omega$ und Δk sind nicht unabhängig: Der Ansatz ist nur eine Lösung der Wellengleichung, falls die Dispersionsrelation erfüllt ist, d. h. $\omega\,(k_0 \pm \Delta k) = \omega_0 \pm \Delta\omega$.

Einzelne Wellengruppe. Eine einzelne Wellengruppe kann durch ein Fourier-Integral dargestellt werden. In Analogie zur mathematischen Darstellung der Kette von Wellengruppen schreibt man

(6.57) $$w(x, t) = \mathrm{Re}\, w_K(x, t) = \mathrm{Re} \int_{k_0 - \Delta k}^{k_0 + \Delta k} W_0(k')\, e^{i\{\omega(k')t - k'x - \alpha\}}\, dk'$$

wobei $k_0 \gg \Delta k > 0$. $\omega(k')$ berücksichtigt die Dispersion. Entwickelt man $\omega(k')$ in eine Taylor-Reihe mit der Variablen $\Delta k' = k' - k_0$, so erhält man in erster Näherung:

$$\omega(k') = \omega(k_0 + \Delta k') \simeq \omega_0 + \Delta k' \cdot \frac{d}{dk}\,\omega(k)\bigg|_{k = k_0}$$

Einsetzen in w(x, t) liefert

(6.58) $$w(x, t) \simeq \mathrm{Re} \int_{-\Delta k}^{+\Delta k} W_0(k_0 + \Delta k')\, e^{i\Delta k'\{\frac{d\omega}{dk}(k_0)t - x\}}\, d\Delta k' \cdot e^{i(\omega_0 t - k_0 x - \alpha)}$$

Dieser Ausdruck repräsentiert eine amplitudenmodulierte Welle mit der Kreisfrequenz ω_0 und der Kreiswellenzahl k_0. Der erste Faktor bestimmt die Amplitudenmodulation und somit die Enveloppe der Wellengruppe.

Die Gruppengeschwindigkeit. Die einzelnen Wellenzüge in der Wellengruppe bewegen sich mit der Phasengeschwindigkeit $u = \omega/k$. Die Wellengruppe, d. h. ihre Enveloppe, bewegt sich aber mit einer andern Geschwindigkeit, der Gruppengeschwindigkeit u_g. Sie ist gegeben durch

$$u_g(k) = \frac{d\omega(k)}{dk} \tag{6.59}$$

Beweis *für die Kette von Wellengruppen* (6.56):

Phasengeschwindigkeit: $\omega t - kx - \alpha = \text{const}; \ u = dx/dt = \omega/k$

Gruppengeschwindigkeit: $\Delta\omega t - \Delta k x = \text{const}; \ u_g = dx/dt = \Delta\omega/\Delta k = d\omega/dk$

Beweis *für die einzelne Wellengruppe* (6.58):

Phasengeschwindigkeit: $\omega t - kx - \alpha = \text{const}; \ u = dx/dt = \omega/k$

Gruppengeschwindigkeit: $\frac{d}{dk}\,\omega(k)\,t - x = \text{const}$

$$u_g = dx/dt = \frac{d}{dk}\,\omega(k) = d\omega/dk$$

Die Gruppengeschwindigkeit ist diejenige *Geschwindigkeit, mit der sich die Energie* in einem Wellenvorgang *ausbreitet*.

Der Zusammenhang zwischen Gruppen- und Phasengeschwindigkeit. Die Gruppengeschwindigkeit u_g und die Phasengeschwindigkeit u sind durch die folgende Beziehung verknüpft:

$$u_g(\lambda) = u(\lambda) - \lambda\,\frac{du(\lambda)}{d\lambda} \tag{6.60}$$

Beweis:

$$u_g = \frac{d\omega}{dk} = \frac{d(uk)}{dk} = u + k\,\frac{du}{d\lambda}\cdot\frac{d\lambda}{dk} = u - \frac{du}{d\lambda}\,\lambda$$

Die obige Beziehung ergibt die

2. Klassifikation der Dispersion.

(6.61)

$u_g = u$	keine Dispersion
$u_g < u$	normale Dispersion
$u_g > u$	anomale Dispersion

6.9 Wellen ohne Dispersion

6.9.1 Die Wellengleichung

Wellen ohne Dispersion erfüllen die Differentialgleichung

$$\frac{\partial^2}{\partial t^2} w(\vec{r}, t) = u^2 \Delta w(\vec{r}, t), \qquad u = \frac{\omega}{k} = u_g = \frac{d\omega}{dk} = \text{const} \tag{6.62}$$

Dabei ist Δ der Laplace-Operator:

$$\Delta w(x, y, z, t) = \frac{\partial^2 w(x, y, z, t)}{\partial x^2} + \frac{\partial^2 w(x, y, z, t)}{\partial y^2} + \frac{\partial^2 w(x, y, z, t)}{\partial z^2}$$

Beweis für eindimensionale Welle: Unter Voraussetzung des Superpositionsprinzips (6.47) kann jede Welle als Fourier-Integral dargestellt werden:

$$w(x, t) = \int_{-\infty}^{+\infty} W_0(k) e^{i[\omega(k)t - kx]} dk$$

Für dispersionsfreie Wellen ist $\omega(k) = uk$, also:

$$\frac{\partial^2}{\partial t^2} w(x, t) = \int_{-\infty}^{+\infty} [-\omega^2(k)] W_0(k) e^{i[\omega(k)t - kx]} dk$$

$$= u^2 \int_{-\infty}^{+\infty} [-k^2] W_0(k) e^{i[\omega(k)t - kx]} dk = u^2 \frac{\partial^2}{\partial x^2} w(x, t)$$

Der Beweis für mehrdimensionale dispersionsfreie Wellen verläuft analog.

6.9.2 Lösungen der Wellengleichung

Die allgemeine eindimensionale Lösung. Die Wellengleichung

$$\frac{\partial^2 w(x, t)}{\partial t^2} = u^2 \frac{\partial^2 w(x, t)}{\partial x^2}$$

hat die *allgemeine Lösung*

$$w(x, t) = f(x - ut) + g(x + ut) \tag{6.63}$$

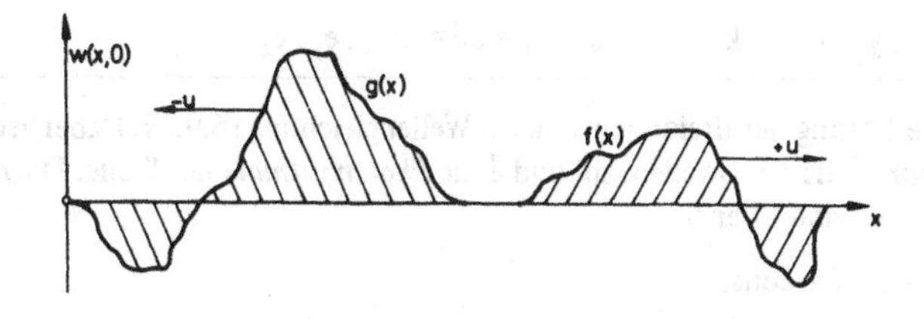

wobei f und g beliebige Funktionen sind. Dabei bedeutet $f(x - ut)$ eine in x-Richtung *vorwärtslaufende Welle* und $g(x + ut)$ eine *rückwärtslaufende Welle*.

Beweis: Mit $z = x - ut$ gilt:

$$\frac{\partial f}{\partial t} = \frac{\partial f}{\partial z} \cdot \frac{\partial z}{\partial t} = -u \frac{\partial f}{\partial z}, \qquad \frac{\partial^2 f}{\partial t^2} = u^2 \frac{\partial^2 f}{\partial z^2} = u^2 \frac{\partial^2 f}{\partial x^2}$$

analog für $g(x + ut)$.

Die eindimensionale harmonische Welle. Eine *spezielle Lösung* der eindimensionalen Wellengleichung ist die harmonische Welle (siehe 6.8.5)

$$w(x, t) = W_0 \cdot \cos(\omega t - kx - \alpha) \tag{6.48}$$

W_0 und α hängen von den Anfangsbedingungen ab.

Beweis:

$$w(x, t) = W_0 \cos(\omega t - k x - \alpha) = W_0 \cos\{-k(x - u t) - \alpha\} = f(x - ut)$$

Die zweidimensionale harmonische Welle. Die einfachste Lösung der zweidimensionalen Wellengleichung dispersionsfreier Wellen ist die harmonische Welle:

$$\begin{aligned} &w(\vec{r}, t) = W_0 \cos(\omega t - \vec{k}\vec{r} - \alpha) \\ &\vec{r} = \{x, y\}, \qquad \vec{k} = \{k_x, k_y\} = k\{e_x, e_y\} \end{aligned} \tag{6.64}$$

Die Kreiswelle. Eine wichtige Lösung der zweidimensionalen Wellengleichung

$$\frac{\partial^2}{\partial t^2} w(x, y, t) = u^2 \left(\frac{\partial^2}{\partial x^2} + \frac{\partial^2}{\partial y^2} \right) w(x, y, t)$$

ist die *Kreiswelle*, welche für $r \gg \lambda$ wie folgt beschrieben werden kann

$$w(\vec{r}, t) = w(r, t) \simeq \frac{W_0}{\sqrt{r}} \cos(\omega t - kr - \alpha), \qquad r = \sqrt{x^2 + y^2} \gg \lambda \tag{6.65}$$

Die Ausbreitung dieser Welle erfolgt radial.

Die ebene harmonische Welle

$$\begin{aligned} &w(\vec{r}, t) = W_0 \cos(\omega t - \vec{k}\vec{r} - \alpha) \\ &\vec{r} = \{x, y, z\}; \qquad \vec{k} = \{k_x, k_y, k_z\} = k\vec{e} = k\{e_x, e_y, e_z\} \end{aligned} \tag{6.66}$$

ist eine spezielle Lösung der dreidimensionalen Wellengleichung (6.9.1). Dabei bedeuten $\vec{k}$ den *Wellenvektor*, k die Kreiswellenzahl und $\vec{e}$ die *Phasennormale* der Welle. Die *Phasenflächen* dieser Welle sind Ebenen:

$$k\,\vec{e} \cdot \vec{r} = \vec{k} \cdot \vec{r} = \text{const}$$

Die Kugelwelle. Die kugelsymmetrische *Lösung der dreidimensionalen Wellengleichung* ist die Kugelwelle, welche wie folgt beschrieben werden kann:

(6.67) $$w(\vec{r}, t) = w(r, t) = \frac{W_0}{r} \cdot \cos(\omega t - kr - \alpha), \qquad r = \sqrt{x^2 + y^2 + z^2}$$

Die *Phasenflächen* dieser Welle sind Kugeln: r = const. Die Ausbreitung der Welle erfolgt radial.

6.9.3 Seilwellen

Ein Seil mit dem Querschnitt A und der Dichte ρ, welches mit der Kraft $\vec{F}$ gespannt ist, zeigt eindimensionale transversale und dispersionsfreie Wellen. Die Auslenkung w(x, t) erfüllt die *Wellengleichung*

(6.68) $$\frac{\partial^2 w(x, t)}{\partial t^2} = u^2 \frac{\partial^2 w(x, t)}{\partial x^2}, \qquad u = \left(\frac{F}{\rho A}\right)^{1/2}$$

B e w e i s : Es wird vorausgesetzt, daß die Auslenkung w(x, t) und die Krümmung des Seils gering sind.

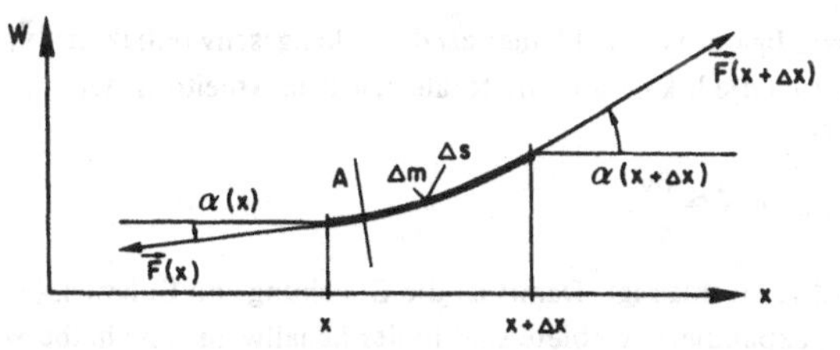

Die Masse Δm des kurzen Seilstücks Δs an der Stelle x ist

$$\Delta m = \rho \cdot A \cdot \Delta s \simeq \rho \cdot A \cdot \Delta x$$

Die auf das Seilstück wirkenden Kräfte heben sich in der x-Richtung in erster Näherung auf:

$$-F_x(x) + F_x(x + \Delta x) = -F \cos \alpha(x) + F \cos \alpha(x + \Delta x) \simeq -F + F = 0$$

Nach dem 2. Axiom von Newton bewirken sie jedoch eine Beschleunigung in der w-Richtung:

$$\Delta m \frac{\partial^2 w(x, t)}{\partial t^2} = -F_w(x) + F_w(x + \Delta x) = -F \sin \alpha(x) + F \sin \alpha(x + \Delta x)$$

$$\simeq -F \tan \alpha(x) + F \tan \alpha(x + \Delta x)$$

$$\simeq \frac{\partial^2 w(x, t)}{\partial t^2} A \rho \cdot \Delta x \simeq F \left(\frac{\partial w(x + \Delta x, t)}{\partial x} - \frac{\partial w(x, t)}{\partial x}\right)$$

oder $$A \rho \cdot \frac{\partial^2 w(x, t)}{\partial t^2} = F \frac{\partial^2 w(x, t)}{\partial x^2}$$

6.9.4 Schallwellen in Flüssigkeiten und Gasen

Die Wellengleichungen. Die dispersionsfreien longitudinalen Schallwellen in einer ruhenden Flüssigkeit oder in einem ruhenden Gas mit der statischen Dichte ρ_0, der adiabatischen Kompressibilität β_{ad} (4.6) und dem statischen Druck p_0 sind durch folgende Gleichungen bestimmt:

$$\frac{\partial^2 \rho}{\partial t^2} = u^2 \Delta\rho, \qquad \frac{\partial^2 p}{\partial t^2} = u^2 \Delta p, \qquad \frac{\partial^2 \vec{v}}{\partial t^2} = u^2 \Delta\vec{v}$$

$$u = (\rho_0 \beta_{ad})^{-1/2} \tag{6.69}$$

$$\frac{\partial \vec{v}}{\partial t} = -\rho_0^{-1} \operatorname{grad} p = -\rho_0^{-2} \beta_{ad}^{-1} \operatorname{grad} \rho$$

Dabei bedeuten ρ die lokale Dichte, p den lokalen Druck und $\vec{v}$ die lokale Geschwindigkeit. Δ ist der Laplace-Operator. Die Wellen breiten sich mit der Schallgeschwindigkeit u aus.

Voraussetzungen: a) Die Druckschwankungen $p' = p - p_0$ und die Dichteschwankungen $\rho' = \rho - \rho_0$ sind klein gegenüber den Mittelwerten p_0 und ρ_0:

$$|p'| \ll p_0 \quad \text{und} \quad |\rho'| \ll \rho_0.$$

b) Die lokale Geschwindigkeit ist viel kleiner als die Schallgeschwindigkeit: $|\vec{v}| \ll u$. Daher unterscheiden sich die lokale und die totale zeitliche Ableitung der Geschwindigkeit $\vec{v}$ praktisch nicht:

$$\frac{d\vec{v}}{dt} = \frac{\partial \vec{v}}{\partial t} + (\operatorname{grad} \vec{v})\, \vec{v} \simeq \frac{\partial \vec{v}}{\partial t}$$

c) Die Viskosität wird vernachlässigt. Damit ist die Gleichung von Euler (4.43) maßgebend

d) Komprimierte und expandierte Gebiete sind in der Schallwelle eine halbe Wellenlänge voneinander entfernt. In der Zeit einer halben Schwingungsdauer wirkt sich die Wärmeleitung nicht aus, d. h. es kommt kein Temperaturausgleich zustande. Damit ist die adiabatische Kompressibilität β_{ad} maßgebend. Dichte- und Druckschwankungen sind dann verknüpft durch

$$\rho' \simeq \beta_{ad}\, \rho_0 p' = u^{-2} p'$$

e) Die Kontinuitätsgleichung darf approximiert werden:

$$\frac{\partial \rho}{\partial t} = -\operatorname{div}(\rho \vec{v}) \simeq -\rho_0 \operatorname{div} \vec{v}$$

Beweis: Mit diesen Voraussetzungen ergibt die Euler-Gleichung (4.43) angenähert:

$$\frac{\partial \vec{v}}{\partial t} \simeq \frac{d\vec{v}}{dt} = -\rho^{-1} \operatorname{grad} p \simeq -\rho_0^{-1} \operatorname{grad} p' \simeq -u^2 \rho_0^{-1} \operatorname{grad} \rho'$$

Die lokale zeitliche Ableitung der Kontinuitätsgleichung (e) liefert:

$$\frac{\partial^2 \rho}{\partial t^2} = -\rho_0 \operatorname{div} \frac{\partial \vec{v}}{\partial t} = +\operatorname{div} \operatorname{grad} p' = +(\rho_0 \beta_{ad})^{-1} \operatorname{div} \operatorname{grad} \rho'$$

Dies ist die *Wellengleichung für die Dichte* ρ:

$$\frac{\partial^2 \rho}{\partial t^2} = (\rho_0 \beta_{ad})^{-1} \cdot \Delta\rho$$

Die *Wellengleichung für* p ergibt sich aus der obigen Gleichung und der Beziehung d) $\rho' = u^{-2}\, p'$.

Die *Wellengleichung für* $\vec{v}$ erhält man mit folgender Rechnung:

$$\text{grad}\left(\frac{\partial^2 \rho}{\partial t^2}\right) = -\rho_0\, \text{grad div}\, \frac{\partial \vec{v}}{\partial t} = -\rho_0 \left\{\text{rot rot}\, \frac{\partial \vec{v}}{\partial t} + \Delta \frac{\partial \vec{v}}{\partial t}\right\} = -\rho_0\, \Delta \frac{\partial \vec{v}}{\partial t}$$

wegen rot $\vec{v} = 0$ in Longitudinalwellen (6.44).

$$\text{grad}\left(\frac{\partial^2 \rho}{\partial t^2}\right) = \frac{\partial^2}{\partial t^2}(\text{grad}\, \rho') = -\frac{\partial^2}{\partial t^2}\left(\rho_0\, u^{-2} \frac{\partial \vec{v}}{\partial t}\right) = -\rho_0\, u^{-2} \frac{\partial^2}{\partial t^2} \frac{\partial \vec{v}}{\partial t}$$

$$\frac{\partial^2}{\partial t^2} \frac{\partial \vec{v}}{\partial t} = u^2\, \Delta \frac{\partial \vec{v}}{\partial t}$$

Integriert man diese Beziehung nach der Zeit t, so ergibt sich für Schall im ruhenden Medium:

$$\frac{\partial^2 \vec{v}}{\partial t^2} = u^2\, \Delta \vec{v}$$

Schallgeschwindigkeit in idealen Gasen. Für ideale Gase folgt aus $\beta_{ad} = (\kappa p_0)^{-1}$ und der Zustandsgleichung $p_0 V = RTm/M$ bzw. $p_0 = \rho_0\, RT/M$ für die Schallgeschwindigkeit u:

$$u = \sqrt{\kappa \frac{p_0}{\rho_0}} = \sqrt{\kappa \frac{RT}{M}} \tag{6.70}$$

Tab. 6.3 Geschwindigkeiten longitudinaler Schallwellen

Gas 1 atm, 20 °C	u = c (m/s)	Flüssigkeit 1 atm, 20 °C	u = c (m/s)
Kohlendioxyd	266	Azeton	1190
Sauerstoff	326	Benzol	1324
Luft (0 °C)	331	Wasser	1485
Stickstoff	349		
Helium	1000		
Wasserstoff	1324		
Festkörper	**u = c_ℓ (m/s)**	**Festkörper**	**u = c_ℓ (m/s)**
Pb	1960	Al	6400
Cu	5000	Be	13 000
W	5400	Diamant	17 500
Fe	5950		

Energiedichte und Energiefluß. Beim Schall lassen sich die *momentane Energiedichte* w und der Vektor $\vec{S}$ der *momentanen Energieflußdichte* darstellen als:

$$w = \frac{1}{2}\rho_0 \vec{v}^2 + \frac{1}{2}\beta_{ad}(p - p_0)^2, \qquad \vec{S} = (p - p_0)\vec{v} \tag{6.71}$$

Die *Energiebilanz* eines festen Volumens des Schallmediums liefert die Beziehung:

$$\frac{\partial w}{\partial t} + \operatorname{div}\vec{S} = 0 \tag{6.72}$$

B e w e i s : Die Energiedichte w kann durch Änderung der kinetischen Energie oder durch Kompressionsarbeit variiert werden:

$$dw = d\left(\frac{1}{2}\rho\,\vec{v}^2\right) - (p - p_0)\frac{dV}{V} \simeq d\left(\frac{1}{2}\rho_0\,\vec{v}^2\right) + p'\,\beta_{ad}\,dp'$$

Die Integration von dw ergibt die oben zitierte Formel für w.
Für $\partial w/\partial t$ resultiert

$$\frac{\partial w}{\partial t} = \vec{v}\,\rho_0\,\frac{\partial \vec{v}}{\partial t} + p'\,\beta_{ad}\,\frac{\partial p'}{\partial t} = -\,\vec{v}\operatorname{grad} p' + p'\,\rho_0^{-1}\,\frac{\partial \rho'}{\partial t}$$
$$= -\,\vec{v}\operatorname{grad} p - p'\operatorname{div}\vec{v} = -\operatorname{div} p'\vec{v} = -\operatorname{div}\vec{S}$$

Schallintensität und Schallhärte. Die *Schallintensität* I entspricht dem Betrag des zeitlichen Mittelwerts über den Vektor $\vec{S}$ der momentanen Energieflußdichte. Für eine ebene *harmonische Schallwelle* gilt

$$I = |\langle\vec{S}\rangle_t| = |\langle(p - p_0)\vec{v}\rangle_t| = \frac{1}{2Z}(p - p_0)^2_{max} = \frac{Z}{2}v^2_{max}$$
$$Z = \rho_0\,u = \left(\frac{\rho_0}{\beta_{ad}}\right)^{1/2} = \frac{(p - p_0)_{max}}{v_{max}}, \qquad \bar{w} = \frac{1}{2}\rho_0 v^2_{max} \tag{6.73}$$

Dabei bedeutet $(p - p_0)_{max}$ die Druckamplitude, v_{max} die Geschwindigkeitsamplitude, Z die *Schallhärte* oder *Schallimpedanz* und $\bar{w}$ die *mittlere Energiedichte.*

B e w e i s :

$$p = p_0 + p'_{max}\cos(\omega t - kx - \alpha), \qquad p' = p - p_0, \qquad u = \omega/k$$

$$\frac{\partial}{\partial t}v_x = -\,\rho_0^{-1}\,\frac{\partial p}{\partial x} = -\,(k\,p'_{max}/\rho_0)\cdot\sin(\omega t - kx - \alpha)$$

$$v_x = +\,\frac{k\,p'_{max}}{\omega\,\rho_0}\cdot\cos(\omega t - kx - \alpha) = v_{max}\cos(\omega t - kx - \alpha)$$

$$p'\,v_x = \frac{p'^2_{max}}{\rho_0 u}\cos^2(\omega t - kx - \alpha), \qquad \langle p'v_x\rangle_t = \frac{p'^2_{max}}{2\rho_0 u} = \frac{\rho_0\cdot u}{2}\cdot v^2_{max}$$

Tab. 6.4 Schallhärten

Medium	Z ($kg/m^2 s$)
Luft (1 atm, 0 °C)	$4{,}27 \cdot 10^2$
Wasser (1 atm, 20 °C)	$1{,}48 \cdot 10^6$
Eisen (1 atm, 20 °C)	$4 \cdot 10^7$

Schallpegel und Lautstärke. Als *Schallpegel* L_p oder Schalleistungspegel bezeichnet man die Größe

(6.74) $$L_p = 10 \log_{10} \frac{I}{I_0(1000\ \mathrm{Hz})} = 120 + 10 \log_{10} I(\mathrm{W/m^2})$$

Dabei bedeutet $I_0(1000\ \mathrm{Hz}) = 10^{-12}\ \mathrm{W/m^2}$ die physiologische *Hörschwelle* bei der Schallfrequenz $\nu = 1000$ Hz.

Die *Einheit des Schallpegels* ist das *Dezibel* (A2.1.3).

Die vom Ohr physiologisch empfundene *Lautstärke* L ist nach dem *Gesetz von* W. Weber (1804–1891) *und* G. T. Fechner (1801–1887) proportional zum Logarithmus der Schallintensität I:

(6.75) $$L(\nu) = C(\nu) \cdot 10 \log_{10} \frac{I(\nu)}{I_0(\nu)}$$

Dabei bedeutet $I_0(\nu)$ die Hörschwelle bei der Schallfrequenz ν. Für die Frequenz $\nu = 1000$ Hz werden Schallpegel L_p und Lautstärke L willkürlich gleichgesetzt:

$$C(1000\ \mathrm{Hz}) = 1$$

Die dadurch definierte *Einheit der Lautstärke* heißt *Phon*.

Die *Hörschwelle* entspricht 0 Phon, die sogenannte *Schmerzschwelle* 130 Phon. Die experimentell bestimmte Beziehung zwischen Schallintensität I bzw. Schallpegel L_p und Lautstärke L ist in untenstehender Figur dargestellt.

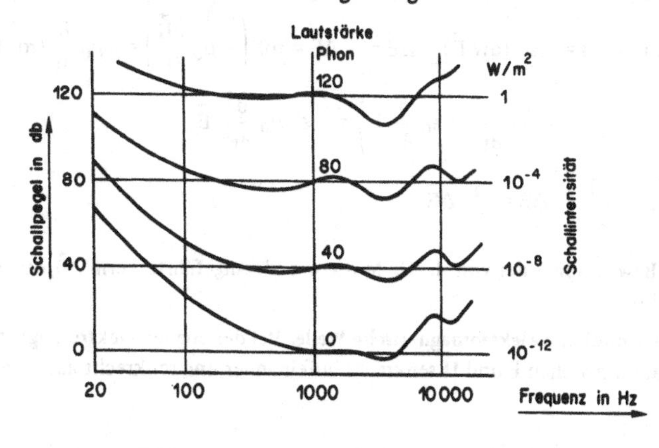

Tab. 6.5 Schallpegel

Schallquelle	Frequenz ν (Hz)	Schallpegel L_p (dB)
Blätterrauschen	100 bis 1 000	10 bis 30
Flüstern	500 bis 2 500	10 bis 30
Gespräch	500 bis 2 500	45 bis 55
öffentliches Lokal	500 bis 2 500	30 bis 70
Radio im Zimmer	50 bis 10 000	70 bis 80
Diskothek	10 bis 20 000	95 bis 130
Amsel	3 000 bis 4 000	60
PKW	200 bis 2 000	70 bis 80
Lastwagen	10 bis 1 000	80 bis 90
Motorrad	1 000 bis 4 000	80 bis 90
startendes Flugzeug	10 bis 10 000	120 (100 m)
Preßlufthammer	10 bis 5 000	50 bis 130

6.9.5 Elektromagnetische Wellen im Vakuum

Die Wellengleichung. J. C. Maxwell (1831–1879) gelang es, Licht und verwandte Strahlungen als elektromagnetische Wellen zu deuten. Im Vakuum sind es dreidimensionale, dispersionsfreie transversale Wellen, bei denen das elektrische Feld $\vec{E}$ und das Magnetfeld $\vec{H}$ die Rolle der Störung $\vec{w}$ übernehmen. Die Wellengleichungen lauten

$$\frac{\partial^2 \vec{E}}{\partial t^2} = c^2 \cdot \Delta\vec{E} \quad \text{und} \quad \frac{\partial^2 \vec{H}}{\partial t^2} = c^2\, \Delta\vec{H}$$

$$u = c = (\epsilon_0 \mu_0)^{-1/2} \tag{6.76}$$

wobei c die Geschwindigkeit des Lichtes im Vakuum bedeutet.

Beweis: Für das elektrische Feld $\vec{E}$. Ausgehend von der 2. Maxwellschen Gleichung des Vakuums bildet man:

$$\text{rot}\,(\text{rot}\,\vec{E}) = \text{grad}\,(\text{div}\,\vec{E}) - \Delta\vec{E} = -\Delta\vec{E} = \text{rot}\left(-\mu_0 \frac{\partial \vec{H}}{\partial t}\right) = -\mu_0 \frac{\partial}{\partial t}(\text{rot}\,\vec{H})$$

$$= -\mu_0 \frac{\partial}{\partial t}\left(+\epsilon_0 \frac{\partial}{\partial t}\vec{E}\right) = -\epsilon_0\,\mu_0 \frac{\partial^2}{\partial t^2}\vec{E}$$

oder $$\frac{\partial^2 \vec{E}}{\partial t^2} = \frac{1}{\epsilon_0\,\mu_0} \cdot \Delta\vec{E} = c^2 \cdot \Delta\vec{E}$$

Bei diesem Beweis spielt der von J. C. Maxwell eingeführte Term $\partial\vec{D}/\partial t$ eine wichtige Rolle.

Die ebene harmonische elektromagnetische Welle. Bei der ebenen elektromagnetischen Welle im Vakuum stehen $\vec{E}$ und $\vec{H}$ senkrecht aufeinander und senkrecht auf dem Wellenvektor $\vec{k}$:

(6.77)
$$\vec{E}(z,t) = \{E_x(z,t), 0, 0\} = \{E_0 \cos(\omega t - kz - \alpha), 0, 0\}$$
$$\vec{H}(z,t) = \{0, H_y(z,t), 0\} = \{0, H_0 \cos(\omega t - kz - \alpha), 0\}$$
$$\vec{k} = \{0, 0, k\}$$
$$k = 2\pi/\lambda_{Vak} = \omega/c$$
$$E_0/H_0 = (\mu_0/\epsilon_0)^{1/2} = Z_0 = 377 \text{ Ohm}$$

Z_0 bezeichnet die *Wellenimpedanz des Vakuums*. $\vec{E}$ und $\vec{H}$ schwingen bei der ebenen harmonischen elektromagnetischen Welle in Phase.

Wellenbild bei fester Zeit:

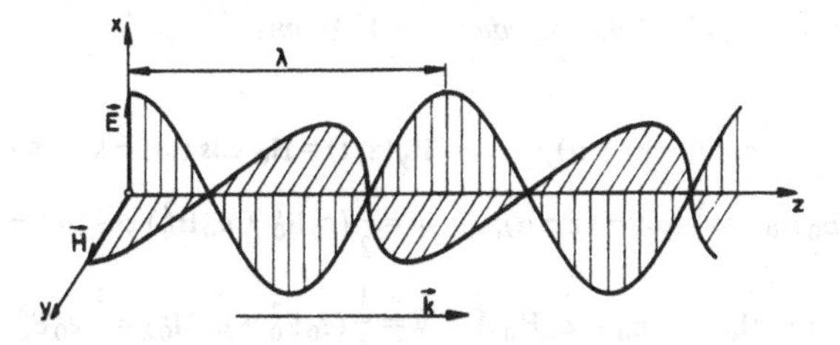

Klassifizierung der elektromagnetischen Wellen. Je nach der Wellenlänge $\lambda_{Vak} = c/\nu$ der elektromagnetischen Strahlung im Vakuum unterscheidet man folgende Wellentypen:

λ_{Vak} = ∞ bis 10 cm	Radiowellen
= 10 cm bis 1 mm	Mikrowellen
= 1 mm bis 0,7 μm	Ultrarot
= 0,7 μm bis 0,4 μm	Licht
= 4000 Å bis 100 Å	Ultraviolett
= 100 Å bis 0,1 Å	Röntgenstrahlung
⩽ 0,1 Å	γ-Strahlung

Energiedichte und Poynting-Vektor. Bei den elektromagnetischen Wellen im Vakuum haben die momentane Energiedichte w und der Vektor $\vec{S}$ der momentanen Energieflußdichte, welcher nach seinem Entdecker J. H. Poynting (1852–1914) benannt wird, folgende Gestalt:

(6.78)
$$w = \frac{1}{2}\epsilon_0 \vec{E}^2 + \frac{1}{2}\mu_0 \vec{H}^2, \qquad \vec{S} = \vec{E} \times \vec{H}$$

Sie erfüllen die Poyntingsche Beziehung, welche die Erhaltung der Energie darstellt.

(6.79)
$$\frac{\partial w}{\partial t} + \operatorname{div} \vec{S} = 0$$

Beweis: Ausgehend von den 4 Maxwellschen Gleichungen des Vakuums berechnet man:

$$\vec{H} \operatorname{rot} \vec{E} - \vec{E} \operatorname{rot} \vec{H} = -\mu_0 \vec{H} \frac{\partial \vec{H}}{\partial t} - \epsilon_0 \vec{E} \frac{\partial \vec{E}}{\partial t} = -\frac{\partial}{\partial t} \frac{1}{2} (\mu_0 \vec{H}^2 + \epsilon_0 \vec{E}^2) = \operatorname{div} [\vec{E} \times \vec{H}]$$

Strahlungsintensität und mittlere Energiedichte. Die *Intensität* I *der elektromagnetischen Wellen* entspricht dem Betrag des zeitlichen Mittelwertes des Poynting-Vektors $\vec{S}$. Für eine *ebene harmonische elektromagnetische* Welle im Vakuum gilt für sie und die mittlere Energiedichte $\bar{w}$

$$\text{(6.80)} \qquad I = |\langle \vec{S} \rangle_t| = |\langle \vec{E} \times \vec{H} \rangle_t| = \frac{1}{2} Z_0 H_0^2 = \frac{1}{2Z_0} E_0^2, \qquad \bar{w} = \frac{1}{2} \epsilon_0 E_0^2 = \frac{1}{2} \mu_0 H_0^2$$

wobei E_0 und H_0 die Amplituden des elektrischen und des magnetischen Feldes der Strahlung darstellen und Z_0 die *Wellenimpedanz des Vakuums.*

Beweis:

$$E_x(z, t) = E_0 \cos(\omega t - kz - \alpha), \qquad H_y(z, t) = H_0 \cos(\omega t - kz - \alpha)$$

$$S_z(z, t) = E_0 H_0 \cos^2(\omega t - kz - \alpha), \qquad w = \frac{1}{2} (\epsilon_0 E_0^2 + \mu_0 H_0^2) \cos(\omega t - kz - \alpha)$$

$$I = \langle S_z \rangle_t = \frac{1}{2} E_0 H_0, \qquad E_0 = Z_0 H_0, \qquad \bar{w} = \frac{1}{4} (\epsilon_0 E_0^2 + \mu_0 H_0^2) = \frac{1}{2} \epsilon_0 E_0^2$$

Polarisation. In Transversalwellen kann die Störung $\vec{w}$ (hier das elektrische Feld $\vec{E}$) in verschiedenen Richtungen senkrecht zum Wellenvektor $\vec{k}$ schwingen. Die Zeitabhängigkeit der Richtung der Störung $\vec{w}$ bezeichnet man als *Polarisation* der Welle.

In natürlichem Licht schwingt der $\vec{E}$-Vektor ungeordnet in allen Richtungen senkrecht zu $\vec{k}$. Solche Strahlung nennt man *unpolarisiert.* Schwingt der $\vec{E}$-Vektor immer in einer Ebene, so nennt man die Welle *linear polarisiert.* Die durch $\vec{E}$ und $\vec{k}$ bestimmte Ebene wird *Schwingungsebene* genannt, die dazu senkrechte Ebene, in der der $\vec{H}$-Vektor schwingt, ist die *Polarisationsebene.* Beschreibt die Spitze des $\vec{E}$-Vektors eine Ellipse bzw. einen Kreis, so spricht man von *elliptisch* bzw. *zirkular polarisiertem Licht*. Eine elliptisch polarisierte Welle läßt sich durch eine Überlagerung von zwei linear polarisierten, in der x- bzw. y-Richtung schwingenden phasenverschobenen Wellen darstellen (6.7.1, Lissajous-Figuren):

$$E_x(z, t) = E_{x0} \cos(\omega t - kz), \qquad E_y(z, t) = E_{y0} \cos(\omega t - kz - \alpha)$$

6.10 Wellen mit Dispersion

6.10.1 Dispersion und Wellengleichung

Voraussetzungen. Wir betrachten im eindimensionalen Raum eine skalare Welle w(x, t) mit Dispersion, welche dem Superpositionsprinzip Genüge leistet. Unter diesen Voraussetzungen ist es möglich, eine Relation zwischen der Dispersionsrelation und der Differentialgleichung der Welle w(x, t) herzustellen. Ein relevantes Beispiel ist eine

Potenzreihe als Dispersionsrelation. Häufig kann die Dispersionsrelation dargestellt werden mit $\omega^2 = \omega^2(k^2)$ als Potenzreihe von k^2. In diesem Fall gilt die folgende Äquivalenz zwischen Dispersionsrelation und Differentialgleichung der Welle $w(x, t)$:

$$\omega^2 = \omega_0^2 + \sum_{p=1}^{\infty} a_p k^{2p} \quad \text{äquivalent zu} \quad \frac{\partial^2 w}{\partial t^2} = -\omega_0^2 \cdot w - \sum_{p=1}^{\infty} (-1)^p a_p \frac{\partial^{2p} w}{\partial x^{2p}} \tag{6.81}$$

B e w e i s : Analog zur Herleitung der Differentialgleichung der dispersionsfreien Welle (6.62) stellt man das Wellenfeld als Fourier-Integral über ebene Wellen dar:

$$w(x, t) = \int_{-\infty}^{+\infty} W_0(k)\, e^{i[\omega(k)t - kx]}\, dk$$

Dies ist erlaubt wegen dem Superpositionsprinzip. Aus dieser Darstellung erhält man für die partiellen Ableitungen

$$\frac{\partial^2 w}{\partial t^2} = -\int_{-\infty}^{+\infty} \omega^2(k)\, W_0(k)\, e^{i[\omega(k)t - kx]}\, dk,$$

$$\frac{\partial^{2p} w}{\partial x^{2p}} = \int_{-\infty}^{+\infty} (-1)^p k^{2p}\, W_0(k)\, e^{i[\omega(k)t - kx]}\, dk$$

Die Linearkombination dieser Differentiale erlaubt die Erfüllung der Dispersionsrelation unter dem Integral.

6.10.2 Wellen auf der linearen Kette

Die Wellengleichung. Bei einer unendlich langen, linearen Kette sind identische Massen m auf einer Geraden angeordnet und durch identische Federn mit der Federkonstanten f verbunden. In der Ruhelage haben die Massen identische Abstände a.

Die Massen sind mit der ganzen Zahl n numeriert, so daß ihre Ruhelage durch die Koordinate $x = na$ gegeben ist. Die Massen können nur in der Richtung der Kette verschoben werden. Die Verschiebungen werden mit $w_n(t) = w(x = na, t)$ bezeichnet.

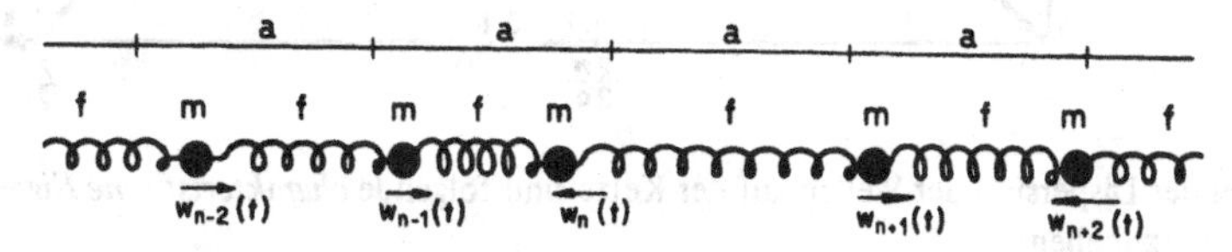

Die Wellen auf der Kette werden durch die Bewegungsgleichungen der einzelnen Massen beschrieben:

$$\frac{d^2 w_n(t)}{dt^2} = +\frac{f}{m} w_{n+1}(t) - 2\frac{f}{m} w_n(t) + \frac{f}{m} w_{n-1}(t) \tag{6.82}$$

Beweis: 2. Newtonsches Axiom

$$m \frac{d^2 w_n(t)}{dt^2} = -f\{w_n(t) - w_{n+1}(t)\} - f\{w_n(t) - w_{n-1}(t)\}$$

Die harmonische Welle auf der Kette. Die Wellengleichung der linearen Kette wird durch folgende harmonische Wellen erfüllt:

(6.83)
$$w_n(t) = W_0 \cos\{\omega(k) \cdot t - kna - \alpha\}$$
$$\omega(k) = \omega_{max} \sin \frac{ka}{2}$$
$$\omega_{max} = 2 \cdot \sqrt{f/m}, \qquad 0 \leqslant k \leqslant \pi/a$$

Beweis: Durch Einsetzen dieser Formeln in die Wellengleichung.

Dispersion der Wellen auf der Kette. Die Phasengeschwindigkeit u und die Gruppengeschwindigkeit u_g der Kettenwelle sind wellenlängenabhängig:

(6.84)
$$u(k) = \frac{\omega(k)}{k} = u_{max} \frac{\sin \frac{ka}{2}}{\frac{ka}{2}}, \qquad u_g(k) = \frac{d\omega(k)}{dk} = u_{max} \cos \frac{ka}{2}$$
$$u_{max} = a\sqrt{f/m} = \frac{a}{2}\,\omega_{max}$$

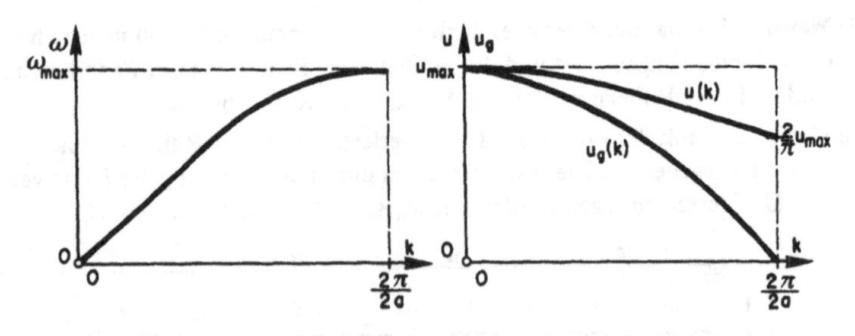

Bei der Dispersion der Wellen auf der Kette sind folgende *charakteristische Eigenschaften* hervorzuheben:

$\lambda \gg a$:	$k \simeq 0, \ u \simeq u_g \simeq u_{max}$	keine Dispersion
$2a < \lambda < \infty$:	$0 < k < \frac{\pi}{a}, \ u > u_g$	Dispersion
$\lambda = \lambda_{min} = 2a$:	$k = \frac{\pi}{a}, \ u = \frac{2}{\pi} u_{max}, \ u_g = 0$	kein Energietransport

6.10.3 Wellen auf Flüssigkeitsoberflächen

Die Dispersion. Transversale Oberflächenwellen auf Flüssigkeiten mit der Dichte ρ, der Oberflächenspannung σ und der Tiefe h gehorchen der *Dispersionsrelation*:

(6.85) $$\omega^2(k) = gk\left(1 + \frac{\sigma}{\rho g}k^2\right)\tanh kh$$

Dabei bedeutet g die Erdbeschleunigung.

Beweis: siehe R. Lüst: Hydrodynamik. Bibliographisches Institut, Mannheim 1978

Schwerewellen auf untiefen Flüssigkeiten. Schwerewellen auf untiefen Flüssigkeiten zeigen *keine Dispersion*:

(6.86) $$\frac{\omega(k)}{k} = u = u_g = (gh)^{1/2} \quad \text{für } h \ll \lambda$$

Beweis: Bei Schwerewellen ist die Oberflächenspannung σ vernachlässigbar. Wegen $h \ll \lambda$ gilt $kh \ll 1$ oder $\tanh kh \simeq kh$.

Schwerewellen auf tiefen Flüssigkeiten. Schwerewellen auf tiefen Flüssigkeiten zeigen *normale Dispersion*:

(6.87) $$\omega(k) = (gk)^{1/2} \quad \text{für } h \gg \lambda;$$
$$u = \left(\frac{g}{k}\right)^{1/2}; \qquad u_g = \frac{1}{2}\left(\frac{g}{k}\right)^{1/2} = \frac{1}{2}u$$

Beweis: Bei Schwerewellen ist die Oberflächenspannung σ vernachlässigbar. Wegen $h \gg \lambda$ gilt $kh \gg 1$ oder $\tanh kh \simeq 1$.

Kapillarwellen. Bei Oberflächenwellen mit sehr kleinen Wellenlängen dominiert die Oberflächenspannung σ der Flüssigkeit. Diese sogenannten Kapillarwellen zeigen *anomale Dispersion*:

(6.88) $$\omega(k) = \left(\frac{\sigma k^3}{\rho}\right)^{1/2} \quad \text{für } \lambda \ll h \text{ und } \lambda \ll \left(\frac{\sigma}{g\rho}\right)^{1/2}$$
$$u = \left(\frac{\sigma k}{\rho}\right)^{1/2}; \qquad u_g = \frac{3}{2}\left(\frac{\sigma k}{\rho}\right)^{1/2} = \frac{3}{2}u$$

Beweis: Wegen der Voraussetzungen über λ kann der erste Term in der Dispersionsrelation (6.85) weggelassen werden.

6.10.4 Elektromagnetische Wellen in dispersiven Medien

Brechungsindex und Wellenimpedanz. Bei elektromagnetischen Wellen im dispersiven, homogenen, isotropen Medium mit der Dielektrizitätskonstante ϵ und der Permeabilität μ, die von der Wellenlänge, respektive von der Frequenz abhängen, genügen zur Beschreibung der *Brechungsindex* n und die *Wellenimpedanz* Z:

$$n = \frac{c}{u} = \frac{\lambda_{Vak}}{\lambda} = \sqrt{\epsilon\mu}, \qquad \frac{Z}{Z_0} = \sqrt{\frac{\mu}{\epsilon}} \tag{6.89}$$

Dabei ist darauf zu achten, daß für ϵ und μ die Werte für die Kreisfrequenzen ω der betrachteten elektromagnetischen Welle einzusetzen sind.

Beispiel: Wasser; $\epsilon(H_2O$, statisch: $\omega = 0) = 81$; $\epsilon(H_2O$, Licht: $\omega = 4 \cdot 10^{15}\,s^{-1}) = 1{,}78$.

Optische Dispersion. Der Brechungsindex n bestimmt die für die Dispersion maßgebenden Größen:

$$\omega(k) = \frac{ck}{n(k)}, \qquad u(k) = \frac{c}{n(k)}, \qquad u_g(k) = \frac{c}{n(k)}\left\{1 - \frac{k}{n(k)}\frac{dn(k)}{dk}\right\} \tag{6.90}$$

Tab. 6.6 Optische Brechungsindizes. n(λ = 5892, 98 Å = Na D-Linie)

Gase: T = 0 °C, p = 760 mm Hg					
Luft	1,000 292	He	1,000 035	H_2	1,000 140
N_2	1,000 298	Ne	1,000 067	F_2	1,000 195
O_2	1,000 271	A	1,000 282	Cl_2	1,000 781
O_3	1,000 520	Kr	1,000 428		
CO	1,000 335	Xe	1,000 703		
CO_2	1,004 490				

Flüssigkeiten: T = 20 °C, p = 760 mm Hg			
Wasser	1, 3329	Amylalkohol	1, 408
Äthylalkohol	1, 3670	Terpentinöl	1, 472
n-Heptan	1, 3877	Rizinusöl	1, 478
Glyzerin	1, 4695	Leinöl	1, 486
Benzol	1, 5013	Zedernholzöl	1, 505

Festkörper: T = 20 °C, p = 760 mm Hg				
Flußspat	CaF_2	1,43 383	Jenaer Glas:	
Quarzglas	SiO_2	1,45 886	Bor-Kron	1,50 491
Sylvin	KCl	1,49 029	Schwerkron	1,60 347
Steinsalz	NaCl	1,54 426	Flint	1,60 294
Diamant	C	2,41 73	Schwerflint	1,73 924

In der *Optik* wird oft anstelle des Betrags k des Wellenvektors die Wellenlänge λ im Medium, die entsprechende Vakuumwellenlänge $\lambda_{Vak} = n\,\lambda$, die Frequenz ν oder die Kreisfrequenz ω als Variable eingesetzt. Für die Gruppengeschwindigkeit u_g ergibt sich:

$$u_g = \frac{c}{n(\lambda)}\left\{1 + \frac{\lambda}{n(\lambda)}\frac{dn(\lambda)}{d\lambda}\right\} = u(\lambda) - \lambda\frac{du(\lambda)}{d\lambda}$$

$$= \frac{c}{n(\lambda_{Vak})}\left\{1 + \frac{\lambda_{Vak}}{n(\lambda_{Vak})}\frac{dn(\lambda_{Vak})}{d\lambda_{Vak}}\right\}$$

$$= \frac{c}{n(\nu)}\cdot\left\{1 + \frac{\nu}{n(\nu)}\frac{dn(\nu)}{d\nu}\right\}^{-1} = \frac{c}{n(\omega)}\left\{1 + \frac{\omega}{n(\omega)}\frac{dn(\omega)}{d\omega}\right\}^{-1}$$

Daraus erhält man folgende

3. K l a s s i f i k a t i o n d e r D i s p e r s i o n :

(6.91)

	$\frac{dn}{dk}$	$\frac{dn}{d\lambda}$	$\frac{dn}{d\lambda_{Vak}}$	$\frac{dn}{d\omega}$	$\frac{dn}{d\nu}$
normale Dispersion:	>0	<0	<0	>0	>0
keine Dispersion:	0	0	0	0	0
anomale Dispersion:	<0	>0	>0	<0	<0

Optisches Verhalten der unmagnetischen Stoffe. Für unmagnetische Stoffe gilt $\mu = 1$. Daraus folgt, daß der Brechungsindex n und die Wellenimpedanz Z nur von ϵ abhängen. Z und n sind daher verkoppelt:

(6.92) $$n = \frac{Z_0}{Z} = \sqrt{\epsilon} \quad \text{für } \mu = 1$$

6.10.5 Plasmawellen

Das Plasma. Als Plasma bezeichnet man eine Gesamtheit frei beweglicher, elektrisch geladener Teilchen. Beispiele sind die Ladungsträger in einem Halbleiter oder Elektronen und Ionen einer elektrischen Entladung in einem Gas.

Die Dispersionsrelation. Enthält ein kaltes Plasma pro Einheitsvolumen n identische Teilchen mit der Masse m und der elektrischen Ladung Q, so existieren longitudinale Plasmawellen

(6.93) $$E_z(z, t) = E_{z0}\, e^{i(\omega_p t - kz)}; \qquad \omega_p = \left(\frac{n\,Q^2}{\epsilon\,\epsilon_0\,m}\right)^{1/2}$$

E_z ist das elektrische Feld in der z-Richtung und ϵ die Dielektrizitätskonstante des Plasmamediums. ω_p wird *Plasmafrequenz* genannt.

Beweis: Wir versuchen, die Maxwellschen Gleichungen für den Ansatz einer Longitudinalwelle ($\vec{k} \| \vec{E}$) zu erfüllen. Wegen rot $\vec{E} = 0$ in einer Longitudinalwelle (6.44) muß gelten:

$$\frac{d}{dt} \operatorname{rot} \vec{H} = -\frac{1}{\mu\mu_0} \operatorname{rot} \operatorname{rot} \vec{E} = \frac{d}{dt}\vec{j} + \epsilon\epsilon_0 \frac{d^2}{dt^2}\vec{E} = 0$$

Für die zeitliche Ableitung der Stromdichte $\vec{j}$ im Plasma gilt:

$$\frac{d}{dt}\vec{j} = \frac{d}{dt}(nQ\langle\vec{v}\rangle) \simeq nQ\frac{d}{dt}\langle\vec{v}\rangle = nQ\, m^{-1}\, Q\vec{E}$$

Daraus folgt:

$$0 = \frac{nQ^2}{m}\vec{E} + \epsilon\epsilon_0 \frac{d^2}{dt^2}\vec{E} = \left(\frac{nQ^2}{m} - \omega^2\epsilon\epsilon_0\right)\vec{E}$$

Die Maxwellschen Gleichungen können für eine Longitudinalwelle nur erfüllt werden, wenn

$$\omega^2 = \omega_p^2 = \frac{nQ^2}{m\,\epsilon\epsilon_0}$$

Folgerungen. Aus der speziellen Form der Dispersionsrelation $\omega(k) = \omega_p = \text{const}$ folgt für Plasmawellen:

$$u = \frac{\omega}{k} = \frac{\omega_p}{k}; \qquad u_g = \frac{d\omega}{dk} = 0$$

Für $k < \omega_p/c$ wird die Phasengeschwindigkeit u größer als die Lichtgeschwindigkeit c. Andererseits kann sich eine Wellengruppe im Plasma nicht fortpflanzen, die Wellen übertragen also keine Energie. Man spricht deshalb meist von *Plasmaschwingungen* statt von Plasmawellen.

6.11 Stehende Wellen

6.11.1 Grundlagen

Definition. Stehende Wellen sind Schwingungen eines kontinuierlichen Mediums oder einer räumlich periodischen Struktur. Für jede mögliche Schwingungsfrequenz schwingt das Medium an allen Orten *in Phase*. Das bedeutet, daß die Schwingungen des Mediums im Takt oder im Gegentakt sind.

Stehende und laufende Wellen. Stehende Wellen können durch die Überlagerung von laufenden Wellen entstehen.

Randbedingungen und Eigenfrequenzen. Stehende Wellen existieren nur für bestimmte Frequenzen, die *Eigenfrequenzen*. Diese sind bestimmt durch die *Randbedingungen*, welche dem Medium oder der räumlich periodischen Struktur gestellt werden. Jeder Eigenfrequenz der stehenden Welle entspricht ein bestimmtes räumliches Schwingungsbild, das in speziellen Fällen durch eine *charakteristische Wellenlänge* beschrieben werden kann. Aus diesen Gründen bezeichnet man stehende Wellen als *Eigenschwingungen von Systemen mit unendlich vielen Freiheitsgraden*.

Klassische stehende Wellen. Klassische stehende Wellen sind die Schwingungen der eingespannten Saite (Geige, Klavier, Harfe), der eingespannten Membran (Trommel, Lautsprecher, Mikrophon), der Luft in Schallresonatoren (Orgelpfeifen, Flöten) und elektromagnetische Schwingungen in Mikrowellen- und Laser-Resonatoren.

Stehende Wellen der Wellenmechanik. Stehende Wellen spielen eine wichtige Rolle in der Wellenmechanik, da sie *Lösungen der zeitunabhängigen Schrödinger-Gleichung* darstellen. Dabei treten an die Stelle der Eigenfrequenzen die *Energie-Eigenwerte*.

6.11.2 Stehende Wellen auf Saiten

Darstellung der stehenden Wellen. Stehende Wellen auf einer gespannten Saite oder auf einem gespannten Seil erfüllen die Gleichungen:

$$w(x, t) = W(x) \cos(\omega t - \alpha)$$

$$\frac{d^2 W(x)}{dx^2} + k^2 W(x) = 0 \qquad (6.94)$$

$$u = \frac{\omega}{k} = \left(\frac{F}{\rho A}\right)^{1/2}$$

wobei F die Spannkraft auf die Saite mit der Dichte ρ und dem Querschnitt A darstellt.

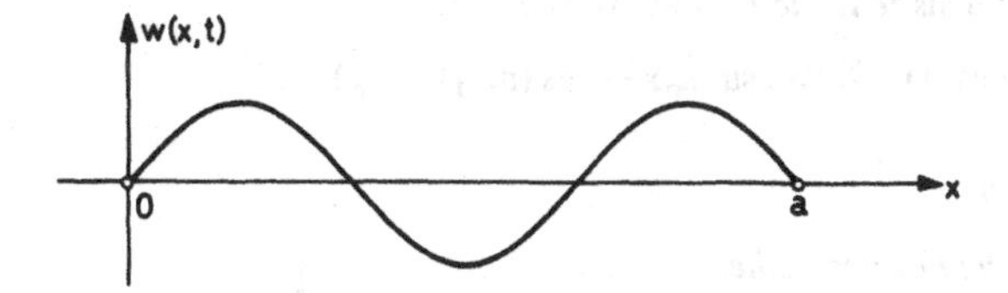

B e w e i s : Die Definition der stehenden Welle bedingt den Ansatz:

$$w(x, t) = W(x) \cdot \cos(\omega t - \alpha).$$

Setzt man diesen in die Wellengleichung des gespannten Seils (6.9.3) ein, so erhält man die Differentialgleichung für W(x).

Eigenfrequenzen und charakteristische Wellenlängen. Aus der Differentialgleichung für W(x) *und den Randbedingungen*

$$w(0, t) = W(0) = 0, \qquad w(a, t) = W(a) = 0$$

ergeben sich die Eigenkreisfrequenzen ω_n der stehenden Wellen auf der Saite:

(6.95)
$$\omega_n = 2\pi n \frac{u}{2a}, \qquad n = 1, 2, 3, 4, \ldots$$
$$\lambda_n = \frac{2a}{n}, \qquad k_n = 2\pi \frac{n}{2a}$$

B e w e i s : Die allgemeine Lösung der Gleichung $\frac{d^2 W}{dx^2} + k^2 W = 0$ lautet

$$W(x) = W_1 \cos kx + W_2 \sin kx.$$

Die Randbedingungen lassen sich deshalb schreiben als:

$$W(0) = W_1 = 0 \quad \text{und} \quad W(a) = W_2 \sin ka = 0.$$

Daraus resultiert:

$$ka = k_n a = n\pi, \qquad n = 1, 2, 3, \ldots$$

oder $$k_n = \frac{n\pi}{a}, \qquad \lambda_n = \frac{2a}{n}, \qquad \omega = uk_n = \frac{n\pi u}{a}$$

Die Länge der Saite ist ein ganzes Vielfaches der halben charakteristischen Wellenlängen.

Eigenschwingungen und Schwingungsformen. Die *Eigenschwingungen* oder charakteristischen stehenden Wellen auf der eingespannten Saite oder dem eingespannten Seil sind

(6.96)
$$w_n(x, t) = W_n \sin k_n x \cos(\omega_n t - \alpha_n)$$

Die *allgemeinen stehenden* Wellen sind lineare Superpositionen der Eigenschwingungen:

$$w(x, t) = \sum_n W_n \sin k_n x \cos(\omega_n t - \alpha_n)$$

Wegen $k_n = n\,k_1$ und $\omega_n = n\,\omega_1$ lassen sich die stehenden Wellen auf der Saite oder auf dem Seil sowohl als *zeitliche Fourier-Reihen*:

$$w(x = \text{const}, t) = \sum_n \{W_n \sin k_n x\} \cdot \cos(n\omega_1 t - \alpha_n)$$

mit $\omega_1 = \pi u/a$,

wie auch als *örtliche Fourier-Reihen*:

$$w(x, t = \text{const}) = \sum_n \{W_n \cos(\omega_n t - \alpha_n)\} \cdot \sin n\,k_1 x$$

mit $k_1 = \pi/a$

darstellen.

6.11.3 Stehende Wellen auf Membranen

Darstellung der stehenden Wellen. Stehende Wellen auf gespannten dünnen Membranen oder Häuten mit 2 Oberflächen erfüllen die Gleichungen

(6.97)
$$w(x, y, t) = W(x, y) \cos(\omega t - \alpha)$$
$$\Delta W(x, y) + k^2 W(x, y) = 0$$
$$u = \omega/k = (2\sigma/\rho\, d)^{1/2}$$

wobei 2σ die gesamte Oberflächenspannung der Membran mit der Dicke d und der Dichte ρ darstellt.

B e w e i s : Die Wellengleichung einer eingespannten dünnen Membran läßt sich analog zur Wellengleichung eines eingespannten Seils (6.9.3) herleiten. Die Definition der stehenden Wellen erfordert den Ansatz $w(x, y, t) = W(x, y) \cos(\omega t - \alpha)$. Setzt man diesen in die Wellengleichung ein, so erhält man die partielle Differentialgleichung für W(x, y).

Eigenfrequenzen. Die Eigenkreisfrequenzen $\omega_{n,m}$ der stehenden Wellen auf einer eingespannten Membran ergeben sich aus der partiellen Differentialgleichung für W(x, y) *und den Randbedingungen*. Für die quadratisch eingespannte Membran sind dies:

$$w(x, 0, t) = w(x, a, t) = w(0, y, t) = w(a, y, t) = 0$$

Daraus ergeben sich folgende Eigenfrequenzen

(6.98)
$$\omega_{n,m} = \pi (n^2 + m^2)^{1/2} \cdot \frac{u}{a}$$
$$n, m = 1, 2, 3, \ldots$$

Da es sich um stehende Wellen auf einem zweidimensionalen Medium handelt, hat die Eigenkreisfrequenz zwei Indizes.

B e w e i s : Der Ansatz $W(x, y) = W_0 \sin k_1 x \sin k_2 y$ erfüllt die Differentialgleichung

$$\Delta W(x, y) + k^2 W(x, y) = 0, \quad \text{wenn} \quad \left(\frac{\omega}{u}\right)^2 = k^2 = k_1^2 + k_2^2$$

Die Randbedingungen erfordern:

$$k_1 = \frac{n\pi}{a}, \qquad k_2 = \frac{m\pi}{a}, \qquad n, m = 1, 2, 3, \ldots$$

Eigenschwingungen. Aus (6.97) und (6.98) ergeben sich folgende Eigenschwingungen der Membran

(6.99)
$$w_{n,m}(x, y, t) = W_{n,m} \sin n\pi \frac{x}{a} \sin m\pi \frac{y}{a} \cos\left\{\pi(n^2 + m^2)^{1/2} \frac{u}{a} t - \alpha\right\}$$

Chladni-Figuren. Die Eigenschwingungen und das Spektrum der Eigenfrequenzen einer beliebig eingespannten dünnen Membran oder Scheibe können sehr kompliziert sein. Eigenschwingungen einer Membran können sichtbar gemacht werden, indem man die horizontalgespannte Membran mit feinem Sand bestreut. Vollführt die Membran eine Eigenschwingung, so existieren Knotenlinien auf der Membran, die in Ruhe bleiben: $W(x, y) = 0$. Der feine Sand wird durch die Eigenschwingung auf der Membran verschoben und bleibt auf den Knotenlinien liegen, wodurch diese sichtbar werden. Die so entstehenden Figuren benennt man nach E. Chladni (1756–1824).

6.12 Reflexion und Brechung von Wellen an ebenen Grenzflächen

6.12.1 Reflexion bei senkrechtem Einfall

Trifft eine elektromagnetische Welle oder eine Schallwelle mit ebener Wellenfront vom Medium 1 her senkrecht auf die ebene Grenzfläche mit dem Medium 2, so verhalten sich die reflektierte Intensität I_R und die transmittierte Intensität I_2 zur einfallenden Intensität I_1 wie

$$I_R = I_1 \cdot \left\{\frac{Z_2 - Z_1}{Z_2 + Z_1}\right\}^2 \quad \text{und} \quad I_2 = I_1 \cdot \frac{4\,Z_2 Z_1}{(Z_2 + Z_1)^2} \tag{6.100}$$

wobei Z_1, Z_2 die Impedanzen $Z = \sqrt{\mu/\epsilon}\, Z_0$ der elektromagnetischen Welle (6.9.5), respektive $Z = \rho\, u$ der Schallwelle (6.9.4), in den beiden Medien bedeuten.

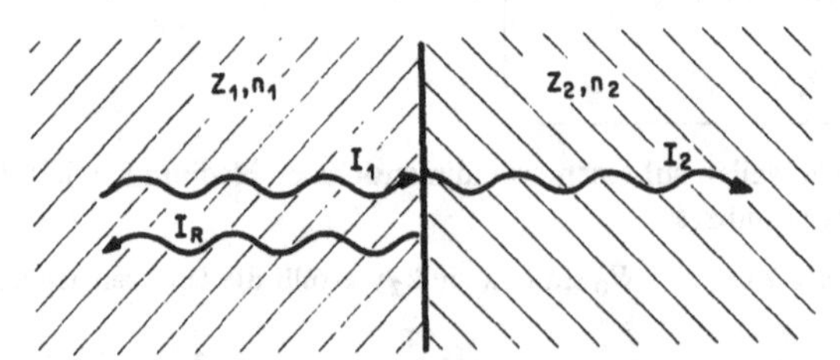

B e w e i s : Für die elektromagnetische Welle gilt an der Grenzfläche

$$\vec{E}_1 = \vec{E}_2 - \vec{E}_R \text{ und } I_1 - I_R = \frac{\vec{E}_1^2 - \vec{E}_R^2}{2Z_1} = I_2 = \frac{\vec{E}_2^2}{2Z_2}$$

woraus sich die obigen Beziehungen ausrechnen lassen.

Für *elektromagnetische Wellen in unmagnetischen Substanzen* gilt (6.92): $Z = Z_0/n$, woraus sich die bekannten Beziehungen

$$I_R = I_1 \left\{\frac{n_2 - n_1}{n_2 + n_1}\right\}^2 \quad \text{und} \quad I_2 = I_1 \frac{4 n_2 n_1}{(n_2 + n_1)^2}$$

ergeben.

6.12.2 Das Brechungsgesetz von Snellius

Trifft eine ebene harmonische Welle vom Medium 1 her mit dem Wellenvektor $\vec{k}_1$ unter dem Einfallwinkel α_1 auf die ebene Grenzfläche mit dem Medium 2, so pflanzt sich die Welle im Medium 2 mit dem Wellenvektor $\vec{k}_2$ unter dem Ausfallwinkel α_2 fort. Einfall- und Ausfallwinkel sind verknüpft durch das Gesetz (1621) von W. Snellius (1591–1626)

$$\boxed{\frac{\sin \alpha_1}{\sin \alpha_2} = \frac{u_1}{u_2} = \frac{n_2}{n_1}} \tag{6.101}$$

wobei u_1, u_2 die Phasengeschwindigkeiten und n_1, n_2 die Brechungsindizes in den beiden Medien bedeuten.

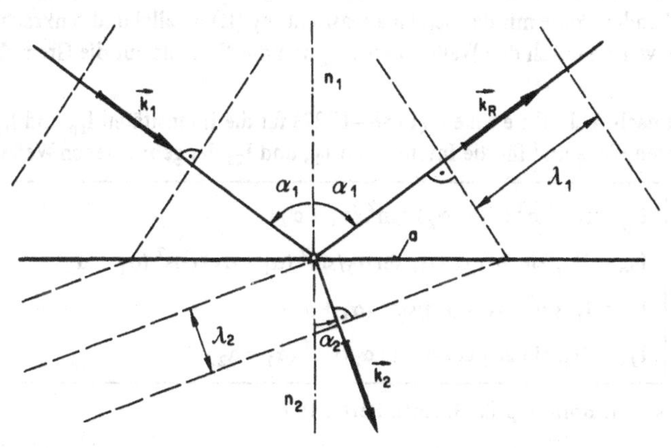

Beweis: (siehe auch 6.13.3)

$$a = \lambda_1/\sin \alpha_1 = \lambda_2/\sin \alpha_2$$

$$\sin \alpha_1/\sin \alpha_2 = \lambda_1/\lambda_2 = u_1/u_2 = k_2/k_1 = n_2/n_1$$

6.12.3 Die Totalreflexion

Trifft eine Welle von einem Medium 1 unter dem Einfallwinkel α_1 auf die ebene Grenzfläche eines Mediums 2 mit größerer Phasengeschwindigkeit $u_2 \geqslant u_1$, so wird sie total

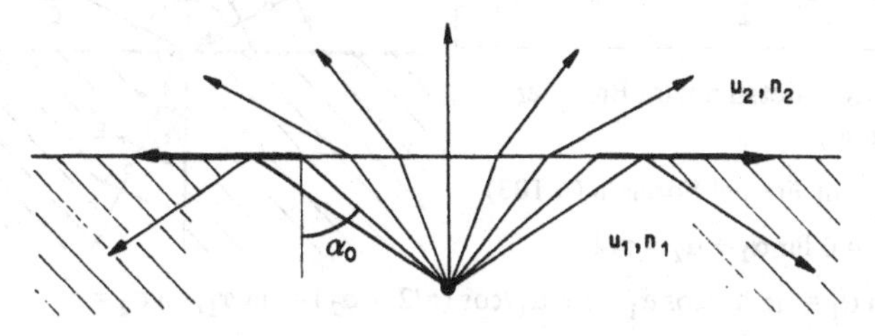

reflektiert, wenn

$$\alpha_1 > \alpha_0 = \arcsin \frac{u_1}{u_2} = \arcsin \frac{n_2}{n_1} \tag{6.102}$$

B e w e i s : Nach dem Gesetz von Snellius muß gelten $\sin \alpha_2 = (u_2/u_1) \sin \alpha_1 \leqslant 1$.

6.12.4 Polarisation bei Reflexion und Brechung

Fällt eine ebene harmonische elektromagnetische Welle aus dem Vakuum ($n = 1$) oder aus der Luft ($n \simeq 1$) unter dem Einfallwinkel α_1 auf ein nicht absorbierendes Medium mit dem Brechungsindex $n = (\epsilon)^{1/2}$, so treten in der reflektierten und in der gebrochenen Welle Polarisationseffekte auf. Es seien I_{1p} und I_{1s} die Intensitäten der Komponenten der einfallenden Welle mit der Schwingungsrichtung ($\vec{E}$) parallel und senkrecht zur Einfallebene, welche durch den Wellenvektor $\vec{k}_1$ und die Normale auf die Grenzfläche definiert ist.

Dann gilt nach A. J. F r e s n e l (1788–1827) für die Intensitäten I_{rp} und I_{rs} der reflektierten Welle und für die Intensitäten I_{2p} und I_{2s} der gebrochenen Welle

$$\begin{aligned} I_{rp} &= I_{1p} \tan^2(\alpha_1 - \alpha_2)/\tan^2(\alpha_1 + \alpha_2) \\ I_{2p} &= 2I_{1p} \sin 2\alpha_1 \cos\alpha_1 \sin\alpha_2/\sin^2(\alpha_1 + \alpha_2)\cos^2(\alpha_1 - \alpha_2) \\ I_{rs} &= I_{1s} \sin^2(\alpha_1 - \alpha_2)/\sin^2(\alpha_1 + \alpha_2) \\ I_{2s} &= 2I_{1s} \sin 2\alpha_1 \cos\alpha_1 \sin\alpha_2/\sin^2(\alpha_1 + \alpha_2) \end{aligned} \tag{6.103}$$

B e w e i s : M. Born: Optik. 3. Aufl. Berlin 1972.

6.12.5 Brewster-Bedingung

Wird eine unpolarisierte elektromagnetische Welle reflektiert, so ist der reflektierte Strahl *vollständig polarisiert* mit der *Schwingungsrichtung* ($\vec{E}$) *senkrecht zur Einfallebene*, wenn die Bedingung von D. B r e w s t e r (1781–1868) erfüllt ist. Sie lautet

$$\begin{aligned} \tan\alpha_1 &= n \\ \alpha_1 + \alpha_2 &= \frac{\pi}{2} \end{aligned} \tag{6.104}$$

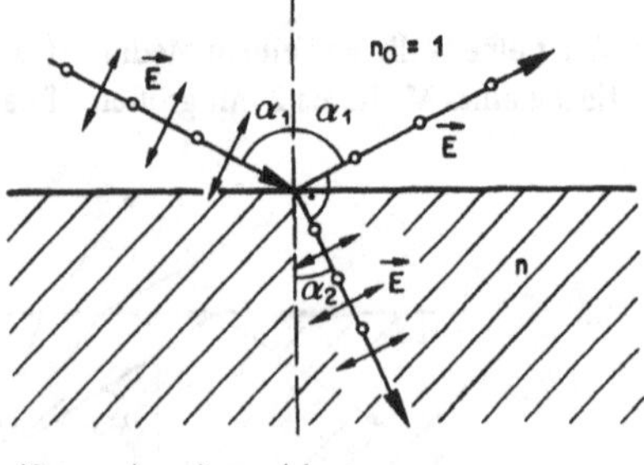

Der Winkel $\alpha_1 = \arctan n$ wird Brewster-Winkel genannt.

B e w e i s : mit Fresnel-Formeln (6.103)

$$I_{rp} = 0 \text{ für } \alpha_1 + \alpha_2 = \pi/2$$

$$\tan\alpha_1 = \sin\alpha_1/\cos\alpha_1 = \sin\alpha_1/\cos(\pi/2 - \alpha_2) = \sin\alpha_1/\sin\alpha_2 = n$$

6.13 Geometrische Optik

Die geometrische Optik umfaßt den Bereich der Optik, welcher durch Vernachlässigung der endlichen Größe der Wellenlänge λ gekennzeichnet ist. Sie entspricht dem Grenzübergang:

(6.105) $$\lambda \to 0 \quad \text{oder} \quad k = 2\pi/\lambda \to \infty$$

In diesem Grenzfall entspricht die Fortpflanzung von Licht der Ausbreitung von *Lichtstrahlen*, die geometrische Kurven darstellen.

6.13.1 Laufzeit und Lichtweg

Ebene Welle. Der Grenzübergang $\lambda \to 0$ läßt sich mit Hilfe des Begriffs der *Laufzeit* t' oder des *Lichtwegs* L durchführen. Diese lassen sich anhand einer ebenen monochromatischen elektromagnetischen Welle in einem Medium mit dem Brechungsindex n definieren. Die elektrische Komponente dieser Welle erscheint komplex als

$$E(t, \vec{r}) = E_0 \exp i(\omega t - \vec{k}\vec{r})$$

$$= E_0 \exp i\omega(t - t') = E_0 \exp i \frac{\omega}{c} (ct - L)$$

mit

(6.106) $$t' = \vec{k} \cdot \vec{r}/\omega = \frac{n}{c} \cdot \frac{\vec{k}}{k} \cdot \vec{r} \quad \text{und} \quad L = t'c = n \cdot \frac{\vec{k}}{k} \cdot \vec{r}$$

Allgemeine Welle. Die Beschreibung der allgemeinen Welle mit Hilfe der Laufzeit t' oder des Lichtwegs L entspricht dem Ansatz

$$E(t, \vec{r}) = E_0(\vec{r}) \exp i\omega(t - t'(\vec{r})) = E_0(\vec{r}) \exp i \frac{\omega}{c} (ct - L(\vec{r}))$$

Dieser Ansatz muß die Wellengleichung

$$\frac{\partial^2}{\partial t^2} E(t, \vec{r}) = \frac{c^2}{n^2} \Delta E(t, \vec{r})$$

erfüllen. Dabei soll der Brechungsindex $n = n(\vec{r})$ verglichen mit $E(\vec{r})$ langsam variieren. Durch Einsetzen erhält man für $E(\vec{r})$ und $L(\vec{r})$ nach Division durch $-\omega^2$:

$$E_0 = -\left(\frac{c}{\omega n}\right)^2 \Delta E_0 + i \frac{c}{\omega n^2} \{E_0 \Delta L + 2 \operatorname{grad} E_0 \operatorname{grad} L\} + n^{-2} E_0 (\operatorname{grad} L)^2$$

Durch den Grenzübergang $\omega \to \infty$ erhält man das Grundgesetz der geometrischen Optik, die *Eikonalgleichung*

(6.107) $$(\operatorname{grad} L(\vec{r}))^2 = c^2 \{\operatorname{grad} t'(\vec{r})\}^2 = n^2$$

Dieses Gesetz gestattet, daß für die Änderung des Lichtwegs L oder der Laufzeit t′ bei einer Verschiebung ds längs des Lichtstrahles geschrieben wird

$$dL = n\,ds \quad \text{oder} \quad dt' = c^{-1}\,n\,ds$$

6.13.2 Das Fermatsche Prinzip

Das von P. Fermat (1605–1665) postulierte Prinzip des kürzesten Lichtwegs L oder der kürzesten Laufzeit t′ besagt, daß ein Lichtstrahl zwischen zwei Punkten P_1 und P_2 denjenigen Weg wählt, der dem kürzesten Lichtweg L und der kürzesten Laufzeit t′ entspricht:

$$L(P_1, P_2) = \int n\,ds = \text{Min}, \qquad t'(P_1, P_2) = c^{-1}\,L(P_1, P_2) = \text{Min} \tag{6.108}$$

Das Minimum $L_{Min}(P_1, P_2)$ wird Eikonal genannt.

Für homogene Medien folgt aus dem Fermatschen Prinzip, daß sich das Licht *geradlinig* ausbreitet.

Brechungsgesetz von Snellius. Mit dem Fermatschen Prinzip läßt sich das Brechungsgesetz von Snellius (6.12.2) leicht herleiten.

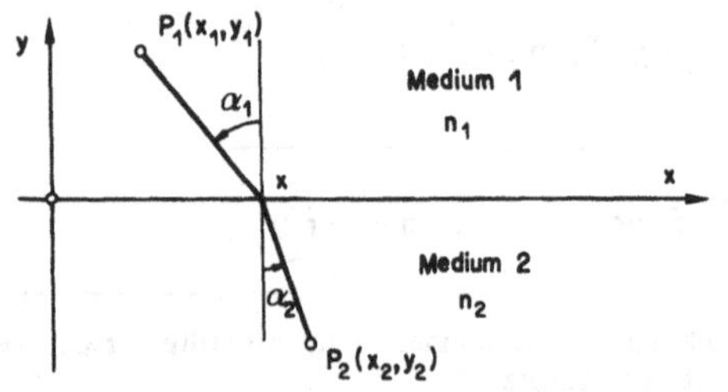

$$L(P_1, P_2) = \int n \cdot ds = n_1 \cdot \sqrt{(x - x_1)^2 + y_1^2} + n_2 \cdot \sqrt{(x_2 - x)^2 + y_2^2} = \text{Min}$$

$$\frac{dL}{dx} = n_1 \cdot \frac{x - x_1}{\sqrt{(x - x_1)^2 + y_1^2}} - n_2 \cdot \frac{x_2 - x}{\sqrt{(x_2 - x)^2 + y_2^2}} = 0$$

$$n_1 \sin\alpha_1 - n_2 \sin\alpha_2 = 0$$

Gekrümmte Lichtstrahlen. Das Fermatsche Prinzip gilt auch, wenn der Brechungsindex n variiert: $n = n(\vec{r})$. In diesem Fall treten gekrümmte Lichtstrahlen auf.

Zur Illustration betrachten wir ein Medium, dessen *Brechungsindex in der* x-*Richtung variiert*, $n = n(x)$, und einen Lichtstrahl, welcher vom Punkt $P_1 \equiv \{0, 0, 0\}$ in der xy-Ebene unter dem Winkel $\alpha = \arctan y'(0)$ gegenüber der x-Richtung ausgeht. Nach dem Prinzip von Fermat gilt für den Lichtstrahl y(x):

$$L = \int n(x)\,ds = \int n(x) \sqrt{(dx^2 + dy^2)} = \int n(x)\,(1 + y'^2)^{1/2}\,dx = \text{Min}$$

Das Integral ist vom Anfangspunkt $P_1 = \{0, 0, 0\}$ bis zum Endpunkt $P_2 = \{x_0, y_0, 0\}$ zu erstrecken.

Der Lichtstrahl $y(x)$ wird durch *Variationsrechnung* bestimmt. Man betrachtet andere Lichtstrahlen zwischen dem Anfangspunkt P_1 und dem Endpunkt P_2, die von $y(x)$ um $\delta y(x)$ abweichen. Dem Fermatschen Prinzip entsprechend muß für die Variation des Lichtweges gelten:

$$\delta L = \delta \int n(x) \cdot (1 + y'^2)^{1/2}\, dx = 0$$

Wegen $\delta y' = \delta(dy/dx) = d\,\delta y/dx$ und den Randbedingungen $\delta y(0) = \delta y(x_0) = 0$ ergibt sich für δL:

$$\int n(x)\,(1 + y'^2)^{-1/2} y' \delta y' dx = -\int \frac{d}{dx} \{n(x)\,(1 + y'^2)^{-1/2} y'\}\, \delta y dx = 0$$

oder $\quad \dfrac{d}{dx}\, n(x)\,(1 + y'^2)^{-1/2} y' = 0,$

$$n(x)\,(1 + y'^2(x))^{-1/2} y'(x) = n(0)\,(1 + y'^2(0))^{-1/2} y'(0) \tag{6.109}$$

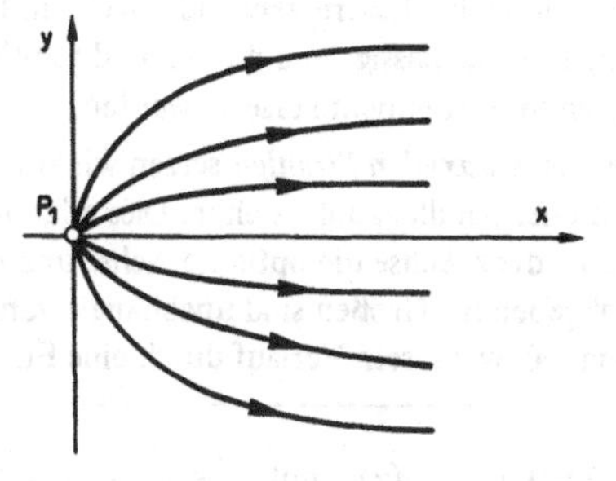

Beispiel:

$n(x) = n(0)\,(1 + ax)^{1/2}$

$y(x) = \dfrac{2 \sin \alpha}{a} \{(ax + \cos^2 \alpha)^{1/2} - \cos \alpha\}$

Schlierenoptik. Eine der bekanntesten Methoden zum Studium kleiner Brechungsindexvariationen ist das Schlierenverfahren (1865) von A. Toepler (1836–1912), mit dem E. Mach (1838–1916) erstmals die Luftverdichtungen in Überschallströmungen beobachtete.

Die Schlierenoptik erlaubt, in transparenten Medien die *Ortsabhängigkeit* $n(\vec{r})$ *des Brechungsindexes* sichtbar zu machen. Da in Gasen und auch in andern Medien der Brechungsindex von der Dichte abhängt, können mit dem Schlierenverfahren Dichtevariationen direkt beobachtet werden.

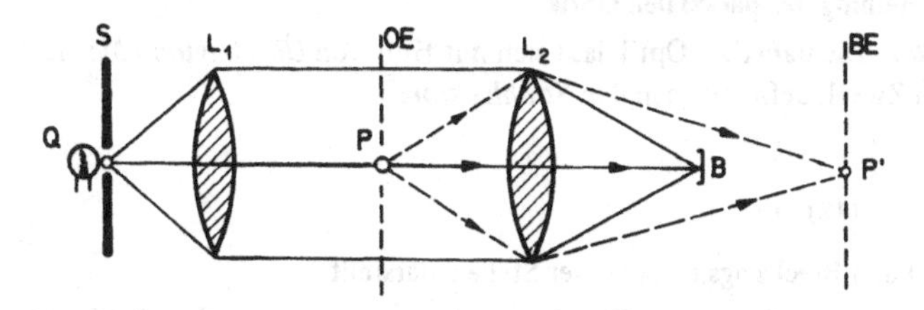

Der von der Lichtquelle Q beleuchtete Spalt S wird durch die beiden Linsen L_1 und L_2 auf die Blende B abgebildet, wo alles einfallende Licht abgefangen wird. Durch *Inhomogenitäten des Brechungsindexes in der Objektebene* OE *wird das Licht vom normalen Weg abgelenkt* und gelangt an der Blende B vorbei. Durch abgelenktes Licht werden alle Punkte der Objektebene OE in die Bildebene BE abgebildet. Ist der Brechungsindex in der Objektebene OE homogen, so bleibt die Bildebene BE dunkel. Jede Inhomogenität in der Objektebene bewirkt eine Aufhellung in der Bildebene.

Gemäß der *Beugungstheorie* (6.15) läßt sich das Schlierenverfahren auch wie folgt beschreiben: Das auf den Punkt P in der Objektebene OE fallende Licht wird durch optische Inhomogenitäten in die verschiedenen Ordnungen gebeugt. Die Beugung nullter Ordnung wird durch die Blende B aufgefangen. Das Bild P′ in der Bildebene BE wird durch die Beugungen höherer Ordnung erzeugt.

6.13.3 Paraxiale Optik

Definitionen und Voraussetzungen. Die *paraxiale Optik* befaßt sich mit den Lichtstrahlen nahe der optischen Achsen von optisch abbildenden Systemen oder optischen Resonatoren, wie sie bei Lasern verwendet werden. Bei diesen Lichtstrahlen können Abbildungsfehler vernachlässigt und die sin- und tan-Funktionen der Öffnungs- und Bildfeldwinkel durch ihre Argumente ersetzt werden.

Bei den *paraxialen Strahlen* setzen wir voraus, daß sie entweder die optische Achse schneiden oder parallel zu ihr stehen. Dies erlaubt die Einführung der Zylinderkoordinaten z, r, φ, wobei die z-Achse die optische Achse und r den Abstand von derselben darstellen. Die maßgebenden Größen sind unabhängig vom Azimuth. Ein Lichtstrahl ist nach Definition paraxial, wenn sein Verlauf durch eine Funktion von der Form

$$r = r(z) \quad \text{mit} \quad r' = \frac{dr}{dz} = \tan\alpha \simeq \sin\alpha \simeq \alpha \tag{6.110}$$

beschrieben wird. Dies ist z. B. erfüllt für

$$\alpha = 8°, \quad \text{wo} \ \frac{r' - \sin\alpha}{r'} = 1\%.$$

Weiter setzt man in der paraxialen Optik voraus, daß alle *optischen Größen*, wie z. B. der Brechungsindex n, nur von der Lage z auf der optischen Achse abhängen.

Matrixdarstellung der paraxialen Optik

Strahlvektor: Die paraxiale Optik läßt sich mit Hilfe von *Übertragungs-Matrizen* darstellen. Zu diesem Zweck definiert man den *Strahlvektor*:

$$\vec{r} = \begin{Bmatrix} r(z) \\ n(z) \cdot r'(z) \end{Bmatrix}$$

wobei n(z) den Brechungsindex an der Stelle z darstellt.

Lineare Vektortransformation: Die Voraussetzungen der paraxialen Optik haben zur Folge, daß sich der Strahlvektor $\vec{r}_2 = \vec{r}(z_2)$ an der Stelle z_2 aus dem Strahlvektor $\vec{r}_1 = \vec{r}(z_1)$ an der Stelle z_1 der Achse durch eine lineare *Vektortransformation* berechnen läßt:

$$\vec{r}_2 = M_{21}\,\vec{r}_1 \tag{6.111}$$

Dabei sind M_{21} *zweidimensionale Matrizen*, die vom optischen Medium zwischen z_1 und z_2 abhängen. Beispiele für solche Matrizen sind:

Transfermatrix des geraden Strahls:
Bewegt sich ein Lichtstrahl in einem optisch homogenen Medium mit dem Brechungsindex n zwischen z_1 und z_2, so ist die Transfermatrix

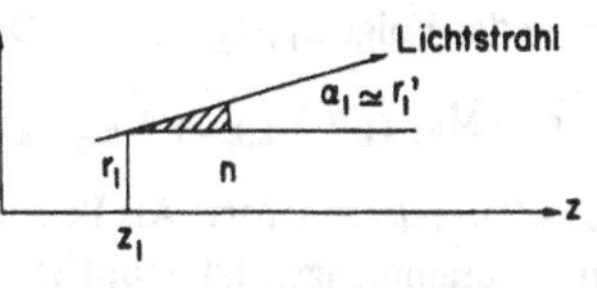

$$M_{21} = \begin{Bmatrix} 1 & z_{12}/n \\ 0 & 1 \end{Bmatrix} \quad \text{mit } z_{12} = z_2 - z_1$$

Das Gesetz von Snellius: Der Übergang von einem optischen Medium mit dem Brechungsindex n_1 in ein Medium mit dem Brechungsindex n_2 an der Stelle z_0 wird durch das Brechungsgesetz von Snellius bestimmt.
Dieses besagt

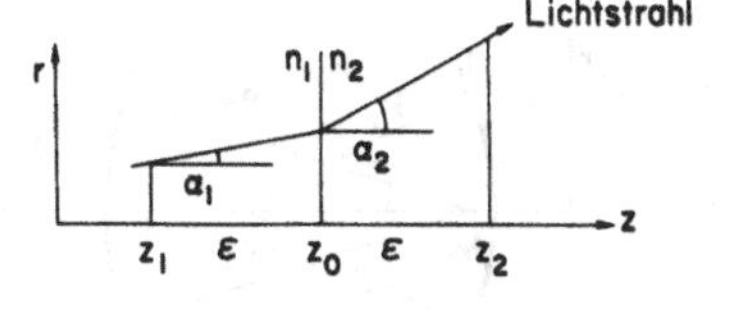

$$n_1 \sin\alpha_1 = n_2 \sin\alpha_2$$

oder $\quad n_1 r_1' = n_2 r_2'$

Also gilt

$$M_{21} = \begin{Bmatrix} 1 & 0 \\ 0 & 1 \end{Bmatrix} = \text{Einheitsmatrix}$$

Somit ist beim Übergang vom Brechungsindex n_1 zum Brechungsindex n_2 an der Stelle z_0:

$$\vec{r}_2 = \vec{r}_1$$

mit $\quad z_1 = z_0 - \epsilon, \quad z_2 = z_0 + \epsilon \;$ und $\; \epsilon \to 0$

Brechungsmatrix der dünnen Linse: Die Brechung des Lichtstrahls an einer dünnen Linse mit der *Brennweite* f und der *Brechkraft* $D = 1/f$ im Medium mit Brechungsindex n an der Stelle z_0 wird beschrieben durch die Matrix

$$M_{21} = \begin{Bmatrix} 1 & 0 \\ -n/f & 1 \end{Bmatrix}$$

mit $\quad z_1 = z_0 - \epsilon, \quad z_2 = z_0 + \epsilon \;$ und $\; \epsilon \to 0$

Matrix der Reflexion am dünnen Hohlspiegel: Die Reflexion an einem dünnen Hohlspiegel mit dem *Krümmungsradius* R und der *Brennweite* $f = R/2$ an der Stelle z_0 ist bestimmt durch die Matrix

$$M_{21} = \begin{Bmatrix} 1 & 0 \\ 2n/R & -1 \end{Bmatrix}$$

mit $\quad z_1 = z_0 - \epsilon_1, \quad z_2 = z_0 - \epsilon_2$

und $\quad \epsilon_i \to 0$

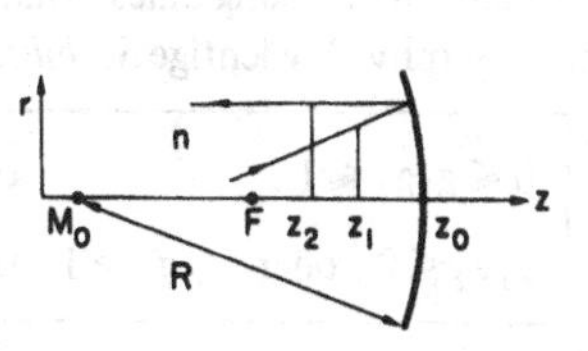

Berechnung optischer Systeme mit Matrizen: Der Verlauf paraxialer Lichtstrahlen in optischen Systemen wird schrittweise berechnet von einem optischen Element zum nächsten in der Folge $z_1, z_2, \ldots, z_k$. Dies entspricht der *Matrixmultiplikation*:

$$\vec{r}_k = M_{k1}\,\vec{r}_1 = M_{k,k-1}\,M_{k-1,k-2}\cdots M_{21}\,\vec{r}_1$$

Matrix des Spiegelresonators: Als Beispiel für die Berechnung des Verlaufs der paraxialen Strahlen in zusammengesetzten optischen Systemen mit Hilfe der Matrixmultiplikation betrachten wir einen optischen Resonator im Vakuum mit $n = 1$. Solche Resonatoren werden vor allem bei *Lasern* verwendet. Der Resonator besteht aus zwei Hohlspiegeln mit den Radien R_1, R_2 und dem Abstand L. Ein solcher Resonator ist optisch analog zu der unten skizzierten *periodischen Linsenleitung* mit Linsen welche die Brennweiten $f_i = R_i/2$ aufweisen.

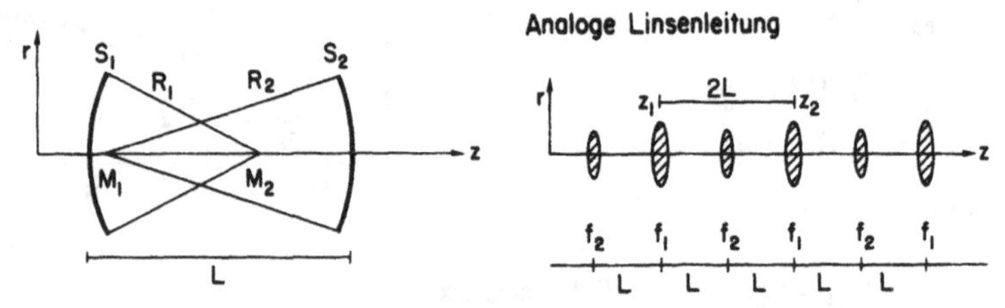

Ein Strahlumlauf der Länge 2L im optischen Spiegelresonator entspricht der Strahlstrecke von z_1 zu $z_2 = z_1 + 2L$ im periodischen Linsensystem. Dabei kann die Wirkung der Linse bei $z_1 + L$ mit der Brennweite $f_2 = R_2/2$ voll berücksichtigt werden. Dagegen wirken die beiden Linsen mit der Brennweite $f_1 = R_1/2$ nur je zur Hälfte. Daraus ergibt sich für die Übertragungsmatrix M_{21} folgendes Produkt:

$$M_{21} = \underbrace{\begin{pmatrix} 1 & 0 \\ -R_1^{-1} & 1 \end{pmatrix}}_{\text{2. Halblinse}} \begin{pmatrix} 1 & L \\ 0 & 1 \end{pmatrix} \underbrace{\begin{pmatrix} 1 & 0 \\ -2R_2^{-1} & 1 \end{pmatrix}}_{\text{Mittellinse}} \begin{pmatrix} 1 & L \\ 0 & 1 \end{pmatrix} \underbrace{\begin{pmatrix} 1 & 0 \\ -R_1^{-1} & 1 \end{pmatrix}}_{\text{1. Halblinse}}$$

Nach Einführen der sogenannten *Resonatorparameter*

$$g_i = 1 - L\,R_i^{-1}, \qquad i = 1,2$$

erhält man für die *Resonatormatrix* eines Strahlumlaufs

$$M_{12} = \begin{pmatrix} (2g_1g_2 - 1) & 2g_2L \\ 2g_1(g_1g_2 - 1)L^{-1} & (2g_1g_2 - 1) \end{pmatrix}$$

Aus dieser Matrixdarstellung eines Strahlumlaufs im optischen Resonator ergibt sich das für die Laserphysik wichtige *Stabilitätskriterium*:

(6.112)

$0 \leqslant g_1g_2 \leqslant 1$	optisch stabiler Resonator
$g_1g_2 < 0$ oder $g_1g_2 > 1$	optisch instabiler Resonator

Ein paraxialer Lichtstrahl verläßt einen instabilen Resonator nach einem oder mehreren Umläufen. Dadurch erleidet der *optisch instabile Resonator drastische Strahlungsverluste*. Im Gegensatz dazu verläßt ein paraxialer Lichtstrahl einen optisch stabilen Resonator auch nach vielen Umläufen nicht. Somit hat ein *optisch stabiler Resonator nur Beugungsverluste*, die von der Wellennatur des Lichtes herrühren.

Paraxiale Abbildungen. Im folgenden wird die paraxiale Abbildung eines Objektpunktes O in einen Bildpunkt B durch gekrümmte Grenzflächen und Linsen beschrieben. Dabei wird die *Beziehung zwischen Objektabstand* s_O *und Bildabstand* s_B angegeben. Die *Vergrößerung* V ist dann bestimmt durch

$$V = r_B/r_O \simeq s_B/s_O$$

wobei r_O und r_B die Abstände des Objektpunktes O und des Bildpunktes B von der optischen Achse darstellen.

Abbildung durch eine sphärische Grenzfläche: Befindet sich zwischen zwei optischen Medien mit den Brechungsindizes n_1 und n_2 eine sphärische Grenzfläche mit dem Radius R so ist die Beziehung zwischen Objektabstand s_O = AO und s_B = AB

(6.113) $$\frac{n_1}{s_O} + \frac{n_2}{s_B} = \frac{n_2 - n_1}{R}$$

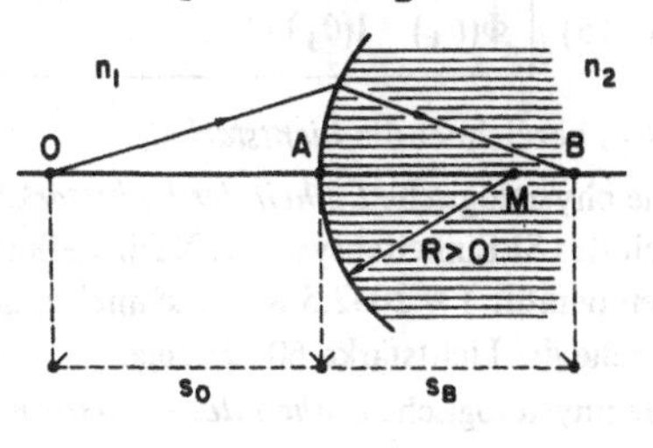

Dabei wird angenommen, daß der Objektpunkt O sich im Medium mit dem Brechungsindex n_1 und der Bildpunkt B sich im Medium mit dem Brechungsindex n_2 befindet. R ist positiv, wenn der Krümmungsmittelpunkt M der Grenzfläche im Medium mit dem Brechungsindex n_2 liegt.

Abbildung durch eine dünne sphärische Linse: Die Abbildung durch eine dünne sphärische Linse der Dicke d aus Material mit dem Brechungsindex n_L und mit den Krümmungsradien R_1 und R_2 vom Objektpunkt O auf den Bildpunkt B im Medium mit dem Brechungsindex n_M ist bestimmt durch

(6.114) $$\frac{1}{s_O} + \frac{1}{s_B} = \frac{1}{f}$$
$$\frac{1}{f} = D = \left(\frac{n_L}{n_M} - 1\right)\left(\frac{1}{R_1} - \frac{1}{R_2}\right)$$

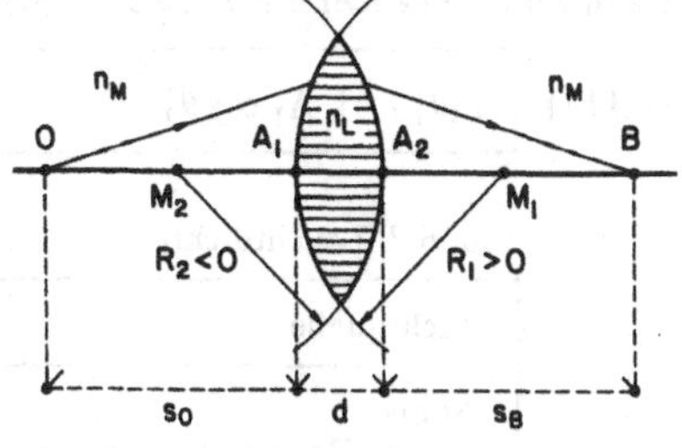

wobei $s_O = A_1O$ und $s_B = A_2B$. Dünn bedeutet $d \ll f$. f bezeichnet die *Brennweite* und D die *Brechkraft*.

Die *Einheit der Brechkraft* D bezeichnet man in der Optik als *Dioptrie*:

$$[D] = \text{Dioptrie} = \text{dpt} = \text{m}^{-1}$$

6.13.4 Photometrie

Aufgabe. Die Photometrie befaßt sich mit der Messung von Licht, d. h. der sichtbaren elektromagnetischen Strahlung. Dabei interessieren nicht die rein physikalischen Größen, sondern der *Sinneseindruck des Lichts*. Aus diesem Grund definiert man physiologische Größen, wobei die Gesetze der geometrischen Optik berücksichtigt werden. Der Zusammenhang zwischen den physiologischen und physikalischen Größen ist kompliziert, da das Auge eine frequenz- und intensitätsabhängige Empfindlichkeit aufweist. Deshalb wurden die physiologischen *Einheiten der Photometrie* zusätzlich zu den rein physikalischen Einheiten ins SI-Einheitensystem aufgenommen.

Lichtstrom und Lichtstärke. Die ebene Fläche A_1 einer Lichtquelle strahlt unter dem Winkel θ_1 zur Flächennormalen $\vec{n}_1$ in den kleinen Raumwinkel Ω den *Lichtstrom* Φ:

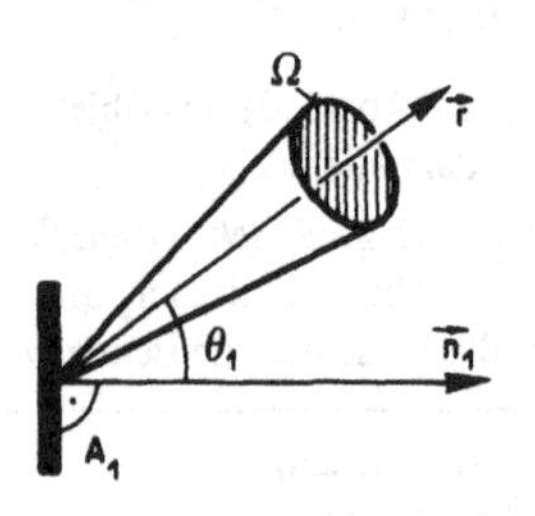

(6.115) $$\Phi(\theta_1) = I(\theta_1) \cdot \Omega$$

$I(\theta_1)$ bezeichnet die *Lichtstärke*.

Die physiologische *Einheit der Lichtstärke* I ist die *Candela* (cd). Sie ist eine Grundeinheit des SI-Einheitensystems. Nach Definition hat ein Hohlraumstrahler (9.4.7) bei der Temperatur T = 2042,5 K des schmelzenden Platins senkrecht zu einem Loch mit 1 cm^2 Fläche die Lichtstärke 60 Candela.

Die physiologische *Einheit des Lichtstroms* Φ ist das *Lumen* (ℓm). Es gilt

$$1\ \ell m = 1\ cd \cdot sr$$

Lambertsches Gesetz und Leuchtdichte. In vielen Fällen strahlt eine Lichtquelle entsprechend dem Gesetz von J. H. Lambert (1728–1777):

(6.116) $$I(\theta_1) = I(0) \cos \theta_1$$

Dann wird die *Leuchtdichte* L gleich $I(0)/A_1$, woraus sich ergibt:

(6.117) $$\Phi(\theta_1) = L\, A_1 \cos \theta_1 \cdot \Omega$$

Tab. 6.7 Leuchtdichten

Lichtquelle	Leuchtdichte (cd/m^2)
Sonne	$1,5 \cdot 10^9$
Xenon-Höchstdrucklampen	$1 \cdot 10^{10}$
Lichtbogenkrater	$2 \cdot 10^8$
mattierte Glühlampe	$1 \cdot 10^5$
Leuchtstofflampe	$5 \cdot 10^3$

Die physiologische *Einheit der Leuchtdichte* L ist cd/m^2. Die alte Einheit war

$$1 \text{ Stilb} = 1 \text{ sb} = 1 \frac{\text{cd}}{\text{cm}^2} = 10^4 \frac{\text{cd}}{\text{m}^2}$$

Spezifische Lichtausstrahlung. Als *spezifische Lichtausstrahlung* M in den Halbraum einer Lichtquelle mit flächenmäßig homogener Leuchtdichte bezeichnet man

$$M = \frac{1}{A_1} \int I(\theta_1)\, d\,\Omega = \frac{2\pi}{A_1} \int_0^{\pi/2} I(\theta_1) \sin\theta_1\, d\,\theta_1$$

Für eine Lambertsche Lichtquelle erhält man

$$M = \frac{2\pi}{A_1} \int_0^{\pi/2} L\, A_1 \cos\theta_1 \sin\theta_1\, d\,\theta_1 = \pi\, L$$

Die physiologische *Einheit der spezifischen Lichtausstrahlung* M ist das *Lux*:

$$1 \text{ Lux} = 1 \text{ ℓx} = 1 \frac{\text{ℓm}}{\text{m}^2} = 1 \frac{\text{cd sr}}{\text{m}^2}$$

Gesamtlichtstrom. Der *Gesamtlichtstrom* Φ_g ist $\Phi_g = A_1$ M. Für Lambertsche Lichtquellen gilt $\Phi_g = \pi A_1 L$.

Die *Einheit des Gesamtlichtstroms* Φ_g ist das *Lumen* (ℓm).

Tab. 6.8 Gesamtlichtströme

Lichtquelle	Gesamtlichtstrom (ℓm)
Xenon-Höchstdrucklampen, 100 kW	$3 \cdot 10^6$
Lichtbogen, 250 W	$1 \cdot 10^4$
Leuchtstofflampe, 65 W	$3{,}3 \cdot 10^3$
Glühlampe, 60 W	$6{,}2 \cdot 10^2$

Beleuchtungsstärke. Die *Beleuchtungsstärke* E eines Objekts mit der Fläche A_2 in großem Abstand r von einer kleinen Lichtquelle ist bestimmt durch die Beziehung

$$E = I(\theta_1) \frac{\cos\theta_2}{r^2} \tag{6.118}$$

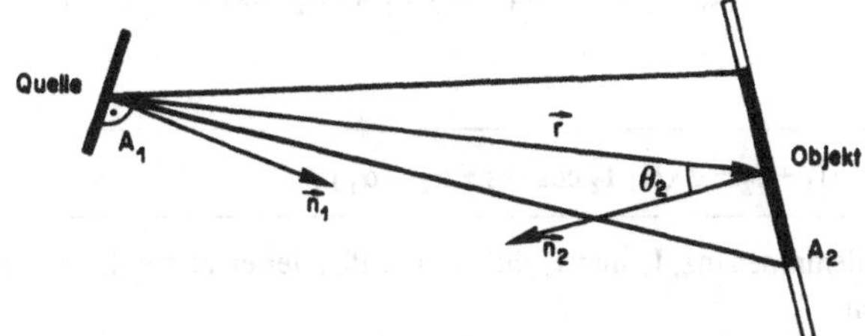

Für eine Lambertsche Lichtquelle gilt:

$$E = L A_1 \cos\theta_1 \cos\theta_2 r^{-2} = -\frac{(\vec{n}_1 \cdot \vec{r})(\vec{n}_2 \cdot \vec{r})}{r^4} \cdot L A_1$$

Die physiologische *Einheit der Beleuchtungsstärke* E ist das *Lux* (ℓx).

Tab. 6.9 Beleuchtungsstärken

Beleuchtung	Beleuchtungsstärke (ℓx)
heller Sonnenschein	10^4 bis 10^5
bedeckter Himmel	10^3
Straßenbeleuchtung	0,5 bis 30
Innenbeleuchtung	300 bis 1000

6.14 Interferenz

Als *Interferenz* bezeichnet man das Phänomen phasen-, orts- oder richtungsabhängiger Intensitäten, welche durch die Überlagerung gleichartiger Wellen mit gleichen Kreisfrequenzen ω und konstanten Phasen α entstehen können. Für das Verständnis der Interferenz maßgebend ist das *Superpositionsprinzip* (6.84).

6.14.1 Zweistrahlinterferenz

Die *Zweistrahlinterferenz* entsteht durch die additive Überlagerung von zwei in der Regel parallel laufenden harmonischen Wellen mit den konstanten Phasen α_1 und α_2 und einem Gangunterschied $s \neq 0$:

$$w_1(x, t) = W_1 \cos(\omega t - kx - \alpha_1)$$

und $$w_2(x, t) = W_2 \cos(\omega t - kx - ks - \alpha_2)$$

Das *Superpositionsprinzip* ergibt für die gesamte Welle:

$$w(x, t) = w_1(x, t) + w_2(x, t)$$

Ihre *Intensität* berechnet sich als zeitlicher Mittelwert

$$I_{1+2} = Z^{-1} \langle w^2(x, t)\rangle_t = \frac{1}{2Z} \{W_1^2 + W_2^2 + 2W_1 W_2 \cos(ks + \alpha_2 - \alpha_1)\}$$

oder

$$I_{1+2} = I_1 + I_2 + 2\sqrt{I_1 I_2} \cos(ks + \alpha_2 - \alpha_1) \quad (6.119)$$

wobei Z die Wellenimpedanz, I_1 und I_2 die Intensitäten der einzelnen harmonischen Wellen darstellen.

6.14.2 Schallinterferenz nach Quincke

Die Schallinterferenz nach G. H. Quincke (1834–1924) ist eine typische Zweistrahlinterferenz. Wählt man

$$s = x_2 - x_1,\ \alpha_1 = \alpha_2 = \alpha,\ I_1 = I_2 = I(0)/4$$

so ergibt sich für die Intensität am Empfänger mit $k = 2\pi/\lambda$

$$\text{(6.120)} \quad I(s) = I(0)\,\frac{1}{2}\,(1 + \cos ks) = I(0)\cos^2\left(\frac{ks}{2}\right)$$

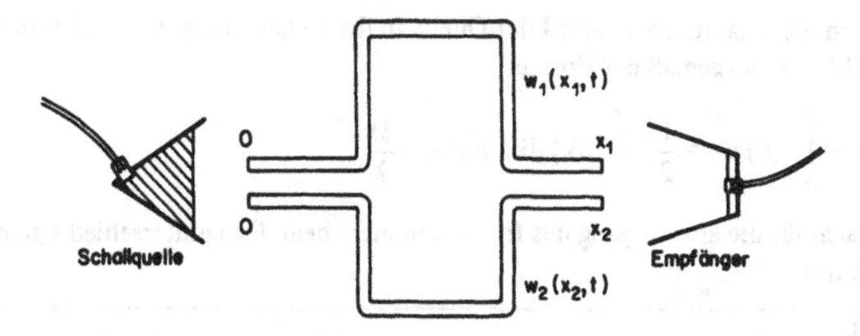

Man erhält *Intensitätsminima* bei $s = \left(N + \frac{1}{2}\right)\lambda$ und *Intensitätsmaxima* bei $s = N\,\lambda$ mit $N = 0, \pm 1, \pm 2, \ldots$

Beispiel: $u = 330$ m/s, $\nu = 1500$ Hz, $\lambda = 22$ cm
Intensitätsminima bei $s = 11$ cm $+ 22N$ cm; Intensitätsmaxima bei $s = 22N$ cm

6.14.3 Das Michelson-Interferometer

Zweistrahlinterferenz erhält man auch mit einem Interferometer nach A. A. Michelson (1852–1931). Für eine monochromatische elektromagnetische Welle mit der Kreisfrequenz $\omega = uk$ erhält man wegen $\alpha_1 = \alpha_2$ und $I_1 = I_2 = I(0)/4$ die gleiche Interferenzrelation (6.120) wie beim Schallinterferometer nach Quincke.

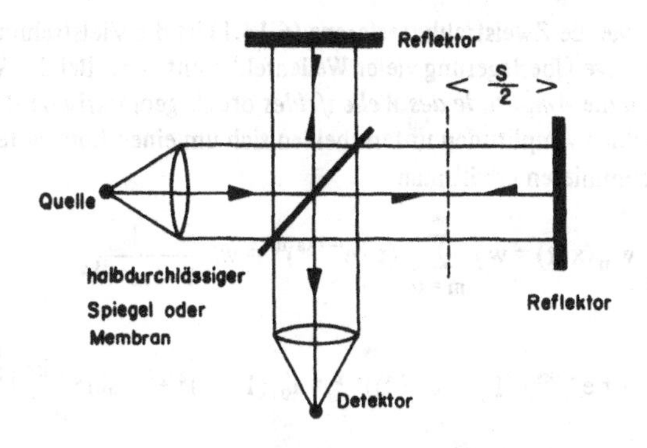

6.14.4 Fourier-Spektroskopie

Das Michelson-Interferometer eignet sich für die sogenannte Fourier-Spektroskopie, die gegenwärtig vor allem im infraroten Spektralbereich mit Wellenlängen zwischen 20 μm und 1 mm Verwendung findet. In der gewöhnlichen Spektroskopie zerlegt man das unbekannte Spektrum einer Quelle mit Hilfe eines Prismas oder eines Beugungsgitters in die spektralen Elemente Δk und mißt deren Intensitäten $I(k) \cdot \Delta k$. Im Gegensatz dazu mißt man bei der Fourier-Spektroskopie die Fourier-Transformierte des unbekannten Spektrums mit Hilfe eines Interferometers ohne Zerlegung in die spektralen Elemente. Anschließend bestimmt man das Spektrum mathematisch durch Rücktransformation des Meßresultats.

Zerlegt man die gesamte Intensität I der Quelle in die zu bestimmenden spektralen Anteile $I(k) = I(-k)$ gemäß der Formel

$$I = \int_0^{\infty} I(k)\, dk = \frac{1}{2} \int_{-\infty}^{+\infty} I(k)\, dk \quad \text{mit } k = \frac{2\pi}{\lambda},$$

so ergibt sich für die am Ausgang des Interferometers beim Gangunterschied s gemessene Intensität I(s):

$$I(s) = \int_0^{\infty} I(k) \frac{1}{2}(1 + \cos ks)\, dk = \frac{1}{2} I + \frac{1}{4} \int_{-\infty}^{+\infty} I(k)\, e^{iks}\, dk \tag{6.121}$$

Spezielle Werte von I(s) sind $I(0) = I$ und unter gewissen Voraussetzungen $I(\pm\infty) = I/2$. Das Spektrum I(k) läßt sich durch Rücktransformation von I(s) (6.6.3) berechnen:

$$I(k) = (2/\pi) \int_{-\infty}^{+\infty} \left\{ I(s) - \frac{1}{2} I \right\} e^{-iks}\, ds \quad \text{mit } k = \frac{2\pi}{\lambda} \tag{6.122}$$

6.14.5 Vielstrahlinterferenz

Prinzip. Ebenso wichtig wie die Zweistrahlinterferenz (6.14.1) ist die Vielstrahlinterferenz, die durch die additive Überlagerung vieler Wellenfelder entsteht. Bei der Vielstrahlinterferenz läßt sich die *Amplitude des Wellenfeldes* oft als geometrische Reihe schreiben, d. h. die einzelnen Amplituden unterscheiden sich um einen konstanten Faktor $r \cdot e^{-iks}$. Durch Aufsummieren erhält man

$$w(x,t) = \sum_{m=0}^{\infty} w_m(x,t) = w_0 \sum_{m=0}^{\infty} (r \cdot e^{-iks})^m = w_0 \frac{1}{1 - re^{-iks}}$$

Für die *Intensität* gilt

$$I(ks, r) = I_0'\{(1 - r\,e^{-iks})(1 - r\,e^{+iks})\}^{-1} = I_0' \left\{ (1-r)^2 + 4r \sin^2\left(\frac{ks}{2}\right) \right\}^{-1}$$

Dabei bedeutet I'_0 die dem ersten Summanden entsprechende Intensität:

$$I'_0 = \frac{w_0 w_0^*}{2Z}$$

Mehrfachreflexion an einer planparallelen Platte. Als Beispiel einer Vielstrahlinterferenz betrachten wir die Mehrfachreflexion an einer planparallelen Platte der Dicke d bei senkrechtem Einfall. Für die transmittierte Intensität $I_t(kd, R)$ und die reflektierte Intensität $I_r(kd, R)$ gelten die Formeln von G. B. Airy (1801–1892)

$$I_t(kd, R) = I_0 - I_r(kd, R) = I_0 \left\{ 1 + \frac{4R}{(1-R)^2} \sin^2 kd \right\}^{-1} \tag{6.123}$$

Dabei bedeuten I_0 die einfallende Intensität, R den Reflexionskoeffizienten an den Plattenoberflächen und $k = 2\pi n/\lambda_{vac}$ die Kreiswellenzahl in der Platte.
Ist die Bedingung $kd = N\pi$, $N = 1, 2, 3, \ldots$, erfüllt, so tritt die gesamte Strahlung ohne Reflexionsverlust durch die Platte.

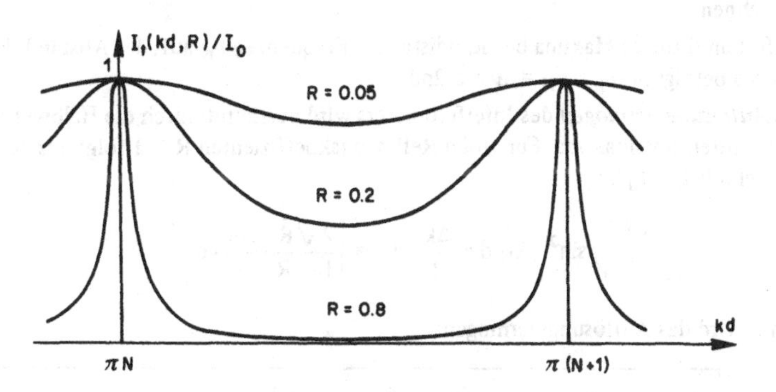

Beweis: Bei jeder Doppelreflexion wird die Amplitude um den Faktor $R = \sqrt{R} \cdot \sqrt{R}$ geschwächt. Zudem entsteht ein Gangunterschied $s = 2d$ und damit ein Phasenunterschied $2\pi \frac{2nd}{\lambda_{vac}} = 2kd$. Die direkt durchtretende Welle, d. h. der erste Summand in der geometrischen Reihe, ist gegenüber der einfallenden Welle um einen Faktor $(1 - R)$ geschwächt und um den Faktor e^{-ikd} phasenverschoben. Damit gilt

$$I(ks, r) = I'_0 \left\{ (1-r)^2 + 4r \sin^2\left(\frac{ks}{2}\right) \right\}^{-1}$$

mit $I = I_t$, $s = 2d$, $r = R$ und $I'_0 = (1-R)^2 I_0$.

Anwendungen der Vielstrahlinterferenz. Interferenzfilter, Vergütung optischer Linsen, Fabry-Perot-Interferometer (6.14.6), Lummer-Gehrcke-Interferenzspektroskop.

6.14.6 Das Interferometer von Fabry und Perot

Das optische Interferometer von M. P. A. C. Fabry (1867–1945) und A. Perot (1863–1925) besteht aus zwei Glasplatten, die eine planparallele Luftschicht der Dicke d begrenzen. Auf der Innenseite sind beide Platten durchlässig versilbert, so daß der Reflexionskoeffizient R = 0,95 bis 0,99 beträgt. Setzt man diese Werte in die Formel von Airy (6.123) ein, so ergeben sich sehr scharfe *Intensitätsmaxima* bei

$$d_N = \frac{\pi}{k} \cdot N = \frac{\lambda}{2} \cdot N = \frac{c}{2n\,\nu} N \qquad \text{für } \nu, \lambda \text{ fest}$$

$$(6.124) \qquad \lambda_N = \frac{2d}{N}, \qquad \nu_N = \frac{c}{2n\,d} N, \qquad k_N = \frac{\pi}{d} N \qquad \text{für d fest}$$

$$N = 1, 2, 3, \ldots$$

wobei λ die Wellenlänge und n den Brechungsindex im Medium zwischen den Platten bezeichnen.

Bei festem d treten Maxima bei äquidistanten Frequenzen ν_N auf; der Abstand der Maxima beträgt $\nu_{N+1} - \nu_N = \delta\nu = c/2nd$.

Das *Auflösungsvermögen* des Interferometers wird bestimmt durch die Halbwertsbreite $\Delta\nu$ der Intensitätsmaxima. Für große Reflexionskoeffizienten $R \simeq 1$ folgt aus der Airy-Formel mit $I_t = I_0/2$:

$$1 = \frac{4R}{(1-R)^2} \sin^2\left(k_N\, d \pm \frac{\Delta k}{2} \cdot d\right) \simeq \left\{\frac{2\sqrt{R}}{1-R} \cdot \frac{\Delta k}{2} \cdot d\right\}^2$$

Damit wird das Auflösungsvermögen:

$$(6.125) \qquad \frac{k_N}{\Delta k} = \left|\frac{\lambda}{\Delta\lambda}\right| = \frac{\nu}{\Delta\nu} = \frac{\pi\sqrt{R}}{1-R} N = f\,N$$

wobei N die Ordnung der Interferenz und f die „Finesse" bedeuten. Das Verhältnis zwischen dem Frequenzabstand $\delta\nu$ der Intensitätsmaxima und deren Halbwertsbreite $\Delta\nu$ wird

$$\frac{\delta\nu}{\Delta\nu} = \frac{c}{2nd} \cdot \frac{2\pi n}{c\,\Delta k} = \frac{\pi \cdot \sqrt{R}}{1-R} = f$$

Beispiel: Für $\lambda = 0{,}5\ \mu m$, d = 1 cm und R = 0,95 ist $N = 2 \cdot 10^3$, f = 62,8 und $\nu/\Delta\nu = 1{,}26 \cdot 10^6$. Dieses Auflösungsvermögen wird weder von Prismen noch von Gitterspektrometern erreicht.

6.14.7 Kohärenz

Zwei Wellenfelder mit *konstantem* Phasen- oder Gangunterschied sind *kohärent*. Die Intensitäten I_1 und I_2 zweier gleichgerichteter kohärenter harmonischer Wellen addieren sich gemäß der Zweistrahlinterferenz (6.14.1):

$$I_{1+2} = Z^{-1} \langle w^2(x,t) \rangle_t = I_1 + I_2 + 2\sqrt{I_1 I_2} \cos(ks + \alpha_2 - \alpha_1) \tag{6.119}$$

Ändern sich dagegen die Phasen zweier Wellen statistisch, so besteht kein fester Phasenunterschied zwischen den beiden Wellen. Sie sind *inkohärent*. In diesem Fall *addieren sich die Intensitäten* I_1 und I_2 der einzelnen Wellen, da die zeitlichen Mittel der phasenabhängigen Intensitätsterme verschwinden.

$$I_{1+2} = Z^{-1} \langle w^2(x,t) \rangle_t = I_1 + I_2 \tag{6.126}$$

Inkohärente Wellen zeigen *keine Interferenz*.

6.15 Beugung

6.15.1 Beugung und geometrische Optik

Geometrische Optik oder *Strahlenoptik* ist anwendbar, wenn die Objekte, welche von der Welle (Licht, Schall, Oberflächenwelle auf Wasser) berührt werden, keine Dimensionen d aufweisen, die mit der Wellenlänge λ vergleichbar sind. Im anderen Fall tritt *Beugung* auf. Je nach dem Abstand a, in dem man die Welle hinter dem beugenden Objekt beobachtet, bezeichnet man die Beugung nach J. Fraunhofer (1787–1826) oder nach A. Fresnel (1788–1827). Zusammenfassend ergibt sich:

(6.127)

geometrische Optik:	$\lambda \ll d \simeq a$
Fraunhofer-Beugung:	$\lambda \simeq d \ll a$
Fresnel-Beugung:	$\lambda \simeq d \simeq a$

wobei λ = Wellenlänge, d = Objektabmessung, a = Abstand vom Objekt.

Geometrische Abbildung durch „Lichtstrahlen":

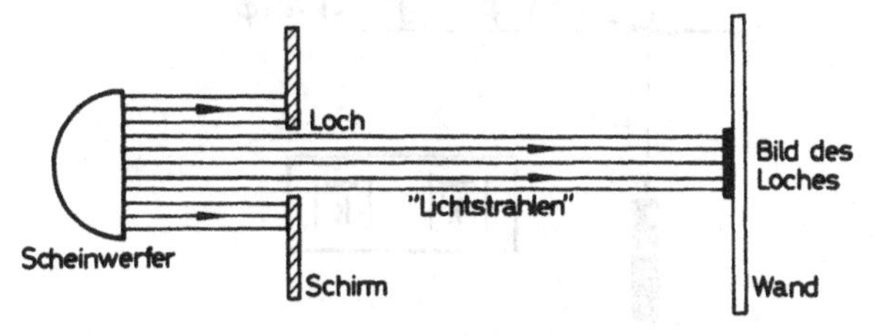

Fraunhofer-Beugung von Wellen am Loch:

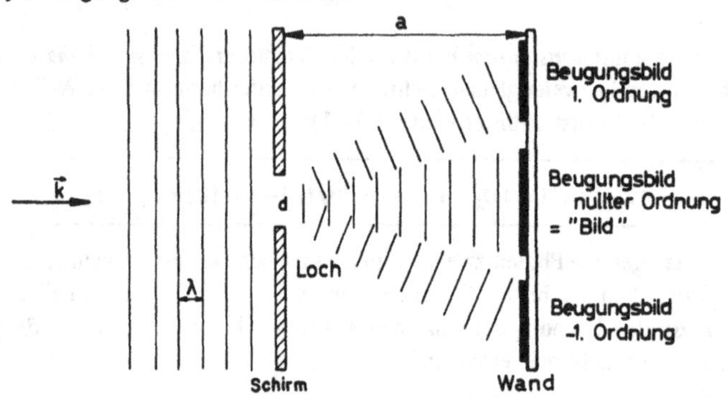

6.15.2 Das Prinzip von Huygens

Um Beugungserscheinungen rechnerisch zu erfassen, benützt man das *Prinzip von Huygens* und das *Superpositionsprinzip* (6.8.4). Das Prinzip von Ch. Huygens (1629–1695) lautet:

„Eine Welle breitet sich so aus, daß jeder Punkt, den sie erreicht, selbst zum Zentrum einer Kugelwelle, Kreiswelle oder Zylinderwelle wird. Die Superposition aller dieser Wellen unter Berücksichtigung ihrer Phasen liefert das Gesamtbild der Welle zu späteren Zeiten."

6.15.3 Fraunhofer-Beugung am Spalt

Nach dem *Prinzip von Huygens* emittiert jedes Spaltelement dy pro Einheitslänge des Spaltes eine Zylinderwelle, die für große Abstände vom Spalt durch

$$dw\,(y, k_y; r, t) = W_0\, r^{-1/2}\, dy \cdot e^{i y k_y} \cdot e^{i(\omega t - kr)}$$

beschrieben werden kann. Dabei ist die Phase für einen Punkt P in einem großen Abstand unter dem Winkel ϕ: $k(r - y \sin \phi) = kr - yk_y$.

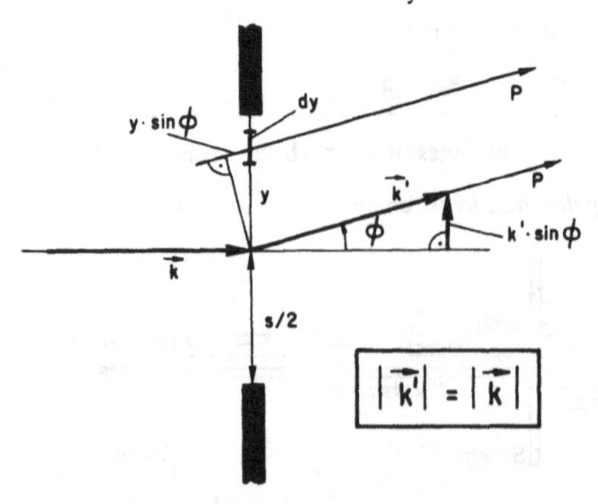

Die Integration über alle Elemente dy des Spaltes liefert *für die Amplitude*:

$$w(k_y; r, t) = \int_{\text{Spalt}} dw = r^{-1/2} \cdot e^{i(\omega t - kr)} W_s(k_y)$$

$$W_s(k_y) = W_0 \int_{-s/2}^{+s/2} e^{iyk_y} dy = W_0 \cdot \frac{e^{ik_y s/2} - e^{-ik_y s/2}}{ik_y}$$

$$W_s(k_y) = s\, W_0 \frac{\sin(k_y s/2)}{k_y s/2} = W_s(\phi) = s\, W_0 \cdot \frac{\sin\left(\frac{ks}{2} \sin\phi\right)}{\frac{ks}{2} \sin\phi}$$

$W_s(k_y)$ entspricht der *räumlichen Fourier-Transformierten* der Spaltfunktion $F_s(y) = \Theta(y + s/2) - \Theta(y - s/2)$ mit Θ als Heaviside-Funktion (A4.2.13, 6.6.3):

$$W_s(k_y) \propto \int_{-\infty}^{+\infty} F_s(y) \cdot e^{iyk_y} dy$$

Für die *Intensität* der gebeugten Welle gilt:

$$I_s \propto s^2 \frac{\sin^2\left(\frac{ks}{2} \sin\phi\right)}{\left(\frac{ks}{2} \sin\phi\right)^2} I_0 = s^2 \frac{\sin^2(k_y s/2)}{(k_y s/2)^2} I_0 \qquad (6.128)$$

I_0 ist dabei die auf den Spalt einfallende Intensität.

Beugungsbild des Spaltes:

Die *Nullstellen* liegen bei:

$$\sin\phi_n = n \frac{\lambda}{s}, \quad n = \pm 1, \pm 2, \ldots \qquad (6.129)$$

Die Intensitätsmaxima werden mit der *Beugungsordnung* N = 0, ±1, ±2, . . . numeriert, wobei die Beugungsordnung N = 0 dem Hauptmaximum bei $\phi = 0$ zugeordnet wird. Die Höhe der Beugungsmaxima ist proportional zu s^2, die Breite proportional zu s^{-1}, so daß die gesamte über den ganzen Winkelbereich integrierte Intensität proportional zur Spaltbreite s wird.

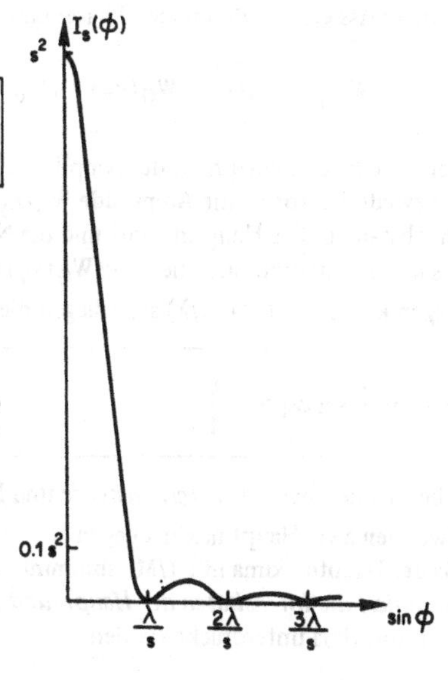

6.15.4 Beugungsgitter

Fraunhofer-Beugung am Strichgitter. Wir betrachten ein Strichgitter, das aus M identischen Spalten der Breite s besteht, die parallel und in gleichen Abständen d angeordnet sind. Die Fraunhofer-Beugung dieses Gitters kann bei senkrechtem Einfall analog zu derjenigen des einzelnen Spaltes berechnet werden.

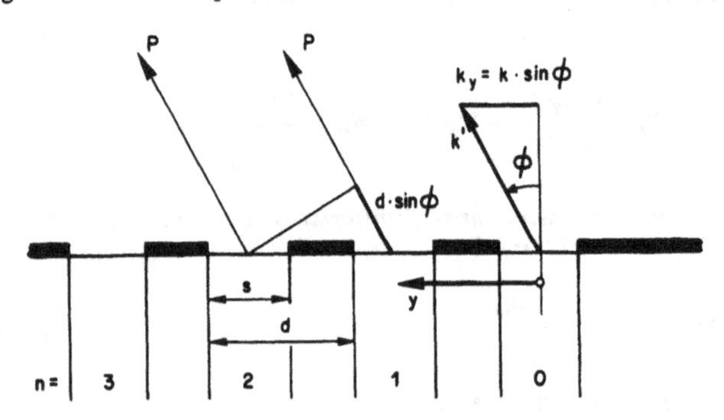

Für die Amplitude $W(k_y)$ gilt

$$W(k_y) = W_s(k_y) \sum_{n=0}^{M-1} e^{indk_y}$$

$$= W_s(k_y) \cdot \frac{e^{iMdk_y/2} - e^{-iMdk_y/2}}{e^{idk_y/2} - e^{-idk_y/2}} \cdot \frac{e^{iMdk_y/2}}{e^{idk_y/2}}$$

Vernachlässigen wir den reinen Phasenfaktor am Schluß der Formel, so erhalten wir

$$W(k_y) = W_s(k_y) \cdot W_G(k_y) = s\, W_0 \frac{\sin(k_y s/2)}{k_y s/2} \cdot \frac{\sin(Mdk_y/2)}{\sin(dk_y/2)}$$

Der erste Faktor entspricht der Amplitude $W_s(k_y)$ des einzelnen Spaltes mit der Breite s; der zweite Faktor ist die Amplitude $W_G(k_y)$ der periodischen Anordnung der M Spalte im Abstand d. Die Hauptmaxima und die Nebenmaxima der *Intensität* des Beugungsbildes des Strichgitters stammen von $W_G(k_y)$.

Wegen $k_y = k \sin\phi = (2\pi/\lambda) \sin\phi$ liegen die *Hauptmaxima* bei

(6.130) $$\sin\phi_N = N \frac{\lambda}{d}$$

d bezeichnet man als *Gitterkonstante* und N = 0, ±1, ±2, ±3 als *Ordnung der Beugung*.

Zwischen zwei Hauptmaxima liegen M − 2 *Nebenmaxima*, deren Intensität im Verhältnis der Hauptmaxima mit $1/M^2$ abnimmt. Die Amplitude W_s des einzelnen Spaltes *moduliert die Intensitäten der Haupt- und Nebenmaxima* derart, daß z. B. einzelne Hauptmaxima unterdrückt werden.

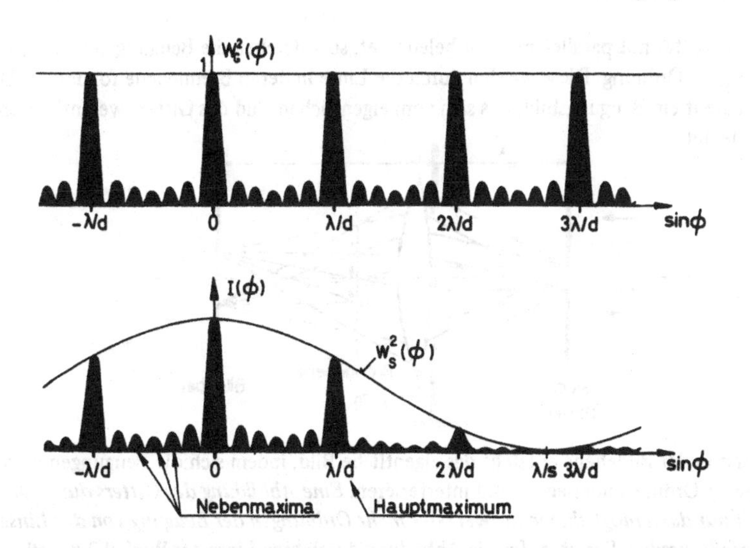

Gitterspektrometer. Strichgitter für Transmission oder Reflexion dienen als dispersive Elemente in Gitterspektrometern zur Spektralanalyse. Für die N-te Ordnung gilt bei senkrechtem Einfall die *Spektrometerfunktion*:

(6.131) $$\lambda = \frac{d}{N} \sin \phi$$

Das *spektrale Auflösungsvermögen* des Gitterspektrometers ist bestimmt durch die spektrale Breite des N-ten Hauptmaximums. Daraus resultiert:

(6.132) $$\frac{\lambda}{\Delta\lambda} \leqslant M \cdot N$$

Somit ist das spektrale Auflösungsvermögen eines Gitters proportional seiner Anzahl Linien M (Striche, Spalte, Furchen) und der verwendeten Ordnung N.

6.15.5 Auflösungsvermögen von Mikroskopen nach Abbe

Das Auflösungsvermögen eines optischen Mikroskops ist bestimmt durch die Abbildungseigenschaften des Objektivs, das meist aus mehreren Linsen zusammengesetzt ist. Auf diese Weise lassen sich die Abbildungsfehler einer einzelnen Linse korrigieren. E. A b b e (1840–1905) hat aber darauf hingewiesen, daß wegen der Beugung eine theoretische Schranke für das Auflösungsvermögen existiert. Als *Auflösungsvermögen* d bezeichnet man den minimalen Abstand zweier Objekte, welche im Mikroskop getrennt erscheinen.

Zur Bestimmung der theoretischen Schranke des Auflösungsvermögens betrachtet man die Abbildung eines Strichgitters mit Gitterkonstante oder Strichabstand d. Wird dieses

Strichgitter mit parallelem Licht beleuchtet, so entstehen die Beugungen 0., ±1., ±2., ±3., . . . Ordnung. Diese werden durch die Linse in deren Brennebene fokussiert. Dort entsteht ein Beugungsbild, das sich vom eigentlichen Bild des Gitters wesentlich unterscheidet.

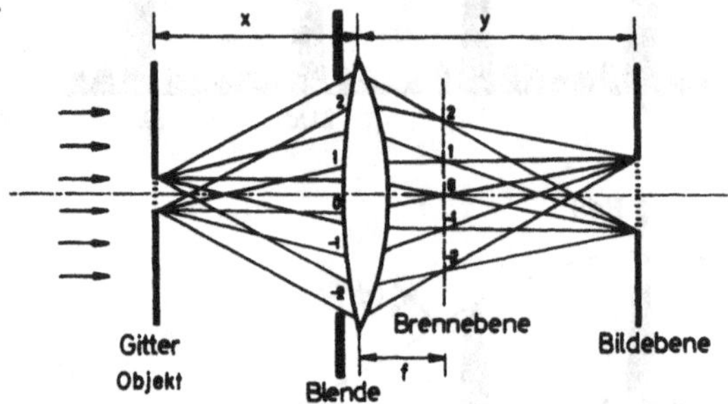

Erst in der Bildebene entsteht das eigentliche Bild, indem sich die Beugungen verschiedener Ordnung überlagern und interferieren. *Eine Abbildung des Gitters durch die Linse ist nur dann möglich, wenn zwei oder mehr Ordnungen der Beugung von der Linse erfaßt werden.* Somit ist für die Abbildung durch eine Linse der Winkel $2\,\beta$ maßgebend, unter dem die Linsenöffnung vom Objekt aus erscheint. Bei einem Gitter mit der Gitterkonstanten d erscheint das erste Hauptmaximum der Beugung unter dem Winkel $\phi_1 = \arcsin \lambda/d$. Damit das 1. und das (−1). Hauptmaximum der Beugung auf die Linse fallen, muß gelten $\operatorname{arc\,tg}(D/2x) = \beta > \phi_1 = \arcsin \lambda/d$ oder

$$d \geqslant \frac{\lambda}{\sin\beta} \simeq \frac{2\,\lambda\,x}{D} \tag{6.133}$$

wobei D den Linsendurchmesser und x den Objektabstand bedeuten. Der Brechungsindex n des Mediums zwischen dem Objekt beeinflußt die Wellenlänge λ des Lichts in der obigen Formel nach der Beziehung $\lambda = \lambda_{\text{Vakuum}}/n$. Deshalb ist es möglich, das Auflösungsvermögen eines Mikroskops zu steigern, indem man in den Zwischenraum zwischen Objekt und Objektiv eine Flüssigkeit mit hohem Brechungsindex einfüllt (Immersion). Dazu eignet sich z. B. Zedernholzöl mit n = 1,51.

6.16 Abstrahlung elektromagnetischer Wellen

6.16.1 Vektorpotential und Hertzscher Vektor

Zur Berechnung von komplizierten elektromagnetischen Strahlungsfeldern, wie sie z. B. bei Antennen oder atomaren und molekularen oszillierenden Dipolen auftreten, werden mit Vorteil zwei neue Vektoren eingeführt: das Vektorpotential $\vec{A}$ bzw. der Hertzsche Vektor $\vec{\pi}$. Ausgehend von diesen Vektoren lassen sich das elektrische Potential U, das elektrische Feld $\vec{E}$, das magnetische Feld $\vec{H}$ und die magnetische Induktion $\vec{B}$ des Strahlungsfeldes einfach bestimmen.

Bei unseren Betrachtungen beschränken wir uns auf elektromagnetische Felder von ruhenden und bewegten elektrischen Ladungen im Vakuum:

$$\epsilon = 1, \quad \mu = 1, \quad \rho_{el} \neq 0, \quad \vec{j} \neq \vec{0}$$

Elektrisches Potential und Vektorpotential. Das *Vektorpotential* $\vec{A}$ wird wegen div $\vec{B} = 0$ *definiert* als

$$\text{(6.134)} \quad \boxed{\vec{B} = \text{rot}\, \vec{A}}$$

Somit ist die SI-*Einheit* des Vektorpotentials $\vec{A}$:

$$[\vec{A}] = \text{Vs/m}$$

Das Vektorpotential $\vec{A}$ erlaubt eine neue Darstellung der 2. Maxwellschen Gl. (5.117):

$$\text{rot}\left(\vec{E} + \frac{\partial}{\partial t}\vec{A}\right) = 0 \qquad \text{oder} \qquad \left(\vec{E} + \frac{\partial}{\partial t}\vec{A}\right) = -\,\text{grad}\, U$$

$$\text{(6.135)} \quad \boxed{\vec{E} = -\,\text{grad}\, U - \frac{\partial}{\partial t}\vec{A}}$$

U bezeichnet das *elektrische Potential*. Da das Vektorpotential $\vec{A}$ durch die obige Definition (6.134) nicht eindeutig bestimmt ist, vereinbart man die *Lorentz-Konvention*:

$$\text{(6.136)} \quad \boxed{\text{div}\, \vec{A} + c^{-2} \frac{\partial}{\partial t} U = 0}$$

Ausgehend von diesen Beziehungen erhält man aus den Maxwell-Gleichungen (5.117) die *Wellengleichungen* für U und $\vec{A}$:

$$\text{(6.137)} \quad \boxed{\begin{aligned} &\Delta U - c^{-2} \frac{\partial^2}{\partial t^2} U = -\,\epsilon_0^{-1} \cdot \rho_{el}, \\ &\Delta \vec{A} - c^{-2} \frac{\partial^2}{\partial t^2} \vec{A} = -\,\mu_0 \cdot \vec{j} \end{aligned}}$$

Im Hinblick auf die *Abstrahlung elektromagnetischer Wellen* sind die *retardierten partikulären Lösungen* maßgebend. *Retardierte Potentiale* beschreiben *auslaufende Wellen*.

$$\text{(6.138)} \quad \boxed{\begin{aligned} &U(\vec{r}, t) = \frac{1}{4\pi\,\epsilon_0} \int \frac{1}{R} \rho_{el}\left(\vec{r}\,', t - \frac{R}{c}\right) dV' \\ &\vec{A}(\vec{r}, t) = \frac{\mu_0}{4\pi} \int \frac{1}{R} \vec{j}\left(\vec{r}\,', t - \frac{R}{c}\right) dV' \end{aligned}}$$

mit $\vec{R} = \vec{r} - \vec{r}\,'$. Hier ist $\vec{r}$ der Ortsvektor von U und $\vec{A}$, $\vec{r}\,'$ derjenige von ρ_{el} und $\vec{j}$.

Hertzscher Vektor. Der Hertzsche Vektor $\vec{\pi}$ wird *definiert* durch die Beziehungen:

(6.139)
$$U = -\operatorname{div}\vec{\pi}$$
$$\vec{A} = c^{-2}\,\frac{\partial}{\partial t}\,\vec{\pi}$$

Die SI-*Einheit* des Hertzschen Vektors ist

$$[\vec{\pi}] = \mathrm{V\,m}$$

Aus obiger Definition ergibt sich für
die magnetische Induktion $\vec{B}$:

$$\vec{B} = c^{-2}\,\frac{\partial}{\partial t}\operatorname{rot}\vec{\pi}$$

das magnetische Feld $\vec{H}$:

$$\vec{H} = \epsilon_0\,\frac{\partial}{\partial t}\operatorname{rot}\vec{\pi}$$

und für das elektrische Feld $\vec{E}$:

$$\vec{E} = \operatorname{grad}\operatorname{div}\vec{\pi} - c^{-2}\,\frac{\partial^2}{\partial t^2}\,\vec{\pi}$$

Für den *ladungsfreien Raum* mit $\rho_{el} = 0, \vec{j} = 0$ findet man

$$\vec{E} = \operatorname{rot}\operatorname{rot}\vec{\pi}$$

Zur Darstellung der Wellengleichung des Hertzschen Vektors führt man den Vektor $\vec{P}_e$ ein, der durch die Beziehungen

(6.140)
$$\operatorname{div}\vec{P}_e = -\rho_{el}$$
$$\frac{\partial}{\partial t}\,\vec{P}_e = +\vec{j}$$

definiert ist.

Dieser Vektor genügt der *Kontinuitätsgleichung*

(5.57)
$$\frac{\partial}{\partial t}\rho_{el} + \operatorname{div}\vec{j} = 0$$

Durch Einsetzen von $\vec{\pi}$ und $\vec{P}_e$ in die Wellengleichungen (6.137) von U und $\vec{A}$ erhält man die *Wellengleichung* für $\vec{\pi}$:

(6.141)
$$\Delta\vec{\pi} - c^{-2}\,\frac{\partial^2}{\partial t^2}\,\vec{\pi} = -\epsilon_0^{-1}\,\vec{P}_e$$

Die *retardierte partikuläre Lösung* dieser Wellengleichung benützt den retardierten Vektor $\vec{P}_e$:

$$\text{(6.142)} \quad \vec{\pi}(\vec{r}, t) = \frac{1}{4\pi\,\epsilon_0} \int \frac{1}{R} \vec{P}_e\left(\vec{r}\,', t - \frac{R}{c}\right) dV'$$

mit $\vec{R} = \vec{r} - \vec{r}\,'$.

6.16.2 Hertzscher Dipol

Problem. Gesucht wird die elektromagnetische Abstrahlung eines *zeitlich veränderlichen elektrischen Dipols*

$$\vec{p} = \vec{p}(\vec{r}\,', t) = \vec{p}(\vec{0}, t)$$

am Ort $\vec{r}\,' = \vec{0}$. Beispiele solcher Dipole sind Stabantennen, vibrierende polare Moleküle und Atome.

Hertzscher Dipol. Nach H. Hertz (1857–1894) läßt sich die Ausstrahlung elektromagnetischer Wellen eines zeitlich veränderlichen elektrischen Dipols $\vec{p}(\vec{0}, t)$ darstellen mit Hilfe des *Hertzschen Vektors*. Für den nicht-relativistischen Fall mit $|\vec{v}| = |\dot{\vec{p}}|/q \ll c$ und mit der Voraussetzung $r' \ll r$ gilt

$$\text{(6.143)} \quad \vec{\pi}(\vec{r}, t) = \frac{1}{4\pi\,\epsilon_0} \frac{1}{r} \vec{p}\left(\vec{0}, t - \frac{r}{c}\right) = \frac{1}{4\pi\,\epsilon_0} \frac{1}{r} [\vec{p}]$$

Dabei bedeutet $[\vec{p}]$ den *retardierten Dipol*. Aus dem Hertzschen Dipol (6.143) ergeben s

Elektrisches Potential und Vektorpotential

$$U = \frac{1}{4\pi\,\epsilon_0}\left(\frac{1}{r^3}[\vec{p}]\,\vec{r} + \frac{1}{cr^2}[\dot{\vec{p}}]\,\vec{r}\right), \qquad \vec{A} = \frac{\mu_0}{4\pi}\frac{1}{r}[\dot{\vec{p}}]$$

Elektrische und magnetische Felder

$$4\pi\,\epsilon_0 \cdot \vec{E} = +\frac{3}{r^5}([\vec{p}]\cdot\vec{r})\,\vec{r} - \frac{1}{r^3}[\vec{p}] + \frac{3}{c\,r^4}([\dot{\vec{p}}]\cdot\vec{r})\,\vec{r} - \frac{1}{c\,r^2}[\dot{\vec{p}}]$$

$$+\frac{1}{c^2 r^3}([\ddot{\vec{p}}]\cdot\vec{r})\vec{r} - \frac{1}{c^2\,r}[\ddot{\vec{p}}]$$

$$4\pi \cdot \vec{H} = \left[\frac{1}{r^3}[\dot{\vec{p}}] \times \vec{r}\right] + \left[\frac{1}{c\,r^2}[\ddot{\vec{p}}] \times \vec{r}\right]$$

Kugelkoordinaten: Definiert die z-Achse die feste Richtung des elektrischen Dipols

$$\vec{p}(\vec{0}, t) = (0, 0, p(\vec{0}, t))$$

so beschreibt man das Strahlungsfeld mit Vorteil durch die Kugelkoordinaten r, ϑ, φ.

Dann wird

$$4\pi\,\epsilon_0\cdot\vec{E} = +\vec{e}_r\cdot 2\cos\vartheta\left(\frac{1}{r^3}[p]+\frac{1}{cr^2}[\dot{p}]\right)$$

$$+\vec{e}_\vartheta\cdot\sin\vartheta\left(\frac{1}{r^3}[p]+\frac{1}{cr^2}[\dot{p}]+\frac{1}{c^2r}[\ddot{p}]\right)$$

$$4\pi\cdot\vec{H} = +\vec{e}_\varphi\cdot\sin\vartheta\left(\frac{1}{r^2}[\dot{p}]+\frac{1}{cr}[\ddot{p}]\right)$$

Nahzone. Für kleine Abstände r vom elektrischen Dipol ($r \ll \lambda$) findet man folgende Felder

$$4\pi\,\epsilon_0\cdot\vec{E} = \frac{3}{r^5}([\vec{p}]\cdot\vec{r})\vec{r} - \frac{1}{r^3}[\vec{p}];\qquad 4\pi\cdot\vec{H} = \frac{1}{r^3}\{[\dot{\vec{p}}]\times\vec{r}\}$$

Das elektrische Nahfeld entspricht dem elektrischen Feld eines permanenten elektrischen Dipols (5.38)

Fernzone. Für große Abstände r vom elektrischen Dipol ($r \gg \lambda$) erhält man folgende Felder

$$4\pi\,\epsilon_0\cdot\vec{E} = \frac{1}{c^2r^3}([\ddot{\vec{p}}]\cdot\vec{r})\vec{r} - \frac{1}{c^2r}[\ddot{\vec{p}}];\qquad 4\pi\cdot\vec{H} = \frac{1}{cr^2}\{[\ddot{\vec{p}}]\times\vec{r}\}$$

Das Fernfeld eines Hertzschen Dipols ist somit eine *transversal elektromagnetische Kugelwelle*, denn es gilt

$$\vec{E} = Z_0\left[\vec{H}\times\frac{\vec{r}}{r}\right],\qquad \vec{H} = -Z_0^{-1}\left[\vec{E}\times\frac{\vec{r}}{r}\right]$$

wobei $Z_0 = (\mu_0/\epsilon_0)^{1/2}$ die Wellenimpedanz des Vakuums (6.77) darstellt. Es gilt

$$\vec{E}\perp\vec{H},\qquad \vec{E}\perp\vec{r},\qquad \vec{H}\perp\vec{r}$$

Mit $\vec{p}(\vec{0}, t)$ in der z-Richtung erhält man für die Fernzone in den *Kugelkoordinaten* r, ϑ, φ:

$$4\pi\,\epsilon_0\cdot\vec{E} = \vec{e}_\vartheta\cdot\sin\vartheta\,\frac{1}{c^2r}[\ddot{p}];\qquad 4\pi\cdot\vec{H} = \vec{e}_\varphi\cdot\sin\vartheta\,\frac{1}{c\,r}[\ddot{p}]$$

Poynting-Vektor und Strahlungsleistung. Die elektromagnetischen Felder der *Fernzone* ergeben den Poynting-Vektor mit der Einheit W/m^2:

$$\vec{S} = \vec{E}\times\vec{H} = \frac{1}{(4\pi)^2\,\epsilon_0\,c^3}([\ddot{\vec{p}}]\times\vec{r})^2\,\frac{\vec{r}}{r^5} = \frac{1}{(4\pi)^2\,\epsilon_0\,c^3}[\ddot{p}]^2\sin^2\vartheta\,\frac{\vec{r}}{r^3}\tag{6.144}$$

Die *Strahlungscharakteristik* des Hertzschen Dipols ist gegeben durch den Betrag S des Poynting-Vektors $\vec{S}$ als Funktion der Abstrahlungsrichtung, welcher in Kugelkoordinaten durch den Winkel ϑ bestimmt ist:

$$S = S(\vartheta, \varphi) = S(\vartheta = \pi/2) \cdot \sin^2 \vartheta$$

Der Hertzsche Dipol strahlt somit nicht in seiner Achsenrichtung.

Das *Polardiagramm seiner Abstrahlung* ist durch $\vec{S}$ bestimmt:

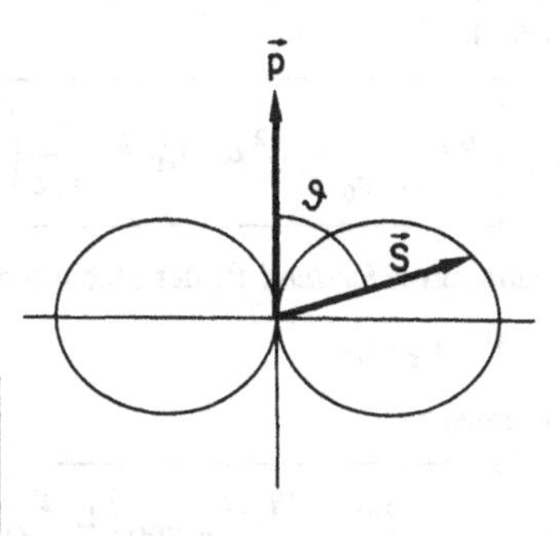

Die *gesamte Strahlungsleistung* P des Hertzschen Dipols durch eine konzentrische Kugeloberfläche des Radius r ist gegeben durch

$$P = \int\int S\, r^2 \sin\vartheta\, d\vartheta\, d\varphi$$

Daraus ergibt sich

$$P = \frac{1}{6\pi\, \epsilon_0\, c^3} [\ddot{p}]^2 \tag{6.145}$$

Oszillierender Hertzscher Dipol. Von besonderem physikalischen Interesse ist der harmonisch oszillierende Hertzsche Dipol. Er wird beschrieben durch

$$p(\vec{0}, t) = p_0 \cos\omega t$$

Von Bedeutung sind vor allem die *zeitlichen Mittelwerte*

$$\langle p^2 \rangle_t = \frac{1}{2} p_0^2; \qquad \langle (\ddot{p})^2 \rangle_t = \omega^4 \langle p^2 \rangle_t = \frac{1}{2} \omega^4 p_0^2$$

Dabei findet man für die *mittlere gesamte Strahlungsleistung* $\overline{P}$ des harmonisch oszillierenden Hertzschen Dipols:

$$\overline{P} = \frac{1}{6\pi\, \epsilon_0\, c^3} \cdot \omega^4 \langle p^2 \rangle_t = \frac{1}{12\pi\, \epsilon_0\, c^3} \cdot \omega^4 \cdot p_0^2 \tag{6.146}$$

Die mittlere Strahlungsleistung des Hertzschen Dipols steigt mit der *vierten Potenz der Frequenz*.

6.16.3 Die Stabantenne

Stabantenne und Hertzscher Dipol. Eine *Stabantenne* der Länge L wird mit Wechselstrom I der Kreisfrequenz ω betrieben:

$$I = I_0 \cos\omega t = \sqrt{2} \cdot I_{eff} \cdot \cos\omega t$$

Für kleine Längen

$$L \ll \lambda = 2\pi\, c/\omega$$

kann die Stabantenne durch einen harmonisch oszillierenden *Hertzschen Dipol* angenähert werden. Es gilt dann

$$I \cdot L = [\dot{p}]$$

Strahlungsleistung und Strahlungswiderstand. Aus obiger Näherung und der Beziehung (6.145) ergibt sich für die *mittlere gesamte Strahlungsleistung* der kurzen Stabantenne ($L \ll \lambda \ll r$):

$$\overline{P} = \frac{1}{6\pi\, \epsilon_0\, c^3}\, L^2\, \omega^2\, I_{eff}^2 = \frac{2\pi}{3\epsilon_0\, c}\left(\frac{L}{\lambda}\right)^2 I_{eff}^2 \qquad (6.147)$$

Der *Strahlungswiderstand* R_s der Stabantenne ist definiert durch

$$\overline{P} = R_s \cdot I_{eff}^2$$

Er ist demnach

$$R_s = \frac{2\pi}{3}\, Z_0 \left(\frac{L}{\lambda}\right)^2 = 790 \left(\frac{L}{\lambda}\right)^2 \text{ Ohm} \qquad (6.148)$$

6.16.4 Abstrahlung einer beschleunigten Punktladung

Bewegte Punktladung und Hertzscher Dipol. Erfährt ein anfänglich ruhender Massenpunkt mit der elektrischen Ladung q die Beschleunigung $\vec{a}(t)$, so darf man setzen

$$\dot{\vec{p}}\,(0, t) = \vec{v} \cdot q \qquad \text{und} \qquad [\ddot{\vec{p}}] = [\vec{a}] \cdot q$$

Strahlungsleistung. Aus obiger Beziehung ergibt sich für die *gesamte Strahlungsleistung* P einer nicht-relativistischen beschleunigten Punktladung q

$$P = \frac{q^2}{6\pi\, \epsilon_0\, c^3}\, [a]^2 \qquad (6.149)$$

wobei $[\vec{a}] = \vec{a}\left(t - \frac{r}{c}\right)$ die *retardierte Beschleunigung* darstellt. Diese Formel wurde erstmals von J. Larmor (1857–1942) angegeben.

6.17 Doppler-Effekt

Der nach Ch. Doppler (1803–1853) benannte Effekt bewirkt, daß sich die ausgesandte und die beobachtete Frequenz einer Welle unterscheiden, wenn sich Quelle und Beobachter im Medium der Welle verschieden bewegen. Der *normale Doppler-Effekt* kann z. B. beim *Schall* beobachtet werden. *Elektromagnetische Wellen*, wie z. B. Licht, zeigen dagegen einen *relativistischen Doppler-Effekt.*

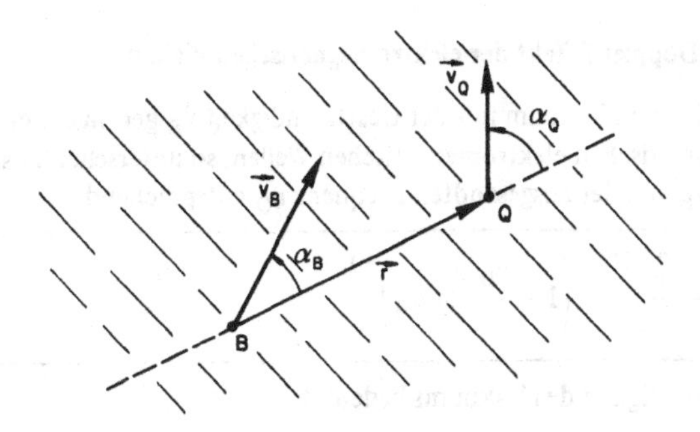

6.17.1 Normaler Doppler-Effekt

Bewegt sich die Quelle Q mit der nicht-relativistischen Geschwindigkeit $\vec{v}_Q$ und der Beobachter B mit der nicht-relativistischen Geschwindigkeit $\vec{v}_B$ im Medium mit der Phasengeschwindigkeit u, so unterscheidet sich die beobachtete Frequenz ν_B der Welle von der durch die Quelle ausgesandten Frequenz ν_Q gemäß der Beziehung

(6.150) $$\nu_B = \nu_Q \frac{u + v_B \cos \alpha_B}{u + v_Q \cos \alpha_Q}$$

wobei α_B und α_Q die Winkel der Geschwindigkeiten $\vec{v}_B$ und $\vec{v}_Q$ gegenüber dem Verbindungsvektor $\vec{r}$ zwischen Beobachter und Quelle darstellen.
Für *kleine Geschwindigkeiten* $v_Q, v_B \ll u$ gilt

(6.151) $$\nu_B = \nu_Q \left(1 - \frac{v}{u} \cos \alpha\right)$$ mit $\vec{v} = \vec{v}_Q - \vec{v}_B$ und $\alpha = \alpha_Q - \alpha_B$.

B e w e i s : Für eine ruhende Quelle und einen bewegten Beobachter. Der Einfachheit halber machen wir folgende Annahmen: $v_Q = 0$, $v_B \neq 0$, $\alpha_B = 0$.
Medium und Quelle ruhen. Mit der Voraussetzung, daß

$$\vec{r}_{BQ} = (0, 0, z_Q - z_B); \quad z_Q > z_B; \quad \text{und} \quad \vec{v}_B = (0, 0, v_B)$$

ergibt sich für die von Q nach B laufende Welle im ruhenden Koordinatensystem x, y, z, t:

$$w = W_0 \cos [\omega_Q t + kz], \quad k = \omega_Q / u$$

Das Koordinatensystem x', y', z', t' des Beobachters bewegt sich gegenüber dem ruhenden mit der Geschwindigkeit $\vec{v}_B$. Somit gilt die Galilei-Transformation:

$$x = x'; \quad y = y'; \quad z = v_B t', \quad t = t'$$

Die entsprechende Transformation der Welle führt zu:

$$w = W_0 \cos [\omega t' + k(z' + v_B t')] = W_0 \cos [\omega_B t' + k_B z']$$

und $$\omega_B = \omega_Q \left(1 + \frac{v_B}{u}\right), \quad \text{resp.} \quad \nu_B = \nu_Q \left(\frac{u + v_B}{u}\right); \quad k_B = k$$

6.17.2 Relativistischer Doppler-Effekt der elektromagnetischen Wellen

Bewegt sich ein Beobachter im Vakuum mit der Geschwindigkeit $\vec{v}_B$ gegenüber einer Quelle Q von monochromatischen elektromagnetischen Wellen, so unterscheidet sich die beobachtete Frequenz ν_B von der ausgesandten Frequenz ν_Q entsprechend

$$\nu_B = \nu_Q \left(1 - \frac{v_B^2}{c^2}\right)^{1/2} \cdot \left(1 - \frac{v_B}{c} \cos \alpha_B\right)^{-1} \tag{6.152}$$

wobei c die Lichtgeschwindigkeit des Vakuums bedeutet.

B e w e i s : Mit Lorentz-Transformation, siehe: L. Bergmann, C. Schäfer: Lehrbuch der Experimentalphysik. Bd III: Optik. 6. Aufl. Berlin 1973.

Eigenschaften des relativistischen Doppler-Effekts

Für $\alpha_B = 0$ bewegen sich Quelle und Beobachter aufeinander zu. Es tritt eine *Violettverschiebung* auf.

Für $\alpha_B = \pi$ bewegen sich Quelle und Beobachter voneinander weg. Es tritt eine *Rotverschiebung* auf.

Für $\alpha_B = \pi/2, 3\pi/2$ tritt der *relativistische transversale Doppler-Effekt* auf.

$$\nu_B = \nu_Q \cdot (1 - v_B^2/c^2)^{1/2}$$

Im Gegensatz dazu existiert kein klassischer transversaler Doppler-Effekt.

Rotverschiebung extragalaktischer Spektren

Die Emissionsspektren fremder Galaxien zeigen eine Rotverschiebung, welche E. P. H u b b l e (1889–1953) als Doppler Effekt interpretierte. Aufgrund von Beobachtungen fand er, daß sich die fremden Galaxien von uns entfernen, und zwar um so schneller, je weiter weg sie sich befinden. Er formulierte 1929 folgende Beziehung zwischen Fluchtgeschwindigkeit v und Entfernung r einer fremden Galaxie:

$$v = H\,r \quad \text{mit} \quad H \lesssim \frac{75\ \text{km/s}}{\text{Mpc}} \tag{6.153}$$

wobei H die Hubble Konstante bezeichnet. Die Entfernung r wird in $\text{Mpc} = 3{,}086 \cdot 10^{22}$ m angegeben. Gemäß dem relativistischen Doppler Effekt (6.152) bewirkt die Fluchtgeschwindigkeit v eine Rotverschiebung z:

$$z = \frac{\lambda_B - \lambda_Q}{\lambda_Q} = \frac{\nu_Q}{\nu_B} - 1 = \left[\frac{1 + (v/c)}{1 - (v/c)}\right]^{1/2} - 1$$

welche spektrometrisch gemessen werden kann. Diese ergibt für v und r:

$$v = \frac{(1+z)^2 - 1}{(1+z)^2 + 1} \cdot c = H\,r \tag{6.154}$$

Für kleine Fluchtgeschwindigkeiten $v \ll c$ ergibt sich die Näherung:

$$v = zc = Hr \quad \text{mit} \quad z \ll 1$$

7 Quanten- und Wellenmechanik

7.1 Quantentheorie der elektromagnetischen Strahlung

7.1.1 Die Planckschen Beziehungen

Einleitung. M. Planck (1858–1947) fand um 1900, daß elektromagnetische Strahlung nicht nur als Welle (6.9.5), sondern auch als eine Gesamtheit meist sehr vieler Teilchen, sogenannter *Photonen*, aufgefaßt werden kann. Bei der Fortpflanzung verhält sich elektromagnetische Strahlung wie eine Welle, bei der Wechselwirkung mit Materie wie Teilchen. Es gelang M. Planck, diese *Dualität* durch die Beziehungen zwischen der Frequenz, bzw. der Wellenlänge der elektromagnetischen Wellen und der Energie und dem Impuls der entsprechenden Photonen zu beschreiben. Die Planckschen Beziehungen stehen am Anfang der Quanten- und Wellenmechanik. Im Gegensatz zur klassischen Mechanik ist es ihr möglich, atomare und molekulare Zustände und Prozesse mathematisch exakt wiederzugeben.

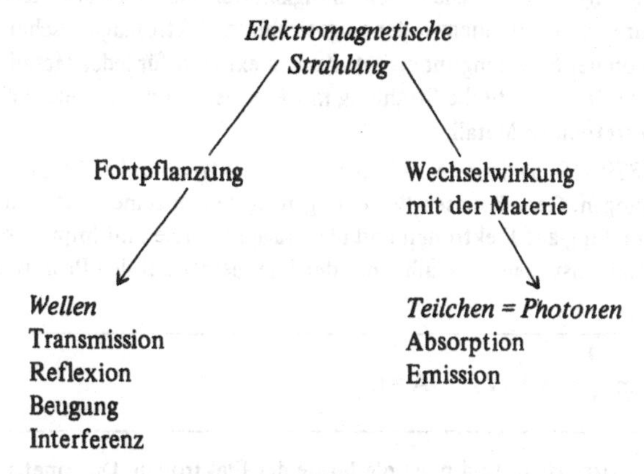

Wechselwirkung elektromagnetischer Strahlung mit Materie. Bei der Wechselwirkung mit Materie verhält sich monochromatische elektromagnetische Strahlung mit der Frequenz ν und dem Wellenvektor $\vec{k}$ wie eine Gesamtheit von identischen Teilchen, genannt *Photonen*, mit

(7.1)

der Energie	$E = \hbar\omega = h\nu$
dem Impuls	$\vec{p} = \hbar\vec{k}$ mit $k = \dfrac{2\pi}{\lambda}$
und der Masse	$m = 0$

Dabei sind

$$h = 6{,}6262 \cdot 10^{-34}\,\mathrm{J\,s} \simeq 2\pi \cdot 10^{-34}\,\mathrm{J\,s}$$

$$\hbar = h/2\pi \simeq 10^{-34}\,\mathrm{J\,s}$$

h wird als *Plancksche Konstante* oder *Plancksches Wirkungsquantum* bezeichnet.

Beispiel: Photonen in monochromatischem Licht mit der Wellenlänge $\lambda = 5000$ Å $= 5 \cdot 10^{-7}$ m und der Strahlungsintensität 1 W cm^{-2} = 10^4 W m^{-2}.

Elektromagnetische Welle:		*Photonen*:	
Wellenlänge	$\lambda = 5 \cdot 10^{-7}$ m	Energie	$E = 3{,}8 \cdot 10^{-19}$ J
Frequenz	$\nu = 6 \cdot 10^{14}\,\mathrm{s^{-1}}$	Impuls	$p = 1{,}3 \cdot 10^{-27}\,\mathrm{kg\,m\,s^{-1}}$
Intensität	$I = 10^4\,\mathrm{W\,m^{-2}}$	relat. Masse	$m_r = E/c^2 = 4{,}2 \cdot 10^{-36}$ kg
		Flußdichte	$n = 2{,}6 \cdot 10^{22}\,\mathrm{m^{-2}s^{-1}}$

7.1.2 Der photoelektrische Effekt

Metalloberflächen emittieren bei Bestrahlung mit Licht oder Ultraviolett Elektronen. Dabei gelten *zwei wichtige Gesetze*: Die Geschwindigkeitsverteilung der emittierten Elektronen hängt nur von der Frequenz ν der eingestrahlten elektromagnetischen Strahlung ab, nicht aber von der Strahlungsintensität. Zudem existiert für jedes Metall eine Grenzfrequenz ν_g. Elektromagnetische Strahlung mit Frequenzen $\nu < \nu_g$ zeigt keinen Photoeffekt beim betreffenden Metall.

A. Einstein (1879–1955) deutete 1905 den photoelektrischen Effekt anhand der Planckschen Beziehungen. Gemäß diesen Beziehungen treffen einzelne Photonen der elektromagnetischen Strahlung auf Elektronen und übertragen Energie und Impuls, so daß letztere aus dem Metall austreten. Deshalb kann der Energiesatz auf den Prozeß angewendet werden:

$$h\nu = A + m\frac{v^2}{2} = A + eV, \qquad A = h\nu_g \tag{7.2}$$

A bezeichnet die *Austrittsarbeit*, und m ist die Masse der Elektronen. Die kinetische Energie der mit nicht-relativistischer Geschwindigkeit austretenden Elektronen wird in Elektronenvolt gemessen. Die Einsteinsche Beziehung eignet sich zur *Bestimmung von* h bzw. h/e:

$$h = \frac{eV}{\nu - \nu_g} = \frac{eV}{c}\,\frac{1}{\lambda^{-1} - \lambda_g^{-1}}$$

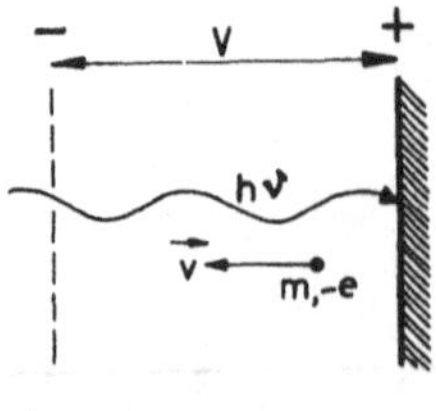

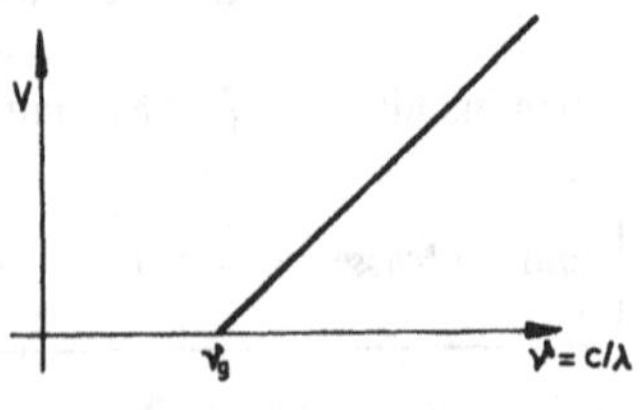

Tab. 7.1 Austrittsarbeit A verschiedener Metalle

Cs	1,90 eV	Ag	4,74 eV	Mo	4,16 eV
Ba	2,50 eV	Au	4,92 eV	W	4,54 eV

7.1.3 Die Bremsstrahlung

Beim Abbremsen schneller Elektronen in Form von Kathodenstrahlen auf der Metalloberfläche der Antikathode entstehen kurzwellige elektromagnetische Strahlen, die nach dem Entdecker W. C. Röntgen (1845–1923) benannt werden. Diese Erscheinung kann als Umkehrung des *photoelektrischen Effekts* gedeutet werden. Im Sinne der Quantenelektrodynamik ist die Umkehrung der Bremsstrahlung die *Paarerzeugung* (10.3.5). Das Frequenzspektrum der entstehenden *Röntgen-Strahlung* läßt sich verstehen, wenn angenommen wird, daß jedes gebremste Elektron ein Photon emittiert.

$eV =$	$E_{rel} - mc^2$	$= h\nu$	$+ \Delta E$
Elektrostatische Energie des Elektrons	Kinetische Energie des Elektrons	Photonenenergie	Energieverlust des Elektrons

Die elektrische Spannung V liegt meist zwischen 20 und 50 kV. Die Energieverluste ΔE des Elektrons durch Ionisation, Erhitzung des Metalls etc. bestimmen die charakteristische Form des Strahlungsspektrums. Dieses besteht aus einem Kontinuum, dem Emissionsspitzen überlagert sind. Letztere sind typisch für das verwendete Metall. Das Spektrum besitzt eine minimale *Grenzwellenlänge* λ_G entsprechend der Gleichung

$$\lambda_G = \frac{hc}{eV} \quad \text{oder} \quad \lambda_G(\text{Angström}) = \frac{12{,}4}{V(\text{Kilovolt})} \tag{7.3}$$

Die Messung der Grenzwellenlänge λ_G für eine bestimmte Spannung V erlaubt ebenfalls die *Bestimmung von* h/e.

7.1.4 Der Compton-Effekt

A. Compton (1892–1962) bestätigte 1923 die Theorie der Photonen anhand der elastischen Wechselwirkung von Röntgenstrahlen mit freien oder an Atome gebundenen Elektronen.

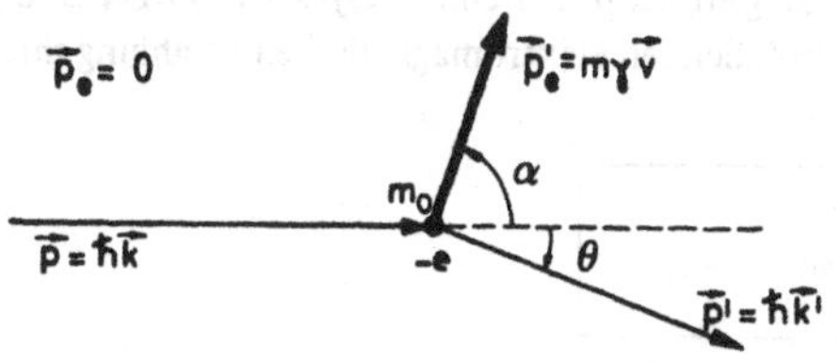

Die elastisch gestreuten Röntgenstrahlen zeigen eine Wellenlängenverschiebung $\Delta\lambda$, welche vom Streuwinkel θ abhängt:

(7.4)
$$\Delta\lambda = \lambda' - \lambda = 2\lambda_C \sin^2\left(\frac{\theta}{2}\right)$$
$$\lambda_C = \frac{h}{mc} = 2{,}4263 \cdot 10^{-12}\,\mathrm{m}$$

wobei λ_C als *Compton-Wellenlänge* bezeichnet wird.

Beweis: Beim Beweis des Compton-Effekts spielen die Planckschen Beziehungen eine wesentliche Rolle. Der Effekt beruht auf der *elastischen Streuung eines einzelnen Photons an einem einzelnen Elektron*. Die Bewegung des Elektrons vor dem Stoß wird vernachlässigt. Da es sich um einen elastischen Stoß handelt, gelten Energie- und Impulserhaltungssatz. Auf das Elektron wird die relativistische Mechanik angewandt.

Impulssatz: $\vec{p}_e + \vec{p} = \vec{0} + \hbar\vec{k} = \vec{p}_e' + \vec{p}' = m\gamma\vec{v} + \hbar\vec{k}'$

Energiesatz: $E_e + E = mc^2 + \hbar\omega = E_e' + E' = E_{rel} + \hbar\omega'$

Beschreibt man diese Gleichungen mit Hilfe des relativistischen Parameters $\beta = v/c$ und den Winkeln θ und α, so erhält man

$$\omega - \omega' = (mc^2/\hbar) \cdot \{(1-\beta^2)^{-1/2} - 1\}$$
$$\omega - \omega'\cos\theta = (mc^2/\hbar) \cdot \beta(1-\beta^2)^{-1/2}\cos\alpha$$
$$\omega'\sin\theta = (mc^2/\hbar) \cdot \beta(1-\beta^2)^{-1/2}\sin\alpha$$

Die Elimination von α und β liefert

$$\omega - \omega' = 2(\hbar/mc^2)\,\omega\,\omega'\sin^2\frac{\theta}{2}$$

Ersetzt man ω durch $2\pi c/\lambda$ und ω' durch $2\pi c/\lambda'$, so erhält man die zu beweisende Streuformel.

7.1.5 Der Strahlungsdruck

Monochromatische elektromagnetische Strahlung mit der Frequenz ν und der Vakuumwellenlänge λ fällt auf einen perfekten Spiegel und wird reflektiert. Betrachtet man die Strahlung als eine Welle, so erwartet man, daß die Strahlung keinen Druck auf den Spiegel ausübt. Die Teilchennatur der elektromagnetischen Strahlung bewirkt jedoch einen Druck, den sogenannten Strahlungsdruck p. Für einen *perfekten Spiegel* ist der Strahlungsdruck p einer senkrecht einfallenden elektromagnetischen Strahlung mit der Intensität I bestimmt durch

(7.5)
$$p = 2\,\frac{I}{c} = 2\,w_{\text{el. magn.}}$$

wobei c die Vakuumlichtgeschwindigkeit und $w_{el.magn.}$ die Energiedichte der Strahlung bedeuten. In der Gleichung (7.5) *fehlt* das Plancksche Wirkungsquantum h. Deshalb läßt sich der Strahlungsdruck einer elektromagnetischen Strahlung auch mit Hilfe der *Maxwellschen Gleichungen* und der *Lorentz-Kraft* herleiten. Der Strahlungsdruck ist eng verwandt mit der *Maxwell-Spannung* (5.33).

B e w e i s : Strahlungsdruck p = Kraft pro Spiegelfläche F/A

$$= \text{Impulsänderung der Strahlung pro Zeit und Fläche}$$

$$= \Delta p'/A \cdot \Delta t = 2n \cdot p' = 2\,\frac{I}{h\nu} \cdot \frac{h}{\lambda} = 2\,\frac{I}{c}.$$

Dabei bedeuten $p' = h/\lambda$ den Impuls eines Photons und $n = I/h\nu$ die Anzahl der Photonen pro Zeit und Fläche.

Folgerungen. Der Strahlungs- oder Lichtdruck ist *unabhängig von der Frequenz oder Wellenlänge λ der Strahlung*. Der *Faktor* 2 in der Formel $p = 2\,I/c$ stammt von der totalen Reflexion am Spiegel, die einer elastischen Reflexion der Photonen entspricht. Wird an einer ebenen Oberfläche die Strahlung nicht reflektiert, sondern vollkommen absorbiert, so tritt anstelle des Faktors 2 der Faktor 1.

Bei einem Hohlraum mit ideal reflektierenden Wänden und einer totalen elektromagnetischen Energiedichte $w_{el.magn.}$ erhält man bei Strahlungsgleichgewicht

$$p = \frac{1}{3}\, w_{el.magn.} \tag{7.6}$$

7.1.6 Wirkung der Gravitation auf Photonen

Photonen im Schwerefeld. Aus der Äquivalenz von Energie und Masse folgt, daß die Gravitation nicht nur auf die Masse, sondern auf jede Form der Energie wirkt, also auch auf die Energie $h\nu$ eines Photons (7.1). Diese Energie $h\nu$ muß demnach beim Durchfallen einer Höhe H im Schwerefeld der Erde zunehmen um die potentielle Energie

$$\Delta E = h\Delta\nu = \left(\frac{h\nu}{c^2}\right) gH = m_r\, gH$$

mit der „relativistischen" Masse $m_r = E/c^2$. Dies ergibt die relative Frequenzverschiebung

$$\frac{\Delta\nu}{\nu} = \frac{\Delta E}{h\nu} = \frac{g\,H}{c^2} \simeq 1{,}09 \cdot 10^{-16} \cdot H(m) \tag{7.7}$$

Diese Frequenzverschiebung kann mit dem Effekt von R. L. M ö ß b a u e r (1929–) an γ-Quanten mit Frequenzen ν von der Größenordnung 10^{20} Hz nachgewiesen werden.

Photonen im Newtonschen Gravitationsfeld. Befindet sich ein Photon im Gravitationsfeld

$$\Phi(r) = -\,G\,M\,r^{-1}$$

außerhalb einer homogenen Kugel mit der Masse M, so variiert seine Frequenz ν mit dem Abstand r vom Kugelmittelpunkt.

(7.8) $$\frac{\nu(r)}{\nu(\infty)} = \left(1 - \frac{r_g}{r}\right)^{-1/2} \quad \text{mit} \quad r_g = \frac{2GM}{c^2}$$

r_g bezeichnet den Radius von K. Schwarzschild (1873–1916), welcher diese Formel anhand der allgemeinen Relativitätstheorie von A. Einstein herleitete.
Für $r \gg r_g$ gelten die Näherungen

(7.9) $$\frac{\nu(r)}{\nu(\infty)} \approx \left(1 - \frac{r_g}{2r}\right)^{-1} \approx \left(1 + \frac{r_g}{2r}\right)$$

welche mit den Planck'schen Beziehungen (7.1) und dem Energiesatz direkt berechnet werden können:

$$E = h \cdot \nu(\infty) = h \cdot \nu(r) - \frac{h \cdot \nu(r)}{c^2} \cdot \frac{GM}{r}$$

Formel (7.8) zeigt, daß eine elektromagnetische Welle mit der Frequenz $\nu(R) > 0$, welche von einer kugelförmigen Masse M mit Radius $R \leqslant r_g$ radial emittiert wird, in großem Abstand, d. h. für $r \to \infty$, nicht beobachtet werden kann. Einen solchen Stern bezeichnet man als *schwarzes Loch.* Dessen Daten erfüllen somit die Bedingung

(7.10) $$\frac{R}{M} \leqslant \frac{2G}{c^2} = 1{,}484 \cdot 10^{-27}\ \text{m}\,\text{kg}^{-1}$$

7.2 Wellennatur der Materie

7.2.1 Die Beziehungen von de Broglie

1924/25 postulierte L. V. de Broglie (1892–1987), daß einem Materieteilchen auch eine *Welle* zugeordnet werden kann. Bewegt sich das Teilchen mit dem Impuls $\vec{p}$, so gilt für den *Wellenvektor* $\vec{k}$ und die *Kreisfrequenz* ω der de Broglie-Welle

(7.11) $$\omega = 2\pi\nu = E/\hbar, \qquad \vec{k} = \hbar^{-1}\,\vec{p} \quad \text{mit} \quad k = 2\pi/\lambda$$

Diese Formeln entsprechen den Planckschen Beziehungen (7.1) für Photonen. E steht für die relativistische Energie des Teilchens.
Für ein Teilchen, das sich mit dem Impuls $\vec{p}$ in der z-Richtung bewegt, kann die *de Broglie-Welle* formal geschrieben werden als

(7.12) $$\psi(z, t) = \psi_0\, e^{i(kz - \omega t)} = \psi_0\, e^{i\left(\frac{p}{\hbar} z - \frac{E}{\hbar} t\right)}$$

Die Bedeutung der sogenannten Wellenfunktion ψ wird später erläutert (7.4).

Besonders einfach läßt sich die de Broglie-Welle eines Teilchens darstellen mit den *relativistischen Vierervektoren* r (2.3.2) und p (2.5.3):

$$\psi(\mathrm{r}) = \psi_0 \cdot e^{-i\frac{\mathrm{p}\cdot\mathrm{r}}{\hbar}} = \psi_0\, e^{-\frac{i}{\hbar}(E_{rel}t - p_x x - p_y y - p_z z)}$$

B e i s p i e l e : de Broglie-Frequenzen und -Wellenlängen
Tennisball: $m = 0{,}045$ kg, $v = 25$ m s^{-1}; $\lambda = 6 \cdot 10^{-34}$ m, $\nu = 6 \cdot 10^{48}$ s^{-1}
Elektron: $m = 9{,}108 \cdot 10^{-31}$ kg, $v = 1000$ m s^{-1}; $\lambda = 2400$ Å $= 2{,}4 \cdot 10^{-7}$ m, $\nu = 1{,}2 \cdot 10^{20}$ s^{-1}

7.2.2 Die Dispersion der de Broglie-Wellen

Dispersionsrelation. Die de Broglie-Welle eines Materieteilchens mit dem Impuls $\vec{p}$ und der relativistischen Energie $E = m\,c^2$ zeigt starke Dispersion. Die Dispersionsrelation ist

$$\omega(k) = c\sqrt{k_C^2 + k^2} \quad \text{mit} \quad k_C = 2\pi/\lambda_C \tag{7.13}$$

wobei λ_C die Compton Wellenlänge (7.4) darstellt.

B e w e i s : Die Dispersionsrelation der de Broglie-Wellen ergibt sich aus den Beziehungen von de Broglie unter Berücksichtigung der relativistischen Formeln für Impuls und Energie:

$$\hbar k = p = m\gamma v = mv\left(1 - \frac{v^2}{c^2}\right)^{-1/2}, \qquad \hbar\omega = E = m\gamma c^2 = mc^2\left(1 - \frac{v^2}{c^2}\right)^{-1/2}$$

Die Elimination des relativistischen Parameters $v/c = \beta$ aus diesen beiden Gleichungen führt zur gewünschten Funktion $\omega(k)$.

Die Gruppengeschwindigkeit als Teilchengeschwindigkeit. Die Gruppengeschwindigkeit u_g der de Broglie-Welle entspricht der Teilchengeschwindigkeit v.

$$u_g = \frac{d\omega}{dk} = v \tag{7.14}$$

Die Phasengeschwindigkeit. Die Phasengeschwindigkeit einer de Broglie-Welle ist *größer* als die Vakuumlichtgeschwindigkeit c.

$$u = \frac{\omega}{k} = \frac{c^2}{v} \quad \text{oder} \quad u \cdot u_g = c^2 \tag{7.15}$$

7.2.3 Kathodenstrahlen

Die de Broglie-Wellenlänge. Die von kalten oder erhitzten Kathoden in Vakuumröhren ausgesandten „Strahlen" sind Elektronen mit der Ladung $-e$ und der Ruhmasse m_0.

Werden diese Elektronen mit Spannungen V zwischen 1 Volt und 10^6 Volt beschleunigt, so bilden sie *de Broglie-Wellen* mit Wellenlängen zwischen 12,2 Å und 0,122 Å. Die Geschwindigkeit v der Elektronen bleibt dabei merklich unter der Lichtgeschwindigkeit, so daß klassisch gerechnet werden darf:

(7.16) $$\lambda = \frac{h}{\sqrt{2m_0 eV}} \qquad \lambda(\text{Ångström}) = \sqrt{\frac{150}{V(\text{Volt})}}$$

Beweis: $p = m_0 v = \frac{h}{\lambda}$; $eV = m_0 \frac{v^2}{2} = \frac{1}{2} m_0^{-1} h^2 \lambda^{-2}$; $\lambda^2 = \frac{h^2}{2m_0 eV}$

Elektronenmikroskope. Ein Elektronenstrahl verhält sich wie eine Welle und eignet sich wegen der Kürze der entsprechenden de Broglie-Wellenlänge λ zum Bau hochauflösender *Elektronenmikroskope* (E. A. F. Ruska 1906– , B. J. H. v. Borries 1905–1956, u. a.). Bei diesen werden anstelle der Glaslinsen und Spiegel der optischen Mikroskope elektrische und magnetische Linsen verwendet. Die Elektronenmikroskope sind den optischen Mikroskopen in bezug auf das Auflösungsvermögen überlegen, weil die Materiewellenlängen der Elektronen wesentlich kürzer sind als die optischen Wellenlängen. Nach Abbe ist das *Auflösungsvermögen eines Mikroskops* $\lambda/\sin\beta$ (6.15.5). Daraus ergeben sich folgende Auflösungsvermögen:

für das optische Mikroskop ohne Immersion: > 4000 Å
für das Elektronenmikroskop: $> 10^{-2}$ Å

Die heutigen Elektronenmikroskope erreichen ein Auflösungsvermögen von ca. 2 Å. Dieser Wert ist durch Fehler der elektrischen und magnetischen Elektronenlinsen bedingt.

Einen enormen Fortschritt brachte das 1981 von H. Rohrer (1933–) und G. Binnig (1947–) erfundene Raster-Tunnel-Elektronenmikroskop (STM), das dreidimensionale Bilder von Metall- und Halbleiteroberflächen mit etwa gleicher Auflösung produziert.

Elektronenbeugung an Kristallen. In Analogie zu den elektromagnetischen Wellen zeigen auch Materiewellen Beugungs- und Interferenzerscheinungen. Bei der Beugung von Elektronen an den räumlich periodischen Gittern von Kristallen treten scharfe Reflexe auf, ähnlich wie bei Röntgenaufnahmen. Die Elektronenbeugung erlaubt daher die Untersuchung der Struktur von dünnen Kristallen, Kristalloberflächen und Gasen.

Auch mit Ionen werden Interferenzerscheinungen beobachtet (Feldionenmikroskop).

7.3 Grundbegriffe der Wellenmechanik

7.3.1 Aufgabe und Eigenart der Wellenmechanik

Die Wellenmechanik befaßt sich mit der *Mechanik in atomaren Größenordnungen*. Typisch ist das Auftreten eines absoluten mechanischen Maßes, der Planckschen Konstante h, und von Elementarteilchen wie z. B. Elektronen, mit genau definierten Merkmalen, die für alle Teilchen der gleichen Art identisch sind. Als Merkmale zu erwähnen sind die Ruhmasse, die elektrische Ladung und der Eigendrehimpuls oder Spin.

Die Wellenmechanik widerspiegelt den *Dualismus zwischen Teilchennatur und Wellencharakter* der Elementarteilchen. Ein Beispiel für den Wellencharakter der Elementarteilchen ist die Beugung eines Elektronenstrahls an einem Kristall, ein der klassischen Mechanik fremdes Phänomen.

Die Wellenmechanik operiert im Gegensatz zur klassischen Mechanik nicht mit Einzelteilchen, sondern mit *statistischen Gesamtheiten* identischer Elementarteilchen. Sie untersucht diese Gesamtheiten im Verhalten gegenüber makroskopischen Meßvorrichtungen, mit deren Hilfe der Teilchenzustand bestimmt wird. Der Teilchenzustand definiert die statistische Gesamtheit der betreffenden Teilchen durch *charakteristische Merkmale*, die der klassischen makroskopischen Physik entlehnt sind: Lagekoordinate, Impuls, Drehimpuls, Energie, etc.. Da diese Merkmale einer statistischen Gesamtheit zugeordnet sind, ist es verständlich, daß unter Umständen nicht alle gleichzeitig zur Beschreibung des Teilchenzustandes geeignet sind. Nach der *Unbestimmtheitsrelation* von W. Heisenberg (1901–1976) schließen sich zum Beispiel Lagekoordinate und Impuls als Merkmale einer statistischen Gesamtheit von Elementarteilchen gegenseitig aus.

Die charakteristischen physikalischen Merkmale der statistischen Gesamtheit von Elementarteilchen werden in der Wellenmechanik durch *quantenmechanische mathematische Operatoren* definiert, die auf komplexe, orts- und zeitabhängige *Wellenfunktionen* ψ wirken. Diese Wellenfunktionen beschreiben die statistische Gesamtheit. Ihr Betrag im Quadrat entspricht der Dichte der Aufenthaltswahrscheinlichkeit der Teilchen.

Die klassische Wellenmechanik beschränkt sich ausschließlich auf *nicht-relativistische Teilchen mit* $v \ll c$. Für die Deutung der Elektronenhüllen von Atomen und Molekülen ist diese Einschränkung nicht relevant. Dagegen ist sie für die Theorie der Kerne nicht zulässig.

7.3.2 Quantenmechanische Operatoren

Intuitive Darstellung. In der Wellenmechanik spielt die *Darstellung physikalischer Größen* wie z. B. des Ortes $\vec{r}$, des Impulses $\vec{p}$, des Drehimpulses $\vec{L}$, der totalen Energie E, *durch mathematische lineare Operatoren* eine wichtige Rolle. Wir versuchen, diese Darstellung intuitiv zu erfassen, indem wir vorerst die partiellen Ableitungen der *Wellenfunktion* $\psi(z, t)$ der de Broglie-Welle eines Teilchens mit dem Impuls $\vec{p} = \{0, 0, p_z\}$ betrachten:

$$\frac{\partial\psi(z,t)}{\partial z} = i \cdot \frac{p_z}{\hbar} \cdot \psi(z,t), \qquad \frac{\partial\psi(z,t)}{\partial t} = -i \cdot \frac{E}{\hbar} \cdot \psi(z,t)$$

oder $$p_z \cdot \psi(z,t) = -i\hbar \frac{\partial\psi(z,t)}{\partial z}, \qquad E \cdot \psi(z,t) = +i\hbar \frac{\partial\psi(z,t)}{\partial t}$$

In diesem Repetitorium sind die *quantenmechanischen Operatoren durch Skriptbuchstaben gekennzeichnet*.

Definition der Impulsoperatoren auf Grund der intuitiven Darstellung

(7.17)
$$p_x\,\psi = -\,i\,\hbar\,\frac{\partial\psi}{\partial x}$$
$$p_y\,\psi = -\,i\,\hbar\,\frac{\partial\psi}{\partial y} \qquad \vec{p}\,\psi = -\,i\,\hbar\,\mathrm{grad}\,\psi$$
$$p_z\,\psi = -\,i\,\hbar\,\frac{\partial\psi}{\partial z}$$

Quadrate der Operatoren:

$$p_x^2\,\psi = -\,i\,\hbar\,\frac{\partial}{\partial x}\left(-i\,\hbar\,\frac{\partial\psi}{\partial x}\right) = -\,\frac{\hbar^2\,\partial^2\psi}{\partial x^2}$$

Produkte der Operatoren:

$$p_x\,p_y\,\psi = -\,i\,\hbar\,\frac{\partial}{\partial y}\left(-i\,\hbar\,\frac{\partial\psi}{\partial x}\right) = \frac{-\hbar^2\,\partial^2\psi}{\partial y\,\partial x} = p_y\,p_x\,\psi$$

Operator des Impulsquadrates:

(7.18)
$$\vec{p}^{\,2}\,\psi = p_x^2\,\psi + p_y^2\,\psi + p_z^2\,\psi = -\,\hbar^2\,\Delta\psi$$

Erste Definition des Operators der Energie auf Grund der intuitiven Darstellung

(7.19)
$$\mathscr{E}\,\psi = i\,\hbar\,\frac{\partial\psi}{\partial t}$$

Definition der Operatoren von Ort und Zeit

$$\mathscr{x}\,\psi = x\cdot\psi; \qquad \mathscr{y}\,\psi = y\cdot\psi; \qquad \mathscr{z}\,\psi = z\cdot\psi; \qquad \vec{\mathscr{r}}\,\psi = \vec{r}\,\psi; \qquad \mathscr{t}\,\psi = t\cdot\psi$$

allgemein:

(7.20)
$$\mathscr{f}(x, y, z, t)\cdot\psi = f(x, y, z, t)\cdot\psi$$

Analogie zur Hamilton-Jacobi-Mechanik. Die Darstellung von Energie und Impuls mit Operatoren, welche auf die Wellenfunktion ψ wirken, ist analog zur Darstellung (1.92) von Impuls und Energie mit Hilfe der Wirkungsfunktion S (1.90) in der Hamilton-Jacobi-Mechanik (1.11.4):

$$\vec{p}\,\psi = -\,i\,\hbar\,\mathrm{grad}\,\psi \qquad \vec{p} = -\,\mathrm{grad}\,S$$
$$\mathscr{E}\,\psi = +\,i\,\hbar\,\frac{\partial}{\partial t}\,\psi \qquad E = +\,\frac{\partial}{\partial t}\,S$$

7.3.3 Der Hamilton-Operator

Der Hamilton-Operator hat als eigentlicher Operator der Energie eine ***zentrale Bedeutung in der Wellenmechanik***. Er basiert auf der klassischen Hamilton-Funktion (1.86), die von W. R. Hamilton (1805–1865) eingeführt wurde.

Die klassische Hamilton-Funktion. Die Hamilton-Funktion eines mechanischen Systems ist die totale Energie, dargestellt in Lage- und Impulskoordinaten:

(1.86)
$$\begin{aligned} H &= H(q_1, q_2, q_3, \ldots q_N; p_1, p_2, p_3, \ldots q_N, t) \\ &= E_{tot}(q_1, q_2, q_3, \ldots, q_N; p_1, p_2, p_3, \ldots, p_N, t) \end{aligned}$$

wobei

q_k die Lagekoordinaten, z. B. $x_1, y_1, z_1, x_2, y_2, z_2, x_3, y_3, z_3, \ldots,$

p_k die Impulskoordinaten, z. B. $p_{x1}, p_{y1}, p_{z1}, p_{x2}, p_{y2}, p_{z2}, p_{x3}, \ldots,$

N den Freiheitsgrad des mechanischen Systems

bedeuten.

Beispiel: Harmonischer Oszillator

$$q = x; \qquad p = m\,v; \qquad H = E_{tot}(q, p) = \frac{1}{2} f\,q^2 + \frac{1}{2m} p^2$$

Der quantenmechanische Hamilton-Operator oder die zweite Definition des Operators der Energie.

Der Hamilton-Operator ist ein Energieoperator, der sich aus der Hamilton-Funktion ableiten läßt, indem die Lage- und Impulskoordinaten durch die entsprechenden quantenmechanischen Operatoren ersetzt werden:

(7.21)
$$\begin{aligned} \mathscr{H} &= H(\mathscr{q}_1, \mathscr{q}_2, \mathscr{q}_3, \ldots, \mathscr{q}_N; \mathscr{p}_1, \mathscr{p}_2, \mathscr{p}_3, \ldots, \mathscr{p}_N, t) \\ &= E_{tot}(\mathscr{q}_1, \mathscr{q}_2, \mathscr{q}_3, \ldots, \mathscr{q}_N; \mathscr{p}_1, \mathscr{p}_2, \mathscr{p}_3, \ldots, \mathscr{p}_N, t) \end{aligned}$$

Beispiel: Harmonischer Oszillator

$$\mathscr{H}\psi = \left(\frac{1}{2m}\mathscr{p}_x^2 + \frac{f}{2}\mathscr{x}^2\right)\psi = -\frac{\hbar^2}{2m}\frac{\partial^2\psi}{\partial x^2} + \frac{f}{2}x^2\,\psi$$

7.3.4 Die zeitabhängige Schrödinger-Gleichung

E. Schrödinger (1887–1961) postulierte 1926 die *Wellengleichung* der klassischen, nicht-relativistischen Wellenmechanik.

(7.22)
$$i\hbar\frac{\partial}{\partial t}\psi(q_k, t) = \mathscr{H}\psi(q_k, t)$$

Intuitive Herleitung. Vergleich der ersten und zweiten Definition des Energieoperators:

(7.3.2) $\mathscr{E}\psi = i\hbar \frac{\partial}{\partial t}\psi =$

(7.3.3) $= \mathscr{E}\psi = \mathscr{H}\psi$

Analogie zur Hamilton-Jacobi-Mechanik. Der zeitabhängigen Schrödinger-Gleichung (7.22) entspricht in der Hamilton-Jacobi-Mechanik (1.11.4) die Hamilton-Jacobi-Gleichung (1.93). Die zeitabhängige Schrödinger-Gleichung bestimmt die Wellenfunktion ψ, die Hamilton-Jacobi-Gleichung die Wirkungsfunktion S:

(1.90) $+\frac{\partial}{\partial t} S = H\left(q_k, -\frac{\partial S}{\partial q_k}, t\right)$

Im Gegensatz zur Schrödinger-Gleichung ist die Hamilton-Jacobi-Gleichung im allgemeinen nicht-linear.

B e i s p i e l : de Broglie-Welle eines gleichförmig bewegten Teilchens.

Schrödinger-Gleichung: $i\hbar \frac{\partial \psi}{\partial t} = \mathscr{H}\psi = -\frac{\hbar^2}{2m}\frac{\partial^2 \psi}{\partial z^2}$

$\mathscr{H} = \frac{p_z^2}{2m}; \qquad \psi = \psi(z, t)$

Lösung: $\psi = \psi_0 \, e^{i(kz - \omega t)}$

$\hbar\omega = \frac{(\hbar k)^2}{2m}$

Energieoperator: $\mathscr{E}\psi = +i\hbar \frac{\partial \psi}{\partial t} = \hbar\omega\psi = \frac{(\hbar k)^2}{2m} \cdot \psi = \text{const} \cdot \psi$

Energie: $E = \frac{(\hbar k)^2}{2m}$

Impulsoperator: $p_z \psi = -i\hbar \frac{\partial \psi}{\partial z} = \hbar k \cdot \psi = \text{const} \cdot \psi$

Impuls: $p_z = \hbar k$

Ortsoperator: $x\psi = x \cdot \psi \neq \text{const} \cdot \psi$

Ort: x = unbestimmt (7.4.3)

7.3.5 Die zeitunabhängige Schrödinger-Gleichung

Unter der *Voraussetzung*, daß *der Hamilton-Operator nicht explizit von der Zeit abhängt* gilt die zeitunabhängige Schrödinger-Gleichung

(7.23)
$$\mathscr{H}(q_k, p_k, t)\,\Psi(q_k) = E \cdot \Psi(q_k)$$
$$\psi(q_k, t) = e^{-i\omega t} \cdot \Psi(q_k) = e^{-i\frac{E}{\hbar}t}\,\Psi(q_k)$$

wobei $\Psi(q_k)$ die *zeitunabhängige Wellenfunktion* und E die stationäre Energie des Zustandes des mechanischen Systems bedeuten. Die zeitunabhängige Schrödinger-Gleichung muß unter Berücksichtigung der *Randbedingungen* für $\Psi(q_k)$ gelöst werden. Dies ist nur für bestimmte Werte von E möglich. Diese Werte bezeichnet man als *Energieeigenwerte* und die entsprechenden zeitunabhängigen Wellenfunktionen $\Psi(q_k)$ als *Eigenfunktionen* des Hamilton-Operators. Jeder Energieeigenwert und die dazugehörige Eigenfunktion beschreiben einen *Zustand des mechanischen Systems*. Besitzen Zustände mit verschiedenen Eigenfunktionen die gleichen Energieeigenwerte, so bezeichnet man sie als *entartet*.

H e r l e i t u n g : Ansatz für die stehende Welle: $\psi(x, y, z, t) = \Psi(x, y, z) \cdot e^{-i\omega t}$
Energieoperator:

$$\mathscr{E}\psi(x, y, z, t) = +i\hbar \frac{\partial}{\partial t}\{\Psi(x, y, z) \cdot e^{-i\omega t}\}$$

$$= \hbar\omega \cdot \psi(x, y, z, t) = E \cdot \psi(x, y, z, t)$$

$$E = \hbar\omega$$

Zeitabhängige Schrödinger-Gleichung:

$$+i\hbar \frac{\partial \psi}{\partial t} = \mathscr{H}\psi$$

$$i\hbar \frac{\partial}{\partial t}\{\Psi(x, y, z) \cdot e^{-i\omega t}\}$$

$$= e^{-i\omega t} \cdot \hbar\omega \cdot \Psi(x, y, z)$$

$$= \mathscr{H}(p_x, p_y, p_z, x, y, z)\{\Psi(x, y, z) \cdot e^{-i\omega t}\}$$

$$= e^{-i\omega t} \cdot \mathscr{H}(p_x, p_y, p_z, x, y, z)\,\Psi(x, y, z)$$

Teilchen in einem Potential. Für ein Teilchen, das sich in einem zeitunabhängigen Potential V(x, y, z) bewegt, kann die zeitunabhängige Schrödinger-Gleichung in folgender Form geschrieben werden:

$$\Delta\Psi + \frac{2m}{\hbar^2}\{E - V(x, y, z)\}\,\Psi = 0 \qquad (7.24)$$

Dabei bedeutet Δ den Laplace-Operator.

B e w e i s : Für das Teilchen im Potential V gilt:

$$\mathscr{H} = \frac{1}{2m}\vec{p}^{\,2} + V(x, y, z) = -\frac{\hbar^2}{2m}\Delta + V(x, y, z)$$

Einsetzen in $\mathscr{H}\Psi = E\,\Psi$ ergibt die obige Gleichung.

7.3.6 Das Teilchen im Potentialtopf

Definition. Ein Teilchen mit der Masse m, das sich nur in der x-Richtung bewegen kann, befindet sich in einem Potentialtopf, welcher wie folgt definiert wird:

$$\text{(7.25)} \qquad \begin{array}{ll} E_{pot} = 0 & \text{für } 0 \leqslant x \leqslant a \\ E_{pot} = \infty & \text{für } x < 0 \text{ und } x > a. \end{array}$$

Wellenmechanik. Da wir annehmen, daß das Teilchen eine endliche Energie besitzt, bedeutet $E_{pot} = \infty$ für $x < 0$ und $x > a$, daß $\psi(x)$ wegen der Stetigkeit verschwindet für $x \leqslant 0$ und $x \geqslant a$. Diese Folgerung läßt sich mit den Ergebnissen des Abschnitts 7.4 genauer begründen.

Beschränken wir uns auf den Bereich $0 \leqslant x \leqslant a$, so erhalten wir wegen $E_{pot} = 0$ und $E_{kin} = p_x^2/2m$ die *zeitunabhängige Schrödinger-Gleichung*

$$\mathcal{H}\,\Psi(x) = \frac{1}{2m} p_x^2\,\Psi(x) = -\frac{1}{2m}\hbar^2\,\frac{d^2}{dx^2}\Psi(x) = E\,\Psi(x)$$

mit den *Randbedingungen*

$$\Psi(0) = \Psi(a) = 0$$

Die zeitunabhängige Schrödinger-Gleichung läßt sich umformen in die Gleichung

$$\frac{d^2}{dx^2}\Psi(x) + \frac{2mE}{\hbar^2}\Psi(x) = 0.$$

Die allgemeine Lösung dieser Gleichung lautet

$$\Psi(x) = \Psi_0 \sin kx + \Psi_0' \cdot \cos kx \qquad \text{mit } k = (2mE/\hbar^2)^{1/2}.$$

Die Randbedingungen erfordern $\Psi_0' = 0$ und $ka = n\pi$ mit $n = 0, \pm 1, \pm 2, \ldots$

Für $n = 0$ ist $\Psi(x) \equiv 0$, weshalb die Lösung $k = 0$ keine Bedeutung hat. Ebenso hat das Vorzeichen von n keine Bedeutung, da $\sin(-kx) = -\sin kx$ und $\sin kx$ abgesehen vom konstanten Faktor -1 die gleiche Funktion darstellen.

Somit sind die *Lösungen* der zeitunabhängigen Schrödinger-Gleichung eines Teilchens im Potentialtopf die

Eigenfunktionen und Energieeigenwerte

$$\text{(7.26)} \qquad \Psi_n(x) = \Psi_0 \sin n\pi x/a, \qquad E_n = \frac{h^2}{8ma^2} \cdot n^2 \quad \text{mit } n = 1, 2, 3, 4, \ldots$$

n ist die *Quantenzahl*, welche die möglichen quantenmechanischen Zustände des Teilchens im Potentialtopf charakterisiert. E_n sind die entsprechenden Energien oder *Energieeigenwerte*. Die Amplitude Ψ_0 der Wellenfunktionen $\Psi_n(x)$ wird später (7.4.1) festgelegt.

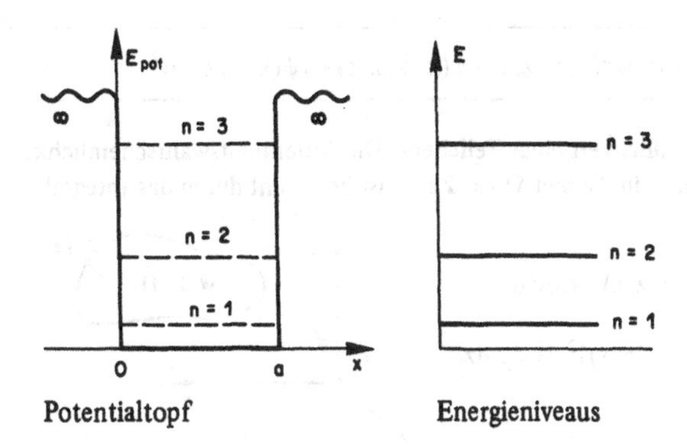

Potentialtopf Energieniveaus

Nullpunktenergie. Es ist zu beachten, daß der energetisch tiefste Zustand des Teilchens im Potentialtopf eine Energie aufweist, die von Null verschieden ist. Diese sogenannte *Nullpunkt-Energie*

$$E_1 = h^2/8m\,a^2 \tag{7.27}$$

ist je größer, desto enger der Potentialtopf ist. Sie steigt mit $1/a^2$.

Nullpunktenergien treten auch bei anderen quantenmechanischen Problemen (7.5) auf. Sie sind ein *typisches Merkmal der Wellenmechanik*, da in der klassischen Mechanik kein entsprechendes Phänomen existiert.

7.4 Die Bedeutung der Wellenfunktion

Einleitung. Die klassische Mechanik erlaubt exakte Angaben über Ort und Impuls eines Massenpunktes für jeden Zeitpunkt. Im Gegensatz dazu erlaubt die Wellenmechanik nur Wahrscheinlichkeitsaussagen über Ort, Zeit und Impuls. Nach M. Born (1882–1970) müssen die de Broglie-Wellen und mit ihnen alle *Wellenfunktionen ψ statistisch gedeutet* werden. Sie bestimmen die Aufenthaltswahrscheinlichkeit eines Teilchens und die Erwartungswerte physikalischer Größen, wie z. B. Ort, Impuls, Energie usw. Nach der *Heisenbergschen Unbestimmtheitsrelation* können Paare bestimmter physikalischer Größen, etwa Ort und Impuls, in der Wellenmechanik prinzipiell nicht gleichzeitig exakt bekannt sein. Die statistische Struktur der Wellenmechanik stellt auch die *Kausalität* der Physik in Frage.

7.4.1 Die Aufenthaltswahrscheinlichkeit

Dichte der Aufenthaltswahrscheinlichkeit. Die Dichte P(x, y, z, t) der Aufenthaltswahrscheinlichkeit eines Teilchens am Ort $\vec{r} = \{x, y, z\}$ zur Zeit t ist bestimmt durch die Wellenfunktion $\psi(x, y, z, t)$ gemäß der Beziehung

(7.28) $$P(x, y, z, t) = \psi^*(x, y, z, t) \cdot \psi(x, y, z, t) = |\psi(x, y, z, t)|^2$$

Aufenthaltswahrscheinlichkeit eines Teilchens. Die Aufenthaltswahrscheinlichkeit $W(\Omega, t)$ eines Teilchens im Gebiet Ω zur Zeit t ist bestimmt durch das Integral

$$W(\Omega, t) = \iiint_{\Omega} P(x, y, z, t)\, dx\, dy\, dz = \iiint_{\Omega} |\psi(x, y, z, t)|^2\, dx\, dy\, dz$$

Wahrscheinlichkeit dafür, daß das Teilchen irgendwo ist. Man kann mit Sicherheit annehmen, daß das durch die Wellenfunktion ψ beschriebene Teilchen zu jeder Zeit irgendwo anzutreffen ist. Daher setzt man die Wahrscheinlichkeit $W_{total}(t)$ dafür, daß das Teilchen zur Zeit t im gesamten Raum zu finden ist, gleich Eins.

$$W_{total}(t) = \int_{-\infty}^{+\infty} \int_{-\infty}^{+\infty} \int_{-\infty}^{+\infty} P(x, y, z, t)\, dx\, dy\, dz = 1$$

Diese Aussage ist gleichbedeutend mit der *Normierung* der *Wellenfunktion*:

(7.29) $$\int_{-\infty}^{+\infty} \int_{-\infty}^{+\infty} \int_{-\infty}^{+\infty} \psi^*(x, y, z, t) \cdot \psi(x, y, z, t)\, dx\, dy\, dz = 1$$

Durch diese Normierung wird die *Amplitude der Wellenfunktion festgelegt.*

Wahrscheinlichkeitsdichten der Eigenfunktionen. Ist die Wellenfunktion $\psi(x, y, z, t)$ eines Teilchens Lösung der *zeitunabhängigen Schrödinger-Gleichung*

$$\mathscr{H}\Psi(x, y, z) = E\, \Psi(x, y, z)$$

mit $\psi(x, y, z, t) = \Psi(x, y, z) \exp(-iEt/\hbar)$,

so ist auch die *Aufenthaltswahrscheinlichkeitsdichte zeitunabhängig*:

(7.30) $$P(x, y, z, t) = \psi^*(x, y, z, t)\, \psi(x, y, z, t) = \Psi^*(x, y, z) \cdot \Psi(x, y, z)$$

Das Teilchen im Potentialtopf. Zur Illustration der Formeln (7.29) und (7.30) berechnen wir die Normierung der Wellenfunktionen und die Aufenthaltswahrscheinlichkeitsdichten für das Teilchen im Potentialtopf (7.3.6).

Die Amplitude Ψ_0 der Eigenfunktionen

$$\Psi_n(x, y, z) = \Psi_0 \cdot \sin \frac{n\pi x}{a}$$

eines Teilchens im Potentialtopf ist durch die Normierung

$$\int_0^a \Psi_n^*(x)\Psi_n(x)\cdot dx = \int_0^a \Psi_0^2 \sin^2(n\pi x/a)\cdot dx = 1$$

festgelegt. Es ist

(7.31) $$\Psi_0 = (2/a)^{1/2} \quad \text{oder} \quad \Psi_n(x) = (2/a)^{1/2}\sin(n\pi x/a)$$

Für die *Wahrscheinlichkeitsdichten* $P_n(x)$ ergibt sich

(7.32) $$P_n(x) = \frac{2}{a}\sin^2(n\pi x/a) = a^{-1}(1-\cos(2\pi nx/a))$$

für $0 < x < a$ mit $n = 1, 2, 3, 4, \ldots$

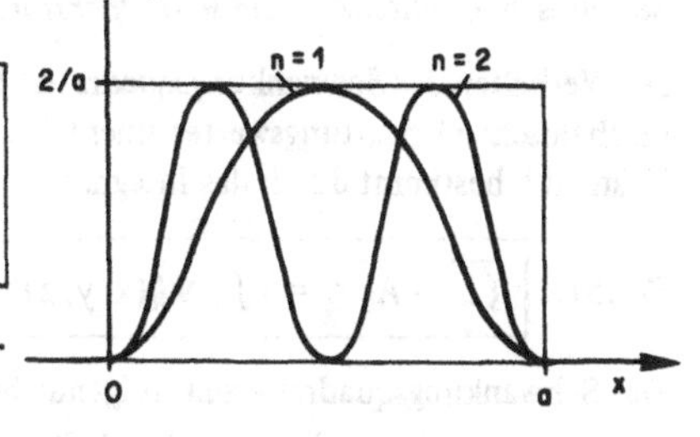

7.4.2 Erwartungswerte und Schwankungsquadrate von Observablen

Observable. Meßbare reelle physikalische Größen bezeichnet man als *Observable*. Entsprechend dem statistischen Charakter der Wellenmechanik sind nicht alle Observablen exakt meßbar. Sie erlaubt aber die Berechnung der *Erwartungswerte* und der *Schwankungsquadrate* aller Observablen. Verschwindet das Schwankungsquadrat einer Observablen, so bezeichnet man diese als *exakt meßbar* im betreffenden Zustand des quantenmechanischen Systems.

Das Problem

Gegeben:

a) Eigenzustand:

$$\mathscr{H}\Psi_k(x,y,z) = E_k\Psi_k(x,y,z),$$

wobei $\int\int\int \Psi_k^*(x,y,z)\cdot\Psi_k(x,y,z)\cdot dx\,dy\,dz = 1$

b) Quantenmechanischer Operator $\mathscr{A}$ einer physikalischen Größe A.

Gesucht:

a) Erwartungswert $\overline{A}_k$ der Observablen A für den Zustand k,

b) Schwankungsquadrat $\overline{(\mathscr{A}-\overline{A}_k)^2_k}$ der Observablen A für den Zustand k.

Definition des quantenmechanischen Erwartungswertes $\overline{A}_k$

(7.33) $$\overline{A}_k = \int_{-\infty}^{+\infty}\int_{-\infty}^{+\infty}\int_{-\infty}^{+\infty} \Psi_k^*(x,y,z)\{\mathscr{A}\,\Psi_k(x,y,z)\}\,dx\,dy\,dz$$

Hermitezität oder Selbstadjungiertheit der quantenmechanischen Operatoren. Die Erwartungswerte $\overline{A}$ der Observablen müssen *reell* sein, also $\overline{A}^* = \overline{A}$.

Aus der Definition des quantenmechanischen Erwartungswertes folgt daher

$$\begin{aligned}(7.34)\quad &\int\int\int \Psi_k^*(x, y, z) \{\mathscr{A}\, \Psi_m(x, y, z)\}\, dx\, dy\, dz \\ &= \int\int\int \Psi_m(x, y, z) \{\mathscr{A}^* \Psi_k^*(x, y, z)\}\, dx\, dy\, dz\end{aligned}$$

Mathematische Operatoren, welche diese Integralgleichung erfüllen, nennt man hermitesch. *Quantenmechanische Operatoren von Observablen sind hermitesch.*

Das Verhalten des Schwankungsquadrates. Entsprechend der Definition des quantenmechanischen Erwartungswertes einer Observablen ist ihr Schwankungsquadrat für den Zustand k bestimmt durch das Integral:

$$(7.35)\quad \overline{(\mathscr{A} - \overline{A}_k)_k^2} = \int\int\int \Psi_k^*(x, y, z) \cdot \{(\mathscr{A} - \overline{A}_k)^2\, \Psi_k(x, y, z)\}\, dx\, dy\, dz$$

Das Schwankungsquadrat erfüllt folgende beiden *Gesetze*:

a) Wenn $\mathscr{A}\, \Psi_k(x, y, z)$ proportional $\Psi_k(x, y, z)$, dann ist

$$\mathscr{A}\, \Psi_k(x, y, z) = \overline{A}_k\, \Psi_k(x, y, z) \quad \text{und} \quad \overline{(\mathscr{A} - \overline{A}_k)_k^2} = 0$$

Die Observable A ist für den Zustand k *exakt meßbar* und es ist $A = \overline{A}_k$.

Ψ_k ist Eigenfunktion des Operators $\mathscr{A}$.

b) Wenn $\mathscr{A}\, \Psi_k(x, y, z) \neq \text{Konstante} \cdot \Psi_k(x, y, z)$, dann ist

$$\overline{(\mathscr{A} - \overline{A}_k)_k^2} \neq 0$$

Die Observable A ist für den Zustand k prinzipiell *nicht exakt meßbar*. Der Mittelwert der Beobachtungen ist $\overline{A}_k$.

Teilchen im Potentialtopf

Erwartungswerte des Ortes x im Zustand n:

$$\overline{x}_n = \frac{a}{2}$$

Schwankungsquadrat des Ortes x im Zustand n:

$$\overline{\left(x - \frac{a}{2}\right)_n^2} = a^2 \left(\frac{1}{12} - \frac{1}{2\pi^2 n^2}\right)$$

Erwartungswert der Energie E im Zustand n:

$$\overline{E}_n = \frac{h^2 n^2}{8\, m a^2}$$

Das *Schwankungsquadrat der Energie* E im Zustand n ist 0.

7.4.3 Heisenbergsche Vertauschungsrelationen und Unbestimmtheitsrelation

In der Wellenmechanik können nach W. Heisenberg (1901–1976) gewisse Paare von Observablen nicht gleichzeitig exakt gemessen werden. Beispiele sind Ort x und Impuls p_x, sowie die Energie E_k und die Lebensdauer t_k des Zustandes k eines quantenmechanischen Systems.

Vertauschungsrelationen. Die Grundlage der Heisenbergschen Aussage bilden die Vertauschungsrelationen der quantenmechanischen Operatoren für Lage und Impuls eines Teilchens. Es gilt

$$(7.36)\quad \begin{array}{ll} (\mathscr{x}\mathscr{p}_x - \mathscr{p}_x\mathscr{x}) = i\hbar, & (\mathscr{x}\mathscr{p}_y - \mathscr{p}_y\mathscr{x}) = 0 \\ (\mathscr{y}\mathscr{p}_y - \mathscr{p}_y\mathscr{y}) = i\hbar, & \text{usw.} \\ (\mathscr{y}\mathscr{p}_z - \mathscr{p}_z\mathscr{y}) = i\hbar, & \end{array}$$

Die Vertauschungsrelationen gelten unabhängig vom quantenmechanischen Zustand.

Beweis: für die Vertauschungsrelation von $\mathscr{x}$ und $\mathscr{p}_x$

$$x\left(-i\hbar\frac{d}{dx}\right)\psi(x) - \left(-i\hbar\frac{d}{dx}\right)x\psi(x)$$
$$= -i\hbar x\frac{d}{dx}\psi(x) + i\hbar x\frac{d}{dx}\psi(x) + i\hbar\psi(x)$$

Unbestimmtheitsrelation für Ort und Impuls. Nach W. Heisenberg können die Schwankungsquadrate von Ort x und Impuls p_x eines Teilchens nicht gleichzeitig verschwinden. Es gilt

$$(7.37)\quad \overline{(\mathscr{x}-\overline{x})^2}\cdot\overline{(\mathscr{p}_x-\overline{p}\ )^2} \geqslant \hbar^2/4$$

Ist z. B. der Impuls p_x exakt meßbar, so bleibt der Ort x völlig unbestimmt.

Beweis: mit Vertauschungsrelationen. Der Einfachheit halber wird vorausgesetzt $\overline{x} = \overline{p}_x = 0$. Für μ reell gilt für das Integral

$$J = \int_{-\infty}^{+\infty} \left|\left(\mu x + \hbar\frac{d}{dx}\right)\psi\right|^2 \cdot dx > 0.$$

Die Auflösung des Quadrates vom absoluten Betrag im Integranden ergibt

$$J = \mu^2\int x^2|\psi|^2\,dx + \int\psi^*\mathscr{p}_x^2\psi\,dx + i\mu\int\psi^*\{x\mathscr{p}_x - \mathscr{p}_x x\}\psi\,dx$$
$$= \mu^2\,\overline{x^2} + \overline{p_x^2} - \mu\hbar$$

Da $J(\mu)$ für reelle μ positiv ist, muß die Gleichung $J(\mu) = 0$ konjugiert komplexe Wurzeln haben. Dies bedeutet

$$\overline{x^2}\cdot\overline{p_x^2} \geqslant \hbar^2/4$$

Unbestimmtheitsrelation für Energie und Lebensdauer. Wie für Ort und Impuls gilt auch für die Energie E und die Lebensdauer t des Zustandes eines quantenmechanischen Systems die Beziehung

(7.38) $$\overline{(\mathscr{H}-\overline{E})^2}\cdot\overline{(\ell-\overline{t})^2} \geqslant \hbar^2/4$$

7.4.4 Die Kontinuitätsgleichung der Wellenmechanik

Verlangt man für ein quantenmechanisches System die *Erhaltung der Teilchenzahl*, so ergibt sich aus der zeitabhängigen Schrödinger-Gleichung bei verschwindendem Vektorpotential $\vec{A}$ und der Kontinuitätsgleichung der quantenmechanische Ausdruck für die Wahrscheinlichkeitsstromdichte $\vec{S}$:

(7.39) $$\frac{\partial P}{\partial t} + \operatorname{div}\vec{S} = 0$$
$$\vec{S} = -\frac{i\hbar}{2m}(\psi^*\operatorname{grad}\psi - \psi\operatorname{grad}\psi^*)$$

Dabei bedeuten $P(x, y, z, t)$ die Dichte der Aufenthaltswahrscheinlichkeit (7.4.1) und $\vec{S}(x, y, z, t)$ die *Wahrscheinlichkeitsstromdichte*.

Beweis: für $\mathscr{H} = \frac{1}{2m}\vec{p}^{\,2} + U$

$$i\hbar\dot{\psi} = -\frac{\hbar^2}{2m}\Delta\psi + U\psi, \qquad -i\hbar\dot{\psi}^* = -\frac{\hbar^2}{2m}\Delta\psi^* + U\psi^*$$

$$i\hbar(\dot{\psi}^*\psi + \psi^*\dot{\psi}) = -\frac{\hbar^2}{2m}(\psi^*\Delta\psi - \psi\Delta\psi^*)$$

$$i\hbar\frac{\partial(\psi^*\psi)}{\partial t} = -\frac{\hbar^2}{2m}\operatorname{div}(\psi^*\operatorname{grad}\psi - \psi\operatorname{grad}\psi^*)$$

Elektrische Ladungsdichte und Stromdichte. Besitzt das betrachtete Teilchen die Elektronenladung $-e$, so gilt für die Erwartungswerte von elektrischer Ladungsdichte und Stromdichte

(7.40) $$\rho_{el} = -e\,\psi^*\psi \text{ und } \vec{j} = -e\vec{S} = +\frac{ie\hbar}{2m}(\psi^*\operatorname{grad}\psi - \psi\operatorname{grad}\psi^*)$$

Lokale Geschwindigkeit und Geschwindigkeitspotential. Die lokale *mittlere Geschwindigkeit* $\vec{v}(x, y, z, t)$ eines Teilchens mit der Masse m ist definiert durch die Beziehung

(7.41) $$\vec{S}(x, y, z, t) = P(x, y, z, t)\cdot\vec{v}(x, y, z, t)$$

Zerlegt man die Wellenfunktion ψ des Teilchens in Betrag u und *Phase* ϕ:

$$\psi = u\, e^{i\phi}$$

so erhält man

$$P = u^2 \quad \text{und} \quad \vec{S} = u^2 \operatorname{grad}(\hbar\phi/m)$$

und für die *lokale mittlere Geschwindigkeit* $\vec{v}$

(7.42) $$\vec{v} = \operatorname{grad}(\hbar\phi/m)$$

Demnach entspricht $\hbar\phi/m$ dem *Geschwindigkeitspotential* des Teilchens.

Daraus folgt, daß die lokale Geschwindigkeit $\vec{v}$ und die Wahrscheinlichkeitsstromdichte $\vec{S}$ nur dann von Null verschieden sind, wenn der Zustand durch eine komplexe Funktion beschrieben wird:

Ψ = reell bedingt $\vec{S} = 0, \vec{v} = 0$, Ψ = komplex bedingt $\vec{S} \neq 0, \vec{v} \neq 0$

7.4.5 Mathematische Eigenschaften der Eigenfunktionen

Voraussetzung. Gegeben seien die Zustände n eines quantenmechanischen Systems mit den Eigenfunktionen $\Psi_n(x, y, z)$ und den Energieeigenwerten E_n des Hamilton-Operators:

$$\mathscr{H}\Psi_n(x, y, z) = E_n \Psi_n(x, y, z)$$

Normierung. Wegen des Zusammenhangs der Wellenfunktionen $\Psi(x, y, z)$ mit der Wahrscheinlichkeitsdichte $P(x, y, z)$ müssen die Eigenfunktionen $\Psi_n(x, y, z)$ wenn möglich normiert werden:

(7.43) $$\int_{-\infty}^{+\infty}\int_{-\infty}^{+\infty}\int_{-\infty}^{+\infty} \Psi_n^*(x, y, z)\,\Psi_n(x, y, z)\cdot dx\,dy\,dz = \int\int\int P_n(x, y, z)\,dx\,dy\,dz = 1$$

Orthogonalität. Quantenmechanische Operatoren von Observablen sind *hermitesch* (7.4.2) oder *selbstadjungiert.* Als Operator der Energie ist auch der Hamilton-Operator hermitesch. Für die *Eigenfunktionen der hermiteschen Operatoren gilt*:

Die Eigenfunktionen hermitescher Operatoren, z. B. des Hamilton-Operators, sind *orthogonal*, vorausgesetzt, daß die zugehörigen Eigenwerte, z. B. die Energieeigenwerte, verschieden sind.

Wenn $\mathscr{H}\Psi_n(x, y, z) = E_n \Psi_n(x, y, z)$ und $\mathscr{H}\Psi_m(x, y, z) = E_m \Psi_m(x, y, z)$, dann gilt

(7.44) $$\int_{-\infty}^{+\infty}\int_{-\infty}^{+\infty}\int_{-\infty}^{+\infty} \Psi_n^*(x, y, z)\,\Psi_m(x, y, z)\,dx\,dy\,dz = 0$$

vorausgesetzt, daß $n \neq m$ und $E_n \neq E_m$.

B e w e i s : $\mathscr{H}\,\Psi_n = E_n\,\Psi_n$ und $\mathscr{H}\,\Psi_m = E_m\,\Psi_m$; $\mathscr{H}^*\,\Psi_n^* = E_n\,\Psi_n^*$

$$\iiint \Psi_n^*\,\mathscr{H}\,\Psi_m\,dx\,dy\,dz - \iiint \Psi_m\,\mathscr{H}^*\,\Psi_n^*\,dx\,dy\,dz$$

$$= (E_m - E_n)\iiint \Psi_n^*\,\Psi_m\,dx\,dy\,dz = 0 \text{ wegen Hermitezität}$$

Vollständigkeit der Eigenfunktionen als Basis. Die Eigenfunktionen $\Psi_n(x, y, z)$ eines hermiteschen Operators, z. B. des Hamilton-Operators, bilden eine *vollständige Basis der quadratisch integrierbaren Funktionen* $\Psi(x, y, z)$.

Wenn $\int_{-\infty}^{+\infty}\int_{-\infty}^{+\infty}\int_{-\infty}^{+\infty} \Psi^*(x, y, z)\,\Psi(x, y, z)\,dx\,dy\,dz < \infty$, dann gilt

$$\Psi(x, y, z) = \sum_n \alpha_n \cdot \Psi_n(x, y, z) \tag{7.45}$$

Eigenfunktionen als vollständige orthonormierte Basis. Gemäß den obigen Betrachtungen ist es möglich und wünschenswert, die quadratisch integrierbaren Wellenfunktionen $\Psi(x, y, z)$ mit Hilfe der vollständigen orthonormierten Basis der Eigenfunktionen $\Psi_n(x, y, z)$ des Hamilton-Operators mit den Energieeigenwerten E_n darzustellen:

Basis: $\Psi_n(x, y, z)$

$$\mathscr{H}\,\Psi_n(x, y, z) = E_n\,\Psi_n(x, y, z)$$

$$\int_{-\infty}^{+\infty}\int_{-\infty}^{+\infty}\int_{-\infty}^{+\infty} \Psi_n^*(x, y, z)\,\Psi_m(x, y, z)\,dx\,dy\,dz = \delta_{nm} = \begin{cases} 1 & \text{für } n = m \\ 0 & \text{für } n \neq m \end{cases}$$

δ_{nm} bezeichnet das δ-*Symbol* von L. K r o n e c k e r (1823–1891).

Wellenfunktion: $\Psi(x, y, z)$

$$\Psi(x, y, z) = \sum_n \alpha_n\,\Psi_n(x, y, z)$$

$$\alpha_n = \int_{-\infty}^{+\infty}\int_{-\infty}^{+\infty}\int_{-\infty}^{+\infty} \Psi_n^*(x, y, z)\cdot\Psi(x, y, z)\,dx\,dy\,dz \tag{7.46}$$

B e w e i s :

$$\iiint \Psi_n^*\cdot\Psi\cdot dx\,dy\,dz = \iiint \Psi_n^* \sum_m \alpha_m\,\Psi_m\,dx\,dy\,dz$$

$$= \sum_m \alpha_m \iiint \Psi_n^*\,\Psi_m\,dx\,dy\,dz = \sum_m \alpha_m\cdot\delta_{nm} = \alpha_n$$

Das Teilchen im Potentialtopf

Voraussetzungen über die Wellenfunktionen:

$$\Psi(x = 0) = \Psi(x = a) = 0, \qquad \int_0^a |\Psi(x)|^2\,dx < \infty$$

Orthonormierte Basis:

$$\Psi_n(x) = (2/a)^{1/2}\sin(n\pi x/a), \quad n = 1, 2, 3, 4, \ldots$$

Beispiel einer normierten Wellenfunktion:

$$\Psi(x) = \begin{cases} (12/a^3)^{1/2}\, x & \text{für } 0 \leqslant x \leqslant a/2 \\ (12/a^3)^{1/2}\,(a - x) & \text{für } a/2 \leqslant x \leqslant a \end{cases}$$

Darstellung mit Hilfe der Basis $\Psi_n(x)$:

$$\Psi(x) = \sum_{n=1,3,5,} \frac{1}{n^2} \cdot (-1)^{\frac{n-1}{2}} \frac{\sqrt{3a^3}}{(\pi/2)^2}\, \Psi_n(x)$$

7.4.6 Matrixdarstellung quantenmechanischer Operatoren

Einführung. Im Gegensatz zu L. de Broglie (1892–) und E. Schrödinger (1887–1961) formulierte W. Heisenberg die Wellenmechanik nicht mit Wellenfunktionen und Operatoren, sondern mit Matrizen. E. P. Jordan (1902–) wies nach, daß diese Darstellungen äquivalent sind. Im folgenden soll die Darstellung von Observablen mit Hilfe von Matrizen beschrieben und ihr Zusammenhang mit den Wellenfunktionen und Operatoren aufgezeigt werden.

Voraussetzung

Orthonormierte Basis: $\Psi = \sum_n \alpha_n \cdot \Psi_n$, $\quad \int\int\int \Psi_n^* \Psi_m \, dx\, dy\, dz = \delta_{nm}$

Quantenmechanischer Operator: $\mathscr{A}$

Matrixdarstellung des Operators

(7.47) $$A_{nm} = \int_{-\infty}^{+\infty} \int_{-\infty}^{+\infty} \int_{-\infty}^{+\infty} \Psi_n^*(x, y, z) \{\mathscr{A}\, \Psi_m(x, y, z)\}\, dx\, dy\, dz$$

Hermitezität des Operators

(7.48) $$A_{nm}^* = A_{mn}; \qquad A_{nn}^* = A_{nn} = \text{reell}$$

Quantenmechanische Operatoren von Observablen werden durch hermitesche, d. h. selbstadjungierte, Matrizen dargestellt.

Einheitsoperator. $\mathbb{1}\, \Psi(x, y, z) = \Psi(x, y, z)$

(7.49) $$(\mathbb{1})_{nm} = \delta_{nm}$$

δ_{nm} = Kronecker-Symbol (7.4.5)

Erwartungswerte. Erwartungswert der Observablen A für den Zustand n:

(7.50) $$\bar{A}_n = \int\int\int \Psi_n^* \{\mathscr{A}\Psi_n\}\, dx\, dy\, dz = A_{nn}$$

Zeitunabhängige Schrödinger-Gleichung in Matrixform

(7.51) $$\sum_m H_{nm}\,\alpha_m = E\,\alpha_n = \sum_m E\cdot\delta_{nm}\cdot\alpha_m$$

Beweis:

Schrödinger-Gleichung in Operatorform: $\mathscr{H}\Psi = E\,\Psi = E\cdot\mathbb{1}\,\Psi$

vollständige orthonormierte Basis: $\Psi = \sum_m \alpha_m\,\Psi_m$

$$\iiint \Psi_n^*\,\mathscr{H}\Psi\,dx\,dy\,dz = \iiint \Psi_n^*\,\mathscr{H}\sum_m \alpha_m\,\Psi_m\,dx\,dy\,dz$$
$$= \sum_m H_{nm}\,\alpha_m = \iiint \Psi_n^*\,E\,\Psi\,dx\,dy\,dz$$
$$= E\sum_m \alpha_m \iiint \Psi_n^*\,\Psi_m\,dx\,dy\,dz = E\,\alpha_n$$

Die Säkulargleichung. Die zeitunabhängige Schrödinger-Gleichung in Matrixform erlaubt die Bestimmung der *Energieeigenwerte* mit Hilfe der Säkulargleichung:

(7.52) $$\det\,[H_{nm} - E\,\delta_{nm}] = 0$$

Dabei bedeutet det die *Determinante* der betreffenden Matrix.

Diese Beziehung erlaubt in vielen Fällen die Bestimmung von Energieeigenwerten durch das Auflösen algebraischer Gleichungen.

Das Teilchen im Potentialtopf. Die Basis der folgenden Matrizen wird durch die Eigenfunktionen (7.31) gebildet.

Energie- oder Hamiltonmatrix:

$$H_{np} = \delta_{np}\,E_n = \delta_{np}\cdot\frac{h^2 n^2}{8ma^2}$$

$$= \begin{vmatrix} h^2/8ma^2 & 0 & 0 & 0 & . \\ 0 & h^2/2ma^2 & 0 & 0 & . \\ 0 & 0 & 9h^2/8ma^2 & 0 & . \\ 0 & 0 & 0 & 2h^2/ma^2 & . \\ . & . & . & . & . \end{vmatrix}$$

Matrix der Ortskoordinate:

$$x_{np} = \delta_{np}\,\frac{a}{2} + \delta_{n,p+2k+1}\,\frac{2a}{\pi^2}\left\{\frac{1}{(n+p)^2} - \frac{1}{(n-p)^2}\right\}$$

$k = 0, \pm 1, \pm 2, \ldots;\ n = 1, 2, 3, 4 \ldots$

$$x_{np} = \begin{array}{|c|c|c|c|c} \hline \frac{a}{2} & -\frac{8}{9}\cdot\frac{2a}{\pi^2} & 0 & \frac{16}{225}\cdot\frac{2a}{\pi^2} & \cdot \\ \hline -\frac{8}{9}\cdot\frac{2a}{\pi^2} & \frac{a}{2} & -\frac{24}{25}\cdot\frac{2a}{\pi^2} & 0 & \cdot \\ \hline 0 & -\frac{24}{25}\cdot\frac{2a}{\pi^2} & \frac{a}{2} & -\frac{48}{49}\cdot\frac{2a}{\pi^2} & \cdot \\ \hline \cdot & \cdot & \cdot & \cdot & \cdot \end{array}$$

7.5 Wellenmechanik des eindimensionalen harmonischen Oszillators

7.5.1 Die Schrödinger-Gleichung des harmonischen Oszillators

Herleitung

Bewegungsdifferentialgleichung:

$$m\ddot{x} = -f x, \qquad \omega_0^2 = f/m, \qquad \ddot{x} + \omega_0^2 x = 0$$

Energie:

$$E = \frac{m}{2}\dot{x}^2 + \frac{f}{2}x^2$$

Hamiltonfunktion:

$$H = \frac{p_x^2}{2m} + \frac{f}{2}x^2$$

Hamiltonoperator:

$$\mathscr{H} = -\frac{\hbar^2}{2m}\frac{d^2}{dx^2} + \frac{m}{2}\omega_0^2 \cdot x^2 \qquad (7.53)$$

Zeitunabhängige Schrödinger-Gleichung:

$$\mathscr{H}\,\Psi(x) = -\frac{\hbar^2}{2m}\frac{d^2}{dx^2}\Psi(x) + \frac{m}{2}\omega_0^2 x^2\,\Psi(x) = E\,\Psi(x) \qquad (7.54)$$

$$\psi(x,t) = \Psi(x)\exp\left(-i\frac{E}{\hbar}t\right)$$

Randbedingungen: $\Psi(\infty) = \Psi(-\infty) = 0; \int_{-\infty}^{+\infty} |\Psi(x)|^2\,dx = 1$

Die Aufenthaltswahrscheinlichkeitsdichte P muß im Unendlichen Null sein.

Parametertransformation

$$x = x' \cdot x_0; \qquad x_0 = \sqrt{\frac{\hbar}{m\,\omega_0}}$$

$$E = E' \cdot E_0; \qquad E_0 = \frac{\hbar\,\omega_0}{2} \tag{7.55}$$

$$\frac{d^2\,\Psi(x')}{dx'^2} + (E' - x'^2)\,\Psi(x') = 0$$

7.5.2 Energieeigenwerte und Eigenfunktionen

Hermitesche Differentialgleichung. Die dimensionslose Schrödinger-Gleichung (7.55) des harmonischen Oszillators läßt sich mit dem Ansatz:

$$\Psi(x') = e^{-\frac{x'^2}{2}} \cdot f(x')$$

umformen in die Differentialgleichung von Ch. Hermite (1822–1901):

$$\frac{d^2 f(x')}{dx'^2} - 2x'\,\frac{df(x')}{dx'} + (E' - 1)\,f(x') = 0$$

Diese Differentialgleichung hat für

$$E' = 2n + 1, \qquad n = 0, 1, 2, 3, \ldots$$

die hermiteschen Polynome $H_n(x')$ als Lösung. Die hermiteschen Polynome sind im Anhang A4.2.8 dargestellt. Nur diese Lösungen ergeben Wellenfunktionen $\psi(x')$, welche die oben aufgeführten Randbedingungen erfüllen. Somit sind $E' = 2n + 1$ die Energieeigenwerte.

Energieeigenwerte des harmonischen Oszillators. Durch die Rücktransformation von E' mit dem Parameter E_0 erhält man die Energieeigenwerte des harmonischen Oszillators

$$E_n = \hbar\,\omega_0 \cdot \left(n + \frac{1}{2}\right), \qquad n = 0, 1, 2, \ldots \tag{7.56}$$

Daraus ergibt sich, daß der *eindimensionale* harmonische Oszillator *keine entarteten Zustände* aufweist.

Energiedifferenzen:

$$\Delta E = \hbar\,\omega_0 = E_{Phonon}$$

Nullpunktenergie:

$$E_0 = \frac{1}{2}\,\hbar\,\omega_0$$

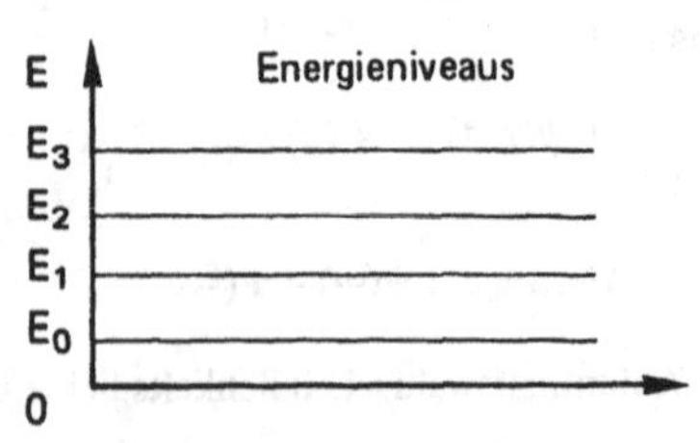

Wegen der Heisenbergschen Unbestimmtheitsrelation (7.37) hat der harmonische Oszillator die *Nullpunktenergie*

(7.57) $$E_0 = \frac{1}{2}\hbar\omega_0$$

Bei jedem Sprung der Quantenzahl n auf n + 1 erhöht sich die Energie um $\hbar\omega_0$. Aus diesem Grund entspricht n der *Anzahl Vibrationsquanten*. Vibrationsquanten der Kristallgitterschwingungen von Festkörpern bezeichnet man als *Phononen*. Somit hat jedes Phonon die *Energie*

(7.58) $$E_{Phonon} = \hbar\omega_0$$

Wellenfunktionen des harmonischen Oszillators. Den Energieeigenwerten E_n des harmonischen Oszillators entsprechen die orthonormierten *Eigenfunktionen*:

(7.59)
$$\psi_n(x,t) = e^{-i(n+\frac{1}{2})\omega_0 t}\,\Psi_n(x)$$
$$\Psi_n(x) = \frac{1}{\sqrt{x_0}\sqrt{2^n n!\sqrt{\pi}}}\,H_n\left(\frac{x}{x_0}\right)\exp\left\{-\frac{x^2}{2x_0^2}\right\}$$

wobei

H_n das n-te hermitesche Polynom gemäß A4.2.8

x_0 die normierte Längeneinheit: $x_0 = \sqrt{\dfrac{\hbar}{m\omega_0}}$

N_n der n-te Normierungsfaktor: $N_n = \dfrac{1}{\sqrt{x_0}\sqrt{2^n n!\sqrt{\pi}}}$

Die Eigenfunktionen $\Psi_n(x)$ des harmonischen Oszillators sind *reell*, abgesehen von einem irrelevanten gemeinsamen Phasenfaktor.

Wellenfunktionen:

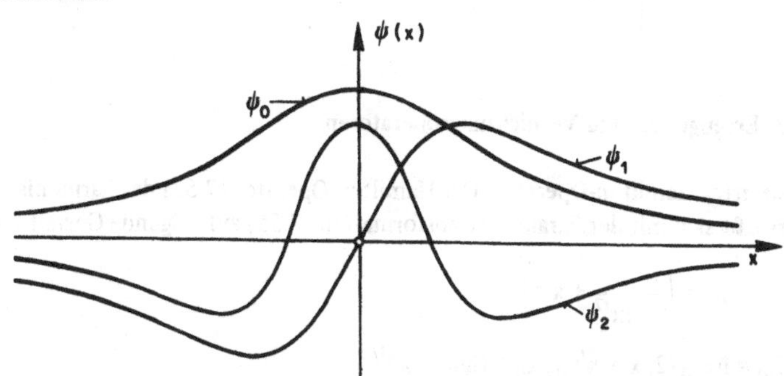

Wahrscheinlichkeitsdichten:

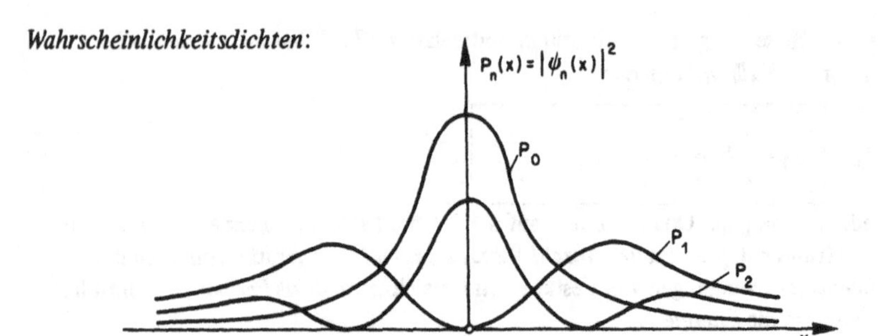

Matrixdarstellung mit der Basis (7.59)

Energiematrix:

$$E_{nm} = \delta_{nm}\, E_n = \begin{array}{|ccccc} E_0 & 0 & 0 & 0 & . \\ 0 & E_1 & 0 & 0 & . \\ 0 & 0 & E_2 & 0 & . \\ 0 & 0 & 0 & E_3 & . \\ . & . & . & . & . \end{array}$$

Ortsmatrix: $x_{nm} = x_0 \sqrt{\frac{m}{2}}\, \delta_{n,m-1} + x_0 \sqrt{\frac{m+1}{2}}\, \delta_{n,m+1}$

$$\frac{x_{nm}}{x_0} = \begin{array}{|ccccc} 0 & \sqrt{\frac{1}{2}} & 0 & 0 & . \\ \sqrt{\frac{1}{2}} & 0 & \sqrt{\frac{2}{2}} & 0 & . \\ 0 & \sqrt{\frac{2}{2}} & 0 & \sqrt{\frac{3}{2}} & . \\ 0 & 0 & \sqrt{\frac{3}{2}} & 0 & . \\ . & . & . & . & . \end{array}$$

7.5.3 Erzeugungs- und Vernichtungsoperatoren

Reduzierter Hamilton-Operator. Der Hamilton-Operator (7.53) des harmonischen Oszillators läßt sich mit der Parametertransformation (7.55) auf folgende Gestalt reduzieren

$$\mathscr{H} = \left(-\frac{d}{dx'^2} + x'^2 \right) E_0$$

mit $E_0 = \hbar\omega_0/2$, $x = x' x_0$, $x_0 = (\hbar/m\,\omega_0)^{1/2}$.

Dieser Differentialoperator kann auch dargestellt werden als

$$\mathscr{H} = \left\{ \left(x' \mp \frac{d}{dx'} \right) \left(x' \pm \frac{d}{dx'} \right) \pm 1 \right\} E_0$$

Dies führt zur

Definition der Erzeugungs- und Vernichtungsoperatoren. Man setzt

$$a_\pm = 2^{-1/2} \left(x' \mp \frac{d}{dx'} \right)$$

oder

$$(7.60) \quad a_\pm = 2^{-1/2} \left\{ (\hbar/m\,\omega_0)^{-1/2} x \mp (\hbar/m\,\omega_0)^{+1/2} \frac{d}{dx} \right\}$$

Man bezeichnet a_+ als *Erzeugungsoperator* und a_- als *Vernichtungsoperator*.
Der Grund für diese Bezeichnungen ist die Beziehung (7.64).
Aus der Definition (7.60) ergibt sich eine neue

Darstellung des Hamilton-Operators

$$(7.61) \quad \mathscr{H} = \frac{1}{2} \hbar\,\omega_0 (a_- a_+ + a_+ a_-) = \hbar\,\omega_0 \left(a_- a_+ - \frac{1}{2} \right) = \hbar\,\omega_0 \left(a_+ a_- + \frac{1}{2} \right)$$

Vertauschungsrelation

$$(7.62) \quad (a_- a_+ - a_+ a_-) = 1$$

Operator-Produkte. Aus (7.56) und (7.61) folgt

$$\mathscr{H} \Psi_n = \hbar\,\omega_0 \left(a_- a_+ - \frac{1}{2} \right) \Psi_n = \hbar\,\omega_0 \left(a_+ a_- + \frac{1}{2} \right) \Psi_n = \hbar\,\omega_0 \left(n + \frac{1}{2} \right) \Psi_n$$

Diese Gleichungen ergeben für die Operator-Produkte

$$(7.63) \quad a_+ a_- \, \Psi_n = n \cdot \Psi_n , \qquad a_- a_+ \, \Psi_n = (n+1) \cdot \Psi_n$$

Erzeugung und Vernichtung von Phononen. Die Bezeichnung der durch die Definition (7.60) eingeführten Operatoren a_+ und a_- beruht auf ihrer Eigenschaft, bei ihrer Einwirkung auf die Wellenfunktion Ψ_n des Zustandes mit n Phononen, diese in die Wellenfunktionen Ψ_{n+1} und Ψ_{n-1} der Zustände mit (n + 1) und (n – 1) Phononen überzuführen. Somit erzeugen oder vernichten sie ein Phonon. Die Wirkungen von a_+ und a_- sind:

$$(7.64) \quad a_+ \Psi_n = (n+1)^{1/2} \cdot \Psi_{n+1} , \qquad a_- \Psi_n = n^{1/2} \cdot \Psi_{n-1}$$

Die Faktoren $(n + 1)^{1/2}$ und $n^{1/2}$ dienen zur Erfüllung der Regeln (7.63) und zur Normierung der Wellenfunktionen Ψ_n.

B e w e i s : der Wirkung von a_+ auf Ψ_n mit $\mathcal{H}\Psi_n = E_n \Psi_n = h\,\omega_0\left(n + \frac{1}{2}\right)\Psi_n$.

$$\mathcal{H}(a_+ \Psi_n) = \hbar\omega_0\left(a_+a_-a_+ + \frac{1}{2}a_+\right)\Psi_n = \hbar\omega_0\left(a_+\left(a_-a_+ + \frac{1}{2}\right)\right)\Psi_n$$

$$= a_+\hbar\omega_0\left(a_-a_+ - \frac{1}{2} + 1\right)\Psi_n = a_+(E_n + \hbar\omega_0)\Psi_n = E_{n+1}(a_+\Psi_n)$$

somit gilt $a_+ \Psi_n \propto \Psi_{n+1}$.

7.6 Die Quantenmechanik des Drehimpulses

7.6.1 Drehimpulsoperatoren

Der Drehimpuls der klassischen Mechanik:

$$\vec{L} = \vec{r} \times \vec{p}, \qquad L_x = yp_z - zp_y, \qquad (\vec{L})^2 = L_x^2 + L_y^2 + L_z^2$$

Quantenmechanische Operatoren:

$$\vec{\mathscr{r}} = \vec{r}; \qquad \vec{\mathscr{p}} = -i\hbar\,\mathrm{grad}$$

Operatoren in kartesischen Koordinaten:

(7.65)
$$\vec{\mathscr{L}} = -i\hbar(\vec{r} \times \mathrm{grad}) \qquad \mathscr{L}_x = -i\hbar\left(y\frac{\partial}{\partial z} - z\frac{\partial}{\partial y}\right)$$
$$\mathscr{L}_y = -i\hbar\left(z\frac{\partial}{\partial x} - x\frac{\partial}{\partial z}\right)$$
$$(\vec{\mathscr{L}})^2 = \mathscr{L}_x^2 + \mathscr{L}_y^2 + \mathscr{L}_z^2 \qquad \mathscr{L}_z = -i\hbar\left(x\frac{\partial}{\partial y} - y\frac{\partial}{\partial x}\right)$$

Vertauschungsrelationen:

(7.66)
$$\mathscr{L}_x = \frac{1}{i\hbar}(\mathscr{L}_y\mathscr{L}_z - \mathscr{L}_z\mathscr{L}_y), \qquad \mathscr{L}_x(\vec{\mathscr{L}})^2 - (\vec{\mathscr{L}})^2\mathscr{L}_x = 0$$
$$\mathscr{L}_y = \frac{1}{i\hbar}(\mathscr{L}_z\mathscr{L}_x - \mathscr{L}_x\mathscr{L}_z), \qquad \mathscr{L}_y(\vec{\mathscr{L}})^2 - (\vec{\mathscr{L}})^2\mathscr{L}_y = 0$$
$$\mathscr{L}_z = \frac{1}{i\hbar}(\mathscr{L}_x\mathscr{L}_y - \mathscr{L}_y\mathscr{L}_x), \qquad \mathscr{L}_z(\vec{\mathscr{L}})^2 - (\vec{\mathscr{L}})^2\mathscr{L}_z = 0$$

Die Operatoren jeder Drehimpulskomponente sind mit dem Operator des Drehimpulsqua drates vertauschbar. Die Operatoren der Drehimpulskomponenten sind untereinander nicht vertauschbar.

Daraus folgt, daß immer *nur eine Drehimpulskomponente und das Drehimpulsquadrat gleichzeitig exakt meßbar* sind.

Operatoren in Kugelkoordinaten:

$$x = r \cdot \sin\theta \cos\phi,\ y = r \sin\theta \sin\phi,\ z = r\cos\theta$$

$$\mathscr{L}_x = +i\hbar\left(\sin\phi \frac{\partial}{\partial\theta} + \cot\theta \cos\phi \frac{\partial}{\partial\phi}\right)$$

$$\mathscr{L}_y = -i\hbar\left(\cos\phi \frac{\partial}{\partial\theta} - \cot\theta \sin\phi \frac{\partial}{\partial\phi}\right)$$

$$\mathscr{L}_z = -i\hbar \frac{\partial}{\partial\phi}$$

$$(\vec{\mathscr{L}})^2 = -\hbar^2 \Delta_{\theta,\phi} = -\hbar^2\left(\frac{1}{\sin\theta}\frac{\partial}{\partial\theta}\left(\sin\theta \frac{\partial}{\partial\theta}\right) + \frac{1}{\sin^2\theta}\frac{\partial^2}{\partial\phi^2}\right)$$

7.6.2 Eigenwerte und Eigenfunktionen

Eigenwerte

$$(\vec{\mathscr{L}})^2\, Y_{\ell m}(\theta,\phi) = \ell(\ell+1)\,\hbar^2\, Y_{\ell m}(\theta,\phi); \qquad \mathscr{L}_z\, Y_{\ell m}(\theta,\phi) = m\,\hbar\, Y_{\ell m}(\theta,\phi) \tag{7.67}$$

Drehimpulsquantenzahl:

$$\ell = 0, 1, 2, 3, \ldots$$

Richtungsquantenzahl:

$$m = -\ell, -\ell+1, \ldots, \ell-1, \ell$$

Die *Eigenwerte* sind exakt meßbare physikalische Größen.

B e i s p i e l : $\ell = 2$,
$\vec{L}^2 = 2(2+1)\,\hbar^2 = 6\hbar^2$
$L_z = -2\hbar, -1\hbar, 0, +1\hbar, +2\hbar$

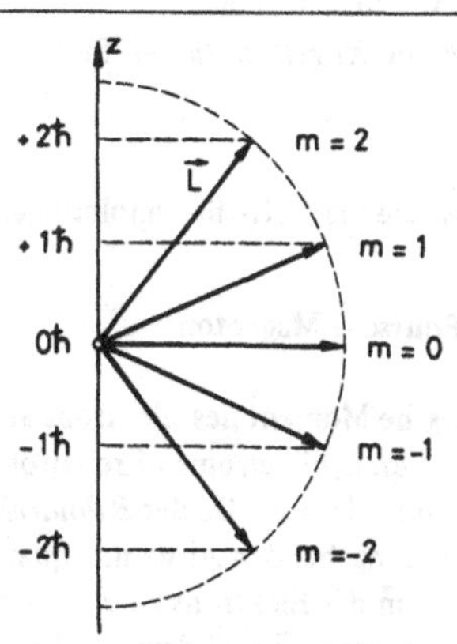

Eigenfunktionen. Die *Eigenfunktionen* sind die *Kugelfunktionen* (A4.2.11):

$$Y_{\ell m}(\theta,\phi) = \sqrt{\frac{(\ell-|m|)!\,(2\ell+1)}{(\ell+|m|)!\,4\pi}} \cdot P_\ell^{|m|}(\cos\theta)\cdot e^{im\phi} \tag{7.68}$$

mit $\int_0^{2\pi}\int_0^{\pi} Y^*_{\ell' m'}(\theta,\phi)\cdot Y_{\ell m}(\theta,\phi)\cdot \sin\theta \cdot d\theta \cdot d\phi = \delta_{\ell'\ell}\cdot\delta_{m'm}$

Normierungsfaktor:

$$N_{lm} = \sqrt{\frac{(l - |m|)!\,(2l+1)}{(l+|m|)!\,4\pi}}$$

Zugeordnete Kugelfunktionen und gewöhnliche Polynome von A. M. Legendre (1752–1834):

$$P_\ell^m(z) = (1 - z^2)^{m/2} \frac{d^m}{dz^m} P_\ell(z), \qquad m \geqslant 0$$

$$P_\ell(z) = \frac{1}{2^\ell \cdot \ell!} \frac{d^\ell}{dz^\ell} \{(z^2 - 1)^\ell\} = P_\ell^0(z)$$

Weitere Angaben über *Legendre-Polynome* sind in A4.2.9 zu finden.

Exponentialfaktor: $e^{im\phi} = \cos m\phi + i \sin m\phi$ = komplex, außer für $m = 0$.

Orbitale. Die Kugelfunktionen $Y_{\ell m}(\theta, \phi)$ sind komplex, außer für $m = 0$. Durch die Superposition der Kugelfunktionen $Y_{\ell m}(\theta, \phi)$ und $Y_{\ell,-m}(\theta, \phi)$ lassen sich *reelle Funktionen* bilden, welche Orbitale genannt werden:

$$\frac{1}{\sqrt{2}}(Y_{\ell,m} + Y_{\ell,-m}) \quad \text{und} \quad \frac{1}{\sqrt{2}\,i}(Y_{\ell,m} - Y_{\ell,-m})$$

Die Orbitale sind keine Eigenfunktionen von $\mathscr{L}_z$, da sie Mischungen der Zustände (ℓ, m) und $(\ell, -m)$ darstellen.

Die *Orbitale* und *Kugelfunktionen* für $\ell = 0, 1, 2$ sind in A4.2.11 dargestellt.

7.7 Quantisierte magnetische Dipolmomente

7.7.1 Das Bohrsche Magneton

Das magnetische Moment des Elektrons auf der Kreisbahn. Elektronen, die um einen Atomkern rotieren, bilden einen Kreisstrom, der nach (5.5.9) einem magnetischen Dipolmoment $\vec{m}$ äquivalent ist. Da der *Bahndrehimpuls* oder *Drall* $\vec{L}$ des Elektrons entsprechend dem vorangehenden Abschnitt quantisiert ist, ist dies auch vom magnetischen Dipolmoment $\vec{m}$ des Elektrons zu erwarten. Der Zusammenhang zwischen dem magnetischen Bahnmoment $\vec{m}$ und dem Drall $\vec{L}$ des Elektrons wird durch das *Bohrsche Magneton* bestimmt, das nach N. Bohr (1885–1962) benannt wird

(7.69)
$$\vec{m} = -\mu_B \frac{\vec{L}}{\hbar} = -\frac{e\hbar}{2m_e} \cdot \frac{\vec{L}}{\hbar}$$

$$\mu_B = 0{,}927 \cdot 10^{-23}\ \mathrm{A\,m^2}$$

wobei m_e die Masse des Elektrons und $-$e die elektrische Ladung des Elektrons darstellen. Entsprechend dem *negativen* Vorzeichen in diesem Gesetz sind $\vec{m}$ *und* $\vec{L}$ *entgegengesetzt* gerichtet. Der Grund ist das negative Vorzeichen der elektrischen Ladung $-$e des Elektrons.

Als *gyromagnetisches Verhältnis* bezeichnet man allgemein den Proportionalitätsfaktor γ zwischen dem magnetischen Moment $\vec{m}$ und dem Drall $\vec{L}$ eines Elementarteilchens.

(7.70) $$\vec{m} = \gamma \vec{L}$$

Für das *Elektron* auf einer Umlaufbahn gilt

(7.71) $$\gamma = -\frac{e}{2m_e} = -\frac{\mu_B}{\hbar} = -8{,}794 \cdot 10^{10}\ \mathrm{A\,s\,kg^{-1}}$$

Beweis: Zum Beweis betrachten wir ein Elektron, das mit der Kreisfrequenz ω auf einer Kreisbahn mit dem Radius R um einen Atomkern rotiert.

$$v = \omega R$$

Drehimpuls:

$$\vec{L} = \vec{R} \times \vec{p} = \vec{R} \times m_e \vec{v} = m_e R^2 \vec{\omega}$$

Magnetisches Moment = Kreisstrom

$$\vec{m} = I A \cdot \vec{n}$$

$$I\vec{n} = \frac{\vec{\omega}}{2\pi}(-e) = -\frac{\vec{\omega}}{2\pi} \cdot e$$

$$A = \pi \cdot R^2$$

$$\vec{m} = -\frac{\vec{\omega}}{2\pi} e \pi R^2 = \frac{-e}{2} R^2 \vec{\omega}$$

$$= -\frac{e}{2m_e} \vec{L}$$

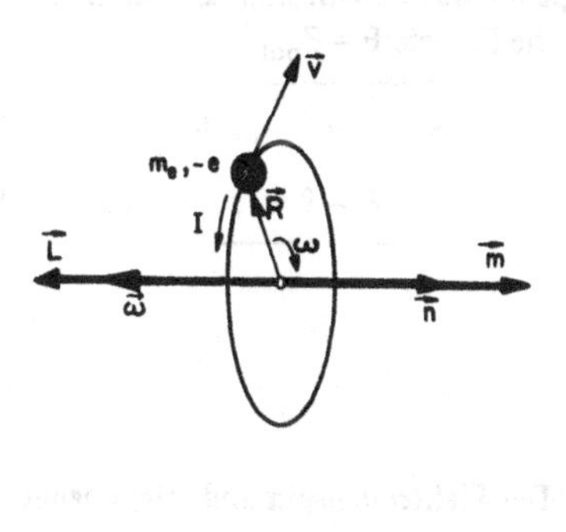

Die Larmor-Präzession. Die Präzession eines mikroskopischen magnetischen Dipols mit dem Moment $\vec{m}$ in einem magnetischen Feld $\vec{B}$ bezeichnet man nach J. Larmor (1857–1942). Die Präzessionsfrequenz oder *Larmor-Frequenz* ist bestimmt durch das gyromagnetische Verhältnis γ

(7.72) $$\vec{\omega}_L = -\gamma \cdot \vec{B}$$

Besteht der mikroskopische Dipol aus einem *Elektron, das auf einer Kreisbahn rotiert,* so ist

(7.73) $$\omega_L = \frac{e}{2m_e} \cdot B = \frac{1}{2}\,\omega_{\mathrm{Zyklotron}}$$

B e w e i s : Mechanisches Drehmoment auf den Dipol:

$$\vec{T} = \vec{m} \times \vec{B} = \gamma \vec{L} \times \vec{B} = -\gamma \vec{B} \times \vec{L}$$

Präzession: $$\vec{T} = \frac{d\vec{L}}{dt} = \vec{\omega}_L \times \vec{L}$$

Larmor-Frequenz: $\vec{\omega}_L = -\gamma \vec{B}$

7.7.2 Das quantisierte magnetische Dipolmoment des Elektronendralls

Quantisierung. Aus der obigen Beziehung zwischen dem magnetischen Moment $\vec{m}$ und dem Bahndrehimpuls oder Drall $\vec{L}$ des Elektrons ergibt sich aus der Quantisierung von $\vec{L}$ (7.6.2) die Quantisierung von $\vec{m}$:

(7.74)
$$\begin{aligned} \vec{m}^2 &= \mu_B^2\, \ell(\ell+1) \\ (\vec{m})_z &= -\mu_B \cdot m \\ m &= -\ell, -\ell+1, \ldots, +\ell \end{aligned}$$

Energie im Magnetfeld. Im magnetischen Feld $\vec{B} = \{0, 0, B\}$ besitzt der magnetische Dipol die Energie $E = E_{pot}$

(7.75)
$$\begin{aligned} E &= -\vec{m}\,\vec{B} = +\mu_B\, B \cdot m \\ m &= -\ell, -\ell+1, \ldots, +\ell \end{aligned}$$

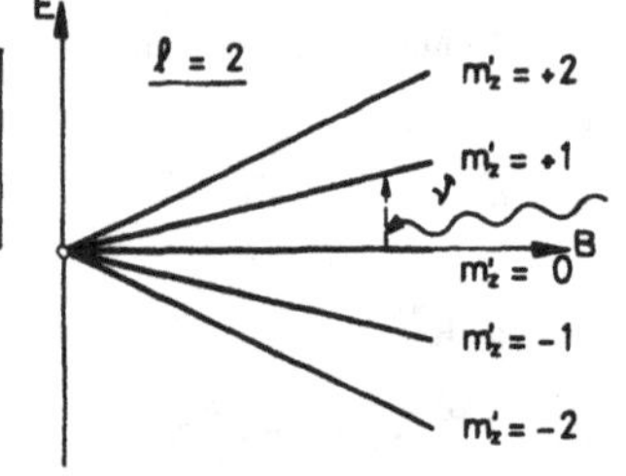

7.7.3 Der Elektronenspin und sein magnetisches Moment

Der Elektronenspin. Das Elektron besitzt einen Eigendrehimpuls oder *Elektronenspin* $\vec{s}$, der im Gegensatz zum Bahndrehimpuls $\vec{L}$ ***halbzahlig*** ist. Aufgrund der Experimente von O. S t e r n (1888–1969) und W. G e r l a c h (1889–1979) postulierten S. A. G o u d s m i t (1902–1979) und G. E. U h l e n b e c k (1905–) im Jahre 1925:

(7.76)
$$\begin{aligned} \vec{s}^2 &= \hbar^2\, s(s+1) = \frac{3}{4}\hbar^2 \\ (\vec{s})_z &= m_s \hbar = \pm \frac{1}{2}\hbar \\ s &= \frac{1}{2}, \qquad m_s = \pm\frac{1}{2} \end{aligned}$$

Das magnetische Moment. Beim magnetischen Dipolmoment des Elektronenspins muß das Bohrsche Magneton mit dem sogenannten g-*Faktor* korrigiert werden:

$$\vec{m} = -g\,\mu_B\,\frac{\vec{s}}{\hbar}$$

$$(7.77)\qquad \vec{m}^2 = +g^2\,\mu_B^2\,s(s+1) = +\frac{3}{4}\,g^2\,\mu_B^2$$

$$(\vec{m})_z = -g\,\mu_B\,m_s = \mp\frac{1}{2}\,g\,\mu_B$$

$$g = 2{,}002\,319\,314\,7 \simeq 2$$

Die Korrektur in Gestalt des g-Faktors rührt davon, daß das *magnetische Moment des Elektronenspins relativistisch beeinflußt* ist. Die relativistisch-quantenmechanische Theorie des Elektrons wurde von P. A. M. Dirac (1902–) entwickelt.

Energie im Magnetfeld. Im magnetischen Feld $\vec{B} = \{0, 0, B\}$ besitzt das magnetische Dipolmoment $\vec{m}$ des Elektronenspins $\vec{s}$ die Energie

$$(7.78)\qquad E = -\vec{m}\,\vec{B} = +g\,\mu_B\,B\,m_s = \pm\frac{g}{2}\,\mu_B\,B$$

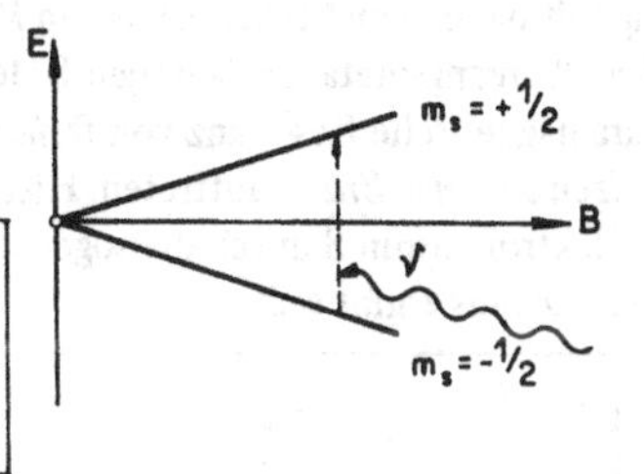

Elektronenspin-Resonanz (esr). Tritt das magnetische Moment $\vec{m}$ des Elektronenspins im Magnetfeld $\vec{B}$ mit elektromagnetischer Strahlung der Frequenz ν in Wechselwirkung, so gilt die *Auswahlregel*

$$(7.79)\qquad \Delta m_s = \pm 1$$

Nach der *Planckschen Beziehung* $\Delta E = h\nu$ ergibt sich daraus für die *Absorptionsfrequenz*

$$(7.80)\qquad \nu = g\,\mu_B \cdot \frac{B}{h} \quad \text{oder} \quad \frac{\nu}{B} = 2{,}8\,\frac{\text{MHz}}{\text{Gauß}}$$

Unter den üblichen Laborbedingungen liegt sie im Bereich der *Mikrowellen* ($\nu = 10^{10}$ Hz). Die *Elektronenspin-Resonanz* dient zum Studium der *freien Radikale*. Dabei werden entsprechend Tabelle 7.2 meist geringe Abweichungen des g-Faktors im Radikal vom g-Faktor des freien Elektrons gemessen. Wichtig ist bei der Elektronenspin-Resonanz der freien Radikale nicht der g-Faktor, sondern die sogenannte Hyperfeinaufspaltung der Resonanzlinie, welche von der Wechselwirkung des Elektronenspins mit den Kernspins im Radikal herrührt. Die Hyperfeinaufspaltung erlaubt die Analyse und die Charakterisierung der Radikale.

Tab. 7.2 g-Faktoren freier Radikale

Radikal		g-Faktor
$H^{\cdot}$	in Gas bei 300 K	2,00 229
$O^{\cdot}$	in Gas bei 300 K	1,50 09
$H^{\cdot}$	in fester Xenonmatrix bei 4,2 K	2,00 170
$Li^{\cdot}$	in fester Xenonmatrix bei 4,2 K	1,99 141
$Na^{\cdot}$	in fester Xenonmatrix bei 4,2 K	1,99 251
$K^{\cdot}$	in fester Xenonmatrix bei 4,2 K	1,98 571
$Rb^{\cdot}$	in fester Xenonmatrix bei 4,2 K	1,98 221
$HO^{\cdot}$	Hydroxylradikal in Eis bei 77 K	2,00 94
$HO_2^{\cdot}$	in Eis bei 77 K	2,01 66
$NO_2^{\cdot}$	in Gas bei 300 K	1,99 56
DPPH	1,1 Diphenyl-2-picryl-hydrazyl	2,00 36

Paramagnetische Resonanz (epr). Mit der Elektronenspin-Resonanz eng verwandt ist die paramagnetische Resonanz, die bei der Wechselwirkung von elektromagnetischer Strahlung mit paramagnetischen Ionen im Magnetfeld $\vec{B}$ auftritt. Studiert werden die Ionen von Übergangsmetallen, seltenen Erden, Aktiniden, etc. Verhältnismäßig einfach ist die paramagnetische Resonanz von *freien oder annähernd freien Ionen*, wie sie z. B. in den *Salzen seltener Erden* auftreten. Hier sind der gesamte Elektronendrall $\vec{L}$ und der gesamte Elektronenspin $\vec{S}$ durch die sogenannte *Spin-Bahn-Kopplung* zum Gesamtdrall $\vec{J}$ verbunden. Daraus ergibt sich

$$\text{(7.81)} \qquad \vec{L} = \sum_i \vec{\ell}_i, \qquad \vec{S} = \sum_i \vec{s}_i$$
$$\vec{J} = \vec{L} + \vec{S}, \qquad \vec{m} = -\hbar^{-1}\mu_B(\vec{L} + g\,\vec{S})$$

wobei $\vec{\ell}_i$ und $\vec{s}_i$ Drall und Spin eines Elektrons im Ion, sowie $\vec{m}$ das magnetische Moment des Ions darstellen. Es ist zu beachten, daß gesamter Drall $\vec{J}$ und magnetisches Moment $\vec{m}$ des Ions nicht parallel stehen müssen. Befindet sich das Ion in einem Magnetfeld $\vec{B}$, so ist seine Energie

$$\text{(7.82)} \qquad E = -\vec{m} \cdot \vec{B} = \mu_B(\vec{L} + g\,\vec{S})\hbar^{-1}\,\vec{B} = g_L\,\mu_B\,B\,m_J$$
$$m_J = -J, -J+1, -J+2, \ldots, J-1, J$$
$$g_L = 1 + \frac{J(J+1) + S(S+1) - L(L+1)}{2J(J+1)}$$

g_L bezeichnet den *Landé-g-Faktor*. Dieser wird in der paramagnetischen Resonanz von freien oder quasifreien Ionen anstelle des g-Faktors des freien Spins beobachtet.

Bei *Übergangsmetall-Ionen in Kristallen* überwiegt das elektrische Feld der benachbarten Ionen und Atome, das sogenannte *Kristallfeld*, meistens gegenüber der *Spin-Bahn Kopplung*. Dadurch wird der Bahndrehimpuls $\vec{L}$ unterdrückt. Deshalb verhält sich das Übergangsmetall-Ion im Kristall anders als im freien Zustand. A. Abragam und M. H. L.

Tab. 7.3 g-Faktoren von Übergangsmetallionen in MgO

Ion	Elektronen-konfiguration	Grundzustand freies Ion	effektiver Spin in MgO	g-Faktor in MgO
Cr^{3+}	d^3	$^4F_{3/2}$	3/2	1,980
Mn^{2+}	d^5	$^6S_{5/2}$	(5/2)	2,001
Fe^{3+}	d^5	$^6S_{5/2}$	(5/2)	2,003
Fe^{2+}	d^6	$^5D_4$	1	3,427
Co^{2+}	d^7	$^4F_{9/2}$	1/2	4,278
Ni^{2+}	d^8	$^3F_4$	1	2,227

Pryce haben aber gezeigt, daß die paramagnetische Resonanz dieser Ionen trotzdem mit einem g-Faktor beschrieben werden kann. Entsprechend der Symmetrie der Umgebung des Ions im Kristall ist dieser *effektive g-Faktor* ein Skalar oder ein Tensor. Tab. 7.3 zeigt als Beispiel effektive g-Faktoren von Ionen in MgO, welche wegen der kubischen Symmetrie der Umgebung der Ionen skalar sind.

7.7.4 Kernspins und ihre magnetischen Momente

Kernspins. Die Eigendrehimpulse der Kerne oder Kernspins $\vec{I}$ können *ganz- oder halbzahlige Quantenzahlen* I aufweisen. Es ist aber darauf zu achten, daß jeder Kern eine feste Quantenzahl I aufweist, die für ihn typisch ist. Es gilt

(7.83)
$$\vec{I}^2 = \hbar^2 \cdot I(I+1), \qquad (\vec{I})_z = \hbar \cdot m_I$$
$$I = 0 \text{ oder } \frac{1}{2} \text{ oder } 1 \text{ oder } \frac{3}{2} \text{ oder } 2 \text{ oder } \ldots$$
$$m_I = -I, -I+1, \ldots, +I$$

Magnetische Momente. Auch die magnetischen Momente $\vec{m}$ des Kernspins $\vec{I}$ können wie die magnetischen Momente des Elektronenspins nur relativistisch gedeutet werden. Es gilt

(7.84)
$$\vec{m} = + g_N \mu_N \frac{\vec{I}}{\hbar} = \gamma \vec{I}$$
$$\vec{m}^2 = g_N^2 \mu_N^2 I(I+1) = \hbar^2 \gamma^2 I(I+1)$$
$$(\vec{m})_z = + g_N \mu_N m_I = + \hbar \gamma m_I$$

Dabei bedeuten:

$$\mu_N = \frac{e\hbar}{2m_p} = \frac{m_e}{m_p}\mu_B = 5{,}0508 \cdot 10^{-27}\ \mathrm{Am^2}$$ das *Kernmagneton*

g_N den *gyromagnetischen Faktor* des Kerns oder *g-Faktor* des Kerns

γ das gyromagnetische Verhältnis

Da die Masse des Protons m_p viel größer ist als die Masse m_e des Elektrons, ist das Kernmagneton μ_N viel kleiner als das Bohrsche Magneton μ_B. Die g-Faktoren der Kerne sind in der Größenordnung von Eins, es treten aber sowohl positive wie negative Vorzeichen auf. Bei einem Kern mit positivem g-Faktor ist, im Gegensatz zum Elektron, das magnetische Moment $\vec{m}$ parallel zum Kernspin.

Energie im Magnetfeld. Im magnetischen Feld $\vec{B} = \{0, 0, B\}$ besitzt das magnetische Moment $\vec{m}$ eines Kerns die Energie

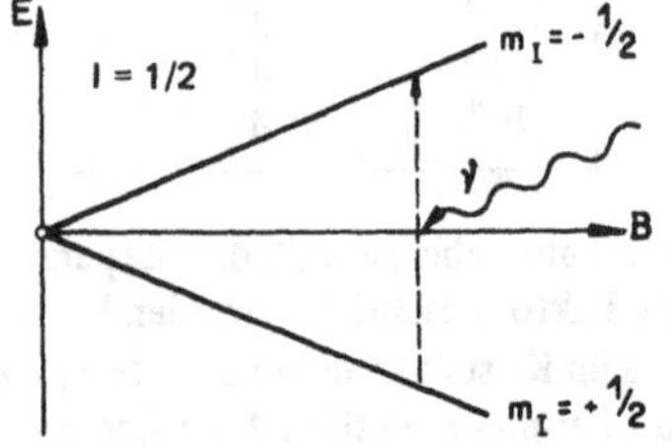

(7.85) $$E = -\vec{m}\,\vec{B} = -(g_N\,\mu_N)\cdot B\cdot m_I = -\hbar\gamma\,B\,m_I$$

Kernspinresonanz (nmr). Tritt das magnetische Moment $\vec{m}$ eines Kerns im Magnetfeld $\vec{B}$ mit elektromagnetischer Strahlung der Frequenz ν in Wechselwirkung, so gilt die *Auswahlregel*

(7.86) $$\Delta m_I = \pm 1$$

Die *Plancksche Beziehung* $\Delta E = h\nu$ liefert die *Absorptionsfrequenz*:

(7.87) $$\nu = \frac{\gamma}{2\pi}\,B = g_N\,\mu_N\cdot\frac{B}{h}$$

Diese Absorption bezeichnet man als *Kernspinresonanz* (nmr). Ist der Kern ein *Proton*, so gilt

(7.88) $$I = 1/2, \quad \nu/B = 4{,}2577\ \text{kHz/Gauß}$$

Unter Laborbedingungen liegt die Kernspinresonanz im *Frequenzbereich* 10^7 *bis* 10^9 *Hz*. Die Kernspinresonanz ist ein wichtiges Hilfsmittel der *analytischen organischen Chemie* und der *Biochemie*.

Tab. 7.4 Magnetische Momente und nmr-Frequenzen von Kernen

Isotop	Spin I	magn. Moment $g_N\,I$	nmr-Frequenz kHz/Gauß	natürl. Vorkommen %
^1H	1/2	+2,79270	4,2577	99,98
^2H	1	+0,85738	0,6536	0,0156
^7Li	3/2	+3,2560	1,6547	92,57
^{11}B	3/2	+2,6880	1,3660	81.17
^{19}F	1/2	+2,6273	4,0055	100
^{27}Al	5/2	+3,6385	1,1094	100
^{31}P	1/2	+1,1305	1,7235	100

7.8 Quantenmechanik des Wasserstoffatoms

7.8.1 Einfaches Modell des Wasserstoffatoms

Ein einfaches, sinnvolles Modell des Wasserstoffatoms läßt sich wie folgt beschreiben:

Es berücksichtigt:

a) die *Masse des Elektrons*:

$$m_e = 0{,}911 \cdot 10^{-30}\ \text{kg} = m$$

b) die *elektrische Ladung des Elektrons*:

$$-e = -1{,}602 \cdot 10^{-19}\ \text{A s}$$

c) die *elektrische Ladung des Protons*:

$$+e = +1{,}602 \cdot 10^{-19}\ \text{A s}$$

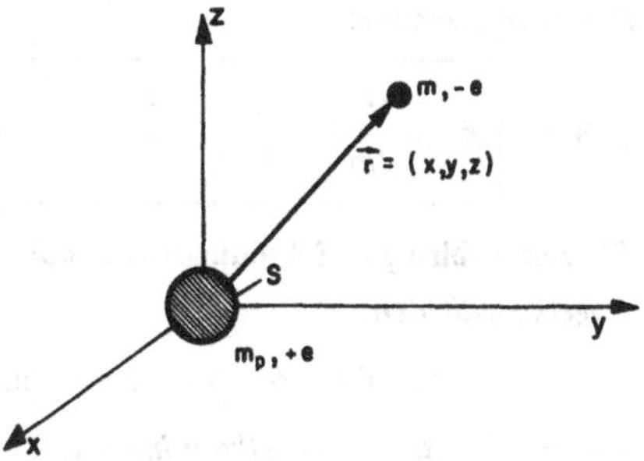

Es vernachlässigt:

a*) den *Abstand Schwerpunkt – Proton*

Die Masse $m_p = 1{,}6726 \cdot 10^{-27}$ kg des Protons ist viel größer als die Masse m_e des Elektrons. Es gilt

$$\frac{m_p}{m_e} = 1\,836$$

Aus diesem Grund wird beim vorliegenden Modell $m_p/m_e = \infty$ gesetzt. Dies bedeutet eine Verschiebung des Protons in den Schwerpunkt S des Atoms.

b*) Die *Schwerpunktbewegung des Wasserstoffatoms*. Beim vorliegenden Atom wird angenommen, daß das Wasserstoffatom keine Translationsbewegung aufweist. Deshalb darf der Schwerpunkt S des Atoms in den Koordinatenursprung gesetzt werden.

c*) Die *Wechselwirkung des Wasserstoffatoms mit der Umgebung*. Stöße mit Nachbaratomen, chemische Bindung, elektrische Felder in Kristallen, äußere elektrische und magnetische Felder werden nicht berücksichtigt.

d*) Den Eigendrehimpuls des Elektrons, d. h. den *Elektronenspin* $\vec{s}$ und das damit verknüpfte magnetische Moment (7.7.3).

e*) Den Eigendrehimpuls des Protons, d. h. den Protonenspin oder *Kernspin* $\vec{I}$ und das damit verknüpfte magnetische Moment (7.7.4).

f*) *relativistische Effekte*.

7.8.2 Die Schrödinger-Gleichung des Wasserstoffatoms

Der Hamilton-Operator

Kinetische Energie: Da bei unserem Modell angenommen wird, daß sich das Proton in Ruhe befindet, muß nur die kinetische Energie des Elektrons berücksichtigt werden.

$$E_{kin} = \frac{m\,\vec{v}^2}{2} = \frac{\vec{p}^2}{2m}$$

Potentielle Energie im Coulombfeld:

$$E_{pot} = -\frac{1}{4\pi\,\epsilon_0}\,\frac{e^2}{r}$$

Hamilton-Operator:

$$\mathscr{H} = -\frac{\hbar^2}{2m}\,\Delta - \frac{1}{4\pi\,\epsilon_0}\cdot\frac{e^2}{r} \tag{7.89}$$

Die zeitunabhängige Schrödinger-Gleichung in Kugelkoordinaten

Kugelkoordinaten:

$$x = r\sin\theta\cos\phi, \qquad y = r\sin\theta\sin\phi, \qquad z = r\cos\theta$$

Laplace-Operator in Kugelkoordinaten:

$$\Delta = \frac{1}{r^2}\,\frac{\partial}{\partial r}\left(r^2\,\frac{\partial}{\partial r}\right) + \frac{1}{r^2}\cdot\Delta_{\theta,\phi}\,, \qquad \Delta_{\theta,\phi} = \frac{1}{\sin\theta}\,\frac{\partial}{\partial\theta}\left(\sin\theta\,\frac{\partial}{\partial\theta}\right) + \frac{1}{\sin^2\theta}\,\frac{\partial^2}{\partial\phi^2}$$

Schrödinger-Gleichung:

$$\mathscr{H}\,\Psi(r,\theta,\phi) = -\frac{\hbar^2}{2m}\,\Delta\,\Psi(r,\theta,\phi) - \frac{1}{4\pi\,\epsilon_0}\,\frac{e^2}{r}\,\Psi(r,\theta,\phi) = E\cdot\Psi(r,\theta,\phi) \tag{7.90}$$

$$\psi(t,r,\theta,\phi) = e^{-i\frac{E}{\hbar}t}\,\Psi(r,\theta,\phi)$$

Normierung und Randbedingungen der Wellenfunktionen:

$$\int_0^{\infty}\int_0^{2\pi}\int_0^{\pi} |\Psi(r,\theta,\phi)|^2\cdot\sin\theta\cdot d\theta\cdot d\phi\cdot r^2\cdot dr = 1$$

$$\Psi(r=\infty,\theta,\phi) = 0$$

Parametrisierung

Bohrscher Radius:

$$a_0 = 4\pi\,\epsilon_0\,\frac{\hbar^2}{me^2} = 0{,}53\cdot 10^{-10}\,\text{m} = 0{,}53\,\text{Å} \tag{7.91}$$

Ionisierungsenergie des Wasserstoffatoms:

$$E_1 = \frac{1}{16\pi^2\cdot\epsilon_0^2}\,\frac{me^4}{2\hbar^2} = 13{,}6\,\text{eV} \tag{7.92}$$

Rydberg-Konstante:

(7.93)
$$R_y = \frac{E_1}{h} = 3{,}29 \cdot 10^{15}\ \text{Hz}, \qquad \tilde{R}_y = \frac{E_1}{hc} = 109\,737{,}3\ \text{cm}^{-1}$$

benannt nach J. R y d b e r g (1854–1919).

Transformation der Schrödinger-Gleichung: $r = a_0 r'$, $E = E_1 \cdot E'$, $\mathscr{H} = E_1 \cdot \mathscr{H}'$.

$$\mathscr{H}'\Psi(r', \theta, \phi) = -\Delta\,\Psi(r', \theta, \phi) - \frac{2}{r'}\Psi(r', \theta, \phi) = E'\,\Psi(r', \theta, \phi)$$

mit $$\int_0^\infty \int_0^\pi \int_0^{2\pi} |\Psi(r', \theta, \phi)|^2\, r'^2 \cdot dr' \cdot \sin\theta\, d\theta\, d\phi = 1$$

7.8.3 Energieeigenwerte und Eigenfunktionen

Die Quantenzahlen. Jeder Zustand des Wasserstoffatoms ist entsprechend unserem Modell durch *drei Quantenzahlen* bestimmt:

die *Hauptquantenzahl*: $n = 1, 2, 3, 4 \ldots$

die *Drehimpulsquantenzahl*: $\ell = 0, 1, 2, \ldots, (n-1)$.

die *Richtungsquantenzahl des Drehimpulses*: $m = -\ell, -\ell+1, \ldots, \ell-1, \ell$

Die *Zustände* werden nach dem Wert von ℓ benannt:

(7.94)

$\ell = 0$: s-Zustand, $\ell = 2$: d-Zustand

$\ell = 1$: p-Zustand, $\ell = 3$: f-Zustand

Die Energieeigenwerte

(7.95)
$$E_{n,\ell,m} = -\frac{E_1}{n^2} = \frac{-h R_y}{n^2}$$

Die Energieeigenwerte sind unabhängig von ℓ und m. Alle n^2 Zustände mit dem gleichen n besitzen die gleichen Energien, d. h. sie sind *entartet*.

Energieniveaus:

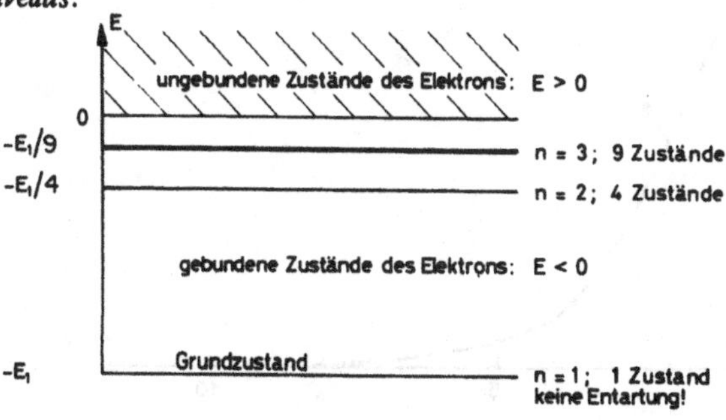

Die Eigenfunktionen

(7.96) $$\Psi_{n,\ell,m}(r', \theta, \phi) = R_{n\ell}(r') \cdot Y_{\ell m}(\theta, \phi)$$

Die *normierten Eigenfunktionen* des Wasserstoffatoms für $\ell \leqslant 2$ befinden sich in A4.2.12
Es bedeuten:

$Y_{\ell m}(\theta, \phi)$ die *Kugelfunktionen* entsprechend Abschnitt 7.6

$R_{n\ell}(r') = N_{n\ell} \cdot e^{-\frac{r'}{n}} \left(\frac{2r'}{n}\right)^{\ell} L_{n+\ell}^{2\ell+1}\left(\frac{2r'}{n}\right)$ die *Radialfunktionen*

$r' = \frac{r}{a_0}$ den normierten Radius

$N_{n\ell}$ den Normierungsfaktor, $N_{n\ell} = \frac{2}{n^2} \sqrt{\frac{(n-\ell-1)!}{\{(n+\ell)!\}^3}} \cdot a_0^{-3/2}$

$L_k^s(x) = \frac{d^s}{dx^s} L_k(x)$ ein *zugeordnetes Laguerre-Polynom*

$L_k(x) = e^x \frac{d^k}{dx^k} (x^k e^{-x})$ ein *Laguerre-Polynom*

Weitere Angaben über die nach E. Laguerre (1834–1886) benannten Polynome befinden sich in A4.2.10.

Die Radialfunktionen $R_{n\ell}(r)$ können am besten mit Hilfe der *radialen Wahrscheinlichkeitsdichten* $P_{n\ell}(r)$ illustriert werden. Diese sind bestimmt durch die Beziehung:

(7.97) $$P_{n\ell}(r)\, dr = R_{n\ell}^2(r) \cdot r^2 \cdot dr$$

Beweis: durch Mittelung über azimutale Anteile der Aufenthaltswahrscheinlichkeit $P(r, \theta, \phi)$.

$$\int_\theta \int_\phi P_{n\ell}(r) \sin\theta\, d\theta\, d\phi\, r^2\, dr = \int_\theta \int_\phi R_{n\ell}^2(r) \cdot |Y_{\ell m}(r)|^2 \sin\theta\, d\theta\, d\phi \cdot r^2\, dr$$
$$= R_{n\ell}^2(r)\, r^2\, dr \cdot \int_\theta \int_\phi |Y_{\ell m}(r)|^2 \sin\theta\, d\theta\, d\phi = R_{n\ell}^2(r)\, r$$

Beispiele:

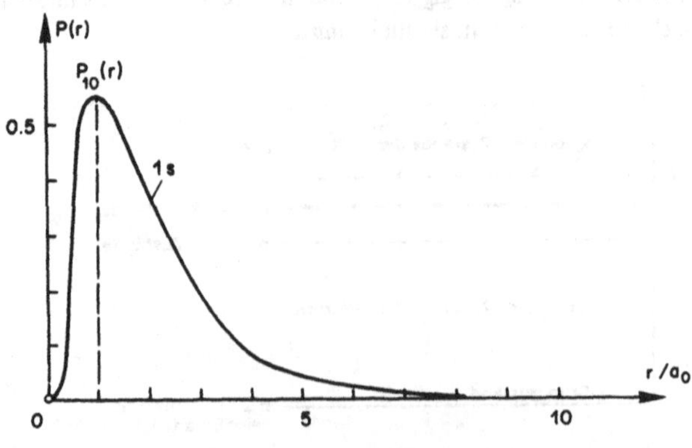

Beim 1s-Zustand hat die radiale Wahrscheinlichkeitsdichte $P_{1,0}(r)$ ein Maximum beim Bohrschen Radius $r = a_0$.

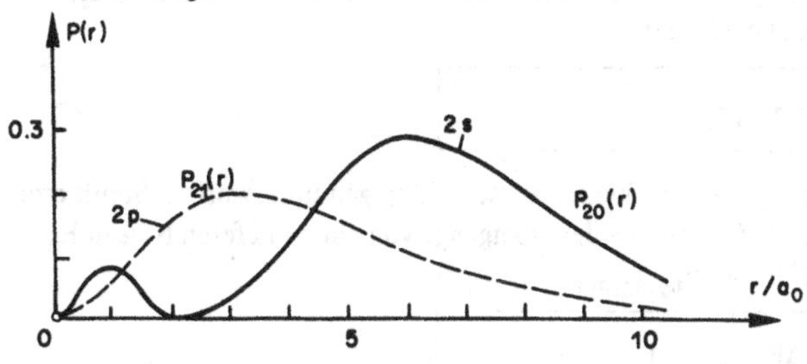

7.8.4 Der Drehimpuls des Wasserstoffatoms

Die Eigenfunktionen $\Psi_{n\ell m}(r', \theta, \phi)$ des Wasserstoffatoms sind auch *Eigenfunktionen des Drehimpulses* $\vec{L}$. Es gilt

$$(\vec{\mathscr{L}})^2 \, \Psi_{n\ell m}(r', \theta, \phi) = \ell(\ell + 1)\, \hbar^2 \, \Psi_{n\ell m}(r', \theta, \phi) \tag{7.98}$$
$$\mathscr{L}_z \quad \Psi_{n\ell m}(r', \theta, \phi) = m\, \hbar \cdot \Psi_{n\ell m}(r', \theta, \phi)$$

7.8.5 Exakt meßbare Observable des Wasserstoffatoms

In jedem Zustand des Wasserstoffatoms sind *nach unserem Modell* drei physikalische Größen gleichzeitig exakt meßbar:

(7.99)

$E_n = -E_1/n^2$	die *Energie*
$\vec{L}^2 = +\ell(\ell + 1)\,\hbar^2$	der *Drehimpuls*
$L_z = +m\,\hbar$	die z-*Komponente des Drehimpulses*

Die z-Richtung wird durch äußere Bedingungen festgelegt. Dies geschieht z. B. durch ein magnetisches Feld $\vec{B}$.

Beim *realen Wasserstoffatom* kommen dazu:

der *Elektronenspin*: $\vec{s}^2 = \frac{3}{4}\hbar^2$, $s_z = \pm\frac{1}{2}\hbar$, der *Protonenspin*: $\vec{I}^2 = \frac{3}{4}\hbar^2$, $I_z = \pm\frac{1}{2}\hbar$

7.8.6 Spektrallinien des Wasserstoffatoms

In unserem Modell sind die Energieeigenwerte oder Energieniveaus $E_{n,\ell,m}$ entartet. Sie sind nur von n abhängig:

$$E_{n,\ell,m} = -\frac{h\,R_y}{n^2}$$

Daher genügt es, bei der *Wechselwirkung* des Wasserstoffatoms mit elektromagnetischer Strahlung der Frequenz ν neben der *Planckschen Beziehung* $\Delta E = h \cdot \nu$ die *Auswahlregel für* n zu wissen. Diese lautet:

$$\Delta n = \pm 1, \pm 2, \ldots \tag{7.100}$$

d. h. die Änderung von n ist keinen Einschränkungen unterworfen. Somit ergibt sich für die *Absorptionsfrequenzen* der Übergänge von einem tieferen Niveau E_{n_1,ℓ_1,m_1} zu einem höheren Niveau E_{n_2,ℓ_2,m_2}

$$\nu = \frac{\Delta E}{h} = R_y \left(\frac{1}{n_1^2} - \frac{1}{n_2^2}\right) \tag{7.101}$$

Dabei spaltet das Absorptionsspektrum *in Serien* auf, die nach den Quantenzahlen n_1 des tieferen Niveaus und ihren Entdeckern klassifiziert werden können:

Lyman-Serie:

$$n_1 = 1, n_2 = 2, 3, 4, \ldots; \qquad \nu = R_y \left(1 - \frac{1}{n_2^2}\right) \quad \text{im Ultraviolett}$$

Balmer-Serie:

$$n_1 = 2, n_2 = 3, 4, 5, \ldots; \qquad \nu = R_y \left(\frac{1}{4} - \frac{1}{n_2^2}\right) \quad \text{im Sichtbaren}$$

Paschen-Serie:

$$n_1 = 3, n_2 = 4, 5, 6, \ldots; \qquad \nu = R_y \left(\frac{1}{9} - \frac{1}{n_2^2}\right) \quad \text{im Ultrarot}$$

Brackett-Serie:

$$n_1 = 4, n_2 = 5, 6, 7, \ldots; \qquad \nu = R_y \left(\frac{1}{16} - \frac{1}{n_2^2}\right) \quad \text{im Ultrarot}$$

7.9 Das Elektron im periodischen Potential

7.9.1 Elektronen im Festkörper

Einführung. Die elektrische Leitfähigkeit von Festkörpern beruht meistens auf der Bewegung von Elektronen. Zum Verständnis der Elektronenbewegung in einem kristallinen Festkörper, wie z. B. in einem Halbleiter, ist es notwendig, die Wechselwirkung der Elektronen mit den Atomkernen oder -rümpfen zu berücksichtigen. Diese Elektronen bewegen sich in einem periodischen elektrischen Potential der Atomkerne oder -rümpfe, welches dieselbe Periodizität und Symmetrie aufweist, wie der entsprechende Kristall.

Bloch-Modell. Das einfachste Modell der Elektronenbewegung im kristallinen Festkörper ist die von F. Bloch (1905–1983) eingeführte *Ein-Elektron-Näherung*, welche wie folgt charakterisiert ist:

a) Die Atomkerne oder -rümpfe befinden sich in Ruhe auf ihren Plätzen des Kristallgitters. Schwingungen der Atomkerne oder -rümpfe um ihre Gleichgewichtslage, d. h. Phononen, werden nicht berücksichtigt.

b) Die Wechselwirkungen zwischen den beweglichen Elektronen werden vernachlässigt.

c) Jedes Elektron befindet sich in einem *periodischen elektrischen Potential* U, das von den positiv geladenen Atomkernen oder -rümpfen und von allen übrigen Elektronen herrührt.

Periodische Potentiale. Beschränkt man sich auf ein eindimensionales Modell, so befindet sich in der Ein-Elektron-Näherung jedes bewegte Elektron mit der Masse m_e und der Ladung $-e$ in einem periodischen Potential $V(x)$ mit der Periode d:

$$V(x + nd) = V(x) = -e\,U(x); \quad n = 0, \pm 1, \pm 2, \pm 3, \pm \ldots \tag{7.102}$$

Periode und Form des Potentials werden durch den jeweiligen Festkörper bestimmt. Zum prinzipiellen Verständnis der Elektronenbewegung im Festkörper werden in der Theorie oft speziell einfache Potentiale angenommen, welche mathematisch überblickbare Lösungen des Problems ermöglichen. Solche Potentiale sind
das *harmonische Potential*:

$$V(x + nd) = V(x) = V_0 + V_1 \cos(2\pi x/d) \quad n = 0, \pm 1, \pm 2, \pm 3, \pm \ldots \tag{7.103}$$

das *Rechteckpotential*, von B. van der Pol (1889–1959) und M. J. O. Strutt (1903–):

$$V(x + nd) = V(x) = \begin{cases} -V_0/2 & \text{für } -d/2 < x \leqslant 0 \\ +V_0/2 & \text{für } \quad 0 < x \leqslant d/2 \end{cases} \quad n = 0, \pm 1, \pm 2, \pm 3, \pm \ldots \tag{7.104}$$

das *Potential* von R. de L. Kronig (1900–) und W. G. Penney (1909–):

$$V(x) = V_0 \cdot d \cdot \sum_n \delta(x - nd) \quad n = 0, \pm 1, \pm 2, \pm 3, \pm \ldots \tag{7.105}$$

wobei $\delta(x)$ die δ-Funktion von P. A. M. Dirac (1902–1984) bedeutet. Bei diesem

Potential bewegt sich das Elektron frei in periodischen Intervallen der Länge d, welche durch beliebig schmale, unendlich hohe Potentialwände getrennt sind.

Die Schrödinger-Gleichung. Die Bewegung eines Elektrons mit der Masse m_e im eindimensionalen periodischen Potential wird wellenmechanisch bestimmt durch folgende zeitunabhängige Schrödinger-Gleichung

$$(7.106)\quad \boxed{\begin{aligned} &\frac{d^2\Psi(x)}{dx^2} + \frac{2m_e}{\hbar^2}\{E - V(x)\}\Psi = 0 \\ &V(x + nd) = V(x) \qquad n = 0, \pm 1, \pm 2, \pm 3, \pm \ldots \end{aligned}}$$

Diese Schrödinger-Gleichung mit periodischem Potential entspricht mathematisch der Differentialgleichung von G. W. Hill (1838–1914). Im Fall des harmonischen Potentials (7.103) ist diese Schrödinger-Gleichung eine Differentialgleichung von E. L. Mathieu (1835–1890), welche eine spezielle Hillsche Differentialgleichung darstellt.

7.9.2 Bloch-Wellen

Floquet-Theorem. Die Lösung der Schrödinger-Gleichung (7.106) mit periodischem Potential besteht aus sogenannten *Bloch-Wellen*. Diese wurden von F. Bloch auf der Basis des mathematischen Theorems von A. M. G. Floquet (1847–1920) eingeführt. Das Floquet-*Theorem* beschreibt die *Lösungen der Hillschen Differentialgleichungen*. Eine Hillsche Differentialgleichung

$$\frac{d^2 f}{dx^2} + H(x) f = 0$$

mit $\quad H(x + nd) = H(x), \qquad n = 0, \pm 1, \pm 2, \pm 3, \pm \ldots$

hat die allgemeine Lösung

$$f(x) = F_1(x) \cdot e^{i\mu x} + F_2(x) \cdot e^{-i\mu x}$$

mit $\quad F_q(x + nd) = F_q(x), \qquad q = 1, 2; \qquad n = 0, \pm 1, \pm 2, \pm \ldots$

Formal besteht die Lösung aus zwei entgegengesetzt laufenden Wellen mit der Kreiswellenzahl μ und den periodischen Amplituden $F_q(x)$ mit der Periode d.

Blochsche Wellenfunktionen. Ausgehend vom Floquet-Theorem beschrieb F. Bloch die Lösungen der Schrödinger-Gleichung (7.106) mit periodischem Potential in der Gestalt

$$(7.107)\quad \boxed{\begin{aligned} &\Psi(x) = e^{iKx}\, u(x) = \Psi(x, K) \\ &u(x) = u(x + nd), \qquad n = 0, \pm 1, \pm 2, \pm 3, \pm \ldots \end{aligned}}$$

Diese *Bloch-Welle* hat die Kreiswellenzahl K und die periodische Amplitude u(x). Daraus ergeben sich die Beziehung

(7.108) $$\Psi(x + nd, K) = e^{inKd} \cdot \Psi(x, K), \qquad n = 0, \pm 1, \pm 2, \pm 3, \pm \ldots$$

und die *Periodizität von* $\Psi(x, K)$ *in der Kreiswellenzahl* K:

(7.109) $$\Psi\left(x, K + n\frac{2\pi}{d}\right) = \Psi(x, K), \qquad n = 0, \pm 1, \pm 2, \pm 3, \pm \ldots$$

K ist die Quantenzahl der Blochwelle.

Die Periodizität von $\Psi(x, K)$ in K bedeutet, daß die Kreiswellenzahl K nur bis auf ein Vielfaches von $2\pi/d$ festgelegt ist. Es genügt daher, K nur in einem Bereich der Länge $2\pi/d$ anzugeben. In der Festkörperphysik bezeichnet man derartige Bereiche nach L. Brillouin (1889–1969) als *Brillouin-Zonen*. Für das eindimensionale Potential wählt man meistens

$$-\pi/d < K \leqslant +\pi/d$$

Diese Wahl beruht auf der Tatsache, daß die Energie E des Elektrons im periodischen Potential meist eine gerade Funktion E(K) der Kreiswellenzahl K ist.

Die Geschwindigkeit des Elektrons. Die mittlere Geschwindigkeit $\vec{v}$ der Elektronen im periodischen Potential entspricht der *Gruppengeschwindigkeit* der Bloch-Wellen mit den Kreiswellenzahlen K und den Energien $E = \hbar\omega$. Gemäß allgemeiner Wellenlehre ist die Gruppengeschwindigkeit

$$v = d\omega/dK = d(\hbar^{-1} E)/dK$$

Damit ergibt sich für ein Elektron die *mittlere Geschwindigkeit* in einem periodischen Potential mit der Energie E(K) bzw. $E(\vec{K})$

(7.110) $$v = \hbar^{-1}\frac{dE(K)}{dk} \quad \text{bzw.} \quad \vec{v} = \hbar^{-1} \operatorname{grad}_{\vec{K}} E(\vec{K})$$

Halbklassische Dynamik. Einem Elektron im periodischen Potential ordnet man nach Definition den *Kristallimpuls* $\vec{p}$ zu:

(7.111) $$p = \hbar K \quad \text{bzw.} \quad \vec{p} = \hbar\vec{K}$$

wobei K die Kreiswellenzahl der Boch-Welle darstellt. In der *halbklassischen Näherung* ändert sich der Kristallimpuls unter dem Einfluß einer äußeren Kraft $\vec{F}$ gemäß der Beziehung

(7.112) $$F = \hbar\frac{dK}{dt} \quad \text{bzw.} \quad \vec{F} = \hbar\frac{d\vec{K}}{dt}$$

Effektive Massen. Für die *mittlere Beschleunigung* $\vec{a}$ eines Elektrons im periodischen Potential findet man anhand der Bloch-Welle

$$\vec{a} = d\vec{v}/dt = \frac{d}{dt}\{\hbar^{-1}\,\mathrm{grad}_{\vec{K}}\,E(\vec{K})\} = \hbar^{-1}\{\mathrm{grad}_{\vec{K}}\,\mathrm{grad}_{\vec{K}}\,E(\vec{K})\}\cdot d\vec{K}/dt$$

$$= \hbar^{-2}\{\mathrm{grad}_{\vec{K}}\,\mathrm{grad}_{\vec{K}}\,E(\vec{K})\}\cdot\vec{F}$$

Definiert man eine effektive Masse m* durch die Gleichung

$$\vec{a} = (m^*)^{-1}\cdot\vec{F}$$

so ergibt sich

$$(m^*)^{-1} = \hbar^{-2}\cdot d^2E(K)/dK^2$$
$$\text{bzw. } (m^*)^{-1} = \hbar^{-2}\cdot\mathrm{grad}_{\vec{K}}\,\mathrm{grad}_{\vec{K}}\,E(\vec{K}) \tag{7.113}$$

$(m^*)^{-1}$ ist ein Tensor zweiter Stufe.

B e i s p i e l :

$$E(K) = E_0 + a\,K^2$$
$$(m^*)^{-1} = \hbar^{-2}d^2E(K)/dK^2 = 2\hbar^{-2}\cdot a$$
$$E(K) = E_0 + \frac{\hbar^2}{2m^*}K^2 = E_0 + \frac{p^2}{2m^*}$$

7.9.3 Die Bandstruktur der Energie

Energiebänder und Energielücken. In den vorangehenden Abschnitten (7.9.1) und (7.9.2) werden keine Aussagen über Energieeigenwerte E der Schrödinger-Gleichung (7.106) mit periodischem Potential V(x) gemacht. Diese sind reelle Funktionen E(K) der Kreiswellenzahl K der Bloch-Wellen. Bei der Lösung der Schrödinger-Gleichung zeigt sich, daß nur für gewisse Bereiche der Energie E Bloch-Wellen mit *reellem K*, d. h. ungedämpfte Bloch-Wellen existieren. Diese Energiebereiche bezeichnet man als *Energiebänder*, da sich die Elektronen mit entsprechender Energie E ungehindert im Kristall bewegen. Zwischen den Energiebändern liegen Energiebereiche, in denen K komplex oder imaginär ist, d. h. die Bloch-Wellen sind gedämpft. Diese Bereiche heißen *Energielücken*. Elektronen mit entsprechenden Energien E werden gebremst. Sie bewegen sich praktisch nicht und beteiligen sich an der Bindung der Atome im Festkörper.

Das Elektron im Rechteckpotential. Das von M. J. S t r u t t und B. v a n d e r P o l eingeführte periodische Rechteckpotential (7.104) erlaubt eine *analytische Lösung* der Schrödinger-Gleichung (7.106) mit periodischem Potential.

Diese zerfällt unter der Voraussetzung des Rechteckpotentials in zwei Teile

$$\frac{d^2\Psi}{dx^2} + \frac{2m_e}{\hbar^2}\{E \pm (V_0/2)\}\Psi = 0 \qquad \begin{cases} + \text{ für } -d/2 < x + nd \leqslant 0 \\ - \text{ für } \quad 0 < x + nd \leqslant d/2 \end{cases}$$

Ausgehend von dieser zweiteiligen Schrödinger-Gleichung definiert man eine alternierende Kreiswellenzahl $k_\pm$ durch

$$k_\pm^2 = \frac{2m_e}{\hbar^2}\{E \pm (V_0/2)\}$$

Daraus ergibt sich eine alternierende Bloch-Welle

$$\Psi(x) = \Psi(x, K) = e^{iKx} \cdot u(x)$$

$$\Psi(x) = \Psi_+(x) = A\, e^{ik_+x} + B\, e^{-ik_+x}$$

$$\Psi(x) = \Psi_-(x) = C\, e^{ik_-x} + D\, e^{-ik_-x}$$

An den Orten $x = 0, d/2$ müssen Ψ und $d\Psi/dx$ stetig sein, d. h.

$$\Psi_+(x = 0, d/2) = \Psi_-(x = 0, d/2)$$

$$\left(\frac{d\Psi}{dx}\right)_+ (x = 0, d/2) = \left(\frac{d\Psi}{dx}\right)_- (x = 0, d/2)$$

Daraus erhält man für
$x = 0$:

$$1 \cdot A + 1 \cdot B - 1 \cdot C - 1 \cdot D = 0$$

$$k_+A - k_+B - k_-C + k_-D = 0$$

$x = d/2$: Wegen (7.108) ist

$$\Psi_+(x) = A\, e^{iKd}\, e^{ik_+(x-d)} + B\, e^{iKd}\, e^{-ik_+(x-d)}$$

also

$$e^{iKd}\, e^{-ik_+d/2}\, A + e^{iKd}\, e^{+ik_+d/2}\, B - e^{ik_-d/2}\, C - e^{-ik_-d/2}\, D = 0$$

$$e^{iKd}\, e^{-ik_+d/2}\, k_+A - e^{iKd}\, e^{+ik_+d/2}\, k_+B - e^{ik_-d/2}\, k_-C + e^{-ik_-d/2}\, k_-D = 0$$

Diese vier Gleichungen bilden ein lineares homogenes Gleichungssystem für die vier unbekannten Amplituden A, B, C, D. Das System besitzt nur dann eine nicht verschwindende Lösung A, B, C, D, wenn die Determinante der Koeffizienten verschwindet. Diese Bedingung ergibt die *Beziehung zwischen* E *und* K, d. h. die *Dispersionsrelation*:

(7.114)

$$\cos Kd = \cos\frac{k_+d}{2}\cos\frac{k_-d}{2} - \frac{1}{2}\left(\frac{k_+}{k_-} + \frac{k_-}{k_+}\right)\sin\frac{k_+d}{2}\sin\frac{k_-d}{2}$$

$$\text{wobei } k_\pm^2 = \frac{2m_e}{\hbar^2}\left(E \pm \frac{V_0}{2}\right)$$

Diese Gleichung erlaubt die Berechnung von E(K) oder K(E) und die *Bestimmung der Bänderstruktur*. Es gilt für

Energiebänder: K reell, d. h. cos Kd reell und $|\cos Kd| \leq 1$,

Energielücken: K komplex, d. h. cos Kd reell und $|\cos Kd| > 1$ oder cos Kd komplex.

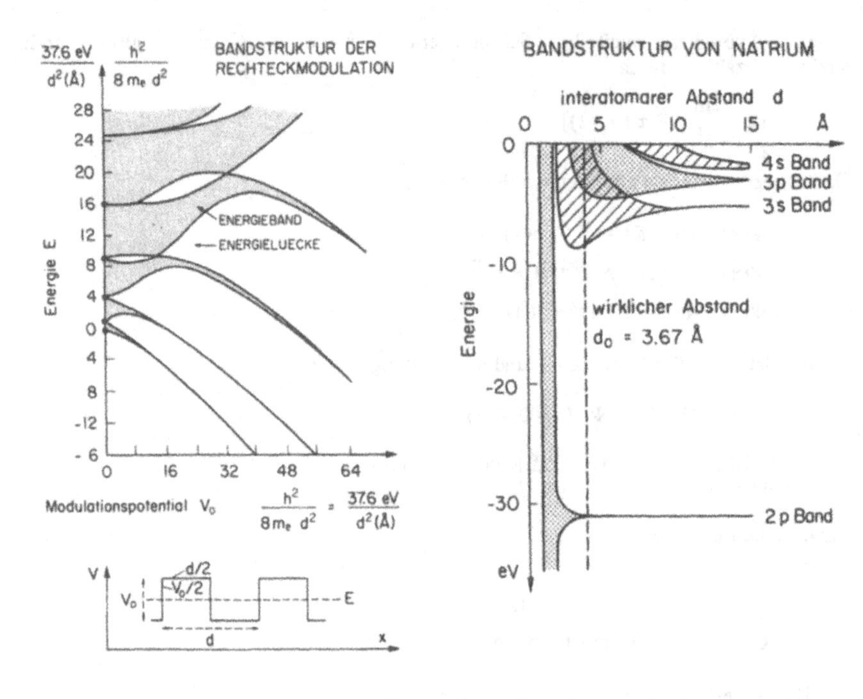

In der vorstehenden ersten Figur ist die ***Bänderstruktur des periodischen Rechteckpotentials*** (7.104) durch die Bandgrenzen als Funktion des Modulationspotentials V_0 dargestellt. Die zweite Figur zeigt die ***Bänderstruktur von metallischem Natrium***. Hier ist die Variation der Bandgrenzen mit dem interatomaren Abstand d aufgezeichnet. Das 3d-Band ist nicht eingezeichnet, da es fast vollständig mit dem 4s-Band überlappt.

8 Thermodynamik

8.1 Zustandsgleichung und Temperatur

8.1.1 Grundbegriffe

Thermodynamik. Die *Thermodynamik* ist die klassische phänomenologische Wärmelehre. Charakteristische Begriffe der Thermodynamik sind die Temperatur T, die Wärmemenge Q und die Entropie S. Trotz des Wortes „Dynamik" befaßt sich die Thermodynamik fast ausschließlich mit Gleichgewichtszuständen makroskopischer Körper, die als *thermodynamische Systeme* bezeichnet werden. Diese Systeme bestehen allgemein aus einer großen Anzahl Teilchen.

Zustandsgrößen. Der Zustand eines thermodynamischen Systems wird durch eine Anzahl meßbarer makroskopischer Größen, die *Zustandsgrößen* x_i, beschrieben. Dies sind zum Beispiel: das Volumen V, der Druck p, die Dichte ρ, die Polarisation $\vec{P}$, die Magnetisierung $\vec{M}$. In festen Körpern tritt an Stelle des Drucks der Spannungstensor T.

Thermodynamisches Gleichgewicht. Der Zustand eines thermodynamischen Systems heißt *stationär*, wenn er sich zeitlich nicht ändert. Ein stationärer Zustand wird als *Gleichgewichtszustand* bezeichnet, wenn die zeitliche Invarianz des Systems nicht durch äußere Einflüsse erzwungen wird.

Temperatur. In der Thermodynamik verwendet man eine neue charakteristische Zustandsgröße, die *Temperatur* T. Das thermodynamische Gleichgewicht zweier Systeme oder zweier Teile desselben Systems ist dadurch gekennzeichnet, daß die beiden Systeme dieselbe Temperatur aufweisen.
Experimente zeigen, daß eine *tiefste Temperatur* T_0 existiert. Dieser Temperatur T_0 kann man beliebig nahe kommen, ohne sie je zu erreichen. Man spricht von einer absoluten Temperatur, wenn auf der verwendeten Temperaturskala $T_0 = 0$ ist.
Temperaturskalen werden in 8.1.2 und 8.1.3 erläutert.

Zustandsgleichungen. Gleichgewichtszustände eines thermodynamischen Systems werden häufig durch Gleichungen zwischen den Zustandsgrößen beschrieben.

(8.1) $$f(x_1, \ldots, x_i, \ldots, x_q) = 0$$

B e i s p i e l e von Zustandsgleichungen sind
die Zustandsgleichung der idealen Gase (8.1.4):

$$f(p, V, T, n) = pV - nRT = 0$$

die Formel von P. C u r i e für die Magnetisierung $\vec{M}$ (5.6.5):

$$f(\vec{M}, \vec{H}, N, T) = \vec{M} - \chi_m \vec{H} = \vec{M} - \mu_0 \frac{N m^2}{3kT} \vec{H} = 0$$

Die unabhängigen Variablen in den Zustandsgleichungen bezeichnet man als *Freiheitsgrad*. Die Zustandsgleichungen werden mit Hilfe der *Zustandsdiagramme* graphisch dargestellt.

Stoffmengen. Zustandsgleichungen enthalten als Parameter häufig ein Maß für die Stoffmenge des thermodynamischen Systems. Die SI-*Einheit der Stoffmenge* ist das *Mol*, das in physikalischen Formeln als *mol* geschrieben wird:

1 mol ist die Stoffmenge eines Systems, das aus ebenso vielen Molekülen, Atomen oder Ionen besteht, wie Atome in 12 g des reinen Kohlenstoffisotops ^{12}C.

Die in der Stoffmenge 1 mol enthaltene *Anzahl* N_A *Moleküle, Atome oder Ionen* wird nach A. Avogadro (1776–1856) oder nach J. Loschmidt (1821–1895) benannt. Experimente ergaben

$$N_A = 6{,}0221 \cdot 10^{23}\,\mathrm{mol}^{-1} \tag{8.2}$$

Bei physikalischen Größen, die proportional zur Stoffmenge sind, bezeichnet *molar* die Größe, welche 1 mol resp. N_A Molekülen oder Atomen entspricht.

8.1.2 Aggregatzustände und Phasen

Aggregatzustände. Als Aggregatzustand eines Teils oder des ganzen thermodynamischen Systems bezeichnet man seinen physikalischen Zustand, nämlich fest, flüssig oder gasförmig.

Im *gasförmigen Zustand* nimmt die Materie jeden gebotenen Raum in Anspruch. Es existieren keine statischen Schubspannungen (4.1.1.2). Auch im *flüssigen Zustand* existieren keine statischen Schubspannungen. Gegenüber dem gasförmigen Zustand unterscheidet er sich aber durch die Existenz einer Oberflächenspannung (4.1.2). Diese bewirkt die ebene Oberfläche einer ruhenden Flüssigkeit im Schwerefeld und die Tropfenbildung. Im *festen Zustand* kann die Materie statische Schubspannungen aufnehmen. Ohne äußere Kräfte behält die feste Materie jede beliebige Gestalt.

Phasen. Als Phasen bezeichnet man chemisch und physikalisch *homogene Bereiche*, die durch Trennflächen gegeneinander abgegrenzt sind. Chemisch und physikalisch identische, aber räumlich getrennte Bereiche in festen Körpern und Flüssigkeiten werden zu derselben Phase gerechnet. Wegen der kompletten Mischbarkeit von Gasen gibt es in jedem System jedoch *nur eine gasförmige Phase*.

Komponenten. Als Komponenten bezeichnet man die verschiedenen chemischen Bestandteile oder unveränderlichen Bausteine (Atome, Ionen, Moleküle), aus denen die Phasen aufgebaut sind.

Die Gibbssche Phasenregel. Nach W. Gibbs (1839–1903) ist die Anzahl f der Freiheitsgrade eines thermodynamischen Systems, bestehend aus k Komponenten und Φ Phasen, bestimmt durch die Gleichung:

$$f = 2 + k - \Phi \tag{8.3}$$

Chemisch reine Substanzen. Chemisch reine Substanzen entsprechen thermodynamischen Systemen mit nur einer Komponente. Die Gibbssche Phasenregel reduziert sich in diesem Fall wegen $k = 1$ zur Gleichung

$$f = 3 - \Phi,$$

die durch folgende *Zustandsdiagramme* illustriert wird.

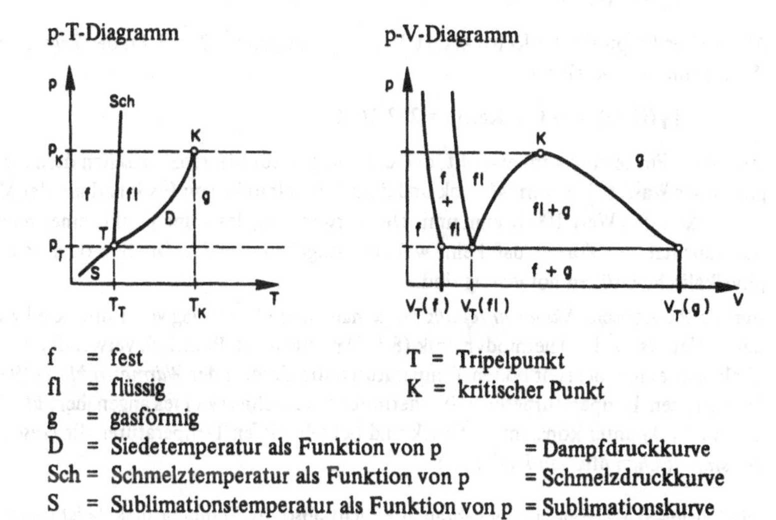

f = fest
fl = flüssig
g = gasförmig
D = Siedetemperatur als Funktion von p = Dampfdruckkurve
Sch = Schmelztemperatur als Funktion von p = Schmelzdruckkurve
S = Sublimationstemperatur als Funktion von p = Sublimationskurve
T = Tripelpunkt
K = kritischer Punkt

Die Ableitungen dp/dT der Kurven D, Sch und S werden durch die Clausius-Clapeyron-Formel (8.7.1) beschrieben.

Besteht ein System aus einer einzigen, reinen Phase f, fl oder g mit $\Phi = 1$, so hat es zwei Freiheitsgrade. Zum Beispiel können Druck und Temperatur willkürlich gewählt werden. Bei der Koexistenz zweier Phasen f + fl, fl + g oder f + g mit $\Phi = 2$ hat es nur noch einen Freiheitsgrad. Druck und Temperatur sind nicht mehr unabhängig. Der Zusammenhang wird durch die Kurven im p-T-Diagramm vermittelt, welche verschiedene Phasen gegeneinander abgrenzen. Diese Kurven beschreiben die *Schmelztemperatur*, die *Siedetemperatur* und die *Sublimationstemperatur* als Funktionen des Drucks.

Drei Phasen koexistieren in Übereinstimmung mit $\Phi = 3$ und $k = 1$ nur in einem Punkt des p-T-Diagramms, im *Tripelpunkt* T. Für eine reine Substanz sind die Werte der Zustandsgrößen des Tripelpunkts charakteristisch und unveränderlich. Es sind dies der Druck p_T, die Temperatur T_T und die drei Volumina $V_T(f)$, $V_T(fl)$, $V_T(g)$ der festen, flüssigen und gasförmigen Phase.

Der *kritische Punkt* K (8.1.5) kennzeichnet das Ende der Trennung zwischen der flüssigen und der gasförmigen Phase. Ihm entsprechen der kritische Druck p_K, die kritische Temperatur T_K und das kritische Volumen V_K. Ein charakteristisches Phänomen bei der Erreichung des kritischen Punktes ist die *kritische Opaleszenz*, eine extrem starke, fluktuierende Lichtstreuung.

8.1.3 Temperaturskalen

Die Kelvin-Skala. Die SI-*Einheit* der Temperatur ist nach W. Thomson, Lord Kelvin (1828–1907) benannt. Diese Einheit entspricht einer *absoluten Temperaturskala* und hat daher die *tiefste Temperatur* T_0 als Nullpunkt:

$$T_0 = 0 \text{ Kelvin} = 0 \text{ K}$$

Als zweiter Fixpunkt der Kelvin-Skala dient die Temperatur $T_T(H_2O)$ des *Tripelpunkts* (8.1.2) *von reinem Wasser*:

$$T_T(H_2O) = 273{,}16 \text{ Kelvin} = 273{,}16 \text{ K}$$

Mit dieser Festlegung wird erreicht, daß die Temperaturdifferenz zwischen dem Siedepunkt des Wassers bei Normaldruck und dem Schmelpunkt von Eis innerhalb der Meßgenauigkeit den Wert 100 K annimmt. Die Verwendung des Tripelpunkts einer reinen Substanz hat den Vorteil, daß keine weiteren Angaben über den Druck p oder andere physikalische Größen notwendig sind.

Für die theoretische *Skaleneinteilung* ist gemäß einem Vorschlag von Lord Kelvin der 2. Hauptsatz der Thermodynamik (8.5.5) maßgebend. Praktisch verwendet man zur Skaleneinteilung bei sehr hohen Temperaturen die Gesetze der *Wärmestrahlung* (9.4.7), im mittleren Temperaturbereich die thermische Ausdehnung eines angenähert *idealen Gases* (8.1.4) unter konstantem Druck und bei sehr tiefen Temperaturen die *Gesetze der statistischen Mechanik* (Kap. 9).

Die Celsius-Skala. Eine häufig gebrauchte nicht-absolute Temperaturskala ist diejenige von A. Celsius (1701–1744). Zwischen der Celsius-Skala und der Kelvin-Skala gilt *nach Definition* die Relation:

$$T(\text{K}) = T(^\circ\text{C}) + 273{,}15 \text{ K}$$

Die *tiefste Temperatur* T_0 hat daher in der Celsius-Skala den Wert:

$$T_0 = -273{,}15\ ^\circ\text{C}$$

Innerhalb der heute erreichbaren Meßgenauigkeit gilt bei der Celsius-Skala:

$$0\ ^\circ\text{C} = \text{Schmelzpunkt des Eises}$$

$$100\ ^\circ\text{C} = \text{Siedepunkt des Wassers}$$

für einen Druck von $p = 760 \text{ Torr} = 1{,}013\,25 \cdot 10^5 \text{ N m}^{-2}$.

Zwischen den Celsius-Graden und den Kelvin-Werten einer *Temperaturdifferenz* besteht kein Unterschied. Deshalb bezeichnet man die *Einheit* der Temperaturdifferenz ΔT oft auch als „Grad“ oder „grad“:

$$[\Delta T] = \text{K} = {}^\circ\text{C} = \text{Grad} = \text{grad}.$$

Andere Skalen. Im französischen Sprachbereich benutzt man für das Thermometer auch die *Skala von* R. Réaumur (1683–1757), im englischen Sprachbereich die

Skala von G. D. Fahrenheit (1686–1736). Diese Skalen sind mit der Celsius-Skala durch folgende Beziehungen verknüpft:

$$T(°R) = \frac{4}{5}\,T(°C), \qquad T(°F) = \frac{9}{5}\,T(°C) + 32\ °F,$$

beziehungsweise

$$0\ °C = 0\ °R = 32\ °F, \qquad 100\ °C = 80\ °R = 212\ °F.$$

8.1.4 Die Zustandsgleichung der idealen Gase

Beschreibung der idealen Gase. Verdünnte Gase, deren Moleküle oder Atome eine *geringe Wechselwirkung* aufweisen, können durch das *Modell des idealen Gases* beschrieben werden. Annähernd ideale Gase sind He und H_2 bei Zimmertemperatur und Atmosphärendruck. Dagegen weichen H_2O-Dampf und CO_2 unter diesen Bedingungen merklich von diesem Modell ab.

Die Zustandsgleichung. Die Zustandsgleichung der idealen Gase basiert auf den Beobachtungen von R. Boyle (1627–1691), E. Mariotte (1620–1684) und J. L. Gay-Lussac (1778–1850). Sie lautet

(8.4) $$p\,V = \frac{m}{M}\,R\,T = n\,R\,T = N\,k\,T$$

Dabei bedeuten:

p	den Druck	m	die Masse
V	das Volumen	M	die Molmasse
T	die Temperatur in K	n	die Anzahl Mole
		N	die Anzahl Moleküle

R bezeichnet die *molare oder universelle Gaskonstante*, k die *Konstante von* L. Boltzmann (1844–1906). Die beiden Konstanten sind durch die Avogadro-Zahl verknüpft:

(8.5) $$R = N_A\,k$$

Ihre Werte sind

$$R = 8{,}314\ \mathrm{J/K\,mol} \simeq 2\ \mathrm{cal/K\,mol}$$

$$k = 1{,}3806 \cdot 10^{-23}\ \mathrm{J/K}$$

Normalbedingungen. Ein Körper befindet sich unter Normalbedingungen, wenn die Temperatur $T = 273{,}15\ K = 0\ °C$ und der Druck $p = 1{,}013\,25 \cdot 10^5\ N\,m^{-2} = 1{,}01325\ bar = 760\ Torr$ beträgt.

Ein Mol eines idealen Gases mit $N = N_A = 6{,}0221 \cdot 10^{23}$ Atomen hat unter Normalbedingungen das Volumen:

$$V_m = 2{,}241\,4 \cdot 10^{-2}\ m^3 = 22{,}414\ \ell$$

V_m heißt *molares Normvolumen* der idealen Gase.

Temperaturskala und Temperaturmessung. Die Zustandsgleichung der idealen Gase eignet sich zur Skaleneinteilung (8.1.3) und Messung der Temperatur T. Zu diesem Zweck mißt man das Volumen V eines idealen Gases unter konstantem Druck. Dann gilt

$$T(K) = T(°C) + 273{,}15\ K = \frac{p}{n\,R}\,V$$

8.1.5 Die Zustandsgleichung der realen Gase

Reale Gase unterscheiden sich von den idealen Gasen dadurch, daß die *Wechselwirkung* der Moleküle oder Atome in der Zustandsgleichung zur Geltung kommt.

Die *Zustandsgleichung* der realen Gase wurde von J. D. van der Waals (1837–1923) formuliert.

$$\left(p + \frac{a\,n^2}{V^2}\right)(V - nb) = n\,R\,T \tag{8.6}$$

a und b bedeuten die *van der Waals-Konstanten*. Dabei entspricht

$p^* = \frac{a\,n^2}{V^2}$ dem Binnendruck, resultierend aus der Wechselwirkung der Moleküle, und

$4\,V^* = b$ dem Kovolumen als Folge der endlichen Eigenvolumina V^*/N_A der Moleküle.

Die Zustandsgleichung eines realen Gases wird meistens durch die Isothermen, definiert durch T = const, in einem p-V-*Diagramm* (S. 377) illustriert.

Bei niederen Dichten und hohen Temperaturen verhält sich ein reales Gas ähnlich wie die idealen Gase. Merkliche Abweichungen treten bei hohen Dichten und niederen Temperaturen auf, wo das Gas kondensiert. Die gasförmige Phase ist begrenzt durch die Kurve EK, die flüssige Phase durch die Kurve AK. Der Bereich, der durch die Kurve AKE abgegrenzt wird, ist gekennzeichnet durch die *Koexistenz von Flüssigkeit und Gas*. Diese wird festgelegt durch Geraden, wie z. B. ACE, die dem *Sättigungsdruck* des Gases, resp. dem *Dampfdruck* der Flüssigkeit entsprechen. Die Lage der Geraden wird bestimmt durch die Bedingung, daß die Flächen ABC und CDE gleich sein müssen. Der Kurve ED entspricht das *übersättigte Gas*, der Kurve AB die *überhitzte Flüssigkeit* mit Siedeverzug. Die Kondensation des übersättigten Gases wird durch den Übergang von der Kurve CDE zur Geraden CE beschrieben, das Sieden der überhitzten Flüssigkeit durch den Übergang von der Kurve ABC zur Geraden AC. Diese Prozesse können durch Keime oder Störungen bewirkt werden.

B e i s p i e l : p-V-Diagramm von CO_2

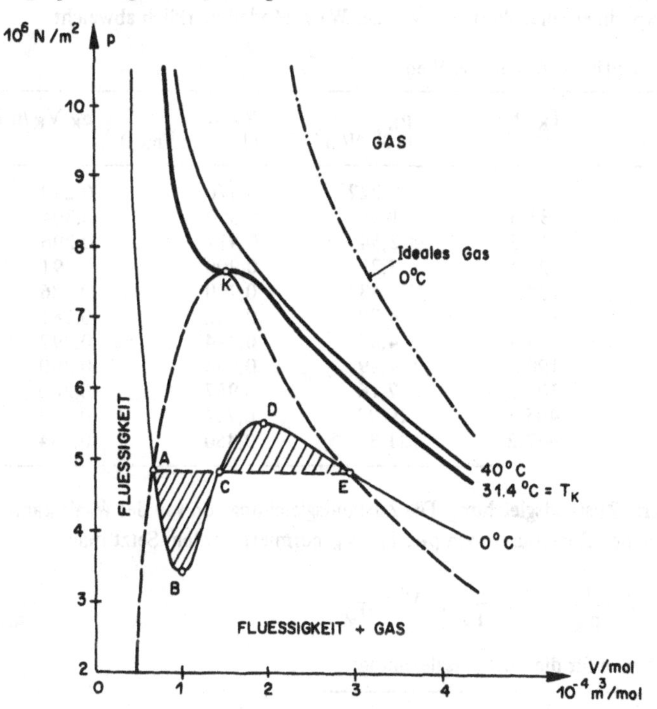

Kritischer Punkt. Die Temperatur T_K, bei und oberhalb der eine Verflüssigung des Gases durch Kompression unmöglich wird, bezeichnet man als *kritische Temperatur*. Die Isotherme $T = T_K$ hat eine horizontale Wendetangente im *kritischen Punkt* K (8.1.2). Für diesen gilt:

$$\left.\frac{d^2p}{dV^2}\right|_{T=T_K} = \left.\frac{dp}{dV}\right|_{T=T_K} = 0 \tag{8.7}$$

Daraus ergibt sich für die *kritischen Zustandsgrößen*:

$V_K = 3\,b\,n$ kritisches Volumen, $\quad p_K = \frac{1}{27}\frac{a}{b^2}$ kritischer Druck

$T_K = \frac{8}{27}\frac{a}{bR}$ kritische Temperatur

und die Beziehung

$$\frac{p_K V_K}{n R T_K} = \frac{3}{8} = 0{,}375$$

Tab. 8.1 gibt eine Übersicht über die kritischen Zustandsgrößen und das obige Produkt, dessen experimenteller Wert vom van der Waals-Modell merklich abweicht.

Tab. 8.1 Kritische Zustandsgrößen

Gas	T_K (K)	p_K (10^6 N/m²)	V_K/n (10^{-4} m³/mol)	$p_K V_K / n R T_K$
He	5,3	0,222	0,576	0,299
H_2	33,3	1,25	0,650	0,304
Ne	44,5	2,54	0,417	0,296
N_2	126,1	3,29	0,900	0,291
CO	134,0	3,43	0,900	0,286
Ar	151	4,70	0,752	0,281
O_2	154,4	4,87	0,744	0,292
CH_4	190,7	4,49	0,990	0,290
CO_2	304,2	7,16	0,957	0,280
NH_3	405,6	10,93	0,724	0,243
H_2O	647,2	21,35	0,450	0,184

Reduzierte Zustandsgleichung. Die Zustandsgleichung von van der Waals kann mit Hilfe der kritischen Zustandsgrößen p_K, T_K, V_K normiert werden. Setzt man

$$p' = \frac{p}{p_K}\ , \quad T' = \frac{T}{T_K}\ , \quad V' = \frac{V}{V_K}$$

so erhält man für die Zustandsgleichung:

$$(8.8) \qquad \boxed{(p' + 3V'^{-2})(3V' - 1) = 8T'}$$

8.2 Wärmekapazitäten

8.2.1 Die Wärme

Begriff. Führt man einem thermodynamischen System *Wärme* zu, so erhöht sich im allgemeinen seine Temperatur. Häufig geschieht die Zufuhr von Wärme dadurch, daß man das System mit einem zweiten System mit höherer Temperatur in Berührung bringt. Die Wärme fließt vom heißeren zum kälteren System, bis sich die Temperaturen der beiden Systeme angeglichen haben. Dann befinden sich die Systeme im thermodynamischen Gleichgewicht. Es muß an dieser Stelle hervorgehoben werden, daß die *Wärme* Q *keine Zustandsgröße* des thermodynamischen Systems ist.

Wärmekapazität. Bei kleinen Temperaturänderungen dT eines Systems ist die umgesetzte Wärmemenge δQ proportional zu dT:

$$(8.9) \qquad \boxed{\delta Q = \alpha \cdot dT}$$

Da die Wärme Q keine Zustandsgröße des thermodynamischen Systems ist, bezeichnet man eine kleine Wärmemenge mit δQ und nicht mit dem Differential dQ. $\delta Q > 0$ bedeutet eine dem System zugeführte und $\delta Q < 0$ eine dem System entnommene Wärmemenge. Der Proportionalitätsfaktor α entspricht einer *Wärmekapazität*.

Einheiten. Die *klassische Einheit* der Wärme Q ist die Kalorie, abgekürzt cal. 1 Kalorie oder 1 cal ist definiert als die Wärmemenge δQ, welche man einer Probe von 1 g H_2O unter dem Druck p = 760 Torr zuführen muß, um sie von 14,5 °C auf 15,5 °C zu erwärmen.
Die SI-*Einheit der Wärme* entspricht der Einheit der Energie

$$[Q] = 1 \text{ Joule} = 1 \text{ J} = 1 \text{ kg m}^2 \text{ s}^{-2} = 1 \text{ V A s}.$$

Der Grund dafür ist die Tatsache, daß die Wärme nach J. R. Mayer (1814–1878) eine spezielle Form von Energie darstellt. Die Beziehung zwischen Kalorie und Joule ist gegeben durch das mechanische und elektrische *Wärmeäquivalent* (8.4.2)

$$1 \text{ cal} = 4{,}185 \text{ Joule}.$$

Dieses wird experimentell bestimmt anhand der *Reibungswärme* und der *Stromwärme*.

8.2.2 Spezifische und molare Wärmekapazitäten

Die spezifische Wärme oder spezifische Wärmekapazität c(T) und die Molwärme oder molare Wärmekapazität C(T) eines homogenen Körpers mit der Masse m bzw. n = m/M Molen sind *definiert* durch die Beziehung

$$\delta Q = m\, c(T)\, dT = n\, C(T)\, dT \tag{8.10}$$

wobei δQ die dem Körper bei der Temperatur T zugeführte Wärme und dT die entsprechende Temperaturerhöhung darstellen. Der Zusammenhang zwischen molaren und spezifischen Wärmekapazitäten ist bestimmt durch die Molmasse M

$$C(T) = M \cdot c(T) \tag{8.11}$$

Man unterscheidet zwischen den Wärmen $c_p(T)$, $C_p(T)$ und $c_V(T)$, $C_V(T)$. Die ersteren entsprechen der Wärmezufuhr bei konstantem Druck p, die zweiten der Wärmezufuhr bei konstantem Volumen V.

8.2.3 Molare Wärmekapazitäten idealer Gase

Zusammenhang zwischen den molaren Wärmekapazitäten. Bei den idealen Gasen existiert eine feste Beziehung zwischen den molaren Wärmekapazitäten C_p und C_V. Es gilt nach (8.4.3)

$$C_p - C_V = R = 8{,}3143 \text{ J/K mol} \simeq 2 \text{ cal/K mol} \tag{8.12}$$

wobei R die molare Gaskonstante darstellt.

Gleichverteilungs- oder Äquipartitionsgesetz. Die molaren Wärmekapazitäten C_V von reinen idealen Gasen folgen aus dem Gleichverteilungsgesetz. Dieses besagt, daß jeder Freiheitsgrad eines Teilchens im Mittel die kinetische Energie kT/2 zur Gesamtenergie des Systems beiträgt. Damit gilt:

(8.13) $$C_V/f = R/2 = N_A\,k/2 \simeq 4{,}2\ \text{J/K mol} \simeq 1\ \text{cal/K mol}$$

f ist die Summe der translatorischen und rotatorischen Freiheitsgrade der Gasmoleküle oder -atome. Bei Zimmertemperatur tragen die Molekülschwingungen nicht zur Energie des Gases bei; die Schwingungsfreiheitsgrade sind aus quantenmechanischen Gründen „eingefroren" (9.4.4). Deshalb werden die vibratorischen Freiheitsgrade in f nicht berücksichtigt. Bei tiefen Temperaturen frieren auch die Freiheitsgrade der Rotation ein. Dann liegt die molare Wärmekapazität C_V der Gase mit zwei- oder mehratomigen Gasen unter den Werten des Gleichverteilungsgesetzes.

Tab. 8.2 Molwärmen von Gasen

Gas-Typ	f	C_V	C_p	$\kappa = C_p/C_V$	Beispiel
1-atomig	3	3R/2	5R/2	5/3	He
2-atomig	5	5R/2	7R/2	7/5	N_2
mehratomig	6	3R	4R	4/3	CH_4

Gase bei Standard-Bedingungen: T = 25 °C, p = 760 Torr = 1,01325 bar
Molare Wärme: C_p in $\text{J K}^{-1}\ \text{mol}^{-1}$

Gas	C_p	Gas	C_p
ideal 2-atomig	29,1	ideal mehratomig	33,6
N_2	28,9	H_2O (100 °C)	24,8
N_2	29,0	CH_4	36,0
O_2	29,2	CH_3	36,1
CO	29,2	CO_2	37,5
Cl_2	34,1	C_2H_6	53,2

8.2.4 Molare Wärmekapazitäten fester Körper

Beim Festkörper bezeichnen die molaren Wärmekapazitäten C_p und C_V die Wärmekapazitäten pro 1 Mol bzw. pro N_A Atome.

Der wichtigste Parameter der Temperaturabhängigkeit der molaren Wärmekapazitäten C_V fester Körper ist die *Debye-Temperatur* Θ_D:

a) für $T > \Theta_D$ gilt

das *Gesetz von* P. L. Dulong (1785–1836) und A. Petit (1791–1820)

(8.14) $$C_V \simeq 3R = 3N_A k \cong 6\ \text{cal/K mol} \cong 25\ \text{J/K mol} \simeq \text{const}$$

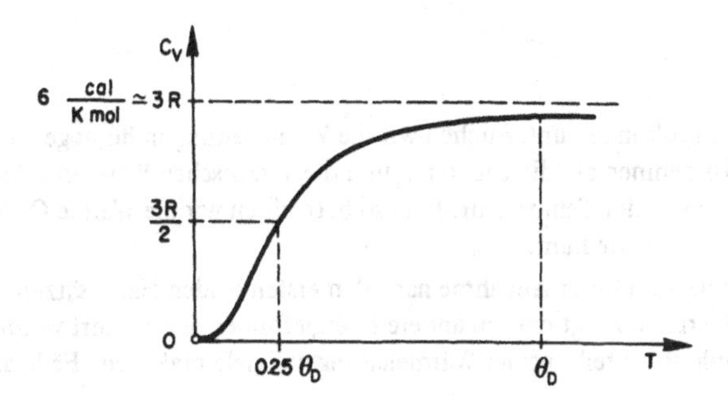

b) für $T \ll \Theta_D$ gilt
das *Gesetz von* P. D e b y e (1884–1966)

$$C_V \simeq \frac{12\pi^4}{5} R \cdot \left(\frac{T}{\Theta_D}\right)^3 \text{ oder } C_V \propto T^3 \tag{8.15}$$

Für leichte Atome und starke Bindungskräfte im Festkörper ist die Debye-Temperatur Θ_D hoch, für schwere Atome und schwache Bindungskräfte niedrig.

Das Dulong-Petit Gesetz (8.14) der Festkörper entspricht dem klassischen Äquipartitionsgesetz. Jedes Atom im Festkörper hat 3 Freiheitsgrade der Vibration und liefert deshalb 3 kT/2 kinetische sowie 3 kT/2 potentielle thermische Energie. Dagegen wird das Debye Gesetz (8.15) durch quantenmechanische Effekte bestimmt.

I l l u s t r a t i o n :

Festkörper	Pb	Al	C (Diamant)
Θ_D (K)	105	428	2230
Bemerkung	schwere Atome schwache Bindung weicher Körper		leichte Atome starke Bindung harter Körper

Tab. 8.3 Debye-Temperaturen Θ_D in K (C_D = Diamant)

Li	344	Be	1440			C_D	2230				
Na	158	Mg	400	Al	428	Si	645				
K	91	Ca	230	Ga	320	Ge	374	Cu	343	Zn	327
Rb	56	Sr	147	In	108	Sn	200	Ag	225	Cd	209
Cs	38	Ba	110	Tl	78	Pb	105	Au	165	Hg	72
V	380	Cr	630	Fe	470	Co	445	Ni	450		
LiF	620	NaCl	280	KCl	230	KBr	175	RbBr	130		

8.3 Wärmeleitung

Voraussetzungen. Im folgenden untersuchen wir die Wärmeleitung in homogenen, isotropen Körpern. Wir nehmen an, die Dichten ρ und die spezifischen Wärmen c der Körper seien unabhängig von der Temperatur. Ebenso betrachten wir die Wärme Q als fließendes, unzerstörbares Medium.

Obwohl im Gegensatz zu unserer Annahme nach den ersten beiden Hauptsätzen (8.4.2 und 8.5.5) Wärme erzeugt oder in andere Energieformen übergeführt werden kann, ist die folgende Beschreibung der Wärmeleitung auf viele praktische Fälle anwendb

8.3.1 Der Wärmestrom

Auf Grund unserer Voraussetzungen ist es möglich, einen Wärmestrom I_Q und eine Wärmestromdichte $\vec{j}_Q$ analog zum elektrischen Strom I und zur elektrischen Stromdichte $\vec{j}$ zu definieren. Dazu dient die folgende experimentelle Anordnung:

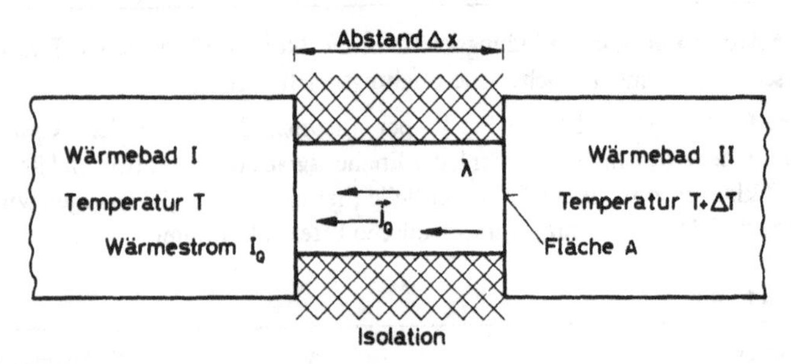

Als Wärmestrom I_Q bezeichnet man die pro Zeiteinheit durch eine Fläche A fließende Wärmemenge

$$I_Q = \delta Q/dt$$

In Analogie zur elektrischen Stromdichte definieren wir die Wärmestromdichte $\vec{j}_Q$ durch

$$I_Q = \int_A \vec{j}_Q \, d\vec{a} \qquad (8.16)$$

8.3.2 Die erste Wärmeleitungsgleichung

Der Wärmestrom bewirkt im Körper den Temperaturausgleich zwischen Bereichen mit verschiedener Temperatur. Somit wirken Temperaturinhomogenitäten als treibende Kraft des Wärmestroms. Dieser Hypothese entspricht der Ansatz

$$I_Q = j_Q \, A = -\lambda \cdot A \cdot \Delta T/\Delta x$$

für die oben skizzierte Anordnung oder allgemein das *Fouriersche Gesetz der Wärmeleitur*

(8.17) $\vec{j}_Q = -\lambda \operatorname{grad} T$

Der Proportionalitätsfaktor λ heißt *Wärmeleitzahl* oder *Wärmeleitfähigkeit*.
Seine SI-*Einheit* ist

$$1 \text{ W/K m} = 2{,}38 \cdot 10^{-3} \text{ cal/cm s K}$$

Tab. 8.4 λ in W/K m bei 20 °C

Ag	421	Beton	0,8 bis 1,3
Chromstahl	20 bis 40	Glas	0,7
Eis (0 °C)	2,23	Ziegelmauer	0,35 bis 0,9
Wasser	0,58	Glaswolle	0,06
Luft (trocken)	0,034	Kork	0,035 bis 0,06

Bemerkung. Das Fouriersche Gesetz der Wärmeleitung entspricht formal der 1. Gleichung von A. E. F i c k (1829–1901) zur Beschreibung der *Diffusion von Teilchen*.

8.3.3 Die Kontinuitätsgleichung der Wärme

Betrachtet man die Wärme als unzerstörbare Substanz, so gilt für sie eine Kontinuitätsgleichung genau so wie für die Flüssigkeiten und Gase (4.3.2) und für die elektrische Ladung (5.3.4).

(8.18) $\frac{\partial \rho_Q}{\partial t} + \operatorname{div} \vec{j}_Q = 0$

Dabei bedeuten $\vec{j}_Q$ die *Wärmestromdichte* und ρ_Q die *Wärmedichte*, wobei letztere durch

$$\rho_Q(\vec{r}) = \lim_{\Delta V \to 0} \frac{\Delta Q(\vec{r})}{\Delta V}$$

definiert ist und $\Delta Q(\vec{r})$ die in einem kleinen Volumen ΔV am Ort $\vec{r}$ enthaltene Wärmemenge darstellt.
Für eine kleine Temperaturänderung dT gilt:

$$\delta \rho_Q = \rho c \, dT \quad \text{und} \quad \rho_Q(T) - \rho_Q(T_0) = \rho \cdot c \cdot (T - T_0)$$

8.3.4 Die zweite Wärmeleitungsgleichung

Kombiniert man die 1. Wärmeleitungsgleichung (8.3.2) und die Kontinuitätsgleichung (8.3.3) der Wärme unter der Voraussetzung, daß die Dichte ρ und die spezifische Wärme c temperaturunabhängig sind, so erhält man die 2. *Wärmeleitungsgleichung*:

(8.19) $$\frac{\partial T}{\partial t} = D_W \Delta T \quad \text{mit} \quad D_W = \frac{\lambda}{\rho c}$$

wobei D_W die *Wärmediffusionskonstante* oder *Temperaturleitzahl* darstellt.
Die SI-*Einheit* der Wärmediffusionskonstanten ist

$$1 \text{ m}^2 \text{ s}^{-1} = 10^4 \text{ cm}^2 \text{ s}^{-1}$$

Beweis der 2. Wärmeleitungsgleichung

$$\frac{\partial \rho_Q}{\partial t} = c \cdot \rho \cdot \frac{\partial T}{\partial t} = -\text{div}(-\lambda \text{ grad } T) = \lambda \Delta T$$

Beispiele: D_W in $m^2 s^{-1}$: Ag $1{,}7 \cdot 10^{-4}$, Al $9{,}6 \cdot 10^{-5}$, Wasser $1{,}5 \cdot 10^{-7}$.

Bemerkungen. Die vorliegende 2. Wärmeleitungsgleichung entspricht formal der 2. Fickschen Gleichung der Diffusion von Teilchen. Bei der Wärmeleitung und bei der Diffusion von Teilchen existiert weder eine Ausbreitungsfront noch eine Ausbreitungsgeschwindigkeit. *Die Diffusionsgleichung ist wesentlich verschieden von der Wellengleichung* für dispersionsfreie Medien:

Diffusionsgleichung	Wellengleichung
$\frac{\partial T}{\partial t} = D_W \cdot \Delta T$	$\frac{\partial^2 w}{\partial t^2} = u^2 \cdot \Delta w$

8.3.5 Stationäre eindimensionale Wärmeleitung

Eine besonders einfache Lösung der 2. Wärmeleitungsgleichung ist die stationäre eindimensionale Wärmeleitung in einem homogenen isotropen Körper. Diese Lösung der Wärmeleitungsgleichung basiert auf den Bedingungen stationär: $\partial T/\partial t = 0$, $\Delta T = 0$ und eindimensional: $d^2T/dx^2 = 0$.

Daraus ergibt sich

(8.20) $$T = T_0 + \left(\frac{dT}{dx}\right)_0 \cdot (x - x_0), \qquad j_Q = -\lambda \left(\frac{dT}{dx}\right)_0$$

Beispiel:

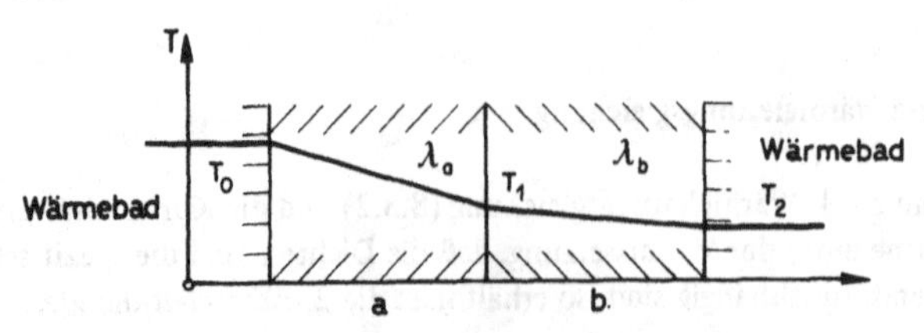

$$j_Q = -\lambda_a \cdot \left(\frac{dT}{dx}\right)_a = -\lambda_b \cdot \left(\frac{dT}{dx}\right)_b = \frac{T_0 - T_2}{a \cdot \lambda_a^{-1} + b \cdot \lambda_b^{-1}}$$

$$T_1 = T_0 + \left(\frac{dT}{dx}\right)_a \cdot a = \frac{a \cdot \lambda_a^{-1} \cdot T_2 + b \cdot \lambda_b^{-1} \cdot T_0}{a \cdot \lambda_a^{-1} + b\, \lambda_b^{-1}}$$

8.3.6 Der eindimensionale Wärmepol

Einem dünnen Stab wird zur Zeit $t = 0$ die Wärmemenge Q bei $x = 0$ zugeführt. Die Lösung der 2. Wärmeleitungsgleichung illustriert den Charakter der Wärmeausbreitung:

$$T(x, t) = T_0 + \frac{Q}{\rho_\ell\, c \sqrt{\pi\, 4 D_W\, t}} \exp\left(-\frac{x^2}{4 D_W\, t}\right); \quad t \geqslant 0 \tag{8.21}$$

Dabei ist ρ_ℓ die Liniendichte, d. h. die Masse pro Länge des Stabes, c die spezifische Wärme und D_W die Wärmediffusionskonstante des Stabmaterials.

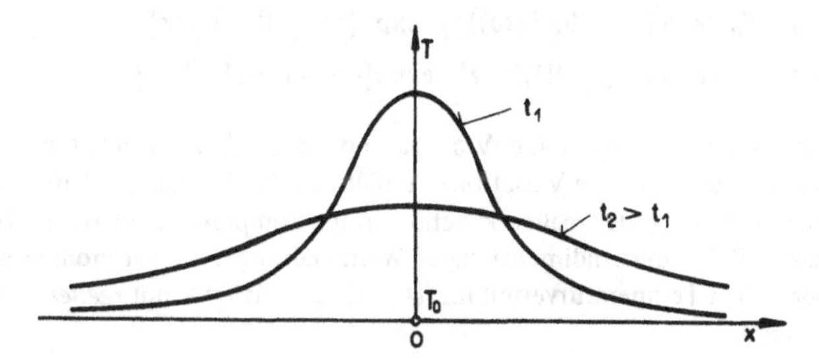

Für die Zeit $t = 0$ ist die Temperatur $T = T_0$ bei $x \neq 0$ und $T = \infty$ bei $x = 0$. Man spricht daher von einem *Wärmepol* zur Zeit $t = 0$. Für Zeiten $t > 0$ entsprechen die Temperaturprofile einer *Gauß-Verteilung*.

8.3.7 Komplexe Dispersionsrelation von Wärmeleitung und Diffusion

Gemäß der 2. Wärmeleitungsgleichung (8.19) verursachen Wärmeleitung und Diffusion *keine eigentlichen Wellen*. Trotzdem kann ihnen eine *Dispersionsrelation* zugeordnet werden. Diese ist jedoch *komplex*.

Herleitung. Die Dispersionsrelation der Wärmeleitung und Diffusion ergibt sich aus der 2. Wärmeleitungsgleichung (8.19) mit dem Lösungsansatz

$$T = T_0 \exp i(\omega t - \vec{k} \cdot \vec{r})$$

Die komplexe Dispersionsrelation lautet

$$\omega = i\, D\, k^2$$

Interpretation. Aus $u = \omega/k$ und $u_g = d\omega/dk$ ergeben sich mit obiger Dispersionsrelation imaginäre Phasen- und Gruppengeschwindigkeit. Dies bestätigt, daß bei Wärmeleitung und Diffusion keine eigentlichen Wellen auftreten. Die Interpretation einer komplexen Dispersionsrelation muß daher unter anderen Gesichtspunkten durchgeführt werden. Als komplexe Funktion entspricht sie in normalen Fällen einer konformen Abbildung der komplexen k-Ebene auf die komplexe ω-Ebene. Was ist jedoch die physikalische Bedeutung dieser komplexen Funktion? Die *physikalische Interpretation* der obigen komplexen Dispersionsrelation geschieht *unter zwei Gesichtspunkten*:

a) Gedämpfte Wellen: Gedämpfte oder unter Umständen auch anwachsende Wellen ergeben sich bei komplexen Dispersionsrelationen durch Abbildung der reellen ω-Achse auf die komplexe k-Ebene. In diesem Fall startet man z. B. bei der eindimensionalen Wärmeleitung mit einer Oszillation der lokalen Temperatur $T(t, 0)$ am Ort $z = 0$ mit *reeller Kreisfrequenz* $\omega = 2\pi/T$:

$$T(t, 0) = T(t + T, 0) = T_0 \cdot \exp i\omega t$$

Daraus resultiert für $z \geqslant 0$ eine *gedämpfte Wärmewelle* in der Form

$$\begin{aligned} T(t, z) &= T_0 \cdot \exp[-(-\operatorname{Im} k(\omega))z] \cdot \exp i[\omega t - \operatorname{Re} k(\omega)z] \\ &= T_0 \cdot \exp[-(\omega/2D)^{1/2} z] \cdot \exp i[\omega t - (\omega/2D)^{1/2} z] \end{aligned}$$

b) Abklingende räumliche Variationen: Abklingende oder unter Umständen wachsende räumliche Variationen erhält man bei komplexen Dispersionsrelationen durch Abbildung der reellen k-Achse auf die komplexe ω-Ebene. In diesem Fall startet man z. B. bei der eindimensionalen Wärmeleitung mit einer momentan räumlich periodischen Temperaturverteilung $T(0, z)$ zur Zeit $t = 0$ mit *reeller Kreiswellenzahl* $k = 2\pi/\lambda$:

$$T(0, z) = T(0, z + \lambda) = T_0 \cdot \exp(-ikz)$$

Daraus resultiert für $t \geqslant 0$ eine *abklingende räumlich periodische Temperaturvariation* in der Form

$$T(t, z) = T_0 \cdot \exp(-D k^2 t) \cdot \exp(-ikz)$$

Ebenso wird bei *stehenden* Wellen in Resonatoren mit ideal reflektierenden Wänden und gefüllt mit einem homogenen absorbierenden oder emittierenden Medium die Abbildung der reellen k-Achse auf die komplexe ω-Achse durch die komplexe Dispersionsrelation verwendet. Die Randbedingungen der Resonatoren bestimmen analog zum Kapitel 6.11 die diskreten reellen k-Werte sowie die entsprechenden Eigenschwingungen. Für komplexe Dispersionsrelationen ergeben sich dabei komplexe Eigenfrequenzen ω. Diese entsprechen abklingenden oder anwachsenden Eigenschwingungen je nach Vorzeichen des Imaginärteils.

8.4 Wärme, Arbeit und Energie

8.4.1 Arbeit an und von thermodynamischen Systemen

Zustandsänderungen durch Arbeit. Der Zustand eines thermodynamischen Systems kann von außen durch Zu- oder Abfuhr von Wärme beeinflußt werden. Man kann ihn aber auch verändern, indem man an dem System Arbeit leistet, oder indem man es arbeiten läßt. Da die *Arbeit W keine Zustandsgröße des thermodynamischen Systems ist,* bezeichnet man einen kleinen Arbeitsaufwand mit δW und nicht mit dem Differential dW. Arbeit, die man am System leistet, versieht man mit einem positiven Vorzeichen: $\delta W > 0$; Arbeit geleistet vom System mit einem negativen Vorzeichen: $\delta W < 0$.

Beispiele von Arbeitsleistungen an und von thermodynamischen Systemen sind die Arbeit durch Volumenänderung und die Arbeit durch Magnetisierung.

Arbeit durch Volumenänderung. Die Arbeit δW, die man an einem System bei einer Volumenänderung dV leistet, ist

$$\delta W = -p\,dV \tag{8.22}$$

Beweis: Anhand der Kompression eines Systems in einem zylindrischen Gefäß. Auf den Gefäßstempel mit der Fläche A wirkt das System unter dem Druck p mit einer Kraft $F = pA$. Man komprimiert das System um das Volumen $\Delta V = A \cdot \Delta x$ mit der Kraft $\vec{F}_a$, die dem Betrag nach etwas größer ist als F. Dabei leistet man die Arbeit

$$\delta W = F_a \cdot \Delta x \simeq F \cdot \Delta x$$
$$= p \cdot A \cdot \Delta x = -p \cdot \Delta V$$

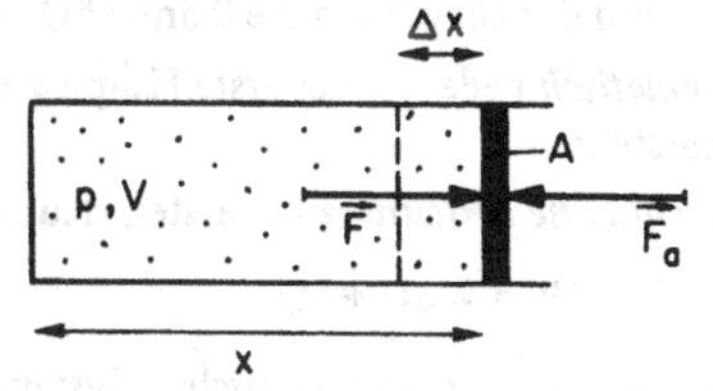

8.4.2 Der erste Hauptsatz der Thermodynamik

Der Satz von der Erhaltung der Energie. Der Energieerhaltungssatz der Mechanik (1.8.6) versagt, wenn in einem System Reibungskräfte wirksam sind. Leistet man Arbeit gegen Reibungskräfte, so entsteht Wärme. R. Mayer (1814–1878) erkannte, daß der Energieerhaltungssatz der Mechanik zu einem *allgemein gültigen Energieerhaltungssatz* erweitert werden kann, wenn man die *Wärme als eine weitere Energieform* auffaßt.

Dies war in Übereinstimmung mit den Auffassungen von J. von Liebig (1803–1873), der von der Äquivalenz von chemischer Energie, Arbeit und Wärme überzeugt war. Etwas später formulierte H. von Helmholtz (1821–1894) den Energieerhaltungssatz in voller Allgemeinheit und prüfte ihn an den experimentellen Erfahrungen. Gleichzeitig bestimmte J. P. Joule (1818–1889) experimentell das *mechanische Wärmeäquivalent*:

$$1\ \text{cal} = 4{,}185\ \text{Joule} \tag{8.23}$$

Das Perpetuum mobile 1. Art. Ein Perpetuum mobile 1. Art ist eine periodische Maschine, die mehr Energie liefert, als man ihr zuführt. Aus dem Energieerhaltungssatz der Mechanik (1.8.6) folgt, daß es unmöglich ist, ein mechanisches Perpetuum mobile 1. Art zu bauen. H. von Helmholtz zeigte unter Einbeziehung von Wärme, von elektrischer und chemischer Energie, daß ein *Perpetuum mobile 1. Art allgemein unmöglich* ist. Diese Aussage ist gleichwertig mit dem allgemeinen Energieerhaltungssatz.

Die innere Energie eines thermodynamischen Systems. Hat ein thermodynamisches System keine Wechselwirkung mit seiner Umgebung, so bleibt seine gesamte innere Energie nach dem Energieerhaltungssatz konstant. Unter diesen Umständen bezeichnet man das System als *abgeschlossen*. Die *innere Energie* U ist eine Zustandsgröße oder eine *Zustandsfunktion*. Sie kann sich nur ändern, wenn dem System von außen Energie in irgendeiner Form zugeführt oder entnommen wird.

Der erste Hauptsatz. Man betrachtet ein thermodynamisches System, dem Energie von außen zu- oder weggeführt wird. Charakteristisch für die Thermodynamik ist die *Aufteilung der zu- oder weggeführten Energie in Wärme und Arbeit*. Bei einer kleinen Wärmezufuhr δQ und einer kleinen, am System geleisteten Arbeit δW ist die Änderung der inneren Energie dU des Systems auf Grund des allgemeinen Energieerhaltungssatzes:

$$dU = \delta Q + \delta W \tag{8.24}$$

Dabei wird der Umgebung die Wärme δQ entzogen.

Mathematisch bedeutet der erste Hauptsatz, daß $(\delta Q + \delta W)$ ein vollständiges Differential darstellt.

Die *technische Bedeutung* des ersten Hauptsatzes ergibt sich aus der Formulierung:

$$-\delta W = -dU + \delta Q$$

Die von einem thermodynamischen System geleistete Arbeit $-\delta W > 0$ entspricht der Summe aus zugeführter Wärme $\delta Q > 0$ und Abnahme der inneren Energie $-dU > 0$.

8.4.3 Molare Wärmekapazitäten der idealen Gase

Das Experiment von Gay-Lussac. Gemäß einem Experiment von J. L. Gay-Lussac ändert sich die Temperatur eines *abgeschlossenen* idealen Gases nicht bei Volumenänderungen.

Für das Experiment benützt man ein wärmeisoliertes Gefäß, das durch einen vakuumdichten Schieber in zwei Sektionen mit den Volumen V und V′ geteilt ist. Zu Beginn des Experimentes füllt man die erste Sektion des Gefäßes mit dem Volumen V mit einem idealen Gas bei der Temperatur T. Die andere Sektion mit dem Volumen V′ wird evakuiert. Öffnet man den Schieber sehr rasch, so dehnt sich das Gas ohne Arbeit auf das Volumen V + V′ aus. In der kurzen Zeit findet kein Wärmeaustausch mit der Gefäßwand statt. Somit ist $\delta W = 0$ und $\delta Q = 0$. Nachher mißt man die Temperatur T′ des Gases. Beim idealen Gas findet man $T' = T$.

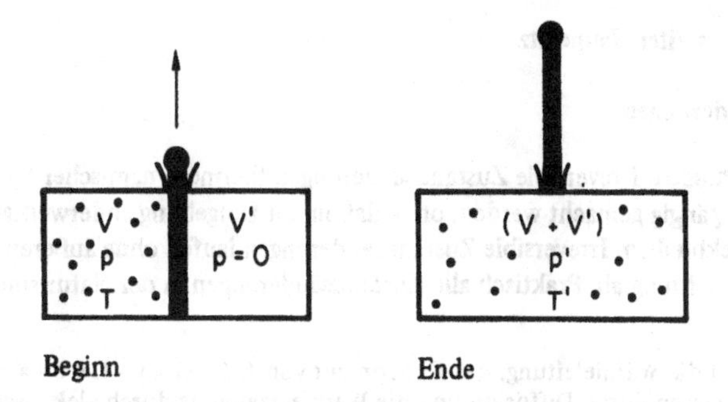

Beginn **Ende**

Für die innere Energie U gilt unter den experimentellen Bedingungen:

$$dU = \left\{\frac{\partial U}{\partial T}\right\}_V dT + \left\{\frac{\partial U}{\partial V}\right\}_T dV = \delta Q + \delta W = 0$$

Aus $dV \neq 0$ und $dT = 0$ ergibt sich

(8.25) $$\left\{\frac{\partial U}{\partial V}\right\}_T = 0 \quad \text{oder} \quad U = U(T)$$

Molare Wärmekapazität bei konstantem Volumen. Bei konstantem Volumen gilt mit $U = U(T)$ für ein System von n Molen:

$$\delta Q = n\, C_V\, dT = dU(T)$$

oder

(8.26) $$C_V(T) = n^{-1} \left\{\frac{dU(T)}{dT}\right\}_V$$

Molare Wärmekapazität bei konstantem Druck. Bei konstantem Druck gilt

$$\delta Q = dU + p\, dV = \left\{\frac{\partial U}{\partial T}\right\}_V dT + \left\{\frac{\partial U}{\partial V}\right\}_T dV + p\, dV$$

$$= n\, C_V\, dT + 0 + p\, dV = n\, C_V\, dT + n\, R\, dT$$

oder $$C_p = n^{-1} \frac{\delta Q}{dT} = C_V + R$$

(8.27) $$C_p(T) - C_V(T) = R$$

8.5 Entropie und zweiter Hauptsatz

8.5.1 Zustandsänderungen

Irreversible Änderungen. Irreversible Zustandsänderungen thermodynamischer Systeme *können nicht* rückgängig gemacht werden, ohne daß in der Umgebung anderweitige Änderungen zurückbleiben. Irreversible Zustandsänderungen laufen ohne äußeren Einfluß nur in einer Richtung ab. Praktisch alle Zustandsänderungen in der Natur sind irreversibel.

Beispiele sind die Wärmeleitung, das Experiment von J. L. Gay-Lussac (8.4.3 die Mischung von Gasen durch Diffusion und die Wärmeerzeugung durch elektrischen Strom in ohmschen Leitern.

Reversible Änderungen. Reversible Zustandsänderungen thermodynamischer Systeme *können durch Umkehr rückgängig gemacht werden*, ohne daß in der Umgebung anderweitige Änderungen zurückbleiben.

Reversible Zustandsänderungen spielen eine wichtige Rolle in der theoretischen Thermodynamik, insbesondere beim zweiten Hauptsatz. Sie entsprechen *idealisierten Grenzfällen* und existieren nicht in der Natur.

Damit eine Zustandsänderung reversibel ist, muß das thermodynamische System in jedem Moment im *thermodynamischen Gleichgewicht* sein. Aus diesem Grund müssen reversible Zustandsänderungen *sehr langsam verlaufen*. Für jeden Gleichgewichtszustand, der vom System bei einer reversiblen Zustandsänderung durchlaufen wird, gilt die entsprechende *Zustandsgleichung*.

Beispiele sind die im folgenden beschriebenen reversiblen adiabatischen Zustandsänderungen des idealen Gases und der Kreisprozeß von N. L. S. Carnot.

Änderungen mit festen Zustandsgrößen. Die Zustandsänderung eines thermodynamische Systems kann unter verschiedenen äußeren Bedingungen stattfinden. Diese Bedingungen beeinflussen den Ablauf der Zustandsänderung weitgehend, weshalb sie genau festgelegt werden müssen.

Zustandsänderungen lassen sich steuern, indem man eine oder mehrere Zustandsgrößen fixiert. Eine Zustandsänderung heißt

isochor, wenn $V = \text{const}$, $dV = 0$,

isobar, wenn $p = \text{const}$, $dp = 0$,

isotherm, wenn $T = \text{const}$, $dT = 0$.

Änderungen abgeschlossener Systeme. Ein thermodynamisches System heißt *abgeschlossen*, wenn es keine Wechselwirkung mit der Umgebung hat. Somit findet kein Wärmeaustausch und keine Arbeitsleistung statt:

Aus dem ersten Hauptsatz folgt wegen $\delta Q = 0$ und $\delta W = 0$ die Aussage:

$$U = \text{const}, \quad dU = 0$$

Adiabatische Änderungen. Findet eine Zustandsänderung eines thermodynamischen Systems ohne Wärmeaustausch mit der Umgebung statt, so bezeichnet man sie als *adiabatisch*. Demnach gilt für adiabatische Zustandsänderungen:

$$\delta Q = 0$$

Erfolgt eine Zustandsänderung so rasch, daß praktisch kein Temperaturausgleich des Systems mit der Umgebung stattfinden kann, so ist sie annähernd adiabatisch.

8.5.2 Reversible adiabatische Zustandsänderungen idealer Gase

Beziehungen zwischen den Zustandsgrößen. Für ein ideales Gas mit der Zustandsgleichung $p\,V = n\,R\,T$ und dem Differential der inneren Energie $dU = n\,C_V\,dT$ erhält man bei einer reversiblen adiabatischen Zustandsänderung folgende Beziehungen:

für die *Arbeit*

$$\delta W = -p\,dV = -p(V, T)\,dV = -n\,R\,T\,\frac{dV}{V}$$

für die *Wärmezufuhr*

$$\delta Q = dU - \delta W = n\,C_V\,dT + p\,dV = 0$$

Die Kombination dieser Gleichungen ergibt

$$0 = n\left\{C_V\,\frac{dT}{T} + R\,\frac{dV}{V}\right\} \quad \text{und} \quad C_V \ln T + R \ln V = \text{const}$$

Die letzte Gleichung läßt sich mit Hilfe der Zustandsgleichung umformen in folgende drei äquivalente Beziehungen:

(8.28)
$$T\,V^{\kappa-1} = \text{const}, \qquad p\,V^{\kappa} = \text{const}, \qquad T^{\kappa}\,p^{1-\kappa} = \text{const}$$
$$\text{mit} \quad \kappa = C_p/C_V = (C_v + R)/C_v$$

Arbeit und innere Energie. Die bei einer adiabatischen Zustandsänderung geleistete Arbeit entspricht der Zunahme der inneren Energie:

$$\delta W = dU - \delta Q = dU$$

Daraus ergibt sich für die Arbeit $W(1 \to 2)$, welche am idealen Gas beim reversiblen adiabatischen Übergang vom Zustand 1 in den Zustand 2 geleistet wird:

(8.29)
$$W(1 \to 2) = U(2) - U(1) = \int_1^2 n\,C_V\,dT = n\,C_V(T_2 - T_1)$$

8.5.3 Der Carnotsche Kreisprozeß

Problem. Arbeit läßt sich durch Reibung vollständig in Wärme überführen. Es gibt jedoch keine Maschine, die Wärme vollständig in Arbeit umwandelt. Anhand des Kreisprozesses von N. L. S. Carnot (1796–1832) läßt sich entscheiden, welcher Bruchteil der Wärme mit einem *reversiblen* Kreisprozeß in Arbeit übergeführt werden kann.

Beschreibung des Kreisprozesses. Die für den Carnotschen Kreisprozeß verwendete Maschine besteht aus einem mit einem idealen Gas gefüllten Zylinder, der mit einem verschiebbaren Kolben abgeschlossen ist.

Der *Anfangszustand* A des Gases ist durch die Zustandsgrößen p_A, V_A, T_1 gekennzeichnet. Der Zylinder befindet sich in einem Wärmebad mit der Temperatur T_1.

Der Kreisprozeß umfaßt *vier reversible Zustandsänderungen*:

a) reversible isotherme Expansion des Gases vom Volumen V_A auf das Volumen V_B in einem Wärmebad mit der Temperatur T_1. Dabei wird dem Gas die Wärme $\delta Q(T_1)$ zugeführt.

b) reversible adiabatische Expansion des Gases vom Volumen V_B auf das Volumen V_C. Der Zylinder ist thermisch isoliert. Die Temperatur des Gases sinkt von T_1 auf T_2.

c) reversible isotherme Kompression des Gases vom Volumen V_C auf das Volumen V_D in einem Wärmebad mit der Temperatur T_2. Dabei wird vom Gas die Wärmemenge $-\delta Q(T_2)$ an das Wärmebad abgeführt.

d) reversible adiabatische Kompression des Gases vom Volumen V_D auf das Volumen V_A. Der Zylinder ist thermisch isoliert. Die Temperatur steigt von T_2 wieder auf T_1.

Der *Anfangszustand A* ist wieder erreicht.

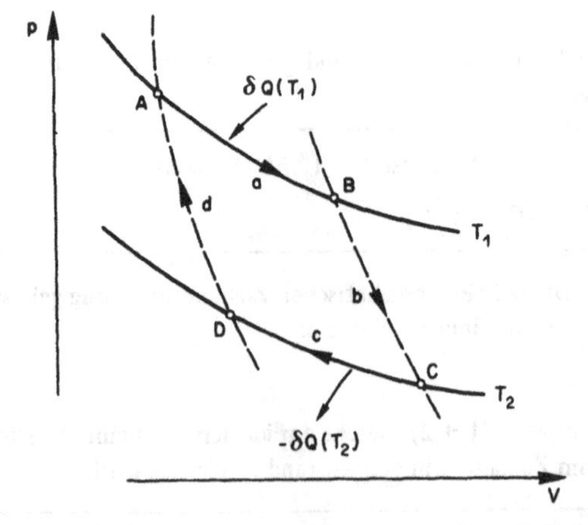

Volumenverhältnisse. Die Zustandsänderungen b) und d) sind reversibel und adiabatisch. Nach (8.5.2) gilt für b) $T_1 V_B^{\kappa-1} = T_2 V_C^{\kappa-1}$ und für d) $T_1 V_A^{\kappa-1} = T_2 V_D^{\kappa-1}$.

Daraus ergibt sich

$$\ln \frac{V_B}{V_A} = \ln \frac{V_C}{V_D}$$

Arbeit. Bei den vier reversiblen Zustandsänderungen des Carnotschen Kreisprozesses werden folgende Arbeitsbeträge geleistet oder gewonnen:

a) Für die Zustandsänderung a) gilt:

$$W(A \to B) = -\int_A^B p(V)\, dV = -n R T_1 \int_A^B \frac{dV}{V} = n R T_1 \ln \frac{V_A}{V_B}$$

Weil die Zustandsänderung a) isotherm ist, gilt für das ideale Gas $dU = 0$ oder $\delta Q = -\delta W$. Das bedeutet, daß

$$\delta Q(T_1) = -W(A \to B) = n R T_1 \ln \frac{V_B}{V_A}$$

b) Für die reversible adiabatische Zustandsänderung b) gilt nach (8.5.2):

$$W(B \to C) = n C_V (T_2 - T_1)$$

c) Analog zur Zustandsänderung a) gilt

$$W(C \to D) = -\delta Q(T_2) = n R T_2 \ln \frac{V_C}{V_D}$$

d) Analog zur Zustandsänderung b) gilt

$$W(D \to A) = n C_V (T_1 - T_2)$$

Energiebilanz. Nach Ablauf des Kreisprozesses erreicht die innere Energie U des idealen Gases wieder ihren Anfangswert. Der erste Hauptsatz der Thermodynamik erfordert:

$$0 = \delta Q + \delta W = \delta Q(T_1) + \delta Q(T_2) + W(A \to B) + W(B \to C) + W(C \to D) + W(D \to A)$$

Die beim Carnotschen Kreisprozeß *vom idealen Gas geleistete Arbeit* berechnet sich daraus zu

$$-\delta W = \delta Q = \delta Q(T_1) + \delta Q(T_2) = n R \left\{ T_1 \ln \frac{V_B}{V_A} + T_2 \ln (V_D / V_C) \right\}$$

$$= n R (T_1 - T_2) \ln \frac{V_B}{V_A}$$

Wirkungsgrad des Carnotschen Kreisprozesses. Der Wirkungsgrad η einer Wärmekraftmaschine ist definiert als Verhältnis zwischen der von der Maschine geleisteten Arbeit und der der Maschine zugeführten Wärme.

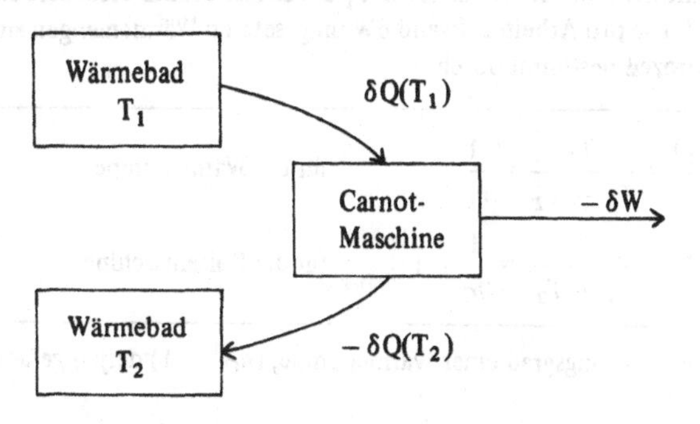

Für einen Carnotschen Kreisprozeß, bei dem die Wärme $\delta Q(T_1)$ bei der Temperatur T_1 zugeführt und die Wärme $-\delta Q(T_2)$ bei der Temperatur T_2 abgegeben wird, ergibt sich aus den obigen Beziehungen ein Wirkungsgrad von

$$\eta_C = \frac{-\delta W}{\delta Q(T_1)} = \frac{T_1 - T_2}{T_1} \leqslant 1 \tag{8.30}$$

Die thermodynamische Temperaturskala. Nach Lord Kelvin erlaubt der Carnotsche Kreisprozeß eine Festlegung der Temperaturskala, die unabhängig von irgendwelchen thermodynamischen Systemen ist. Beim Carnotschen und jedem anderen reversiblen Kreisprozeß verhalten sich die *Temperaturen* T_1 und T_2 wie die aufgenommene zur abgegebenen *Wärmemenge*:

$$\frac{T_1}{T_2} = \frac{\delta Q(T_1)}{-\delta Q(T_2)} \tag{8.31}$$

Ordnet man einer bestimmten Temperatur, z. B. der Temperatur T_T des Tripelpunkts von Wasser, einen festen Wert zu, so läßt sich jede andere Temperatur T durch die Messung der Wärmen $\delta Q(T)$ und $\delta Q(T_T)$ bestimmen. Diese Methode der Skaleneinteilung liegt der Kelvin-Skala (8.1.3) zugrunde.

Reduzierte Wärmemengen. Aus der obigen Beziehung zwischen den Wärmemengen $\delta Q(T_i)$ und den entsprechenden Temperaturen T_i ergibt sich die wichtige Gleichung

$$\frac{\delta Q(T_1)}{T_1} + \frac{\delta Q(T_2)}{T_2} = 0$$

wobei man die Summanden als reduzierte Wärmemengen bezeichnet.

Wärmepumpe und Kältemaschine mit Carnotschem Kreisprozeß. Da beim Carnotschen Kreisprozeß jede Zustandsänderung reversibel ist, läßt er sich durch Umkehrung als Wärmepumpe bzw. als Kältemaschine verwenden. Diese entziehen dem Wärmebad mit der tieferen Temperatur T_2 die Wärme $\delta Q(T_2)$ und geben dafür die Wärme $-\delta Q(T_1)$ an das Wärmebad mit der höheren Temperatur T_1 ab. Dieser Prozeß erfordert einen Arbeitsaufwand δW. Die pro Arbeitsaufwand δW umgesetzten Wärmemengen sind beim Carnotschen Kreisprozeß bestimmt durch

$$\begin{aligned} \frac{-\delta Q(T_1)}{\delta W} &= \frac{T_1}{T_1 - T_2} = \frac{1}{\eta_C} && \text{für die Wärmepumpe} \\ \frac{+\delta Q(T_2)}{\delta W} &= \frac{T_2}{T_1 - T_2} = \frac{1}{\eta_C} - 1 && \text{für die Kältemaschine} \end{aligned} \tag{8.32}$$

η_C^{-1} ist der maximale Wirkungsgrad einer Wärmepumpe, $(\eta_C^{-1} - 1)$ derjenige der Kältemaschine (siehe 8.5.5).

8.5.4 Die Entropie

Reversible Kreisprozesse. Man kann zeigen, daß jede periodische Wärmekraftmaschine, die einen reversiblen Kreisprozeß ausnutzt, den gleichen Wirkungsgrad hat wie der Carnotsche Kreisprozeß (8.5.3):

$$\eta_{rev} = \eta_C = \frac{T_1 - T_2}{T_1} \leqslant 1 \tag{8.33}$$

Daraus folgt, daß die bei einem zum Carnotschen Prozeß verwandten Kreisprozeß isotherm zu- und weggeführten Wärmen $\delta Q_{rev}(T_i)$ ebenfalls die Beziehung

$$\sum_i \frac{\delta Q_{rev}(T_i)}{T_i} = 0$$

erfüllen. Einen beliebigen reversiblen Kreisprozeß kann man im Sinne des Carnotschen Kreisprozesses in beliebig kleine isotherme und adiabatische Zustandsänderungen unterteilen. Für die isotherm zu- oder weggeführten Wärmen $\delta Q_{rev}(T)$ gilt dann

$$\oint \frac{\delta Q_{rev}(T)}{T} = 0 \tag{8.34}$$

Definition der Entropie. Als Entropie S definiert man das Integral

$$S = \int_{0,(a)}^{x} \frac{\delta Q_{rev}(T)}{T} + S_0 \tag{8.35}$$

wobei (a) eine reversible Zustandsänderung mit dem Anfangszustand 0 und dem Endzustand x darstellt.

Die Entropie als Zustandsfunktion. Der Wert der Entropie für einen Zustand x ist unabhängig von der zwischen dem Anfangszustand 0 und dem Zustand x gewählten Zustandsänderung. Deshalb ist die *Entropie eine Funktion des thermodynamischen Zustandes.*

Der Beweis läßt sich mit Hilfe eines reversiblen Kreisprozesses führen, der vom Anfangszustand 0 längs der reversiblen Zustandsänderung (a) zum Zustand x und anschließend über eine zweite Zustandsänderung (b) zum Anfangszustand 0 zurück führt. Dann gilt

$$\oint_{0,(a),(b)} \frac{\delta Q_{rev}}{T} = \int_{0,(a)}^{x} \frac{\delta Q_{rev}}{T} + \int_{x,(b)}^{0} \frac{\delta Q_{rev}}{T} = 0$$

Das Differential der Entropie. Das Differential dS der Entropie bestimmt die bei der Temperatur T reversibel zugeführte Wärmemenge δQ_{rev}

(8.36) $\delta Q_{rev} = T \cdot dS$

Die Entropie der idealen Gase (siehe auch 9.3.3). Die Entropie eines idealen Gases ist

(8.37) $S(T, V) = n\,C_V \ln T + n\,R \ln V + S_0$

Zum Beweis betrachten wir eine reversible Zustandsänderung. Dann ist

$$dS = \frac{\delta Q_{rev}}{T} = \frac{1}{T}(dU - \delta W) = \frac{1}{T}(n\,C_V\,dT + p\,dV) = n\,C_V \frac{dT}{T} + n\,R\frac{dV}{V}$$

Tab. 8.5 Entropien
Standard-Bedingungen: T = 25 °C, p = 760 Torr = 1,01325 bar
Standard-Entropien: S° in J K^{-1} mol^{-1}

Gas	S°	Gas	S°	Gas	S°	Gas	S°
He	126,1	H	114,7	H_2	130,6	H_2O	189,0
Ne	146,3	F	158,7	F_2	202,7	CO	198,0
Ar	154,8	Cl	165,2	Cl_2	223,1	CO_2	213,9
		Br	175,0	Br_2	245,3	NO	210,6
		O	161,0	O_2	205,1	NO_2	240,6
		N	153,2	N_2	191,3	N_2O	220,1

Flüssigkeit	S°	Festkörper	S°	Festkörper	S°
Hg	76,1	Ca	41,7	CaO	39,8
Br_2	152,4	Ba	67,0	BaO	70,3
H_2O	70,0	$C_{Graphit}$	5,7	CuO	43,5
C_6H_6	269,2	$C_{Diamant}$	2,5	NaF	58,6
		α-Fe	27,2	NaCl	72,4
		Cu	33,4	AgCl	96,3
		Ag	42,7	α-Al_2O_3	50,9

8.5.5 Der zweite Hauptsatz der Thermodynamik

Das Perpetuum mobile 2. Art. Der erste Hauptsatz der Thermodynamik gestattet die Konstruktion einer periodischen Maschine, die nichts anderes macht, als einem Wärmebad Wärme zu entziehen und in Arbeit umzuwandeln. Eine derartige Maschine bezeichnet man als Perpetuum mobile 2. Art. Ein *Beispiel* wäre ein Schiffsmotor, der dem Meer Wärme entzieht und diese zum Antrieb des Schiffes verwendet.

Der zweite Hauptsatz. Der zweite Hauptsatz besagt, daß ein Perpetuum mobile 2. Art nicht existiert, oder: „Es gibt keine periodische Maschine, die nichts anderes bewirkt als die Abkühlung eines einzigen Wärmebades und Arbeitsleistung."

Wirkungsgrad von Wärmekraftmaschinen. Aus dem zweiten Hauptsatz folgt, daß keine Wärmekraftmaschine den Carnotschen Kreisprozeß in bezug auf den Wirkungsgrad η übertrifft. Es gilt

(8.38) $$\eta \leqslant \eta_C = \eta_{rev} = \frac{T_1 - T_2}{T_1}$$

Benutzt die Maschine einen ***reversiblen Kreisprozeß***, so gilt $\eta = \eta_C$. Arbeitet sie mit einem ***irreversiblen Kreisprozeß***, dann ist $\eta < \eta_C$.

Wirkungsgrade von Wärmepumpen und Kältemaschinen. Aus dem zweiten Hauptsatz ergeben sich ebenfalls Aussagen über die Wirkungsgrade η von Wärmepumpen und Kältemaschinen. Es gilt

$\eta \leqslant \eta_C^{-1}$ für Wärmepumpen

$\eta \leqslant \eta_C^{-1} - 1$ für Kältemaschinen

Entropieänderungen. Der zweite Hauptsatz erlaubt wichtige Aussagen über Entropieänderungen bei Zustandsänderungen. Die folgenden Ungleichungen bilden die Basis für die quantitative Beschreibung von reversiblen und irreversiblen Zustandsänderungen mit Hilfe der sogenannten thermodynamischen Potentiale (siehe Kap. 8.6).

Für *kleine Zustandsänderungen* gilt

(8.39)
$T\,dS = \delta Q$ reversible
$T\,dS > \delta Q$ irreversible
} Zustandsänderung

Da die Entropie eine Zustandsgröße ist, gilt für jeden *Kreisprozeß*

(8.40) $$\oint dS = 0 \geqslant \oint \frac{\delta Q}{T}$$

Bei reversiblen adiabatischen Zustandsänderungen ändert sich die Entropie nicht: $dS = \delta Q/T = 0$. Solche Zustandsänderungen werden daher auch als *isentrop* bezeichnet.

Für Zustandsänderungen von *abgeschlossenen thermodynamischen Systemen* mit $dU = \delta W = \delta Q = 0$ kann die Entropie nicht abnehmen

(8.41) $$dS \geqslant 0$$

Ist das System im *Gleichgewicht*, dann hat die Entropie ein Maximum

(8.42)
abgeschlossenes System
im Gleichgewicht
} bedeutet S = Maximum

8.6 Thermodynamische Potentiale

8.6.1 Übersicht

Die beiden ersten Hauptsätze und der Entropiebegriff erlauben die Einführung von Zustandsfunktionen, die für die Beschreibung von Zustandsänderungen speziell geeignet sind. Man bezeichnet sie als *thermodynamische Potentiale*. Als Fundament dieser Potentiale dient die *innere Energie* U. Bei konstanter Teilchenzahl N gilt:

Potential Definition	unabhängige Variable	Differential
Innere Energie U	S, V	$dU \leqslant T\,dS - p\,dV$
Helmholtzsche freie Energie $F = U - TS$	T, V	$dF \leqslant -S\,dT - p\,dV$
Enthalpie $H = U + pV$	S, p	$dH \leqslant T\,dS + V\,dp$
Gibbssches Potential, freie Enthalpie $G = U - TS + pV$	T, p	$dG \leqslant -S\,dT + V\,dp$

Bei den Differentialen gilt das Gleichheitszeichen nur für *reversible Zustandsänderungen*

8.6.2 Die innere Energie

Die innere Energie U wird nach dem ersten Hauptsatz durch das Differential

(8.43) $$dU = \delta Q + \delta W$$

definiert, wobei δQ und δW keine Differentiale von Zustandsgrößen darstellen.

Bei *isochoren Zustandsänderungen* (8.5.1), z. B. chemischen Reaktionen in einem Behälter mit konstantem Volumen V, ist der Wärmeumsatz δQ gleich der Änderung der inneren Energie:

(8.44) $$\delta Q = dU$$

Beweis: Wegen $dV = 0$ gilt $\delta Q = dU + p\,dV = dU$.

Für die *Molwärme* C_V, gemessen *bei konstantem Volumen* V, gilt für *isochore Zustandsänderungen* wegen $\delta Q = dU$:

(8.45) $$C_V = \frac{1}{n}\left\{\frac{\delta Q}{\partial T}\right\}_V = \frac{1}{n}\left\{\frac{\partial U}{\partial T}\right\}_V$$

8.6.3 Die Enthalpie

Die Enthalpie ist *definiert* durch die Gleichung

(8.46) $$H = U + p\,V$$

Diese Definition entspricht der mathematischen *Legendre-Transformation* der Funktion U(V, S) in die Funktion H(p, S).

Bei *isobaren Zustandsänderungen* ist der Wärmeumsatz δQ gleich der Änderung der Enthalpie H:

(8.47) $$\delta Q = dH$$

Auf Grund dieser Beziehung bezeichnet man das thermodynamische Potential H als Enthalpie, d. h. Wärmefunktion. Beispiele sind die *Reaktionswärme* $\delta Q = dH$ einer chemischen Reaktion unter konstantem Druck oder die *Schmelzwärme* $\delta Q = dH$ einer Substanz unter konstantem Druck.

B e w e i s : Wegen $dp = 0$ gilt

$$\delta Q = dU + p\,dV = dH - p\,dV - V\,dp + p\,dV = dH$$

Tab. 8.6 Enthalpien von Phasenumwandlungen
Bedingung: p = 760 Torr = 1,01325 bar
Enthalpien: ΔH in 10^3 J mol^{-1}

Stoff	Schmelzenthalpie	Verdampfungsenthalpie
He	0,021	0,084
Ar	1,11	6,53
H_2	0,117	0,904
O_2	0,444	6,82
N_2	0,720	5,57
H_2O	6,03	40,65
CH_4	0,942	8,16

Tab. 8.7 Bildungsenthalpien
Standard-Bedingungen: T = 25 °C, p = 760 Torr = 1,01325 bar
Standard-Enthalpien: ΔH_f^0 in 10^3 J mol^{-1}

Stoff	ΔH_f^0	Stoff	ΔH_f^0	Stoff	ΔH_f^0	Stoff	ΔH_f^0
O_2	0	H_2O (fl)	−286,1	N_2	0	$C_{Graphit}$	0
O_3	+142,3	H_2O (g)	−241,9	N	+473,0	CH_4	− 74,9
O	+249,3	H_2O_2 (g)	−135,4	NO_2	+ 33,9	C_2H_2	+226,9
H_2	0	CO_2	−393,7	N_2O	+ 81,6	C_2H_4	+ 52,7
H	+218,0	CO	−110,6	NO	+ 90,4	C_2H_6	− 84,6

$\Delta H_f^0 = 0$ für die Elemente im stabilsten Zustand bei Standard-Bedingungen.

Für die *Molwärme* C_p gemessen *bei konstantem Druck* p gilt für isobare Zustandsänderungen wegen $\delta Q = dH$:

(8.48) $$C_p = \frac{1}{n}\left\{\frac{\delta Q}{\partial T}\right\}_p = \frac{1}{n}\left\{\frac{\partial H}{\partial T}\right\}_p$$

8.6.4 Die Helmholtzsche freie Energie

Die Helmholtzsche freie Energie oder freie Energie F ist *definiert* durch die Gleichung

(8.49) $$F = U - T S$$

Diese Definition entspricht der mathematischen *Legendre-Transformation* der Funktion U(V, S) in die Funktion F(V, T).

In den USA wird F als „free energy" oder auch als „work function" A bezeichnet.

Bei *isothermen Zustandsänderungen* entspricht die Abnahme der Helmholtzschen freien Energie F der *Arbeit* $-\delta W$, welche *maximal gewonnen* werden kann.

(8.50) $$\text{Aus } dT = 0 \text{ folgt } -\delta W \leqslant -dF$$

Das Gleichheitszeichen gilt für reversible isotherme Zustandsänderungen.

Beweis: Aus $dT = 0$ und $T\,dS - \delta Q \geqslant 0$ folgt

$$\begin{aligned} -dF &= -dU + T\,dS + S\,dT = -dU + T\,dS \\ &= T\,dS - \delta Q - \delta W \geqslant -\delta W \end{aligned}$$

Für *isotherm isochore Zustandsänderungen* eines thermodynamischen Systems gilt

(8.51) $$\text{Aus } dT = 0 \text{ und } dV = 0 \text{ folgt } dF \leqslant 0$$

Das Gleichheitszeichen steht für reversible Zustandsänderungen. Beispiele isotherm isochorer Zustandsänderungen sind chemische Reaktionen in einem Gefäß mit konstantem Volumen V und konstanter Umgebungstemperatur T.

Beweis: Aus $dT = 0$ und $dV = 0$ folgt $dF = d(U - TS) = \delta Q - TdS \leqslant 0$.

Aus der obigen Ungleichung für isotherm isochore Zustandsänderungen ergibt sich folgendes *Minimalprinzip für die Helmholtzsche freie Energie*:

Ist ein thermodynamisches System mit konstantem Volumen und konstanter Umgebungstemperatur im *Gleichgewicht*, so hat die Helmholtzsche freie Energie F *ein Minimum* in bezug auf benachbarte Nichtgleichgewichtszustände.

(8.52) $$\left.\begin{array}{l}\text{Gleichgewicht für} \\ T = \text{const} \quad \text{und} \quad V = \text{const}\end{array}\right\} \text{ bedeutet } F = \text{Minimum}$$

8.6.5 Das Gibbssche Potential

Das Gibbssche Potential G ist *definiert* durch

(8.53) $$G = U - TS + pV$$

Diese Definition entspricht der mathematischen *Legendre-Transformation* der Funktion U(V, S) in die Funktion G(p, T).

G wird auch *freie Enthalpie* und in den USA unglücklicherweise manchmal „free energy" genannt.

Für *isotherm isobare Zustandsänderungen* eines thermodynamischen Systems gilt

(8.54) Aus $dT = 0$ und $dp = 0$ folgt $dG \leqslant 0$

Das Gleichheitszeichen steht für reversible Zustandsänderungen. Beispiele isotherm isobarer Zustandsänderungen sind chemische Reaktionen unter konstantem Druck p bei konstanter Umgebungstemperatur T.

Beweis: Aus $dT = 0$ und $dp = 0$ folgt

$$dG = d(U - TS + pV) = \delta Q - TdS \leqslant 0.$$

Aus der obigen Ungleichung für isotherm isobare Zustandsänderungen ergibt sich folgendes *Minimalprinzip für das Gibbssche Potential*:

Ist ein thermodynamisches System unter konstantem Druck und mit konstanter Umgebungstemperatur im *Gleichgewicht*, so hat das Gibbssche Potential G *ein Minimum* in bezug auf benachbarte Nichtgleichgewichtszustände.

(8.55) Gleichgewicht für $T = \text{const}$ und $p = \text{const}$ } bedeutet G = Minimum

Tab. 8.8 Freie Bildungsenthalpien
Standard-Bedingungen: T = 25 °C, p = 760 Torr = 1,01325 bar
Standard Gibbssche Potentiale: ΔG_f^0 in 10^3 J mol^{-1}

Stoff	ΔG_f^0	Stoff	ΔG_f^0	Stoff	ΔG_f^0	Stoff	ΔG_f^0
O_2	0	H_2O (fl)	−237,3	N_2	0	$C_{Graphit}$	0
O_3	+163,5	H_2O (g)	−228,7	N	+455,9	CH_4	− 50,8
O	+231,9	H_2O_2 (g)	−105,7	NO_2	+ 51,9	C_2H_2	+209,3
H_2	0	CO_2	−394,6	N_2O	+104,2	C_2H_4	+ 68,2
H	+203,3	CO	−137,3	NO	+ 86,6	C_2H_6	− 32,9

$\Delta G_f^0 = 0$ für die Elemente im stabilsten Zustand bei Standard-Bedingungen.

8.6.6 Relationen zwischen thermodynamischen Potentialen und Zustandsgrößen

Partielle Ableitungen der thermodynamischen Potentiale. Die partiellen Ableitungen der thermodynamischen Potentiale sind *Zustandsgrößen*. Dies ergibt sich unmittelbar aus der Darstellung der Differentiale der Potentiale (8.6.1).

$$T = \left\{\frac{\partial U}{\partial S}\right\}_V = \left\{\frac{\partial H}{\partial S}\right\}_p, \qquad S = -\left\{\frac{\partial F}{\partial T}\right\}_V = -\left\{\frac{\partial G}{\partial T}\right\}_p$$
$$p = -\left\{\frac{\partial U}{\partial V}\right\}_S = -\left\{\frac{\partial F}{\partial V}\right\}_T, \qquad V = \left\{\frac{\partial H}{\partial p}\right\}_S = \left\{\frac{\partial G}{\partial p}\right\}_T \tag{8.56}$$

Diese Beziehungen gestatten die *Verknüpfung thermodynamischer Potentiale*, z. B.:

$$U = F + T S = F - T\left\{\frac{\partial F}{\partial T}\right\}_V = -T^2\left\{\frac{\partial}{\partial T}\left(\frac{F}{T}\right)\right\}_V$$

Maxwellsche Relationen. Die partiellen Ableitungen einer Funktion $f(x_1, x_2, \ldots, x_i, \ldots x_j, \ldots, x_n)$ von mehreren Variablen $x_1, x_2, \ldots, x_i, \ldots, x_j, \ldots, x_n$ sind voneinander abhängig. Wegen der Vertauschbarkeit der partiellen Differentiation gilt

$$\frac{\partial}{\partial x_i}\left(\frac{\partial f}{\partial x_j}\right) = \frac{\partial}{\partial x_j}\left(\frac{\partial f}{\partial x_i}\right)$$

Die Anwendung dieser Gleichungen auf thermodynamische Potentiale liefert die sogenannten *Maxwellschen Relationen*, z. B.:

$$-\left\{\frac{\partial S}{\partial p}\right\}_T = \frac{\partial}{\partial p}\left\{\frac{\partial}{\partial T}G(T, p)\right\} = \frac{\partial}{\partial T}\left\{\frac{\partial}{\partial p}G(T, p)\right\} = \left\{\frac{\partial V}{\partial T}\right\}_p$$

Zustandsänderungen mit festen Zustandsgrößen. Eine andere Klasse von Relationen zwischen Zustandsgrößen erhält man, indem man kleine Zustandsänderungen betrachtet, bei denen einzelne Zustandsgrößen fest sind, z. B. eine isobare Zustandsänderung:

$$p = p(T, V) = \text{const}, \qquad 0 = dp = \left\{\frac{\partial p}{\partial T}\right\}_V dT + \left\{\frac{\partial p}{\partial V}\right\}_T dV,$$

oder
$$\left\{\frac{\partial p}{\partial T}\right\}_V = -\left\{\frac{\partial p}{\partial V}\right\}_T\left\{\frac{\partial V}{\partial T}\right\}_p, \qquad \left\{\frac{\partial p}{\partial V}\right\}_T = -\left\{\frac{\partial p}{\partial T}\right\}_V\left\{\frac{\partial T}{\partial V}\right\}_p$$

Differenz zwischen den Molwärmen C_p und C_V. Die Anwendung der obigen Relationen ermöglicht die Beschreibung der Differenz zwischen der Molwärme C_p gemessen bei konstantem Druck p und der Molwärme C_V gemessen bei konstantem Volumen V mit Hilfe

des thermischen Ausdehnungskoeffizienten: $\alpha = \frac{1}{V}\left\{\frac{\partial V}{\partial T}\right\}_p$

und der isothermen Kompressibilität: $\beta = -\frac{1}{V}\left\{\frac{\partial V}{\partial p}\right\}_T$

(8.57) $$C_p - C_V = \frac{V\,T}{n}\,\frac{\alpha^2}{\beta}$$

B e w e i s : $S = S(p, T), dS = \left\{\frac{\partial S}{\partial T}\right\}_p dT + \left\{\frac{\partial S}{\partial p}\right\}_T dp.$

isochore Zustandsänderung:

$$\left\{\frac{\partial S}{\partial T}\right\}_V = \left\{\frac{\partial S}{\partial T}\right\}_p + \left\{\frac{\partial S}{\partial p}\right\}_T \left\{\frac{\partial p}{\partial T}\right\}_V$$

Wegen $dS = \delta Q/T$ gilt:

$$n\,C_V = n\,C_p + T\left\{\frac{\partial S}{\partial p}\right\}_T \left\{\frac{\partial p}{\partial T}\right\}_V = n\,C_p + T\left\{\frac{\partial V}{\partial T}\right\}_p \left\{\frac{\partial V}{\partial T}\right\}_p \left\{\frac{\partial p}{\partial V}\right\}_T$$

8.7 Spezielle thermodynamische Zustandsänderungen

8.7.1 Isotherm isobare Phasenumwandlungen

Konstanz des Gibbsschen Potentials. Bei Verdampfungs-, Sublimations- und Schmelzvorgängen sind der Druck p und die Temperatur T konstant. Bei der reversiblen Umwandlung zwischen den beiden Phasen bleibt daher das *Gibbssche Potential konstant*:

(8.58) $$\Delta G = 0$$

Umwandlungswärme. Beim Übergang von einer Phase in die andere wird die Wärme ΔQ umgesetzt, die entsprechend der Umwandlung als Verdampfungs-, Sublimations- oder Schmelzwärme bezeichnet wird. Da der Druck p konstant ist, ist die *umgesetzte Wärme* gleich der Enthalpieänderung ΔH.

$$\Delta Q = \Delta H = \Delta U + p\,\Delta V = T\Delta S$$

Die Gleichung von Clausius-Clapeyron. Nach R. C l a u s i u s (1822–1888) und E. C l a p e y r o n (1799–1864) gilt für die *Umwandlungswärme*

(8.59) $$\Delta Q = (V_2 - V_1)\cdot T\cdot\frac{dp}{dT}$$

Die Ableitung dp/dT ist für die Gleichgewichtskurve $p(T)$ der beiden Phasen zu berechnen (8.1.2).

B e w e i s :

$$\frac{d\,\Delta G}{dT} = \left\{\frac{\partial \Delta G}{\partial T}\right\}_p + \left\{\frac{\partial \Delta G}{\partial p}\right\}_T \cdot \frac{dp}{dT} = -\Delta S + \Delta V\,\frac{dp}{dT} = 0; \qquad \Delta Q = \Delta H = T\Delta S = \Delta V\cdot T\,\frac{dp}{dT}$$

8.7.2 Der Joule-Thomson-Effekt

Das Experiment. Eine Zustandsänderung von Gasen, die bei der Kühlung und bei der Gasverflüssigung eine wichtige technische Anwendung gefunden hat, ist die adiabatische gedrosselte Entspannung eines Gases. Das Gas mit dem konstanten Anfangsdruck p_1 und der Anfangstemperatur T_1 wird mit dem Stempel 1 durch eine gedrosselte Leitung, ursprünglich ein Rohr mit Wattepfropfen, hindurchgepreßt. Auf der anderen Seite wird der Druck $p_2 < p_1$ durch Verschiebung des Kolbens 2 aufrecht erhalten.

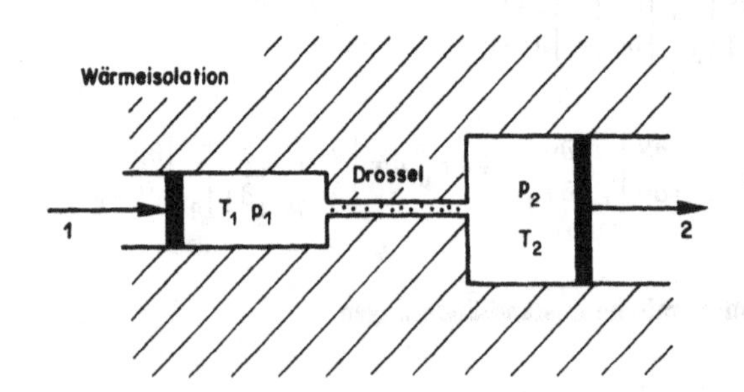

Konstanz der Enthalpie. Beim Joule-Thomson-Effekt bleibt die *Enthalpie* H *konstant*.

$$H(T_1, p_1) = H(T_2, p_2) \tag{8.60}$$

B e w e i s : Der Prozeß ist adiabatisch: $\delta Q = 0$, damit $\Delta Q = 0$

$$0 = \Delta Q = \Delta U - \Delta W = U_1 - U_2 - \Delta W_1 + \Delta W_2$$
$$= U_1 - U_2 + p_1 V_1 - p_2 V_2 = (U_1 + p_1 V_1) - (U_2 + p_2 V_2)$$

Die Temperaturänderung. Bei realen Gasen tritt beim beschriebenen Experiment nach J. P. J o u l e und W. T h o m s o n , Lord K e l v i n , eine Temperaturänderung auf, im technisch günstigen Fall eine Abkühlung. Die Temperaturänderung beträgt

$$\Delta T = T_2 - T_1 = \frac{1}{n\,C_p} \cdot \left(T \left\{\frac{\partial V}{\partial T}\right\}_p - V \right) \cdot (p_1 - p_2) \tag{8.61}$$

B e w e i s : mit Hilfe des Gibbsschen Potentials

$$0 = \Delta H = \left\{\frac{\partial H}{\partial T}\right\}_p \cdot \Delta T + \left\{\frac{\partial (G + TS)}{\partial p}\right\}_T \cdot \Delta p =$$
$$= n\,C_p \cdot \Delta T + \left\{\frac{\partial G}{\partial p}\right\}_T \cdot \Delta p + T \left\{\frac{\partial S}{\partial p}\right\}_T \cdot \Delta p =$$
$$= n\,C_p \cdot \Delta T + V \cdot \Delta p - T \left\{\frac{\partial V}{\partial T}\right\}_p \cdot \Delta p$$

8.8 Das Nernstsche Wärmetheorem

Die ersten beiden Hauptsätze der Thermodynamik geben nur ungenügend Auskunft über das Verhalten thermodynamischer Systeme am absoluten Temperaturnullpunkt. Aus diesem Grund war es notwendig, sie durch ein drittes Postulat zu ergänzen. Dieses wurde zuerst von W. Nernst (1864–1941) formuliert und später von M. Planck (1858–1947) erweitert. Es wird als *Nernstsches Wärmetheorem* oder als *dritter Hauptsatz der Thermodynamik* bezeichnet. Es bestimmt das *Verhalten der Entropie beim absoluten Temperaturnullpunkt* und fordert die *Unerreichbarkeit des absoluten Temperaturnullpunkts.*

8.8.1 Die Entropie beim absoluten Temperaturnullpunkt

Engere Fassung des Nernstschen Wärmetheorems. Die engere Fassung des Nernstschen Wärmetheorems verlangt, daß am absoluten Temperaturnullpunkt T = 0 K alle Entropieänderungen ΔS verschwinden:

$$\lim_{T \to 0} \Delta S = 0 \tag{8.62}$$

Weitere Fassung des Nernstschen Wärmetheorems. Die weitere Fassung des Nernstschen Wärmetheorems durch M. Planck verlangt, daß die Entropie S aller *reinen Stoffe* am absoluten Temperaturnullpunkt T = 0 K verschwindet:

$$\lim_{T \to 0} S = 0 \tag{8.63}$$

Bemerkung. In der statistischen Deutung postuliert das Nernstsche Wärmetheorem, daß jedes System am Temperaturnullpunkt den höchsten Grad von Ordnung haben muß. Dies begrenzt aber die praktische Bedeutung des Theorems. Gewiß ist der Zustand größter Ordnung der am Temperaturnullpunkt geltende Gleichgewichtszustand. Da aber die thermischen Bewegungen (siehe Kap. 9.1) der Atome, Ionen und Moleküle bei dieser Temperatur einfrieren, *können Nichtgleichgewichtszustände beliebig lange existieren.* Ein fester Körper hat im kristallinen Zustand höhere Ordnung als im glasförmigen. Doch bleibt Glas bei stärkster Abkühlung Glas.

Folgerungen. Die Aussagen des Nernstschen Wärmetheorems über das Verhalten der Entropie S bei T = 0 K ermöglichen folgende Darstellungen der *Entropie* S *eines homogenen Systems*:

$$S(T, V) = \int_0^T n\, C_V(T, V)\, \frac{dT}{T}$$

und

$$S(T, p) = \int_0^T n\, C_p(T, p)\, \frac{dT}{T}$$

Daraus folgt

(8.64)
$$\lim_{T \to 0} C_V = \lim_{T \to 0} C_p = \lim_{T \to 0} (C_p - C_V) = 0$$

Ebenso verschwindet am Temperaturnullpunkt die thermische Ausdehnung der Körper.

8.8.2 Unerreichbarkeit des absoluten Temperaturnullpunkts

Wirkungsgrad einer Kältemaschine beim Temperaturnullpunkt. Eine Kältemaschine entzieht einem Reservoir bei der tieferen Temperatur T_2 die Wärme $+\delta Q_2$ und pumpt die entsprechende Wärme $-\delta Q_1$ in ein Wärmereservoir mit der höheren Temperatur T_1. Dazu benötigt sie die Arbeit δW. Nach dem zweiten Hauptsatz der Thermodynamik ist die notwendige Arbeit δW (8.5.3) pro entzogene Wärme $+\delta Q_2$:

$$\frac{\delta W}{\delta Q_2} \geqslant \frac{T_1 - T_2}{T_2}$$

Für $T_2 \to 0$ *wächst der Arbeitsaufwand ins Unendliche.*

Gesetz der Unerreichbarkeit. Aus dem Nernstschen Wärmetheorem ergibt sich, daß der absolute Temperaturnullpunkt nicht durch adiabatische Zustandsänderungen erreicht werden kann. Der Grund dafür ist, daß die Isotherme $T = 0$ mit der Adiabate $S = 0$ zusammenfällt. Daher kann keine Adiabate mit $S \neq 0$ die Isotherme $T = 0$ schneiden. Da sich aber jede thermodynamische Zustandsänderung in adiabatische und isotherme Zustandsänderungen zerlegen läßt, kann *der absolute Temperaturnullpunkt nie erreicht* werden.

9 Statistische Mechanik

Die statistische Mechanik deutet die Wärme eines thermodynamischen Systems als statistische Bewegung seiner Teilchen. Diese Deutung wird bestätigt und illustriert durch die Brownsche Bewegung kleiner Partikel in Flüssigkeiten und Gasen. Die Anzahl der Teilchen dieses thermodynamischen Systems ist sehr groß, d. h. in der Größenordnung der Avogadro-Zahl

$$N_A = 6{,}022 \cdot 10^{23}\ \text{mol}^{-1}$$

Diese Teilchen bewegen sich zwar nach den bekannten mechanischen Gesetzen, aber völlig ungeordnet. Daher entsprechen physikalische Größen des makroskopischen Systems statistischen Mittelwerten.

9.1 Die Brownsche Bewegung

9.1.1 Das Phänomen und seine Bedeutung

Beobachtet man mit dem Mikroskop sehr kleine Teilchen, die in einer Flüssigkeit oder in einem Gas schweben, so stellt man fest, daß sie niemals in Ruhe sind. Sie führen Bewegungen aus, deren Richtung und Geschwindigkeit dauernd wechselt. Die Bewegungen sind um so lebhafter, je kleiner die Teilchen sind. Dieses Phänomen wurde von R. Brown (1773–1858) entdeckt.

Die Deutung der Brownschen Bewegung erforderte die Erkenntnis der Tatsache, daß *Wärme die Energie der ungeordneten Bewegung kleinster Teilchen, Moleküle und Atome darstellt*. Die Brownsche Bewegung zeigt die unregelmäßige Wärmebewegung der Teilchen. Das bedeutet, daß die *Wärme als statistisches Phänomen aufgefaßt* werden muß.

9.1.2 Die Formel von Einstein

Die Bahn $\vec{r}(t)$ eines Teilchens, das eine Brownsche Bewegung durchführt, wechselt die Richtung so oft, daß man nur eine mittlere Verschiebung des Teilchens wahrnimmt. A. Einstein (1879–1955) gelang es 1905, für kugelförmige Teilchen mit dem Radius a das mittlere Verschiebungsquadrat $\langle \vec{r}^{\,2}(t) \rangle$ als Funktion der Zeit t zu berechnen, wobei das Mittel über eine große Anzahl identischer Teilchen zu nehmen ist. Befinden sich die Teilchen in einer Flüssigkeit mit der Viskosität η und der Temperatur T, so gilt für das Mittel des Quadrates der unter dem Mikroskop beobachteten zweidimensionalen Verschiebung $\vec{r}(t)$ der Teilchen:

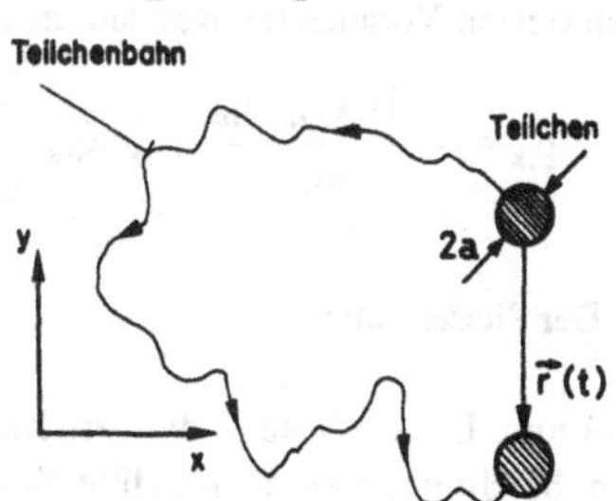

(9.1) $$\langle \vec{r}^2(t)\rangle = \langle x^2(t)\rangle + \langle y^2(t)\rangle = \frac{2}{3\pi a \eta} \cdot kT \cdot t$$

Dabei wurde von A. Einstein angenommen, daß die Teilchen sich so langsam bewegen, daß das Widerstandsgesetz von G. Stokes (4.69) anwendbar ist.

Beispiel: $a = 10^{-6}$ m, $\eta(H_2O) = 10^{-3}$ kg m^{-1} s^{-1}, T = 300 K
r (in m) $= (\langle \vec{r}^2(t)\rangle)^{1/2} = 9{,}4 \cdot 10^{-7}\, t^{1/2}$ (in s)

9.2 Boltzmann-Statistik

9.2.1 Beschreibung des Systems

Die Teilchen des Systems. Die in diesem Kapitel behandelte Statistik von L. Boltzmann (1844–1906) beschreibt ein System von N *gleichartigen, aber unterscheidbaren Teilchen* mit je f Freiheitsgraden, die der klassischen Mechanik gehorchen und untereinander *keine oder nur eine geringe Wechselwirkung* haben. Das bedeutet, daß ihre Dichte $\rho = N/V$ so gering ist, daß ihr mittlerer Abstand viel größer ist als die Reichweite ihrer Wechselwirkung.

Die Energie des Systems. Für das oben beschriebene System kann die Energie oder Hamilton-Funktion H (1.11.3) aufgespalten werden in die Summe der Energien oder Hamilton-Funktionen H_1 der einzelnen Teilchen

$$H(p_{i1}, q_{i1}, p_{i2}, q_{i2}, \ldots, p_{iN}, q_{iN}) = \sum_{k=1}^{N} H_1(p_{ik}, q_{ik})$$

wobei p_{ik}, $i = 1, 2, \ldots, f$ die Impulskoordinaten und q_{ik}, $i = 1, 2, \ldots, f$ die Lagekoordinaten des Teilchens k darstellen.

Mikrozustände des Systems. Ein Mikrozustand des Systems ist definiert durch einen festen Satz sämtlicher Impulskoordinaten p_{ik} und Lagekoordinaten q_{ik} aller N Teilchen des Systems. Die zeitliche Änderung eines Mikrozustandes ergibt sich aus den *Hamiltonschen Beziehungen*.
Mit den obigen Voraussetzungen lauten sie:

$$\dot{p}_{ik} = -\frac{\partial H_1(p_{ik}, q_{ik})}{\partial q_{ik}}, \qquad \dot{q}_{ik} = +\frac{\partial H_1(p_{ik}, q_{ik})}{\partial p_{ik}}$$

9.2.2 Der Phasenraum

Der μ-Raum. Um die Vielfalt der verschiedenen Mikrozustände eines Systems zu überblicken, beschreibt man sie mit Hilfe eines Phasenraumes. Man unterscheidet den niedrigdimensionalen *μ-Raum* und den hochdimensionalen *Γ-Raum*. Wenn die Teilchen des Systems keine oder nur eine geringe Wechselwirkung haben, benutzt man mit Vorteil den *μ-Raum*. Er wird aufgespannt durch Basisvektoren, welche den Lagekoordinaten $q_1, q_2, \ldots, q_i, \ldots, q_f$ und den Impulskoordinaten $p_1, p_2, \ldots, p_i, \ldots, p_f$ entsprechen. Somit ist die Dimension des μ-Raumes 2f. Ein *Mikrozustand* wird im μ-Raum durch N Punkte entsprechend den N Teilchen des Systems dargestellt. Die zeitliche Entwicklung eines Mikrozustandes entspricht N Kurven im μ-Raum.

Darstellung eines Mikrozustandes im μ-Raum:

$k = 1, 2, 3, \ldots, N$

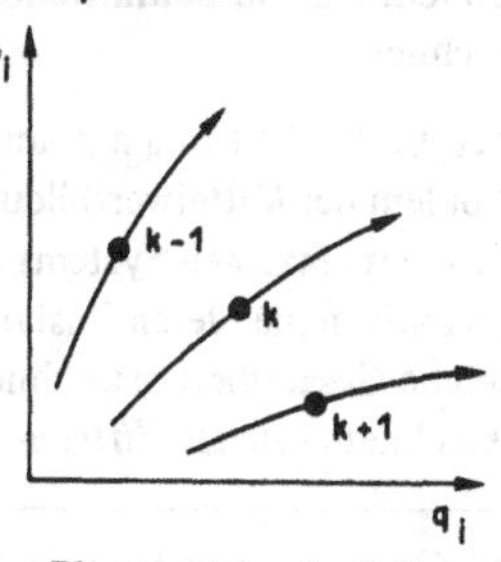

Zelleneinteilung. Für statistische Zwecke werden Phasenräume in Zellen eingeteilt. Teilchen eines Systems, die sich in benachbarten, ähnlichen Bewegungszuständen befinden, haben Lage- und Impulskoordinaten q_i, p_i, die innerhalb derselben *Zelle des μ-Raumes* liegen.

Im μ-Raum beträgt das *Volumen* ΔΩ einer Zelle:

$$\Delta\Omega = \prod_{i=1}^{f} \Delta p_i \cdot \Delta q_i$$

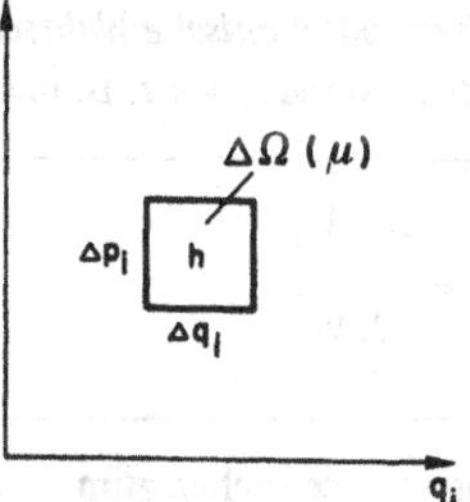

Elementarzellen. Das Produkt $\Delta p_i \cdot \Delta q_i$ hat die Dimension des Planckschen Wirkungsquantums h. Auf Grund der Heisenbergschen Unbestimmtheitsrelation (7.4.3) hat die feinste mögliche Zelleneinteilung Elementarzellen mit dem Volumen

$$\Delta\Omega_{min} = \prod_{i=1}^{f} \Delta p_i \cdot \Delta q_i = h^f$$

Die Bewegungszustände von zwei Teilchen, die innerhalb derselben Zelle des μ-Raumes mit dem Volumen h^f liegen, können nach der Heisenbergschen Unbestimmtheitsrelation quantenmechanisch nicht unterschieden werden.

9.2.3 Statistische Mittelwerte

Zeitmittel. Die makroskopischen Zustandsgrößen eines thermodynamischen Systems sind Zeitmittel $\langle f \rangle_t$ von Funktionen der Impuls- und Lagekoordinaten p_{ik}, q_{ik} der Teilchen $k = 1, 2, \ldots, N$ des Systems:

$$(9.2) \quad \langle f \rangle_t = \lim_{T \to \infty} \frac{1}{T} \int_0^T f(p_{ik}, q_{ik})\, dt$$

Dabei wird angenommen, daß – abgesehen von einer verschwindenden Menge von Ausnahmen – die Anfangsbedingungen $p_{ik}(t = 0)$ und $q_{ik}(t = 0)$ diese Zeitmittel nicht beeinflussen. Die Betrachtung von Zeitmitteln ist physikalisch befriedigend, doch lassen sie sich nicht ausrechnen.

Ensemble-Mittel. L. Boltzmann und W. Gibbs gelang ein wesentlicher Fortschritt beim Problem der Mittelwertbildung in der statistischen Mechanik. Anstatt Zeitmittelwerte eines einzelnen Systems zu bilden, dachten sie sich eine Gesamtheit vieler gleichartiger Systeme, deren Zustände in geeigneter Weise statistisch verteilt sein sollten. Eine solche Gesamtheit bezeichnet man als *Ensemble*. Eine makroskopische Zustandsgröße berechneten sie als *Mittel über das Ensemble*, auch *Scharmittel* genannt.

$$(9.3) \quad \langle f \rangle = \frac{\int f(p_i, q_i) \cdot W(p_i, q_i) \cdot d\Omega}{\int W(p_i, q_i)\, d\Omega}$$

wobei W die *thermodynamische Wahrscheinlichkeit oder Häufigkeit* darstellt. Hat das System *diskrete Zustände*, wie z. B. in der Quantenmechanik, dann gilt

$$(9.4) \quad \langle f \rangle = \frac{\sum_j f_j W_j}{\sum_j W_j}$$

Beim Übergang vom zeitlichen zum Ensemble-Mittelwert spielte die sogenannte *Ergodenhypothese* eine wesentliche Rolle. Die Bestimmung der thermodynamischen Wahrscheinlichkeit ist eine der Hauptaufgaben der statistischen Mechanik.

9.2.4 Die thermodynamische Wahrscheinlichkeit

Zelleneinteilung des μ-Raumes. Zur Bestimmung der thermodynamischen Wahrscheinlichkeit im μ-Raum teilt man diesen in Zellen mit gleichen Volumen $\Delta\Omega$. Ein Teilchen in der Zelle j hat die Impulskoordinaten p_{ij}, die Lagekoordinaten q_{ij} und die Energie E_j.

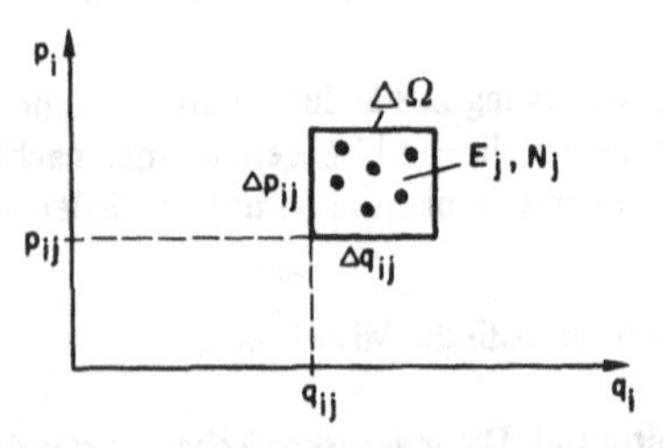

Besetzung der Zellen. Zu jedem *Mikrozustand* des Systems gehören bestimmte Besetzungszahlen $N_j = 0, 1, 2, \ldots$ jeder Zelle j. Die Gesamtheit aller Besetzungszahlen N_j nennt man

Besetzung $(N_1, N_2, \ldots, N_j, \ldots)$ des μ-Raums. Zu einer bestimmten Besetzung $(N_1, N_2, \ldots, N_j, \ldots)$ gehören meistens viele Mikrozustände, die vor allem durch Permutation der Teilchen des Systems ineinander übergeführt werden können.
Eine vorgegebene *Teilchenzahl* N *des Systems* beschränkt die möglichen Besetzungen $(N_1, N_2, \ldots, N_j, \ldots)$ durch die Bedingung

$$N = \sum_j N_j$$

A-priori-Annahme der Boltzmann-Statistik. Bei der *Boltzmann-Statistik* trifft man a priori die Annahme, daß die Besetzungswahrscheinlichkeiten aller gleich großen Zellen j *gleich* und unabhängig von den Besetzungszahlen N_j sind. In der *Quantenstatistik* gilt die Unabhängigkeit der Besetzungswahrscheinlichkeit von der Besetzungszahl nur für Bosonen, nicht aber für Fermionen (9.4.1). Eine Zelle darf höchstens von einem einzigen Fermion besetzt sein.

Berechnung der thermodynamischen Wahrscheinlichkeit. Wegen der a-priori-Annahme ist die thermodynamische Wahrscheinlichkeit W als Funktion der Besetzung $(N_1, N_2, \ldots N_j, \ldots)$ gleich der *Anzahl* oder *Häufigkeit der Mikrozustände* des Systems für die Besetzung. W ist also nicht normiert und für reale Systeme immer eine sehr große Zahl. W ist bestimmt durch die Formel:

$$W(N_1, N_2, N_3, \ldots, N_j, \ldots) = \frac{N!}{N_1!\, N_2!\, N_3! \ldots N_j! \ldots} \tag{9.5}$$

oder in guter Näherung durch

$$\ln W(N_1, N_2, N_3, N_j, \ldots) \simeq - \sum_j N_j \ln N_j + N \ln N \tag{9.6}$$

Bei der Darstellung von ln W wird die Näherung von J. Stirling (1692–1770) benutzt: $\ln x! \simeq x(\ln x - 1) \simeq x \ln x$ für große x.

Beispiel: 3 Teilchen und 3 Phasenraumzellen

(N_1, N_2, N_3)	W_{normiert}	$W_{\text{th.dyn.}}$	$E_{tot}\{E_j = E(j)\}$
3 0 0	1/27	1	3E(1)
0 3 0	1/27	1	3E(2)
0 0 3	1/27	1	3E(3)
2 1 0	1/9	3	2E(1) + E(2)
0 2 1	1/9	3	2E(2) + E(3)
1 0 2	1/9	3	2E(3) + E(1)
0 1 2	1/9	3	2E(3) + E(2)
2 0 1	1/9	3	2E(1) + E(3)
1 2 0	1/9	3	2E(2) + E(1)
1 1 1	2/9	6	E(1) + E(2) + E(3)

Gleichgewicht. Nach L. Boltzmann befindet sich ein System im Gleichgewicht, wenn die Besetzung ($N_1, N_2, \ldots, N_j, \ldots$) *unter den vorgegebenen Nebenbedingungen* so ist, daß die *thermodynamische Wahrscheinlichkeit ein Maximum hat*:

(9.7)
$$W(N_1, N_2, N_3, \ldots, N_j, \ldots) = W_{max}$$
mit Nebenbedingungen

Nebenbedingungen sind z. B. konstante Teilchenzahl N, konstante Gesamtenergie E_{tot} etc. Diese Nebenbedingungen bestimmen die Art der statistischen Gesamtheit.

9.2.5 Boltzmann-Statistik einer kanonischen Gesamtheit

Kanonische Gesamtheit. Eine kanonische Gesamtheit umfaßt nach Definition ein System mit einer festen Anzahl N Teilchen in rein thermischem Kontakt mit einem großen Wärmereservoir auf der Temperatur T.

Gleichgewicht. Das Gleichgewicht der kanonischen Gesamtheit errechnet sich aus folgenden Bedingungen:

(9.8)
$$W(N_1, N_2, N_3, \ldots, N_j, \ldots) = W_{max}$$
mit den Nebenbedingungen
$$N = \sum_j N_j = \text{const}\,; \qquad E_{tot} = \sum_j N_j E_j = \text{const}$$

Boltzmann-Verteilung. Die Gleichgewichtsbedingung wird erfüllt durch die Boltzmann-Verteilung, welche die *wahrscheinlichste Besetzung* ($\langle N_1 \rangle, \langle N_2 \rangle, \ldots, \langle N_j \rangle, \ldots$) festlegt:

(9.9)
$$\langle N_j \rangle = N \cdot \frac{e^{-E_j/kT}}{\sum_j e^{-E_j/kT}}$$

mit der *Boltzmann-Konstanten* $k = R/N_A = 1{,}38 \cdot 10^{-23}$ J/K. E_j ist die Energie eines Teilchens in der Zelle j. Die wahrscheinlichste Besetzung ist bestimmt durch die *Boltzmann-Faktoren*

(9.10)
$$e^{-E_j/kT}$$

und die *Zustandssumme* als Summe über alle Boltzmann-Faktoren.

(9.11)
$$Z = \sum_j e^{-E_j/kT}$$

Die *maximale thermodynamische Wahrscheinlichkeit* W_{max} berechnet sich daraus zu

(9.12) $$\ln W_{max} = N \ln Z + \frac{E_{tot}}{kT}, \qquad E_{tot} = \sum_j \langle N_j \rangle E_j$$

Beweis:

$$\ln \langle N_j \rangle = - E_j/kT - \ln Z + \ln N$$

$$\ln W_{max} = - \sum_j \langle N_j \rangle \ln \langle N_j \rangle + N \ln N$$

$$= \frac{N}{kT\,Z} \sum_j E_j e^{-E_j/kT} + \frac{N \ln Z}{Z} \sum_j e^{-E_j/kT} - \frac{N \ln N}{Z} \sum_j e^{-E_j/kT} + N \ln N$$

$$= \frac{1}{kT} \sum_j E_j \langle N_j \rangle + N \ln Z = \frac{E_{tot}}{kT} + N \ln Z$$

9.2.6 Statistische Deutung thermodynamischer Größen

Das Boltzmann-Prinzip. Die Verknüpfung der statistischen Größen mit den thermodynamischen Größen basiert auf dem Boltzmann-Prinzip. L. Boltzmann postulierte, daß die *Entropie* S des Systems definiert ist durch

(9.13) $$S = k \ln W$$

Im *thermodynamischen Gleichgewicht* des Systems gilt demnach

(9.14) $$S = k \ln W_{max}$$

Berücksichtigt man, daß die Gesamtenergie E_{tot} der inneren Energie U entspricht:

$$\ln W_{max} = \frac{S}{k} = N \ln Z + \frac{U}{kT} \quad ; \qquad U = T\,S - N\,kT \ln Z$$

so erhält man für die *Helmholtzsche freie Energie* F

(9.15) $$F = U - T\,S = - N\,kT \ln Z = - n\,RT \ln Z$$

Aus der *Zustandssumme* lassen sich alle *thermodynamischen Größen* berechnen, z. B.

die Entropie: $$S = - \left(\frac{\partial F}{\partial T}\right)_V = + Nk \left(\ln Z + \frac{T}{Z}\frac{\partial Z}{\partial T}\right)$$

der Druck: $$p = - \left(\frac{\partial F}{\partial V}\right)_T = + \frac{N\,kT}{Z}\frac{\partial Z}{\partial V}$$

die innere Energie: $U = F + TS = N\,kT^2 \cdot \frac{1}{Z} \cdot \frac{\partial Z}{\partial T} = \sum_j E_j \langle N_j \rangle$

die Molwärme bei konstantem Volumen: $C_V = \frac{N_A}{N} \left\{ \frac{\partial U}{\partial T} \right\}_V = N_A \frac{\partial}{\partial T} \left\{ kT^2 \frac{1}{Z} \frac{\partial Z}{\partial T} \right\}$

die Besetzungszahlen: $\langle N_j \rangle = -N\,kT \frac{1}{Z} \cdot \frac{\partial Z}{\partial E_j} = \frac{\partial F}{\partial E_j}$

9.2.7 Statistische Schwankungen thermodynamischer Größen

Die statistische Mechanik erlaubt auch, etwas über die *Fluktuationen thermodynamischer Größen* auszusagen. Zu diesem Zweck betrachten wir die thermodynamische Wahrscheinlichkeit $W(N_1, N_2, \ldots, N_j, \ldots)$ als Funktion der totalen Energie E_{tot}.

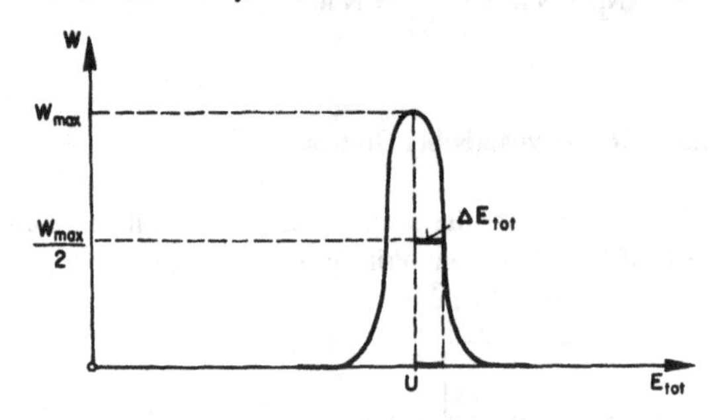

Die Schwankung ΔE_{tot} beträgt ungefähr

$$\Delta E_{tot} = \sqrt{\langle (E_{tot} - U)^2 \rangle} = \frac{U}{\sqrt{N}} = \frac{\langle E_{tot} \rangle}{\sqrt{N}}$$

wobei N die Zahl der Moleküle des Systems bedeutet. Dasselbe gilt für andere thermodynamische Größen X:

$$\Delta X = \frac{|\langle X \rangle|}{\sqrt{N}} \tag{9.16}$$

Beispiel: Die Schwankung der Energie E_{tot} um den Wert U der Energie beträgt bei einem System mit n = 1 mol oder $N = N_A$ Teilchen:

$$\Delta E_{tot} = 1{,}3 \cdot 10^{-12}\, U$$

9.3 Kinetische Theorie der einatomigen idealen Gase

9.3.1 Der Phasenraum

Die Atome der idealen Gase haben nur eine geringe Wechselwirkung. Somit darf der μ-Raum für die statistische Mechanik der idealen Gase verwendet werden.

Lagekoordinaten eines Atoms: x, y, z — Freiheitsgrade: 3

Koordinaten des μ-Raumes: $\{x, p_x, y, p_y, z, p_z\}$ — Dimension des μ-Raumes: 6

Normiertes Volumen einer Zelle im μ-Raum:

$$d\Omega = h^{-3}\, dp_x \cdot dp_y \cdot dp_z \cdot dx \cdot dy \cdot dz$$

Die Energie eines Atoms entspricht der *kinetischen Energie*:

$$E(x, p_x, y, p_y, z, p_z) = \frac{1}{2m}(p_x^2 + p_y^2 + p_z^2) = H_1(x, p_x, y, p_y, z, p_z)$$

9.3.2 Die Zustandssumme

$$Z = \sum_j e^{-E_j/kT} = \int e^{-\frac{E(x, p_x, y, p_y, z, p_z)}{kT}}\, d\Omega$$

$$= V h^{-3} \int_{-\infty}^{\infty} \int_{-\infty}^{\infty} \int_{-\infty}^{\infty} \exp - \left\{ \frac{1}{2m\,kT}(p_x^2 + p_y^2 + p_z^2) \right\} dp_x dp_y dp_z$$

Daraus folgt

(9.17) $$Z = V \left\{ \frac{2\pi\, m\, kT}{h^2} \right\}^{3/2} = \frac{V}{\lambda^3}$$

λ bezeichnet man als *thermische de Broglie-Wellenlänge*.

(9.18) $$\lambda = \left\{ \frac{h^2}{2\pi\, m\, kT} \right\}^{1/2}$$

Sie entspricht etwa der de Broglie-Wellenlänge eines Atoms mit der Masse m und der kinetischen Energie $3kT/2$.

Die thermische de Broglie-Wellenlänge λ gibt *ein Maß dafür, wann die klassische Mechanik des Gases durch die Quantenmechanik zu ersetzen ist*. Die klassische Mechanik darf nur so lange angewendet werden, als das dem einzelnen Atom zur Verfügung stehende Volumen V/N merklich größer ist als das sogenannte *Quantenvolumen* λ^3, d. h. solange die Teilchenzahl kleiner ist als die Zustandssumme.

$$N \ll V/\lambda^3 = Z$$

9.3.3 Thermodynamische Größen

Die thermodynamischen Größen des einatomigen idealen Gases lassen sich aus der Zustandssumme (9.3.2) mit den allgemeinen Beziehungen (9.2.6) ausrechnen.

Freie Energie:

$$F = -N\,kT \ln Z = -N\,kT \ln\left\{V\left(\frac{2\pi\,m\,kT}{h^2}\right)^{3/2}\right\} = -N\,kT \ln\frac{V}{\lambda^3}$$

Druck:

$$p = -\left\{\frac{\partial F}{\partial V}\right\}_T = +N\,kT\,\frac{\partial}{\partial V}\left\{\ln\frac{V}{\lambda^3}\right\} = \frac{N\,kT}{V} = \frac{n\,RT}{V} \quad \text{(Zustandsgleichung)}$$

Entropie:

$$S = -\left\{\frac{\partial F}{\partial T}\right\}_V = +Nk\ln\frac{V}{\lambda^3} + N\,kT\,\frac{\partial\lambda}{\partial T}\,\frac{\partial}{\partial\lambda}\left\{\ln\frac{V}{\lambda^3}\right\}$$

$$S = Nk\left\{\ln\frac{V}{\lambda^3} + \frac{3}{2}\right\}$$

Innere Energie:

$$U = F + TS = \frac{3}{2}\,N\,kT = \frac{3}{2}\,n\,RT \quad \text{(Gleichverteilungsgesetz)}$$

Molwärme bei konstantem Volumen:

$$C_V = \frac{1}{n}\left\{\frac{\partial U}{\partial T}\right\}_V = \frac{3}{2}\,R = \frac{3}{2}\,N_A\,k$$

Diese Beziehungen verletzen den dritten Hauptsatz der Thermodynamik (siehe Kap. 8.8) Dies rührt daher, daß die Voraussetzung $\lambda^3 \ll V/N$ bei tiefen Temperaturen nicht mehr erfüllt ist.

9.3.4 Die Maxwellsche Geschwindigkeitsverteilung

Statistik. Aus der Boltzmann-Statistik ergibt sich

$$dN(v_x, v_y, v_z) = N\,\frac{e^{-m\vec{v}^2/2kT}}{\left\{\dfrac{2\pi\,kT}{m}\right\}^{3/2}}\,dv_x\,dv_y\,dv_z$$

wobei $dN(v_x, v_y, v_z)$ die „Anzahl" Atome im Geschwindigkeitsbereich zwischen v_x, v_y, v_z und $v_x + dv_x, v_y + dv_y, v_z + dv_z$ darstellt.

Interessiert nur die *Verteilung des Betrags* v *der Geschwindigkeit*, so erhält man bei der Transformation im Geschwindigkeitsraum auf Kugelkoordinaten:

$$dv_x\,dv_y\,dv_z = v^2\,dv\,\sin\theta\,d\theta\,d\phi$$

und bei Mittelung über alle Richtungen:

$$\text{(9.19)} \qquad dN(v) = N\left\{\frac{m}{2\pi\, kT}\right\}^{3/2} \cdot e^{-mv^2/2kT} \cdot 4\pi\, v^2\, dv$$

wobei dN(v) die „Anzahl" Atome im Geschwindigkeitsbereich zwischen v und v + dv darstellt.

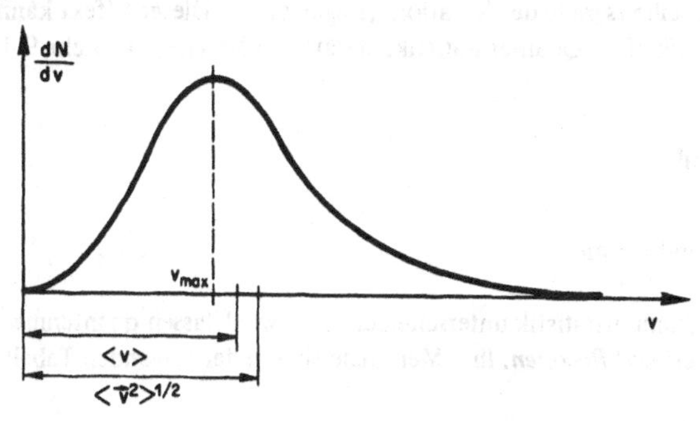

$dN(v)/dv$ besitzt ein Maximum bei $v_{max} = (2kT/m)^{1/2}$.

Mittelwerte. Die Maxwellsche Geschwindigkeitsverteilung gibt folgende Mittelwerte:

$$\text{(9.20)} \qquad \langle\vec{v}\rangle = 0; \qquad \langle v\rangle = \left\{\frac{8}{\pi}\frac{kT}{m}\right\}^{1/2}$$
$$\langle v_x^2\rangle = \langle v_y^2\rangle = \langle v_z^2\rangle = \frac{kT}{m}; \qquad \langle\vec{v}^2\rangle = \frac{3kT}{m}$$

kinetische Energie:

$$\langle E_{kin}\rangle = \frac{m}{2}\langle\vec{v}^2\rangle = \frac{3}{2}kT = \frac{U}{N} = \frac{U}{nN_A}$$

B e i s p i e l : He, 300 K; $\langle v^2\rangle^{1/2} = 1367$ m/s; $\langle v\rangle = 1260$ m/s; $v_{max} = 1116$ m/s.

9.3.5 Das Äquipartitions- oder Gleichverteilungsgesetz

Aus den obigen Betrachtungen ergibt sich:

(9.21)

Mittlere innere Energie pro Mol und Freiheitsgrad: $\frac{1}{2}$ RT

Mittlere innere Energie pro Molekül und Freiheitsgrad: $\frac{1}{2}$ kT

Dieses Resultat basiert auf der *statistischen Mechanik*, wobei die *klassische Mechanik* als Grundlage verwendet wurde.

Das Äquipartitionsgesetz versagt, sobald die Quantenmechanik zur Geltung kommt:

Beispiel: CO_2, f = 5: T = 300 K : U = 5RT/2; T = 80 K : U = 3RT/2.

Bei den aufgeführten Temperaturen können die vibratorischen Freiheitsgrade (8.2.3) vernachlässigt werden.

Bei 80 K sind die Freiheitsgrade der Rotation „eingefroren". Dieser Effekt kann nur mit Quantenmechanik, d. h. Quantenstatistik, erklärt werden (Beispiel siehe 9.4.3).

9.4 Quantenstatistik

9.4.1 Fermionen und Bosonen

Merkmale. In der Quantenstatistik unterscheidet man zwei Klassen quantenmechanischer Teilchen: *Fermionen und Bosonen*. Ihre Merkmale sind in der folgenden Tabelle zusammengestellt:

Teilchenart	Spin	mögl. Besetzung der Zustände	Beispiele
Fermionen	$\frac{1}{2}, \frac{3}{2}, \frac{5}{2}, \ldots$ halbzahlig	0 und 1 Pauli-Prinzip	Elektronen Protonen Neutrinos He^3-Atome
Bosonen	0, 1, 2, 3, . . . ganzzahlig	0, 1, 2, 3, 4, 5, . . .	Photonen Phononen Deuteronen He^4-Atome

Das Ausschlußprinzip von Pauli. Für *Fermionen* gilt das Prinzip von W. Pauli (1900–1958): *Es gibt niemals zwei oder mehrere äquivalente Fermionen, deren Quantenzustände in allen Quantenzahlen übereinstimmen.*

Das Pauli-Prinzip verbietet, daß ein Quantenzustand eines Fermions mehrfach besetzt ist. Somit ist die *Besetzungszahl* des Quantenzustands eines Fermions entweder 0 oder 1

Ursprünglich formulierte W. Pauli sein *Prinzip für Elektronen in Atomen*. Demnach darf ein durch die Hauptquantenzahl n, die Bahndrehimpulsquantenzahlen ℓ und m_ℓ und die Spinquantenzahl m_s definierter Quantenzustand von höchstens einem Elektron besetzt werden. Das bedeutet, daß sich in einem Orbital eines Atoms oder eines Moleküls höchstens zwei Elektronen befinden. Diese zwei Elektronen müssen dann aber verschiedene Orientierungen des Spins aufweisen.

In dieser Form bildet das Pauli-Prinzip die *Grundlage für die Elektronenstruktur der Atome* (A 3.3) *und für das periodische System der Elemente* (A 3.2).

Bosonen. Für Bosonen existiert keine Beschränkung bezüglich der Besetzung der Quantenzustände. Demnach sind die *Besetzungszahlen* 0, 1, 2, 3, ...

Zu den Bosonen gehören sowohl die *Photonen* als Quanten der elektromagnetischen Strahlung, wie auch die *Phononen* als Quanten der Kristallgitterschwingungen.

Die *Energie eines Systems* von Photonen oder Phononen mit der Eigenfrequenz ω ist

$$E_{tot} = \hbar\omega\left(N + \frac{1}{2}\right) \quad , \tag{9.22}$$

wobei N die Anzahl der vorhandenen Photonen oder Phononen und $\hbar\omega/2$ die *Nullpunktenergie* des Systems darstellen.

9.4.2 Die Verteilungsfunktionen von Fermi-Dirac und Bose-Einstein

Problem. *Gegeben* sei ein einfaches System, bestehend aus einem einzigen quantenmechanischen Zustand mit der Energie E, der von einem oder mehreren Teilchen besetzt werden kann. Die Besetzungszahl des Zustandes sei N(E). Das System steht in thermischem und diffusivem Kontakt mit einem großen Wärme- und Teilchen-Reservoir auf der Temperatur T. Das bedeutet, daß das Reservoir mit dem System sowohl Wärme wie auch Teilchen austauschen kann. Ein System mit einem Reservoir in thermischem und diffusivem Kontakt bezeichnet man als *großkanonische Gesamtheit*.

Gefragt wird nach dem *statistischen Mittelwert* $\langle N(E)\rangle$ *der Besetzungszahl* N(E) als Funktion der Temperatur T und der Energie E.

Lösung. Das obige Problem wurde für Fermionen von E. F e r m i (1901–1954) und P. A. M. D i r a c (1902–) und für Bosonen von S. N. B o s e (1894–1974) und A. E i n s t e i n (1879–1955) gelöst. Der statistische Mittelwert $\langle N\rangle$ der Besetzungszahl N ist

$$\langle N(E)\rangle = \frac{1}{e^{(E-\mu)/kT} \pm 1}; \tag{9.23}$$

+ - Zeichen: *Fermi-Dirac-Verteilung* für Fermionen,
– - Zeichen: *Bose-Einstein-Verteilung* für Bosonen

μ bezeichnet das *chemische Potential*.

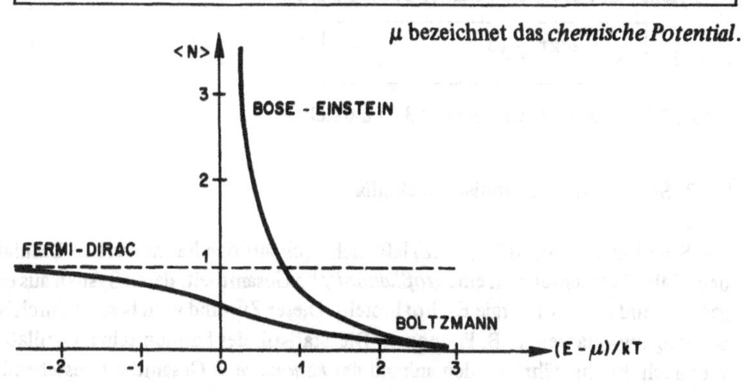

Das chemische Potential. Das chemische Potential μ erscheint in den beiden Verteilungsfunktionen, weil dem gestellten Problem eine großkanonische Gesamtheit zugrunde liegt. Die Bedeutung des chemischen Potentials μ wird illustriert durch die Fermi-Dirac-Verteilung bei der Temperatur T = 0 K:

$$\langle N(E)\rangle_{F.D.} = \begin{cases} 0 & \text{für } T = 0 \text{ und } E > \mu \\ 1/2 & \text{für } T = 0 \text{ und } E = \mu \\ 1 & \text{für } T = 0 \text{ und } E < \mu \end{cases}$$

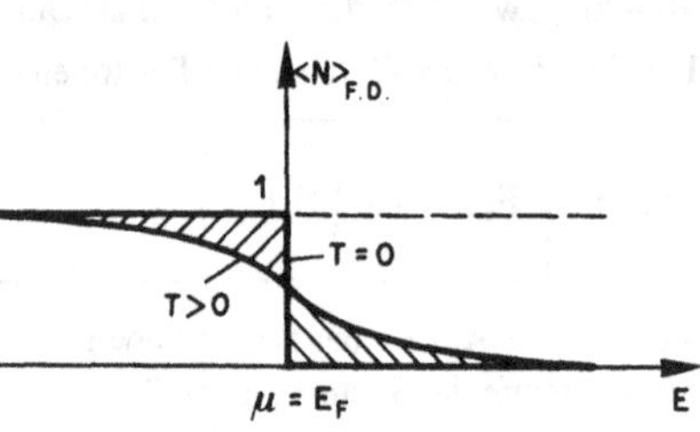

Bei den *Fermionen* wird das chemische Potential auch *Fermi-Niveau* oder *Fermi-Energie* E_F genannt.

Ein System von Fermionen heißt *entartet*, wenn

$$kT \ll E_F \equiv \mu \tag{9.24}$$

Bei den Photonen und den Phononen muß das chemische Potential Null gesetzt werden: $\mu = 0$. Der Grund dafür ist, daß die gesamte Anzahl N der Photonen oder Phononen in einem System bei thermischem Gleichgewicht keine unabhängige Variable ist, sondern durch andere Zustandsgrößen, wie z. B. die Temperatur T und das Volumen V bestimmt wird. Im Gegensatz dazu stehen etwa die Elektronen in einem Metall, deren gesamte Anzahl N durch die Anzahl der Atome bestimmt ist.

Klassischer Grenzfall. Für kleine mittlere Besetzungsdichten $\langle N(E)\rangle$ oder

$$E - \mu \gg kT$$

gehen die Fermi-Dirac- und die Bose-Einstein-Verteilung in die *klassische Boltzmann-Verteilung* über

$$\langle N(E)\rangle = e^{-(E-\mu)/kT} = e^{\mu/kT} \cdot e^{-E/kT} \ll 1 \tag{9.25}$$

In diesem Fall gilt für die *gesamte Teilchenzahl* N

$$N = e^{\mu/kT}\, V/\lambda^3 \tag{9.26}$$

wobei λ^3 das Quantenvolumen (9.3.2) darstellt.

9.4.3 Statistik des harmonischen Oszillators

Die Bose-Einstein-Statistik (9.4.2) läßt sich auch auf den harmonischen Oszillator anwenden. Dabei betrachtet man eine *großkanonische* Gesamtheit, deren System aus einem einzigen Zustand mit der Energie $E = \hbar\omega$ besteht. Dieser Zustand wird besetzt durch N identische Schwingungsquanten, z. B. Phononen. Die Statistik des harmonischen Oszillators kann aber auch durchgeführt werden anhand der *kanonischen* Gesamtheit bestehend aus dem quantenmechanischen Oszillator (siehe Kap. 7.5) mit den Energieniveaus

$$E = \hbar\omega\left(n + \frac{1}{2}\right); \qquad n = 0, 1, 2, \ldots;$$

in thermischem Kontakt mit einem Wärmereservoir auf der Temperatur T.
Das statistische Mittel $\langle n\rangle$ der Quantenzahl n beträgt:

$$(9.27) \qquad \boxed{\langle n\rangle = \frac{1}{e^{\hbar\omega/kT} - 1}}\,.$$

B e w e i s : Mit $x = \hbar\omega/kT$ gilt für die *Zustandssumme* (9.11)

$$Z = \sum_{n=0}^{\infty} e^{-(n+\frac{1}{2})x} = \frac{e^{-x/2}}{1 - e^{-x}} = \left(2 \sinh \frac{x}{2}\right)^{-1}$$

Den *statistischen Mittelwert* von n erhalten wir aus dem Mittelwert von $n + \frac{1}{2}$ wie folgt:

$$\langle n + \frac{1}{2}\rangle = \frac{\sum_{n=0}^{\infty}\left(n + \frac{1}{2}\right)e^{-(n+\frac{1}{2})x}}{\sum_{n=0}^{\infty} e^{-(n+\frac{1}{2})x}} = -\frac{1}{Z}\cdot\frac{\partial Z}{\partial x} = \frac{1}{2}\coth\frac{x}{2}$$

$$= \frac{1}{2}\cdot\frac{e^{x/2} + e^{-x/2}}{e^{x/2} - e^{-x/2}} = \frac{1}{e^x - 1} + \frac{1}{2} = \langle n\rangle + \frac{1}{2}$$

Folgerung. Betrachten wir die Schwingungsquanten des harmonischen Oszillators als *Bose-Teilchen*, wie das bei den *Phononen* als Schwingungsquanten des Kristallgitters der Fall ist, so stellt unser Ergebnis für $\langle n\rangle$ nichts anderes als die Bose-Einstein-Verteilung $\langle N\rangle$ für diese Teilchen dar (9.4.2), wobei das *chemische Potential μ gleich Null ist.*

9.4.4 Einstein-Modell der spezifischen Wärme

Festkörper. Betrachtet man N_A Atome eines Festkörpers mit je drei Freiheitsgraden als eine Gesamtheit von $3N_A$ unabhängigen, identischen harmonischen Oszillatoren mit der Kreisfrequenz ω_0, so ergibt die Bose-Einstein-Statistik für die *mittlere Besetzungszahl* $\langle N(E)\rangle$ der $3N_A$-fach entarteten Zustände mit der Energie $E = \hbar\omega_0$

$$\langle N(E)\rangle = \frac{3N_A}{e^{\hbar\omega_0/kT} - 1}$$

Daraus erhält man für die molare *innere Energie* U/n des Festkörpers

$$\frac{U}{n} = \hbar\omega_0\left\{\langle N\rangle + 3N_A\,\frac{1}{2}\right\} = 3N_A\,\hbar\omega_0\left\{\frac{1}{e^{\hbar\omega_0/kT} - 1} + \frac{1}{2}\right\}$$

und für die *Molwärme* C_V bei konstantem Volumen

(9.28) $$C_V = \frac{1}{n}\left\{\frac{\partial U}{\partial T}\right\}_V = 3R(\hbar\,\omega_0/kT)^2\,\frac{e^{\hbar\omega_0/kT}}{\{e^{\hbar\omega_0/kT}-1\}^2}$$

Dieses Gesetz ergibt für Festkörper sowohl den *Abfall von* C_V *gegen tiefe Temperaturen nach dem Gesetz von Debye* (8.15) als auch das *Gesetz von Dulong-Petit* (8.14), $C_V = 3R$, für hohe Temperaturen.

Ein *besseres Modell* der spezifischen Wärme von Festkörpern wurde von P. Debye vorgeschlagen (8.2.4).

Mehratomige Gase. Für ein Mol eines mehratomigen Gases gilt für den *Beitrag* ΔC_V *einer Normalschwingung* der Moleküle mit der Kreisfrequenz ω_0 *an die Molwärme* C_V die obige Formel, wenn 3R durch R ersetzt wird. Für $kT \gg \hbar\,\omega_0$ ergibt sich daraus $\Delta C_V = R$ und für $kT \ll \hbar\,\omega_0$ geht ΔC_V gegen Null. Bei Zimmertemperatur ist normalerweise die Bedingung $kT \ll \hbar\,\omega_0$ erfüllt. Aus diesem Grund können die *Schwingungsfreiheitsgrade beim Gleichverteilungsgesetz* (8.2.3) meistens *vernachlässigt* werden.

9.4.5 Zustandsdichten

Definition. Im vorangehenden Abschnitt (9.4.2) wurde ein System betrachtet, das nur einen einzigen Zustand mit der Energie E aufwies. Für die Physik interessant sind aber vor allem Systeme von Fermionen oder Bosonen mit vielen verschiedenen quantenmechanischen Zuständen und Energien. Beispiele sind die Elektronen in Metallen und Halbleitern (9.4.6), die Photonen in einem Hohlraum (9.4.7) und die Phononen in einem Kristall. In vielen Fällen ist die Anzahl Zustände vergleichbar mit der Avogadro-Zahl $N_A = 6{,}022 \cdot 10^{23}\ \mathrm{mol}^{-1}$. Deshalb kann nicht jeder Zustand einzeln betrachtet werden, sondern man muß sich auf die *Zustandsdichte* D(E) beschränken, die *nach Definition* angibt, wieviele Zustände ΔN_Z Energien im Intervall zwischen E und E + ΔE aufweisen:

(9.29) $$\Delta N_Z = D(E)\cdot\Delta E, \qquad D(E) = dN_Z(E)/dE$$

Zustandsdichte freier Teilchen. Man betrachtet die Zustände freier Teilchen, z. B. Elektronen, Photonen oder Phononen, in einem großen Würfel mit der Kantenlänge L und dem Volumen $V = L^3$. Die Zustände der Teilchen können beschrieben werden durch ebene Wellen von der Form

$$\psi = \psi_0 e^{i(\vec{k}\vec{r} - \omega t)} = \psi_0 e^{i(k_x x + k_y y + k_z z - \omega t)}$$

wobei ψ z. B. eine elektromagnetische oder eine de Broglie-Welle (7.2.1) darstellt. Außerdem hat jedes Teilchen noch 2s + 1 Zustände des Spins s. Als Randbedingungen setzen wir beim Würfel mit der Kantenlänge L

$$e^{ik_xL} = e^{ik_yL} = e^{ik_zL} = 1$$

oder $k_x = \frac{2\pi}{L} m_x, k_y = \frac{2\pi}{L} m_y, k_z = \frac{2\pi}{L} m_z$

mit $m_x, m_y, m_z = 0, \pm 1, \pm 2, \pm 3, \ldots$

Die *Zustandsdichte* im $\{m_x, m_y, m_z\}$-Raum ist $2s + 1$, die Zustandsdichte im $\{k_x, k_y, k_z\}$-Raum ist dementsprechend:

$$D(k_x, k_y, k_z)\, dk_x dk_y dk_z = (2s+1)\left\{\frac{L}{2\pi}\right\}^3 dk_x dk_y dk_z$$

$$= (2s+1)\frac{V}{(2\pi)^3} dk_x dk_y dk_z$$

In den meisten Fällen interessiert nicht $D(k_x, k_y, k_z)$, sondern die *Zustandsdichte* $D(k)$. Der Übergang von einer Dichte zur andern wird durch Einführung von Kugelkoordinaten im $\{k_x, k_y, k_z\}$-Raum: k, θ, ϕ und Integration über den Raumwinkel 4π bewerkstelligt:

(9.30) $$D(k) \cdot dk = (2s+1)\frac{V}{2\pi^2} k^2\, dk$$

Die *Zustandsdichte* D *als Funktion der Energie* E heißt oft *auch Energie-Eigenwertdichte.* Bei *isotroper Energie-Impulsrelation* $E = E(\vec{k}) = E(k)$ bzw. $k = k(E)$ gilt:

(9.31) $$D(E) \cdot dE = (2s+1)\frac{V}{2\pi^2} k^2(E)\frac{dk(E)}{dE} \cdot dE$$

9.4.6 Das Elektronengas in Metallen

Die Zustandsdichte. Elektronen im sogenannten Leitungsband eines Metalls sind quasifreie Fermionen mit dem Spin $s = 1/2$. Ihre Energie läßt sich darstellen durch

$$E - E_0 = +p^2/2m^* = +\hbar^2 k^2/2m^*$$

wobei E_0 den unteren Bandrand und m^* die sogenannte effektive Masse (7.113) darstellen. Für die Zustandsdichte gilt nach (9.4.5)

(9.32) $$D(E)\, dE = \frac{V}{2\pi^2}\left\{\frac{2m^*}{\hbar^2}\right\}^{3/2} (E - E_0)^{1/2} dE$$

Besetzungsdichte. Die Anzahl $\Delta N_e(E)$ der durch die Elektronen besetzten Zustände mit der Energie zwischen E und $E + \Delta E$ ist durch die *Besetzungsdichte* $D_e(E)$ bestimmt:

(9.33) $$\Delta N_e(E) = D_e(E) \cdot \Delta E, \qquad D_e(E) = D(E) \cdot \frac{1}{e^{(E - E_F)/kT} + 1}$$

Bestimmung der Fermi-Energie. Die gesamte *Anzahl* N_e *der Elektronen im Leitungsband* ist

$$N_e = \int_{E=0}^{\infty} D(E) \frac{1}{e^{(E-E_F)/kT}+1} dE = \int_{E=0}^{\infty} D_e(E)\, dE$$

Da die Anzahl N der Elektronen im Leitungsband bereits durch die Anzahl der Atome des Metalls vorgegeben ist, stellt die obige Beziehung die *Bestimmungsgleichung für die Fermi-Energie* $E_F(T)$ resp. das chemische Potential $\mu(T)$ dar. Für die Temperatur T = 0 K ergibt sich

(9.34)
$$E_F(0\,K) = \frac{\hbar^2}{2m^*} \left\{ \frac{3\pi^2 N}{V} \right\}^{2/3}$$

Für das Elektronengas in einem *realen Metall* ist $E_F(0\,K)/k \simeq 50\,000$ K. Im Temperaturbereich, bei dem das Metall existiert, ist das Elektronengas wegen der hohen Fermi-Energie *stark entartet.* Zudem variiert $E_F(T)$ nur schwach mit der Temperatur, so daß bei Metallen häufig $E_F = E_F(0\,K)$ gesetzt wird.

Tab. 9.1 Fermi-Energien $E_F = E_F(0\,K)$ von Metallen

Metall	Li	Na	K	Rb	Cs		
E_F (eV)	4,7	3,1	2,1	1,8	1,5		
$E_F/k = T_F$ (10^4 K)	5,5	3,7	2,4	2,1	1,8		
Metall	Be	Mg	Ca	Al	Cu	Ag	Au
E_F (eV)	13,5	7,0	4,7	11,6	7,0	5,5	5,5
$E_F/k = T_F$ (10^4 K)	15,7	8,3	5,6	13,8	8,2	6,4	6,4

Innere Energie. Die *innere Energie* U des Elektronengases ist bestimmt durch

$$U(T) = \int_{E=0}^{\infty} E \cdot D(E) \frac{1}{e^{(E-E_F)/kT}+1} dE$$

Für T = 0 K erhalten wir die *Nullpunktenergie*

(9.35)
$$U(0\,K) = \int_{E=0}^{E_F(0\,K)} E \cdot D(E) \cdot dE = \frac{3}{5} N_e E_F(0\,K)$$

9.4.7 Theorie der Wärmestrahlung

Einleitung. Die Oberflächen warmer Körper emittieren elektromagnetische Strahlung. Für Oberflächentemperaturen um 300 K liegt diese Strahlung im ultraroten Spektralbereich (λ = 1 bis 50 μm). Steigt die Oberflächentemperatur auf 1000 K, so wird auch Licht (λ = 0,4 μm bis 0,7 μm) emittiert, d. h. der Körper beginnt zu glühen.

Das *fundamentale Problem* der Wärmestrahlung ist die Bestimmung der *spektralen Energiedichte* w(ν, T) *der elektromagnetischen Wellen in einem großen Hohlraum* mit dem Volumen V und der Wandtemperatur T. Dies gelang zum ersten Mal M. Planck (1858–1947), der bei dieser Gelegenheit das Plancksche Wirkungsquantum einführte.

Ein *kleines Loch in einem großen Hohlraum* erscheint schwärzer oder mindestens ebenso schwarz wie jede andere Fläche auf der gleichen Temperatur wie die Wand des Hohlraums. R. Kirchhoff (1824–1887) zeigte anhand thermodynamischer Betrachtungen, daß ideal *schwarze Körper das größte spektrale Emissionsvermögen* K(ν, T) *aufweisen*. Dieses entspricht dem spektralen Emissionsvermögen des kleinen Lochs im Hohlraum.

Das *spektrale Emissionsvermögen* K(ν, T) in den Raumwinkel 1 und die *spektrale Energiedichte* w(ν, T) sind im Vakuum verknüpft durch die Gleichung

$$K(\nu, T) = \frac{c}{4\pi} w(\nu, T) \tag{9.36}$$

Zustandsdichte der Photonen in einem Hohlraum. Bei den Photonen muß der Faktor (2s + 1) in der Zustandsdichte (9.4.5) durch den Faktor 2 ersetzt werden, der die Polarisationsmöglichkeiten der Photonen darstellt. Für die Energie E und die Frequenz ν der Photonen gilt

$$E = h\nu = \hbar\omega = \hbar c k$$

Daraus ergibt sich für die Zustandsdichten D(E) und D(ν):

$$D(\nu)\, d\nu = 8\pi \frac{V}{c^3} \nu^2\, d\nu; \qquad D(E)\, dE = 8\pi \frac{V}{(hc)^3} E^2\, dE \tag{9.37}$$

Dieses Gesetz gilt nach H. Weyl (1885–1955) für Hohlräume, deren Durchmesser und Krümmungsradien der Innenflächen groß sind gegenüber der Strahlungswellenlänge $\lambda = c/\nu$.

Für *kleine Hohlräume* mit ideal reflektierenden Wänden unterscheidet sich die Zustandsdichte D*(ν) von der Weylschen Zustandsdichte D(ν) für große Hohlräume nach

Tab. 9.2 Charakteristische Längen Λ endlicher Hohlräume

Hohlraum	Λ
Kugel	$\frac{4R}{3}$
Quader	$L_1 + L_2 + L_3$
Würfel	$3L$
Kreiszylinder	$\frac{4L}{3} + \pi R$

H. P. Baltes (1941–) und F. K. Kneubühl (1931–) gemäß

$$D^*(\nu) \simeq D(\nu) - \frac{\Lambda}{c} = 8\pi \frac{V}{c^3} \nu^2 - \frac{\Lambda}{c} \quad \text{und Tab. 9.2.}$$

Die charakteristische Länge Λ hängt von der Form und der Größe des Hohlraums ab.

Das Plancksche Strahlungsgesetz. Die spektrale Energiedichte $w(\nu, T)$ in einem großen Hohlraum mit dem Volumen V und der Wandtemperatur T läßt sich als Produkt der Zustandsdichte $D(\nu)$, der Bose-Einstein-Verteilung der Photonen und der Energie $E = h\nu$ der einzelnen Photonen darstellen.

$$w(\nu, T)\, d\nu = \frac{1}{V} \cdot D(\nu)\, d\nu \cdot \frac{1}{e^{h\nu/kT} - 1} \cdot h\nu$$

Dabei ist zu berücksichtigen, daß das *chemische Potential μ der Photonen Null* gesetzt werden muß (9.4.2). Daraus ergibt sich für das spektrale Emissionsvermögen:

$$K(\nu, T)\, d\nu = \frac{c}{4\pi}\, w(\nu, T)\, d\nu = \frac{2h\nu^3}{c^2} \cdot \frac{1}{e^{\frac{h\nu}{kT}} - 1}\, d\nu$$

(9.38)

$$K(\lambda, T)\, d\lambda = \frac{c}{4\pi}\, w(\lambda, T)\, d\lambda = \frac{2hc^2}{\lambda^5} \cdot \frac{1}{e^{\frac{hc}{kT\lambda}} - 1} \cdot d\lambda$$

wobei ν die Frequenz und λ die Wellenlänge der elektromagnetischen Strahlung im Vakuum darstellen.

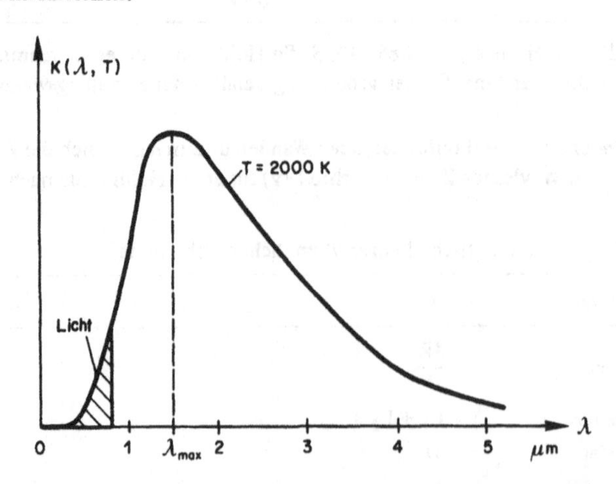

Grenzfälle. Für große und kleine Wellenlängen λ gelten Approximationen des Planckschen Strahlungsgesetzes:

$\lambda \ll hc/kT$:

$$K(\lambda, T)\, d\lambda = \frac{c}{4\pi} w(\lambda, T)\, d\lambda \simeq 2h\, c^2\, e^{-hc/kT\lambda} \lambda^{-5}\, d\lambda$$

$\lambda \gg hc/kT$:

Gesetz von J. W. Lord Rayleigh (1842–1919) und J. Jeans (1877–1946)

(9.39)
$$K(\lambda, T)\, d\lambda = \frac{c}{4\pi} w(\lambda, T)\, d\lambda \simeq 2c\, kT\, \lambda^{-4}\, d\lambda$$
$$K(\nu, T)\, d\nu = \frac{c}{4\pi} w(\nu, T)\, d\nu \simeq 2kT \left(\frac{\nu}{c}\right)^2 d\nu$$

Das Wiensche Verschiebungsgesetz. Die Wellenlänge λ_{max}, bei der das spektrale Emissionsvermögen $K(\lambda, T)$ eines schwarzen Körpers das Maximum erreicht, wurde von W. Wien (1864–1928) angegeben. Es gilt

(9.40)
$$\lambda_{max} \cdot T = 2{,}898 \cdot 10^{-3}\ \text{m K}$$

Tab. 9.3 Wiensches Verschiebungsgesetz

Quelle	T(K)	$\lambda_{max}(\mu m)$	Strahlungstyp
Weltraum	2,9	1000	mm-Wellen
Zimmer	300	9,8	mittleres IR
glühender Körper	1500	1,9	nahes IR
Sonne	6000	0,485	grünes Licht

Das Gesetz von Stefan und Boltzmann. Das *gesamte Emissionsvermögen des schwarzen Körpers* in den über der Oberfläche liegenden *Halbraum* ist definiert durch die Intensität:

$$K'(T) = \pi \int_0^\infty K(\lambda, T)\, d\lambda = \frac{c}{4} \int_0^\infty w(\lambda, T)\, d\lambda = \frac{c}{4} w(T)$$

wobei w(T) die *Energiedichte der Hohlraumstrahlung* der Temperatur T bedeutet.

Nach J. Stefan (1835–1893) und L. Boltzmann (1844–1906) beträgt sie:

(9.41)
$$K'(T) = \frac{c}{4} w(T) = \sigma T^4; \qquad \sigma = \frac{2\pi^5 k^4}{15 c^2 h^3} = 5{,}67 \cdot 10^{-8}\ \text{W m}^{-2}\ \text{K}^{-4}$$

Tab. 9.4 Stefan-Boltzmann-Gesetz

T	= 1 K	100 K	1000 K
K′	$= 5{,}7 \cdot 10^{-8}$ W m^{-2}	5,7 W m^{-2}	$5{,}7 \cdot 10^{+4}$ W m^{-2}

T h e r m o d y n a m i s c h e H e r l e i t u n g : Die Proportionalität der Energiedichte zu T^4 wurde schon vor M. P l a n c k anhand thermodynamischer Gesetze bewiesen. Die Energiedichte w(T) des Strahlungsfeldes erfüllt die thermodynamische Beziehung

$$w = \frac{U}{V} = \left\{\frac{\partial U}{\partial V}\right\}_T = \frac{\partial}{\partial V}(F + TS) = -p + T\left\{\frac{\partial S}{\partial V}\right\}_T,$$

wobei $$\left\{\frac{\partial S}{\partial V}\right\}_T = -\frac{\partial^2 F}{\partial V\,\partial T} = \left\{\frac{\partial p}{\partial T}\right\}_V$$

Wegen der Relation $p = \frac{1}{3}w$ zwischen Strahlungsdruck und Energiedichte (7.1.5) gilt

$$w = T\frac{dp}{dT} - p = \frac{1}{3}\left(T\frac{dw}{dT} - w\right)$$

Nach kurzer Umformung folgt

$$\frac{dw}{w} = 4\frac{dT}{T} \quad \text{oder} \quad w \propto T^4$$

Die Integrationskonstante bleibt bei der klassischen thermodynamischen Herleitung *unbestimmt*, somit auch die Stefan-Boltzmann-Konstante σ (9.41).

10 Atomkerne und Elementarteilchen

10.1 Einleitung

10.1.1 Abmessungen und Energien

Die Erforschung der kleinsten Bausteine der Materie führte von der klassischen Mechanik über die Chemie, die Atomphysik und die *Kernphysik* zur *Elementarteilchen-* oder *Hochenergiephysik*. Bei jeder Stufe erwiesen sich die bis dahin unveränderlichen Bauelemente selbst wieder als teilbar und strukturiert. Wegen der Heisenbergschen Unbestimmtheitsrelation (7.4.3) wurden beim Vordringen zu kleinsten Abmessungen *immer höhere Impulse und Energien* notwendig. Daraus ergab sich der gigantische Aufwand für die modernen Hochenergiebeschleuniger. Die folgende *Tabelle* zeigt die elementaren Bausteine, typische Abmessungen und Energien der verschiedenen Bereiche der Physik und der Chemie.

Tab. 10.1 Längen und Energien in Physik und Chemie

Bereich	fest	veränderlich	typische Längen	Energie pro {Molekül, Atom, Nukleon}
Mechanik	Festkörper	makroskop. Form	1 m	0,01 bis 0,1 eV
Chemie	Atom	Molekül	10^{-7} m	0,1 bis 1 eV
Atomphysik	Atomkern	Atom	10^{-10} m	1 eV bis 100 keV
Kernphysik	Nukleon	Atomkern	10^{-14} m	100 keV bis 100 MeV
Elementar-teilchenphysik	Quarks Leptonen	Nukleon	10^{-16} m	100 MeV bis 30 GeV

Die typische *Längeneinheit* der Kern- und der Hochenergiephysik wurde früher nach E. Fermi (1901–1954) benannt:

$$1 \text{ Fermi} = 1 \text{ Femtometer} = 1 \text{ fm} = 10^{-15} \text{ m}$$

Als *Einheit der Energie* von Elementarteilchen wird ausschließlich das Elektronvolt verwendet:

$$1 \text{ eV} = 1{,}602\,2 \cdot 10^{-19} \text{ J} = 10^{-3} \text{ keV} = 10^{-6} \text{ MeV} = 10^{-9} \text{ GeV}$$

10.1.2 Der Wirkungsquerschnitt

Bei der Beschreibung von Kernreaktionen spielt der Begriff „*Wirkungsquerschnitt*" eine wichtige Rolle. Der Wirkungsquerschnitt mißt die Wahrscheinlichkeit dafür, daß beim Einfall von Teilchen oder hochenergetischen Photonen auf Materie eine bestimmte Reaktion stattfindet. Die untersuchte Probe wird dann fachgerecht als *Target* bezeichnet.

Wird ein Target mit einem Teilchen- oder Photonenstrahl mit N_0 Teilchen oder Photonen pro Flächen- und Zeiteinheit beschossen, so nennt man N_0 die Intensität des Strahls. Das Target enthalte n Kerne oder andere Teilchen pro Volumeneinheit, mit denen die einfallenden Teilchen reagieren können. Die relative Abnahme $-dN/N$ der Strahlintensität N pro Schichtdicke dx und *Teilchendichte* n ist:

(10.1) $$-dN/N = \sigma\, n\, dx$$

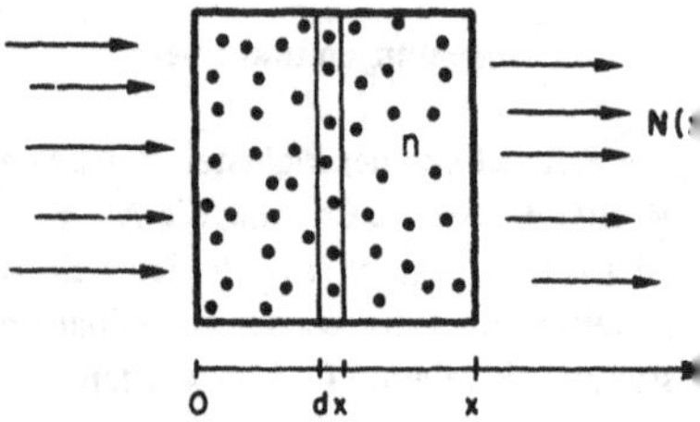

Durch Integration über die Targetdicke x erhält man

$$N = N_0 \exp(-\sigma\, n\, x)$$

Der Proportionalitätsfaktor σ bezeichnet den *totalen Wirkungsquerschnitt*. Er hat die Dimension einer Fläche. Die *übliche Einheit* ist:

$$1\ \text{barn} = 10^{-28}\ \text{m}^2$$

Können im Target *mehrere Reaktionen* R_i stattfinden, so ist der totale Wirkungsquerschnitt die Summe der einzelnen Wirkungsquerschnitte:

$$\sigma = \sum_i \sigma_i$$

10.1.3 Streuung

Eine wichtige Methode der experimentellen Kernphysik ist die Streuung von Elementarteilchen an Atomkernen oder anderen Elementarteilchen.

Differentieller und totaler Wirkungsquerschnitt. Beschreibt man das Verhalten von Teilchen, welche bei der Wechselwirkung mit Kernen im Target unter einem Ausfallwinkel Θ in den Raumwinkel $d\Omega$ *gestreut* werden, so verwendet man den *„differentiellen" Wirkungsquerschnitt*:

(10.2) $$\sigma(\Theta) \equiv \left(\frac{d\sigma}{d\Omega}\right)$$

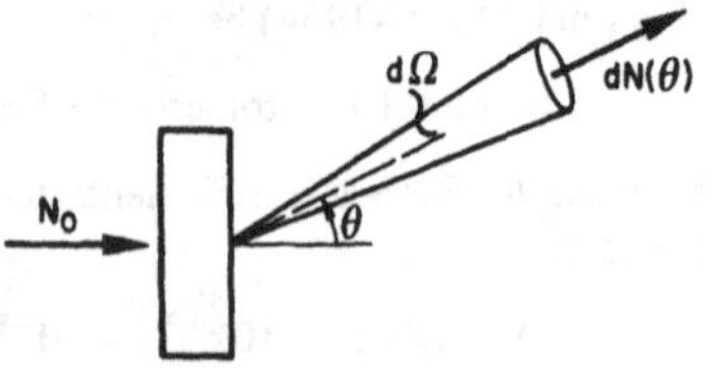

Der *totale Wirkungsquerschnitt* der Streuung entspricht dem Integral des differentiellen Wirkungsquerschnitts über den gesamten Raumwinkel 4π:

$$\sigma = \int \left(\frac{d\sigma}{d\Omega}\right) \cdot d\Omega$$

Elastische Streuung an einer harten Kugel. Die elastische Streuung von Teilchen mit der Masse m an einer harten schweren Kugel mit der Masse $M \gg m$ und dem Radius R ist *isotrop.* Für die Wirkungsquerschnitte gilt

(10.3) $$\left(\frac{d\sigma}{d\Omega}\right) = \frac{R^2}{4}, \qquad \sigma = \pi R^2$$

Der totale Wirkungsquerschnitt σ ist gleich der Querschnittsfläche πR^2 der Kugel.

Rutherford-Streuung. Die elastische Streuung von Teilchen mit der Masse m und der elektrischen Ladung Z'e am Coulomb-Feld eines relativ schweren Teilchens mit der Masse $M \gg m$ und der elektrischen Ladung Ze wurde zuerst von E. R u t h e r f o r d (1871–1937) berechnet. Ihm gelang 1911–1913 der Nachweis der positiv geladenen Kerne in Atomen, indem er ^{4}He-Kerne (α-Teilchen, 10.3.1) an Atomen streute.

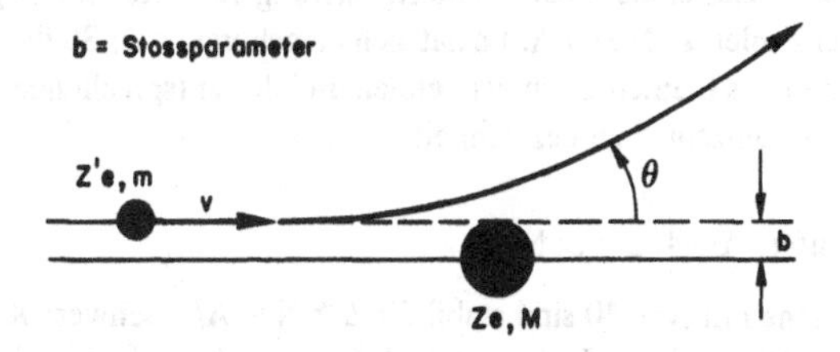

Ist $E = mv^2/2$ die kinetische Energie des Teilchens vor der Streuung, so gilt für den differentiellen Wirkungsquerschnitt

(10.4) $$\left(\frac{d\sigma}{d\Omega}\right) = \left\{\frac{Z'Z\,e^2}{4\pi\,\epsilon_0}\,\frac{1}{4mv^2/2}\right\}^2 \sin^{-4}(\Theta/2)$$

Der totale Wirkungsquerschnitt σ ist *unendlich* in Übereinstimmung mit der unendlichen Reichweite des Coulomb-Feldes.

10.2 Der Aufbau der Atomkerne

10.2.1 Bausteine der Kerne

Nukleonen. Die Atomkerne sind aus Protonen (p) und Neutronen (n) aufgebaut. Man bezeichnet diese Teilchen als *Nukleonen*. Proton und Neutron haben gleichen Spin und fast gleiche Masse.

$$m_p = 1{,}672\,6 \cdot 10^{-27}\,\text{kg}, \qquad m_n = 1{,}674\,9 \cdot 10^{-27}\,\text{kg}$$

$$I_p = 1/2, \qquad I_n = 1/2$$

Im Gegensatz zum Proton, welches eine Ladung +e aufweist, ist das Neutron elektrisch neutral. Trotzdem besitzt es ein von Null verschiedenes magnetisches Moment.

$$Q_p = +e \qquad Q_n = 0$$

$$\mu_p = +1{,}4106 \cdot 10^{-26}\ \mathrm{A\,m^2}, \qquad \mu_n = -0{,}96632 \cdot 10^{-26}\ \mathrm{A\,m^2}$$

Kennzahlen der Kerne. Die *Anzahl* Z *der Protonen* in einem Atomkern ist gleich der Anzahl der Elektronen im neutralen Atom. Sie bestimmt das chemische Verhalten der Atome und heißt daher außer *Kernladungszahl* auch *Ordnungszahl*. Die *Anzahl* A *aller Nukleonen* im Kern bestimmt seine Masse und wird daher als *Massenzahl* bezeichnet. Die Differenz aus Massenzahl A und Ordnungszahl Z ergibt die *Neutronenzahl* N. Atome mit gleicher Ordnungszahl Z, aber verschiedenem A, heißen *Isotope* eines Elementes. Das physikalische Verhalten eines Atomkerns wird durch die Ordnungszahl Z und auch durch die Neutronenzahl N bestimmt.

Charakterisierung der Kerne. Zur eindeutigen Charakterisierung eines Kerns genügt die Angabe von zwei der drei Zahlen Z, N und A. Es hat sich eingebürgert, an Stelle der Protonenzahl Z den Namen des Elementes zu verwenden und das entsprechende Isotop durch die vorangesetzte Massenzahl A zu bezeichnen:

B e i s p i e l : Heliumkern.
^{4}He bedeutet: A = 4; Z = 2; N = 2.

Stabile Kerne. Leichte Kerne mit $A \leqslant 40$ sind stabil für $Z \simeq N \simeq A/2$, schwere Kerne nur dann, wenn $N > Z$ ist. Die folgende *Isotopentabelle* zeigt die Lage der stabilen Kerne.

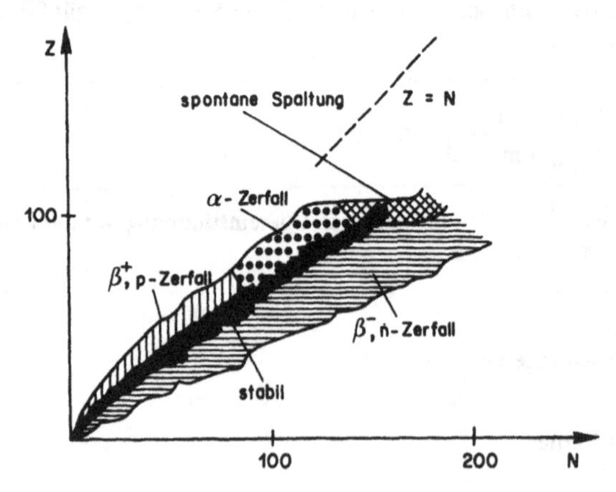

10.2.2 Kernradien

Atomkerne können in erster Näherung als kugelförmig angenommen werden. Außerdem haben sie im Gegensatz zu Atomen einen relativ gut definierten Rand, der durch den radialen Verlauf des Quadrates der Kernwellenfunktion $|\Psi(r)|^2$ bestimmt ist. Aus diesem Grund ist die Angabe von Kernradien sinnvoll.

Die Streuexperimente von E. R u t h e r f o r d (10.1.3) und anderen ergaben für die Radien R der verschiedenen Kerne das einfache Gesetz:

(10.5) $$R = R_0 \cdot A^{1/3}, \qquad R_0 = 1{,}3 \text{ fm} = 1{,}3 \cdot 10^{-15} \text{ m}$$

Diese Formel zeigt, daß die *Dichte der Kerne* annähernd konstant ist:

$$\rho = \frac{M}{V} \simeq \frac{A\, m_p}{\frac{4\pi}{3} R_0^3 A} = \frac{3}{4\pi} m_p R_0^{-3} \simeq 1{,}7 \cdot 10^{17} \text{ kg m}^{-3} = 170\,000 \text{ t mm}^{-3}$$

Die *Konstanz der Dichte* kann durch die Annahme erklärt werden, daß die Nukleonen in den Kernen dicht gepackt sind, etwa wie die Moleküle in einem Flüssigkeitstropfen. Dieser Vorstellung entspricht das sogenannte *Tröpfchenmodell* der Kerne. Die *hohe Dichte der Kerne* tritt auch bei gewissen Sternen auf, z. B. Neutronensternen.

10.2.3 Kernkräfte

Da mit Ausnahme des Wasserstoffkerns und des Deuterons alle Kerne mehrere Protonen enthalten, die sich wegen der gleichen elektrischen Ladung abstoßen, müssen zwischen den Nukleonen noch andere Kräfte wirken, die den Kern zusammenhalten. Diese *Kernkräfte* $\vec{F}$ sind stärker als die Coulomb- oder Gravitationskräfte.

Man bezeichnet sie daher als *starke Wechselwirkung*. Sie haben folgende *Eigenschaften*:

kurze Reichweite,

abhängig vom Spin der Nukleonen,

ladungssymmetrisch: $F_{p-p} = F_{n-n}$,

ladungsunabhängig: $F_{p-p} = F_{p-n}$.

Daraus geht hervor, daß die Kernkräfte praktisch nicht zwischen den Protonen und den Neutronen unterscheiden können.

Bei der starken Wechselwirkung zwischen zwei Nukleonen hat die *potentielle Energie* folgenden Verlauf:

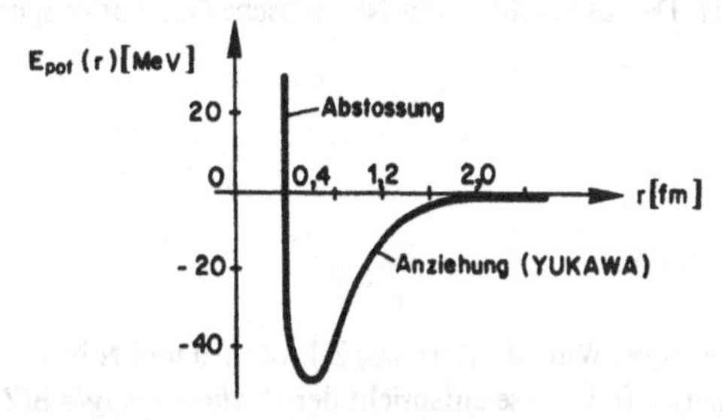

Der steile Abfall der potentiellen Energie bei kleinen Abständen $r \leq 0{,}4$ fm der Nukleonen bedeutet eine *starke Abstoßung*. Diese widerspiegelt den charakteristischen „harten Kern" der Nukleonen.

Im *Bereich der Anziehung* kann die potentielle Energie durch das *Potential von* H. Y u k a w a (1907–1981) dargestellt werden.

(10.6) $$E_{pot}(r) = -g^2 r^{-1} e^{-r/r_0}, \qquad r_0 = \lambda_\pi/2\pi = \frac{\hbar}{m_\pi c}$$

λ_π ist die Compton-Wellenlänge des π-Mesons mit der Masse m_π. g bezeichnet die Wechselwirkungskonstante der Kernkräfte. Der wesentliche Unterschied zwischen dem Yukawa-Potential und dem Coulomb- oder dem Gravitationspotential ist die Exponentialfunktion, welche die *kurze Reichweite* der Kernkräfte beschreibt.

Das Yukawa-Potential (10.6) beruht auf der Annahme, daß die Kernkräfte durch das *Mesonenfeld* vermittelt werden. Ausgehend von der Energie-Impulsbeziehung (2.20) eines relativistischen Teilchens mit der Masse m:

$$c^{-2}E^2 = \vec{p}^{\,2} + m^2c^2$$

setzt man für E und $\vec{p}$ die quantenmechanischen Operatoren ein:

$$E = i\hbar\frac{\partial}{\partial t}, \qquad \vec{p} = -i\hbar\,\mathrm{grad}$$

und erhält die Gleichung von O. Klein (1894–1977) und W. Gordon (1893–193

(10.7) $$\frac{1}{c^2}\frac{\partial^2}{\partial t^2}\psi = \Delta\psi - \left(\frac{mc}{\hbar}\right)^2\psi = \Delta\psi - \left(\frac{2\pi}{\lambda_C}\right)^2\psi$$

λ_C ist die Compton-Wellenlänge.

Die zeitunabhängige Lösung hat die Energie E = 0.

$$\psi = \psi_0\,\frac{1}{r}\,\exp - \frac{2\pi r}{\lambda_C}$$

Für die π-Mesonen ist $\lambda_C = \lambda_\pi$. Daraus resultiert das Yukawa-Potential (10.6).

Bei der *Gravitation* übertragen die *Gravitonen* mit der Masse m = 0 und der Compton-Wellenlänge $\lambda_C = \infty$ die Kraft. Daraus resultiert das Newtonsche Gravitationspotential (1.33) einer Punktmasse M:

$$\Phi(r) = -G\,M\,r^{-1}$$

10.2.4 Bindungsenergie der Kerne

Massendefekt und Bindungsenergie. Wird ein Kern aus Z Protonen und N Neutronen zusammengefügt, so wird Energie frei. Diese entspricht der *Bindungsenergie* B(Z, N) des Kerns. Wegen der von A. Einstein (2.5.1) postulierten Äquivalenz von Energie und Masse bedingt der Energieverlust beim Zusammenfügen des Kerns aus Protonen und Neutronen einen *Massendefekt* $\Delta m(Z, N)$. Dieser läßt sich berechnen aus der Differenz zwischen den Summen der Nukleonenmassen und der Kernmasse m(Z, N). Somit gilt für die Bindungsenergie:

(10.8) $$B(Z, N) = c^2\, \Delta m(Z, N) = c^2\{Z\, m_p + N\, m_n - m(Z, N)\}$$

B e i s p i e l : Verschmelzung (Fusion) eines Protons mit einem Neutron

$$n + p = {}^1n + {}^1H = {}^2D + B(1, 1)$$

Die Bindungsenergie B(1, 1) des Deuterons ^2D ergibt sich aus folgender Rechnung:

$$\begin{aligned} +c^2\, m_p &= +\ \ 938{,}26\ \text{MeV} \\ +c^2\, m_n &= +\ \ 939{,}55\ \text{MeV} \\ -c^2\, m_D &= -\ 1875{,}59\ \text{MeV} \\ \hline B(1, 1) = c^2\, \Delta m(1, 1) &= 2{,}22\ \text{MeV} \end{aligned}$$

Bindungsenergie pro Nukleon. Wegen der komplizierten Natur der Kernkräfte ist die Bindungsenergie B(Z, N) eines Kerns nicht streng proportional zur Anzahl A = Z + N der Nukleonen. Die Bindungsenergie pro Nukleon, B(Z, N)/A, ist daher nicht konstant, wie die folgende Darstellung zeigt:

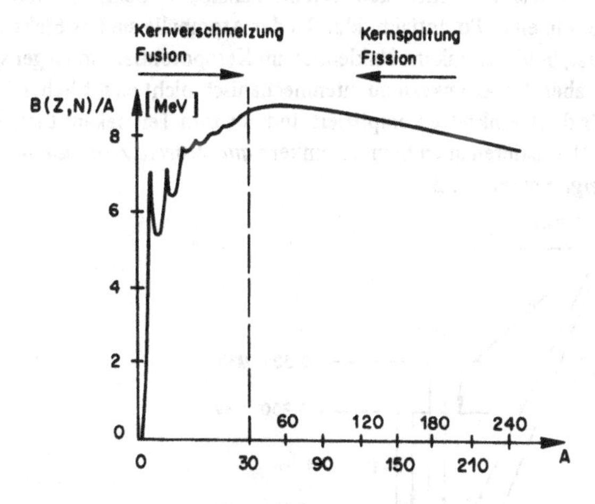

Die *mittlere Bindungsenergie pro Nukleon* beträgt etwa

$$B(Z, N)/A \simeq 8\ \text{MeV/Nukleon}$$

Die Bindungsenergie pro Nukleon hat ein *Maximum* bei $A \simeq 60$. Aus diesem Grund läßt sich Kernenergie sowohl durch die Verschmelzung (Fusion) leichter Kerne als auch durch Spaltung (Fission) schwerer Kerne gewinnen.

Die Energieproduktion *in Sternen* beruht z. B. auf der Fusion von Wasserstoff zu Helium. Bei der *technisch verwertbaren Kernspaltung* werden Kerne mit $A > 230$ in zwei ungefähr gleiche Bruchstücke zerlegt. Dabei wird entsprechend der obigen Figur etwa 1 MeV Bindungsenergie pro Nukleon gewonnen, also etwa 200 MeV pro Spaltungsprozeß.

Massenformel von Weizsäcker. Für $A \leqslant 40$ kann die Bindungsenergie B(Z, N) als Funktion von Z und N aus der semi-empirischen Massenformel von C. F. von Weizsäcker (1912–) berechnet werden.

$$
\begin{aligned}
B(Z,N) &= c^2\{Z\,m_p + N\,m_p - m(Z,N)\}\\
&= 14{,}1A - 13A^{2/3} - 0{,}595Z^2A^{-1/3} - 19(Z-N)^2A^{-1}\\
&\quad + 33{,}5A^{-3/4}\cdot\begin{cases}(-1) & \text{für Z und N ungerade}\\ (+1) & \text{für Z und N gerade}\\ 0 & \text{sonst}\end{cases}
\end{aligned}
\tag{10.9}
$$

Die Einheit von B(Z, N) und allen Koeffizienten ist MeV. Diese Formel zeigt, daß die Kerne mit Z und N gerade (gg-Kerne) die größte Bindungsenergie besitzen. Sie sind besonders stabil.

10.2.5 Kernniveaus

Atomhülle und Atomkern sind in einem gewissen Sinn analog. In beiden Systemen bewegen sich Teilchen in einer Potentialmulde. Bei der Atomhülle sind es Elektronen im Coulomb-Potential, beim Atomkern Nukleonen im Kernpotential. Im Gegensatz zur Atomhülle kann aber der Atomkern quantenmechanisch nicht exakt behandelt werden, da die Natur der Kernkräfte kompliziert und nur zum Teil bekannt ist. Wie bei der Atomhülle (7.8.2) existieren auch beim Atomkern *quantisierte Zustände* mit den entsprechenden *Energieniveaus*, z. B.:

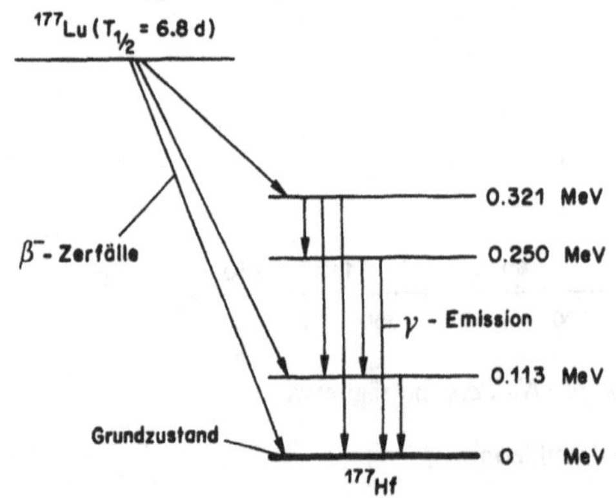

Übergänge zwischen den Energieniveaus sind durch Emission oder Absorption von *γ-Strahlung* möglich. Diese elektromagnetische Strahlung ist sehr kurzwellig. Die Energie ihrer Photonen liegt zwischen 0,01 MeV und einigen MeV. Aus diesem Grund dominieren die Korpuskeleigenschaften dieser Strahlung über ihren Wellencharakter. Man spricht daher meistens von γ-Quanten.

Kerne können auf verschiedene Arten in angeregte Zustände mit höheren Energieniveaus gebracht werden:

beim *α-Zerfall* (10.3.3) oder *β-Zerfall* (10.3.4),

bei einer Kernreaktion,

bei Resonanzfluoreszenz, die durch ein γ-Quant mit der richtigen Frequenz angeregt wird,

durch Coulomb-Anregung, wobei ein elektrisch geladenes Teilchen dicht am Kern vorbeifliegt,

durch *inelastische Streuung* von Nukleonen, Deuteronen, α-Teilchen etc.

10.3 Radioaktivität

10.3.1 Instabile Kerne

Natürliche und künstliche radioaktive Kerne. Bei Kernreaktionen, insbesondere bei der Kernspaltung, entstehen zahlreiche *instabile Kerne*, die ohne *äußeren* Anlaß, d. h. *spontan*, zerfallen oder Umwandlungen erfahren. Wenn die Kerne dabei materielle oder elektromagnetische Strahlen aussenden, nennt man sie *radioaktiv*. Außer den *künstlich radioaktiven* Kernen gibt es solche, die in der Natur vorkommen. Es handelt sich vor allem um Isotope von Uran, Aktinium und Thorium mit ihren Folgeprodukten; in geringerem Maße um die leichteren Kerne Kalium, Rubidium, Samarium, Lutetium. Man bezeichnet sie als *natürlich radioaktive* Kerne. Sie zerfallen relativ langsam. Die natürliche Radioaktivität wurde 1896 von H. Becquerel (1852–1908) entdeckt und vor allem von P. und M. Curie (1859–1906/1867–1934) untersucht. Künstlich radioaktive Kerne konnten erst viel später erzeugt und studiert werden.

Strahlung der radioaktiven Kerne. Radioaktive Kerne senden vor allem α-, β- und γ-Strahlen aus. *α-Strahlen* sind zweifach positiv geladene ^{4}He-Kerne, *β-Strahlen* Elektronen oder Positronen, und *γ-Strahlen* hochenergetische Photonen. Außerdem treten noch *Neutronen* und *Neutrinos* auf. *Neutrinos* sind merkwürdige Teilchen mit dem Spin 1/2, der Ruhemasse Null, der Geschwindigkeit c und der elektrischen Ladung Null. Sie wurden 1930 von W. Pauli postuliert, aber erst in den 1950er Jahren experimentell nachgewiesen. Sie haben eine sehr geringe Wechselwirkung mit der Materie.

Die verschiedenen Strahlen werden durch Materie verschieden stark absorbiert. Dementsprechend ist ihre *Reichweite* sehr verschieden. Als Beispiel sei die Reichweite in Wasser aufgeführt:

Tab. 10.2 Reichweiten radioaktiver Strahlungen in Wasser

Strahlenart	Energie	Reichweite in Wasser
α-Strahlen	5 MeV	$4 \cdot 10^{-5}$ m
β-Strahlen	20 keV	$1 \cdot 10^{-5}$ m
	1 MeV	$7 \cdot 10^{-3}$ m
Neutronen	50 MeV	$2 \cdot 10^{-1}$ m
Neutrinos	–	$\simeq \infty$

10.3.2 Das statistische Zerfallsgesetz

Der Zerfall instabiler Atomkerne gehorcht einem statistischen Zerfallsgesetz. Bei einer großen Anzahl instabiler Atomkerne ist die mittlere Abnahme $-dN$ während der Zeit dt proportional zur Anzahl N:

(10.10) $$-dN = \lambda N\,dt = A\,dt$$

λ bezeichnet die *Zerfallswahrscheinlichkeit,* A die *Aktivität.* Für radioaktive Substanzen verwendet man für die Aktivität *Einheiten,* welche nach A. H. Becquerel (1852–1908) sowie P. und M. Curie benannt werden.

[A] = 1 Becquerel = 1 Bq = 1 Zerfall/s; [A] = 1 Curie = 1 Ci = $3{,}70 \cdot 10^{10}$ Zerfälle/s

Die Aktivität A von 1 Ci entspricht derjenigen von 1 g Radium.

Für die mittlere Anzahl $\langle N(t)\rangle$ der zur Zeit t noch vorhandenen Kerne gilt gemäß obigem Gesetz:

$$\langle N(t)\rangle = N_0 \exp(-\lambda t)$$

wobei $N_0 = N(0)$ die Zahl der Kerne zur Zeit $t = 0$ darstellt. Der Kehrwert der Zerfallswahrscheinlichkeit oder *Zerfallskonstanten* λ ist die *mittlere Lebensdauer* τ:

$$\tau = \int_0^\infty t \cdot \exp(-\lambda t) \cdot dt \Big/ \int_0^\infty \exp(-\lambda t) \cdot dt = \lambda^{-1}$$

Damit verknüpft ist die *Halbwertszeit* $T_{1/2}$, die durch die Beziehung

$$\langle N(T_{1/2})\rangle = \frac{1}{2} N(0) = \frac{1}{2} N_0$$

bestimmt ist. Es gilt

(10.11) $$T_{1/2} = \tau \cdot \ln 2$$

Nach der Zeit $T_{1/2}$ ist *im Mittel* die Hälfte der anfänglich vorhandenen Kerne zerfallen. Gemäß dem statistischen Charakter des Zerfallsgesetzes wird die während eines Zeitintervalls $\Delta t \ll \tau$ gemessene Anzahl Zerfälle ΔN vom erwarteten Mittelwert $\langle \Delta N\rangle = \lambda N \Delta t = A \Delta t$ abweichen. Die Wahrscheinlichkeit, einen bestimmten Wert ΔN zu messen, entspricht einer *Poisson-Verteilung*:

$$W(\Delta N) = \frac{\langle \Delta N\rangle^{\Delta N}}{\Delta N!} e^{-\langle \Delta N\rangle}$$

Für große $\langle \Delta N\rangle$ geht die Poisson-Verteilung in eine *Normal-* oder *Gauß-Verteilung* über:

$$W(\Delta N) = \frac{1}{\sqrt{2\pi \langle \Delta N\rangle}} \exp\left\{-\frac{(\Delta N - \langle \Delta N\rangle)^2}{2\langle \Delta N\rangle}\right\}$$

Wiederholt man die Messung von ΔN beliebig oft, so wird der mittlere Fehler oder die *Standardabweichung* σ für die Poisson-Verteilung (A 4.8.3):

$$\sigma = \lim_{k \to \infty} \sqrt{\frac{1}{k} \sum_{i=1}^{k} \{\Delta N_i^2 - \langle \Delta N \rangle^2\}} = \sqrt{\langle \Delta N \rangle}$$

10.3.3 Der α-Zerfall

Beschreibung des α-Zerfalls. Eine häufige Zerfallsart bildet der α-Zerfall. Dabei zerfällt der instabile Kern in einen neuen Kern und einen ^{4}He-Kern, d. h. ein α-Teilchen. Aus dem instabilen Kern mit der Ordnungszahl Z bildet sich der neue Kern mit der Ordnungszahl Z – 2. Das Zerfallsprodukt steht daher im periodischen System zwei Plätze links vom ursprünglichen Element.

Ein Beispiel ist der Zerfall von ^{238}U: $^{238}\mathrm{U} \rightarrow {}^{234}\mathrm{Th} + \alpha + E_{kin}$.

Der α-Zerfall hat folgende *Eigenschaften*:

konstante diskrete kinetische Energie der α-Teilchen
zufällige Richtung der α-Teilchen
starke Abhängigkeit zwischen kinetischer Energie und Lebensdauer

Energiespektrum der α-Teilchen:

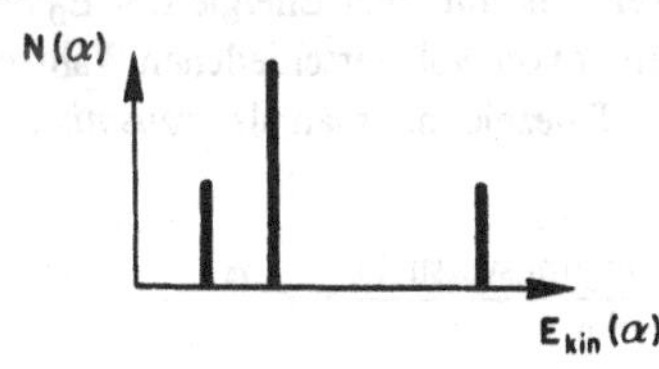

Beispiele:

Kern	$E_{kin}(\alpha)$	Lebensdauer τ
^{238}U	4,2 MeV	$6{,}5 \cdot 10^9$ a
^{210}Po	5,3 MeV	200 d
^{212}Po	8,8 MeV	$4{,}4 \cdot 10^{-7}$ s

Die Wilson-Kammer. α-Teilchen lassen sich in der Nebelkammer von Ch. T. R. Wilson (1869–1959) gut beobachten. In der Wilson-Kammer erzeugt man einen übersättigten Dampf, in dem die von den α-Teilchen ionisierten Moleküle oder Atome als Kondensationskeime wirken. Die Bahn eines α-Teilchens wird daher als Nebelspur sichtbar. Die Länge der Nebelspur gibt Auskunft über die Energie des beteiligten α-Teilchens.

Das Modell des α-Zerfalls. Um den α-Zerfall zu beschreiben, nimmt man an, daß das α-Teilchen im instabilen Kern schon vorhanden ist und sich in einem *Potentialtopf* befindet, der aus dem Potential der Kernkräfte und dem Coulomb-Potential der elektrostatischen Abstoßung gebildet wird.

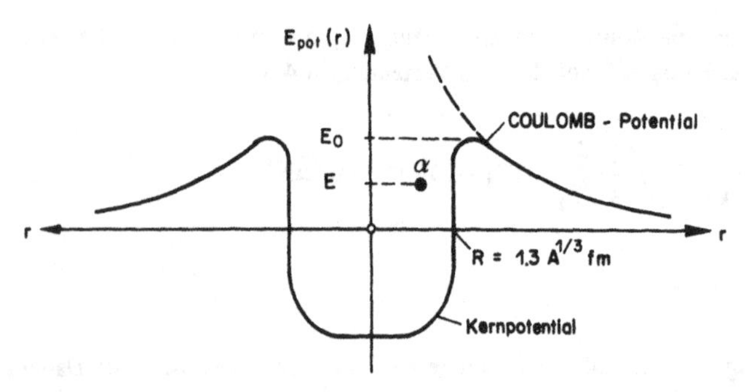

Nach der klassischen Mechanik kann das α-Teilchen den Potentialtopf nur verlassen, wenn seine Energie E größer ist als die Schwellenenergie E_0 des Potentialtopfs.

Nach der Quantenmechanik kann aber das α-Teilchen wegen der Heisenbergschen Unbestimmtheitsrelation (7.4.3)

$$|\Delta E|\Delta t = (E_0 - E) \cdot \Delta t \geqslant \hbar/2$$

während der kurzen Zeit Δt die Energie E_0 erreichen und über die Schwelle des Topfpotentials hinausgelangen. Klassisch sieht dies so aus, als ob das Teilchen durch die Potentialschwelle nach außen gedrungen sei. Dieses Phänomen bezeichnet man als *Tunneleffekt*.

Der Tunneleffekt bewirkt, daß auch ein α-Teilchen mit einer Energie $E < E_0$ beim Auftreffen auf die Potentialschwelle diese mit einer von Null verschiedenen Wahrscheinlichkeit T durchdringt. Diese Wahrscheinlichkeit T bezeichnet man als *Transmissionskoeffizient*. Dieser ist definiert als

$$T = \frac{\text{Zahl der erfolgreichen Durchdringungsversuche}}{\text{Zahl aller Durchdringungsversuche}} = e^{-G}$$

G ist der *Faktor von* G. Gamow (1904–1968). Er ist abhängig von der Gestalt des Potentialtopfs, seinem Radius R, der Schwellenenergie E_0 und der Energie E des α-Teilchens. Mit Hilfe des Transmissionskoeffizienten läßt sich der α-Zerfall wie folgt beschreiben: Das α-Teilchen oszilliert im Potentialtopf und stößt daher ν mal pro s an die Potentialschwelle. Im Mittel durchdringt es diese nach 1/T Stößen, also nach 1/Tν s. Diese Zeit entspricht der *mittleren Lebensdauer* τ des instabilen Kerns: $\tau = 1/T\nu$.

Beispiel: α-Zerfall von ^{230}U

$E = 5{,}9$	MeV	kinetische Energie der α-Teilchen
$v = 1{,}7 \cdot 10^7$	$m\,s^{-1}$	Geschwindigkeit der α-Teilchen
$R = 0{,}75 \cdot 10^{-14}$	m	Kernradius
$\nu = 1{,}1 \cdot 10^{21}$	s^{-1}	Anzahl der Stöße pro s
$T = 3{,}5 \cdot 10^{-28}$		Transmissionskoeffizient
$\tau = 1/T\nu = 2{,}6 \cdot 10^6$ s		Lebensdauer von ^{230}U

10.3.4 Der β-Zerfall

Beschreibung. Neben den instabilen Kernen, die durch Emission eines α-Teilchens zerfallen, gibt es auch Kerne, die durch Emission eines Elektrons e^- (β^--Teilchen) oder eines Positrons e^+ (β^+-Teilchen) zerfallen. Das *Positron* unterscheidet sich vom Elektron nur durch die entgegengesetzten Vorzeichen seiner elektrischen Ladung und des magnetischen Momentes. Beim β^--Zerfall erhöht sich die Kernladungszahl Z auf Z + 1 und das Tochterelement steht im periodischen System rechts neben dem Mutterelement. Beim β^+-Zerfall erniedrigt sich die Kernladungszahl von Z auf Z – 1.

Beispiele:

β^--Zerfall: $^{60}\mathrm{Co} \rightarrow {}^{60}\mathrm{Ni} + e^- + \bar{\nu}$

β^+-Zerfall: $^{22}\mathrm{Na} \rightarrow {}^{22}\mathrm{Ne} + e^+ + \nu$

Bei diesen Zerfällen treten außer dem Elektron und dem Positron auch das *Neutrino* ν (10.3.1) und das *Antineutrino* $\bar{\nu}$ auf. Diese unterscheiden sich nur durch die Richtung des Spins. ν hat den Spin antiparallel zum Impuls, $\bar{\nu}$ jedoch parallel. W. Pauli postulierte die Existenz dieser Teilchen, um beim β-Zerfall den Gesetzen der *Energieerhaltung* und der *Drehimpulserhaltung* gerecht zu werden. So zeigen die beim Kernzerfall emittierten β-Teilchen im Gegensatz zu den α-Teilchen ein *kontinuierliches Energiespektrum* mit einem Energiemaximum E_{max}, das der Zerfallsenergie des Kerns entspricht. Die Energie des Neutrinos resp. Antineutrinos, ist die Differenz zwischen der Zerfallsenergie E_{max} und der kinetischen Energie $E_{kin}(\beta)$ des β-Teilchens.

Energiespektrum der β-Teilchen:

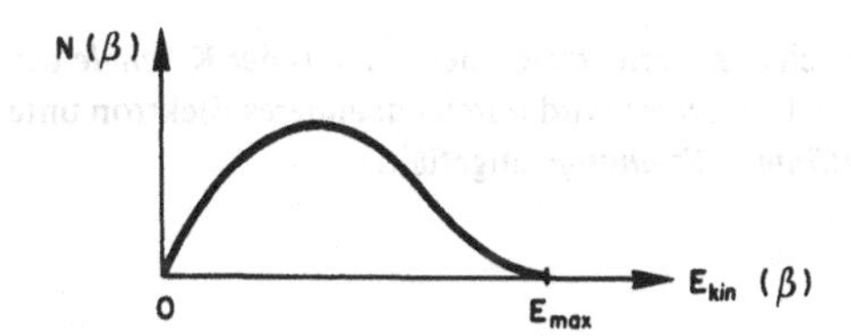

Theoretische Deutung. Die *Grundprozesse* sind beim

β^--Zerfall: $n \rightarrow p + e^- + \bar{\nu}$ + Energie

β^+-Zerfall: p + Energie $\rightarrow n + e^+ + \nu$

Ein freies *Neutron* n *zerfällt* nach obigem Schema in ein Proton p und ein Elektron e^- mit einer Lebensdauer von τ = 16,9 min. Im Kern kommt dieser Prozeß auch vor, wenn die Bindungsenergien eine positive Energiebilanz dieses Prozesses erlauben, wobei die Ruhenergie des emittierten Elektrons eingerechnet werden muß.

Die Existenz von β^+-Zerfällen zeigt, daß auch ein *Proton* p *in ein Neutron* n *umgewandelt* werden kann. Da das Proton p leichter als ein Neutron n ist, ist dieser Prozeß nur in einem Kern möglich, der aus seiner Bindungsenergie den notwendigen Teil abgibt.

Auf Grund des Postulats von W. Pauli über die Existenz von Neutrinos gelang es E. Fermi (1901–1954), das *Energie-, resp. Impulsspektrum des β-Zerfalls* zu berechnen.

Bei der theoretischen Untersuchung des β-Zerfalls hat sich gezeigt, daß für ihn eine fundamental neue Art von Wechselwirkung verantwortlich ist, die sogenannte *schwache Wechselwirkung*. Sie ist viel schwächer als die starke Wechselwirkung und die Coulomb-Wechselwirkung, aber stärker als die Gravitation. Diese *vier Wechselwirkungen* umfassen alle heute bekannten Kräfte (10.5.3).

Vorgänge, die nach der schwachen Wechselwirkung ablaufen, verletzen das *Paritätsprinzip* oder Invarianzprinzip der räumlichen Inversion. Dies wurde von C. S. Wu (1913–) und ihren Mitarbeitern 1957 beim β-Zerfall von ^{60}Co experimentell bestätigt, nachdem 1956 T. D. Lee (1926–) und C. N. Yang (1922–) auf diese Möglichkeit hingewiesen hatten. Das Paritätsprinzip besagt, daß das räumliche Spiegelbild eines physikalischen Prozesses wieder einen möglichen physikalischen Prozeß darstellt, und daß die Gesetzmäßigkeit beider Vorgänge gleich ist. Die schwache Wechselwirkung ist bis heute die einzige unter den fundamentalen Wechselwirkungen, die dem Paritätsprinzip widerspricht.

Der Elektroneneinfang. Den komplementären Charakter der Elektronen e^- und Positronen e^+ illustriert der merkwürdige Prozeß des Elektroneneinfangs. Dabei absorbiert ein Kern ein Elektron aus seiner eigenen Atomhülle, wobei sich ein Proton p in ein Neutron umwandelt. Ein Beispiel ist der Elektroneneinfang von ^{37}Ar:

$$^{37}\mathrm{Ar} + e^- \rightarrow {}^{37}\mathrm{Cl} + \nu$$

Der *grundlegende Prozeß* ist

$$p + e^- + \text{Energie} \rightarrow n + \nu$$

Der *Einfang des Elektrons* durch den Kern erfolgt meistens *aus der K-Schale* der Atomhülle. Die in der Schale entstandene Lücke wird durch ein anderes Elektron unter Emission charakteristischer *Röntgen-Strahlung* aufgefüllt.

10.3.5 Die γ-Strahlung

Beschreibung. γ-Strahlung tritt bei Übergängen zwischen verschiedenen Kernniveaus (10.2.5) auf. Sie ist eine elektromagnetische Strahlung mit einer Photonenenergie zwischen 0,01 und einigen MeV.

Nachweis. Die γ-Strahlung wird durch die Wechselwirkung mit Materie nachgewiesen: Photoeffekt, Compton-Effekt (7.1.4), Paarerzeugung. Beim Photoeffekt wird ein γ-Quant mit der Energie E_γ von einem Atom vollständig absorbiert und ein Elektron mit der kinetischen Energie E_{kin} herausgeschlagen. Diese entspricht der Differenz zwischen der Energie E_γ des γ-Quants und der Bindungsenergie E_B des Elektrons. Der Photoeffekt wird ausgenutzt bei den *Szintillationszählern* und den *Halbleiterzählern*.

Paarerzeugung. Ist die Energie E_γ eines γ-Quants größer als die doppelte Ruhenergie eines Elektrons:

$$E_\gamma = h\nu_\gamma > 2 \cdot m_0 c^2 = 1{,}022\ \mathrm{MeV},$$

so kann es unter *simultaner Bildung eines Elektrons* e^- *und eines Positrons* e^+ vernichtet werden. Die überschüssige Energie wird zum Großteil von den beiden erzeugten Teilchen übernommen. Die Paarerzeugung kann nur in Anwesenheit eines Stoßpartners stattfinden, der den überschüssigen Impuls des γ-Quants übernimmt. Als Stoßpartner dient z. B. ein Atomkern.

Annihilation. Die Annihilation ist die Umkehrung der Paarerzeugung. Dabei *verschwindet ein Elektron-Positron-Paar*. Die Gesamtenergie wird durch γ-Strahlung weggetragen. Bei Annihilation ohne zusätzlichen Stoßpartner müssen zur Erhaltung des Impulses mindestens zwei γ-Quanten auftreten.

Bei Annihilation mit ruhendem Schwerpunkt erscheinen zwei γ-Quanten mit entgegengesetzter Richtung und gleicher Energie von je 0,511 MeV.

10.4 Kernreaktionen

Eine Kernreaktion ist eine durch äußere Einflüsse erzwungene Umwandlung eines Kerns. Die häufigste Methode ist der Beschuß eines Kernes X mit einem Teilchen x, das diesen unter Emission des Teilchens y in den Kern Y umwandelt. Die *symbolische Darstellung* ist

$$X(x, y)Y$$

10.4.1 Kernreaktionen mit Neutroneneinfang

Eine auch technisch wichtige Kernreaktion ist die (n, γ) Reaktion, bei welcher ein Kern Z ein Neutron n absorbiert und sich unter Emission eines γ-Quants in das nächst schwerere Isotop des gleichen Elementes umwandelt:

$$^{A}Z(n, \gamma)\,^{(A+1)}Z$$

Da das Neutron elektrisch neutral ist, dringt es leicht bis zum Kern vor. Aus diesem Grund eignet es sich gut für Kernreaktionen. Selbst Neutronen mit niedrigen Energien von Bruchteilen von eV, sogenannte *thermische Neutronen*, dringen in Kerne ein. In diesem Fall ist der Wirkungsquerschnitt σ für den Neutroneneinfang proportional zu v_n^{-1}. Der Wirkungsquerschnitt hat aber zusätzlich scharfe Resonanzen. Diese erklärt man mit der Resonanzanregung von angeregten Zuständen des neuen, entstehenden Kerns (Zwischenkern).

Die (n, γ) Reaktionen haben heute große Bedeutung für die *Erzeugung radioaktiver Isotope*, die für *Anwendungen* in Wissenschaft und Technik benötigt werden: Materialprüfung, Strahlentherapie, Biologie.

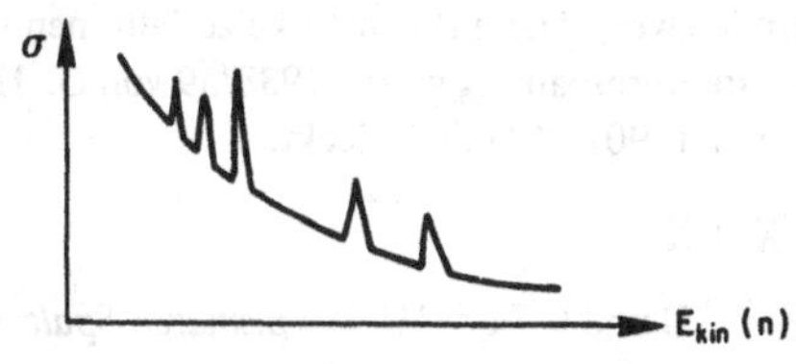

10.4.2 Kernreaktionen mit geladenen Teilchen

Beim Eindringen eines elektrisch geladenen Teilchens x in den Kern X spielt das Coulom Potential eine Rolle. Klassisch muß die Teilchenenergie die Schwellenenergie des Coulon Potentials übertreffen. Quantenmechanisch wirkt der Tunneleffekt, der schon bei kleineren Energien ein Durchdringen der Coulomb-Barriere ermöglicht. Maßgebend dafür ist der Gamow-Faktor (10.3.3). Bei Kernreaktionen unterscheidet man zwischen *exothe men* und *endothermen Reaktionen*. Bei den endothermen Reaktionen muß die kinetisch Energie des Teilchens x die fehlende Energie ersetzen. Die Grenzenergie, bei der eine endotherme Reaktion auftritt, heißt *Reaktionsschwelle* Q.

Der *Wirkungsquerschnitt* σ einer endothermen Kernreaktion mit elektrisch geladenen Teilchen unterscheidet sich merklich von demjenigen der (n, γ) Reaktionen. Er wächst mit zunehmender kinetischer Energie des geladenen Teilchens:

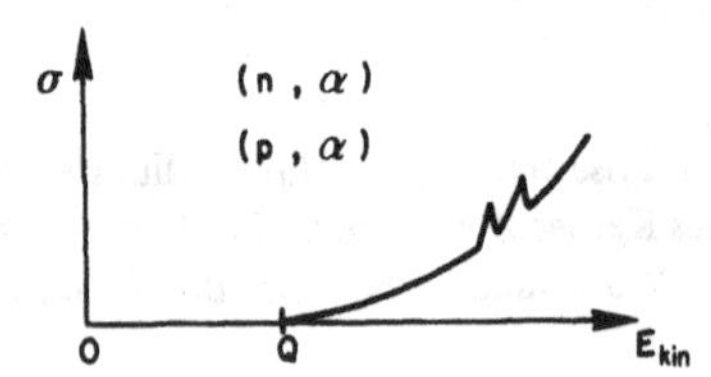

Neutronenquelle. Die Reaktion, mit der J. Chadwick (1891–1974) im Jahre 1932 das Neutron entdeckte, lautet $^{9}Be(\alpha, n)\ ^{12}C$.

Die α-Teilchen für den Beschuß des Berylliums erhält man z.B. aus dem Zerfall von Radiu

$$^{226}Ra \xrightarrow[T_{1/2} = 1600\ a]{} {}^{222}Rn + \alpha \rightarrow \ldots$$

das man pulverisiert mit dem Beryllium vermischt.

Neutronenzähler. Zum Nachweis von Neutronen n kann man die folgende Reaktion verwenden, bei der ein geladenes Teilchen emittiert wird:

$$^{10}B(n, \alpha)\ ^{7}Li$$

Zu diesem Zweck füllt man einen Geiger-Zähler, benannt nach H. Geiger (1882–19 zum Teil mit BF_3. Die durch die einfallenden Neutronen n bei dieser (n, α) Reaktion erzeugten α-Teilchen ionisieren das Füllgas und bewirken Zählimpulse.

10.4.3 Kernspaltung

Kernreaktionen, bei denen der Kern in zwei größere Bruchstücke zerfällt, nennt man *Kernspaltung oder „Fission"*. Die erste Kernspaltung wurde 1938/39 von O. Hahn (1879–1968) und F. Straßmann (1902–1971) entdeckt:

$$^{235}U + n_{thermisch} \longrightarrow X' + X''$$

Natürliches Uran besteht aus 99,3% ^{238}U und 0,7% ^{235}U. Die *primären Spaltprodukte* und X″ sind oft von leichteren Teilchen begleitet, wie z. B. bei der häufigen Reaktion

$$^{235}\text{U} + \text{n}_{\text{thermisch}} \longrightarrow {}^{139}\text{I} + {}^{96}\text{Y} + \text{n} + \text{Energie}$$

Das emittierte schnelle Neutron wird als *Reaktionsneutron* bezeichnet. Die primären Spaltprodukte ^{139}I und ^{96}Y sind instabil, da die Neutronenzahl N zu groß ist. Sie erleiden eine Reihe von β-Zerfällen, wie z. B.

$$^{96}\text{Y} \longrightarrow {}^{95}\text{Y} + \text{n} \xrightarrow[T_{1/2} = 10{,}9\ \text{min}]{} {}^{95}\text{Zr} \xrightarrow[T_{1/2} = 65\text{d}]{} {}^{95}\text{Nb} \xrightarrow[T_{1/2} = 35\text{d}]{} {}^{95}\text{Mo}$$

Die bei dieser Reaktionskette in der ersten Stufe auftretenden Neutronen sind auch Reaktionsneutronen. Bei einem Kernreaktor wichtig sind jedoch Spaltreaktionen, die sogenannte *verzögerte Neutronen* liefern. Während die Reaktionsneutronen innerhalb 10^{-13} s nach der Spaltung auftreten, werden die verzögerten Neutronen erst nach einigen Sekunden frei. Dadurch erlauben sie die Steuerung einer Kettenreaktion. Verzögerte Neutronen treten z. B. im folgenden *Reaktionsschema* auf:

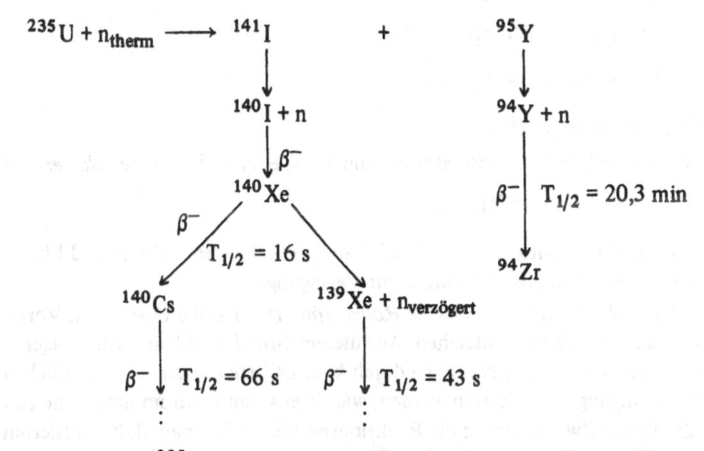

Bei der Spaltung eines ^{235}U-Kerns durch ein Neutron werden mehrere Neutronen frei. Dadurch wird eine sich selbst erhaltende *Kettenreaktion* möglich. Die Reaktionsneutronen und die verzögerten Neutronen bewirken aber noch keine Kernspaltung, da sie zu schnell sind. Ihre Energie beträgt einige MeV. Sie werden daher in einem sogenannten *Moderator* gebremst, wonach sie als thermische Neutronen weitere Kernspaltungen auslösen. Für eine optimale Energieübertragung bei elastischen Stößen (s. Kap. 1.9) sollen die Moderatorkerne möglichst gleiche Masse wie die Neutronen haben. Auch sollen sie möglichst wenig Neutronen einfangen, da sonst der Moderator stark radioaktiv würde. Geeignete Materialien sind schweres Wasser und Graphit. Die bei der Kernspaltung frei werdenden Neutronen gehen zum Teil verloren, einerseits wegen des Einfangs durch ^{238}U, andererseits durch Entweichen aus dem Reaktor. Damit die Kettenreaktion durch diese Verluste nicht gestoppt wird, muß eine Mindestmenge an spaltbarem Material vorhanden sein. Diese bezeichnet man als *kritische Masse*. Ist die kritische Masse überschritten, so löst eine einzige Kernspaltung eine Kettenreaktion aus. Diese wächst lawinenartig an und muß bei der gewünschten Leistung gebremst werden. Dies erfolgt durch Absorption der überschüssigen Neutronen in *Cadmiumstäben*, mit denen der laufende *Reaktor gesteuert* wird.

Die *bei der Kernspaltung frei werdende Energie* ist enorm. Sie beträgt etwa 200 MeV pro gespaltenen Kern. Für 1 kg ^{235}U ergibt dies 23 000 000 kWh.

10.4.4 Kernverschmelzung

Die Bindungsenergie pro Nukleon B(Z, N)/A hat bei einer Massenzahl A = 60 ein Maximum (10.2.4). Deshalb kann nicht nur durch Spaltung großer Kerne, sondern auch durch *Kernverschmelzung oder „Fusion"* von leichten Kernen, Energie gewonnen werden.

So wirken zum Beispiel *in der Sonne* Fusionsreaktionen, welche Wasserstoffkerne, d. h. Protonen p, in Heliumkerne ^{4}He verschmelzen:

$$p + p \longrightarrow d + e^+ + \nu$$

$$d + p \longrightarrow {}^3\text{He}$$

$${}^3\text{He} + {}^3\text{He} \longrightarrow {}^4\text{He} + 2p$$

Dabei wird die Energie 25,7 MeV frei.

Eine weitere wichtige Fusionsreaktion benutzt als Rohstoff *schweres Wasser* und Lithium:

$${}^7\text{Li} + d \longrightarrow 2\,{}^4\text{He} + n$$

Bei dieser Reaktion wird die Energie 15,1 MeV frei. Schweres Wasser und Lithium stehen in den Weltmeeren in großen Mengen zur Verfügung.

Außer den praktisch *unbeschränkten Rohstoffmengen* hat die Fusion den Vorteil, daß wenig *radioaktive Abfälle* entstehen. Aus diesem Grund wird heute ein riesiger Aufwand getrieben, um die Energiegewinnung durch *kontrollierte Fusion* zu verwirklichen. Dabei müssen Bedingungen geschaffen werden, wie sie etwa im Zentrum der Sonne zu finden sind. Zu diesem Zweck müssen die Reaktionspartner in *Plasmen*, d. h. ionisierten Gasen, auf viele Millionen Kelvin erhitzt und unter enormen Druck gesetzt werden. Dazu werden heute *magnetohydrodynamische Vorrichtungen* (Stellerator, Tokamak, Plasmafokus) und *intensive Laser* mit Leistungen von über 10^{12} W während 1 ns benutzt. Man ist jedoch noch weit entfernt von einer wirtschaftlichen Energiegewinnung durch kontrollierte Fusion.

10.5 Elementarteilchen

10.5.1 Klassifizierung

Die bekannten Elementarteilchen lassen sich nach verschiedenen Kriterien in Klassen einteilen, so z. B. nach ihrer *Masse*, ihrer *Lebensdauer*, ihrem *Spin* oder ihrer Entstehungsgeschichte oder der Art von *Wechselwirkungen* die sie eingehen. Eine Einteilung nach ihrer Masse ist wenig aufschlußreich, ausgenommen von der Tatsache, daß masselose Teilchen, wie z. B. Photonen, sich immer mit Lichtgeschwindigkeit bewegen, läßt sich sonst wenig von der Masse eines Elementarteilchens ableiten. In den folgenden Abschnitten werden die andern Möglichkeiten der Einteilung kurz behandelt.

Lebensdauer. Ursprünglich hoffte man, bei der Erforschung der Materie einige wenige Elementarteilchen zu finden, aus denen die Materie des gesamten Universums aufgebaut wäre. Tatsächlich fand man nur wenig Elementarteilchen, die nach unseren Begriffen beliebig lange leben:

Photon, Elektron, Positron, Neutrinos und Proton.

Dagegen existiert eine ungeheure Vielfalt von Elementarteilchen mit begrenzter Lebensdauer τ, Teilchen also, die durch einen oder mehrere Zerfälle in stabilere Produkte übergeführt werden.

Spin. Ein anderes wesentlich aufschlußreicheres Klassifizierungsprinzip der Elementarteilchen ist die Einteilung nach halb- oder ganzzahligem Spin. Teilchen mit halbzahligem Spin I = 1/2, 3/2, 5/2, . . . werden als *Fermionen* bezeichnet und gehorchen der *Fermi-Dirac-Statistik* und erfüllen auch das *Pauli-Ausschließungs-Prinzip* (9.4.1). Teilchen mit ganzzahligem Spin I = 0, 1, 2, . . . heißen *Bosonen* und gehorchen anderen Gesetzen, nämlich denen der *Bose-Einstein-Statistik.*

Wechselwirkung. Die geläufigste Einteilung der Elementarteilchen ist jene nach der Wechselwirkung, die sie entweder vermitteln (*Eichbosonen*) oder der sie bei ihrer Entstehung, ihrem Zerfall und ihren Reaktionen mit andern Teilchen unterliegen (*Leptonen und Hadronen*). Dabei entdeckt man gewisse *Erhaltungsprinzipien,* d. h. Größen, die in der Natur allgemein oder nur von gewissen Wechselwirkungen (Kräften) respektiert werden, d. h. invariant sind. Man findet bei diesem Studium auch *Symmetrie-Verletzungen* und *Auswahlregeln,* d. h. Regeln, die bei der Entstehung oder beim Zerfall erfüllt sein müssen. Die Tabelle 10.3 führt die wichtigsten der bekannten Elementarteilchen auf.

Leptonen. Die *Leptonen* sind Fermionen mit Spin 1/2 und Ladung $-e$ (e^-, μ^-, τ^-) bzw. Ladung null (Neutrinos, ν_e, ν_μ, ν_τ) sowie deren Antiteilchen. Sie erfahren nicht die starke Wechselwirkung (Kernkräfte). Sie entstehen paarweise mit einem *Antilepton* in Reaktionen, für welche die elektromagnetische oder die schwache Wechselwirkung verantwortlich ist. Wegen diesem paarweisen Auftreten der Leptonen hat man ihnen eine Größe zugeordnet, welche *Leptonenzahl* genannt wird und die diesen Erhaltungssatz ausdrückt, d. h. die Leptonenzahl ist vor und nach einer Reaktion identisch. Es hat sich gezeigt, daß das Neutrino, welches mit dem Myon, d. h. dem schweren Elektron, auftritt, nicht identisch ist mit demjenigen, welches jeweils mit dem Elektron erscheint. Deshalb wurden eine Elektron-, eine Myon- und zuletzt eine Tau-Leptonenzahl eingeführt.

Hadronen. Alle Teilchen, welche nicht nur der elektromagnetischen und schwachen, sondern auch der starken Wechselwirkung unterliegen, bezeichnet man als Hadronen. Hadronen mit halbzahligem Spin nennt man Baryonen, solche mit ganzzahligem Spin Mesonen. Ähnlich wie bei den Leptonen gibt es auch bei den Hadronen Erhaltungsgrößen wie Strangeness, Charm, Beauty oder Topness, die bewirken, daß nur ganz be-

Tab. 10.3 Elementarteilchen

Teilchen	Symbol	Masse (MeV/c²)	Ladung (e)	Spin	Lebensdauer (s)
Leptonen					
Neutrino	$\nu_e, \bar{\nu}_e$	0	0	1/2	∞
	$\nu_\mu, \bar{\nu}_\mu$	0	0	1/2	∞
	$\nu_\tau, \bar{\nu}_\tau$	0	0	1/2	∞
Elektron	e^-, e^+	0,5	∓1	1/2	∞
Myon	μ^-, μ^+	106	∓1	1/2	$2{,}2 \cdot 10^{-6}$
Tau-Lepton	τ^-, τ^+	1784	∓1	1/2	$3{,}0 \cdot 10^{-13}$
Mesonen					
π-Meson	π^+, π^-	140	±1	0	$2{,}6 \cdot 10^{-8}$
	π^0	135	0	0	$8{,}3 \cdot 10^{-17}$
K-Meson	K^+, K^-	494	±1	0	$1{,}2 \cdot 10^{-8}$
	$K^0, \overline{K^0}$	498	0	0	$8{,}8 \cdot 10^{-9}$
Eta	η	549	0	0	$2{,}5 \cdot 10^{-17}$
Baryonen					
Proton	$p, \bar{p}$	938	±1	1/2	∞
Neutron	$n, \bar{n}$	940	0	1/2	917
Λ-Hyperon	$\Lambda, \bar{\Lambda}$	1116	0	1/2	$2{,}6 \cdot 10^{-10}$
Σ-Hyperon	$\Sigma^+, \overline{\Sigma}^+$	1189	±1	1/2	$8 \cdot 10^{-11}$
	$\Sigma^0, \overline{\Sigma}^0$	1192	0	1/2	$5{,}8 \cdot 10^{-20}$
	$\Sigma^-, \overline{\Sigma}^-$	1197	∓1	1/2	$1{,}5 \cdot 10^{-10}$
Ξ-Hyperon	$\Xi^0, \overline{\Xi}^0$	1315	0	1/2	$2{,}9 \cdot 10^{-10}$
	$\Xi^-, \overline{\Xi}^-$	1321	∓1	1/2	$1{,}6 \cdot 10^{-10}$
Ω-Hyperon	$\Omega^-, \overline{\Omega}^-$	1672	∓1	3/2	$8{,}2 \cdot 10^{-11}$
Eichbosonen					
Photon	γ	0	0	1	∞
W-Boson	W^-, W^+	81000	∓1	1	10^{-25}
Z^0-Boson	Z^0	92400	0	1	10^{-25}

stimmte Paare von Hadronen entstehen können. Weitere Größen zur Charakterisierung und Klassifizierung der Hadronen sind z. B. Isospin und Parität.

Mesonen. Die Mesonen sind hadronische *Bosonen*, haben also ganzzahligen Spin. Die wichtigsten Vertreter sind die π- und die K-Mesonen. Für sie gilt kein Erhaltungssatz, d. h. bei einer hochenergetischen Kollision von Elementarteilchen können z. B. sehr viele π-Mesonen gleichzeitig entstehen.

Baryonen. Die *Baryonen* sind hadronische *Fermionen* und sie besitzen alle große Massen. Die bekanntesten Vertreter dieser Klasse von Elementarteilchen sind das Proton und das Neutron.

Eichbosonen. Diese Bosonen sind die Träger der vier *grundlegenden Wechselwirkungen*, die *Gluonen* für die starke, das *Photon* für die elektromagnetische, das neutrale Z^0*-Boson* und die geladenen W^+*- und* W^-*-Bosonen* für die schwache sowie das *Graviton* für die Gravitation. Das Photon hat den Spin 1. Da es sich mit Lichtgeschwindigkeit bewegt, hat der Spin nur zwei Richtungen, nämlich parallel und antiparallel zum Impuls. Diese entsprechen der klassischen links- und rechtszirkularen Polarisation.

Teilchen und Antiteilchen. Wie die Tabelle zeigt, treten die Elementarteilchen meistens in Paaren von Teilchen und Antiteilchen auf. Nur wenige sind ihr eigenes Antiteilchen, so etwa das π°. Die Prozesse Paarerzeugung und Annihilation (10.3.5) von Elektron und Positron zeigen den Charakter dieser Paare. Ein solches Paar kann aus Energie allein erzeugt werden oder vollständig in Energie übergehen. Damit die verschiedenen Erhaltungssätze der Physik erfüllt werden, müssen gewisse Eigenschaften komplementär (entgegengesetzt) sein: Ladung, magnetisches Moment, Leptonenzahl, etc.

10.5.2 Innere Struktur

Alle gegenwärtigen Kenntnisse sind vereinbar mit der Tatsache, daß die *Leptonen punktförmig* sind, d. h. wirklich elementar sind und *ohne innere Struktur*. Bei den übrigen „Elementarteilchen" ist dies nicht der Fall. Seit langem kennt man eine Vielzahl *angeregter Zustände der Baryonen*, die darauf hinweisen, daß diese Teilchen innere Freiheitsgrade besitzen und als *komplex* zu betrachten sind, was die Suche nach noch kleineren Bausteinen der Natur einleitete.

Quarks. Obwohl diese kleineren, elementaren Bausteine isoliert noch nicht nachgewiesen wurden, besteht heute fast kein Zweifel mehr, daß alle bekannten Hadronen, d. h. die Mesonen und Baryonen, aus sogenannten Quarks und Anti-Quarks aufgebaut sind, und zwar bestehen erstere aus zwei, letztere aus drei derselben. *Quarks* sind *Fermionen*, haben also halbzahligen Spin, sind geladen, und je eines von ihnen ist der Träger der erwähnten Eigenschaften „Strangeness", „Charm", „Beauty" und „Topness".
Die untenstehende Tabelle führt die Eigenschaften dieser Quarks auf:

Tab. 10.4 Eigenschaften der Quarks

Quark	Symbol	Ladung	Spin	Strange-ness	Charm	Beauty	Topness
down	d, $\bar{d}$	∓1/3	1/2	0	0	0	0
up	u, $\bar{u}$	±2/3	1/2	0	0	0	0
strange	s, $\bar{s}$	∓1/3	1/2	∓1	0	0	0
charmed	c, $\bar{c}$	±2/3	1/2	0	±1	0	0
beauty	b, $\bar{b}$	∓1/3	1/2	0	0	∓1	0
top	t, $\bar{t}$	±2/3	1/2	0	0	0	±1

Mit diesen sechs Quarks und den dazugehörenden Antiquarks können alle Hadronen aufgebaut werden, so besteht z. B. das Proton aus zwei up-Quarks und einem down-Quark (uud), das Neutron aus zwei down-Quarks und einem up-Quark (ddu).

Generationen. Durch die Einführung des Quark-Konzeptes ist sicherlich eine Reduktion der Komplexität und Vielfalt in der Elementarteilchenphysik geglückt. Das bevorzugte Bild ist nun das einer *Lepton-Quark symmetrischen Welt*, wo jeweils zwei Leptonen und zwei Quarks zusammen eine *Familie oder Generation* bilden

$$\begin{array}{|cc|}\hline e & u \\ \nu_e & d \\ \hline\end{array}\,, \quad \begin{array}{|cc|}\hline \mu & s \\ \nu_\mu & c \\ \hline\end{array}\,, \quad \begin{array}{|cc|}\hline \tau & t \\ \nu_\tau & b \\ \hline\end{array}\,, \ldots$$

Die *erste Generation, unsere Umwelt,* besteht aus Elektronen, den dazugehörenden Neutrinos und dem up und down Quark, die genügen, um Protonen und Neutronen und damit auch Atomkerne aufzubauen. Die *zweite Generation,* schon weit weniger vertreten in unserem Kosmos, wird *an Beschleunigern erzeugt,* besteht aus dem Myon, seinem Neutrino, dem strange und charmed Quark. An den größten Beschleunigern wird heute an der vollständigen Entdeckung einer *dritten Generation* von Elementarteilchen gearbeitet.

10.5.3 Wechselwirkungen und Zerfälle

Fundamentale Wechselwirkungen. In der Natur gibt es *vier fundamentale Wechselwirkungen*: die starke Wechselwirkung, die elektromagnetische Wechselwirkung, die schwac Wechselwirkung und die Gravitation. Die wichtigsten Eigenschaften dieser Wechselwirkungen sind in der folgenden Tabelle zusammengestellt.

Tab. 10.5 Fundamentale Wechselwirkungen

Wechselwirkung	starke	elektromagnetische	schwache	Gravitation
Beispiele	Kerne	Atome	β-Zerfall	Weltall
Reichweite	0,1 – 1 fm	∞	$\ll 0{,}1$ fm	∞
betroffene Teilchen	Hadronen	elektrisch geladene	Hadronen Leptonen	alle
ausgetauschte Teilchen	Gluonen	Photonen	Intermediäre Bosonen $W^{\pm}$, Z^0	Gravitonen
natürliche Stärke	1	1/137	10^{-14}	$6 \cdot 10^{-39}$

Seit jeher war es der Wunsch der Physiker, diese vier Wechselwirkungen irgendwie in Verbindung zueinander zu bringen oder gar zu vereinigen. Die Vereinigung der schwachen und der elektromagnetischen Wechselwirkung darf als einer der größten Erfolge der letzten Jahre gelten. Die gegenwärtigen Anstrengungen sollen noch einen Schritt weiterführen und auch die starke Wechselwirkung miteinbeziehen.

Erhaltungssätze. In der Natur gibt es Größen, welche in einem abgeschlossenen System erhalten bleiben müssen. Am besten bekannt aus der *Mechanik* der makroskopischen Körper sind dies die Erhaltungssätze von *Energie, Impuls* und *Drehimpuls* und in der

Elektrizitätslehre, die Erhaltung der *elektrischen Ladung.* Diese Größen werden nach unseren heutigen Kenntnissen von allen Vorgängen unter den Elementarteilchen ohne Einschränkung respektiert.

In der *Physik der Elementarteilchen* kommen nun aber noch andere Erhaltungsgrößen dazu, bereits erwähnt wurden die *Leptonenzahl* und die *Baryonenzahl,* welche von allen fundamentalen Wechselwirkungen erhalten werden. Mit den nur am Rande erwähnten Erhaltungssätzen *Strangeness, Charme* und *Isospin* verhält es sich anders, sie sind nur unter einem Teil der Kräfte invariant, in anderen Wechselwirkungen gelten Auswahlregeln.

Erwähnenswert ist, daß die *schwache Wechselwirkung* zwei Symmetrieeigenschaften, die früher als selbstverständlich vorausgesetzt wurden, nicht besitzt, nämlich die *Paritätserhaltung*, d. h. die Invarianz unter der Spiegelung des Koordinatensystems und die Invarianz unter *Ladungskonjugation*, d. h. die Vertauschung von Teilchen durch Anti-Teilchen.

Zerfälle. Die untenstehende Tabelle gibt die wichtigsten Zerfallsreaktionen der nichtstabilen Elementarteilchen an sowie die dafür verantwortliche Wechselwirkung.

Tab. 10.6 Zerfallsreaktionen instabiler Elementarteilchen

Teilchen	Zerfallsprodukte	Wechselwirkung
μ^+	$e^+\nu_e\bar{\nu}_\mu$	schwach (rein leptonisch)
π^+	$\mu^+\nu_\mu$	schwach (semi-leptonisch)
π^0	$\gamma\gamma$	elektro-magnetisch
K^+	$\mu^+\nu, \pi^+\pi^0$	schwach
K^0	$\pi^+\pi^-, \pi^0\pi^0$	schwach (nicht leptonisch)
η	$\pi^+\pi^-\pi^0, 3\pi^0$	stark
n	$pe^-\bar{\nu}_e$	schwach (semi-leptonisch)
Λ	$p\pi^-, n\pi^0$	schwach (nicht leptonisch)
Σ^+	$p\pi^0, n\pi^+$	schwach (nicht leptonisch)
Σ^0	$\Lambda\gamma$	elektro-magnetisch
Ξ^0	$\Lambda\pi^0$	schwach (nicht leptonisch)
Ξ^-	$\Lambda\pi^-$	schwach (nicht leptonisch)
Ω^-	$\Lambda K^-, \Xi^0\pi^-$	schwach (nicht leptonisch)

Es ist wichtig zu betonen, daß die starke Wechselwirkung für die Erzeugung der Hyperonen verantwortlich ist, daß diese aber über einen schwachen Zerfall wieder zerfallen müssen, weil die schwache Wechselwirkung eine Verletzung der Strangeness erlaubt.

Anhang

A 1 Literatur

A 1.1 Physik allgemein

Lehrbücher

Alonso, M.; Finn, E. J.: Physics (1 vol). London 1970
Alonso, M.; Finn, E. J.: Fundamendal University Physics (3 vol). London 1967
Atkins, K. R.: Physik. 2. Aufl. Berlin 1986
Ballif, J. R.; Dibble, W. E.: Anschauliche Physik. 2. Aufl. Berlin 1987
Beiser, A.: Concepts of Modern Physics. 3rd ed. Tokyo 1981
Benedek, G. B.; Villars, F. M. H.: Physics (3 vol). Reading USA 1973
Bergmann, L.; Schaefer, C.: Lehrbuch der Experimentalphysik (6 Bde). versch. Aufl. Berlin 1987–1992
Bohrmann, S.; Pitka, R.; Stöcker, H.; Terlecki, G.: Physik für Ingenieurstudenten. Frankfurt 1993
Dobrinski, P.: Krakau, G.; Vogel, A.: Physik für Ingenieure. 8. Aufl. Stuttgart 1993
Feynman, R. P.; Leighton, R. B.; Sands, M.: The Feynman Lectures (3 vol). London 1963
Feynman, R. P.; Leighton, R. B.; Sands, M.: Vorlesungen über Physik (3 Bde). 2. Aufl. München 1991–1992
Fleischmann, R.: Einführung in die Physik. 2. Aufl. Weinheim 1980
Gerlach, E.; Grosse, P.: Physik. 2. Aufl. Stuttgart 1991
Gerthsen, Ch.; Kneser, O.; Vogel, H.: Physik. 16. Aufl. Berlin 1989 (Nachdr. 1992)
Grimsehl, E.: Lehrbuch der Physik (4 Bde). 18./27. Aufl. Leipzig 1988–1991
Hering, E.; Martin, R; Stohrer, M.: Physik für Ingenieure. 4. Aufl. Düsseldorf 1992
Jaworski, B. M.; Detlaf, A. A.: Physik griffbereit. Braunschweig 1972
Jaworski, B. M.; Detlaf, A. A.: Physik-Handbuch für Studium und Beruf, Frankfurt 1986
Kamke, D.; Walcher, W.: Physik für Mediziner. 2. Aufl. Stuttgart 1994
Kittel, Ch.; Knight, W. D.; Rudermann, M. A.: Berkeley Physics Course (5 vol). New York 1962–1985
Lindner, H.: Physik für Ingenieure. 13. Aufl. Leipzig 1992
Martienssen, W.: Einführung in die Physik (4 Bde). Frankfurt 1983–1984
McGervey, J. D.: Introduction to Modern Physics. 2nd ed. New York 1983
Orear, J.: Physik. 3. Aufl. München 1975 (Nachdr. 1985)
Pohl, R. W.: Einführung in die Physik (3 Bde). 13./21. Aufl. Berlin 1975–1983
Resnik, R.; Halliday, D.: Physics (2 vol). New York 1977–1978
Rossel, J.: Physique Générale. 3ème ed. Neuchâtel 1970
Stuart, H. A.; Klages, G.: Kurzes Lehrbuch der Physik 13. Aufl. Berlin 1992
Weizel, W.: Einführung in die Physik (3 Bde). 5. Aufl. Mannheim 1963

Westphal, W. H.: Kleines Lehrbuch der Physik. 6./8. Aufl. Berlin 1967
Westphal, W. H.: Physik. 25./26. Aufl. Berlin 1970

Aufgabensammlungen

Dörr, F.: Physikalische Aufgaben mit Fragen zur Prüfungsvorbereitung. 13. Aufl. München 1990
Gerlach, E.; Grosse, P.; Gerstenhauer, E.: Physikübungen für Ingenieure. Stuttgart 1994
Lindner, H.: Physik. Aufgaben. 30 Aufl. Leipzig 1992
Mahler, G.: Physikalische Aufgabensammlung. 13. Aufl. Berlin 1969
Schaum, D.: Physik-Theorie und Anwendungen. Haumburg 1978

Lehrbücher der theoretischen Physik

Flügge, S.: Lehrbuch der theoretischen Physik (4 Bde). Berlin 1961–1964
Hund, F.: Theoretische Physik (3 Bde). 4./3. Aufl. Stuttgart 1963/66
Joos, G.: Lehrbuch der theoretischen Physik. 15. Aufl. Wiesbaden 1989
Landau, L. D.; Lifschitz, E. M.: Lehrbuch der theoretischen Physik (10 Bde). 2./13. Aufl. Berlin 1990–1992
Lindner, A.: Grundkurs Theoretische Physik. Stuttgart 1994
Sommerfeld, A.: Vorlesungen über theoretische Physik (6 Bde). 3./6. Aufl. Leipzig 1964/70
Thirring, W.: Lehrbuch der Math. Physik (4 Bde). 1./2. Aufl. Wien 1979–1990

Lehrbücher der praktischen Physik

Gibbings, J. C.: The Systematic Experiment. Cambridge 1987
Gränicher, W. H. H.: Messung beendet – was nun? Stuttgart 1994
Kohlrausch, F.: Praktische Physik (3 Bde). 23. Aufl. Stuttgart 1985–1986
Squires, G. L.: Practical Physics. 2nd ed. Cambridge 1986
Walcher, W.: Praktikum der Physik. 7. Aufl. Stuttgart 1994
Westphal, W. H.: Physikalisches Praktikum. 13. Aufl. Braunschweig 1971
Whittle, R.; Yarwood, J.: Experimental Physics for Students. London 1973

Formelsammlungen und Tabellen

Berber, J.; Kacher, H.; Langer, R.: Physik in Formeln und Tabellen. 7. Aufl. Stuttgart 1994
D'Ans Lax, E.: Taschenbuch für Chemiker und Physiker (3 Bde). 4./1. Aufl. Berlin 1983/1992
Ebert, H.: Physikalisches Taschenbuch. 5. Aufl. Braunschweig 1978
Gray, D. E.: American Institute of Physics, Handbook. 3rd ed. New York 1972
Jaworski, B. M.; Detlaf, A. A.: Physik-Handbuch. Frankfurt 1986
Kuchling, H.: Taschenbuch der Physik. 13. Aufl. Frankfurt 1991
Landolt/Börnstein: Zahlenwerte und Funktionen aus Physik, Chemie, ... (4 Bde). 6. Aufl. Berlin 1950–1969
Landolt/Börnstein; Hellwege, K. H.: Zahlenwerte und Funktionen aus Naturwissenschaften und Technik/Neue Serie. Berlin 1961-
Rennert, P.: Kleine Enzyklopädie Physik. Frankfurt 1987
Weast, R. C.: CRC Handbook of Chemistry and Physics. 66th ed. Cleveland 1985

A 1.2 Physik speziell

Mechanik

Arnold, V. I.: Math. Methods of Classical Mechanics. 2. Aufl. Berlin 1989
Chetaev, N. G.: Theoretical Mechanics. Berlin 1990
Goldstein, H.: Klassische Mechanik. 11. Aufl. Wiesbaden 1991
Magnus, K.; Müller, H. H.: Grundlagen der technischen Mechanik. 6. Aufl. Stuttgart 1990
Sayir, M.; Ziegler, H.: Mechanik (3 Bde). Basel 1982–1984
Scheck, F.: Mechanik. 3. Aufl. Berlin 1992
Scheck, F.; Schöpf, R.: Mechanik Manual. Berlin 1989
Schwarzl, F. R.: Polymermechanik. Berlin 1990

Schwingungen, Stabilität, Katastrophen, Chaos etc.

Arnold, V. I.: Catastrophe Theory. 3. Aufl. Berlin 1992
Haken, H.: Synergetik. 3. Aufl. Berlin 1990
Imfeld, E.; Rowlands, G.: Nonlinear Waves, Solitons and Chaos. Cambridge 1990
Pippard, B.: Response and Stability. Cambridge 1985
Poston, T.; Stewart, I. N.: Catastrophe Theory and Its Applications. London 1978
Schmidt, G.; Tondl, A.: Non-Linear Vibrations. Cambridge 1986
Schuster, H. G.: Deterministic Chaos. 2. Aufl. Weinheim 1988
Verhulst, F.: Nonlinear Differential Equations and Dynamical Systems. Berlin 1990

Relativitätstheorie

Born, M.: Die Relativitätstheorie Einsteins. 5. Aufl. Berlin 1969 (Nachdr. 1988)
Ohanian, H. C.: Gravitation and Spacetime. New York 1976
Schröder, U. E.: Spezielle Relativitätstheorie. 2. Aufl. Frankfurt 1987
Stephani, H.: Allgemeine Relativitätstheorie. 4. Aufl. Berlin 1991

Hydro- und Aerodynamik

Becker, E.: Technische Strömungslehre. 6. Aufl. Stuttgart 1986
Bohl, W.: Technische Strömungslehre. 9. Aufl. Würzburg 1991
Kalide, W.: Einführung in die technische Strömungslehre. 7. Aufl. Wien 1990
Lüst, R.: Hydrodynamik. Mannheim 1978
Prandtl, L.; Oswatitsch, K.; Wieghardt, K.: Führer durch die Strömungslehre. 9. Aufl. Braunschweig 1990
Spurk, J. H.: Strömungslehre. 2. Aufl. Berlin 1989
Wieghardt, K.: Theoretische Strömungslehre. 2. Aufl. Stuttgart 1974

Elektrizität und Magnetismus

Becker, R.; Sauter, F.: Theorie der Elektrizität (3 Bde). Stuttgart 1969/73
Jackson, J. D.: Klassische Elektrodynamik. 2. Aufl. Berlin 1982
Kröger, R.; Unbehauen, R.: Elektrodynamik. 2. Aufl. Stuttgart 1990
Strassacker, G.: Rotation, Divergenz und das Drumherum. 3. Aufl. Stuttgart 1992
Stratton, J. A.: Electromagnetic Theory. New York 1941
Stumpf, H.; Schuler, W.: Klassische Elektrodynamik. 2. Aufl. Braunschweig 1981

Elektronik

Gruhle, W.: Elektronisches Messen. Berlin 1987
Klein, W.: Vierpoltheorie. Mannheim 1972
Paul, R.: Elektronische Halbleiterbauelemente. 3. Aufl. Stuttgart 1992
Paul, R.: Optoelektronische Halbleiterbauelemente. 2. Aufl. Stuttgart 1992
Rohe, K.-H.: Elektronik für Physiker. 3. Aufl. Stuttgart 1987
Rohe, K.-H.; Kamke, D.: Digitalelektronik. Stuttgart 1985
Schildt, G. H.: Grundlagen der Impulstechnik, Stuttgart 1987
Tietze, U.; Schenk, Ch.: Halbleiter-Schaltungstechnik. 9. Aufl. Berlin 1989 (Nachdr. 1992)
Ulbricht, G.: Netzwerkanalyse, Netzwerksynthese und Leitungstheorie. Stuttgart 1986

Optik

Born, M.: Optik. 3. Aufl. Berlin 1972 (Nachdr. 1985)
Born; M.; Wolf, E.: Principles of Optics. 6th ed. London 1980
Geckeler, S.: Lichtwellenleiter für die optische Nachrichtenübertragung. 3. Aufl. Berlin 1990
Haferkorn, H.: Optik. 3. Aufl. Berlin 1989
Hariharan, P.: Optical Holography. Cambridge 1986
Hecht, E.: Optik. Reading USA 1989
Klein, M. V.; Furtak, T. E.: Optik. Berlin 1988
Möller, K. D.: Optics. Mill Valley USA 1988
Regler, F.: Licht und Farbe/Physikalische Grundlagen und Anwendungen. München 1974
Steel, W. H.: Interferometry. 2nd ed. Cambridge 1986
Tenquist, T. W.: Whittle, R. M.; Yarwood, J.: University Optics (2 vol). London 1959/70
Zimmer, H. G.: Geometrical Optics. Berlin 1967

Laser

Bennet, W. R.: The Physics of Gas Lasers, New York 1977
Brunner, W.; Junge, K.: Lasertechnik. 4. Aufl. Heidelberg 1989
Eastham, D. A.: Atomic Physics of Lasers. London 1985
Haken, H.: Licht & Materie. 2 Bde. Mannheim 1981/89
Kleen, W.; Müller, R.: Laser. Berlin 1969
Kneubühl, F. K.; Sigrist, M. W.: Laser. 3. Aufl. Stuttgart 1991
Meystre, P.; Sargent III, M.: Elements of Quantum Optics. Berlin 1990
Rhodes, Ch. K.: Excimer Lasers. 2. Aufl. Berlin 1984
Schäfer, F. P.: Dye Lasers. 3rd. ed. Berlin 1990
Siegman, A. E.: Lasers. New York 1986
Svelto, O.: Principles of Lasers. 3rd ed. New York 1989
Tradowski, K.: Laser kurz und bündig. Würzburg 1975
Weber, H.; Herziger, G.: Laser – Grundlagen und Anwendungen. Weinheim 1972
Winnaker, A.: Physik von Maser und Laser. Mannheim 1984
Yariv, A.: Introduction to Optical Electronics. New York 1976

Akustik

Borucki, H.: Einführung in die Akustik. 3. Aufl. Mannheim 1989
Fasold, W. et al.: Taschenbuch Akustik (2 Bde). Berlin 1984
Kutzner, J.: Grundlagen der Ultraschallphysik. Stuttgart 1983
Meyer, E.; Neumann, E. G.: Physikalische und technische Akustik. 3. Aufl. Braunschweig 1979
Seto, W. W.: Theory and Problems of Acoustics. New York 1970

Quanten- und Wellenmechanik

Bethe, H. A.; Jackiw, R.: Intermediate Quantum Mechanics. 3rd ed. Reading 1986
Blochinzew, D. J.: Grundlagen der Quantenmechanik. 8. Aufl. Frankfurt 1985
Fick, E.: Einführung in die Grundlagen der Quantentheorie. 6. Aufl. Wiesbaden 1988
Flügge, S.: Rechenmethoden der Quantentheorie. 4. Aufl. Berlin 1990
Gasiorowicz, St.: Quantenphysik. 5. Aufl. München 1989
Grawert, G.: Quantenmechanik. 5. Aufl. Wiesbaden 1989
Heisenberg, W.: Physikalische Prinzipien der Quantentheorie. Mannheim 1958 (Nachdr. 1991)
Heitler, W.: Elementare Wellenmechanik. 2. Aufl. Braunschweig 1961
Lindner, A.: Drehimpulse in der Quantenmechanik. Stuttgart 1984
Messiah, A.: Quantenmechanik (2 Bde). 2./3. Aufl. Berlin 1990–1991
Schwabl, F.: Quantenmechanik. 3. Aufl. Berlin 1992
Theis, W. R.: Grundzüge der Quantentheorie. Stuttgart 1985
Yariv, A.: Theory and Applications of Quantum Mechanics. New York 1982

Thermodynamik und statistische Mechanik

Adam, G.; Hittmair, O.: Wärmetheorie. 4. Aufl. Wiesbaden 1992
Baehr, H. D.: Thermodynamik. 8. Aufl. Berlin 1992
Becker, E.: Technische Thermodynamik. Stuttgart 1985
Becker, R.: Theorie der Wärme. 3. Aufl. Heidelberg 1989
Callen, H. B.: Thermodynamics. London 1966
Dietzel, F.: Technische Wärmelehre. 6. Aufl. Würzburg 1992
Guggenheim, E. A.: Thermodynamics. 5th ed. Amsterdam 1985
Huang, K.: Statistical Mechanics, New York 1963
Kittel, Ch.; Krömer, H.: Physik der Wärme. 3. Aufl. München 1989
Kortüm, G.: Einführung in die chem. Thermodynamik. 7. Aufl. Weinheim 1981
Kubo, R.: Statistical Mechanics. Amsterdam 1965
Schottky, W.: Thermodynamik. Berlin 1973

Atomphysik

Finkelnburg, W.: Einführung in die Atomphysik. 12. Aufl. Berlin 1976
Haken, H.; Wolf, H. C.: Atom- und Quantenphysik. 4. Aufl. Berlin 1990
Hellwege, K. H.: Einführung in die Physik der Atome. 4. Aufl. Berlin 1974
Herzberg, G.: Atomic Spectra and Atomic Structure. New York 1944
Mayer-Kuckuk, T.: Atomphysik. 3. Aufl. Stuttgart 1985

Molekülphysik

Engelke, F.: Aufbau der Moleküle. 2. Aufl. Stuttgart 1992
Eyring, H.; Walter, J.; Kimball, G. E.: Quantum Chemistry. 13. Aufl. London 1965
Hellwege, K. H.: Einführung in die Physik der Molekeln. 2. Aufl. Heidelberg 1989
Herzberg, G.: Molecular Spectra and Molecular Structure. (2 Vol). New York 1945
Primas, H.; Müller- Herold, U.: Elementare Quantenchemie. 2. Aufl. Stuttgart 1990
Reinhold, J.: Quantentheorie der Moleküle. Stuttgart 1994
Wilson, E. B.; Decius, J. C.; Cross, P. C.: Molecular Vibrations. New York 1955

Festkörperphysik

Ashcroft, N. W.; Mermin, N. D.: Solid State Physics. New York 1976
Blakemore, J. S.: Solid State Physics. Cambridge 1986
Buckel, W.: Supraleitung. 4. Aufl. Weinheim 1990
Grosse, P.: Freie Elektronen in Festkörpern. Berlin 1979
Haken, H.: Quantenfeldtheorie des Festkörpers. 2. Aufl. Stuttgart 1993
Hellwege, K. H.: Einführung in die Festkörperphysik. 3. Aufl. Berlin 1988
Ibach, H.; Lüth, H.: Festkörperphysik. 3. Aufl. Berlin 1990
Kittel, C.; Fong, C. Y.: Quantentheorie der Festkörper. 3. Aufl. München 1989
Kittel, Ch.: Einführung in die Festkörperphysik. 9. Aufl. München 1991
Kopitzki, K.: Einführung in die Festkörperphysik. 3. Aufl. Stuttgart 1993
Ludwig, W.: Festkörperphysik. 2. Aufl. Wiesbaden 1984
Lynn, J. W.: High-Temperature Superconductivity. Berlin 1990
Madelung, O.: Grundlagen der Halbleiterphysik. Berlin 1970
Madelung, O.: Festkörpertheorie (3 Bde). Berlin 1972/73
Nye, J. F.: Physical Properties of Crystals. 9th ed. Oxford 1985
Schaumburg, H.: Halbleiter. Stuttgart 1991
Sommerfeld, A.; Bethe, H.: Elektronentheorie der Metalle. Berlin 1967
Ziman, J. M.: Prinzipien der Festkörpertheorie. 2. Aufl. Frankfurt 1992

Physik der Flüssigkeiten

Croxton, C. A.: Liquid State Physics. Cambridge 1974
Croxton, C. A.: Introduction to Liquid State Physics. London 1975
Faber, T. E.: Theory of Liquid Metals. Cambridge 1972
Frenkel, J.: Kinetic Theory of Liquids. Oxford 1946
Rice, S. A.; Gray, P.: The Statistical Mechanics of Simple Liquids. New York 1965

Magnetische Resonanzen

Abragam, A.: Principles of Nuclear Magnetism. Oxford 1981
Becker, E. D.: High Resolution NMR. 2nd ed. New York 1980
Ernst, R.; Bodenhausen, G.; Wokaun, A.: Principles of Nuclear Magnetic Resonance in One and Two Dimensions. Oxford 1987
Harris, R. K.: Nuclear Magnetic Resonance Spectroscopy. Marshfield 1983
Mehring, M.: High Resolution NMR Spectroscopy in Solids. Berlin 1976
Poole, Ch. P.: Electron Spin Resonance. 2nd ed. New York 1983
Slichter, Ch. P.: Principles of Magnetic Resonance. 2nd ed. New York 1980

Physik der Atomkerne und Elementarteilchen

Becher, P.; Böhm, M.; Joos, H.: Eichtheorien der starken und elektroschwachen Wechselwirkung. 2. Aufl. Stuttgart 1983
Bucka, H.: Nukleonenphysik. Berlin 1981
Cahn, R. N.; Goldhaber, G.: The Experimental Foundations of Particle Physics. Cambridge 1989
Fermi, E.: Nuclear Physics. Chicago 1949
Feynman, R. P.; Weinberg, S.: Elementary Particles and the Laws of Physics, Cambridge 1987
Frauenfelder, H.; Henley, E. M.: Teilchen und Kerne. 2. Aufl. München 1986
Kane, G.: Modern Elementary Particle Physics. Amsterdam 1987
Krane, K. S.: Introductory Nuclear Physics. New York 1988
Leo, W. R.: Techniques for Nuclear and Particle Physics Experiments. Berlin 1987 (Nachdr. 1992)
Lohrmann, E.: Hochenergiephysik. 4. Aufl. Stuttgart 1992
Lohrmann, E.: Einführung in die Elementarteilchenphysik. 2. Aufl. Stuttgart 1990
Mayer, Kuckuk, T.: Kernphysik. 5. Aufl. Stuttgart 1992
Musiol, G.; Rauft, J.; Reif, R.; Seeliger, D.: Kern- und Elementarteilchenphysik. Weinheim 1988
Nachtmann, O.: Elementarteilchenphysik, Phänomene und Konzepte. 2. Aufl. Wiesbaden 1994
Perkins, D. H.: Introduction to High Energy Physics (3. Auflage). Amsterdam 1987
Segré, E.: Nuclei and Particles. 2nd ed. New York 1977

Astrophysik

Berman, A. I.; Evans, J. C.: Exploring the Cosmos. 3rd. ed. Boston 1980
Berry, M.: Kosmologie und Gravitation, Stuttgart 1990
Brandt, J. C.; Maran, St. P.: New Horizons in Astronomy. 2nd ed. San Francisco 1979
Gibson, E. G.: The Quiet Sun. Washington 1973
Giese, R. H.: Einführung in die Astronomie. Mannheim 1984
Hagihara, Y.: Celestial Mechanics (3 Vol). Cambridge USA 1970–1972
Harwit, M.: Astrophysical Concepts. New York 1984
Klapdor-Kleingrothaus, H. V.; Zuber, K.: Teilchen-Astrophysik, Stuttgart 1994
Mitton, S.: Die Erforschung der Galaxien. Berlin 1978
Nowikow, I. D.: Evolution des Universums. Frankfurt 1983
Schaifers, K.; Traving, G.: Meyers Handbuch Weltall. 6. Aufl. Mannheim 1984
Scheffler, H.; Elsässer, H.: Bau und Physik der Galaxis. Mannheim 1982
Schneider, M.: Himmelsmechanik. 3. Aufl. Mannheim 1992
Unsöld, A.; Baschenk, B.: Der neue Kosmos. 5. Aufl. Berlin 1991
Voigt, H. H.: Abriß der Astronomie. 5. Aufl. Mannheim 1991
Weigert, A.; Wendker, H. J.: Astronomie und Astrophysik. 2. Aufl. Weinheim 1989

Biophysik

Campbell, G. S.: Introduction to Environmental Biophysics. Berlin 1977
Hoppe, W.; Lohmann, W.; Markl, H.; Ziegler, H.: Biophysik. Berlin 1977
Snell, F. M.; Shulman, S.; et al.: Biophysikalische Grundlagen von Struktur und Funktion (2 Bde). Stuttgart 1968–1972
Zerbst, E. W.: Bionik. Stuttgart 1987

A 1.3 Mathematik allgemein

Lehrbücher

Arbenz, K.; Wohlhauser, A.: Höhere Mathematik für Ingenieure. München 1983
Berendt, G.; Weimar, Z.: Mathematik für Physiker. (2 Bde). Weinheim 1980–1983
Brauch, W.; Dreyer, H. J.; Haacke, W.: Mathematik für Ingenieure. 9. Aufl. Stuttgart 1994
Burg, K.; Haf, H.; Wille, F.: Höhere Mathematik für Ingenieure (5 Bde). Stuttgart 1990–1993
Courant, R.; Hilbert, D.: Methoden der Mathematischen Physik (2 Bde). 3. Aufl. Berlin 1968
Fischer, H.; Kaul, H.: Mathematik für Physiker Bd. 1. 2. Aufl. Stuttgart 1990
Grauert, H.; Lieb, I.: Differential- und Integralrechung (3 Bde). 2/4. Aufl. Berlin 1976/1978
Großmann, S.: Mathematischer Einführungskurs für die Physik. 6. Aufl. Stuttgart 1991
Hadeler, K. P.: Mathematik für Biologen. Berlin 1973
Hainzl, J.: Mathematik für Naturwissenschaftler. 4. Aufl. Stuttgart 1985
Harper, P. G.; Weaire, D. L.: Introduction to Physical Mathematics. Cambridge 1985
Hellwig, G.: Höhere Mathematik (2 Bde). Mannheim 1971
Heuser, H.: Lehrbuch der Analysis (2 Bde). 10./8. Aufl. Stuttgart 1993
von Mangoldt, H.; Knopp, K.: Einführung in die höhere Mathematik (4 Bde). Stuttgart 1990
Margenau, H.; Murphy, G. M.: Die Mathematik für Physik und Chemie (2 Bde). Frankfurt 1965/67
Martensen, E.: Analysis (3 Bde). 5./4. Aufl. Mannheim 1992
Wygoski, M. J.: Höhere Mathematik griffbereit. 2. Aufl. Braunschweig 1976
Zachmann, H. G.: Mathematik für Chemiker. 4. Aufl. Weinheim 1981
Zurmühl, R.: Praktische Mathematik für Ingenieure und Physiker. 5. Aufl. Berlin 1965

Formelsammlungen und Tabellen

Abramowitz, M.; Stegun, I. A.: Handbook of Mathematical Functions. London 1965
Bartsch, J. J.: Taschenbuch mathematischer Formeln. 7./8. Aufl. Frankfurt 1985
Beyer, W. H.: CRC Mathematical Tables, 27th ed. Florida 1984
Bronstein, I. N.; Semendjajew, K. W.: Taschenbuch der Mathematik. 25. Aufl. Leipzig 1991

Erdélyi, A., ed.: Higher Transcendental Functions (3 Vol). New York 1953
Gellert, W.: Kleine Enzyklopädie Mathematik. 2. Aufl. Frankfurt 1984
Gradshteyn, I. S.; Ryzhik, I. W.: Tables of Integrals, Series and Products. 2nd ed. New York 1980
Jahnke, E.; Emde, F.; Lösch, F.: Tafeln höherer Funktionen. 7. Aufl. Stuttgart 1966
Magnus, W.; Oberhettinger, F.; Soni, R.: Formulas and Theorems for the Special Functions of Mathematical Physics. 3rd. ed. Berlin 1966

A 1.4 Mathematik speziell

Lineare Algebra

Aitken, A. C.: Determinanten und Matrizen. Mannheim 1969
Ayres, F.: Matrizen, Theorie und Anwendung. Heidelberg 1978
Fischer, G.: Lineare Algebra. 9. Aufl. Wiesbaden 1986
Jänich, K.: Lineare Algebra. 4. Aufl. Berlin 1991
Köhler, H.: Lineare Algebra. 2. Aufl. Mannheim 1987
Lorenz, F.: Lineare Algebra (2 Bde). 3. Aufl. Mannheim 1992
Stammbach, U.: Lineare Algebra. 3. Aufl. Stuttgart 1988
Walter, R.: Einführung in die lineare Algebra. 3. Aufl. Wiesbaden 1990
Zurmühl, R.: Matrizen und ihre techn. Anwendungen. 5. Aufl. Berlin 1984

Funktionen komplexer Variablen

Betz, A.: Konforme Abbildung. Berlin 1964
Burckel, R. B.: Introduction to Classical Complex Analysis (2 Vol). Stuttgart 1979–1984
Fischer, W.; Lieb, I.: Funktionentheorie. 6. Aufl. Wiesbaden 1992
Greuel, O.: Komplexe Funktionen und konforme Abbildungen. Frankfurt 1978
Henrici, P.; Jeltsch, R.: Komplexe Analysis für Ingenieure (2 Bde). 3./2. Aufl. Basel 1987
Knopp, L.: Funktionentheorie (2 Bde). 13. Aufl. Berlin 1976–1981
Kober, H.: Dictionary of Conformal Representations. 2nd ed. London 1957
Peschl, E.: Funktionentheorie. 2. Aufl. Mannheim 1983
Remmert, R.: Funktionentheorie (2 Bde). 3./2. Aufl. Berlin 1992

Differentialgleichungen

Amann, H.: Gewöhnliche Differentialgleichungen. Berlin 1983
Arnold, V. I.: Gewöhnliche Differentialgleichungen. 2. Aufl. Berlin 1991
Collatz, L.: Differentialgleichungen. 7. Aufl. Stuttgart 1990
Erwe, F.: Gewöhnliche Differentialgleichungen. 2. Aufl. Mannheim 1964
Erwe, F.; Peschl, E.: Partielle Differentialgleichungen 1. Ordnung. Mannheim 1973
Heuser, H.: Gewöhnliche Differentialgleichungen. 2. Aufl. Stuttgart 1991
Kamke, E.: Differentialgleichungen. Lösungsmethoden und Lösungen (2 Bde). 10./6. Aufl. Stuttgart 1983/79
Knobloch, H. W.; Kappel, F.: Gewöhnliche Differentialgleichungen. Stuttgart 1974

Magnus, W.; Winkler, S.: Hill's Equation. New York 1966
Sauter, F.: Differentialgleichungen der Physik. 4. Aufl. Berlin 1966
Schäfke, F. W.; Schmidt, D.: Gewöhnliche Differentialgleichungen. Berlin 1973
Walter, W.: Gewöhnliche Differentialgleichungen. 4. Aufl. Berlin 1990

Integraltransformationen

Babovsky, H.: Mathematische Methoden in der Systemtheorie: Fourieranalysis. Stuttgart 1987
Bracewell, R. N.: The Fourier Transform and its Applications. 2nd ed. New York 1986
Doetsch, G.: Laplace-Transformation und Z-Transformation. 4. Aufl. München 1981
Erdélyi, A.; ed.: Tables of Integral Transforms (2 Vol). New York 1954
Lighthill, M. J.: Einführung in die Theorie der Fourieranalysis. Mannheim 1966
Oberhettinger, F.; Badii, L.: Tables of Laplace Transforms. Berlin 1973
Weber, H.: Laplace-Transformation. 6. Aufl. Stuttgart 1990

A 1.5 Fachwörterbücher und Lexika

Franke, H.: Lexikon der Physik (10 Bde). München 1970
Lenk, R.; Gellert, W.: Fachlexikon ABC Physik (2 Bde). Zürich 1974
Marsal, D.: Russisch für Mathematiker, Physiker und Ingenieurwissenschaftler. München 1973
Meyers Physik-Lexikon. Mannheim 1973
Meschkowski, H.: Mehrsprachenwörterbuch mathematischer Begriffe. Mannheim 1972
Sube, R.; Eisenreich, G.: Wörterbuch Physik: Englisch, Deutsch, Französisch, Russisch (3 Bde). 2. Aufl. Zürich 1984
Thewlis, J.: Concise Dictionary of Physics. 2nd ed. Oxford 1979

A 2 Physikalische Einheiten

A 2.1 Einleitung

A 2.1.1 Einheitensysteme

Mechanisches MKS-System. Die Basiseinheiten sind:

für die Länge:	1 Meter	= 1 m
für die Masse:	1 Kilogramm	= 1 kg
für die Zeit:	1 Sekunde	= 1 s

Mechanisches CGS-System. Die Basiseinheiten sind:

für die Länge:	1 Zentimeter	= 1 cm
für die Masse:	1 Gramm	= 1 g
für die Zeit:	1 Sekunde	= 1 s

Technisches Einheitensystem der Mechanik. Die Basiseinheiten sind:

für die Länge:	1 Meter	= 1 m
für die Kraft:	1 Kilopond	= 1 kp = 1 kg* (Gewicht!)
für die Zeit:	1 Sekunde	= 1 s

Internationales Einheitensystem. (Système International d'Unités, SI).
Dieses Einheitensystem wurde empfohlen von der „Conférence Générale des Poids et Mesures", Paris, (1960). Die Basiseinheiten sind:

für die Länge:	1 Meter	= 1 m
für die Masse:	1 Kilogramm	= 1 kg
für die Zeit:	1 Sekunde	= 1 s
für den elektrischen Strom:	1 Ampère	= 1 A
für die Temperatur:	1 Kelvin	= 1 K
für die Lichtstärke:	1 Candela	= 1 cd

Elektrostatisches CGS-Einheitensystem. (Electrostatic Units, e.s.u.).

Dieses System beschreibt die elektrischen und magnetischen Einheiten mit Hilfe der drei mechanischen CGS-Einheiten. Dabei wird die elektrische Ladungseinheit durch das Coulombsche Gesetz festgelegt. Da bei dieser Definition das Coulombsche Gesetz ohne den geometrischen Faktor $1/4\pi$ geschrieben wird, bezeichnet man das System als nicht-rational (A 2.3.2).

Es ist: 1 elektrische Ladungseinheit = $1\ g^{1/2}\,cm^{3/2}\,s^{-1}$

Elektromagnetisches CGS-Einheitensystem. (Electromagnetic Units, e.m.u.).

Auch dieses System beschreibt die elektrischen und magnetischen Einheiten mit den drei mechanischen CGS-Einheiten. Die Einheit des elektrischen Stromes wird durch die

Kraft zwischen zwei stromführenden Drahtstücken definiert. Da wie beim elektrostatischen CGS-System die geometrischen Faktoren $1/4\pi$ weggelassen werden, ist das System ebenfalls nicht-rational.

Es ist: 1 elektrische Stromeinheit = $1\ g^{1/2} cm^{1/2} s^{-1}$

Gaußsches Einheitensystem. Das Gaußsche Einheitensystem ist ein nicht-rationales System, das die elektrischen Einheiten dem elektrostatischen CGS-Einheitensystem und die magnetischen Einheiten dem elektromagnetischen CGS-Einheitensystem entnimmt. Aus diesem Grund tritt die Vakuumlichtgeschwindigkeit explizit in Gleichungen auf, welche elektrische und magnetische Größen miteinander verknüpfen.

Weitere Auskunft. Symbole, Einheiten und Nomenklatur in der Physik. Dt. Ausgabe von Symbols, Units and Nomenclature in Physics. Document U.I.P. 20 (1978). Weinheim 1980.

A 2.1.2 Zehnerpotenzen physikalischer Einheiten

10^{-1}	Dezi	(d)	10^{1}	Deka	(da)
10^{-2}	Zenti	(c)	10^{2}	Hekto	(h)
10^{-3}	Milli	(m)	10^{3}	Kilo	(k)
10^{-6}	Mikro	(μ)	10^{6}	Mega	(M)
10^{-9}	Nano	(n)	10^{9}	Giga	(G)
10^{-12}	Piko	(p)	10^{12}	Tera	(T)
10^{-15}	Femto	(f)	10^{15}	Peta	(P)
10^{-18}	Atto	(a)	10^{18}	Exa	(E)

A 2.1.3 Logarithmische Einheiten

$$1\ \text{Neper} = 1\ \text{Np} = \ln(A_2/A_1) = \frac{1}{2}\ln(I_2/I_1)$$

$$1\ \text{Dezibel} = 1\ \text{db} = 20\log(A_2/A_1) = 10\log(I_2/I_1)$$

wobei A_1 und A_2 die zu vergleichenden Amplituden, sowie I_1 und I_2 die zu vergleichenden Intensitäten darstellen.

A 2.2 Mechanische Einheiten

Länge

SI-Einheit:	1 Meter	= 1 m
CGS-Einheit:	1 Zentimeter	= 1 cm = 10^{-2} m
Einheit der Atom- und Festkörperphysik:	1 Ångström	= 1 Å = 10^{-10} m
Einheiten der Kernphysik:	1 Fermi	= 1 fm = 10^{-15} m
	1 X-Einheit	= 1 XE = $1{,}002\,0 \cdot 10^{-13}$ m

Nautische Einheit: 1 int. Seemeile $= 10$ Kabel $= 1000$ Faden $= 1852$ m

Astronomische Einheiten: 1 Lichtjahr $= 1\ \ell y = 9{,}460\,530 \cdot 10^{15}$ m

1 Parsec $= 1$ pc $= 3{,}085\,72 \cdot 10^{16}$ m

1 astr. Einheit $= 1$ AE $= 1{,}496\,00 \cdot 10^{11}$ m
$\approx$ große Halbachse der Erdbahn

Angelsächsische Einheiten

1 yard = 3 feet = 36 inches = 360 lines = 36 000 miles

$1 \text{ yard} = \frac{1}{2} \text{ fathom} = \frac{1}{22} \text{ chain} = \frac{1}{220} \text{ furlong} = \frac{1}{1760} \text{ statute mile}$

1 yard = 1 yd = 0,914 4 m

1 foot = 1 ft = 0,304 8 m

1 inch = 1 in $= 2{,}54 \cdot 10^{-2}$ m

1 statute mile $= 1{,}609\,344 \cdot 10^{3}$ m

Fläche

SI-Einheit: 1 Quadratmeter $= 1\ m^2$

CGS-Einheit: 1 Quadratzentimeter $= 1\ cm^2 = 10^{-4}\ m^2$

Einheit der Kernphysik: 1 barn $= 1$ b $= 10^{-28}\ m^2$

Einheit der Landvermessung: 1 Are $= 1$ a $= 10^2\ m^2$

Angelsächsische Einheiten

1 square yard = 1′296 square inches
= (1/4840) acre

1 acre = (1/640) square mile

1 square yard $= 0{,}836\,13\ m^2$

1 square inch $= 6{,}415\,6 \cdot 10^{-4}\ m^2$

1 square mile $= 2{,}589\,99 \cdot 10^{6}\ m^2$

Volumen

SI-Einheit: 1 Kubikmeter $= 1\ m^3$

CGS-Einheit: 1 Kubikzentimeter $= 1\ cm^3 = 10^{-6}\ m^3$

Hohlmaß: 1 Liter $= 1\ \ell = 10^{-3}\ m^3$

Angelsächsische Einheiten

1 cubic yard = 27 cubic feet $= 0{,}76456\ m^3$

1 cubic foot = 1728 cubic inches $= 2{,}831\,7 \cdot 10^{-2}\ m^3$

1 cubic inch = $= 1{,}638\,7 \cdot 10^{-5}\ m^3$

Flüssigkeitsmaße:

GB: 1 gallon = 4 quarts = 8 pints $= 4{,}546 \cdot 10^{-3}\ m^3$

USA: 1 gallon $= 3{,}785 \cdot 10^{-3}\ m^3$, 1 barrel $= 0{,}159\,0\ m^3$

Ebene Winkel. In der Physik werden ebene Winkel im Bogenmaß gemessen. Das Bogenmaß ist die Länge des Bogens, welcher durch den Winkel aus dem konzentrischen Einheitskreis ausgeschnitten wird.

Einheit: $1 \text{ rad} = 1 \text{ Radiant} = \text{arc}\,\frac{360°}{2\pi} \mathrel{\hat{=}} 57{,}295\,78° = 57°\,17'4.$

Umfang des Einheitskreises: 2π

Raumwinkel. In der Physik werden Raumwinkel durch die Fläche der Projektion des Raumwinkels auf die konzentrische Einheitskugel gemessen:

Einheit:	1 sterad = 1 sr
Oberfläche der Einheitskugel	4π

Zeit

SI- und CGS-Einheit:	1 Sekunde = 1 s
abgeleitete Einheiten:	1 Tag = 1 d = 24 Stunden = 24 h = 86 400 s
	1 Stunde = 1 h = 60 Minuten = 60 min = 3600 s
	1 Jahr = 1 a = $3{,}156 \cdot 10^7$ s

Frequenz

SI- und CGS-Einheit:	1 Hertz = 1 Hz = 1 s^{-1}
Technische Einheit:	1 rotation per minute = 1 rpm = $\frac{1}{60}$ Hz
	1 cycle per second = 1 cps = 1 Hz

Geschwindigkeit

SI-Einheit	1 m s^{-1}
CGS-Einheit	1 cm s^{-1} = 10^{-2} m s^{-1}
Technische Einheit:	1 km/h = $\frac{1}{3{,}6}$ m s^{-1}
Nautische Einheit:	1 Knoten = 1,852 km/h = 0,514 m s^{-1}
Aerodynamische Einheit:	1 Mach = 1 M = Schallgeschwindigkeit
für Luft unter Normalbedingungen:	1 M = $3{,}316 \cdot 10^2$ m s^{-1}

Angelsächsische Einheit

1 mile per hour = 1 mph = 1,609 km/h = 0,447 m s^{-1}

Beschleunigung

SI-Einheit:	1 m s^{-2}
CGS-Einheit:	1 cm s^{-2} = 10^{-2} m s^{-2}
Aerodynamische Einheit:	1 g = 9,806 65 m s^{-2}

Masse

SI-Einheit:	1 Kilogramm = 1 kg
CGS-Einheit:	1 Gramm = 1 g = 10^{-3} kg
Technische Einheit:	1 Technische Masseneinheit = TME = 1 kp $m^{-1} s^2$ = 9,806 65 kg
Atomare Masseneinheit:	1 m_a = $1{,}660\,5 \cdot 10^{-27}$ kg
Einheiten für Edelsteine und Edelmetalle:	1 metrisches Karat = 4 Gran = 0,2 g = $2 \cdot 10^{-4}$ kg

Angelsächsische Einheiten (Handelseinheiten = avoirdupois = avd)

1 pound = 1 lb = 16 ounces = 16 oz = 0,453 59 kg

1 long ton = 20 hundredweights = 20 cwts = 2240 lbs = 1016 kg

1 short ton = 20 short hundredweights = 20 sh cwts = 2000 lbs

Dichte

SI-Einheit:	1 kg m^{-3}
CGS-Einheit:	1 g cm^{-3} = 10^{+3} kg m^{-3}

Trägheitsmoment

SI-Einheit:	1 kg m^2
CGS-Einheit:	1 g cm^2 = 10^{-7} kg m^2

Impuls

SI-Einheit:	1 kg m s^{-1}
CGS-Einheit:	1 g cm s^{-1} = 10^{-5} kg m s^{-1}

Drehimpuls oder Drall

SI-Einheit:	1 kg m^2 s^{-1} = 1 Js
CGS-Einheit:	1 g cm^2 s^{-1} = 1 erg s = 10^{-7} kg m^2 s^{-1}

Kraft

SI-Einheit:	1 Newton = 1 N = 1 kg m s^{-2}
CGS-Einheit:	1 dyn = 1 g cm s^{-2} = 10^{-5} N
Technische Einheit:	1 Kilopond = 1 kp = 1 kg* = 9,806 65 N

Druck

SI-Einheiten:	1 Pascal = 1 Pa = 1 N m^{-2} = 1 kg $m^{-1}s^{-2}$
	1 bar = 10^5 N m^{-2} = 10^3 hPa
CGS-Einheit:	1 dyn cm^{-2} = 10^{-1} N m^{-2}
Technische Einheiten:	1 kp m^{-2} = 9,806 65 N m^{-2}
	1 technische Atmosphäre = 1 at = 1 kp cm^{-2} = 0,980 665 · 10^5 N m^{-2}
Meteorologische Einheiten:	1 Torr = 1 mm Hg-Säule bei 0 °C = 1,33 · 10^2 N m^{-2}
	1 physikalische Atmosphäre = 1 atm = 760 Torr = 1,01 · 10^5 N m^{-2}
	1 mm H_2O-Säule = 1 kp m^{-2} = 9,806 65 N m^{-2}

Angelsächsische Einheit

1 pound per square inch = 1 psi = 6,804 6 · 10^{-2} atm = 6,894 76 · 10^3 N m^{-2}

Mechanisches Drehmoment

SI-Einheit:	1 N m = 1 J = 1 Ws
CGS-Einheit:	1 dyn cm = 1 erg = 10^{-7} N m
Technische Einheit:	1 kp m = 9,806 65 N m

Viskosität oder dynamische Zähigkeit

SI-Einheit: $1\ \mathrm{N\,m^{-2}\,s} = 1\ \mathrm{Pa\,s} = 1\ \mathrm{kg\,m^{-1}\,s^{-1}}$

CGS-Einheit: $1\ \mathrm{Poise} = 1\ \mathrm{P} = 1\ \mathrm{g\,cm^{-1}\,s^{-1}} = 10^{-1}\ \mathrm{kg\,m^{-1}\,s^{-1}}$

Kinematische Zähigkeit

SI-Einheit: $1\ \mathrm{m^2\,s^{-1}}$

CGS-Einheit: $1\ \mathrm{Stokes} = 1\ \mathrm{St} = 1\ \mathrm{cm^2\,s^{-1}} = 10^{-4}\ \mathrm{m^2\,s^{-1}}$

Arbeit und Energie

SI-Einheit: $1\ \mathrm{Joule} = 1\ \mathrm{J} = 1\ \mathrm{Wattsekunde} = 1\ \mathrm{Ws} = 1\ \mathrm{Nm} = 1\ \mathrm{kg\,m^2\,s^{-2}}$

$1\ \mathrm{Kilowattstunde} = 1\ \mathrm{kWh} = 3{,}6 \cdot 10^6\ \mathrm{J}$

CGS-Einheit: $1\ \mathrm{erg} = 1\ \mathrm{dyn\,cm} = 1\ \mathrm{g\,cm^2\,s^{-2}} = 10^{-7}\ \mathrm{J}$

Technische Einheit: $1\ \mathrm{kp\,m} = 9{,}806\,65\ \mathrm{J}$

Chemische Einheit: $1\ \mathrm{kcal_{IT}} = 4{,}186\,8 \cdot 10^3\ \mathrm{J}$

Physikalische Einheit: $1\ \mathrm{eV} = 1{,}602\,18 \cdot 10^{-19}\ \mathrm{J}$

Angelsächsische Einheiten

1 foot poundal (ft pdl) = $1\ \mathrm{ft^2\,lb\,s^{-2}} = 0{,}042\,140\,11\ \mathrm{J}$

1 British thermal unit = 1 Btu = $1{,}055\,06 \cdot 10^3\ \mathrm{J}$

1 horsepower-hour = 1 hph = $2{,}684\,52 \cdot 10^6\ \mathrm{J}$

Leistung

SI-Einheit: $1\ \mathrm{Watt} = 1\ \mathrm{W} = 1\ \mathrm{J\,s^{-1}} = 1\ \mathrm{V\,A} = 1\ \mathrm{kg\,m^2\,s^{-3}}$

CGS-Einheit: $1\ \mathrm{erg\,s^{-1}} = 10^{-7}\ \mathrm{W}$

Technische Einheiten: $1\ \mathrm{kp\,m\,s^{-1}} = 9{,}806\,65\ \mathrm{W}$

$1\ \mathrm{PS} = 75\ \mathrm{kp\,m\,s^{-1}} = 7{,}355 \cdot 10^2\ \mathrm{W}$

Chemische Einheiten: $1\ \mathrm{kcal/h} = 1{,}16\ \mathrm{W}$

$1\ \mathrm{cal/s} = 4{,}1868\ \mathrm{W}$

Angelsächsische Einheiten

1 foot poundal per s = $1\ \mathrm{ft^2\,lb\,s^{-3}} = 0{,}042\,140\,11\ \mathrm{W}$

1 Btu per hour = $1\ \mathrm{Btu\,h^{-1}} = 0{,}293\,071\ \mathrm{W}$

1 horsepower = 1 hp = $7{,}457\,00 \cdot 10^2\ \mathrm{W}$

Wirkung

SI-Einheit: $1\ \mathrm{Joule \cdot Sekunde} = 1\ \mathrm{Js} = 1\ \mathrm{m^2\,kg\,s^{-1}}$

CGS-Einheit: $1\ \mathrm{erg \cdot Sekunde} = 1\ \mathrm{erg\,s} = 1\ \mathrm{cm^2\,g\,s^{-1}} = 10^{-7}\ \mathrm{Js}$

A 2.3 Elektrische und magnetische Einheiten

A 2.3.1 Vergleich verschiedener Einheiten

Umrechnungsfaktor $c = 2{,}997\,9 \cdot 10^{10}$ (Vakuumlichtgeschwindigkeit in cm s^{-1})

Größe SI-Einheit	el. stat. CGS-Einheit (esu)	el. magn. CGS-Einheit (emu)	Gauß-Einheit
elektrischer Strom 1 Ampère = = 1 A	10^{-1} c $g^{1/2}\,cm^{3/2}\,s^{-2}$	10^{-1} $g^{1/2}\,cm^{1/2}\,s^{-1}$	10^{-1} c $g^{1/2}\,cm^{3/2}\,s^{-2}$
elektrische Stromdichte 1 A m^{-2} =	10^{-5} c $g^{1/2}\,cm^{-1/2}\,s^{-2}$	10^{-5} $g^{1/2}\,cm^{-3/2}\,s^{-1}$	10^{-5} c $g^{1/2}\,cm^{-1/2}\,s^{-2}$
elektrische Ladung 1 Coulomb = = 1 C = 1 As	10^{-1} c $g^{1/2}\,cm^{3/2}\,s^{-1}$	10^{-1} $g^{1/2}\,cm^{1/2}$	10^{-1} c $g^{1/2}\,cm^{3/2}\,s^{-1}$
elektrische Ladungsdichte 1 C m^{-3} =	10^{-7} c $g^{1/2}\,cm^{-3/2}\,s^{-1}$	10^{-7} $g^{1/2}\,cm^{-5/2}$	10^{-7} c $g^{1/2}\,cm^{-3/2}\,s^{-1}$
Leistung 1 Watt = 1 W = = 1 V A	10^{7} $g\,cm^{2}\,s^{-3}$	10^{7} $g\,cm^{2}\,s^{-3}$	10^{7} $g\,cm^{2}\,s^{-3}$
Energie 1 Joule = = 1 J = 1 W s	10^{7} $g\,cm^{2}\,s^{-2}$ (erg)	10^{7} $g\,cm^{2}\,s^{-2}$ (erg)	10^{7} $g\,cm^{2}\,s^{-2}$ (erg)
elektrisches Potential und Spannung 1 Volt = = 1 V = 1 W A^{-1} = 1 J C^{-1}	$10^{8}\,c^{-1}$ $g^{1/2}\,cm^{1/2}\,s^{-1}$ (stat. Volt)	10^{8} $g^{1/2}\,cm^{3/2}\,s^{-2}$	$10^{8}\,c^{-1}$ $g^{1/2}\,cm^{1/2}\,s^{-1}$ (stat. Volt)
elektrische Feldstärke 1 V m^{-1} =	$10^{6}\,c^{-1}$ $g^{1/2}\,cm^{-1/2}\,s^{-1}$	10^{6} $g^{1/2}\,cm^{1/2}\,s^{-2}$	$10^{6}\,c^{-1}$ $g^{1/2}\,cm^{-1/2}\,s^{-1}$

Größe SI-Einheit	el. stat. CGS-Einheit (esu)	el. magn. CGS-Einheit (emu)	Gauß-Einheit
dielektrische Verschiebung			
$1\,C\,m^{-2}$ = = $1\,A\,s\,m^{-2}$	$4\pi \cdot 10^{-5}\,c$ $g^{1/2}\,cm^{-1/2}\,s^{-1}$	$4\pi \cdot 10^{-5}$ $g^{1/2}\,cm^{-3/2}$	$4\pi \cdot 10^{-5}\,c$ $g^{1/2}\,cm^{-1/2}\,s^{-1}$
elektrische Flächenladungsdichte			
$1\,C\,m^{-2}$ = = $1\,A\,s\,m^{-2}$	$10^{-5}\,c$ $g^{1/2}\,cm^{-1/2}\,s^{-1}$	10^{-5} $g^{1/2}\,cm^{-3/2}$	$10^{-5}\,c$ $g^{1/2}\,cm^{-1/2}\,s^{-1}$
elektrische Polarisation			
$1\,C\,m^{-2}$ = = $1\,A\,s\,m^{-2}$	$10^{-5}\,c$ $g^{1/2}\,cm^{-1/2}\,s^{-1}$	10^{-5} $g^{1/2}\,cm^{-3/2}$	$10^{-5}\,c$ $g^{1/2}\,cm^{-1/2}\,s^{-1}$
elektrisches Dipolmoment			
$1\,C\,m$ = = $1\,A\,s\,m$	$10\,c$ $g^{1/2}\,cm^{5/2}\,s^{-1}$	10 $g^{1/2}\,cm^{3/2}$	$10\,c$ $g^{1/2}\,cm^{5/2}\,s^{-1}$
elektrische Polarisierbarkeit			
$1\,F\,m^{2}$ = = $1\,A\,s\,m^{2}\,V^{-1}$	$10^{-5}\,c^{2}$ cm^{3}	10^{-5} $cm\,s^{2}$	$10^{-5}\,c^{2}$ cm^{3}
elektrische Kapazität			
1 Farad = = 1 F = $1\,A\,s\,V^{-1}$	$10^{-9}\,c^{2}$ cm	10^{-9} $cm^{-1}\,s^{2}$	$10^{-9}\,c^{2}$ cm
elektrischer Widerstand			
1 Ohm = = $1\,\Omega$ = $1\,V\,A^{-1}$ = $1\,\text{Siemens}^{-1}$	$10^{9}\,c^{-2}$ $cm^{-1}\,s$	10^{9} $cm\,s^{-1}$	$10^{9}\,c^{-2}$ $cm^{-1}\,s$
spezifischer elektrischer Widerstand			
$1\,\Omega\,m$ = = $1\,V\,m\,A^{-1}$	$10^{11}\,c^{-2}$ s	10^{11} $cm^{2}\,s^{-1}$	$10^{11}\,c^{-2}$ s
elektrische Leitfähigkeit			
$1\,\Omega^{-1}\,m^{-1}$ = = $1\,\text{mho}\,m^{-1}$ = $1\,\text{Siemens}\,m^{-1}$	$10^{-11}\,c^{2}$ s^{-1}	10^{-11} $cm^{-2}\,s$	$10^{-11}\,c^{2}$ s^{-1}

Größe SI-Einheit	el stat. CGS-Einheit (esu)	el. magn. CGS-Einheit (emu)	Gauß-Einheit
magnetische Induktion 1 Tesla = = 1 T $= 1\ \mathrm{V\,s\,m^{-2}}$	$10^4\,c^{-1}$ $g^{1/2}\,cm^{-3/2}$	10^4 $g^{1/2}\,cm^{-1/2}\,s^{-1}$ (Gauß)	10^4 $g^{1/2}\,cm^{-1/2}\,s^{-1}$ (Gauß)
magnetischer Fluß 1 Weber = = 1 Wb = 1 V s	$10^8\,c^{-1}$ $g^{1/2}\,cm^{1/2}$	10^8 $g^{1/2}\,cm^{3/2}\,s^{-1}$	10^8 $g^{1/2}\,cm^{3/2}\,s^{-1}$
magnetisches Feld $1\ \mathrm{A\,m^{-1}} =$	$4\pi \cdot 10^{-3}\,c$ $g^{1/2}\,cm^{1/2}\,s^{-2}$	$4\pi \cdot 10^{-3}$ $g^{1/2}\,cm^{-1/2}\,s^{-1}$ (Oersted)	$4\pi \cdot 10^{-3}$ $g^{1/2}\,cm^{-1/2}\,s^{-1}$ (Oersted)
Magnetisierung $1\ \mathrm{A\,m^{-1}} =$	$10^{-3}\,c$ $g^{1/2}\,cm^{1/2}\,s^{-2}$	10^{-3} $g^{1/2}\,cm^{-1/2}\,s^{-1}$	10^{-3} $g^{1/2}\,cm^{-1/2}\,s^{-1}$
magnetisches Dipolmoment $1\ \mathrm{A\,m^2} =$	$10^3\,c$ $g^{1/2}\,cm^{7/2}\,s^{-2}$	10^3 $g^{1/2}\,cm^{5/2}\,s^{-1}$	10^3 $g^{1/2}\,cm^{5/2}\,s^{-1}$
Induktivität 1 Henry = = 1 H $= 1\ \mathrm{V\,s\,A^{-1}}$	$10^9\,c^{-2}$ $cm^{-1}\,s^2$	10^9 cm	$10^9\,c^{-2}$ $cm^{-1}\,s^2$
elektromagnetische Energiedichte $1\ \mathrm{J\,m^{-3}} =$ $= 1\ \mathrm{W\,s\,m^{-3}}$	10 $g\,cm^{-1}\,s^{-2}$ $(erg\,cm^{-3})$	10 $g\,cm^{-1}\,s^{-2}$ $(erg\,cm^{-3})$	10 $g\,cm^{-1}\,s^{-2}$ $(erg\,cm^{-3})$
elektromagnetische Strahlungsdichte und Poynting-Vektor $1\ \mathrm{W\,m^{-2}} =$	10^3 $g\,s^{-3}$	10^3 $g\,s^{-3}$	10^3 $g\,s^{-3}$

A 2.3.2 Elektromagnetische Gleichungen

Einheiten		SI	el. stat. CGS (esu)	el. magn. CGS (emu)	Gauß
el. Verschiebung	$\vec{D} =$	$\epsilon \epsilon_0 \vec{E}$	$\epsilon \vec{E}$	$\epsilon c^{-2} \vec{E}$	$\epsilon \vec{E}$
magn. Induktion	$\vec{B} =$	$\mu \mu_0 \vec{H}$	$\mu c^{-2} \vec{H}$	$\mu \vec{H}$	$\mu \vec{H}$
Coulomb-Gesetz	$\vec{F} =$	$\frac{Q_1 Q_2}{4\pi \epsilon \epsilon_0} r^{-3} \vec{r}$	$\frac{Q_1 Q_2}{\epsilon} r^{-3} \vec{r}$	$\frac{Q_1 Q_2}{\epsilon c^{-2}} r^{-3} \vec{r}$	$\frac{Q_1 Q_2}{\epsilon} r^{-3} \vec{r}$
Lorentz-Kraft	$\vec{F} =$	$Q [\vec{v} \times \vec{B}]$	$Q [\vec{v} \times \vec{B}]$	$Q [\vec{v} \times \vec{B}]$	$c^{-1} Q [\vec{v} \times \vec{B}]$
1. Maxwell-Gesetz	$\mathrm{rot}\, \vec{H} =$	$\vec{j} + \frac{d\vec{D}}{dt}$	$4\pi \vec{j} + \frac{d\vec{D}}{dt}$	$4\pi \vec{j} + \frac{d\vec{D}}{dt}$	$c^{-1} \left(4\pi \vec{j} + \frac{d\vec{D}}{dt} \right)$
Biot-Savart	$d\vec{H} =$	$- \frac{I}{4\pi} \frac{\vec{r} \times d\vec{r}}{r^3}$	$- I \frac{\vec{r} \times d\vec{r}}{r^3}$	$- I \frac{\vec{r} \times d\vec{r}}{r^3}$	$- \frac{I}{c} \frac{\vec{r} \times d\vec{r}}{r^3}$
2. Maxwell-Gesetz	$\mathrm{rot}\, \vec{E} =$	$- \frac{d\vec{B}}{dt}$	$- \frac{d\vec{B}}{dt}$	$- \frac{d\vec{B}}{dt}$	$- c^{-1} \frac{d\vec{B}}{dt}$
3. Maxwell-Gesetz	$\rho_e =$	$\mathrm{div}\, \vec{D}$	$\frac{1}{4\pi} \mathrm{div}\, \vec{D}$	$\frac{1}{4\pi} \mathrm{div}\, \vec{D}$	$\frac{1}{4\pi} \mathrm{div}\, \vec{D}$
Energiedichte	$w =$	$\frac{1}{2} (\vec{E} \vec{D} + \vec{B} \vec{H})$	$\frac{1}{8\pi} (\vec{E} \vec{D} + \vec{B} \vec{H})$	$\frac{1}{8\pi} (\vec{E} \vec{D} + \vec{B} \vec{H})$	$\frac{1}{8\pi} (\vec{E} \vec{D} + \vec{B} \vec{H})$
Poynting-Vektor	$\vec{S} =$	$\vec{E} \times \vec{H}$	$\frac{1}{4\pi} [\vec{E} \times \vec{H}]$	$\frac{1}{4\pi} [\vec{E} \times \vec{H}]$	$\frac{c}{4\pi} [\vec{E} \times \vec{H}]$

A 2.3.3 Beschreibung des elektrischen Verhaltens der Materie

Einheiten	SI	el. stat. CGS, Gauß
Diel. Verschiebung $\vec{D} =$	$\begin{cases} \epsilon_0 \epsilon \vec{E} \\ \epsilon_0 \vec{E} + \vec{P} \end{cases}$	$\begin{cases} \epsilon \vec{E} \\ \vec{E} + 4\pi \vec{P} \end{cases}$
Polarisation $\vec{P} =$	$\epsilon_0 \chi_e \vec{E}$	$\chi_e \vec{E}$
Suszeptibilität $\chi_e =$	$\epsilon - 1$	$\frac{\epsilon - 1}{4\pi}$

A 2.3.4 Beschreibung des magnetischen Verhaltens der Materie

Einheiten	SI	Gauß
Magn. Induktion $\vec{B} =$	$\begin{cases} \mu \mu_0 \vec{H} \\ \mu_0 (\vec{H} + \vec{M}) \end{cases}$	$\begin{cases} \mu \vec{H} \\ \vec{H} + 4\pi \vec{M} \end{cases}$
Magnetisierung $\vec{M} =$	$\chi_m \vec{H}$	$\chi_m \vec{H}$
Suszeptibilität $\chi_m =$	$\mu - 1$	$\frac{\mu - 1}{4\pi}$
Bohrsches Magneton $\mu_B =$	$\frac{e\hbar}{2m_0}$ $0{,}927 \cdot 10^{-23}$ Am^2	$\frac{e\hbar}{2m_0 c}$ $0{,}927 \cdot 10^{-20}$ erg/Gauß

A 2.4 Skala der elektromagnetischen Wellen

Definition: $\nu = c/\lambda$, $\bar{\nu} = \lambda^{-1}$, $E(eV) = hc/e\lambda$, $T(K, Planck) = hc/\lambda k$, $T(K, Wien) = 2{,}898/\lambda$ (mm)

	Wellenlänge λ	Frequenz ν	Wellenzahl $\bar{\nu}$ (cm^{-1})	Energie E(eV)	Planck T(K)	Wien T(K)
Audio	300 km	1 kHz	3,33 · 10^{-8}	4,14 · 10^{-12}	4,79 · 10^{-8}	7,66 · 10^{-9}
Radio	300 m	1 MHz	3,33 · 10^{-5}	4,14 · 10^{-9}	4,79 · 10^{-5}	7,66 · 10^{-6}
	1 m	300 MHz	1 · 10^{-2}	1,24 · 10^{-6}	1,43 · 10^{-2}	2,90 · 10^{-3}
Mikrowellen	3 cm	10 GHz	3,33 · 10^{-1}	4,14 · 10^{-5}	4,97 · 10^{-1}	7,66 · 10^{-2}
	1,44 cm	21 GHz	7,0 · 10^{-1}	8,62 · 10^{-5}	1	2,02 · 10^{-1}
	1 cm	30 GHz	1	1,24 · 10^{-4}	1,43	2,90 · 10^{-1}
	2,90 mm	104 GHz	3,45	4,28 · 10^{-4}	4,96	1
	1 mm	300 GHz	10	1,24 · 10^{-3}	14,3	2,90
Ultrarot	100 μm	3 · 10^{12} Hz	100	1,24 · 10^{-2}	143	29,0
(Infrarot)	10 μm	3 · 10^{13} Hz	1 000	1,24 · 10^{-1}	1,43 · 10^{3}	290
	1,24 μm	2,42 · 10^{14} Hz	8 066	1	1,16 · 10^{4}	2,34 · 10^{3}
	1 μm	3 · 10^{14} Hz	10 000	1,24	1,43 · 10^{4}	2,90 · 10^{3}
Licht	7000 Å	4,28 · 10^{14} Hz	14 285	1,77	2,06 · 10^{4}	4,14 · 10^{3}
	4000 Å	7,50 · 10^{14} Hz	25 000	3,10	3,60 · 10^{4}	7,25 · 10^{3}
Ultraviolett	1000 Å	3 · 10^{15} Hz	10^{5}	12,4	1,43 · 10^{5}	2,90 · 10^{4}
	100 Å	3 · 10^{16} Hz	10^{6}	124	1,43 · 10^{6}	2,90 · 10^{5}
Röntgen	10 Å	3 · 10^{17} Hz	10^{7}	1,24 · 10^{3}	1,43 · 10^{7}	2,90 · 10^{6}
	1000 XE	3 · 10^{18} Hz	10^{8}	1,24 · 10^{4}	1,43 · 10^{8}	2,90 · 10^{7}
γ-Strahlen	10 XE	3 · 10^{20} Hz	10^{10}	1,24 · 10^{6}	1,43 · 10^{10}	2,90 · 10^{9}

A 2.5 Thermodynamische Einheiten

Temperatur

SI-Einheit:	1 Kelvin = 1 K
Meteorologische Einheit:	1 Celsius = 1 °C
	x Celsius = x °C = (x + 273,15) Kelvin = (x + 273,15) K
Angelsächsische Einheit:	1 Grad Fahrenheit = 1 °F
	$x\,°C = \left(\frac{9}{5}x + 32\right)°F$

Temperaturdifferenz

SI-Einheit	1 Kelvin = 1 K = 1 °C = 1 Grad

Wärmemenge

SI-Einheit:	1 Joule = 1 J = 1 W s

alte Einheiten:

1 Kilokalorie = 1 Wasserkilokalorie = 1 $kcal_{15°C}$ = $4{,}185 \cdot 10^3$ J

1 Kilokalorie = 1 Internationale Tafelkalorie = 1 $kcal_{IT}$ = $4{,}186\,8 \cdot 10^3$ J

Stoffmenge

Chemische Einheit:	1 Kilomol = 1 kmol = $6{,}022 \cdot 10^{26}$ Moleküle oder Atom

Spezifische Größen

Definition: spezifisch = pro Masse (kg^{-1})

Molare Größen

Definition: molar = pro Mol oder pro Kilomol (mol^{-1} oder $kmol^{-1}$)

Entropie

SI-Einheit:	$1\,J\,K^{-1} = 1\,m^2\,kg\,s^{-2}\,K^{-1}$
CGS-Einheit:	$1\,erg\,K^{-1} = 1\,cm^2\,g\,s^{-2}\,K^{-1} = 10^{-7}\,J\,K^{-1}$
alte Einheit:	$1\,cal\,K^{-1} = 4{,}185\,J\,K^{-1}$

A 2.6 Molekulare Energieeinheiten

1 erg/Molekül	$= 1{,}43\,88 \cdot 10^{16}$	kcal/kmol
	$= 6{,}24\,15 \cdot 10^{11}$	e V/Molekül
	$= 5{,}03\,40 \cdot 10^{15}$	cm^{-1}
	$= 7{,}24\,31 \cdot 10^{15}$	K
1 kcal/kmol	$= 6{,}95\,02 \cdot 10^{-17}$	erg/Molekül
	$= 4{,}33\,79 \cdot 10^{-5}$	e V
	$= 3{,}49\,87 \cdot 10^{-1}$	cm^{-1}
	$= 5{,}03\,41 \cdot 10^{-1}$	K

1 e V/Molekül	$= 8,06\,55 \cdot 10^{3}$	cm^{-1}
	$= 1,16\,05 \cdot 10^{4}$	K
	$= 1,60\,22 \cdot 10^{-12}$	erg/Molekül
	$= 2,30\,53 \cdot 10^{4}$	kcal/kmol
$1\ cm^{-1}$	$= 1,23\,99 \cdot 10^{-4}$	e V/Molekül
	$= 1,43\,88$	K
	$= 1,98\,65 \cdot 10^{-16}$	erg/Molekül
	$= 2,85\,82$	kcal/kmol
1 K	$= 8,61\,71 \cdot 10^{-5}$	e V/Molekül
	$= 6,95\,01 \cdot 10^{-1}$	cm^{-1}
	$= 1,38\,06 \cdot 10^{-16}$	erg/Molekül
	$= 1,98\,65$	kcal/kmol

Beispiel: Eine molekulare Spektrallinie bei $Y\ cm^{-1}$ entspricht der Energieänderung ΔE von $1,2399 \cdot 10^{-4}$ Y eV = $1,9865 \cdot 10^{-16}$ Y erg eines Moleküls oder 2,8582 Y kcal/kmol.

Die Boltzmann-Konstante k ordnet dieser Energie die Temperatur 1,4388 Y K zu.

A 2.7 Photometrische Einheiten (SI-Einheiten)

Lichtstärke einer Quelle

1 Candela = 1 cd

Leuchtdichte einer Quelle

1 Candela pro Quadratmeter = $1\ cd\ m^{-2}$

alte Einheit: 1 Stilb = 1 sb = $1\ cd\ cm^{-2} = 10^{4}\ cd\ m^{-2}$

Lichtstrom

1 Lumen = 1 ℓm = 1 Candela · Steradiant = 1 cd sr

Beleuchtungsstärke einer Empfängerfläche

1 Lux = 1 ℓx = 1 Lumen pro Quadratmeter = $1\ \ell m\ m^{-2} = 1\ cd\ sr\ m^{-2}$

A 3 Physikalische Konstanten und Tabellen

A 3.1 Konstanten

Genauere Werte: siehe B. N. Taylor, W. H. Parker, D. N. Langenberg: Reviews of Modern Physics **41** (1969) 375; und E. R. Cohen, B. N. Taylor: Europhysics News **18** (1987) 65.

Gravitationskonstante:	G	$= 6{,}673 \cdot 10^{-11}$	$m^3\,kg^{-1}\,s^{-2}$
Lichtgeschwindigkeit:	c	$= 2{,}9979 \cdot 10^{8}$	$m\,s^{-1}$
Elektrische Elementarladung:	e	$= 1{,}6022 \cdot 10^{-19}$	A s
Plancksche Konstante:	h	$= 6{,}6261 \cdot 10^{-34}$	J s
	$\hbar = \frac{h}{2\pi}$	$= 1{,}0546 \cdot 10^{-34}$	J s
Boltzmann-Konstante:	k	$= 1{,}3807 \cdot 10^{-23}$	$J\,K^{-1}$
Magnetische Feldkonstante:	μ_0	$= 4\pi \cdot 10^{-7}$	Vs/Am
(Definition)		$= 1{,}2566 \cdot 10^{-6}$	Vs/Am
Elektrische Feldkonstante:	ϵ_0	$= 8{,}8542 \cdot 10^{-12}$	As/Vm
Wellenimpedanz des Vakuums:	Z_0	$= 376{,}73$	$V\,A^{-1}$
Avogadro- oder Loschmidtsche Zahl:	$N_A = L$	$= 6{,}0221 \cdot 10^{23}$	mol^{-1}
Atomare Masseneinheit:	m_a	$= 1{,}6605 \cdot 10^{-27}$	kg
Faraday-Konstante:	F	$= 9{,}6485 \cdot 10^{4}$	$As(g\text{-}Aeq)^{-1}$
Universelle Gaskonstante:	R	$= 8{,}3145$	$J\,K^{-1}\,mol^{-1}$
Molvolumen bei Normalbedingungen:	V_m	$= 22{,}414 \cdot 10^{-3}$	$m^3\,mol^{-1}$
Stefan-Boltzmann-Konstante:	σ	$= 5{,}6705 \cdot 10^{-8}$	$W\,m^{-2}\,K^{-4}$
Wiensche Konstante:	$\lambda_{max}\,T$	$= 2{,}8978 \cdot 10^{-3}$	K m
Erdbeschleunigung:			
Standard	g	$= 9{,}806\,65$	$m\,s^{-2}$
auf Meereshöhe am Äquator	g	$= 9{,}780\,52$	$m\,s^{-2}$
bei 45° geogr. Breite	g	$= 9{,}806\,2$	$m\,s^{-2}$
am Pol	g	$= 9{,}832\,33$	$m\,s^{-2}$
Berlin (Potsdam)	g	$= 9{,}812\,63$	$m\,s^{-2}$
Washington	g	$= 9{,}800\,82$	$m\,s^{-2}$
London (Teddington)	g	$= 9{,}811\,83$	$m\,s^{-2}$
Zürich	g	$= 9{,}806\,65$	$m\,s^{-2}$

Elektron

Klassischer Radius:	r_e	$= 2{,}8179 \cdot 10^{-15}$	m
Masse:	m_e	$= 9{,}1094 \cdot 10^{-31}$	kg
Ruhenergie:	$m_e c^2$	$= 0{,}51100$	MeV
Compton-Wellenlänge:	λ_e	$= 2{,}4263 \cdot 10^{-12}$	m
Magnetisches Moment:	μ_e	$= 9{,}2848 \cdot 10^{-24}$	A m²
Bohrsches Magneton:	μ_B	$= 9{,}2740 \cdot 10^{-24}$	A m²
g-Faktor:	g	$= 2{,}002\,319\,304\,4$	

Proton

Masse:	m_p	$= 1{,}6726 \cdot 10^{-27}$	kg
Ruhenergie:	$m_p c^2$	$= 938{,}27$	MeV
Compton-Wellenlänge:	λ_p	$= 1{,}3214 \cdot 10^{-15}$	m
Magnetisches Moment:	μ_p	$= 1{,}4106 \cdot 10^{-26}$	A m²
Kernmagneton	μ_N	$= 5{,}0508 \cdot 10^{-27}$	A m²
	m_p/m_e	$= 1836{,}2$	

Neutron

Masse:	m_n	$= 1{,}6749 \cdot 10^{-27}$	kg
Ruhenergie:	$m_n c^2$	$= 939{,}57$	MeV
Compton-Wellenlänge:	λ_n	$= 1{,}3196 \cdot 10^{-15}$	m
Magnetisches Moment:	μ_n	$= -9{,}6624 \cdot 10^{-27}$	A m²

H-Atom

Bohrscher Radius:	a_0	$= 5{,}2918 \cdot 10^{-11}$	m
Rydberg-Konstante:	R_∞	$= 1{,}097\,37 \cdot 10^{7}$	m^{-1}
	$c R_\infty$	$= 3{,}2898 \cdot 10^{15}$	s^{-1}
	$hc R_\infty$	$= 2{,}1799 \cdot 10^{-18}$	J
		$= 13{,}6058$	eV
Feinstrukturkonstante:	α	$= 7{,}2974 \cdot 10^{-3}$	
	α^{-1}	$= 137{,}036$	

A 3.2 Periodisches System der Elemente

a = Nukleonenzahl des stabilsten oder bekanntesten Isotops; b = künstlich hergestellt; c = radioaktiv

Ordnungszahl Z	82
chem. Symbol	Pb
relative Atommasse A_r	207,2

Ia	IIa	IIIb	IVb	Vb	VIb	VIIb	VIIIb			Ib	IIb	IIIa	IVa	Va	VIa	VIIa	VIIIa
1 H 1,008																	2 He 4,003
3 Li 6,941	4 Be 9,012											5 B 10,811	6 C 12,011	7 N 14,007	8 O 15,999	9 F 18,998	10 Ne 20,183
11 Na 22,990	12 Mg 24,312											13 Al 26,982	14 Si 28,086	15 P 30,974	16 S 32,064	17 Cl 35,453	18 Ar 39,948
19 K 39,10	20 Ca 40,08	21 Sc 44,96	22 Ti 47,90	23 V 50,94	24 Cr 52,00	25 Mn 54,94	26 Fe 55,84	27 Co 58,93	28 Ni 58,71	29 Cu 63,54	30 Zn 65,38	31 Ga 69,72	32 Ge 72,59	33 As 74,92	34 Se 78,96	35 Br 79,91	36 Kr 83,80
37 Rb 85,47	38 Sr 87,62	39 Y 88,91	40 Zr 91,22	41 Nb 92,91	42 Mo 95,94	43 Tc^{b}_{c} 98^{a}	44 Ru 101,07	45 Rh 102,91	46 Pd 106,4	47 Ag 107,87	48 Cd 112,40	49 In 114,82	50 Sn 118,69	51 Sb 121,75	52 Te 127,60	53 J 126,90	54 Xe 131,30
55 Cs 132,91	56 Ba 137,34	57 La 138,91	72 Hf 178,49	73 Ta 180,95	74 W 183,85	75 Re 186,2	76 Os 190,2	77 Ir 192,2	78 Pt 195,1	79 Au 196,97	80 Hg 200,59	81 Tl 204,37	82 Pb 207,2	83 Bi 208,98	84 Po^{c} 210^{a}	85 At^{c} 210^{a}	86 Rn^{c} 222^{a}
			58 Ce 140,12	59 Pr 140,91	60 Nd 144,24	61 Pm^{b} 147^{a}	62 Sm 150,35	63 Eu 151,96	64 Gd 157,25	65 Tb 158,93	66 Dy 162,50	67 Ho 164,93	68 Er 167,26	69 Tm 168,93	70 Yb 173,04	71 Lu 174,97	
87 Fr^{c} 223^{a}	88 Ra^{c} 226^{a}	89 Ac^{c} 227^{a}	104 Ku^{b}_{c} 260^{a}	105 Ha^{b}_{c} 260^{a}													
			90 Th^{c} 232,04	91 Pa^{c} 231^{a}	92 U^{c} 238,03	93 Np^{b}_{c} 237^{a}	94 Pu^{b}_{c} 239^{a}	95 Am^{b}_{c} 243^{a}	96 Cm^{b}_{c} 247^{a}	97 Bk^{b}_{c} 249^{a}	98 Cf^{b}_{c} 252^{a}	99 Es^{b}_{c} 254^{a}	100 Fm^{b}_{c} 257^{a}	101 Md^{b}_{c} 258^{a}	102 No^{b}_{c} 255^{a}	103 Lw^{b}_{c} 257^{a}	

A 3.3 Grundzustände der Atome

Z = Ordnungszahl, G = Grundzustand, K, L, M, N, O, P, Q = Elektronenschalen, arabische Ziffern = Anzahl Elektronen

	Z	G	K	L		M			N				O				P			Q
			1s	2s	2p	3s	3p	3d	4s	4p	4d	4f	5s	5p	5d	5f	6s	6p	6d	7s
H	1	$^2S_{1/2}$	1																	
He	2	$^1S_0$	2																	
Li	3	$^2S_{1/2}$	2	1																
Be	4	$^1S_0$	2	2																
B	5	$^2P_{1/2}$	2	2	1															
C	6	$^3P_0$	2	2	2															
N	7	$^4S_{3/2}$	2	2	3															
O	8	$^3P_2$	2	2	4															
F	9	$^2P_{3/2}$	2	2	5															
Ne	10	$^1S_0$	2	2	6															
Na	11	$^2S_{1/2}$	2	2	6	1														
Mg	12	$^1S_0$	2	2	6	2														
Al	13	$^2P_{1/2}$	2	2	6	2	1													
Si	14	$^3P_0$	2	2	6	2	2													
P	15	$^4S_{3/2}$	2	2	6	2	3													
S	16	$^3P_2$	2	2	6	2	4													
Cl	17	$^2P_{3/2}$	2	2	6	2	5													
Ar	18	$^1S_0$	2	2	6	2	6													
K	19	$^2S_{1/2}$	2	2	6	2	6		1											
Ca	20	$^1S_0$	2	2	6	2	6		2											
Sc	21	$^2D_{3/2}$	2	2	6	2	6	1	2											
Ti	22	$^3F_2$	2	2	6	2	6	2	2											
V	23	$^4F_{3/2}$	2	2	6	2	6	3	2											
Cr	24	$^7S_3$	2	2	6	2	6	5	1											
Mn	25	$^6S_{5/2}$	2	2	6	2	6	5	2											
Fe	26	$^5D_4$	2	2	6	2	6	6	2											
Co	27	$^4F_{9/2}$	2	2	6	2	6	7	2											
Ni	28	$^3F_4$	2	2	6	2	6	8	2											
Cu	29	$^2S_{1/2}$	2	2	6	2	6	10	1											
Zn	30	$^1S_0$	2	2	6	2	6	10	2											
Ga	31	$^2P_{1/2}$	2	2	6	2	6	10	2	1										
Ge	32	$^3P_0$	2	2	6	2	6	10	2	2										
As	33	$^4S_{3/2}$	2	2	6	2	6	10	2	3										
Se	34	$^3P_2$	2	2	6	2	6	10	2	4										

Grundzustände der Atome (Fortsetzung)

			K	L		M			N				O				P			Q
	Z	G	1s	2s	2p	3s	3p	3d	4s	4p	4d	4f	5s	5p	5d	5f	6s	6p	6d	7s
Br	35	$^2P_{3/2}$	2	2	6	2	6	10	2	5										
Kr	36	$^1S_0$	2	2	6	2	6	10	2	6										
Rb	37	$^2S_{1/2}$	2	2	6	2	6	10	2	6			1							
Sr	38	$^1S_0$	2	2	6	2	6	10	2	6			2							
Y	39	$^2D_{3/2}$	2	2	6	2	6	10	2	6	1		2							
Zr	40	$^3F_2$	2	2	6	2	6	10	2	6	2		2							
Nb	41	$^6D_{1/2}$	2	2	6	2	6	10	2	6	4		1							
Mo	42	$^7S_3$	2	2	6	2	6	10	2	6	5		1							
Tc	43	$^6S_{5/2}$	2	2	6	2	6	10	2	6	6		1							
Ru	44	$^5F_5$	2	2	6	2	6	10	2	6	7		1							
Rh	45	$^4F_{9/2}$	2	2	6	2	6	10	2	6	8		1							
Pd	46	$^1S_0$	2	2	6	2	6	10	2	6	10									
Ag	47	$^2S_{1/2}$	2	2	6	2	6	10	2	6	10		1							
Cd	48	$^1S_0$	2	2	6	2	6	10	2	6	10		2							
In	49	$^2P_{1/2}$	2	2	6	2	6	10	2	6	10		2	1						
Sn	50	$^3P_0$	2	2	6	2	6	10	2	6	10		2	2						
Sb	51	$^4S_{3/2}$	2	2	6	2	6	10	2	6	10		2	3						
Te	52	$^3P_2$	2	2	6	2	6	10	2	6	10		2	4						
J	53	$^2P_{3/2}$	2	2	6	2	6	10	2	6	10		2	5						
Xe	54	$^1S_0$	2	2	6	2	6	10	2	6	10		2	6						
Cs	55	$^2S_{1/2}$	2	2	6	2	6	10	2	6	10		2	6			1			
Ba	56	$^1S_0$	2	2	6	2	6	10	2	6	10		2	6			2			
La	57	$^2D_{3/2}$	2	2	6	2	6	10	2	6	10		2	6	1		2			
Ce	58	$^3H_4$	2	2	6	2	6	10	2	6	10	2	2	6			2			
Pr	59	$^4I_{9/2}$	2	2	6	2	6	10	2	6	10	3	2	6			2			
Nd	60	$^5I_4$	2	2	6	2	6	10	2	6	10	4	2	6			2			
Pm	61	–	2	2	6	2	6	10	2	6	10	5	2	6			2			
Sm	62	$^7F_0$	2	2	6	2	6	10	2	6	10	6	2	6			2			
Eu	63	$^8S_{7/2}$	2	2	6	2	6	10	2	6	10	7	2	6			2			
Gd	64	^9D	2	2	6	2	6	10	2	6	10	7	2	6	1		2			
Tb	65	–	2	2	6	2	6	10	2	6	10	8	2	6	1		2			
Dy	66	$^5I_8$	2	2	6	2	6	10	2	6	10	10	2	6			2			
Ho	67	$^4I_{15/2}$	2	2	6	2	6	10	2	6	10	11	2	6			2			
Er	68	$^3H_6$	2	2	6	2	6	10	2	6	10	12	2	6			2			
Tm	69	$^2F_{7/2}$	2	2	6	2	6	10	2	6	10	13	2	6			2			
Yb	70	$^1S_0$	2	2	6	2	6	10	2	6	10	14	2	6			2			
Lu	71	$^2D_{3/2}$	2	2	6	2	6	10	2	6	10	14	2	6	1		2			
Hf	72	$^3F_2$	2	2	6	2	6	10	2	6	10	14	2	6	2		2			
Ta	73	$^4F_{3/2}$	2	2	6	2	6	10	2	6	10	14	2	6	3		2			

Grundzustände der Atome (Fortsetzung)

			K	L		M			N				O				P			Q
	Z	G	1s	2s	2p	3s	3p	3d	4s	4p	4d	4f	5s	5p	5d	5f	6s	6p	6d	7s
W	74	$^5D_0$	2	2	6	2	6	10	2	6	10	14	2	6	4		2			
Re	75	$^6S_{5/2}$	2	2	6	2	6	10	2	6	10	14	2	6	5		2			
Os	76	$^5D_4$	2	2	6	2	6	10	2	6	10	14	2	6	6		2			
Ir	77	$^4F_{9/2}$	2	2	6	2	6	10	2	6	10	14	2	6	7		2			
Pt	78		2	2	6	2	6	10	2	6	10	14	2	6	10					
Au	79	$^2S_{1/2}$	2	2	6	2	6	10	2	6	10	14	2	6	10		1			
Hg	80	$^1S_0$	2	2	6	2	6	10	2	6	10	14	2	6	10		2			
Tl	81	$^2P_{1/2}$	2	2	6	2	6	10	2	6	10	14	2	6	10		2	1		
Pb	82	$^3P_0$	2	2	6	2	6	10	2	6	10	14	2	6	10		2	2		
Bi	83	$^4S_{3/2}$	2	2	6	2	6	10	2	6	10	14	2	6	10		2	3		
Po	84	$^3P_2$	2	2	6	2	6	10	2	6	10	14	2	6	10		2	4		
At	85	$^2P_{3/2}$	2	2	6	2	6	10	2	6	10	14	2	6	10		2	5		
Rn	86	$^1S_0$	2	2	6	2	6	10	2	6	10	14	2	6	10		2	6		
Fr	87	$^2S_{1/2}$	2	2	6	2	6	10	2	6	10	14	2	6	10		2	6		1
Ra	88	$^1S_0$	2	2	6	2	6	10	2	6	10	14	2	6	10		2	6		2
Ac	89	$^2D_{3/2}$	2	2	6	2	6	10	2	6	10	14	2	6	10		2	6	1	2
Th	90	$^3F_2$	2	2	6	2	6	10	2	6	10	14	2	6	10		2	6	2	2
Pa	91		2	2	6	2	6	10	2	6	10	14	2	6	10	2	2	6	1	2
U	92		2	2	6	2	6	10	2	6	10	14	2	6	10	3	2	6	1	2
Np	93		2	2	6	2	6	10	2	6	10	14	2	6	10	5	2	6		2
Pu	94		2	2	6	2	6	10	2	6	10	14	2	6	10	6	2	6		2
Am	95		2	2	6	2	6	10	2	6	10	14	2	6	10	7	2	6		2
Cm	96		2	2	6	2	6	10	2	6	10	14	2	6	10	7	2	6	1	2
Bk	97		2	2	6	2	6	10	2	6	10	14	2	6	10	7	2	6	2	2
Cf	98		2	2	6	2	6	10	2	6	10	14	2	6	10	9	2	6	1	2
Es	99		2	2	6	2	6	10	2	6	10	14	2	6	10	11	2	6		2
Fm	100		2	2	6	2	6	10	2	6	10	14	2	6	10	12	2	6		2
Md	101		2	2	6	2	6	10	2	6	10	14	2	6	10	13	2	6		2
No	102		2	2	6	2	6	10	2	6	10	14	2	6	10	14	2	6		2
Lw	103		2	2	6	2	6	10	2	6	10	14	2	6	10	14	2	6	1	2

A 4 Mathematische Tabellen

A 4.1 Mathematische Konstanten

A 4.1.1 Reelle Zahlen

e	$= 2{,}718\,281\,828$	e^2	$= 7{,}389\,056$
e^{-1}	$= 0{,}367\,879$	$\sqrt{e}$	$= 1{,}648\,721$
$\ln 2$	$= 0{,}693\,147$		
$\ln 10$	$= 2{,}302\,585$		
$\log e$	$= 0{,}434\,294$		
π	$= 3{,}141\,592\,654$	π^{-1}	$= 0{,}318\,310$
2π	$= 6{,}283\,185\,307$	$\sqrt{\pi}$	$= 1{,}772\,454$
π^2	$= 9{,}869\,604\,401$	$\sqrt{2\pi}$	$= 2{,}506\,628$
$\pi/180$	$= 0{,}017\,453\,293 = \text{arc } 1°$		
C	$= 0{,}577\,216$ = Eulersche Konstante		

A 4.1.2 Komplexe Zahlen

$$i = +\sqrt{-1}, \quad i^2 = -1, \quad i^3 = -i, \quad i^4 = 1$$
$$i^{-1} = -i, \quad i^{-2} = -1, \quad i^{-3} = i, \quad i^{-4} = 1$$
$$e^{i\pi/2} = i, \quad e^{i\pi} = -1, \quad e^{3i\pi/2} = -i, \quad e^{2i\pi} = 1$$

n = ganze Zahl:

$$\ln 1 = 0, \qquad \ln i = \ln e^{i\pi/2} = i(\pi/2 + n2\pi),$$
$$\ln(-1) = \ln e^{i\pi} = i(\pi + n2\pi), \qquad \ln(-i) = \ln e^{3i\pi/2} = i(3\pi/2 + n2\pi)$$
$$e^{i\mu} = \cos\mu + i\sin\mu$$

m = positive ganze Zahl:

$$(e^{i\mu})^{1/m} = \exp\{i(\mu/m + 2\pi n/m)\}$$
$$z = x + iy = R\exp i\alpha = R(\cos\alpha + i\sin\alpha)$$
$$x = \text{Re } z, \qquad y = \text{Im } z$$
$$R^2 = x^2 + y^2$$
$$\alpha = \text{arc tan}(y/x)$$

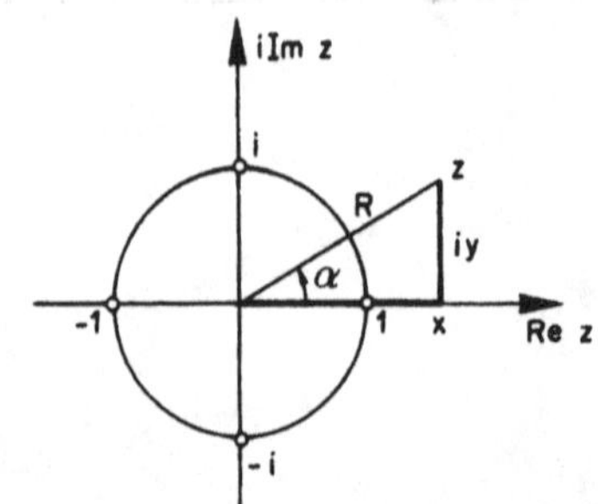

A 4.2 Spezielle Funktionen

A 4.2.1 Die Exponentialfunktion

Definition

$$\exp(ax) \equiv e^{ax} = \lim_{n \to \infty} \left(1 + \frac{ax}{n}\right)^n$$

Graphische Darstellung

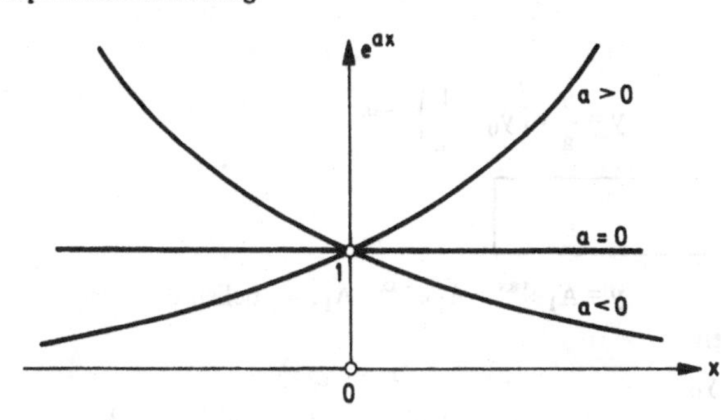

Spezielle Funktionswerte

$e^0 = 1, \quad e^1 = e, \quad e^{+\infty} = \infty, \quad e^{-\infty} = 0$

Umwandlung in die Zehnerpotenz

$y = e^{ax} = 10^{ax \log e}, \quad \log e = 0,434\,294$

$y = 10^{ax} = e^{ax \ln 10}, \quad \ln 10 = 2,302\,585$

Additionstheorem

$e^{ax} \cdot e^{bx} = e^{(a+b)x}, \quad e^{ax + 2n\pi i} = e^{ax}$, wobei $n = 0, \pm 1, \pm 2 \ldots$

Differentialquotienten

$$\frac{d\,e^{ax}}{dx} = a\,e^{ax}, \quad \frac{d^n(e^{ax})}{dx^n} = a^n\,e^{ax}$$

Integration

$$\int_{x_0}^{x} e^{ax}\,dx = \frac{e^{ax} - e^{ax_0}}{a}$$

Reihen

$$e^{ax} = 1 + \frac{(ax)}{1!} + \frac{(ax)^2}{2!} + \frac{(ax)^3}{3!} + + = \sum_{k=0}^{\infty} \frac{(ax)^k}{k!}, \ |x| < \infty$$

Differentialgleichungen

$$\boxed{y' + ay = 0}$$

Allgemeine Lösung: $y = A\,e^{-ax}$, A beliebig

Aus der Randbedingung

$y(0) = y_0$

folgt: $y = y_0\,e^{-ax}$

$$y' + ay = b$$

Allgemeine Lösung: $y = b/a + A\,e^{-ax}$, A beliebig

Aus der Randbedingung

$y(0) = y_0$

folgt: $y = \frac{b}{a} + \left(y_0 - \frac{b}{a}\right) e^{-ax}$

$$y'' - a^2 y = 0$$

Allgemeine Lösung: $y = A_1 e^{+ax} + A_2 e^{-ax}$ A_1, A_2 beliebig

Aus den Randbedingungen

$y(0) = y_0, \quad y'(0) = y'_0$

folgt: $y = \frac{1}{2} \cdot \left\{\left(y_0 + \frac{y'_0}{a}\right) \cdot e^{ax} + \left(y_0 - \frac{y'_0}{a}\right) \cdot e^{-ax}\right\}$

A 4.2.2 Der natürliche Logarithmus

Definition

$\exp(\ln x) = e^{\ln x} = x, \quad \ln(e^x) = \ln(\exp x) = x$

Graphische Darstellung:

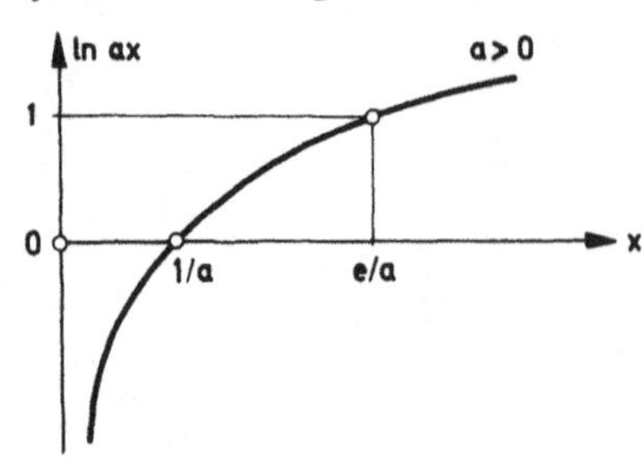

Integraldarstellung

$$\ln x = \int_1^x \frac{dy}{y}$$

Spezielle Funktionswerte

$\ln 0 = -\infty, \quad \ln 1 = 0, \quad \ln e = 1, \quad \ln \infty = +\infty$

Umwandlung in den Zehnerlogarithmus

$\ln ax = \log ax \cdot \ln 10 = 2{,}3026 \cdot \log ax$

$\log ax = \ln ax \cdot \log e = 0{,}4343 \cdot \ln ax$

Additionstheorem

$\ln (xy) = \ln x + \ln y, \qquad \ln (x/y) = \ln x - \ln y$

Differentialquotient

$$\frac{d \ln x}{dx} = \frac{1}{x}$$

Integration

$$\int_{x_0}^{x} \ln x \cdot dx = x (\ln x - 1) - x_0 (\ln x_0 - 1)$$

Reihen

$$\ln (1 + x) = \frac{x}{1} - \frac{x^2}{2} + \frac{x^3}{3} - \frac{x^4}{4} + - + - \quad \text{für } -1 < x \leqslant +1$$

Differentialgleichung

$$\boxed{\frac{dy}{dx} = y \cdot f(x)}$$

Aus der Randbedingung

$y(x_0) = y_0$

folgt: $\ln (y/y_0) = \int_{x_0}^{x} f(x)\, dx, \qquad y = y_0 \exp \left\{ \int_{x_0}^{x} f(x)\, dx \right\}$

Komplexe Argumente

$$\ln z = \ln (x + iy) = \frac{1}{2} \ln (x^2 + y^2) + i \arctan \frac{y}{x} + n\, 2\pi i, \quad n \text{ ganz}$$

$$\ln z = \ln (r\, e^{i\phi}) = \ln r + i\phi + n\, 2\pi i, \quad n \text{ ganz}$$

A 4.2.3 Die Hyperbelfunktionen

Definition

$$\sinh ax = \frac{e^{ax} - e^{-ax}}{2}, \qquad \cosh ax = \frac{e^{ax} + e^{-ax}}{2}$$

$$\tanh ax = \frac{e^{ax} - e^{-ax}}{e^{ax} + e^{-ax}}, \qquad \coth ax = \frac{e^{ax} + e^{-ax}}{e^{ax} - e^{-ax}}$$

$$e^{ax} = \cosh ax + \sinh ax$$

Verknüpfungen

$$\cosh^2 x - \sinh^2 x = 1, \qquad \tanh x = \sinh x / \cosh x, \qquad \tanh x \cdot \coth x = 1$$

Graphische Darstellung

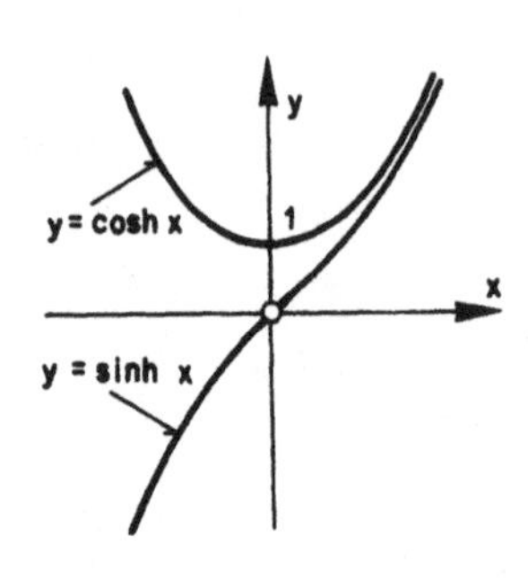

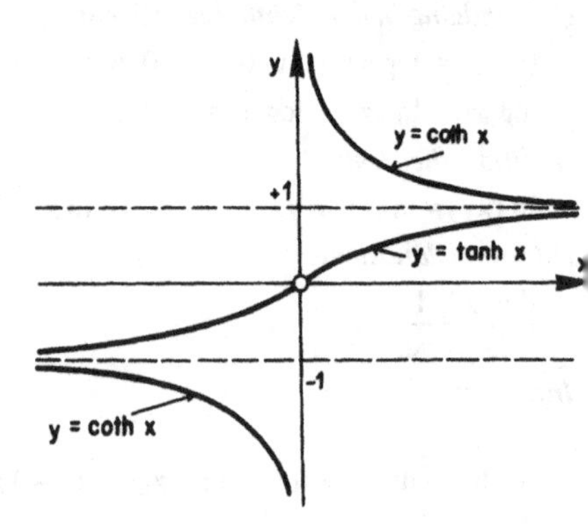

Spezielle Funktionswerte

$\sinh 0 = 0, \cosh 0 = 1,$ $\quad \tanh 0 = 0, \coth 0 = \pm\infty$

$\sinh \pm\infty = \pm\infty,$ $\quad \cosh \pm\infty = +\infty,$

$\tanh \pm\infty = \pm 1,$ $\quad \coth \pm\infty = \pm 1$

Symmetrie

$\sinh(-x) = -\sinh(+x),$ $\quad \cosh(-x) = +\cosh(+x),$

$\tanh(-x) = -\tanh(+x),$ $\quad \coth(-x) = -\coth(+x)$

Additionstheoreme

$$\sinh(x \pm y) = \sinh x \cosh y \pm \cosh x \sinh y$$

$$\cosh(x \pm y) = \cosh x \cosh y \pm \sinh x \sinh y$$

$$\tanh(x \pm y) = \frac{\tanh x \pm \tanh y}{1 \pm \tanh x \cdot \tanh y}, \quad \coth(x \pm y) = \frac{\coth x \cdot \coth y \pm 1}{\coth y \pm \coth x}$$

Differentialquotienten

$$\frac{d \sinh x}{dx} = \cosh x = \sqrt{1 + \sinh^2 x}, \quad \frac{d \tanh x}{dx} = \cosh^{-2} x = 1 - \tanh^2 x$$

$$\frac{d \cosh x}{dx} = \sinh x = \sqrt{\cosh^2 x - 1}, \quad \frac{d \coth x}{dx} = -\sinh^{-2} x = 1 - \coth^2 x$$

Reihen

$$\sinh x = x + \frac{x^3}{3!} + \frac{x^5}{5!} + + \text{ für } |x| < \infty$$

$$\cosh x = 1 + \frac{x^2}{2!} + \frac{x^4}{4!} + + \text{ für } |x| < \infty$$

$$\tanh x = x - \frac{x^3}{3} + \frac{2 \cdot x^5}{15} - + \text{ für } |x| < \pi/2$$

$$\coth x = x^{-1} + \frac{x}{3} - \frac{x^3}{45} + - \text{ für } 0 < |x| < \pi$$

Differentialgleichung

$$y'' - a^2 y = 0$$

Allgemeine Lösung: $y = A_1 \cosh ax + A_2 \sinh ax, \quad A_1, A_2$, beliebig

Aus den Randbedingungen

$y(0) = y_0, \quad y'(0) = y'_0$

folgt: $y = y_0 \cosh ax + \frac{y'_0}{a} \cdot \sinh ax$

A 4.2.4 Inverse Hyperbelfunktionen

Definitionen

$\sinh(\operatorname{arsinh} x) = x, \quad \cosh(\operatorname{arcosh} x) = x$

$\tanh(\operatorname{artanh} x) = x, \quad \coth(\operatorname{arcoth} x) = x$

Symmetrie

$\operatorname{arsinh}(-x) = -\operatorname{arsinh} x, \quad \operatorname{arcosh}(-x) = \operatorname{arcosh} x$

$\operatorname{artanh}(-x) = -\operatorname{artanh} x, \quad \operatorname{arcoth}(-x) = -\operatorname{arcoth} x$

Graphische Darstellung

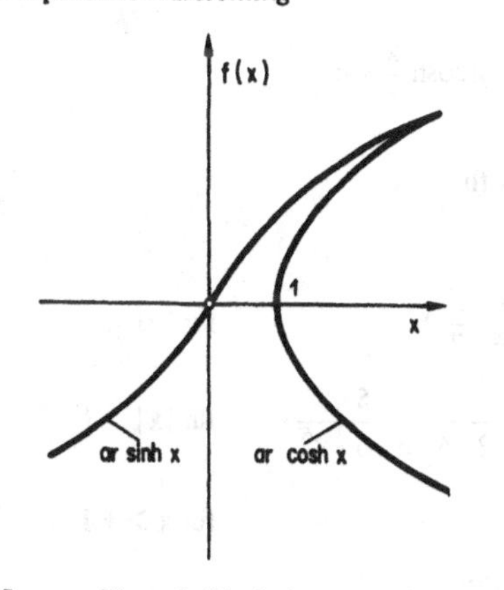

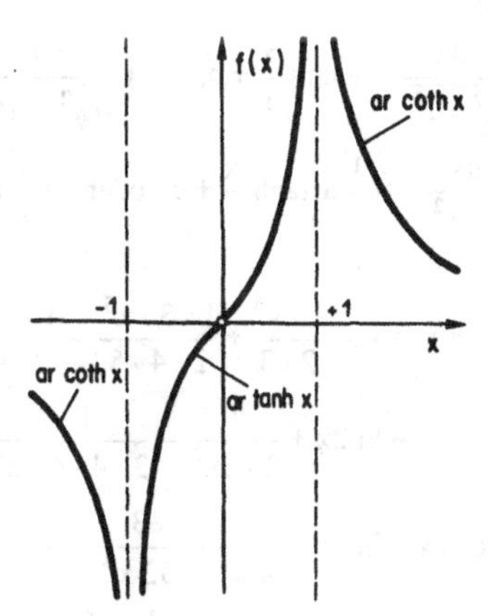

Inverse Hyperbelfunktionen und Logarithmus

$$\operatorname{arsinh} x = \ln\left(x + \sqrt{x^2 + 1}\right) = -\ln\left(\sqrt{x^2 + 1} - x\right)$$

$$\operatorname{arcosh} x = \pm \ln\left(x + \sqrt{x^2 - 1}\right) = +\ln\left(x \pm \sqrt{x^2 - 1}\right)$$

$$\operatorname{artanh} x = \frac{1}{2} \ln \frac{1 + x}{1 - x} = \ln \sqrt{\frac{1 + x}{1 - x}}, \quad |x| < 1$$

$$\operatorname{arcoth} x = \frac{1}{2} \ln \frac{x + 1}{x - 1} = \ln \sqrt{\frac{x + 1}{x - 1}}, \quad |x| > 1$$

Verknüpfungen

$$\operatorname{arsinh} x = \operatorname{arcosh} \sqrt{x^2 + 1},$$

$$\operatorname{arcosh} x = \operatorname{arsinh} \sqrt{x^2 - 1}, \qquad x > +1$$

$$\operatorname{artanh} x = \operatorname{arcoth} \frac{1}{x}, \qquad \operatorname{arcoth} x = \operatorname{artanh} \frac{1}{x},$$

auf Vorzeichen acht geben

Additionstheoreme

$$\operatorname{arsinh} x \pm \operatorname{arsinh} y = \operatorname{arsinh} (x \cdot \sqrt{y^2 + 1} \pm y \cdot \sqrt{x^2 + 1})$$

$$\operatorname{arcosh} x \pm \operatorname{arcosh} y = \operatorname{arcosh} (xy \pm \sqrt{(x^2 - 1)(y^2 - 1)})$$

$$\operatorname{artanh} x \pm \operatorname{artanh} y = \operatorname{artanh} \frac{x \pm y}{1 \pm xy}$$

Differentialquotienten

$$\frac{d \operatorname{arsinh} x}{dx} = \frac{1}{\sqrt{x^2 + 1}}, \qquad \frac{d \operatorname{arcosh} x}{dx} = \frac{1}{\pm\sqrt{x^2 - 1}}$$

$$\frac{d \operatorname{artanh} x}{dx} = \frac{1}{1 - x^2}, \qquad \frac{d \operatorname{arcoth} x}{dx} = \frac{1}{1 - x^2}$$

für $|x| < 1$ für $|x| > 1$

Integrale

$$\int \frac{dx}{\sqrt{x^2 + r^2}} = \operatorname{arsinh} \frac{x}{r} + c, \qquad \int \frac{dx}{\sqrt{x^2 - r^2}} = \operatorname{arcosh} \frac{x}{r} + c$$

$$\int \frac{dx}{r^2 - x^2} = \frac{1}{r} \operatorname{artanh} \frac{x}{r} + c \quad \text{oder} \quad = \frac{1}{r} \operatorname{arcoth} \frac{x}{r} + c$$

Reihen

$$\operatorname{arsinh} x = x - \frac{1 \cdot x^3}{2 \cdot 3} + \frac{1 \cdot 3 \cdot x^5}{2 \cdot 4 \cdot 5} - \frac{1 \cdot 3 \cdot 5 \cdot x^7}{2 \cdot 4 \cdot 6 \cdot 7} + - \qquad \text{für } |x| < 1$$

$$= \ln 2x + \frac{1}{2 \cdot 2x^2} - \frac{1 \cdot 3}{2 \cdot 4 \cdot 4 \cdot x^4} + \frac{1 \cdot 3 \cdot 5}{2 \cdot 4 \cdot 6 \cdot 6 \cdot x^6} - + \qquad \text{für } |x| > 1$$

$$\pm \operatorname{arcosh} x = \ln 2x - \frac{1}{4x^2} - \frac{3}{32x^4} - - \qquad \text{für } x > +1$$

$$\operatorname{artanh} x = \operatorname{arcoth} \frac{1}{x} = x + \frac{x^3}{3} + \frac{x^5}{5} + + \qquad \text{für } |x| < 1$$

A 4.2.5 Die trigonometrischen Funktionen

Definitionen

$$\sin x = \frac{e^{ix} - e^{-ix}}{2i}, \qquad \cos x = \frac{e^{ix} + e^{-ix}}{2}$$

$$\tan x = -i\,\frac{e^{ix} - e^{-ix}}{e^{ix} + e^{-ix}}, \qquad \cot x = +i\,\frac{e^{ix} + e^{-ix}}{e^{ix} - e^{-ix}}$$

$$e^{ix} = \cos x + i \sin x$$

$$(\cos x + i \sin x)^n = e^{inx} = \cos nx + i \sin nx$$

Verknüpfungen

$$\sin^2 x + \cos^2 x = 1, \qquad \tan x = (\cot x)^{-1} = \sin x / \cos x$$

Symmetrie

$$\sin(-x) = -\sin x, \qquad \cos(-x) = \cos x, \qquad \tan(-x) = -\tan x, \qquad \cot(-x) = -\cot x$$

Additions- und Multiplikationstheoreme

$$\sin x \pm \sin y = 2 \sin \frac{x \pm y}{2} \cos \frac{x \mp y}{2}, \qquad 2 \sin x \sin y = \cos(x - y) - \cos(x + y)$$

$$\cos x + \cos y = 2 \cos \frac{x + y}{2} \cos \frac{x - y}{2}, \qquad 2 \cos x \cos y = \cos(x - y) + \cos(x + y)$$

$$\cos x - \cos y = -2 \sin \frac{x + y}{2} \sin \frac{x - y}{2}, \qquad 2 \sin x \cos y = \sin(x - y) + \sin(x + y)$$

Verknüpfung der Argumente

$$\sin(x \pm y) = \sin x \cos y \pm \sin y \cos x, \qquad \cos(x \pm y) = \cos x \cos y \mp \sin x \sin y$$

$$\tan(x \pm y) = \frac{\tan x \pm \tan y}{1 \mp \tan x \tan y}, \qquad \cot(x \pm y) = \frac{\cot x \cot y \mp 1}{\cot y \pm \cot x}$$

Periodizität n = ganze Zahl

$$\sin(x + 2n\pi) = \sin x, \qquad \cos(x + 2n\pi) = \cos x$$

$$\tan(x + n\pi) = \tan x, \qquad \cot(x + n\pi) = \cot x$$

$$\sin\left(x \pm \frac{\pi}{2}\right) = \pm \cos x, \qquad \cos\left(x \pm \frac{\pi}{2}\right) = \mp \sin x$$

$$\tan\left(x \pm \frac{\pi}{2}\right) = -\cot x, \qquad \cot\left(x \pm \frac{\pi}{2}\right) = -\tan x$$

Zusammenhang mit Hyperbelfunktionen

$$\sin z = -i \sinh iz, \qquad \cos z = \cosh iz$$

$$\tan z = -i \tanh iz, \qquad \cot z = i \coth iz$$

Spezielle Funktionswerte n = ganze Zahl

$$\sin n\pi = 0, \qquad \sin\left(2n + \frac{1}{2}\right)\pi = 1, \qquad \sin\left(2n - \frac{1}{2}\right)\pi = -1$$

$$\cos n\pi = (-1)^n, \qquad \cos\left(n + \frac{1}{2}\right)\pi = 0, \qquad \tan n\pi = 0,$$

$$\tan\left(n + \frac{1}{2}\right)\pi = \pm\infty, \qquad \cot n\pi = \pm\infty, \qquad \cot\left(n + \frac{1}{2}\right)\pi = 0$$

Differentialquotienten

$$\frac{d \sin x}{dx} = \cos x, \qquad \frac{d \cos x}{dx} = -\sin x$$

$$\frac{d \tan x}{dx} = (\cos x)^{-2} = 1 + \tan^2 x, \qquad \frac{d \cot x}{dx} = -(\sin x)^{-2} = -(1 + \cot^2 x)$$

Integrale

$$\int \sin x\, dx = -\cos x + c, \qquad \int \cos x\, dx = \sin x + c$$

$$\int \tan x\, dx = -\ln \cos x + c, \qquad \int \cot x\, dx = \ln \sin x + c$$

Reihen

$$\sin x = x - \frac{x^3}{3!} + \frac{x^5}{5!} - + \qquad \text{für } |x| < \infty$$

$$\cos x = 1 - \frac{x^2}{2!} + \frac{x^4}{4!} - + \qquad \text{für } |x| < \infty$$

$$\tan x = x + \frac{1}{3} x^3 + \frac{2}{15} x^5 + + \qquad \text{für } |x| < \pi/2$$

$$\cot x = \frac{1}{x} - \frac{1}{3} x - \frac{1}{45} x^3 - - \qquad \text{für } 0 < |x| < \pi$$

Orthogonalitätsrelationen $n, m = 1, 2, 3, 4, \ldots$

$$\frac{1}{\pi} \int_{-\pi}^{+\pi} \sin mx \cdot \cos nx\, dx = 0$$

$$\frac{1}{\pi} \int_{-\pi}^{+\pi} \sin mx \cdot \sin nx\, dx = 1 \quad \text{für } n = m$$
$$= 0 \quad \text{für } n \neq m$$

$$\frac{1}{\pi} \int_{-\pi}^{+\pi} \cos mx \cdot \cos nx\, dx = 1 \quad \text{für } n = m$$
$$= 0 \quad \text{für } n \neq m$$

Differentialgleichung

$$\boxed{y'' + k^2 y = 0}$$

Allgemeine Lösung: $y = A_1 \cos kx + A_2 \sin kx$, A_1, A_2 beliebig

oder: $y = A \cos(kx + \alpha)$, A, α beliebig

Aus den Randbedingungen

$$y(0) = y_0, \qquad y'(0) = y_0'$$

folgt: $y = y_0 \cos kx + \dfrac{y_0'}{k} \sin kx$

A 4.2.6 Die zyklometrischen Funktionen
= inverse trigonometrische Funktionen

Definitionen

$\sin(\arcsin x) = x, \qquad \cos(\arccos x) = x$

$\tan(\arctan x) = x, \qquad \cot(\operatorname{arccot} x) = x$

Vieldeutigkeit n = ganze Zahl

$\arcsin x = y + 2n\pi, \qquad \arccos x = y + 2n\pi$

$\arctan x = y + n\pi, \qquad \operatorname{arccot} x = y + n\pi$

Symmetrie

$\arcsin(-x) = -\arcsin x, \qquad \arccos(-x) = \pi - \arccos x$

$\arctan(-x) = -\arctan x, \qquad \operatorname{arccot}(-x) = \pi - \operatorname{arccot} x$

Zusammenhang mit inversen Hyperbelfunktionen

$\arcsin x = -i \operatorname{arsinh} ix, \qquad \arccos x = \pm i \operatorname{arcosh} x$

$\arctan x = -i \operatorname{artanh} ix, \qquad \operatorname{arccot} x = i \operatorname{arcoth} ix$

Graphische Darstellung

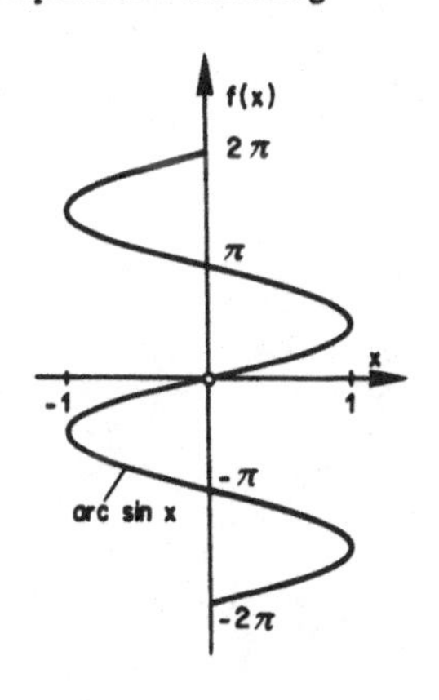

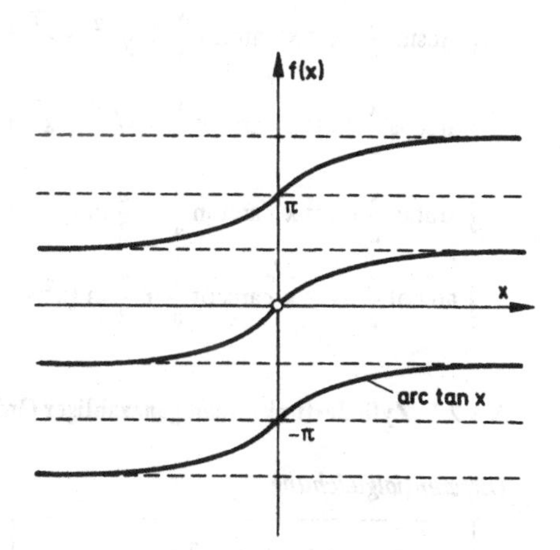

Verknüpfungen

$\arcsin x + \arccos x = \pi/2, \qquad \arcsin x = \arccos\sqrt{1-x^2}$

$$\arctan x = \operatorname{arccot}\frac{1}{x} = \pi/2 - \operatorname{arccot} x = \arcsin\frac{x}{\sqrt{1+x^2}} = \arccos\frac{1}{\sqrt{1+x^2}}$$

Additionstheoreme

$$\arcsin x \pm \arcsin y = \arcsin\left(x\cdot\sqrt{1-y^2} \pm y\cdot\sqrt{1-x^2}\right)$$

$$\arccos x \pm \arccos y = \arccos\left(xy \mp \sqrt{1-x^2}\cdot\sqrt{1-y^2}\right)$$

$$\arctan x \pm \arctan y = \arctan\frac{x \pm y}{1 \mp xy}$$

Differentialquotienten

$$\frac{d \arcsin x}{dx} = \frac{1}{\sqrt{1-x^2}},$$

$$\frac{d \arccos x}{dx} = -\frac{1}{\sqrt{1-x^2}}$$

$$\frac{d \arctan x}{dx} = -\frac{d \operatorname{arccot} x}{dx} = \frac{1}{1+x^2}$$

Reihen

$$\arcsin x = x + \frac{1}{2 \cdot 3} x^3 + \frac{1 \cdot 3}{2 \cdot 4 \cdot 5} x^5 + + \qquad \text{für } |x| < 1$$

$$\arccos x = \pi/2 - x - \frac{1}{2 \cdot 3} x^3 - \frac{1 \cdot 3}{2 \cdot 4 \cdot 5} x^5 - - \qquad \text{für } |x| < 1$$

$$\arctan x = \operatorname{arccot} \frac{1}{x} = \pi/2 - \operatorname{arccot} x = x - \frac{x^3}{3} + \frac{x^5}{5} - + \qquad \text{für } |x| < 1$$

Integrale

$$\int \arcsin \frac{x}{a}\, dx = x \cdot \arcsin \frac{x}{a} + \sqrt{a^2 - x^2} + c$$

$$\int \arccos \frac{x}{a}\, dx = x \cdot \arccos \frac{x}{a} - \sqrt{a^2 - x^2} + c$$

$$\int \arctan \frac{x}{a}\, dx = x \cdot \arctan \frac{x}{a} - \frac{a}{2} \ln (x^2 + a^2) + c$$

$$\int \operatorname{arccot} \frac{x}{a}\, dx = x \cdot \operatorname{arccot} \frac{x}{a} + \frac{a}{2} \ln (x^2 + a^2) + c$$

A 4.2.7 Zylinderfunktionen ganzzahliger Ordnung

Differentialgleichung

$$\boxed{\frac{d^2 Z}{dx^2} + \frac{1}{x} \frac{dZ}{dx} + \left(1 - \frac{n^2}{x^2}\right) Z = 0}$$

Ordnung: $n = 0, 1, 2, 3, \ldots$

Allgemeine reelle Lösung:

$Z_n(x) = A_1 J_n(x) + A_2 N_n(x)$, A_1, A_2 beliebig
$J_n(x)$: Bessel-Funktion 1. Art, Bessel-Funktion
$N_n(x)$: Bessel-Funktion 2. Art, Neumann-Funktion

Die Bessel-Funktionen 2. Art werden auch mit $Y_n(x)$ bezeichnet.

Graphische Darstellung

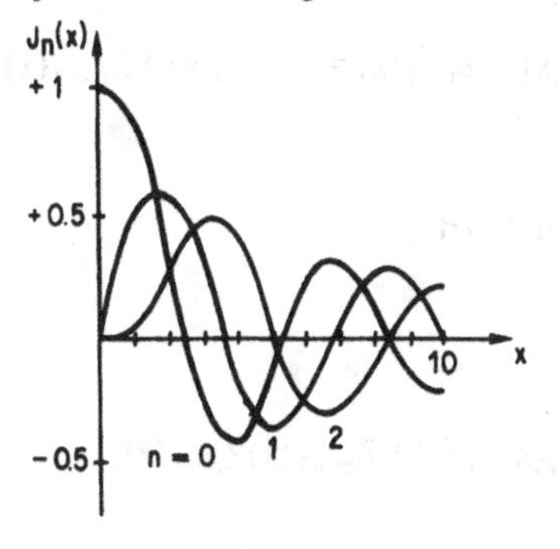

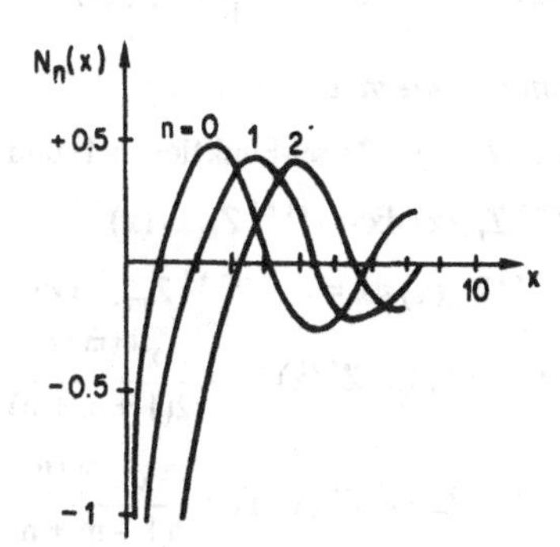

Spezielle Funktionswerte

$x = 0$: $\quad J_0(0) = 1, \quad J_{n>0}(0) = 0, \quad N_n(0) = -\infty$

$0 \leqslant x \ll 1$: $\quad J_0(x) \simeq 1 - \dfrac{x^2}{4}, \quad J_{n>0}(x) \simeq \dfrac{1}{n!}\left(\dfrac{x}{2}\right)^n$

$$N_0(x) \simeq \frac{2}{\pi}\left(\ln\frac{x}{2} + C\right), \quad N_{n>0}(x) \simeq -\frac{(n-1)!}{\pi}\left(\frac{2}{x}\right)^n$$

C = 0,577 216 = Eulersche Konstante

$x \gg n$: $\quad J_n(x) \simeq \sqrt{\dfrac{2}{\pi x}}\cos\left(x - \dfrac{\pi}{4} - \dfrac{n\pi}{2}\right),$

$$N_n(x) \simeq \sqrt{\frac{2}{\pi x}}\sin\left(x - \frac{\pi}{4} - \frac{n\pi}{2}\right)$$

$n \gg x$: $\quad J_n(x) \simeq \dfrac{1}{\sqrt{2\pi n}}\left(\dfrac{ex}{2n}\right)^n, \quad N_n(x) \simeq -\sqrt{\dfrac{2}{\pi n}}\left(\dfrac{ex}{2n}\right)^{-n}$

Nullstellen

k =	1	2	3
$J_0(x_{0k}) = 0$	2,405	5,520	8,654
$J_1(x_{1k}) = 0$	3,832	7,016	10,173
$J_2(x_{2k}) = 0$	5,136	8,417	11,620
$N_0(x'_{0k}) = 0$	0,894	3,958	7,086
$N_1(x'_{1k}) = 0$,	2,197	5,430	8,596
$N_2(x'_{2k}) = 0$	3,384	6,794	10,023

Rekursionsformel

$$Z_{n+1}(x) = \frac{2n}{x} Z_n(x) - Z_{n-1}(x)$$

Differentialquotient

$$\frac{d}{dx} Z_0(x) = -Z_1(x); \qquad \frac{d}{dx} Z_{n>0}(x) = \frac{n}{x} Z_n(x) - Z_{n+1}(x) = -\frac{n}{x} Z_n(x) + Z_{n-1}(x)$$

Unbestimmte Integrale

$Z_m(x), Z'_n(x)$ = Bessel-Funktionen 1. und/oder 2. Art

$$\int x^{n+1} Z_m(x)\, dx = x^{m+1} Z_{m+1}(x)$$

$$\int x^{-n+1} Z_m(x)\, dx = -x^{-m+1} Z_{m-1}(x)$$

$$\int x^{1+m+n} Z_m(x)\, Z'_n(x)\, dx = \frac{x^{2+m+n}}{2(1+m+n)} \{Z_m(x) Z'_n(x) + Z_{m+1}(x) Z'_{n+1}(x)\}$$

$$\int x^{1-m+n} Z_m(x)\, Z'_n(x)\, dx = \frac{x^{2-m+n}}{2(1-m+n)} \{Z_m(x) Z'_n(x) - Z_{m-1}(x) Z'_{n+1}(x)\}$$

für $n + m \neq -1$

$$\int x^{1-m-n} Z_m(x) Z'_n(x)\, dx = \frac{x^{2-m-n}}{2(1-m-n)} \{Z_m(x) Z'_n(x) + Z_{m-1}(x) Z'_{n-1}(x)\}$$

für $n + m \neq -1$

Reihenentwicklungen

$$J_n(x) = \frac{1}{n!} (x/2)^n \left(1 - \frac{(x/2)^2}{1!(n+1)} + \frac{(x/2)^4}{2!(n+1)(n+2)} - + - \right)$$

$$N_0(x) = \frac{2}{\pi} J_0(x) \left(\ln \frac{x}{2} + C\right) - \frac{2}{\pi} \sum_{k=1}^{\infty} \frac{(-1)^k}{(k!)^2} \left(\frac{x}{2}\right)^{2k} \left\{\frac{1}{k} + \frac{1}{k-1} + \ldots + 1\right\}$$

Integraldarstellung

$$J_n(x) = \frac{1}{2\pi} \int_0^{2\pi} e^{i(x \sin \varphi - n\varphi)}\, d\varphi = \frac{1}{\pi} \int_0^{\pi} \cos (x \sin \varphi - n\varphi)\, d\varphi$$

Erzeugende Funktionen

$$\cos (x \sin \Theta) = J_0(x) + 2 \sum_{k=1}^{\infty} J_{2k}(x) \cos (2k\Theta)$$

$$\sin (x \sin \Theta) = 2 \sum_{k=0}^{\infty} J_{2k+1}(x) \sin \{(2k+1)\Theta\}$$

Orthogonalitätsrelation

$$\int_0^{\infty} J_n(ax)\, J_n(bx)\, x\, dx = \frac{1}{a} \delta(a - b)$$

Daraus resultiert die Fourier-Bessel-Transformation:

$$f(x) = \int_0^{\infty} F_n(a)\, J_n(ax)\, a\, da, \qquad F_n(a) = \int_0^{\infty} f(x)\, J_n(ax)\, x\, dx$$

Weitere Auskunft

M. Abramowitz, I. A. Stegun: Handbook of Mathematical Functions. New York 1968.

A. Erdélyi, W. Magnus, F. Oberhettinger, F. G. Tricomi: Higher Transcendental Functions II. Chapter VII. New York 1953.

G. N. Watson: Theory of Bessel Functions. Cambridge 1944.

A 4.2.8 Hermite-Polynome

Definition: n = 0, 1, 2, 3, . . .

$$H_n(x) = (2x)^n - \frac{n(n-1)}{1!}(2x)^{n-2} + \frac{n(n-1)(n-2)(n-3)}{2!}(2x)^{n-4} - +$$

$$H_n(x) = (-1)^n e^{x^2} \frac{d^n}{dx^n}(e^{-x^2})$$

Beispiele

$$H_0 = +1$$
$$H_1 = +2x$$
$$H_2 = -2 + 4x^2$$
$$H_3 = -12x + 8x^3$$
$$H_4 = +12 - 48x^2 + 16x^4$$

Ableitungen

$$\frac{d}{dx} H_n(x) = 2n\, H_{n-1}(x), \qquad \frac{d^2}{dx^2} H_n(x) = 4n(n-1)\, H_{n-2}(x)$$

Rekursionsformeln

$$x\, H_n(x) = n\, H_{n-1}(x) + \frac{1}{2} H_{n+1}(x), \qquad 2x\, H_n(x) - \frac{d}{dx} H_n(x) = H_{n+1}(x)$$

Differentialgleichung

$$\boxed{\frac{d^2}{dx^2} H_n(x) - 2x \frac{d}{dx} H_n(x) + 2n\, H_n(x) = 0}$$

Erzeugende Funktion

$$g(x, z) = \sum_{n=0}^{\infty} \frac{z^n}{n!} \cdot H_n(x) = e^{2xz - z^2}$$

$$H_n(x) = \left. \frac{\partial^n}{\partial z^n} g(x, z) \right|_{z=0}$$

Orthogonalitätsrelation

$$\int_{-\infty}^{+\infty} H_n(x)\, H_m(x) \frac{e^{-x^2}}{\sqrt{\pi} \cdot 2^n n!} dx = \delta_{nm} \quad \begin{cases} = 1 & \text{für } n = m \\ = 0 & \text{für } n \neq m \end{cases}$$

Weitere Auskunft

W. Magnus, F. Oberhettinger, R. P. Soni: Formulas and Theorems for the Special Functions of Mathematical Physics. New York 1966.

A 4.2.9 Legendre-Polynome und zugeordnete Legendre-Kugelfunktionen

Definition der Legendre-Polynome

$$P_n(z) = \frac{1}{2^n\, n!} \frac{d^n}{dz^n} (z^2 - 1)^n; \qquad n = 0, 1, 2, 3, \ldots, \qquad |z| \leqslant 1$$

Definition der zugeordneten Legendre-Kugelfunktionen (1. Art)

$$P_n^m(z) = (1 - z^2)^{m/2} \frac{d^m}{dz^m} P_n(z), \qquad m = 0, 1, 2, 3, \ldots, n$$

Beispiele

$$P_0^0 = 1$$

$$P_1^0 = z, \qquad P_1^1 = (1 - z^2)^{1/2}$$

$$P_2^0 = \frac{1}{2}(3z^2 - 1), \qquad P_2^1 = 3\,(1 - z^2)^{1/2} \cdot z, \qquad P_2^2 = 3(1 - z^2)$$

$$P_3^0 = \frac{1}{2}(5z^3 - 3z), \qquad P_3^1 = \frac{3}{2}(1 - z^2)^{1/2}(5z^2 - 1)$$

$$P_3^2 = 15z\,(1 - z^2), \qquad P_3^3 = 15\,(1 - z^2)^{3/2}$$

Ableitung

$$(1 - z^2)\frac{d}{dz} P_n^m(z) = -nzP_n^m(z) + (n + m)\,P_{n-1}^m(z)$$

$$= (n + 1)\,zP_n^m(z) - (n - m + 1)\,P_{n+1}^m(z)$$

Rekursionsformeln

$$P_n^{m+1}(z) - 2mz(1 - z^2)^{-1/2}\,P_n^m(z) + \{n(n + 1) - (m - 1)m\}\,P_n^{m-1}(z) = 0$$

$$(n - m + 1)\,P_{n+1}^m(z) - (2n + 1)\,z\,P_n^m(z) + (n + m)\,P_{n-1}^m(z) = 0$$

$$P_m^n(z) = (2n + 1)^{-1}\,(1 - z^2)^{-1/2}\,\{P_{n+1}^{m+1}(z) - P_{n-1}^{m+1}(z)\}$$

Differentialgleichung

$$\boxed{(1 - z^2)\frac{d^2}{dz^2} P_n^m(z) - 2z\frac{d}{dz} P_n^m(z) + \left\{n(n + 1) - \frac{m^2}{1 - z^2}\right\} P_n^m(z) = 0}$$

Erzeugende Funktionen

$$\frac{1}{\sqrt{1 - 2zt + t^2}} = \sum_{n=0}^{\infty} P_n(z)\,t^n; \qquad \frac{(2m)!}{2^m\, m!} \frac{(1 - z^2)^{m/2}\,t^m}{(1 - 2zt + t^2)^{\frac{m+1}{2}}} = \sum_{n=m}^{\infty} P_n^m(z)\,t^n$$

Orthogonalitätsrelationen

$$\int_{-1}^{+1} P_n(z) \cdot P_{n'}(z) \cdot dz = \frac{2}{2n+1} \delta_{nn'}$$

$$\int_{-1}^{+1} P_n^m(z) \cdot P_{n'}^{m'}(z) \cdot dz = \frac{2}{2n+1} \cdot \frac{(n+m)!}{(n-m)!} \delta_{nn'} \delta_{mm'}$$

Weitere Auskunft

A. Erdélyi, W. Magnus, F. Oberhettinger, F. G. Tricomi: Higher Transcendental Functions I. Chapter III. New York 1953.

W. Magnus, F. Oberhettinger, R. P. Soni: Formulas and Theorems for the Special Functions of Mathematical Physics. 3. Ausg. Berlin 1966.

A 4.2.10 Laguerre-Polynome

Definition der Laguerre-Polynome

$$L_n(x) = e^x \frac{d^n}{dx^n} (x^n e^{-x}), \qquad n = 0, 1, 2, 3, \ldots$$

Definition der zugeordneten Laguerre-Polynome:

$$L_n^m(x) = \frac{d^m}{dx^m} L_n(x), \qquad m = 0, 1, 2, 3, \ldots, n$$

Beispiele

$L_0 = 1$, $\quad L_1 = 1 - x$, $\quad L_1^1 = -1$,

$L_2 = 2 - 4x + x^2$, $\quad L_2^1 = -4 + 2x$, $\quad L_2^2 = 2$

Rekursionsformel

$$L_{n+1}(x) - (2n + 1 - x) L_n(x) + n^2 L_{n-1}(x)$$

Differentialgleichung

$$x \frac{d^2}{dx^2} L_n^m(x) + (m + 1 - x) \frac{d}{dx} L_n^m(x) + (n - m) L_n^m(x) = 0$$

Erzeugende Funktionen

$$(1-t)^{-1} \exp\left(\frac{-xt}{1-t}\right) = \sum_{n=0}^{\infty} L_n(x) \frac{t^n}{n!}$$

$$(-t)^m (1-t)^{-(m+1)} \exp\left(\frac{-xt}{1-t}\right) = \sum_{n=m}^{\infty} L_n^m(x) \frac{t^n}{n!}$$

Orthogonalitätsrelation

$$\int_0^{\infty} L_n(x) L_{n'}(x) e^{-x} dx = (n!)^2 \cdot \delta_{nn'}$$

Weitere Auskunft

W. Magnus, F. Oberhettinger, R. P. Soni: Formulas and Theorems for the Special Functions of Mathematical Physics. 3. Ausg. Berlin 1966.

A 4.2.11 Kugelfunktionen und Orbitale

$$Y_{\ell m}(\theta,\phi) = \sqrt{\frac{(\ell - |m|)!\,(2\ell+1)}{(\ell+|m|)!\,4\pi}} \cdot P_\ell^{|m|}(\cos\theta) \cdot e^{+im\phi}$$

Kugelfunktionen Argumente: θ, ϕ Funktionen komplex	*Orbitale* Argumente: $x' = \sin\theta\cos\phi$ $y' = \sin\theta\sin\phi$ $z' = \cos\theta$ Funktionen reell
$(\ell = 0)$	
$Y_{00} = \frac{1}{\sqrt{4\pi}}$	$s = \frac{1}{\sqrt{4\pi}}$
$(\ell = 1)$	
$Y_{10} = \sqrt{\frac{3}{4\pi}} \cdot \cos\theta$	$p_z = \sqrt{\frac{3}{4\pi}} \cdot z'$
$Y_{1,\pm 1} = \sqrt{\frac{3}{8\pi}} \sin\theta\, e^{\pm i\phi}$	$\left\{ p_x = \sqrt{\frac{3}{4\pi}} \cdot x' \right.$ $\left. p_y = \sqrt{\frac{3}{4\pi}} \cdot y' \right.$
$(\ell = 2)$	
$Y_{20} = \sqrt{\frac{5}{16\pi}} (3\cos^2\theta - 1)$	$d_{z^2} = \sqrt{\frac{5}{16\pi}} (3z'^2 - 1)$
$Y_{2,\pm 1} = \sqrt{\frac{15}{8\pi}} \cos\theta\sin\theta\, e^{\pm i\phi}$	$\left\{ d_{zx} = \sqrt{\frac{15}{4\pi}}\, z'x' \right.$ $\left. d_{zy} = \sqrt{\frac{15}{4\pi}}\, z'y' \right.$
$Y_{2,\pm 2} = \sqrt{\frac{15}{32\pi}} \sin^2\theta\, e^{\pm 2i\phi}$	$\left\{ d_{x^2-y^2} = \sqrt{\frac{15}{16\pi}} (x'^2 - y'^2) \right.$ $\left. d_{xy} = \sqrt{\frac{15}{4\pi}}\, x'y' \right.$

A 4.2.12 Normierte Eigenfunktionen des Wasserstoffatoms

$\Psi_{n\ell m}(r, \theta, \phi)$, wobei $r = a_0 \cdot r'$.

Normierung

$$\int_0^\infty \int_0^\pi \int_0^{2\pi} \Psi^*_{n'\ell'm'}(r, \theta, \phi)\, \Psi_{n\ell m}(r, \theta, \phi) \cdot r^2 \cdot dr \sin\theta \, d\theta \, d\phi = \delta_{n'n} \cdot \delta_{\ell'\ell} \cdot \delta_{m'm}$$

s-*Zustände* $\ell = 0$

$$\Psi_{100} = \frac{1}{a_0^{3/2}} \cdot \frac{1}{\sqrt{\pi}} \cdot e^{-r'}$$

$$\Psi_{200} = \frac{1}{a_0^{3/2}} \frac{1}{\sqrt{32\pi}} \cdot (2 - r') \cdot e^{-\frac{r'}{2}}$$

$$\Psi_{300} = \frac{1}{a_0^{3/2}} \frac{2}{81\sqrt{3\pi}} (27 - 18r' + 2r'^2) \cdot e^{-\frac{r'}{3}}$$

p-*Zustände* $\ell = 1$

$$\Psi_{210} = \frac{1}{a_0^{3/2}} \frac{1}{\sqrt{32\pi}} \cdot r' e^{-\frac{r'}{2}} \cos\theta$$

$$\Psi_{21\pm1} = \frac{1}{a_0^{3/2}} \frac{1}{8\sqrt{\pi}} r' e^{-\frac{r'}{2}} \cdot \sin\theta \cdot e^{\pm i\phi}$$

$$\Psi_{310} = \frac{1}{a_0^{3/2}} \frac{2}{81\sqrt{\pi}} (6r' - r'^2)\, e^{-\frac{r'}{3}} \cos\theta$$

$$\Psi_{31\pm1} = \frac{1}{a_0^{3/2}} \frac{2}{81\sqrt{2\pi}} (6r' - r'^2)\, e^{-\frac{r'}{3}} \sin\theta \, e^{\pm i\phi}$$

d-*Zustände* $\ell = 2$

$$\Psi_{320} = \frac{1}{a_0^{3/2}} \frac{1}{81\sqrt{6\pi}} r'^2 e^{-\frac{r'}{3}} (3\cos^2\theta - 1)$$

$$\Psi_{32\pm1} = \frac{1}{a_0^{3/2}} \frac{1}{81\sqrt{\pi}} r'^2 e^{-\frac{r'}{3}} \cos\theta \sin\theta \, e^{\pm i\phi}$$

$$\Psi_{32\pm2} = \frac{1}{a_0^{3/2}} \frac{1}{162\sqrt{\pi}} r'^2 e^{-\frac{r'}{3}} \sin^2\theta \, e^{\pm 2i\phi}$$

A 4.2.13 Die δ-„Funktion"

Bemerkung: Die von P. A. M. Dirac (1902–1984) im Jahre 1927 eingeführte δ-„Funktion" $\delta(x)$ ist keine Funktion im üblichen Sinne, sondern eine *Distribution*. Das bedeutet, daß $\delta(x)$ nicht durch die Funktionswerte bei gegebenen x definiert wird, sondern durch die Werte, welche das Integral

$$\int_{-\infty}^{+\infty} f(x) \cdot \delta(x - x_0) \cdot dx$$

für beliebige x und stetige Funktionen f(x) annimmt.

Definition

$$\int_{-\infty}^{+\infty} f(x) \cdot \delta(x - x_0) \cdot dx = f(x_0) = \int_{-\infty}^{+\infty} f(x) \cdot \delta(x_0 - x) \cdot dx$$

Fourier-Darstellung

$$\delta(x - x_0) = \frac{1}{2\pi} \int_{-\infty}^{+\infty} e^{i(x-x_0)k}\, dk$$

Darstellung durch Grenzprozesse

$$\delta(x - x_0) = \lim_{\epsilon \to 0} \frac{1}{\sqrt{\pi\epsilon}}\, e^{-\frac{(x-x_0)^2}{\epsilon}} = \lim_{\epsilon \to 0} \frac{1}{\pi} \frac{\epsilon}{\epsilon^2 + (x - x_0)^2}$$

$$= \lim_{k \to \infty} \frac{\sin k(x - x_0)}{\pi(x - x_0)}$$

Spezielle Integrale

$$\int_{-\infty}^{+\infty} \delta(x - x_0) \cdot dx = 1$$

$$\int_{-\infty}^{x} \delta(x' - x_0) \cdot dx' = \int_{-\infty}^{+\infty} \Theta(x - x') \, \delta(x' - x_0) \, dx' = \Theta(x - x_0) \begin{cases} = 1 & \text{für } x > x_0 \\ = 0 & \text{für } x < x_0 \end{cases}$$

$\Theta \equiv$ Heaviside-Funktion

Ableitung

$$\frac{d}{dx} \delta(x - x_0) = \delta'(x - x_0) = -\frac{1}{(x - x_0)} \delta(x - x_0) = -\delta'(x_0 - x)$$

$$\int_{-\infty}^{+\infty} f(x) \cdot \delta'(x_0 - x) \cdot dx = f'(x_0), \quad \text{wenn } f'(x) \text{ stetig bei } x = x_0$$

A 4.3 Fourier-Reihen

Definition siehe 6.6.1

Rechteck- oder Mäanderfunktion

$$x(t) = \frac{4}{\pi} \left(\sin t + \frac{1}{3} \sin 3\,t + \frac{1}{5} \sin 5\,t + + + \right)$$

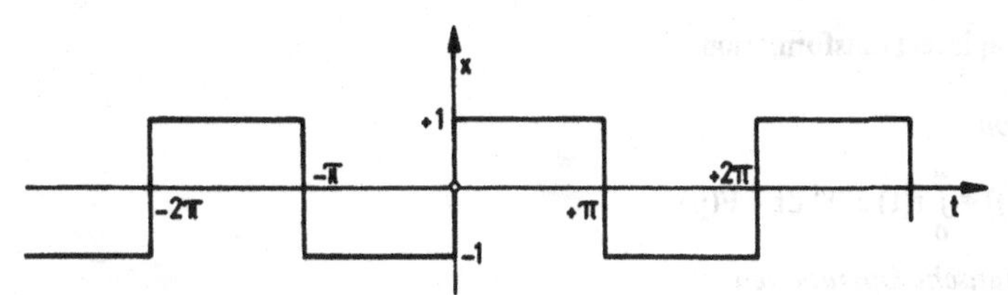

Symmetrischer Sägezahn

$$x(t) = \frac{8}{\pi^2}\left(\sin t - \frac{1}{3^2}\sin 3\,t + \frac{1}{5^2}\sin 5\,t - + -\right)$$

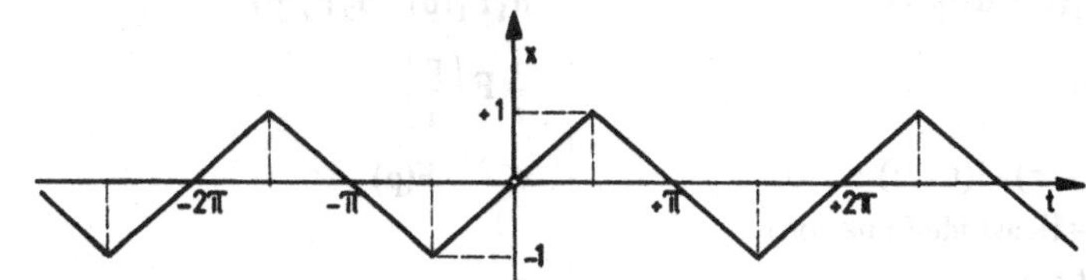

Sägezahn

$$x(t) = \frac{2}{\pi}\left(\frac{\sin t}{1} - \frac{\sin 2\,t}{2} + \frac{\sin 3\,t}{3} - + -\right)$$

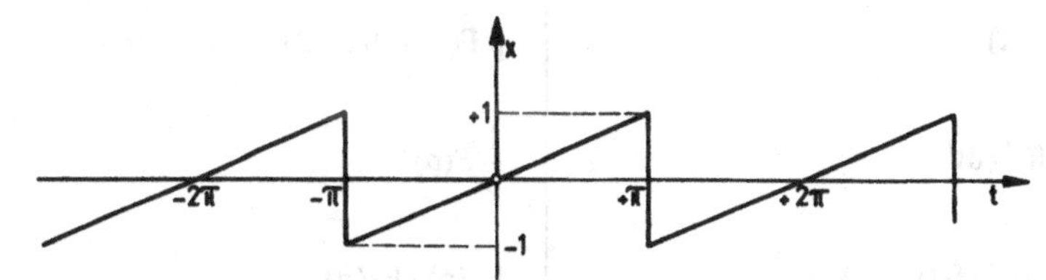

Betrag des Sinus

$$x(t) = \frac{2}{\pi} - \frac{4}{\pi}\left(\frac{\cos 2\,t}{1\cdot 3} + \frac{\cos 4\,t}{3\cdot 5} + \frac{\cos 6\,t}{5\cdot 7} + + +\right)$$

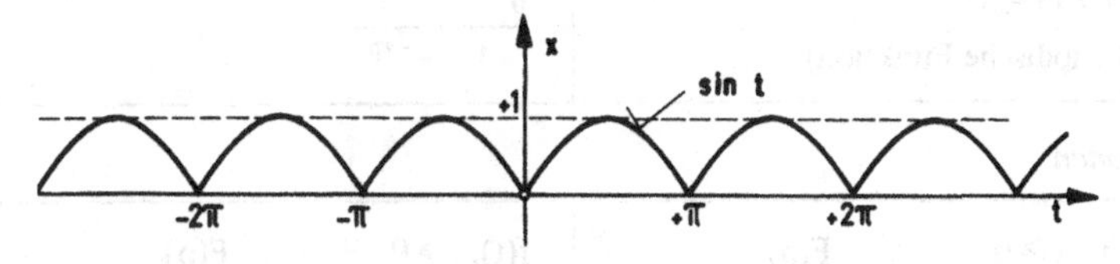

Gleichgerichteter Sinus

$$x(t) = \frac{1}{\pi} + \frac{1}{2}\sin t - \frac{2}{\pi}\left(\frac{\cos 2\,t}{1\cdot 3} + \frac{\cos 4\,t}{3\cdot 5} + \frac{\cos 6\,t}{5\cdot 7} + +\right)$$

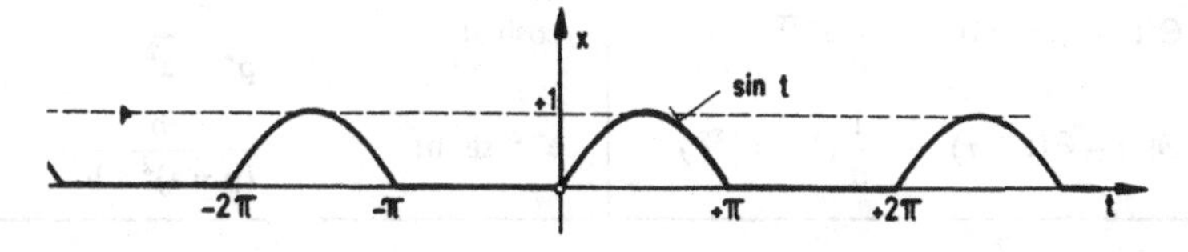

A 4.4 Laplace-Transformation

Definition

$$L(f(t)) = \int_0^\infty f(t)\, e^{-pt}\, dt = F(p)$$

Mathematische Operationen

t–Raum	p-Raum
$\alpha_1 f_1(t) + \alpha_2 f_2(t)$	$\alpha_1 F_1(p) + \alpha_2 F_2(p)$
$f(at)$	$\frac{1}{a} F\left(\frac{p}{a}\right)$
$\Theta(t-\tau) \cdot f(t-\tau), \tau > 0$ (Θ = Heaviside-Funktion)	$e^{-p\tau} \cdot F(p)$
$e^{-at} f(t)$	$F(p+a)$
$(-t)^n f(t)$	$\frac{d^n}{dp^n} F(p)$
$\frac{d}{dt} f(t)$	$p\,F(p) - f(t=0)$
$\int_0^t f(t')\, dt'$	$\frac{1}{p} F(p)$
$\int_0^t f_1(t')\, f_2(t-t')\, dt'$ (Faltung)	$F_1(p) \cdot F_2(p)$
$f(t+\tau) = f(t)$ (Periodische Funktion)	$\frac{\int_0^\tau e^{-pt} f(t)\, dt}{1 - e^{-\tau p}}$

Funktionen

f(t), t ⩾ 0	F(p)	f(t), t ⩾ 0	F(p)
$\delta(t-\tau), \tau > 0$	$e^{-\tau p}$	sinh at	$\frac{a}{p^2 - a^2}$
$\Theta(t-\tau), \tau > 0$	$\frac{1}{p} e^{-\tau p}$	cosh at	$\frac{p}{p^2 - a^2}$
$\Theta(t) - \Theta(t-\tau)$	$\frac{1}{p}(1 - e^{-\tau p})$	$e^{-at} \sin bt$	$\frac{b}{(p+a)^2 + b^2}$

$f(t), t \geqslant 0$	$F(p)$	$f(t), t \geqslant 0$	$F(p)$
1	$\frac{1}{p}$		
t^n	$\frac{n!}{p^{n+1}}$	$e^{-at} \cos bt$	$\frac{p+a}{(p+a)^2+b^2}$
e^{-at}	$\frac{1}{p+a}$	$t \sin at$	$\frac{2ap}{(p^2+a^2)^2}$
$t \cdot e^{-at}$	$\frac{1}{(p+a)^2}$	$t \cos at$	$\frac{p^2-a^2}{(p^2+a^2)^2}$
$e^{-at} - e^{-bt}$ $(a \neq b)$	$\frac{b-a}{(p+a)(p+b)}$	$\frac{1}{\sqrt{t}}$	$\sqrt{\frac{\pi}{p}}$
$ae^{-at} - be^{-bt}$ $(a \neq b)$	$\frac{(a-b)p}{(p+a)(p+b)}$	$\sqrt{t}$	$\frac{\sqrt{\pi}}{2} p^{-3/2}$
$\sin at$	$\frac{a}{p^2+a^2}$	$J_0(at)$	$\frac{1}{\sqrt{p^2+a^2}}$
$\cos at$	$\frac{p}{p^2+a^2}$	$\frac{1}{\sqrt{\pi t}} \exp\left(-\frac{k^2}{4t}\right)$	$\frac{1}{\sqrt{p}} e^{-k\sqrt{p}}, k \geqslant 0$
$\sin^2\left(\frac{at}{2}\right)$	$\frac{a^2}{2p(p^2+a^2)}$		

Literatur

G. Doetsch: Handbuch der Laplace-Transformation (3 Bde). Basel 1971/1973.

A. Erdélyi, W. Magnus, F. Oberhettinger, F. G. Tricomi: Tables of Integral Transforms I and II. New York 1954.

A 4.5 Gewöhnliche Differentialgleichungen

A 4.5.1 Homogene lineare Differentialgleichungen mit konstanten Koeffizienten

Allgemeine Differentialgleichung

A_m konstant; $m = 0, 1, 2, 3, \ldots, n$; n = Ordnung der Differentialgleichung

$$0 = \sum_{m=0}^{n} A_m \frac{d^m y}{dx^m}$$

Mit dem Lösungsansatz $y = e^{kx}$ ergibt sich die

charakteristische Gleichung

$$0 = \sum_{m=0}^{n} A_m k^m$$

mit den Lösungen k_r : $r = 1, 2, 3, \ldots, n$

Allgemeine Lösung der Differentialgleichung

C_r konstant, beliebig; $r = 1, 2, 3, \ldots, n$

Fall A: $k_r \neq k_p$ für $r \neq p$, d. h. alle k_r verschieden

$$y = \sum_{r=1}^{n} C_r e^{k_r x}$$

Fall B: $k_1 = k_2 = k_3 = \ldots = k_{n^*}$, alle andern k_r verschieden

$$y = \sum_{r=1}^{n^*-1} C_r x^r e^{k_1 x} + \sum_{r=n^*}^{n} C_r e^{k_r x}$$

Spezielle Differentialgleichungen

$\frac{dy}{dx} \equiv y'$, $\frac{d^2y}{dx^2} \equiv y''$; $k \neq 0$, konstant; y_0, y_0' konstant, beliebig

Differentialgleichung	*allgemeine Lösung*
$0 = y'$	$y = y_0$
$0 = y' + ky$	$y = y_0 e^{-kx}$
$0 = y''$	$y = y_0 + y_0' x$
$0 = y'' - k^2 y$	$y = y_0 \cosh kx + y_0' k^{-1} \sinh kx$
$0 = y'' + k^2 y$	$y = y_0 \cos kx + y_0' k^{-1} \sin kx$
$0 = y'' - k y'$	$y = y_0 + y_0' k^{-1} (e^{kx} - 1)$
$0 = y'' - 2k y' + k^2 y$	$y = y_0 (1 - kx) e^{kx} + y_0' x e^{kx}$

A 4.5.2 Inhomogene lineare Differentialgleichungen mit konstanten Koeffizienten

Allgemeine Differentialgleichung

A_m konstant; $m = 0, 1, 2, 3, \ldots, n$; n = Ordnung der Differentialgleichung

$$f(x) = \sum_{m=0}^{n} A_m \frac{d^m y}{dx^m} \quad \text{mit} \quad \sum_{m=0}^{n} A_m k_r^m = 0; \qquad r = 1, 2, \ldots, n$$

Allgemeine Lösung

$y = y_p + y_h$

wobei

y_h allgemeine Lösung der homogenen Differentialgleichung mit $f(x) \equiv 0$ gemäß A 4..

y_p eine partikuläre (d. h. spezielle) Lösung der inhomogenen Differentialgleichung m
$f(x) \neq 0$.

Partikuläre Lösungen für spezielle f(x)

V, $a \neq 0$, konstant

$f(x) = V$ $\qquad y_p = V A_0^{-1}$

$f(x) = V e^{ax}$ $\qquad y_p = V e^{ax} \left[\sum_{m=0}^{n} A_m a^m \right]^{-1}$

$(a \neq k_r)$

$f(x) = V e^{k_1 x}$ $\qquad y_p = V x^{n^*} e^{k_1 x} \left[\sum_{m=n^*}^{n} \frac{m!}{(m-n^*)!} A_m k_1^{m-n^*} \right]^{-1}$

$(k_1 = k_2 = k_3 = \dots = k_{n^*})$

Spezielle Differentialgleichungen erster Ordnung

$\frac{dy}{dx} \equiv y'$; a, k, $V \neq 0$, konstant; y_0 konstant, beliebig

Differentialgleichung	*allgemeine Lösung*
$f(x) = y'$	$y = y_0 + \int_0^x f(u)\,du$
$f(x) = y' + ky$	$y = y_0 e^{-kx} + \left[\int_0^x f(u)\, e^{ku}\,du \right] \cdot e^{-kx}$
$V = y' + ky$	$y = y_0 e^{-kx} + V k^{-1}(1 - e^{-kx})$
$V e^{ax} = y' + ky$ $(a \neq -k)$	$y = y_0 e^{-kx} + \frac{V}{k+a}(e^{ax} - e^{-kx})$,
$V e^{-kx} = y' + ky$	$y = y_0 e^{-kx} + V x e^{-kx}$

Spezielle Differentialgleichungen zweiter Ordnung

$\frac{d^2y}{dx^2} \equiv y''$, $\frac{dy}{dx} \equiv y'$; k, V, $a \neq 0$, konstant; y_0, y_0' konstant, beliebig

Differentialgleichung	*allgemeine Lösung*
$f(x) = y''$	$y = y_0 + y_0' x + x \int_0^x f(u)\,du - \int_0^x f(u)\,u\,du$
$V = y''$	$y = y_0 + y_0' x + \frac{1}{2} V x^2$
$V e^{ax} = y''$	$y = y_0 + y_0' x + a^{-2} V (e^{ax} - ax - 1)$
$V \cos ax = y''$	$y = y_0 + y_0' x + a^{-2} V (1 - \cos ax)$
$f(x) = y'' + ky'$	$y = y_0 + y_0' k^{-1}(1 - e^{-kx}) + k^{-1} \int_0^x f(u)\,du - k^{-1} e^{-kx} \int_0^x f(u)\, e^{ku}\,du$
$V = y'' + ky'$	$y = y_0 + y_0' k^{-1}(1 - e^{-kx}) + V k^{-2}(e^{-kx} + kx - 1)$

Differentialgleichung	*allgemeine Lösung*
$V e^{ax} = y'' + ky'$ $(a \neq -k)$	$y = y_0 + y_0' k^{-1}(1 - e^{-kx}) + V\left(\frac{1}{k(k+a)} e^{-kx} + \frac{1}{a(k+a)} e^{ax} - \frac{1}{a\,k}\right)$
$V e^{-kx} = y'' + ky'$	$y = y_0 + y_0' k^{-1}(1 - e^{-kx}) + V k^{-2}(1 - e^{-kx} - kx\, e^{-kx})$
$V \cos ax = y'' + ky'$	$y = y_0 + y_0' k^{-1}(1 - e^{-kx}) + V \frac{1}{a^2 + k^2} e^{-kx} - V \frac{1}{a^2 + k^2}\left(\cos ax - \frac{k}{a} \sin ax\right)$
$f(x) = y'' + k^2 y$	$y = k^{-1}(\cos kx)\{k y_0 - \int_0^x f(u) \sin ku\, du\} + k^{-1}(\sin kx)\{y_0' + \int_0^x f(u) \cos ku\, du\}$
$V = y'' + k^2 y$	$y = y_0 \cos kx + y_0' k^{-1} \sin kx + V k^{-2}(1 - \cos kx)$
$f(x) = y'' - k^2 y$	$y = k^{-1}(\cosh kx)\{k y_0 - \int_0^x f(u) \sinh ku\, du\} + k^{-1}(\sinh kx)\{y_0' + \int_0^x f(u) \cosh ku\, du\}$
$V = y'' - k^2 y$	$y = y_0 \cosh kx + y_0' k^{-1} \sinh kx + V k^{-2}(\cosh kx - 1)$

A 4.5.3 Homogene lineare Differentialgleichungen mit veränderlichen Koeffizienten

Allgemeine Differentialgleichung

$m = 0, 1, 2, 3, \ldots, n$; n = Ordnung der Differentialgleichung

$$0 = \sum_{m=0}^{n} A_m(x) \frac{d^m y}{dx^m}$$

Allgemeine Lösung der Differentialgleichung

C_r konstant, beliebig; $r = 1, 2, 3, \ldots, n$

$$y = \sum_{r=1}^{n} C_r y_r(x)$$

sofern die Lösungs-Funktionen $y_r(x)$ *linear unabhängig* sind. Die Funktionen $y_r(x)$, $r = 1, 2, 3, \ldots, n$, sind linear unabhängig, wenn die *Determinante* W_n *von* J. M. W r o n s k (1778–1853) von Null verschieden ist:

$$W_n = \begin{vmatrix} y_1 & y_2 & y_3 & \dots y_r & \dots y_n \\ y_1' & y_2' & y_3' & \dots y_r' & \dots y_n' \\ y_1'' & y_2'' & y_3'' & \dots y_r'' & \dots y_n'' \\ \cdot & \cdot & \cdot & \cdot & \cdot \\ y_1^{(r)} & y_2^{(r)} & y_3^{(r)} & \dots y_r^{(r)} & \dots y_n^{(r)} \\ \cdot & \cdot & \cdot & \cdot & \cdot \\ y_1^{(n-1)} & y_2^{(n-1)} & y_3^{(n-1)} & \dots y_r^{(n-1)} & \dots y_n^{(n-1)} \end{vmatrix} \not\equiv 0$$

Spezielle Differentialgleichungen erster Ordnung

$\frac{dy}{dx} \equiv y'$; k, a konstant; y_0 konstant, beliebig

Differentialgleichung	*Lösung*
$0 = y' + F(x)\,y$	$y = y_0 \exp\left(-\int_0^x F(u)\,du\right)$
$0 = y' + (k \cos ax)\,y$	$y = y_0 \exp\left(-\frac{k}{a} \sin ax\right)$

Spezielle Differentialgleichungen zweiter Ordnung

$\frac{d^2y}{dx^2} \equiv y''$, $\quad \frac{dy}{dx} \equiv y'$

k, K, L, $a \neq 0$ konstant; m, n ganzzahlig; C_1, C_2 konstant, beliebig

Differentialgleichung	*Lösung*	
$0 = y'' + \frac{1}{x} y' + \left(1 - \frac{n^2}{x^2}\right) y$	Bessel-Funktionen	(A 4.2.7)
$0 = y'' - 2xy' + 2n\,y$	Hermite-Polynome	(A 4.2.8)
$0 = (1 - x^2)y'' - 2xy' + \left\{(n+1)n - \frac{m^2}{1 - x^2}\right\} y$	Legendre-Funktionen	(A 4.2.9)
$0 = xy'' + (m + 1 - x)y' + (n - m)y$	Laguerre-Funktionen	(A 4.2.10)
$0 = y'' + F(x)y;\ F(x + L) = F(x)$	Hill-Funktionen	(7.9)
$0 = y'' + (K - 2k \cos 2ax)y$	Mathieu-Funktionen	(7.9)

Euler-Cauchy-Gleichungen

$0 = x^2 y'' + kx\,y' + K\,y$	$y = C_1 x^{n_1} + C_2 x^{n_2}$
$(4K \neq \{1 - k\}^2)$	$n_{1,2}^2 + (k - 1)\,n_{1,2} + K = 0$
$0 = x^2 y'' + (1 - 2n)xy' + n^2 y$	$y = C_1 x^n + C_2 x^n \ln x$

A 4.5.4 Inhomogene lineare Differentialgleichungen mit veränderlichen Koeffizienten

Allgemeine Differentialgleichung

$m = 0, 1, 2, 3, \ldots, n$; n = Ordnung der Differentialgleichung

$$f(x) = \sum_{m=0}^{n} A_m(x) \frac{d^m y}{dx^m}$$

Differentialgleichungen erster Ordnung

$\frac{dy}{dx} \equiv y'$; y_0 konstant, beliebig

Differentialgleichung	*Lösung*
$-\frac{\partial F(x,y)}{\partial x} = \frac{\partial F(x,y)}{\partial y} y'$	$F(x,y) = F(0, y_0) = F_0$
$f(x) = y' + F(x)y$	$y = \{\exp(-\int_0^x F(u)\,du)\} \times \{y_0 + \int_0^x f(u) \exp[\int_0^u F(v)\,dv]\,du\}$

Differentialgleichungen zweiter Ordnung

$\frac{d^2y}{dx^2} \equiv y''$, $\frac{dy}{dx} \equiv y'$; C_1, C_2 konstant, beliebig

Differentialgleichung	*allgemeine Lösung*
$0 = y'' + F_1(x)y' + F_0(x)y$	$y = C_1 y_1(x) + C_2 y_2(x)$

Wronski-Determinante

$$W_2(x) = y_1(x)\,y_2'(x) - y_1'(x)\,y_2(x) = W_2(0) \exp(-\int_0^x F_1(u)\,du) \neq 0$$

$f(x) = y'' + F_1(x)y' + F_0(x)y$	$y = -y_1(x) \int_0^x f(u)\,y_2(u)\,W_2^{-1}(u)\,du + y_2(x) \int_0^x f(u)\,y_1(u)\,W_2^{-1}(u)\,du + C_1 y_1(x) + C_2 y_2(x)$

A 4.5.5 Nichtlineare Differentialgleichungen

Differentialgleichungen erster Ordnung

$\frac{dy}{dx} \equiv y'$; $V, k, a, b \neq 0$, konstant; y_0 konstant, beliebig

Differentialgleichung	*Lösung*	
$0 = y' + F(x)\,G(y)$	$\int\limits_0^x F(u)\,du = -\int\limits_0^y \frac{dv}{G(v)}$	
$0 = y' + ky^2$	$y = y_0\,(1 + ky_0x)^{-1}$	
$0 = y' - k(a-y)^2$	$y = (y_0 + (a-y_0)akx)/(1 + (a-y_0)kx)$	
$0 = y' - k(a-y)(b-y)$	$kx = (a-b)^{-1} \ln \frac{(b-y_0)(a-y)}{(a-y_0)(b-y)}$	
$0 = y' + F(x)y + G(x)y^n$ Bernoulli-Gleichung	mit $u = y^{(1-n)}$, $n \neq 1$, wird $(n-1)\,G(x) = u' + (1-n)\,F(x)\,u$	siehe A 4.5.4
$0 = y' + a(y^2 + c^2)$	$y = c\tan(-acx + \arctan(y_0/c))$	
$0 = y' + a(y^2 - c^2)$	$y = c\tanh(acx + \operatorname{artanh}(y_0/c))$	
Riccati-Gleichungen $c > 0$	$y = c\tanh(acx + \operatorname{artanh}(y_0/c))$	für $y_0 < c$
	$y = y_0$	für $y_0 = c$
	$y = c\coth(acx + \operatorname{arcoth}(y_0/c))$	für $y_0 > c$

Differentialgleichungen zweiter Ordnung

$\frac{dy}{dx} \equiv y'$, $\frac{d^2y}{dx^2} \equiv y''$; k konstant; y_0, y_0' konstant, beliebig

Differentialgleichung	*Lösung*
$0 = y'' + F(y)$	$y'(y) = \pm\,\{(y_0')^2 - 2\int\limits_{y_0}^{y} F(y)\,dy\}^{1/2}$, $\quad x(y) = \int\limits_{y_0}^{y} \frac{dy}{y'(y)}$
$0 = y'' + k(y/y_0)^{-2}$	$y'(y) = \pm\left\{(y_0')^2 - 2ky_0\left(1 - \frac{y_0}{y}\right)\right\}^{1/2}$

A 4.6 Vektoralgebra im reellen dreidimensionalen Raum

A 4.6.1 Vektoren

Definition

Ein Vektor $\vec{r}$ ist eine gerichtete Strecke. Er ist bestimmt durch den Betrag

$r = |\vec{r}|$

und die Richtung. Die Richtung wird beschrieben durch den Einheitsvektor

$\vec{e}$, $|\vec{e}| = 1$

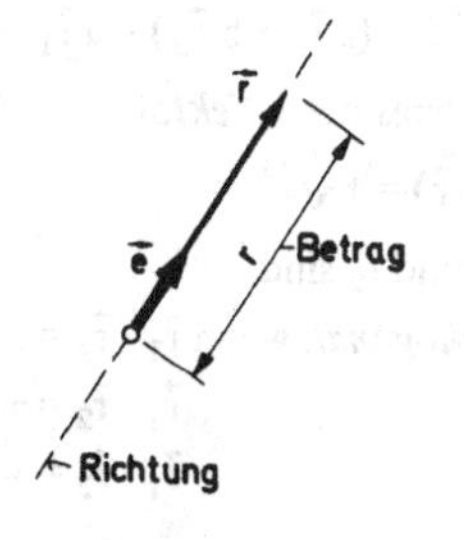

Multiplikation eines Vektors mit einer reellen Zahl

Die Multiplikation eines Vektors $\vec{r}$ mit einer reellen Zahl a ergibt einen Vektor $a\vec{r}$. Dabei bleibt die Richtung $\vec{e}$ bis auf das Vorzeichen erhalten. Der Betrag von $\vec{r}$ wird mit dem Betrag von a multipliziert

Richtung des Vektors $a\vec{r}$: $+\vec{e}$ wenn $a > 0$

$-\vec{e}$ wenn $a < 0$

Betrag des Vektors $a\vec{r}$: $|a\vec{r}| = |a| \cdot |\vec{r}| = |a| \cdot r$

B e i s p i e l e : $1 \cdot \vec{r} = \vec{r}, 0 \cdot \vec{r} = 0, r^{-1} \cdot \vec{r} = \vec{e}$

Addition zweier Vektoren

Die Addition zweier Vektoren $\vec{r}_1$ und $\vec{r}_2$ ergibt einen Vektor $(\vec{r}_1 + \vec{r}_2)$. Die Addition der Vektoren entspricht der geometrischen Addition der gerichteten Strecken:

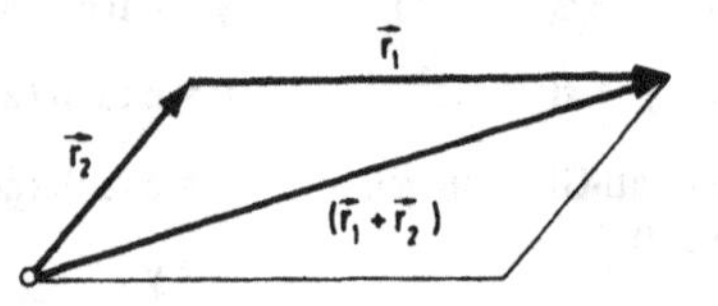

Linearkombinationen von Vektoren

Bildet man mit n reellen Zahlen $a_1, a_2, \ldots, a_n$ und n Vektoren $\vec{r}_1, \vec{r}_2, \ldots, \vec{r}_n$ die Linearkombination

$$a_1\vec{r}_1 + a_2\vec{r}_2 + a_3\vec{r}_3 + \ldots + a_n\vec{r}_n,$$

so bildet diese wieder einen Vektor.

A 4.6.2 Das Skalarprodukt

Das Skalarprodukt zweier Vektoren $\vec{r}_1$ und $\vec{r}_2$ ist definiert als der *Skalar*

$$(\vec{r}_1, \vec{r}_2) \equiv \vec{r}_1 \cdot \vec{r}_2 = |\vec{r}_1| \cdot |\vec{r}_2| \cos\phi$$
$$= r_1 \cdot r_2 \cdot \cos\phi,$$

wobei ϕ den von den beiden Vektoren eingeschlossenen Winkel bedeutet.

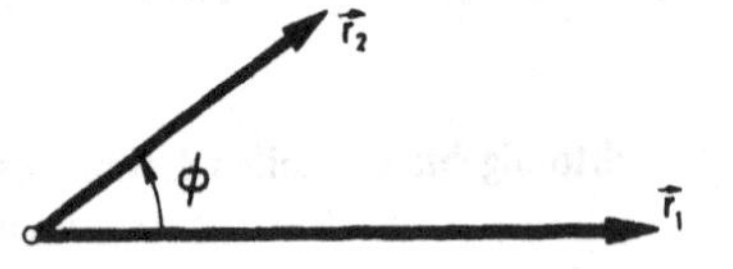

Rechenregeln

$\vec{r}_1 \cdot \vec{r}_2 = \vec{r}_2 \cdot \vec{r}_1$, $\quad \vec{r}_1 \cdot (a\,\vec{r}_2 + b\,\vec{r}_3) = a\,\vec{r}_1 \cdot \vec{r}_2 + b\,\vec{r}_1 \cdot \vec{r}_3$

Darstellung des Betrags eines Vektors

$$r = |\vec{r}| = +\sqrt{(\vec{r}, \vec{r})} = +\sqrt{\vec{r}^2}$$

Zwei Vektoren $\vec{r}_1$ und $\vec{r}_2$ sind

senkrecht oder *orthogonal*, wenn $\vec{r}_1 \cdot \vec{r}_2 = 0$, $\quad \phi = \pi/2, 3\pi/2$

parallel, wenn $\vec{r}_1 \cdot \vec{r}_2 = +r_1 \cdot r_2, \phi = 0$

antiparallel, wenn $\vec{r}_1 \cdot \vec{r}_2 = -r_1 \cdot r_2, \phi = \pi$

A 4.6.3 Das Vektorprodukt

Bildet man aus zwei Vektoren $\vec{r}_1$ und $\vec{r}_2$ im dreidimensionalen reellen Raum das Vektorprodukt

$$\vec{r}_1 \times \vec{r}_2 \equiv [\vec{r}_1 \times \vec{r}_2]$$

so erhält man einen *Vektor*

a) dessen Betrag gleich der Fläche des durch $\vec{r}_1$ und $\vec{r}_2$ definierten Parallelogramms ist:

$$|[\vec{r}_1 \times \vec{r}_2]| = |\vec{r}_1| \cdot |\vec{r}_2| \cdot \sin\phi = r_1 \, r_2 \sin\phi$$

wobei ϕ den durch die beiden Vektoren $\vec{r}_1$ und $\vec{r}_2$ eingeschlossenen Winkel darstellt,

b) der auf $\vec{r}_1$ und $\vec{r}_2$ senkrecht steht:

$$\vec{r}_1 \cdot [\vec{r}_1 \times \vec{r}_2] = \vec{r}_2 \cdot [\vec{r}_1 \times \vec{r}_2] = 0$$

c) der so gerichtet ist, daß folgende Zuordnung möglich ist

$\vec{r}_1$ zugeordnet zum Daumen der rechten Hand,
$\vec{r}_2$ zugeordnet zum Zeigefinger der rechten Hand,
$\vec{r}_1 \times \vec{r}_2$ zugeordnet zum Mittelfinger der rechten Hand.

Rechenregeln

$$\vec{r}_1 \times \vec{r}_2 = -\vec{r}_2 \times \vec{r}_1$$
$$\vec{r} \times \vec{r} = 0$$
$$a\vec{r}_1 \times \vec{r}_2 = a[\vec{r}_1 \times \vec{r}_2] = \vec{r}_1 \times a\vec{r}_2$$
$$\vec{r}_1 \times [\vec{r}_2 + \vec{r}_3] = \vec{r}_1 \times \vec{r}_2 + \vec{r}_1 \times \vec{r}_3$$
$$\vec{r}_1 \times [\vec{r}_2 \times \vec{r}_3] + \vec{r}_3 \times [\vec{r}_1 \times \vec{r}_2] + \vec{r}_2 \times [\vec{r}_3 \times \vec{r}_1] = 0$$

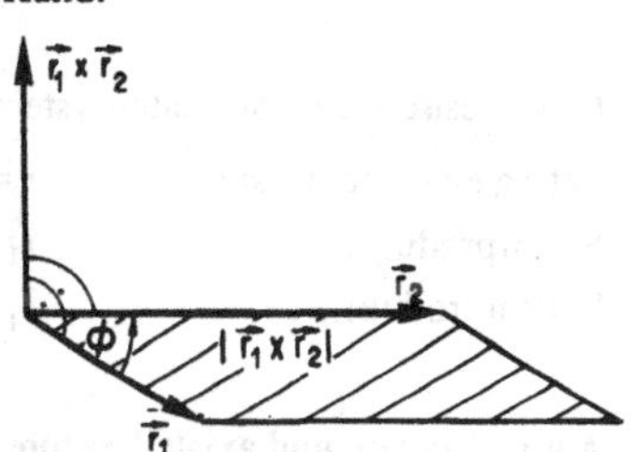

A 4.6.4 Gemischte Produkte

$$\vec{r}_1 \cdot [\vec{r}_2 \times \vec{r}_3] = \vec{r}_2 \cdot [\vec{r}_3 \times \vec{r}_1] = \vec{r}_3 \cdot [\vec{r}_1 \times \vec{r}_2]$$

$\vec{r}_1 \cdot [\vec{r}_2 \times \vec{r}_3]$ ist das mit Vorzeichen versehene Volumen des von den drei Vektoren aufgespannten Parallelepipeds

$\frac{1}{6} \vec{r}_1 \cdot [\vec{r}_2 \times \vec{r}_3]$ ist das mit Vorzeichen versehene Volumen des von den drei Vektoren aufgespannten Tetraeders

$$[\vec{r}_1 \times \vec{r}_2] \cdot [\vec{r}_3 \times \vec{r}_4] = \vec{r}_1 \cdot [\vec{r}_2 \times [\vec{r}_3 \times \vec{r}_4]] = (\vec{r}_1, \vec{r}_3) \cdot (\vec{r}_2, \vec{r}_4) - (\vec{r}_2, \vec{r}_3) \cdot (\vec{r}_1, \vec{r}_4)$$
$$\vec{r}_1 \times [\vec{r}_2 \times \vec{r}_3] = (\vec{r}_1, \vec{r}_3) \cdot \vec{r}_2 - (\vec{r}_1, \vec{r}_2) \cdot \vec{r}_3$$
$$[\vec{r}_1 \times \vec{r}_2] \times [\vec{r}_3 \times \vec{r}_4] = ([\vec{r}_1 \times \vec{r}_2], \vec{r}_4) \cdot \vec{r}_3 - ([\vec{r}_1 \times \vec{r}_2], \vec{r}_3) \cdot \vec{r}_4$$

A 4.6.5 Kartesisches Koordinatensystem

Jeder Vektor im dreidimensionalen reellen Raum kann als Linearkombination von drei verschiedenen, nicht in einer Ebene liegenden Vektoren

$$\vec{e}_1, \vec{e}_2, \vec{e}_3$$

dargestellt werden. Diese Vektoren bezeichnet man als *Basisvektoren.* Beim kartesischen Koordinatensystem sind die Basisvektoren definiert durch die Beziehungen:

$$\vec{e}_1^{\,2} = \vec{e}_2^{\,2} = \vec{e}_3^{\,2} = 1, \qquad \vec{e}_1 \cdot \vec{e}_2 = \vec{e}_2 \cdot \vec{e}_3 = \vec{e}_3 \cdot \vec{e}_1 = 0$$

$$\vec{e}_1 \times \vec{e}_2 = \vec{e}_3; \qquad \vec{e}_2 \times \vec{e}_3 = \vec{e}_1; \qquad \vec{e}_3 \times \vec{e}_1 = \vec{e}_2$$

$\vec{e}_1$, $\vec{e}_2$ und $\vec{e}_3$ haben die Länge 1 und stehen senkrecht aufeinander.

Eine Basis von Vektoren mit diesen Eigenschaften bezeichnet man als *orthonormiert.*

Jeder Vektor $\vec{r}$ kann dargestellt werden als

$$\vec{r} = x\,\vec{e}_1 + y\,\vec{e}_2 + z\,\vec{e}_3 = \{x, y, z\}$$

Die Basisvektoren werden beschrieben durch

$$\vec{e}_1 = \{1, 0, 0\},$$
$$\vec{e}_2 = \{0, 1, 0\},$$
$$\vec{e}_3 = \{0, 0, 1\}$$

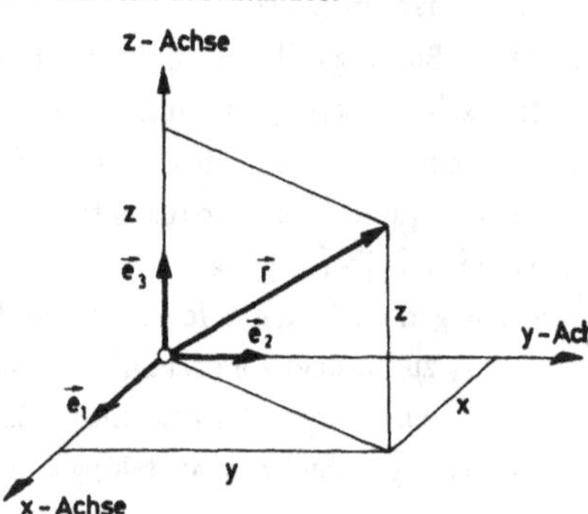

Im kartesischen Koordinatensystem ergeben sich folgende Darstellungen:

Betrag eines Vektors: $r = |\vec{r}| = \sqrt{x^2 + y^2 + z^2}$ (Pythagoras)

Skalarprodukt: $\vec{r}_1 \cdot \vec{r}_2 = x_1 x_2 + y_1 y_2 + z_1 z_2$

Vektorprodukt: $\vec{r}_1 \times \vec{r}_2 = \{y_1 z_2 - y_2 z_1, z_1 x_2 - z_2 x_1, x_1 y_2 - x_2 y_1\}$

A 4.6.6 Polare und axiale Vektoren

In der Physik spielt der Unterschied zwischen axialen und polaren Vektoren eine Rolle. Diese unterscheiden sich in ihrem Verhalten gegenüber der *Inversion* P.

Die Inversion P ist die Raumspiegelung am Nullpunkt. Bei einem *polaren* Vektor $\vec{p}$, z. B. einem Ortsvektor $\vec{r}$, bewirkt die Inversion P die Umkehr des Vorzeichens:

$$P\,\vec{p} = -\vec{p}$$

Dagegen ändert sich ein *axialer* Vektor $\vec{a}$ unter dem Einfluß der Inversion P nicht:

$$P\,\vec{a} = \vec{a}$$

Für die Basisvektoren $\vec{e}_1, \vec{e}_2, \vec{e}_3$ eines kartesischen Koordinatensystems gilt:

$$P\,\vec{e}_1 = -\vec{e}_1, \qquad P\,\vec{e}_2 = -\vec{e}_2, \qquad P\,\vec{e}_3 = -\vec{e}_3$$

Daraus folgt:

$$(P\vec{e}_1)^2 = (P\vec{e}_2)^2 = (P\vec{e}_3)^2 = 1, \qquad (P\vec{e}_1)(P\vec{e}_2) = (P\vec{e}_2)(P\vec{e}_3) = (P\vec{e}_3)(P\vec{e}_1) = 0$$

$$(P\vec{e}_1) \times (P\vec{e}_2) = -P\vec{e}_3, \qquad (P\vec{e}_2) \times (P\vec{e}_3) = -P\vec{e}_1, \qquad (P\vec{e}_3) \times (P\vec{e}_1) = -P\vec{e}_2$$

Das *Vektorprodukt* verknüpft polare und axiale Vektoren.

Es gilt für beliebige polare Vektoren $\vec{p}$ and axiale Vektoren $\vec{a}$:

$$\vec{p} \times \vec{p} = \vec{a}, \; \vec{a} \times \vec{a} = \vec{a}, \; \vec{a} \times \vec{p} = \vec{p}, \; \vec{p} \times \vec{a} = \vec{p}$$

B e i s p i e l e

polare Vektoren: Ortsvektor $\vec{r}$, Geschwindigkeit $\vec{v}$, Beschleunigung $\vec{a}$, Impuls $\vec{p}$, Kraft $\vec{F}$, elektrisches Feld $\vec{E}$, elektrischer Dipol $\vec{p}$, Stromdichte $\vec{j}$

axiale Vektoren: Winkelgeschwindigkeit $\vec{\omega}$, Drehimpuls $\vec{L}$, mechanisches Drehmoment $\vec{T}$, magnetische Felder $\vec{H}$ und $\vec{B}$, magnetischer Dipol $\vec{m}$.

A 4.7 Vektoranalysis im reellen dreidimensionalen Raum

A 4.7.1 Definition der Operatoren in kartesischen Koordinaten

Kartesische Koordinaten

Ortsvektor: $\vec{r} = \{x, y, z\}$

Linienelement: $d\vec{s} = \{dx, dy, dz\}$

Längenelement: $ds^2 = dx^2 + dy^2 + dz^2$

Volumenelement: $dV = dx \cdot dy \cdot dz$

Flächenelement: $d\vec{a} = \left\{-\frac{\partial z}{\partial x}, -\frac{\partial z}{\partial y}, 1\right\} \cdot dx\, dy$

wobei die Fläche gegeben ist durch: $z = z(x, y)$

Gegeben

$\Psi(x, y, z)$ skalare Ortsfunktion (z. B. potentielle Energie)

$\vec{v}(x, y, z)$ vektorielle Ortsfunktion (z. B. Kraft, Geschwindigkeit)

Nabla-Operator

$$\vec{\nabla} = \left\{\frac{\partial}{\partial x}, \frac{\partial}{\partial y}, \frac{\partial}{\partial z}\right\}$$

Mit dem Operator $\vec{\nabla}$ rechnet man formal wie mit einem Vektor

Gradient

$$\vec{\nabla}\Psi = \text{grad}\,\Psi = \left\{\frac{\partial\Psi}{\partial x}, \frac{\partial\Psi}{\partial y}, \frac{\partial\Psi}{\partial z}\right\}$$

Divergenz

$$\vec{\nabla}\cdot\vec{v} = \text{div}\,\vec{v} = \frac{\partial v_x}{\partial x} + \frac{\partial v_y}{\partial y} + \frac{\partial v_z}{\partial z}$$

Rotation

$$\vec{\nabla}\times\vec{v} = \text{rot}\,\vec{v} = \left\{\frac{\partial v_z}{\partial y} - \frac{\partial v_y}{\partial z}, \frac{\partial v_x}{\partial z} - \frac{\partial v_z}{\partial x}, \frac{\partial v_y}{\partial x} - \frac{\partial v_x}{\partial y}\right\}$$

Laplace-Operator

$$(\vec{\nabla}\cdot\vec{\nabla})\,\Psi = \Delta\,\Psi = \text{div grad}\,\Psi = \frac{\partial^2\Psi}{\partial x^2} + \frac{\partial^2\Psi}{\partial y^2} + \frac{\partial^2\Psi}{\partial z^2}$$

A 4.7.2 Operatoren in Zylinderkoordinaten

Zylinderkoordinaten

Ortsvektor: $\vec{r} = \vec{r}(\rho, \phi, z) = \{\rho \cos\phi, \rho \sin\phi, z\}$

$\rho^2 = x^2 + y^2; \quad \phi = \arctan(y/x)$

Lokale Basis: $\vec{e}_\rho = \{\cos\phi, \sin\phi, 0\}; \quad \vec{e}_\phi = \{-\sin\phi, \cos\phi, 0\}$

$\vec{e}_z = \{0, 0, 1\}$

Linienelement: $d\vec{s} = d\rho\, \vec{e}_\rho + \rho\, d\phi\, \vec{e}_\phi + dz\, \vec{e}_z$

Längenelement: $ds^2 = d\rho^2 + \rho^2 \cdot d\phi^2 + dz^2$

Volumenelement: $dV = \rho\, d\rho\, d\phi\, dz$

Flächenelement: $d\vec{a} = \left(-\frac{\partial z}{\partial \rho} \vec{e}_\rho - \frac{1}{\rho} \frac{\partial z}{\partial \phi} \vec{e}_\phi + \vec{e}_z \right) \rho\, d\rho\, d\phi$

wobei die Fläche gegeben ist durch $z = z(\rho, \phi)$.

Gegeben

$\Psi = \Psi(\rho, \phi, z)$ skalare Ortsfunktion

$\vec{v} = \vec{v}(\rho, \phi, z) = v_\rho \vec{e}_\rho + v_\phi \vec{e}_\phi + v_z \vec{e}_z$ vektorielle Ortsfunktion

Gradient

$$\operatorname{grad} \Psi = \frac{\partial \Psi}{\partial \rho} \vec{e}_\rho + \frac{1}{\rho} \frac{\partial \Psi}{\partial \phi} \vec{e}_\phi + \frac{\partial \Psi}{\partial z} \vec{e}_z$$

Divergenz

$$\operatorname{div} \vec{v} = \frac{1}{\rho} \frac{\partial}{\partial \rho} (\rho \cdot v_\rho) + \frac{1}{\rho} \frac{\partial}{\partial \phi} (v_\phi) + \frac{\partial}{\partial z} (v_z)$$

Rotation

$$\operatorname{rot} \vec{v} = \left(\frac{1}{\rho} \frac{\partial}{\partial \phi} v_z - \frac{\partial}{\partial z} v_\phi \right) \vec{e}_\rho + \left(\frac{\partial}{\partial z} v_\rho - \frac{\partial}{\partial \rho} v_z \right) \vec{e}_\phi + \left(\frac{1}{\rho} \frac{\partial}{\partial \rho} (\rho\, v_\phi) - \frac{1}{\rho} \frac{\partial}{\partial \phi} v_\rho \right) \vec{e}_z$$

Laplace-Operator

$$\Delta \Psi = \frac{\partial^2}{\partial \rho^2} \Psi + \frac{1}{\rho} \frac{\partial}{\partial \rho} \Psi + \frac{1}{\rho^2} \frac{\partial^2}{\partial \phi^2} \Psi + \frac{\partial^2}{\partial z^2} \Psi$$

A 4.7.3 Operatoren in Kugelkoordinaten

Kugelkoordinaten

Ortsvektor: $\vec{r} = \vec{r}(r, \theta, \phi) = \{r \sin\theta \cos\phi, r \sin\theta \sin\phi, r \cos\theta\}$

$r^2 = x^2 + y^2 + z^2; \quad \theta = \arccos(z/r); \quad \phi = \arctan(y$

Lokale Basis: $\vec{e}_r = \{\sin\theta \cos\phi, \sin\theta \sin\phi, \cos\theta\}$

$\vec{e}_\theta = \{\cos\theta \cos\phi, \cos\theta \sin\phi, -\sin\theta\}$

$\vec{e}_\phi = \{-\sin\phi, \cos\phi, 0\}$

Linienelement: $d\vec{s} = dr\, \vec{e}_r + r\, d\theta\, \vec{e}_\theta + r \sin\theta\, d\phi\, \vec{e}_\phi$

Längenelement: $ds^2 = dr^2 + r^2\, d\theta^2 + r^2 \sin^2\theta\, d\phi^2$

Volumenelement: $dV = r^2\, dr \sin\theta\, d\theta\, d\phi$

Flächenelement: $d\vec{a} = \left(\vec{e}_r - \frac{1}{r}\frac{\partial r}{\partial\theta}\vec{e}_\theta - \frac{1}{r}\frac{1}{\sin\theta}\frac{\partial r}{\partial\phi}\vec{e}_\phi\right) r^2 \sin\theta\, d\theta\, d\phi$

wobei die Fläche gegeben ist durch $r = r(\theta, \phi)$.

Gegeben

$\Psi = \Psi(r, \theta, \phi)$ skalare Ortsfunktion

$\vec{v} = \vec{v}(r, \theta, \phi) = v_r \vec{e}_r + v_\theta \vec{e}_\theta + v_\phi \vec{e}_\phi$ vektorielle Ortsfunktion

Gradient

$$\text{grad}\,\Psi = \frac{\partial\Psi}{\partial r}\vec{e}_r + \frac{1}{r}\frac{\partial\Psi}{\partial\theta}\vec{e}_\theta + \frac{1}{r}\frac{1}{\sin\theta}\frac{\partial\Psi}{\partial\phi}\vec{e}_\phi$$

Divergenz

$$\text{div}\,\vec{v} = \frac{1}{r^2}\frac{\partial}{\partial r}(r^2 v_r) + \frac{1}{r\sin\theta}\frac{\partial}{\partial\phi}v_\phi + \frac{1}{r\sin\theta}\cdot\frac{\partial}{\partial\theta}(\sin\theta\cdot v_\theta)$$

Rotation

$$\text{rot}\,\vec{v} = \frac{1}{r\sin\theta}\left\{\frac{\partial}{\partial\theta}(\sin\theta\, v_\phi) - \frac{\partial}{\partial\phi}v_\theta\right\}\cdot\vec{e}_r$$
$$+ \frac{1}{r\sin\theta}\left\{\frac{\partial}{\partial\phi}v_r - \sin\theta\frac{\partial}{\partial r}(r\, v_\phi)\right\}\cdot\vec{e}_\theta + \frac{1}{r}\left\{\frac{\partial}{\partial r}(r\cdot v_\theta) - \frac{\partial}{\partial\theta}v_r\right\}\cdot\vec{e}_\phi$$

Laplace-Operator

$$\Delta\Psi = \frac{1}{r^2}\frac{\partial}{\partial r}\left(r^2\cdot\frac{\partial}{\partial r}\Psi\right) + \frac{1}{r^2\sin^2\theta}\frac{\partial^2}{\partial\phi^2}\Psi + \frac{1}{r^2\sin\theta}\frac{\partial}{\partial\theta}\left(\sin\theta\frac{\partial}{\partial\theta}\Psi\right)$$

A 4.7.4 Allgemeine Rechenregeln

$\text{grad}(\vec{c}\,\vec{r}) = \vec{c}\;(\vec{c} = \text{const})$; $\text{grad}\,UV = U\,\text{grad}\,V + V\,\text{grad}\,U$

$\text{grad}\,U(r) = r^{-1}(dU/dr)\,\vec{r}$; $\text{grad}(\vec{u}\cdot\vec{v}) = (\vec{u}\,\text{grad})\vec{v} + \vec{v}(\text{grad})\vec{u} + [\vec{u}\times\text{rot}\,\vec{v}] + [\vec{v}\times\text{rot}\,\vec{u}]$

$\text{div}(\vec{c}\cdot\vec{r}) = r^{-1}(\vec{c}\cdot\vec{r})$; $\text{div}\,U\vec{v} = U\,\text{div}\,\vec{v} + \vec{v}\,\text{grad}\,U$

$\text{div}\,\text{rot}\,\vec{u} = 0$; $\text{div}[\vec{u}\times\vec{v}] = \vec{v}\,\text{rot}\,\vec{u} - \vec{u}\,\text{rot}\,\vec{v}$

$\text{rot}\,\text{grad}\,U = 0$; $\text{rot}\,U\vec{v} = U\,\text{rot}\,\vec{v} - [\vec{v}\times\text{grad}\,U]$

$\text{rot}\,\text{rot}\,\vec{u} = \text{grad}\,\text{div}\,\vec{u} - \Delta\vec{u}$; $\text{rot}[\vec{u}\times\vec{v}] = \vec{v}\,\text{grad}\,\vec{u} - \vec{u}\,\text{grad}\,\vec{v} + \vec{v}\,\text{div}\,\vec{u} - \vec{u}\,\text{div}\,\vec{v}$

A 4.7.5 Integralsätze

Volumenintegral des Gradienten

Gegeben

1. skalare Ortsfunktion Ψ,
2. geschlossene Fläche a, die das Volumen V umschließt.

Es gilt

$$\int_V \operatorname{grad} \Psi \cdot dV = \int_a \Psi \cdot d\vec{a} = \int_a \Psi \cdot \vec{n} \cdot da$$

Der Normalenvektor $\vec{n}$ zeigt nach außen.

Satz von K. F. Gauß (1777–1855)

Gegeben

1. vektorielle Ortsfunktion $\vec{v}$,
2. geschlossene Fläche a, die das Volumen V umschließt.

Es gilt

$$\int_V \operatorname{div} \vec{v} \cdot dV = \int_a \vec{v} \cdot d\vec{a} = \int_a \vec{v} \cdot \vec{n} \cdot da$$

Der Normalvektor $\vec{n}$ zeigt nach außen.

3. Satz von G. Green (1793–1841)

Gegeben

1. skalare Ortsfunktion Ψ,
2. geschlossene Fläche a, die das Volumen V umschließt.

Es gilt

$$\int_V \Delta\Psi \cdot dV = \int_a \operatorname{grad} \Psi \cdot d\vec{a} = \int_a \operatorname{grad} \Psi \cdot \vec{n} \cdot da$$

Satz von G. G. Stokes (1819–1903)

Gegeben

1. vektorielle Ortsfunktion $\vec{v}$,
2. geschlossener Weg s, der eine Fläche a begrenzt.

Es gilt

$$\int_a \operatorname{rot} \vec{v} \cdot d\vec{a} = \int_a \operatorname{rot} \vec{v} \cdot \vec{n} \cdot da = \oint_s \vec{v} \cdot d\vec{s}$$

Jedes Flächenelement da wird so umlaufen, daß die entsprechende Normale $\vec{n}$ der Bewegung einer Rechtsschraube entspricht.

Grenzwerte, Volumenableitungen

$$\operatorname{grad} \Psi = \lim_{V \to 0} \frac{1}{V} \int_a \Psi \cdot \vec{n} \cdot da$$

$$\operatorname{div} \vec{v} = \lim_{V \to 0} \frac{1}{V} \int_a \vec{v} \cdot \vec{n} \cdot da$$

$$\operatorname{rot} \vec{v} = - \lim_{V \to 0} \frac{1}{V} \int_a [\vec{v} \times \vec{n}]\, da$$

A 4.8 Statistische Verteilungen

A 4.8.1 Grundlagen

Bei verschiedenen aufeinanderfolgenden Messungen derselben physikalischen Größe treten statistische Schwankungen auf. Unter gleichen Versuchsbedingungen erhält man bei mehrmaliger Ausführung eines Experimentes Meßwerte die streuen. Um die Zuverlässigkeit der Resultate trotz dieser Schwankungen abschätzen zu können, muß man sich mit den zu erwartenden Verteilungen befassen.

Werden in einer Meßreihe n Versuche mit den Nummern i = 1, 2, . . ., n und den Meßwerten x_i gemacht, so bezeichnet man als

Mittelwert $\bar{x}$

$$\bar{x} = n^{-1} \sum_{i=1}^{n} x_i$$

Varianz σ^2

$$\sigma^2 = n^{-1} \sum_{i=1}^{n} (x_i - \bar{x})^2$$

A 4.8.2 Die Binomialverteilung

eingeführt von J. B e r n o u l l i (1655–1705)

Ist w die Wahrscheinlichkeit, daß bei einem einzelnen Experiment ein bestimmtes Ereignis eintritt, dann ist die Wahrscheinlichkeit W(n, x, w), daß bei n voneinander unabhängigen einzelnen Experimenten das Ereignis genau x-mal auftritt

$$W(n, x, w) = \binom{n}{x} w^x (1 - w)^{n-x}$$

Der *Mittelwert* $\bar{x}$ der Binomialverteilung W(n, x, w) beträgt

$$\bar{x} = n\,w$$

und die *Varianz* σ^2

$$\sigma^2 = n\,w\,(1 - w)$$

Die Binomialverteilung ist *diskret in* x.

Da n oft eine große Zahl und zudem unbekannt ist, führt man zwei Verteilungen ein, die unter bestimmten Voraussetzungen Grenzfälle der Binomialverteilung sind, nämlich die *Poisson-Verteilung* und die *Normalverteilung.*

A 4.8.3 Die Poisson-Verteilung

eingeführt von S. D. P o i s s o n (1781–1840)

Unter der Voraussetzung $n \to \infty$ und $w \to 0$ mit konstantem *Mittelwert* $\bar{x}$:

$$\bar{x} = n\,w = \text{const}$$

geht die Binomialverteilung über in die Poisson-Verteilung:

$$W(n \to \infty, x, w = \overline{x}/n \to 0) = P(x, \overline{x}) = \frac{1}{x!} (\overline{x})^x \, e^{-\overline{x}}$$

mit der *Varianz* σ^2:

$$\sigma^2 = \overline{x}$$

Die Poisson-Verteilung ist *diskret in* x. Wegen $w \to 0$ entspricht die Poisson-Verteilung der *Verteilung seltener Ereignisse.*

A 4.8.4 Die Normalverteilung

eingeführt von K. F. Gauß (1777–1855)

Für $n \to \infty$ und endliche w geht die Binomialverteilung über in die Normalverteilung mit der *kontinuierlichen Variablen* x:

$$W(n \to \infty, x, w) = G(x, \overline{x}, \sigma) = (2\pi\sigma^2)^{-1/2} \exp - \frac{(x - \overline{x})^2}{2\sigma^2}$$

mit dem *Mittelwert* $\overline{x}$ und der *Varianz* σ^2 als Parameter. Die Normalverteilung ist *symmetrisch in* x bezüglich $\overline{x}$.

Empirisch findet man, daß die Zufallsfehler physikalischer Messungen in guter Näherung durch die Normalverteilung wiedergegeben werden. Man bezeichnet die Normalverteilung deshalb auch als *Fehlerverteilung*.

„*Confidence Level*" einer Meßreihe mit Ergebnis $\overline{x}$ nennt man das Verhältnis

$$CL(r) = \int_{\overline{x}-r\sigma}^{\overline{x}+r\sigma} G(x, \overline{x}, \sigma)\, dx \Big/ \int_{-\infty}^{+\infty} G(x, \overline{x}, \sigma)\, dx$$

CL(r) gibt an, welcher Bruchteil der Meßresultate innerhalb der Schranken $\overline{x} - r\sigma$ und $\overline{x} + r\sigma$ liegt.

Der *mittlere Meßfehler* $\overline{\Delta x}$ ist:

$$\overline{\Delta x} = \sigma \quad \text{mit} \quad CL(\overline{\Delta x}/\sigma) = CL(1) = 68{,}3\%,$$

der *wahrscheinliche Meßfehler* Δx_w:

$$\Delta x_w = 0{,}675\,\sigma \quad \text{mit} \quad CL(\Delta x_w/\sigma) = CL(0{,}675) = 50\%$$

Die folgende Tabelle gibt den „Confidence Level" für verschiedene Meßresultatsbereich[e]

Bereich von $\overline{x} - r\sigma$ bis $\overline{x} + r\sigma$	r =	0,675	1	2	3	4	4,417
„Confidence Level"	CL =	0,5	0,683	0,9545	0,9973	0,99994	0,99999

A 5 Fachwörter der Physik

English	*Deutsch*	*Français*
absolute	absolut	absolu
absolute value	Betrag	valeur absolue
absorption	Absorption	absorption
absorption edge	Absorptionskante	limite d'absorption
acceleration	Beschleunigung	accélération
accuracy	Genauigkeit	précision
acid	Säure	acide
acoustic	Schall-	acoustique
action integral	Phasenintegral	intégrale d'action
acute angle	spitzer Winkel	angle aigu
adapter	Anschlußstück	raccord
adhesion	Adhäsion	adhérence
admittance	Scheinleitwert, Admittanz	admittance
affinitiy	Affinität	affinité
alternating current, ac	Wechselstrom	courant alternatif
ambient temperature	Umgebungstemperatur	température ambiante
ambiguity	Zweideutigkeit	ambiguïté
amplifier	Verstärker	amplificateur
angle	Winkel	angle
angular acceleration	Winkelbeschleunigung	accélération angulaire
angular frequency	Winkelgeschwindigkeit	vitesse angulaire
angular momentum	Drall, Drehimpuls	moment cinétique
angular velocity	Winkelgeschwindigkeit	vitesse angulaire
annihilation operator	Vernichtungsoperator	opérateur d'annihilation
approximately equal to	angenähert gleich	égal environ à
approximation	Näherung	approximation
arbitrary	willkürlich	arbitraire
arc lamp	Bogenlampe	lampe à arc
area	Fläche	aire, superficie
arrow	Pfeil	flèche
assembly	Anordnung, Aufbau	montage, assemblage
assumption	Annahme	hypothèse, prémisse
asymptotic	asymptotisch	asymptotique
atomic mass	Atommasse	masse atomique
atomic number	Ordnungszahl	nombre atomique
attenuation	Dämpfung	atténuation
attractive force	Anziehungskraft	force d'attraction
audio frequency	Tonfrequenz	fréquence audible
avalanche	Lawine	avalanche

average	Durchschnitt	moyenne
axis (axes)	Achse (n)	axe (s)
baffle	Leitblech	déflecteur, baffle
ball bearing	Kugellager	roulement à billes
band-pass filter	Bandfilter	filtre de bande
bandwidth	Bandbreite	largeur de bande
bar magnet	Stabmagnet	barreau aimanté
barrier penetration	Tunneleffekt	effet tunnel
basic	grundlegend	fondamental, de base
beam	Strahl, Balken	faisceau, poutre
beats	Schwebungen	battements
bias voltage	Vorspannung	tension de polarisation
binary logarithm	Zweierlogarithmus	logarithme binaire
binding	Bindung	liaison
black body	schwarzer Körper	corps noir
blackbody radiation	Hohlraumstrahlung	rayonnement du corps noir
boiling point	Siedepunkt	point d'ébullition
Boltzmann function	Boltzmanns H-Funktion	fonction de Boltzmann
bond	Bindung	liaison
boundary condition	Randbedingung	condition aux limites
boundary layer	Grenzschicht	couche limite
box	Schachtel, Hohlraum	boîte
bracket	Klammer (math.)	crochet
breadth	Breite	largeur
breakdown	Durchschlag	rupture, claquage (él.)
bremsstrahlung	Bremsstrahlung	rayonnement de freinage
broad-band	breitbandig	à large bande passante
bubble chamber	Blasenkammer	chambre à bulles
bulb	Glühbirne	ampoule électrique
bulk modulus	Kompressionsmodul	module de compression
by-pass	Nebenstrang	conduit de dérivation
calibration	Eichung	étalonnage
capacitance	elektrische Kapazität	capacité
capacity	Fassungsvermögen	capacité
capacitor	Kondensator	condensateur
carrier wave	Trägerwelle	onde porteuse
cathode-ray tube (CRT)	Braunsche Röhre	tube à rayons cathodiques
cavity	Kavität, Hohlraum, Mikrowellenresonator	cavité, enceinte
cell	Zelle	cellule
center of gravity	Schwerpunkt	centre de gravité
centigrade	Grad Celsius	degré centigrade

centrifugal	zentrifugal	centrifuge
ceramics	Keramik	céramique
chain	Kette	chaîne
chance	Zufall	hasard
change of state	Zustandsänderung	changement d'état
characteristic impedance	Wellenwiderstand	impédance d'ondes
charge	Ladung	charge
charge carrier	Ladungsträger	porteur de charge
check	Kontrolle	contrôle
chemical	chemisch	chimique
chopper	Unterbrecher	hâcheur
circle	Kreis	cercle
circuit	Stromkreis	circuit
circumference	Umfang	circonférence
clockwise	im Uhrzeigersinn	dans le sens des aiguilles d'une montre
coherence	Kohärenz	cohérence
coil	Spule	solénoïde, bobine
coincidence	Zusammentreffen	coincidence
collision	Zusammenstoß	collision
column	Kolonne	colonne
common logarithm	Zehnerlogarithmus	logarithme décimal
commutation relation	Vertauschungsrelation	relation de commutation
compatibility	Verträglichkeit	compatibilité
complex conjugate	konjugiert-komplex	complexe conjugué
compliance	Elastizitätskoeffizient	compliance
component	Komponente	composante
compound	chem. Verbindung	composé
condenser	Kondensator	condensateur
condition	Bedingung	condition
conductance	elektrischer Leitwert	conductance
conductivity	Leitfähigkeit	conductivité
conductor	Leiter	conducteur
conjugate	konjugiert	conjugué
connection	Verbindung	connection
conservation of energy	Erhaltung der Energie	conservation de l'énergie
continuous	kontinuierlich	continu
coordinate	Koordinate	coordonnée
counterclockwise	im Gegenuhrzeigersinn	à l'inverse des aiguilles d'une montre
couple	Kräftepaar	couple
coupled pendula	gekoppelte Pendel	pendules couplés
coupling	Kopplung	couplage
cosine	Cosinus	cosinus

cotangent	Cotangens	cotangente
creation operators	Erzeugungsoperatoren	opérateurs de création
cross-section	Wirkungsquerschnitt	section efficace
crystal	Kristall	cristal
cube	Würfel	cube
cubic expansion coefficient	Raumausdehnungskoeffizient	coefficient de dilatation volumique
curl	Rotor, Rotation	rotationnel
curl, whirl	Wirbel	tourbillon, turbulence
current	Strom	courant
curvature	Krümmung	courbure
curve	Kurve	courbe
cut-off frequency	Grenzfrequenz	fréquence de coupure
cycle	Zyklus	cycle
damage	Schaden, Beschädigung	dommage
damped oscillation	gedämpfte Schwingung	oscillation amortie
decay	Zerfall	désintégration
decay series	Zerfallsreihe	série de désintégration
decrease	Abnahme	diminution
deflection	Ablenkung	déflexion
degeneracy	Entartung	dégénérescence
degenerate	entartet	dégénéré
degree of freedom	Freiheitsgrad	degré de liberté
delay	Verzögerung	retard
denomitor	Nenner	dénominateur
density	Dichte	densité
depth	Tiefe	profondeur
derivative	Ableitung	dérivée
deviation	Abweichung	écart, déviation
device	Vorrichtung	dispositif
dew point	Taupunkt	point de rosée
diameter	Durchmesser	diamètre
diaphragm	Membran	diaphragme, membrane
dielectric polarization	dielektrische Polarisation	polarisation diélectrique
differential	Differential	différentielle
diffraction	Beugung	diffraction
diffration grating	Beugungsgitter	réseau de diffraction
digit	Dezimalstelle	chiffre
direct current, dc	Gleichstrom	courant continu
direction	Richtung	direction
discharge	Entladung	décharge
discrete	diskret	discret

displacement	Verschiebung	déplacement
distance	Distanz, Abstand	distance
distortion	Störung, Verzerrung	distortion
distribution	Verteilung	répartition
divalent	zweiwertig	bivalent
divergence	Divergenz	divergence
dynamics	Dynamik	dynamique
eddy current	Wirbelstrom	courant de Foucault
efficiency	Wirkungsgrad	rendement
eigenfunction	Eigenfunktion	fonction propre
electric	elektrisch	électrique
electric displacement	elektrische Verschiebung	déplacement électrique
electromagnetic energy	elektromagnetische Energie	énergie électromagnétique
electromotive force, emf	elektromotorische Kraft, EMK	force électromotrice, fem
electron	Elektron	électron
electron tube	Elektronenröhre	tube électronique, lampe
elementary charge	Elementarladung	charge élémentaire
ellipsoid of revolution	Rotationsellipsoid	ellipsoide de révolution
elongation	Dehnung	allongement
emissivity	Emissionsvermögen	facteur d'émission
energy	Energie	énergie
envelope	Umhüllende	enveloppe
equation	Gleichung	équation
equation of state	Zustandsgleichung	équation d'état
equilibrium	Gleichgewicht	équilibre
equipartition	Gleichverteilung	équipartition
equivalent	gleichwertig	équivalent
error	Fehler	erreur
evaporation	Verdampfung	évaporation
even	gerade	pair
example	Beispiel	exemple
excess	Überschuß	excès
exchange coupling	Austauschkopplung	couplage d'échange
excitation	Anregung	excitation
exclusion principle	Ausschlußprinzip	principe d'exclusion
expectation value	Erwartungswert	valeur moyenne
exposure	Belichtung	exposition (photo)
external field	äußeres Feld	champ extérieur
extrinsic	körperfremd	extrinsèque
face	Seitenfläche	face
factorial n	n Fakultät	factorielle n

feedback	Rückkopplung	rétroaction
field	Feld (el., magn.)	champ (él., magn.)
filament	Heizdraht	filament
final	End-	final
fine structure	Feinstruktur	structure fine
finite	endlich	fini
fission	Spaltung	fission
flash	Blitz	éclair
floating	schwimmend, unbestimmt	flottant
flow	Strömung	courant, flux
fluctuation	Schwankung	fluctuation
fluid	Flüssigkeit	fluide
flux	Fluß	flux
focus	Fokus	foyer
forbidden transition	verbotener Übergang	transition interdite
force	Kraft	force
forced oscillation	erzwungene Schwingung	oscillation forcée
formation	Bildung	formation
forward	vorwärts	en avant, direct
fraction	Bruchteil	fraction
frame of reference	Koordinatensystem	système de référence
free energy	Gibbs'sches oder Helmholtzsches Potential	énergie libre, potentiel de Gibbs ou de Helmholtz
freezing point	Gefrierpunkt	point de congélation
frequency	Frequenz	fréquence
friction	Reibung	frottement
fringes	Interferenzstreifen	franges
function	Funktion	fonction
fundamental	Grund-, fundamental	fondamental
furnace	Ofen	four
fuse	Sicherung	fusible
fusion	Verschmelzung, Fusion	fusion
gain	Verstärkung, -sfaktor	amplification, gain
gap	Lücke	trou
gas discharge	Gasentladung	décharge de gas
general	allgemein	général
generalization	Verallgemeinerung	généralisation
Gibbs function	freie Enthalpie, Gibbs-Funktion	fonction de Gibbs, enthalpie libre
glancing angle	Glanzwinkel	angle de Bragg
graph	graphische Darstellung	graphique
grating	Beugungsgitter	réseau de diffraction
gravitational constant	Gravitationskonstante	constante de gravitation

gravitational mass	schwere Masse	masse pesante
grid	Gitter (Elektronenröhre)	grille (tube radio)
ground	Erdanschluß	masse (él.)
ground state	Grundzustand	état fondamental
group velocity	Gruppengeschwindigkeit	vitesse de groupe
gyromagentic ratio	gyromagnetisches Verhältnis	rapport gyromagnétique
half width	Halbwertsbreite	demi-largeur
hamiltonian	Hamiltonfunktion, Hamiltonoperator	hamiltonien
harmonics	Oberwellen	harmoniques
heat	Wärme	chaleur
heat capacity	Wärmekapazität	capacité thermique
heat content, enthalpy	Enthalpie	enthalpie
heat of fusion	Schmelzwärme	chaleur de fusion
height	Höhe	hauteur
helix	Schraube	hélice
Helmholtz function	Freie Energie, Helmholtz-Funktion	fonction de Helmholtz, énergie libre
hermitian	hermitesch	hermitien
heterogeneous	heterogen	hétérogène
hollow	hohl	creux
homogeneous	homogen	homogène
hydrogen	Wasserstoff	hydrogène
hyperfine structure	Hyperfeinstruktur	structure hyperfine
hysteresis	Hysterese	hystérésis
image	Bild, Abbild	image
identical	identisch	identique
illuminance, illumination	Beleuchtungsstärke	éclairement lumineux
imaginary part	Imaginärteil	partie imaginaire
imaginary unit	imaginäre Einheit	unité imaginaire
impact	Stoß	choc, impact
impedance	Scheinwiderstand, Impedanz	impédance
imperfection	Störung, Störstelle	dérangement
impurity	Verunreinigung	impureté
incandescent lamp	Glühlampe	lampe à incandescence
incident	einfallend	incident
inclination	Neigung	inclination
inclusion	Einschluß	inclusion
increase	Zunahme	accroissement
increment	Zuwachs	croissance
inductance	Induktivität	inductance

inertia	Trägheit	inertie
inertial mass	träge Masse	masse inerte
infinite	unendlich	infini
infrared	Infrarot, Ultrarot	infrarouge
initial condition	Anfangsbedingung	condition initiale
initial state	Anfangszustand	état initial
input	Eingang, Eingabe	entrée
instantaneous value	Momentanwert	valeur instantanée
instruction manual	Gebrauchsanleitung	mode d'emploi
insulator	Isolator	isolateur
integer	ganzzahlig	entier
intense	intensiv	puissant, intense
interaction	Wechselwirkung	interaction
interference	Interferenz	interférence
intermediate	Zwischen-	intermédiaire
intermittent	zerhackt, stoßweise	intermittent
internal conversion	innere Konversion	conversion interne
internal energy	innere Energie	énergie interne
intersection	Schnittpunkt, Kreuzungspunkt	intersection
intrinsic	körpereigen	intrinsèque
invariant	unveränderlich	invariant
investigation	Untersuchung	étude
ionisation	Ionisierung	ionisation
irradiance	Bestrahlungsstärke, Intensität	irradiance, éclairement énergétique
irregular	unregelmäßig	irrégulier
jet	Strahl (Gas, Flüssigkeit)	jet
jig	Schablone	calibre
junction	Verbindung	jonction
kinetic energy	kinetische Energie	énergie cinétique
lag	Verzögerung	retard
lamella	Plättchen	lamelle
laminar	laminar, geschichtet	laminaire
larger than	größer als	supérieur à
lateral	seitlich	latéral
lathe	Drehbank	tour (méc.)
lattice	Kristallgitter	réseau (cristallin)
lattice vibration	Gitterschwingung	vibration du réseau
law	Gesetz	loi
length	Länge	longueur

lens	Linse	lentille
level	Niveau	niveau
light	Licht	lumière
limit	Grenzwert (Limes)	limite
line frequency	Netzfrequenz	fréquence du réseau
lines of force	Kraftlinien	lignes de force
line width	Linienbreite	largeur de la raie
linear	linear	linéaire
link	Verbindung	liaison
liquid	Flüssigkeit	liquide
liquefaction	Verflüssigung	liquéfaction
load	Belastung	charge
lobe	Bauch	ventre
logarithm	Logarithmus	logarithme
long range order	Fernordnung	ordre à longue distance
longitudinal wave	longitudinale Welle	onde longitudinale
loop	Schleife	boucle
loss	Verlust	perte
loss angle	Verlustwinkel	angle de pertes
loudness level	Lautstärke	niveau d'isosonie
low-pass filter	Tiefpaßfilter	filtre passe-bas
lubrication	Schmierung	lubrification, graissage
luminance	Leuchtdichte	luminance
luminous intensity	Lichtstärke	intensité lumineuse
magnetic flux	magnetischer Fluß	flux magnétique
magnetization	Magnetisierung	aimantation
magnitude	Betrag	valeur absolue
magnitude of a vector	Betrag eines Vektors	module d'un vecteur
main	Haupt-	principal
matrix	Matrize, Matrix	matrice
maximum value	Höchstwert, Scheitelwert	valeur de crête
mean	mittler	moyen
mean free path	mittlere freie Weglänge	libre parcours moyen
mean value	Mittelwert	moyenne
measurement	Messung	mesure
mechanical	mechanisch	mécanique
melting point	Schmelzpunkt	point de fusion
mica	Glimmer	mica
minority	Minderheit	minorité
mirror	Spiegel	miroir
mixture	Gemisch, Mischung	mélange
mobility	Beweglichkeit	mobilité

mode	Eigenschwingung	mode
model	Modell	modèle
modulus	Betrag	module
modulus of elasticity, Young's modulus	Elastizitätsmodul	module d'élasticité
moisture	Feuchtigkeit	humidité
molar heat	Molwärme	chaleur molaire
molarity	Molarität	molarité
mole fraction	Molenbruch	fraction molaire
molecule	Molekül	molécule
moment of a couple	Moment eines Kräftepaares	moment d'un couple
moment of force	Drehmoment	moment de force, couple
moment of inertia	Trägheitsmoment	moment d'inertie
momentum	mech. Impuls	impulsion (méc.)
monitor	Überwachungsgerät	appareil de contrôle
motion	Bewegung	mouvement
mutual inductance	Gegeninduktivität	inductance mutuelle
narrow	eng	étroit
natural logarithm	natürlicher Logarithmus	logarithme népérien
nitrogen	Stickstoff	azote
noble metal	Edelmetall	métal noble
node	Knotenpunkt	noeud
noise	Rauschen	bruit
normal coordinates	Normalkoordinaten	coordonnées normales
nozzle	Düse	injecteur
nuclear magneton	Kernmagneton	magnéton nucléaire
nuclear physics	Kernphysik	physique nucléaire
nucleus	Kern	noyau
number	Zahl	nombre
oblate symmetrical top	tellerförmiger symmetrischer Kreisel	rotateur symétrique aplati
observation	Beobachtung	observation
obtuse angle	stumpfer Winkel	angle obtus
odd	ungerade	impair
opaque	trübe, undurchsichtig	opaque
operating condition	Arbeitspunkt	point de travail
operator	Operator	opérateur
orbit	Bahn	orbite, chemin
orbital angular momentum	Bahndrehimpuls	moment angulaire orbital
ordinary	gewöhnlich	ordinaire
origin	Ursprung	origine
oscillation	Schwingung	oscillation

osmotic pressure	osmotischer Druck	pression osmotique
output	Ausgang	sortie
overload	Überlastung	surcharge
overtone	Oberton	harmonique
oxygen	Sauerstoff	oxygène
pair production	Paarbildung	création de paires électron-positron
parity	Parität	parité
partial	partiell	partiel
particle	Teilchen	particule
particular	speziell, partikulär	particulier
partition function	Zustandssumme	fonction de partition
path	Weg	parcours
pattern	Muster	modèle
peak	Spitze (einer Kurve)	pic, sommet
peak voltage	Scheitelspannung	tension de crête
pendulum	Pendel	pendule
penetration depth	Eindringtiefe	profondeur de pénétration
percussion	Schlag	choc, coup
perfect gas	ideales Gas	gaz idéal
period	Periode	période
permeability	Permeabilität	perméabilité
permeability of free space	magnetische Feldkonstante	perméabilité du vide
permittivity	Dielektrizitätskonstante	permittivité
permittivity of vacuum	elektrische Feldkonstante	permittivité du vide
perpendicular	lotrecht, senkrecht	perpendiculaire
perpetual	fortwährend	perpétuel
perturbation	Störung	perturbation
phase shift	Phasenverschiebung	déphasage
phase velocity	Phasengeschwindigkeit	vitesse de phase
physical	physikalisch	physique
physician	Arzt	médecin
physicist	Physiker	physicien
picture	Bild	image
piston	Kolben	piston
Planck's constant	Wirkungsquantum	quantum d'action, constante de Planck
plane	Ebene	plan
plane wave	ebene Welle	onde plane
plot	Diagramm	graphique
plug-in	Einschub	module, tiroir
polarizability	elektrische Polarisierbarkeit	polarisabilité
polynomial	Polynom	polynôme

population	Besetzung, Population	population
position	Stellung, Lage	position
position vector	Ortsvektor, Radiusvektor	vecteur de position
potential difference, tension	Elektrische Spannung, Potentialdifferenz	différence de potentiel, tension
potential energy	potentielle Energie	énergie potentielle
powder	Pulver	poudre
power	Leistung	puissance
a raised to the power n	a hoch n	a puissance n
power supply	Netzgerät	alimentation
precession	Präzession	précession
precision	Genauigkeit	précision
pressure	Druck	pression
pressure gauge	Manometer	manomètre
principal axes	Hauptachsen	axes principaux
principal moments of inertia	Hauptträgheitsmomente	moments principaux d'inertie
prism	Prisma	prisme
probability	Wahrscheinlichkeit	probabilité
probability density	Wahrscheinlichkeitsdichte	densité de probabilité
product	Produkt	produit
prolate symmetrical top	spindelförmiger symmetrischer Kreisel	rotateur symétrique allongé
proof	Beweis	preuve
propagation	Fortpflanzung, Ausbreitung	propagation
proportional	proportional	proportionnel
pulse	elektr. Impuls	impulsion (él.)
pulsatance	Kreisfrequenz	pulsation
quadrupole moment	Quadrupolmoment	moment quadripolaire
quality factor	Gütefaktor	facteur de qualité
quantity	Menge	quantité
quantization	Quantisierung	quantification
quantum, quanta	Quantum, Quanten	quantum, quanta
quantum number	Quantenzahl	nombre quantique
quartz	Quarz	quartz
quench	auslöschen, unterdrücken	éteindre
radiance	Strahldichte, Intensität	luminance énergétique, radiance
radiant energy	Strahlungsenergie	énergie rayonnante
radiant flux	Strahlungsfluß	flux énergétique
radiant power	Strahlungsleistung	puissance rayonnante
radiation	Strahlung	rayonnement

radius	Radius	rayon
random	zufällig	accidentel, par hasard
range	Reichweite, Bereich	distance, étendue, portée, gamme
rare gas	Edelgas	gaz rare
ratio	Verhältnis	rapport
ray	Strahl	faisceau
reactance	Blindwiderstand	réactance
real part	Realteil	partie réelle
rear	hinten	arrière
receiver	Empfänger	récepteur
reciprocal lattice	reziprokes Gitter	réseau réciproque
recoil	Rückstoß	recul
recombination	Rekombination	recombinaison
record	Aufzeichnung	enregistrement
rectangle	Rechteck	rectangle
rectification	Gleichrichtung	redressement (él.)
rectifier	Gleichrichter	redresseur
reduced mass	reduzierte Masse	masse réduite
reflection	Reflexion	réflexion
reflectivity	Reflexionsvermögen	pouvoir de réflexion
refraction	Brechung	réfraction
refractive index	Brechungsindex, Brechzahl	indice de réfraction
relative	relativ	relatif
relaxation time	Relaxationszeit, Abklingzeit, Zeitkonstante	temps de relaxation
relay	Schütz, Relais	relais
reliability	Betriebssicherheit	sûreté
representation	Darstellung (math.)	représentation
repulsive force	Abstoßungskraft	force de répulsion
resistance	Widerstand	résistance
resistivity	spezifischer Widerstand	résistance spécifique
resolving power	Auflösungsvermögen	pouvoir de résolution
response time	Ansprechzeit	temps de réponse
rest mass	Ruhmasse	masse au repos
restriction	Beschränkung	restriction
result	Resultat	résultat
retardation	Verzögerung	retard
reticular	netzförmig	réticulaire
reversibility	Umkehrbarkeit	réversibilité
revolution	Umdrehung	révolution
rigid body	starrer Körper	corps rigide
rise time	Anstiegszeit	temps de montée
rod	Rundstab	barre

root	Wurzel	racine
root-mean-square value	Effektivwert	valeur efficace
rms-voltage	effektive Spannung	tension efficace
rotational	Rotations-	de rotation
rotations per minute (rpm)	Umdrehungen pro min	tours par min
row	Zeile	ligne
salt	Salz	sel
sample	Probe	échantillon
saturation	Sättigung	saturation
sawtooth	Sägezahn	dent de scie
scalar	skalar	scalaire
scale	Maßstab	échelle
scan	abtasten	balayer, explorer
scattering	Streuung	diffusion
science	Wissenschaft	science
screen	Leuchtschirm	écran
screw	Schraube	vis
second moment of plane area	axiales Flächenträgheitsmoment	moment quadratique d'une aire plane
second polar moment of plane area	polares Flächenträgheitsmoment	moment quadratique polaire d'une aire plane
selection rules	Auswahlregeln	règles de sélection
semiconductor	Halbleiter	semi-conducteur
sensitivity	Empfindlichkeit	sensibilité
sequence	Folge	suite
series	Reihe	serie
set	Menge	ensemble
shear modulus	Schubmodul	module de torsion
shear strain	Scherung	cisaillement
shear stress	Schubspannung, Scherspannung	tension de cisaillement
shell model	Schalenmodell	modèle des couches
shield	Abschirmung	écran
shift	Verschiebung	déplacement
short range order	Nahordnung	ordre proche
shunt	Nebenschluß (el.)	shunt, dérivation
simultaneous	gleichzeitig	simultané
sine	Sinus	sinus
slit	Spalt	fente
slope	Steigung	pente
solar	Sonnen-	solaire
solenoid	Magnetspule	solénoïde, bobine

solid	fest	solide
solid	Festkörper	corps solide
solid angle	räumlicher Winkel	angle solide
solid state physics	Festkörperphysik	physique du solide
solvent	Lösungsmittel	solvant
solution	Lösung	solution
sound	Schall	son
source	Quelle	source
space	Raum	espace
space coordinates	kartesische Koordinaten, Ortskoordinaten	coordonnées d'espace
spark	Funken	étincelle
spatial	räumlich	spatial
specific	spezifisch	spécifique, volumique, massique
speed of light in empty space	Vakuumlichtgeschwindigkeit	vitesse de la lumière dans le vide
sphere	Kugel	sphère
spontaneous	spontan	spontané
spring constant	Federkonstante	constante de ressort
square root	Quadratwurzel	racine carrée
standing wave	stehende Welle	onde stationnaire
state	Zustand	état
step	Stufe	pas
stimulated	stimuliert	stimulé
straight	gerade	droite
strain	Dehnung, Verzerrung	dilatation, extension
strength	Stärke	force, grandeur
stress	Spannung (mech.)	tension (méc.)
string	Saite, Schnur	corde, ficelle
sum	Summe	somme
superconductivity	Supraleitung	supraconductivité
supersonic	Überschall-	suprasonique
supply	Versorgung, Zufuhr	alimentation
surface	Oberfläche	surface
surface tension	Oberflächenspannung	tension superficielle
switch	Schalter	interrupteur
symmetry	Symmetrie	symétrie
tangent	Tangens, Tangente	tangente
temperature	Temperatur	température
tensile stress	Zugspannung	effort de traction
tension	Spannung	tension
tensor	Tensor	tenseur

terminal voltage	Klemmenspannung	tension aux bornes
theoretical	theoretisch	théorique
thermal conductivity	Wärmeleitfähigkeit	conductivité thermique
thermocouple	Thermoelement	thermoélément
thermodynamic temperature	thermodynamische Temperatur, Kelvin-Temperatur	température thermodynamique
thermoelectric power	Thermospannung	force thermoélectrique
thickness	Dicke	épaisseur
threshold energy	Schwellenenergie	seuil d'énergie
throttle	Drosselventil	papillon (méc.)
throughput	Durchflußmenge	débit
time	Zeit	temps
time of flight	Flugzeit	temps de vol
tool	Werkzeug	outil
top	Kreisel	rotateur
toroid	Ringspule	toroïde
torque	Drehmoment	couple, moment
total	gesamt, total	total
traction	Zug	traction
transformer	Transformator	transformateur
transient	vorübergehend	transitoire
transition probability	Übergangswahrscheinlichkeit	probabilité de transition
transmission	Durchlässigkeit, Transmission	transmission
transmitter	Sender	émetteur
transparent	durchsichtig	transparent
transpose of a matrix	transponierte Matrix	matrice transposée
transveral wave	transversale Welle	onde transversale
trap	Falle	piège
trial	Versuch	essai
trigger	Auslöser, Abzug	déclencheur, gâchette déten
tube	Röhre	tube (él.)
turn	Windung	tour
uncertainty relation	Unschärferelation	relation d'incertitude
uniaxial	einachsig	monoaxial
unit	Einheit	unité
unit cell	Einheitszelle	cellule élémentaire
unit step function	Heaviside-Funktion	fonction de Heaviside
vacancy	Leerstelle	trou
value	Wert	valeur
valve	Ventil	soupape

vanish	verschwinden, Null werden	disparaître
vapor pressure	Dampfdruck	tension de vapeur saturante
vaporization	Verdampfung	vaporisation
vector	Vektor	vecteur
velocity	Geschwindigkeit	vitesse
vibration	Schwingung	vibration
virtual	virtuell	virtuel
viscosity	Viskosität	viscosité
visible	sichtbar	visible
voice	Stimme	voix
voltage	elektr. Spannung	tension électrique
voltage drop	Spannungsabfall	chute de tension
vortex	Wirbel	tourbillon
wave equation	Wellengleichung	équation d'onde
wave function	Wellenfunktion	fonction d'onde
waveguide	Wellenleiter	guide d'ondes
wavelength	Wellenlänge	longueur d'onde
wave mechanics	Wellenmechanik	mécanique ondulatoire
wave number	Wellenzahl	nombre d'onde
wave packet	Wellengruppe	paquet d'ondes
wedge	Keil	coin
weight	Gewicht	poids
wheel	Rad	roue
whirl	Wirbel, Strudel	tourbillon
wing	Flügel	aile
wire	Draht	fil
work	Arbeit	travail
work function	Austrittsarbeit	fonction de travail
work function, Helmholtz free energy	Helmholtzsche freie Energie	énergie libre d'Helmholtz
x-rays	Röntgenstrahlen	rayons x
x-tal	Kristall	cristal
yield	Ausbeute	gain, production
zero point energy	Nullpunktenergie	énergie au point zéro

Sachverzeichnis